Schriftenreihe Natur und Recht
Band 18

Herausgegeben von
Walter Frenz, Berg-, Umwelt- und Europarecht, RWTH Aachen,
Aachen, Deutschland

Michael Kotulla, Fakultät für Rechtswissenschaft, Universität Bielefeld,
Bielefeld, Deutschland

Jochen Schumacher, Institut für Naturschutz und Naturschutzrecht Tübingen,
Tübingen, Deutschland

AF872189

Weitere Bände in dieser Reihe
http://www.springer.com/series/5374

Benedikt Huggins • Sabine Schlacke

Schutz von Arten vor Glas und Licht

Rechtliche Anforderungen und Gestaltungsmöglichkeiten

Springer

Benedikt Huggins
Institut für Umwelt- und Planungsrecht
Westfälische Wilhelms-Universität Münster
Münster, Deutschland

Sabine Schlacke
Institut für Umwelt- und Planungsrecht
Westfälische Wilhelms-Universität Münster
Münster, Deutschland

ISSN 0942-0932
Schriftenreihe Natur und Recht
ISBN 978-3-662-58256-5 ISBN 978-3-662-58257-2 (eBook)
https://doi.org/10.1007/978-3-662-58257-2

Die Deutsche Nationalbibliothek verzeichnet diese Publikation in der Deutschen Nationalbibliografie; detaillierte bibliografische Daten sind im Internet über http://dnb.d-nb.de abrufbar.

Springer
© Springer-Verlag GmbH Deutschland, ein Teil von Springer Nature 2019
Das Werk einschließlich aller seiner Teile ist urheberrechtlich geschützt. Jede Verwertung, die nicht ausdrücklich vom Urheberrechtsgesetz zugelassen ist, bedarf der vorherigen Zustimmung des Verlags. Das gilt insbesondere für Vervielfältigungen, Bearbeitungen, Übersetzungen, Mikroverfilmungen und die Einspeicherung und Verarbeitung in elektronischen Systemen.
Die Wiedergabe von allgemein beschreibenden Bezeichnungen, Marken, Unternehmensnamen etc. in diesem Werk bedeutet nicht, dass diese frei durch jedermann benutzt werden dürfen. Die Berechtigung zur Benutzung unterliegt, auch ohne gesonderten Hinweis hierzu, den Regeln des Markenrechts. Die Rechte des jeweiligen Zeicheninhabers sind zu beachten.
Der Verlag, die Autoren und die Herausgeber gehen davon aus, dass die Angaben und Informationen in diesem Werk zum Zeitpunkt der Veröffentlichung vollständig und korrekt sind. Weder der Verlag, noch die Autoren oder die Herausgeber übernehmen, ausdrücklich oder implizit, Gewähr für den Inhalt des Werkes, etwaige Fehler oder Äußerungen. Der Verlag bleibt im Hinblick auf geografische Zuordnungen und Gebietsbezeichnungen in veröffentlichten Karten und Institutionsadressen neutral.

Springer ist ein Imprint der eingetragenen Gesellschaft Springer-Verlag GmbH, DE und ist ein Teil von Springer Nature.
Die Anschrift der Gesellschaft ist: Heidelberger Platz 3, 14197 Berlin, Germany

Vorwort

Vor etwa siebzig Jahren wurden die ersten wissenschaftlichen Nachweise erbracht, dass Vögel an Glas kollidieren und zu Tode kommen. Seitdem sind die Totfundzahlen verunglückter Vögel – maßgeblich bedingt durch die bislang ungebremst wachsende Nutzung von Glas im Bau – kontinuierlich gestiegen. Mittlerweile liegen ausreichend wissenschaftliche Erkenntnisse über die Ursachen und das Ausmaß von Vogelschlag durch Glas vor, um das Phänomen aus rechtlicher Perspektive zu begutachten.

Ebenso haben Ausmaß und Intensität künstlicher Beleuchtung bei Nacht in den vergangen Jahren erheblich zugenommen. Dies kann insbesondere auf die Einführung neuer, sparsamer Lichttechniken zurückgeführt werden. Gleichzeitig wird ein massiver Rückgang von Insektenpopulationen und anderen lichtempfindlichen Tieren, insbesondere von Fledermäusen, festgestellt, die regelmäßig auch in ihrem Bestand bedroht sind. Wenngleich die Wirkmechanismen des künstlichen Lichts auf lichtempfindliche Arten wissenschaftlich noch nicht abschließend geklärt sind, kann eine erhebliche Beeinträchtigung indes nicht mehr verneint werden.

Das vorliegende Werk hat zum Ziel, die Anforderungen an bauliche Anlagen und die gestalterischen Möglichkeiten zum Schutz vor Vogelschlag nach geltendem Recht herauszuarbeiten. Desweiteren wird untersucht, welchen rechtlichen Anforderungen künstliche Beleuchtung bei Nacht unterliegt. Zudem werden rechtliche Möglichkeiten aufgezeigt werden, wie sich die nachteiligen Auswirkungen künstlichen Lichts minimieren lassen.

Das Buch richtet sich an Praktikerinnen und Praktiker, die als Vorhabenträgerin oder Vorhabenträger, Planerin oder Planer, Behörde oder Naturschutzvereinigung die Problematik, welche rechtlichen Pflichten und Gestaltungsmöglichkeiten zum Schutz vor den nachteiligen Auswirkungen von Glas und Licht bestehen, zu bewältigen haben. Gleichzeitig werden Rechtswissenschaft und Rechtspolitik adressiert, indem bestehende Schutzlücken in der rechtlichen Problembewältigung aufgedeckt, systematische Inkohärenzen identifiziert und Fortentwicklungsbedarf des rechtlichen Instrumentariums aufgezeigt werden.

Der vorliegende Band fasst die wesentlichen Ergebnisse eines durch das Bundesamt für Naturschutz (BfN) veranlassten und mit Mitteln des Bundesministeriums für Umwelt, Naturschutz und Reaktorsicherheit (BMU) geförderten Forschungsvorhabens zusammen. Für die Ermöglichung dieser Untersuchung danken die Autoren dem BfN und BMU. Besonderer Dank gebührt den studentischen Hilfskräften Liam Ehm, Anne Janssen und Saskia Mielitz für die hilfreiche Unterstützung durch Recherche- und Korrekturarbeiten.

Münster im Dezember 2018 Benedikt Huggins und Sabine Schlacke

Inhaltsverzeichnis

A. Einleitung 1
I. Ziel und Gegenstand der Untersuchung 2
II. Risiken und Gefahren durch Glas und Lichteinwirkung 3
III. Gang der Untersuchung 3

B. Naturwissenschaftlicher Erkenntnisstand 5
I. Vogelschlag als Kollision von Vögeln an Glas 5
1. Ursachen von Vogelschlag 8
a) Individuenbedingte Ursachen für Vogelschlag 8
aa) Durchsicht 8
bb) Spiegelungen 9
cc) Anlockwirkung von Licht 9
dd) Risikoerhöhende Faktoren 9
b) Äußere Umwelteinflüsse auf Vogelschlag 11
2. Vermeidungsmaßnahmen 12
II. Künstliches Licht als Risiko und Gefahr für Insekten, Fledermäuse und Vögel 15
1. Begriffsbestimmung: Licht 17
2. Auswirkungen auf Insekten 17
a) Einführung 17
b) Einflussfaktoren 18
aa) Art und Typ der Lichtquelle 18
bb) Standortfaktoren 20
cc) Abiotische Faktoren 21
c) Verhaltens- und Populationsveränderungen 22
d) Verletzungs- und Tötungsfolgen 23
3. Auswirkungen auf Vögel und Fledermäuse 24
a) Lichtemissionen von künstlichen Lichtquellen 24
aa) Auswirkungen auf Vögel 24
bb) Auswirkungen auf Fledermäuse 26
b) Risiken und Gefahren durch die Aufhellung der Nacht 28

4. Vermeidungsmaßnahmen ... 29
a) Bedeutung des Lichtspektrums für die Anlockwirkung ... 29
b) Wellenlänge und Lichtfarbe als Kriterium zur Bewertung von Lampentypen ... 30
aa) Natriumdampf-Niederdrucklampen ... 31
bb) Natriumdampf-Hochdrucklampen ... 32
cc) Metallhalogendampflampen ... 32
dd) Lichtdioden (LED) ... 33
ee) Zwischenergebnis ... 34
c) Vermeidung durch Bauart des Leuchtmittels ... 35
d) Vermeidung durch Beeinflussung von Einsatz und Helligkeit von Leuchtmitteln ... 36
III. Zwischenfazit: naturwissenschaftlicher Erkenntnisstand ... 38
1. Auswirkungen auf Vögel, Fledermäuse und Insekten ... 38
2. Vermeidungsmaßnahmen ... 38

C. Rechtliche Anforderungen an die Verwendung von Glas und Licht ... 41
I. Naturschutzrechtliche Anforderungen an den Einsatz von Glas und Licht ... 41
1. Eingriffsregelung, §§ 13 ff. BNatSchG ... 41
a) Eingriff ... 42
aa) Eingriffshandlung ... 42
bb) Eingriffswirkung ... 44
(1) Beeinträchtigung ... 44
(2) Erheblichkeit der Beeinträchtigung ... 45
(3) Summationseffekte ... 46
cc) Kausalität ... 49
dd) Verhältnis zum Baurecht ... 50
ee) Zwischenergebnis ... 50
b) Rechtsfolgen des Eingriffs ... 51
aa) Vermeidungsgebot nach § 15 Abs. 1 BNatSchG ... 51
(1) Vermeidbare Beeinträchtigungen ... 51
(2) Unvermeidbare Beeinträchtigungen ... 53
bb) Ausgleichs- und Ersatzmaßnahmen nach § 15 Abs. 2 BNatSchG ... 55
cc) Unzulässigkeit und Ersatzzahlungen nach § 15 Abs. 5, 7 BNatSchG ... 55
c) Zwischenergebnis ... 56
2. Natura 2000-Schutzgebiete ... 57
a) Schutzgebietsauswahl: Schutz von Nachtlandschaften ... 57
b) Verträglichkeitsprüfungspflichtige Projekte i.S.v. § 34 Abs. 1 BNatSchG ... 58
aa) Bauliche Vorhaben unter Einsatz von Glas ... 59
bb) Lichtanlagen ... 60

c) Erhebliche Beeinträchtigung des Gebiets 62
aa) Prüfungsmaßstab für eine erhebliche Beeinträchtigung . . . 62
bb) Beeinträchtigung durch Licht und Glas 64
d) Erheblichkeitsschwellen 66
aa) Reaktions- und Belastungsschwellen 66
(1) Reaktions- und Belastungsschwellen bei Beeinträchtigungen durch Glas 67
(2) Reaktions- und Belastungsschwellen bei Beeinträchtigungen durch Licht 70
(3) Zwischenergebnis 70
bb) Bagatellschwellen 71
cc) Abschneidekriterien 73
dd) Kumulierte Einwirkungen 74
ee) Vermeidungsmaßnahmen 76
ff) Zwischenergebnis 76
e) Rechtsfolge und abweichende Zulassung 78
aa) Zwingende Gründe des überwiegenden öffentlichen Interesses 78
bb) Alternativenprüfung 79
cc) Kohärenzmaßnahmen zum Schutz vor Lichtbarrieren 80
f) Zwischenergebnis 81
3. Artenschutzrecht 82
a) Allgemeiner Artenschutz 83
aa) Allgemeine artenschutzrechtliche Verbote nach § 39 Abs. 1 BNatSchG 83
bb) Besonderer Schutz von Fledermäusen nach § 39 Abs. 6 BNatSchG 84
cc) Zwischenergebnis 84
b) Besonderer Artenschutz 84
aa) Tötungs- und Verletzungsverbot nach § 44 Abs. 1 Nr. 1 BNatSchG 85
(1) Geschützte Tierarten 85
(2) Tatbestandshandlungen 86
(3) Signifikanzerfordernis der Rechtsprechung 89
(4) Tatbestandsverwirklichung durch die Auswirkungen von Glas und Licht unter der Berücksichtigung des Signifikanzerfordernisses 92
(a) Risikobegriff 92
(b) Erhöhtes Tötungsrisiko durch Vogelschlag 94
(c) Erhöhtes Tötungsrisiko durch künstliches Licht für Vögel und Fledermäuse 96
(d) Erhöhtes Tötungsrisiko durch künstliches Licht für Insekten 97
(5) Zwischenergebnis 100

bb) Störungsverbot nach § 44 Abs. 1 Nr. 2 BNatSchG 101
(1) Störungen durch Glas und Licht 102
(2) Störung in geschützten Zeiten.................... 103
(3) Begriff der lokalen Population 104
(a) Zugvögel als lokale Population 104
(b) Richtlinienkonforme Auslegung des Populationsbegriffs......................... 105
(4) Erheblichkeit der Störung 107
(5) Bedeutung für Vögel, Fledermäuse und Insekten 107
(a) Erhebliche Störungen von Zugvögeln 108
(b) Erhebliche Störungen von Fledermäusen 108
(c) Erhebliche Störungen von Insekten 108
(6) Zwischenergebnis 109
cc) Lebensstättenschutz nach § 44 Abs. 1 Nr. 3 BNatSchG ... 109
(1) Tatbestandsvoraussetzungen 109
(2) Zwischenergebnis 111
dd) Privilegierung nach § 44 Abs. 5 BNatSchG............. 112
(1) Anforderungen des § 44 Abs. 5 S. 1, 2 Nr. 1 BNatSchG 112
(2) Privilegierung nach § 44 Abs. 5 S. 1, 5 BNatSchG 113
(3) Zwischenergebnis 114
ee) Ausnahmen und Befreiungen nach §§ 45, 67 BNatSchG 114
(1) Ausnahmen nach § 45 BNatSchG 114
(2) Befreiungen nach § 67 BNatSchG 115
c) Zusammenfassung.. 116
4. Handlungs- und Anordnungsbefugnis nach § 3 Abs. 2 Hs. 2 BNatSchG.. 118
a) Abdrängende Sondervorschrift 118
b) Tatbestandsvoraussetzungen des § 3 Abs. 2 Hs. 2 BNatSchG ... 119
aa) Naturschutzbezogene Rechtsverletzung 119
bb) Legalisierungswirkung von Genehmigungen 120
(1) Immissionsschutzrechtliche Genehmigung, §§ 6, 4 BImSchG.. 121
(2) Baugenehmigung 122
(a) Prüfungsumfang nach Landesbauordnungsrecht ... 123
(b) Einschränkung des Vertrauensschutzes durch Art. 6 Abs. 2 FFH-RL 125
(c) Keine Korrektur fehlerhafter Baugenehmigungen 126
(3) Zwischenergebnis 127
c) Rechtsfolge 127
aa) Entschließungsermessen 128

bb) Ermessenfehlerfreie Auswahl der Maßnahmen 129
(1) Vermeidungsmaßnahmen 129
(2) Nutzungsuntersagung und Stilllegungsverfügung 132
(3) Vertragsnaturschutz 133
d) Ergebnis 134
5. Zwischenfazit: Naturschutzrecht 134
a) Eingriffsregelung 134
b) Natura 2000-Gebiete 135
c) Artenschutz 136
aa) Tötungs- und Verletzungsverbot 136
bb) Störungsverbot 137
cc) Lebensstättenschutz 137
d) Handlungs- und Anordnungsbefugnis 137
II. Immissionsschutzrechtliche Anforderungen an die Verwendung von Licht 138
1. Anwendungsbereich des BImSchG 138
a) Licht i.S.d. BImSchG 139
b) Lichtanlagen als Anlagen i.S.d. § 3 Abs. 5 Nr. 1 und 2 BImSchG 139
c) Eingeschränkter Geltungsbereich des BImSchG für öffentliche Straßen- und Wegebeleuchtungen? 140
d) Haupt- und Nebeneinrichtungen 141
e) Zwischenergebnis 141
2. Lichtanlagen als genehmigungsbedürftige BImSch-Anlagen 141
3. Anforderungen an Lichtanlagen als Nebeneinrichtung genehmigungsbedürftiger Anlagen 142
a) Sachlicher und persönlicher Anwendungsbereich 142
b) Gefahrenabwehr gegen schädliche Umwelteinwirkungen gem. § 5 Abs. 1 Nr. 1 BImSchG 143
aa) Lichtimmissionen als schädliche Umwelteinwirkungen ... 143
(1) Gefahr 144
(2) Nachteil 144
(3) Erheblichkeit des Nachteils 145
(4) Zwischenergebnis 151
bb) Rechtsfolge: Maßnahmen zur Einhaltung der Schutzpflicht 152
c) Vorsorge gegen schädliche Umwelteinwirkungen nach § 5 Abs. 1 Nr. 2 BImSchG 153
aa) Vorsorge gegen schädliche Umwelteinwirkungen 153
bb) Dem Stand der Technik entsprechende Vorsorgemaßnahmen 154
(1) Stand der Technik für Lichtanlagen 154
(a) Verfahren, Einrichtungen und Betriebsweisen 154

(b) Fortschrittlichkeit und Eignung der Techniken ... 155
(c) Wirtschaftliche Vertretbarkeit ... 156
(2) BVT-Merkblätter ... 156
(3) Vermeidungsmaßnahmen nach dem Stand der Technik ... 157
cc) Verhältnismäßigkeitsgrundsatz ... 158
d) Zwischenergebnis ... 159
4. Nachträgliche Anordnungen für genehmigungsbedürftige Anlagen gem. § 17 BImSchG ... 159
a) Verletzung immissionsschutzrechtlicher Pflichten ... 160
b) Rechtsfolge: Ermessen ... 160
c) Zwischenergebnis ... 161
5. Anforderungen an nicht genehmigungsbedürftige Lichtanlagen ... 161
a) Anwendungsbereich des § 22 Abs. 1 BImSchG ... 161
b) Vermeidung schädlicher Umwelteinwirkungen ... 164
aa) Lichtimmissionen als schädliche Umwelteinwirkungen ... 165
(1) Gefahr ... 165
(2) Nachteil ... 165
(3) Erheblichkeit des Nachteils ... 166
bb) Vermeidungsmaßnahmen nach dem Stand der Technik ... 167
cc) Verhältnismäßigkeitsgrundsatz ... 168
dd) Zwischenergebnis ... 169
c) Minimierung unvermeidbarer schädlicher Umwelteinwirkungen gem. § 22 Abs. 1 S. 1 Nr. 2 BImSchG ... 170
aa) Unvermeidbare schädliche Umwelteinwirkungen ... 170
bb) Minimierungsmaßnahmen ... 170
cc) Mindestmaß als Grenze der Minimierungspflicht ... 171
(1) Gefahren ... 171
(2) Nachteile ... 171
dd) Zusammenfassung ... 173
d) Zwischenergebnis ... 173
6. Anordnungen für nicht genehmigungsbedürftige Lichtanlagen gem. § 24 BImSchG ... 174
a) Anordnung zur Einhaltung der Pflichten aus § 22 BImSchG ... 174
b) Rechtsfolge: Ermessen ... 175
aa) Entschließungsermessen ... 175
bb) Auswahlermessen ... 176
cc) Verhältnismäßigkeit ... 177
c) Zwischenergebnis ... 178
7. Zwischenfazit: Immissionsschutzrecht ... 178
III. Baurechtliche Anforderungen an die Verwendung von Glas und Licht ... 180
1. Bauplanungsrecht ... 180
a) Erforderlichkeit des Bebauungsplans ... 180
b) Festsetzungsmöglichkeiten im Bebauungsplan ... 181

aa) Festsetzungen zum Schutz von Natur und Landschaft nach § 9 Abs. 1 Nr. 20 BauGB . . . 181
(1) Festsetzungsoptionen nach § 9 Abs. 1 Nr. 20 BauGB . . . 181
(2) Städtebauliche Rechtfertigung eigenständiger städtebaulicher Festsetzungen i.S.v. § 9 Abs. 1 Nr. 20 BauGB . . . 184
bb) Festsetzungen zum Schutz vor schädlichen Umwelteinwirkungen nach § 9 Abs. 1 Nr. 24 BauGB . . . 185
(1) Bauliche und sonstige technische Vorkehrungen . . . 186
(2) Vorkehrungen i.S.d. vorsorgenden Umweltschutzes . . . 187
(3) Zwischenergebnis . . . 188
cc) Weitere Anforderungen an Festsetzungen im Bebauungsplan . . . 188
(1) Erforderlichkeit der Festsetzung und planerische Zurückhaltung . . . 189
(2) Bestimmtheit der Festsetzung . . . 190
dd) Zwischenergebnis Festsetzungsmöglichkeiten . . . 190
c) Abwägungsexterne Planungsleitsätze . . . 191
aa) FFH-Schutzgebiete . . . 191
bb) Artenschutzrechtliche Verbote . . . 192
cc) Beleuchtungspflichten . . . 193
(1) Allgemeine Straßenbeleuchtungspflicht . . . 193
(2) Punktuelle Straßenbeleuchtungspflichten aufgrund Verkehrssicherungspflichten . . . 194
(a) Inhalt der Verkehrssicherungspflichten . . . 195
(b) Erforderlichkeit der Verkehrssicherung . . . 195
(c) Zumutbarkeit der Verkehrssicherung . . . 197
(3) Zusammenfassung . . . 198
dd) Zwischenergebnis . . . 198
d) Bedeutung nachteiliger Auswirkungen von Glas und Licht für die Abwägung . . . 199
aa) Ermittlung abwägungsrelevanter Belange von Glas und Licht . . . 199
(1) Anforderungen an die Ermittlung . . . 199
(a) Ermittlung erheblicher Umweltauswirkung durch die Umweltprüfung . . . 200
(b) Wirkungsprognose der Umweltprüfung . . . 200
(2) Ermittlungsfehler . . . 201
(a) Ermittlungsdefizit aufgrund fehlender Berücksichtigung der Auswirkungen von Glas und Licht . . . 201
(b) Ermittlungsdefizit aufgrund methodischer Fehler . . . 203

bb) Gewichtung der durch die Verwendung von Glas und Licht betroffenen Belange ... 203
(1) Naturschutzinteressen: Glas und Licht ... 203
(a) Eingriffe in Natur und Landschaft ... 203
(b) FFH-Schutzgebiete ... 205
(c) Artenschutzrechtliche Verbote ... 205
(2) Beleuchtung öffentlicher Straßen und Wege ... 206
(3) Beleuchtungen aus Gründen der Baukultur ... 207
(4) Gesunde Wohn- und Arbeitsverhältnisse: belästigende Lichtimmissionen ... 207
(5) Bau- und Gestaltungsfreiheit ... 208
(6) Gewichtungsfehler: Abwägungsfehleinschätzung ... 209
cc) Abwägung konfligierender und konkurrierender Belange ... 210
(1) Inhaltliche Anforderungen an die Abwägungsentscheidung ... 210
(a) Gebot der planerischen Konfliktbewältigung ... 211
(b) Gebot der Rücksichtnahme ... 214
(2) Fehler im Abwägungsergebnis: Abwägungsdisproportionalität ... 216
dd) Beachtliche Fehler ... 217
ee) Rechtsfolgen beachtlicher Mängel: Heilung oder Unwirksamkeit ... 218
ff) Zwischenergebnis ... 219
2. Bauordnungsrecht ... 219
a) Baugenehmigungsrechtliche Anforderungen an Glas ... 220
aa) Baugenehmigungspflicht von Glasverwendungen ... 220
bb) Baugenehmigungsfähigkeit von Glasverwendungen ... 221
(1) Vorhaben im Geltungsbereich eines Bebauungsplanes ... 221
(2) Vorhaben im unbeplanten Innenbereich ... 222
(3) Vorhaben im Außenbereich ... 222
(4) Sonstige Verstöße gegen öffentlich-rechtliche Vorschriften ... 223
(5) Rechtsfolge ... 223
b) Baugenehmigungsrechtliche Anforderungen an Licht ... 223
aa) Baugenehmigungspflicht von Umrüstungen bestehender Straßenbeleuchtungen ... 224
(1) Anwendungsbereich der Landesbauordnungen ... 224
(a) Straßenbeleuchtung als Zubehör von Straßen ... 224
(b) Zubehöreigenschaft allgemeiner Straßenbeleuchtung ... 225

(2) Genehmigungspflicht der allgemeinen Straßenbeleuchtung . . . 226
(a) Straßenbeleuchtung als bauliche Anlage . . . 226
(b) Straßenbeleuchtung kein genehmigungsfreies Vorhaben . . . 228
(c) Zusammenfassung . . . 228
(3) Genehmigungsfähigkeit . . . 228
bb) Baurechtliche Anforderungen in Bezug auf Lichtwerbeanlagen und Skybeamer . . . 229
(1) Genehmigungspflicht . . . 229
(a) Genehmigungspflicht von Lichtwerbeanlagen . . . 229
(b) Skybeamer als Lichtwerbeanlagen . . . 230
(c) Ausnahmen von der Genehmigungspflicht . . . 230
(2) Genehmigungsfähigkeit . . . 231
(a) Vereinbarkeit mit Bauordnungsrecht . . . 231
(b) Vereinbarkeit mit Bauplanungsrecht . . . 233
(c) Verstöße gegen weitere öffentlich-rechtliche Vorschriften . . . 234
(3) Zwischenergebnis . . . 235
3. Zwischenfazit: Baurecht . . . 236
a) Bauplanungsrecht . . . 236
b) Bauordnungsrecht . . . 237

D. Bewertung des rechtlichen Instrumentariums . . . 239
I. Eingriffsregelung . . . 239
II. Schutz von Natura 2000-Gebieten . . . 240
III. Funktion der artenschutzrechtlichen Verbote . . . 240
IV. Schutzlücken im Immissionsschutzrecht . . . 240
V. Bedeutung von Bebauungsplänen . . . 241
VI. *De lege ferenda* zu beseitigende Schutzlücken . . . 242

E. Zusammenfassung . . . 243
I. Naturwissenschaftlicher Erkenntnisstand . . . 243
1. Nachteilige Auswirkungen von Glas . . . 243
2. Nachteilige Auswirkungen von Licht . . . 244
II. Rechtliche Anforderungen an die Verwendung von Glas . . . 244
1. Naturschutzrechtliche Anforderungen an Glas . . . 244
a) Eingriffsregelung . . . 244
b) Natura 2000-Gebiete . . . 245
c) Besonderer Artenschutz . . . 246
d) Handlungs- und Anordnungsbefugnis . . . 247
2. Bauplanungs- und bauordnungsrechtliche Anforderungen an Glas . . . 247

III. Rechtliche Anforderungen an die Verwendung von Licht 248
1. Naturschutzrechtliche Anforderungen an Licht 248
a) Eingriffsregelung 248
b) Natura 2000-Gebiete 248
c) Besonderer Artenschutz 249
d) Anordnungs- und Handlungsbefugnis 250
2. Immissionsschutzrechtliche Anforderungen 250
3. Bauplanungs- und bauordnungsrechtliche Anforderungen 251
IV. Bewertung des rechtlichen Instrumentariums 252

Literatur 255

Stichwortverzeichnis 275

Abkürzungsverzeichnis

a.A.	andere Ansicht
Abb.	Abbildung
ABl.	Amtsblatt
Abs.	Absatz
a.E.	am Ende
a.F.	alte Fassung
Alt.	Alternative
Annu. Rev. Ecol. Evol. Syst.	Annual Review of Ecology, Evolution, and Systematics (Zeitschrift)
Anm.	Anmerkung
AöR	Archiv des öffentlichen Rechts (Zeitschrift)
Az.	Aktenzeichen
BArtSchV	Bundesartenschutzverordnung
BauGB	Baugesetzbuch
BauO	Bauordnung
BauO LSA	Bauordnung des Landes Sachsen-Anhalt
BauR	Baurecht (Zeitschrift)
BayBO	Bayerische Bauordnung
BayNatSchG	Bayerisches Naturschutzgesetz
BayVBl	Bayerische Verwaltungsblätter (Zeitschrift)
BbgBO	Brandenburgische Bauordnung
BbgNatSchAG	Brandenburgisches Naturschutzausführungsgesetz
Bd.	Band
BeckRS	Beck Rechtsprechung (Online-Ressource)
BerlStrG	Berliner Straßengesetz
Beschl.	Beschluss
BfN	Bundesamt für Naturschutz
BGB	Bürgerliches Gesetzbuch
BImSchG	Bundesimmissionsschutzgesetz
BImSchV	Bundesimmissionsschutzverordnung
BGH	Bundesgerichtshof

BNatSchG	Bundesnaturschutzgesetz
Bln	Berlin
BMU	Bundesministerium für Umwelt, Naturschutz und Reaktorsicherheit
BremImSchG	Bremisches Immissionsschutzgesetz
BremLBO	Bremische Landesbauordnung
BremLStrG	Bremisches Landestraßengesetz
BRS	Baurechtssammlung (Zeitschrift)
bspw.	beispielsweise
BT-Drs.	Bundestagsdrucksache
BVerfG	Bundesverfassungsgericht
BVerfGE	Amtliche Sammlung der Entscheidungen des Bundesverfassungsgerichts
BVerwG	Bundesverwaltungsgericht
BVerwGE	Amtliche Sammlung der Entscheidungen des Bundesverwaltungsgerichts
BW	Baden-Württemberg
BY	Bayern
bzw.	beziehungsweise
C	Celsius
dass.	dasselbe
DAR	Deutsches Autorecht (Zeitschrift)
DB	Der Betrieb (Zeitschrift)
ders.	derselbe
d. h.	das heißt
dies.	dieselbe (n)
DÖV	Die Öffentliche Verwaltung (Zeitschrift)
DSchG	Denkmalschutzgesetz
DVBl	Das Deutsche Verwaltungsblatt (Zeitschrift)
ebd.	ebenda
et al.	und andere
etc.	et cetera
EuR	Europarecht (Zeitschrift)
EurUP	Zeitschrift für europäisches Umwelt- und Planungsrecht
EUV	Vertrag über die Europäische Union
f., ff.	folgende (n)
FFH	Fauna-Flora-Habitat
FFH-RL	Fauna-Flora-Habitat-Richtlinie
Fn.	Fußnote
Front. Environ. Sci.	Frontiers in Environmental Science (Zeitschrift)
FStrG	Fernstraßengesetz
FuAG	Funkanlagengesetz
gem.	gemäß
Gew. Arch.	Gewerbearchiv (Zeitschrift)

g.F.	geltende(r/n) Fassung
GG	Grundgesetz
ggf.	gegebenenfalls
HBauO	Hamburgische Bauordnung
HBO	Hessische Bauordnung
h.L.	herrschende Lehre
HmbNatSchG	Hamburgisches Naturschutzgesetz
Hrsg.	Herausgeber
Hs.	Halbsatz
HWG	Hamburgisches Wegegesetz
IBIS	The International Journal of Avian Science (Zeitschrift)
i.d.S.	in diesem Sinne
i.E.	im Erscheinen
IE-RL	Industrieemissionsrichtlinie
insb.	insbesondere
IR	Infrarot
IR	Infrastrukturrecht (Zeitschrift)
i.S.v.	im Sinne von
i.V.m.	in Verbindung mit
JA	Juristische Ausbildung (Zeitschrift)
J Appl Ecol	Journal of Applied Ecology (Zeitschrift)
JECH	Journal of Epidemiology and Community Health (Zeitschrift)
JEL	Journal for Environmental Law (Zeitschrift)
jurisPR-BVerwG	juris PraxisReport Bundesverwaltungsgericht (Online-Ressource)
JZ	JuristenZeitung
Kap.	Kapitel
km	Kilometer
LBO BW	Landesbauordnung Baden-Württemberg
LBauO M-V	Landesbauordnung Mecklenburg-Vorpommern
LBauO RLP	Landesbauordnung Rheinland-Pfalz
LBO SL	Landesbauordnung Saarland
LED	light emitting diode/lichtemittierende Diode
LG	Landgericht
Lighting Res. Technol.	Lighting Research & Technology (Zeitschrift)
Limnol. Oceanogr.	Limnology and Oceanography (Zeitschrift)
lit.	littera (lat.: Buchstabe)
LKV	Landes- und Kommunalverwaltung (Zeitschrift)
LNatSchG	Landesnaturschutzgesetz
LT-Drs.	Landtags-Drucksache
LVwVfG	Landesverwaltungsverfahrensgesetz
m	Meter
m.a.W.	mit anderen Worten

MBl.	Ministerialblatt
MüKo BGB	Münchener Kommentar zum Bürgerlichen Gesetzbuch
m.w.N.	mit weiteren Nachweisen
nat. commun.	Nature Communications (Zeitschrift)
NatSchG	Naturschutzgesetz
NBauO	Niedersächsische Bauordnung
Nds.	Niedersachsen
n.F.	neue Fassung
NiSG	Gesetz zum Schutz vor nichtionisierender Strahlung bei der Anwendung am Menschen
NJ	Neue Justiz (Zeitschrift)
NJW	Neue Juristische Wochenschrift (Zeitschrift)
nm	Nanometer
Nr.	Nummer
NRW	Nordrhein-Westfalen
NuL	Natur und Landschaft (Zeitschrift)
NuR	Natur und Recht (Zeitschrift)
n.v.	nicht veröffentlicht
NVwZ	Neue Zeitschrift für Verwaltungsrecht
NVwZ-RR	Rechtsprechungs-Report Verwaltungsrecht (Beilage zur NVwZ)
NZBau	Neue Zeitschrift für Baurecht und Vergaberecht
NZV	Neue Zeitschrift für Verkehrsrecht
o. ä.	oder ähnlich(e/em/er/es)
o. g.	oben genannt (e/n)
OLG	Oberlandesgericht
Oö.	Oberösterreich
ÖPP	Öffentlich-Private-Partnerschaft
OVG	Oberverwaltungsgericht
PdK	Praxis der Kommunalverwaltung (Kommentarreihe)
Phil. Trans. R. Soc. B	Philosophical transactions of the Royal Society of London. Series B, Biological sciences (Zeitschrift)
Rn.	Randnummer
Rs.	Rechtssache
R. Soc. open sci.	Royal Society Open Science (Zeitschrift)
S.	Seite(n)/Satz (Sätze)
s.	siehe
s. a.	siehe auch
SächsBO	Sächsische Bauordnung
SächsNatSchG	Sächsisches Naturschutzgesetz
SH	Schleswig-Holstein
Slg.	Sammlung
s. o.	siehe oben

sog.	Sogenannte(r/s)
str.	strittig
StrG	Straßengesetz
st. Rspr.	ständige Rechtsprechung
StrWG	Straßen- und Wegegesetz
StVO	Straßenverkehrsordnung
StVZO	Straßenverkehrszulassungsordnung
s. u.	siehe unten/unter
ThürBO	Thüringer Bauordnung
u. a.	unter anderem/unter andere(r/s)
u. ä.	und ähnliche(e/em(er(es)
UPR	Umwelt- und Planungsrecht (Zeitschrift)
Urt.	Urteil
UV	ultraviolett
UVP	Umweltverträglichkeitsprüfung
UVPG	Gesetz über die Umweltverträglichkeitsprüfung
v.	von/m
v. a.	vor allem
Var.	Variante
VBlBW	Verwaltungsblätter für Baden-Württemberg (Zeitschrift)
VersR	Versicherungsrecht (Zeitschrift)
VG	Verwaltungsgericht
VGH	Verwaltungsgerichtshof
vgl.	vergleiche
VS-RL	Vogelschutzrichtlinie
VV	Verwaltungsvorschrift
VwVfG	Verwaltungsverfahrensgesetz
WiVerw	Wirtschaft und Verwaltung (Zeitschrift)
z. B.	zum Beispiel
ZfBR	Zeitschrift für deutsches und internationales Bau- und Vergaberecht
ZfU	Zeitschrift für Umweltpolitik und Umweltrecht
zit.	zitiert
ZNER	Zeitschrift für Neues Energierecht
ZUR	Zeitschrift für Umweltrecht

A. Einleitung

Vogelschlag wird herkömmlicherweise mit Windenergieanlagen und Flugzeugsicherheit in Verbindung gebracht, allerdings nicht mit Glas, obwohl die meisten Vögel nicht von Windenergieanlagen, sondern durch Aufprall an Glasscheiben getötet werden.[1] Anlockwirkungen von Licht auf Insekten wird zivilgesellschaftlich als potenzielle Störungsquelle für erholsame Abende auf Balkon und im Garten wahrgenommen. In beiden Fällen werden diese Wirkmechanismen als Beeinträchtigung oder Gefahr *für* den Menschen verstanden. Bislang kaum ist der Frage nachgegangen worden, welche Auswirkungen Glas und Licht auf Tiere haben.

Nach dem derzeitigen Forschungsstand werden in Deutschland 100 bis 115 Millionen Vögel jährlich durch die Kollision an Glasscheiben getötet.[2] Entsprechend sterben pro Jahr zwischen 5 bis 10 % der gesamten Vogelpopulation in Deutschland durch Vogelschlag an Glas.[3] Glasscheiben können von Vögeln optisch nicht wahrgenommen werden und die Kollision führt in der Regel zu erheblichen Verletzungen an Kopf oder Flügeln, die zum Tod des Individuums führen. Allein die Zahl von Glasscheiben bei über 18 Millionen Wohngebäuden[4] in Deutschland weist auf erhebliche Auswirkungen hin.

Diese Forschungserkenntnisse veranlassen zu einer Untersuchung, ob und wie sich die Problematik des Vogelschlags rechtlich bewältigen lässt.

Ähnliches gilt auch für die Auswirkungen von künstlichem Licht. Durch Urbanisierung und technische Entwicklungen (z. B. LEDs) hat sich der Nachthimmel konstant erhellt.[5] Bekannt ist, dass künstliches Licht bei Nacht vielfältige

---

[1] *Loss/Will/Marra*, Annu. Rev. Ecol. Evol. Syst. 2015, 99, 103; *Hötker/Thomsen/Koster*, Auswirkungen regenerativer Energiegewinnung, 2005, S. 41 ff.

[2] *Länderarbeitsgemeinschaft der Vogelschutzwarten* (LAG VSW), Berichte zum Vogelschutz 2017, 63, 65.

[3] *Dies.*, Berichte zum Vogelschutz 2017, 63, 66.

[4] *Statistisches Bundesamt* (Destatis), Gebäude und Wohnungen, 2017, S. 19.

[5] *Kyba/Kuester et al.*, Sci. Adv. 2017, DOI: 10.1126/sciadv.1701528, S. 2; *Falchi/Cinzano et al.*, Science advances 2016, DOI: 10.1126/sciadv.1600377, S. 2 ff.

© Springer-Verlag GmbH Deutschland, ein Teil von Springer Nature 2019

B. Huggins, S. Schlacke, *Schutz von Arten vor Glas und Licht*, Schriftenreihe Natur und Recht, https://doi.org/10.1007/978-3-662-58257-2_1

Auswirkungen auf nachtaktive Tiere, insbesondere Fledermäuse, haben kann. Zugleich gerät der Insektenschwund in Deutschland, der erschreckende Ausmaße vermuten lässt, vermehrt in den Fokus.[6] Als Ursachen dafür werden insbesondere die Intensivierung der Landwirtschaft und Insektizide genannt.[7] Künstliches Licht wird – bislang – nicht zu den Wirkfaktoren gezählt.[8] Indes lässt die Tatsache, dass Insekten durch Licht angelockt werden und an der Lichtquelle oftmals verenden, verbunden mit der Anzahl von künstlichen Lichtquellen in Deutschland (darunter ca. 9 Millionen Straßenleuchten)[9] anderes vermuten. Diese Zahlen lassen erahnen, dass es sich bei Licht um einen relevanten Faktor handelt, der erhebliche nachteilige Auswirkungen auf Populationen betroffener Arten haben kann. Entsprechend wird geschätzt, dass allein an deutschen Straßenlaternen 150 Billionen Insekten jährlich zu Tode kommen.[10]

Die Frage nach der rechtlichen Beurteilung dieser Problemlage ist bisher unbeantwortet geblieben und soll im Folgenden nachgegangen werden.

I. Ziel und Gegenstand der Untersuchung

Ziel der Untersuchung ist es, die rechtlichen Anforderungen *de lege lata* zur Vermeidung und Minimierung von Risiken und Gefahren durch Glas und Licht für wild lebende Tierarten zu untersuchen, Defizite und Lücken aufzuzeigen sowie Hinweise zur Fortentwicklung *de lege ferenda* zu erarbeiten. Bei diesen Risiken und Gefahren handelt es sich vor allem um Tötungsrisiken und -gefahren. Den gegenständlichen Schwerpunkt der Untersuchung bilden dabei das Naturschutzrecht, insbesondere das Artenschutzrecht, das Immissionsschutzrecht und das Baurecht. Diese Rechtsbereiche enthalten präventive Verbote wie auch repressive Eingriffs- und Gefahrenabwehrmaßnahmen, die im Fokus der Analyse stehen werden.

Das Forschungsvorhaben konzentriert sich auf Risiken und Gefahren für fliegende Tiere. Untersucht werden Risiken und Gefahren für Vögel durch Vogelschlag sowie für Insekten, Fledermäuse und Vögel durch künstliches Licht. Soweit erforderlich werden auch andere Tierarten miteinbezogen. Der Untersuchungsumfang ist nicht auf neue Vorhaben wie etwa Gebäude oder Straßen begrenzt, sondern umfasst auch Bestandsvorhaben.

[6] *Bundesamt für Naturschutz* (Hrsg.), Agrarreport, 2017, S. 12; *Hallmann/Sorg et al.*, PloS one 2017, DOI: 10.1371/journal.pone.0185809, S. 1; *Schmitt*, Die Zeit, Nr. 44 vom 26.10.2017, S. 2.

[7] *Bundesamt für Naturschutz* (Hrsg.), Agrarreport, 2017, S. 12.

[8] *Nuß*, in: NABU Landesverband Sachsen (Hrsg.), Biologische Vielfalt in Sachsen, 2016, S. 22, 26 ff.

[9] *Deutscher Städte- und Gemeindebund* (DStGB), Öffentliche Beleuchtung, 2009, S. 9.

[10] *Schmid/Doppler et al.*, Vogelfreundliches Bauen mit Glas und Licht, 2. Aufl. 2012, S. 39.

II. Risiken und Gefahren durch Glas und Lichteinwirkung

Der juristische Begriff der (konkreten) Gefahr ist als eine Sachlage oder ein Verhalten definiert, bei dessen ungehindertem Ablauf des zu erwartenden Geschehens in absehbarer Zeit mit hinreichender Wahrscheinlichkeit Schäden für ein Rechtsgut zu erwarten sind.[11] Während die kausale Verursachung von einigen Schädigungen, wie der Tod von Vögeln durch Kollision mit Glasscheiben oder die Anlockung und Tötung von Insekten durch Licht, bekannt sind, sind andere Kausalzusammenhänge, Auswirkungen auf bestimmte Tierarten, Eintrittswahrscheinlichkeit und Schadenshöhe hingegen noch nicht ausreichend erforscht. Insoweit bestehen Erkenntnislücken und wissenschaftliche Unsicherheiten. Ferner können Schäden erst im Zusammenspiel mit vielen anderen Faktoren kumulativ eintreten oder sich erst langfristig verwirklichen. Wird der polizeirechtliche Gefahrenbegriff auf die vorliegenden Sachlagen angewendet, so ist oftmals noch keine Gefahrenlage gegeben. M.a.W.: Die Gefahrenschwelle wird noch nicht überschritten, sodass derartige Sachlagen polizei- und ordnungsrechtlich und teilweise auch umweltrechtlich nicht erfasst werden. Insoweit wird auch der Begriff des Risikos verwendet, der vor allem Sachlagen erfasst, bei denen Unsicherheiten im Hinblick auf die Eintrittswahrscheinlichkeit und/oder Schadenshöhe bestehen.[12]

III. Gang der Untersuchung

Die Untersuchung gliedert sich in vier Teile:

Im ersten Teil (B.) werden der naturwissenschaftliche Erkenntnisstand über Risiken und Gefahren für Vögel durch Kollision an Glasflächen sowie für Vögel, Fledermäuse und Insekten durch Lichtquellen und die diesbezüglich diskutierten Vermeidungsmaßnahmen vorgestellt.

Im zweiten Teil (C.) wird die rechtliche Bewältigung der Auswirkungen von Glas und Licht nach Rechtsgebieten getrennt untersucht und bewertet. Im Umweltrecht werden zunächst das Naturschutzrecht, insbesondere das besondere Artenschutzrecht und das FFH-Schutzregime sowie sodann das Immissionsschutzrecht untersucht. Daran schließt sich die Prüfung des Bau- und Planungsrechts an. Falls sich in anderen, nicht spezifisch umweltbezogenen Rechtsgebieten Ansatzpunkte zur Vermeidung der Risiken und Gefahren wild lebender, fliegender Tierarten durch Glas und Licht ergeben, so werden diese punktuell miteinbezogen.

Anschließend werden im dritten Teil (D.) die rechtlichen Instrumente anhand ihrer Vorzüge und Nachteile hinsichtlich ihrer Eignung, die Auswirkungen von Glas und Licht zu bewältigen, bewertet und die Schutzlücken *de lege lata* ermittelt.

Schließlich werden im vierten Teil (E.) die Ergebnisse der Untersuchung – differenziert nach den Auswirkungen von Glas und Licht – zusammengefasst.

---

[11] Statt vieler *Gusy*, Polizei- und Ordnungsrecht, 10. Aufl. 2017, Rn. 101 ff.

[12] *Jaeckel*, Gefahrenabwehrrecht und Risikodogmatik, 2012, S. 319 ff.; *Reich*, Gefahr-Risiko-Restrisiko, 1988, S. 85; *Kloepfer/Rehbinder et al.*, Umweltgesetzbuch, 2. Aufl. 1991, S. 119, die den Begriff des Risikos als Oberbegriff verwenden.

B. Naturwissenschaftlicher Erkenntnisstand

Nachfolgend wird zunächst das Phänomen des Vogelschlags vorgestellt (I.). Es wird aufgezeigt, welche Ursachen zum Vogelschlag führen und welche Faktoren die Kollisionswahrscheinlichkeit beeinflussen. Es werden Fallgruppen gebildet, die zwischen individuenbedingten Faktoren und äußeren Umwelteinflüssen differenzieren. Daran knüpft sich ein Überblick über mögliche Maßnahmen zur Vermeidung von Vogelschlag an. Es folgt eine Beschreibung der Auswirkungen von künstlichem Licht auf Insekten, Vögel und Fledermäuse (II.). Hierbei wird vertieft auf die einzelnen Ursachen eingegangen. Ferner werden Fallgruppen mit hohen Risiko- und Gefahrenpotenzialen herausgearbeitet. Darauf folgt die Darstellung geeigneter Vermeidungsmaßnahmen gegen die Auswirkungen von künstlichem Licht. Abschließend werden Risiken und Gefahren durch Glas und Licht sowie die geeigneten Vermeidungsmaßnahmen zusammengefasst (III.).

I. Vogelschlag als Kollision von Vögeln an Glas

Vogelschlag bezeichnet den Zusammenprall von Vögeln mit Objekten. Im Kontext dieser Untersuchung ist unter diesem Begriff die Verletzung oder Tötung eines Vogels durch Kollision an Glas zu verstehen. Eine Kollision ist nicht zwangsläufig tödlich. Wie hoch die Wahrscheinlichkeit, d. h. das Risiko einer tödlichen Kollision ist, ist weitgehend unbekannt.[1] Versicherungsmathematisch wird Risiko als Produkt aus Eintrittswahrscheinlichkeit (Kollisionsrisiko) mal Schadenhöhe definiert.[2]

---

[1] Untersuchungen geben eine Sterbewahrscheinlichkeit von Kollisionen zwischen 82 und 85 % an *Klem/Farmer et al.*, The Wilson Journal of Ornithology 2009, 126. Nach der Ansicht der *Länderarbeitsgemeinschaft der Vogelschutzwarten*, Vögel und Glas, 2016, S. 4, kann die Zahl der Kollisionen mit tödlichen Kollisionen gleichgesetzt werden.

[2] *Spangenberger*, in: Brandt/Spangenberger (Hrsg.), Windenergieanlagen und Rotmilane, 2011, S. 17, 21; *Roßnagel/Hentschel*, in: Führ (Hrsg.), GK-BImSchG, 2016, § 5, Rn. 123.

© Springer-Verlag GmbH Deutschland, ein Teil von Springer Nature 2019

B. Huggins, S. Schlacke, *Schutz von Arten vor Glas und Licht*, Schriftenreihe Natur und Recht, https://doi.org/10.1007/978-3-662-58257-2_2

Die Schadenshöhe variiert beim Vogelschlag zwischen Verletzung und Tod des Tieres. Der Tod kann dabei unmittelbar durch den Aufprall eintreten[3] oder dadurch, dass eine Verletzung mittelbar zum Tod führt, etwa weil das Tier aufgrund einer Verletzung verendet oder einem Fressfeind zum Opfer fällt.[4]

Die Eintrittswahrscheinlichkeit (Kollisionsrisiko) beschreibt die Eintrittshäufigkeit der Kollisionen von Vögeln an Glas und definiert sich als Wahrscheinlichkeit, mit der das Schadenszenario (Verletzung oder Tod des Vogels) eintreten kann.[5] Das Kollisionsrisiko setzt sich maßgeblich aus dem Anflugrisiko (Wahrnehmbarkeit der Glasfläche und vermeintlicher Flugziele)[6] mal dem Expositionsrisiko (Vogelaktivität in der Umgebung) zusammen.[7] Welches Schadenszenario, Verletzung oder Tod, eintritt, hängt maßgeblich von Aufprallgeschwindigkeit und -winkel ab.[8] Hohe Anfluggeschwindigkeiten führen überwiegend zum Tod des Tieres durch Gehirnblutung oder – selten – durch Genickbruch.[9] Bei geringeren Geschwindigkeiten kann durch Gehirnblutungen ggf. nur eine Verletzung und nicht der Tod eintreten. Bei noch geringerer Anfluggeschwindigkeit kann es zu Verletzungen kommen.[10]

Dabei stellt die Kollision mit Glas für Vögel eine Todesursache dar, die einen großen Teil der anthropogenen Mortalitätsrate ausmacht.[11] Das Ausmaß, d. h., wie viele Vögel pro Jahr durch Vogelschlag zu Tode kommen, ist in Deutschland nicht anhand von Studien belegt, sondern kann nur geschätzt werden.[12] Diese Schätzungen sind von Prognosen zu unterscheiden, die als Schlussfolgerungen aus Beobachtungen von Vergangenheit und Gegenwart auf zukünftige Ereignisse definiert sind.[13] Beim Phänomen des Vogelschlags sind bereits die Beobachtungen der Gegenwart und Vergangenheit nicht umfassend ermittelt, sodass sich auf dieser Grundlage keine Prognose erstellen lässt. Die Schätzungen beruhen auf Forschungsergebnissen[14] aus den USA.[15] Anhand dieser Untersuchungen wird die

---

[3] Mit einer pathologischen Beschreibung *Veltri/Klem*, Journal of Field Ornithology 2005, 127, 130 ff.

[4] *Klem*, Bird Observer 2006, 73, 75; *Steiof/Altenkamp/Baganz*, Berichte zum Vogelschutz 2017, 69, 71.

[5] Vgl. *Spangenberger*, in: Brandt/Spangenberger (Hrsg.), Windenergieanlagen und Rotmilane, 2011, S. 17, 22.

[6] Siehe dazu die einzelnen Ursachen auf Seite 8 ff.

[7] *Länderarbeitsgemeinschaft der Vogelschutzwarten*, Vögel und Glas, 2016, S. 5.

[8] *Haupt*, Charadrius 2009, 1, 14.

[9] *Veltri/Klem*, Journal of Field Ornithology 2005, 127, 130 ff.

[10] *Steiof*, Der Falke 2018, 25, 27; *Haupt*, Charadrius 2009, 1, 14.

[11] *Loss/Will et al.*, The Condor 2014, 8, 9. Eine größere anthropogene Gefahr stellen lediglich Hauskatzen dar, *Loss/Will/Marra*, Annu. Rev. Ecol. Evol. Syst. 2015, 99, 103.

[12] BT-Drs. 18/7522, S. 2; *Banks*, Human related mortality of birds in the United States, 1979, S. 11.

[13] *Gusy*, Polizei- und Ordnungsrecht, 10. Aufl. 2017, Rn. 111.

[14] Beispielhaft *Borden/Lockhart et al.*, The Ohio Journal of Science 2010, 44, 45; *Ocampo-Penuela/Winton et al.*, PeerJ 2016, doi: 10.7717/peerj.1652.

[15] *Bellebaum/Grieger et al.*, Erheblichkeitsschwellen von Zugvögeln, 2010, S. 256.

Gesamtmortalität von Vögeln in den USA auf einen Median von 599 Millionen Vögel pro Jahr geschätzt.[16] Allerdings wird der Untersuchungsgegenstand aus praktischen Gründen in räumlicher und zeitlicher Hinsicht begrenzt, was bedeutet, dass keine ausreichende Datengrundlage für eine Prognose vorliegt.[17] Schätzungen für ganze Staaten oder Kontinente beruhen insofern in großen Teilen auf unsicheren Tatsachengrundlagen.[18] Gleichwohl sind die Untersuchungen geeignet, Ursachenzusammenhänge zwischen der Verwendung von Glas und (tödlichen) Kollisionen aufzuzeigen.

Auch in Deutschland werden Untersuchungen durchgeführt, um die Zusammenhänge der Auswirkungen von Glas auf Vögel zu erforschen.[19] Darüber hinaus werden die Hochrechnungen aus den USA herangezogen, um abzuschätzen, wie viele Vögel durch Vogelschlag in Deutschland und in Europa getötet werden.[20] Dies ist aufgrund vergleichbarer Bebauungsstruktur, Durchgrünungsgrad und Architektur in Deutschland und in den USA grundsätzlich möglich.[21] In Deutschland geht man von 100–115 Mio. Vogelschlagopfern pro Jahr aus, was bei einer geschätzten Individuenzahl von 1,2 bis 1,5 Mrd. Vögeln eine jährliche Mortalität von circa 5–10 % ergibt.[22] Aufgrund dieser hohen Mortalitätsrate ist nicht auszuschließen, dass Vogelschlag an Glas ungeachtet weiterer anthropogen bedingter Mortalitätsfaktoren wie Hauskatzen,[23] Verkehr,[24] Jagd, Stromleitungen,[25] Windenergieanlagen[26] usw. für sich genommen bereits populationswirksam ist.[27]

[16] *Loss/Will et al.*, The Condor 2014, 8, 16; eine gröbere Schätzung bei *Klem*, Journal of Field Ornithology 1990, 120, 121.

[17] Vgl. *Elle/Weerts et al.*, Berichte zum Vogelschutz 2013, 135 f.; *Loss/Will et al.*, The Condor 2014, 8, 9.

[18] Die Schätzung als „spekulativ" bezeichnend *Klem*, Journal of Field Ornithology 1990, 120, 125; *Loss/Will/Marra*, Annu. Rev. Ecol. Evol. Syst. 2015, 99, 104.

[19] Beispielsweise durch *Elle/Weerts et al.*, Berichte zum Vogelschutz 2013, 135, 136.

[20] So *Steiof/Altenkamp/Baganz*, Berichte zum Vogelschutz 2017, 69, 70. Das zeigen auch neuere Veröffentlichung wie *Länderarbeitsgemeinschaft der Vogelschutzwarten* (LAG VSW), Berichte zum Vogelschutz 2017, 63, 12.

[21] *Steiof*, Der Falke 2018, 25, 27; *Buer/Regner*, Vogel und Umwelt 2002, 31, 32; allerdings wird auf methodische Unsicherheiten hingewiesen, *Länderarbeitsgemeinschaft der Vogelschutzwarten* (LAG VSW), Berichte zum Vogelschutz 2017, 63, 13; Übernahme ohne Wertung bei *Bellebaum/Grieger et al.*, Erheblichkeitsschwellen von Zugvögeln, 2010, S. 256.

[22] *Steiof/Altenkamp/Baganz*, Berichte zum Vogelschutz 2017, 69, 71.

[23] *Loss/Will/Marra*, Nat. Commun. 2013, doi: 10.1038/ncomms2380, S. 1398 ff.

[24] Vgl. nur BVerwG, Urt. v. 17.01.2007 – 9 A 20/05, NVwZ 2007, 1054, Rn. 99.

[25] Vgl. § 41 BNatSchG, dazu *Schumacher*, in: Schumacher/Fischer-Hüftle (Hrsg.), BNatSchG, 2. Aufl., 2011, § 41, Rn. 1 ff. m.w.N.

[26] *Erb*, Untersuchungsumfang, 2013, S. 297 ff.

[27] *Steiof/Altenkamp/Baganz*, Berichte zum Vogelschutz 2017, 69, 71; zu den anthropogenen Mortalitätsfaktoren *Loss/Will/Marra*, Annu. Rev. Ecol. Evol. Syst. 2015, 99, 104 ff.

1. Ursachen von Vogelschlag

Die Kollisionen und die damit verbundenen Tötungen durch Vogelschlag an Glas beruhen zum einen auf Ursachen, die an die Fähigkeiten und Verhaltensweisen der Vögel selbst anknüpfen. Diese können wiederum in drei Fallgruppen eingeordnet werden, die sich durch den jeweiligen Kausalzusammenhang unterscheiden (dazu lit. a). Zum anderen beruht Vogelschlag auf Ursachen, die von der Umgebung und äußeren Einflüssen bedingt werden (dazu lit. b).

a) Individuenbedingte Ursachen für Vogelschlag

Hauptursache von Vogelschlag ist, dass Vögel Glas visuell nicht wahrnehmen können, obwohl sich Vögel hauptsächlich optisch orientieren.[28] Ihre hochentwickelten Augen sind darauf ausgelegt, eine Rundumsicht zu ermöglichen. Diese sind deshalb stark seitlich positioniert. Das führt dazu, dass nur ein geringer Ausschnitt des Sichtbereiches von beiden Augenwinkelbereichen abgedeckt wird und folglich das stereoskopische Sehen (räumliches Wahrnehmen) nur eingeschränkt möglich ist.[29]

Es können drei Fallgruppen – Durchsicht, Spiegelungen und Anlockwirkung – unterschieden werden:

aa) Durchsicht

Bei der ersten Fallgruppe erkennt der Vogel hinter einer Glasfläche ein Flugziel, bspw. einen Baum, vermutet eine freie Flugbahn und fliegt das vermeintlich erreichbare Ziel an (**Durchsicht**). Beispiele sind gläserne Lärmschutzwände, verglaste Gebäudeecken, Bushaltestellen aus Glas oder verglaste Verbindungsgänge.[30] Anflüge wegen Durchsicht können durch sog. Korridorwirkungen verstärkt werden. Diese entstehen durch gegenüberliegende Glasscheiben, die für den Vogel die Illusion einer freien Flugbahn erzeugen und deshalb von ihm angeflogen werden.[31] Um erhebliche Risiken und Gefahren auszulösen, genügen bereits kleinere Glasflächen.[32]

---

[28] *Rössler/Laube/Weihs*, Vermeidung von Vogelanprall an Glasflächen, 2007, S. 33.

[29] *Schmid/Doppler et al.*, Vogelfreundliches Bauen mit Glas und Licht, 2. Aufl. 2012, S. 5; ausführlich zu den visuellen Eigenschaften *Martin*, Ibis 2011, 239 ff.

[30] Vgl. *Schmid/Doppler et al.*, Vogelfreundliches Bauen mit Glas und Licht, 2. Aufl. 2012, S. 8 ff.

[31] *Koszela*, Vermeidung von Vogelschlag, 2014, S. 4.

[32] *Schmid/Doppler et al.*, Vogelfreundliches Bauen mit Glas und Licht, 2. Aufl. 2012, S. 8.

bb) Spiegelungen

Die zweite Gruppe umfasst Fälle, in denen der Vogel durch die Spiegelung des Glases ein Flugziel vermutet, etwa Vegetation oder den Himmel (**Spiegelungen**).[33] Je größer der Reflexionsgrad des Glases ist und je näher sich die Glasfront an der Vegetation befindet, desto höher ist das Kollisionsrisiko.[34]

cc) Anlockwirkung von Licht

Die dritte Fallgruppe beruht auf dem Zusammenwirken von Glas und künstlicher Beleuchtung. Vögel werden durch die Beleuchtung im Gebäudeinneren angezogen und kollidieren mit den Glasfronten der Gebäude, da sie diese nicht wahrnehmen können (**Anlockwirkung**). Dadurch kann es zum Massentod von Zugvögeln an Wolkenkratzern oder Türmen kommen.[35] Bei Zugvögeln treten Todesfälle besonders zu Wanderzeiten und verstärkt bei nachts ziehenden Arten auf.[36] Das Risiko der Kollision wird maßgeblich vom Expositionsrisiko (Vogelaktivität in der Umgebung) bestimmt und variiert je nach Vogelart unter anderem in Abhängigkeit von der gewöhnlichen oder wetterbedingten Flughöhe, der Fluggeschwindigkeit[37] und dem Vorkommen in Siedlungsnähe bzw. der Nähe zu Glasscheiben im Jahreszyklus.[38]

dd) Risikoerhöhende Faktoren

Für alle drei Fallgruppen gilt, dass das Kollisionsrisiko steigt, je bodennäher eine Vogelart lebt oder je häufiger sich ein Vogel in der Nähe von Glasscheiben aufhält.[39] Diese Beobachtung lässt den Gegenschluss zu, dass das Heranrücken von Gebäuden mit einer Glasfront an Grün- und Naturflächen das Kollisionsrisiko maßgeblich

[33] *Dies.*, Vogelfreundliches Bauen mit Glas und Licht, 2. Aufl. 2012, S. 6.

[34] *Steiof/Altenkamp/Baganz*, Berichte zum Vogelschutz 2017, 69, 83; besonders durch Dreifachverglasung und Sonnenschutzfenster wird das Kollisionsrisiko gesteigert, *Koszela*, Vermeidung von Vogelschlag, 2014, S. 38.

[35] Mit einigen Beispielen *Herrmann/Baier/Bosecke*, NuL 2006, 115 f.

[36] Etwa zwei Drittel der Zugvögel ziehen bei Nacht, vgl. *Kobler*, Lichtverschmutzung, 2002, S. 14.

[37] *Klem*, Journal of Field Ornithology 1990, 120, 125.

[38] So *Länderarbeitsgemeinschaft der Vogelschutzwarten*, Vögel und Glas, 2016, S. 4; allerdings können Arten betroffen sein, die gewöhnlich nicht in Siedlungsnähe zu erwarten sind. So wurde nachgewiesen, dass auch Raubvögel in der Nähe von Glasbauten jagen, weil dort Beute verfügbar ist, jedoch selbst durch Kollisionen zu Tode kommen *Klem*, Proceedings of the Pennsylvania Academy of Science 1981, 90, 91.

[39] *Klem*, Journal of Field Ornithology 1990, 120, 124.

erhöht.[40] Des Weiteren erhöht sich das Kollisionsrisiko in Abhängigkeit von der Gebäudehöhe.[41] Für kleine Gebäude (1 bis 3 Stockwerke) ist ein Median von ca. zwei, bei Gebäuden mittlerer Höhe (4 bis 11 Stockwerke) von ca. 22 und bei hohen Gebäuden (12 oder mehr Stockwerke) von ca. 24 tödlichen Kollisionen pro Jahr anzunehmen.[42] Kumulieren mehrere Faktoren, ist mit einer hohen Anzahl von Vogelschlagopfern zu rechnen.[43]

Der Kern der Problematik besteht darin, dass Vögel Glasscheiben als Hindernis nicht (rechtzeitig)[44] erkennen können. Zu einer Kollision kommt es in der Regel erst dann, wenn ein Vogel einen Anreiz hat, die Glasscheibe anzufliegen. Sowohl bei Durchsicht als auch bei Spiegelungen bedarf es daher eines Flugziels, das für den Vogel attraktiv erscheint. Es kommt somit maßgeblich auf die Umgebungsattraktivität an.[45] Das führt dazu, dass sich die Kollisionsrisiken kaum abstrakt bestimmen lassen und regelmäßig eine Einzelfallbetrachtung vonnöten ist.[46] Das schließt jedoch nicht aus, Parameter zu bestimmen, mit denen die Einzelfallbetrachtung leichter fällt und vergleichbare Ergebnisse erzielt werden können.[47] Um die Phänomene des Vogelschlags näher zu beleuchten, wurden die Faktoren identifiziert, die auf die Kollisionsrisiken Einfluss haben.[48] Zu diesen Faktoren zählen u. a. die Anflugfläche (Glasfläche), Glaseigenschaften, exponierte Glasflächen (z. B. transparente Ecken, gläserne Verbindungsgänge)[49] und die Umgebungsattraktivität.[50] Die Umgebungsattraktivität[51] hat Einfluss auf die Vogelaktivität in der Umgebung und ist von dem einzelnen Gebäude unabhängig.[52]

---

[40] Hier wird die Nähe zur Vegetation als einer der bestimmenden Faktoren der Kollision herausgearbeitet *Klem/Farmer et al.*, The Wilson Journal of Ornithology 2009, 126, 132; *Steiof/Altenkamp/Baganz*, Berichte zum Vogelschutz 2017, 69, 70, die selbst bei Einzelbüschen ein erhöhtes Kollisionsrisiko annehmen.

[41] *Loss/Will et al.*, The Condor 2014, 8, 19.

[42] *Dies.*, The Condor 2014, 8, 16, wobei diese Metaanalyse ausschließlich auf Daten aus den USA zurückgreift.

[43] Beispiele bei *Steiof/Altenkamp/Baganz*, Berichte zum Vogelschutz 2017, 69, 82.

[44] Bspw. können Schmutzablagerungen auf der Glasscheibe dazu führen, dass Vögel aus kurzer Distanz das Glas doch wahrnehmen. So wird teilweise als Schutzmaßnahme empfohlen, das Glas seltener zu reinigen *Koszela*, Vermeidung von Vogelschlag, 2014, S. 45 f.

[45] *Elle/Weerts et al.*, Berichte zum Vogelschutz 2013, 135, 137.

[46] *Klem*, Wilson Bulletin 1989, 606, 617.

[47] Mit einem solchen System *Elle/Weerts et al.*, Berichte zum Vogelschutz 2013, 135, 137 ff.

[48] *Hager/Cosentino et al.*, PloS one 2013, doi: 10.1371/journal.pone.0053371, S. 9; *Elle/Weerts et al.*, Berichte zum Vogelschutz 2013, 135, 137 ff.; *Dunn*, Journal of Field Ornithology 1992, 302, 307; *Klem*, Journal of Field Ornithology 1990, 120, 125 f.

[49] *Schmid/Doppler et al.*, Vogelfreundliches Bauen mit Glas und Licht, 2. Aufl. 2012, S. 8.

[50] *Länderarbeitsgemeinschaft der Vogelschutzwarten*, Vögel und Glas, 2016, S. 5.

[51] *Hager/Cosentino et al.*, PloS one 2013, doi: 10.1371/journal.pone.0053371, S. 5, die statt dem Begriff Umgebungsattraktivität „mortality ‚signature'" verwenden; ähnlich *Borden/Lockhart et al.*, The Ohio Journal of Science 2010, 44, 50 f.

[52] *Borden/Lockhart et al.*, The Ohio Journal of Science 2010, 44.

b) Äußere Umwelteinflüsse auf Vogelschlag

Die äußeren Umwelteinflüsse bestimmen das Expositionsrisiko, welches die Wahrscheinlichkeit beschreibt, ob sich ein Vogel in der Nähe der Glasscheibe aufhält.[53] Dazu zählen die Umgebungsattraktivität und andere abiotische Faktoren.

Unter Umgebungsattraktivität sind Standortfaktoren wie Gehölze, die Nähe zu Habitaten oder allgemein eine begrünte Umgebung zu verstehen.[54] Auch die Fütterung von Vögeln kann die Attraktivität und damit die Vogelaktivität in der Umgebung stark erhöhen.[55]

Abiotische Faktoren sind physikalische und chemische Faktoren der unbelebten Umwelt, die auf Organismen einwirken. Dazu gehören u. a. Lichteinfall, Jahreszeit, Temperatur, Niederschlag, Bewölkung und Wind.[56] So wurde nachgewiesen, dass Witterungsbedingungen zu Abweichungen der Kollisionsraten führen.[57] Zu den wichtigsten Faktoren zählen der Grad der Bewölkung, sowie die Menge des Niederschlags.[58] Wind hat zwar möglicherweise keinen signifikanten Einfluss auf die Kollisionsrate selbst, jedoch hat er messbaren Einfluss auf die Tödlichkeit der Kollision.[59]

Vogelschlag an Glas tritt das ganze Jahr über auf.[60] Von evidenter Bedeutung sind die Zugzeiten im Frühjahr und Herbst.[61] Daher werden in dieser Zeit besonders viele Kollisionen gezählt.[62] Ursache dafür sind Beleuchtungen, insbesondere bei oder in hohen Gebäuden. Zugvögel sind während der Zugzeit zusätzlich durch die Anlockwirkung von Licht gefährdet. Geringere Flughöhen wegen schlechten Wetters kann die Wahrscheinlichkeit von Vogelschlag weiter erhöhen.[63] Dies betrifft besonders nachts ziehende Vögel und insbesondere dann, wenn Kaltluftfronten die Vögel in geringere Höhen und somit näher an beleuchtete Gebäude treiben.[64] Im Winter erzeugt Vogelfutter, das von Menschen in der Nähe von Gebäuden ausgelegt wird, eine

---

[53] *Länderarbeitsgemeinschaft der Vogelschutzwarten*, Vögel und Glas, 2016, S. 5. Das Expositionsrisiko gehört zu den Eintrittsfaktoren, vgl. *Spangenberger*, in: Brandt/Spangenberger (Hrsg.), Windenergieanlagen und Rotmilane, 2011, S. 17, 22.

[54] *Länderarbeitsgemeinschaft der Vogelschutzwarten*, Vögel und Glas, 2016, S. 5.

[55] *Steiof/Altenkamp/Baganz*, Berichte zum Vogelschutz 2017, 69, 83.

[56] *Ogden*, Summary Report on the Bird Friendly Building Program, 2002, S. 7.

[57] *Klem*, Bird Observer 2006, 73, 74; *ders.*, Journal of Field Ornithology 1990, 120, 124.

[58] *Ogden*, Summary Report on the Bird Friendly Building Program, 2002, S. 7.

[59] So hatte der Wind in der Zugzeit in Toronto keinen großen Einfluss; *dies.*, Summary Report on the Bird Friendly Building Program, 2002, S. 7; es ist nicht klar, ob sich dieser Befund auf Deutschland ungehindert übertragen lässt.

[60] *Klem*, Bird Observer 2006, 73, 74.

[61] Zu den unterschiedlichen Formen des Vogelzugs *Erb*, Untersuchungsumfang, 2013, S. 285 ff. m.w.N.

[62] *Longcore/Rich et al.*, Biological Conservation 2013, 410, 415.

[63] *Bracey/Etterson et al.*, The Wilson Journal of Ornithology 2016, 355.

[64] *Longcore/Rich et al.*, Biological Conservation 2013, 410, 411.

Anlockwirkung, die wiederum zu erhöhten Kollisionsraten führen kann.[65] Oftmals sind im Sommer reduzierte Kollisionsraten zu konstatieren, wohl weil die den Nachwuchs aufziehende Vögel sich nicht weit von den Brutstätten entfernen können.[66]

Die Risiko- und Gefahrintensität des Spiegelungseffekts[67] ist auch von äußeren Umweltfaktoren abhängig. Zwar kommt es zunächst darauf an, unter welchen Bedingungen (Lichteinfall) und zu welchem Grad das Glas Reflexionseigenschaften aufweist, doch entsteht die Fallenwirkung vermutlich erst durch die sich spiegelnden potenziellen Flugziele. Exakt definierte Parameter, unter welchen Bedingungen das Kollisionsrisiko steigt, existieren bislang nicht.[68]

Ziel biologischer Forschungen war mitunter auch, zu ermitteln, welche Vogelarten besonders stark oder schwach von Vogelschlag betroffen sind.[69] Dabei wurden durchaus vogelartabhängige Unterschiede festgestellt, die vermutlich verhaltensbedingt sind.[70] Bislang wurde für keine Vogelart nachgewiesen, dass sie vom Vogelschlag an Glas nicht betroffen wäre.[71]

2. *Vermeidungsmaßnahmen*

Zur Vermeidung von Vogelschlag an Glas ist es zielführend, Glasflächen als solche zu vermeiden oder zumindest zu reduzieren, insbesondere dann, wenn sie als besonders große Risiken oder Gefahren einzustufen sind.[72] In der naturwissenschaftlichen Literatur wurden bestimmte Konstellationen als besonders gefährdend identifiziert, bei deren Vermeidung das Kollisionsrisiko effektiv gesenkt werden kann, wie bspw. Glasflächen an Eckbereichen.[73] Insgesamt besteht die einhellige Auffassung: Je mehr Glas großflächig verwendet wird, desto höher ist das Kollisionsrisiko.[74]

---

[65] *Klem*, Wilson Bulletin 1989, 606, 611.

[66] *Ders.*, Wilson Bulletin 1989, 606, 618.

[67] Siehe Seite 9.

[68] *Länderarbeitsgemeinschaft der Vogelschutzwarten*, Vögel und Glas, 2016, S. 5.

[69] Mit Ergebnissen für Vogelarten in den USA: *Loss/Will et al.*, The Condor 2014, 8, 18; beispielhaft *Longcore/Rich et al.*, Biological Conservation 2013, 410, 413 f; mit sogenannten „super colliders" *Arnold/Zink*, PloS one 2011, doi: 10.1371/journal.pone.0024708, S. 2.

[70] *Longcore/Rich et al.*, Biological Conservation 2013, 410, 415; Auch deshalb sind Kollisionen von Arten, die nicht in der Nähe von menschlichen Siedlungsnähe leben, bislang nicht verzeichnet worden; *Klem*, Bird Observer 2006, 73, 74.

[71] *Klem*, Wilson Bulletin 1989, 606, 616.

[72] *Brown/Caputo*, Bird-Safe Building Guidelines, Mai 2007, S. 20; *Ogden*, Collision Course: The Hazards of Lighted Structures and Windows to Migrating Birds, S. 33.

[73] Mit weiteren Beispielen und Lösungsvorschlägen, *Schmid/Doppler et al.*, Vogelfreundliches Bauen mit Glas und Licht, 2. Aufl. 2012, S. 8 ff.

[74] *Loss/Will et al.*, The Condor 2014, 8, 9 m.w.N.; *Klem/Farmer et al.*, The Wilson Journal of Ornithology 2009, 126, 132; *Hager/Cosentino et al.*, PloS one 2013, https://doi.10.1371/journal.pone.0053371, S. 6; *Elle/Weerts et al.*, Berichte zum Vogelschutz 2013, 135, 144, die betonen, dass daneben flächenunabhängige Bedingungen eine wichtige Rolle spielen.

Unstreitig ist ebenfalls, dass die effektivste Methode zur Verhinderung von Vogelschlag die Reduktion der Durchsicht ist, um das Glas für Vögel sichtbar zu machen.[75] Die flächige Markierung von Glasflächen oder die Ersetzung von Glasflächen durch halbtransparente Materialien werden als effektive, den Vogelschlag reduzierende Alternativen zur Vermeidung von besonders risikobehafteten Glasflächen erachtet.[76]

Markierungen können Punkte, Streifen oder auch beliebige Muster sein. Entscheidend für eine hohe Schutzwirkung sind der Deckungsgrad, der Abstand der Markierungen, die Farbwahl sowie die Ausrichtung der Markierung.[77] Welche Markierungen effektiv Vogelschlag verhindern, wird durch Flugtunneluntersuchungen ermittelt.[78] Bei diesen Versuchen werden Vögel in eine dunkle Röhre verbracht, an deren Ende sich zwei Lichtausgänge befinden. An jedem Lichtausgang wird je eine Glasscheibe montiert: eine markierte Versuchsscheibe und eine unmarkierte Referenzscheibe. Je seltener ein Vogel die markierte Glasscheibe anfliegt, desto wirksamer ist die Markierung. Die tatsächliche Kollision wird mit einem feinen Netz verhindert.[79] Die Flugtunneluntersuchungen haben bestimmte Markierungen, Muster, Deckungsgrade und Farbmuster identifiziert, die sich als besonders geeignet zur Verhinderung und Reduzierung von Kollisionen herausgestellt haben.[80] Der zugrundeliegende Effekt besteht darin, dass Vögel die Glasscheibe als Hindernis wahrnehmen können und deshalb nicht anfliegen. In diesem Zusammenhang ist zu betonen, dass es nicht notwendig ist, dass die Durchsicht i.S.d. Lichtdurchlasses verhindert werden muss. Häufig genügen Markierungen, die nur aus Punkten oder Streifen bestehen und eine Deckungskraft von lediglich 15 % aufweisen.[81] Keinen Schutz vor Kollisionen hingegen bieten Greifvogelsilhouetten, die auf das Glas angebracht werden.[82] Entgegen der Vermutung erkennen Vögel darin keine Fressfeinde, sondern bloße Hindernisse. Das hat zur Folge, dass Vögel diese zu umfliegen versuchen und an anderer Stelle mit dem Glas kollidieren.[83]

---

[75] *Schmid/Doppler et al.*, Vogelfreundliches Bauen mit Glas und Licht, 2. Aufl. 2012, S. 15.

[76] *Schmid/Doppler et al.*, Vogelfreundliches Bauen mit Glas und Licht, 2. Aufl. 2012, S. 15; ähnlich konkrete Vorgaben enthält ein Gesetzesvorschlag, der in den US-Kongress eingebracht wurde, s. Federal Bird-Safe Buildings Act of 2017, S. 1920, 115th Cong. (2017).

[77] Einen Überblick bei *dies.*, Vogelfreundliches Bauen mit Glas und Licht, 2. Aufl. 2012, S. 17 ff.

[78] *Haupt*, Berichte zum Vogelschutz 2011, 143, 145.

[79] Zum gesamten Versuchsaufbau *Rössler/Laube/Weihs*, Vermeidung von Vogelanprall an Glasflächen, 2007, S. 13 ff.

[80] *Dies.*, Vermeidung von Vogelanprall an Glasflächen, 2007, S. 32 ff. Die Ergebnisse werden jedoch leicht missverstanden. Wenn der Vogel die Versuchsscheibe jedes zweite Mal anfliegt (50:50 Verteilung), hat die getestete Scheibe keinen Effekt. Das bedeutet *nicht*, dass die Kollision in 50 % der Fälle verhindert wird.

[81] *Schmid/Doppler et al.*, Vogelfreundliches Bauen mit Glas und Licht, 2. Aufl. 2012, S. 16.

[82] *Klem*, Journal of Field Ornithology 1990, 120, 126; *Rössler/Laube/Weihs*, Vermeidung von Vogelanprall an Glasflächen, 2007, S. 49 f.

[83] *Trybus*, Wirksamkeit von Greifvogelsilhouetten, 2003, S. 19 f.

Ebenso wie durch Markierungen kann ein guter Schutz auch erreicht werden, wenn anstatt Glas lichtdurchlässige, aber nicht transparente Materialien oder Konstruktionen wie bspw. Milchglas verwendet werden.[84] Gleiches gilt für andere bauliche Maßnahmen, wie Jalousien oder Metallstrukturen vor den Glasflächen.[85] Eine andere Überlegung wird bei Futterstellen erwogen, die von Menschen im Winter unterhalten werden.[86] Hier wird empfohlen, die Futterstelle entweder sehr nah (<0,3 m) an Glasflächen oder weit davon entfernt zu positionieren.[87] Denn obwohl die Futterstelle ein Anflugziel darstellt, ist wegen der Nähe bei einer etwaigen Kollision die Fluggeschwindigkeit so niedrig, dass eine Kollision ungefährlich ist.[88] Als eine weitere Maßnahme können die Auswirkungen spiegelnder Glasflächen dadurch verhindert werden, indem sie nach unten geneigt werden, sodass ausschließlich der Boden reflektiert wird. Das erzeugt die Illusion einer festen Struktur, die dann von Vögeln nicht angeflogen wird.[89] Bei spiegelnden Glasflächen wird zudem als schützende Maßnahme vorgeschlagen, die Anflugziele wie Bäume oder Unterholz in der Umgebung vor den spiegelnden Glasflächen zu beseitigen.[90]

Ausgehend von der Tatsache, dass zumindest einige Vögel UV-Licht wahrnehmen können, wurde erwogen, Glasflächen mittels UV-A Lichtabsorbern bzw. -reflektoren zu markieren.[91] Dadurch würde die Scheibe für den anfliegenden Vogel „bunt“ erscheinen, und er wäre so in der Lage, das Hindernis zu erkennen.[92] Gläser mit entsprechenden Eigenschaften wurden daraufhin in Flugtunneluntersuchungen getestet.[93] Diese Untersuchungen haben aber keine positiven Ergebnisse erzielt. Es wird vermutet, dass die Wahrnehmung von UV-A Licht für Vögel beim Fliegen nur eine untergeordnete Rolle spielt, auch weil morgens und abends die UV-Strahlung gering ist.[94] Neuere Untersuchungen von *Klem* und *Saenger* bestätigen diese Ergebnisse, schließen aber dennoch eine Wirksamkeit von UV-Markierungen nicht grund-

[84] *Schmid/Doppler et al.*, Vogelfreundliches Bauen mit Glas und Licht, 2. Aufl. 2012, S. 16.

[85] *Koszela*, Vermeidung von Vogelschlag, 2014, S. 36 f.

[86] *Klem*, in: Adams/Leedy (Hrsg.), Wildlife conservation in metropolitan environments, 1991, S. 99, 102.

[87] *Dunn*, Journal of Field Ornithology 1992, 302, 309; anderen Angaben zufolge ist auch ein Meter Abstand ausreichend *Klem/Keck et al.*, The Wilson Bulletin 2004, 69, 73.

[88] *Lindeiner/Nipkow/Schneider*, Glasflächen und Vogelschutz, 2010, S. 16; mit der Berechnung der Wahrscheinlichkeit tödlicher Kollisionen, abhängig von der Entfernung der Futterstelle zum Glas *Klem*, Bird Observer 2006, 73, 79.

[89] *Klem*, Journal of Field Ornithology 1990, 120, 126.

[90] *Elle/Weerts et al.*, Berichte zum Vogelschutz 2013, 135, 137; *Klem/Farmer et al.*, The Wilson Journal of Ornithology 2009, 126, 132.

[91] *Buer/Regner*, Vogel und Umwelt 2002, 31, 32 f.

[92] *Dies.*, Vogel und Umwelt 2002, 31, 34 ff.

[93] Das speziell gegen Vogelschlag entwickelte UV-Glas wird als wenig geeignet eingestuft, *Rössler*, Vogelanprall an Glasflächen, 2012, S. 27.

[94] *Rössler/Laube/Weihs*, Vermeidung von Vogelanprall an Glasflächen, 2007, S. 50 f.

sätzlich aus.[95] Festhalten lässt sich, dass die UV-Markierung zumindest bislang keine wirksame Vermeidungsmethode darstellt und daher keine Alternative bieten kann.[96]

Bezüglich der Gefahr, dass Vögel durch Licht angelockt werden und anschließend mit Glas kollidieren, sind die Reduktion der Beleuchtungsstärke, die Vermeidung von nicht notwendiger Beleuchtung sowie die Verhinderung von Abstrahlung nach oben und zur Seite durch Leuchtenkonstruktion oder Abschirmung ein wirksames Mittel, um das Kollisionsrisiko zu minimieren.[97] Das betrifft insbesondere die Zugzeiten im Frühjahr und Herbst.[98]

II. Künstliches Licht als Risiko und Gefahr für Insekten, Fledermäuse und Vögel

Als tagaktive Wesen haben sich Menschen stets um Möglichkeiten bemüht, das Tageslicht durch künstliche Lichtquellen zu verlängern. In der vorindustriellen Zeit wurden zu diesen Zwecken vor allem Materialien wie Holz oder Öl verbrannt. Auch wenn solche Lichtquellen in der unmittelbaren Umgebung Einfluss auf das Verhalten von Tieren haben können, war das Ausmaß limitiert.[99] Erst durch die industrielle Revolution wurde mit künstlichem Licht, besonders mithilfe der Elektrizität, die Nacht substanziell und flächendeckend[100] erhellt.[101] In den letzten vier Jahrzehnten sind vor allem zwei Entwicklungen feststellbar: Die Beleuchtung der Nachtlandschaft nimmt zum einen durch technische Effizienz (z. B. Leuchtstoffröhren, LED) und zum anderen durch Ausbreitung des Lichtmarktes, also durch eine Steigerung der Anzahl von künstlichen Lichtquellen, zu.[102] Dabei ist der Tag- und Nachtzyklus verbunden mit Jahreszeiten und Mondzyklen ein gleichbleibender Umwelteinfluss

---

[95] *Klem/Saenger*, The Wilson Journal of Ornithology 2013, 406, 409, mit dem Argument, dass die getesteten Markierungen keine hohe UV-Licht Reflexionsquote aufwiesen. Daher sei es nicht ausgeschlossen, dass andere Glastypen bessere Ergebnisse erzielen.

[96] Ausführlich und mit Formulierung offener Fragen *Haupt*, Berichte zum Vogelschutz 2011, 143, 152 ff.

[97] *Ders.*, Charadrius 2009, 1, 17; *Loss/Will et al.*, The Condor 2014, 8, 9; *Klem/Farmer et al.*, The Wilson Journal of Ornithology 2009, 126, 129; *Schmid/Doppler et al.*, Vogelfreundliches Bauen mit Glas und Licht, 2. Aufl. 2012, S. 50 f.

[98] *Haupt*, in: Held/Hölker/Jessel (Hrsg.), Schutz der Nacht, 2013, S. 61, 63 f.

[99] *Longcore/Rich*, Frontiers in Ecology and the Environment 2004, 191.

[100] *Cinzano/Falchi/Elvidge*, Monthly Notices of the Royal Astronomical Society 2001, 689, 701.

[101] *Chepesiuk*, Environmental Health Perspectives 2009, 20, 21 f.; *Gaston/Bennie et al.*, Biological reviews of the Cambridge Philosophical Society 2013, 912, 913; *Hölker/Wolter et al.*, Trends in ecology & evolution 2010, 681.

[102] *Falchi/Cinzano et al.*, Science advances 2016, doi: 10.1126/sciadv.1600377 ff.; *Kobler*, Lichtverschmutzung, 2002, S. 6.

und geologisch betrachtet konstant.[103] Die meisten Lebewesen haben sich an diese lichtbedingten Umwelteinflüsse angepasst.[104] Wie bedeutsam der Nachtzyklus ist, zeigt die Tatsache, dass 30 % aller Wirbeltiere und über 60 % aller wirbellosen Tiere nachtaktiv sind.[105] Deshalb spielt die biologisch innere Uhr, gesteuert durch Tag- und Nachtzyklus, sowohl für Menschen als auch für Tiere, Pflanzen und Mikroorganismen eine wichtige Rolle.[106] Die Auswirkungen künstlichen Lichts reichen von Verhaltensänderungen[107] bis hin zu tödlichen Risiken und Gefahren.[108]

Generell kann künstliches Licht

- die Orientierung von Tieren beeinflussen,
- Anlock-, Fixierungs- und Abschreckwirkung erzeugen,
- die circadiane (Tag-Nacht) Rhythmik stören sowie
- die Qualität der Habitate beeinträchtigen.[109]

Diese Effekte sind nicht auf Insekten, Fledermäuse und Vögel beschränkt, sondern werden in ähnlicher Form auch bei anderen Tierarten beobachtet. So werden bspw. Meeresschildkröten nach dem Schlüpfen von Licht desorientiert und können sich dadurch nicht in Sicherheit bringen.[110] Ebenfalls werden Reptilien, Amphibien, Fische oder Bodenkulturen durch künstliches Licht beeinflusst.[111] Dauerhafte Beleuchtung kann zu schwerwiegenden Gesundheitsschäden an Tieren wie bspw. Rindern führen.[112] Die Veränderung des Verhaltens verschiedener Arten auf Grund künstlicher Beleuchtung hat darüber hinaus möglicherweise Einfluss auf ganze Ökosysteme.[113] Beispielsweise führt die Beleuchtung bei Nacht zu einer verminderten Bestäubung, wodurch sich landwirtschaftliche Erträge verringern.[114]

---

[103] *Gaston/Bennie et al.*, Biological reviews of the Cambridge Philosophical Society 2013, 912, 913.

[104] *Dies.*, Biological reviews of the Cambridge Philosophical Society 2013, 912, 913.

[105] *Hölker/Wolter et al.*, Trends in ecology & evolution 2010, 681.

[106] *Dunlap*, Cell 1999, 271.

[107] Für Auswirkungen bei geringer Lichtintensität, hier am Beispiel des Mondzyklus *Evans/Elliott/Gorman*, Journal of biological rhythms 2007, 356, 363 ff.; *Bachleitner/Kempinger et al.*, Proceedings of the National Academy of Sciences of the United States of America 2007, 3538.

[108] *Rodríguez/García et al.*, Journal of Ornithology 2015, 893, 900; *Gehring/Kerlinger/Manville*, Ecological Applications 2009, 505; *Ogden*, Summary Report on the Bird Friendly Building Program, 2002, S. 13.

[109] *Narisada/Schreuder*, Light Pollution Handbook, 2004, S. 94.

[110] *Longcore/Rich*, Frontiers in Ecology and the Environment 2004, 191, 193.

[111] *Brüning/Hölker*, in: Held/Hölker/Jessel (Hrsg.), Schutz der Nacht, 2013, 69 ff; dies kann auch dazu führen, dass sich die Zusammensetzung der Arten unter künstlicher Beleuchtung verändert, *Davies/Bennie/Gaston*, Biology letters 2012, 764, 765 ff.; bzgl. aquatischer Ökosysteme *Manfrin/Singer et al.*, Front. Environ. Sci. 2017, doi: 10.3389/fenvs.2017.00061; *Grubisic/Singer et al.*, Limnol. Oceanogr. 2017, doi: 10.1002/lno.10607.

[112] Vgl. VG Regensburg, Urt. v. 26.11.1984 – RN 5 K 83 A.2395, BeckRS 1984, 30992355.

[113] *Bennie/Davies et al.*, Phil. Trans. R. Soc. B (370) 2015, doi: 10.1098/rstb.2014.0131, S. 7.

[114] *Knop/Zoller et al.*, Nature 2017, 206 ff.; *MacGregor/Pocock et al.*, Ecological Entomology 2015, 187, 195.

Nach der Klärung des Begriffs Licht (1.) werden nachfolgend die Auswirkungen von Lichtemissionen auf Insekten (2.) sowie Vögel und Fledermäuse (3.) dargestellt, um anschließend wirksame Vermeidungsmaßnahmen zu definieren (4.).

1. Begriffsbestimmung: Licht

Als Licht wird der sichtbare Bereich elektromagnetischer Wellen bezeichnet. Dazu zählt auch der ultraviolette (200 bis 380 nm) und infrarote (780–1400 nm) Wellenlängenbereich, der auch unsichtbares Licht genannt wird. Für den Menschen sichtbares Licht sind elektromagnetische Wellen zwischen 380 und 780 nm Wellenlänge. Allerdings können Tiere teilweise einen größeren Spektralbereich an elektromagnetischen Wellen optisch wahrnehmen. Die Fähigkeit, UV-A Licht (315–380 nm Wellenlänge) wahrzunehmen, wurde für einige Vogelarten[115] und viele Insektenarten[116] festgestellt. Entsprechend wird nachfolgend unter dem Begriff Licht auch der für das menschliche Auge nicht wahrnehmbare Bereich des UV-A Lichts verstanden.

2. Auswirkungen auf Insekten

a) Einführung

Lichtemissionen stellen für Insekten ein Risiko bzw. eine Gefahr dar. Nachtaktive Insekten werden durch Licht angelockt, verenden an der Lichtquelle oder werden dort Opfer von Fressfeinden.[117] Es existieren verschiedene naturwissenschaftliche Erklärungsversuche, warum Insekten Lichtquellen anfliegen.[118] Diese Diskussion muss vorliegend nicht vertieft werden, weil sie sowohl auf den Befund, dass Insekten Lichtquellen anfliegen, als auch auf die Vermeidungsmaßnahmen keinen Einfluss hat.

In Deutschland gibt es ca. 33.000 Insektenarten, von denen ein Teil im Laufe der Evolution ihre Flügel und somit ihre Flugfähigkeit verloren hat.[119] Viele Insekten sind nachtaktiv, wie bspw. etwa 85 % aller Schmetterlingsarten.[120] Bislang können keine exakt ausdifferenzierten Risiko- und Gefahrenpotenziale für Ordnungen,

---

[115] Mit genaueren Ausführungen und weiteren Nachweisen *Rössler/Laube/Weihs*, Vermeidung von Vogelanprall an Glasflächen, 2007, S. 45 ff.

[116] *Scheibe*, Straßenbeleuchtungen, 2000, S. 89.

[117] *Eisenbeis*, in: Held/Hölker/Jessel (Hrsg.), Schutz der Nacht, 2013, S. 53, 54.

[118] Zu den verschiedenen Theorien *Höttinger/Graf*, Zur Anlockwirkung öffentlicher Beleuchtungseinrichtungen auf nachtaktive Insekten, Dezember 2003, S. 4 m.w.N.; *Huemer/Kühtreiber/Tarmann*, Anlockwirkung moderner Leuchtmittel auf nachtaktive Insekten, 2011, S. 20.

[119] *Eisenbeis*, in: Held/Hölker/Jessel (Hrsg.), Schutz der Nacht, 2013, 53.

[120] *Schmid/Doppler et al.*, Vogelfreundliches Bauen mit Glas und Licht, 2. Aufl. 2012, S. 51; hier gemessen anhand des Artenvorkommen in Südtirol *Tiroler Landesumweltanwaltschaft* (Hrsg.), Die Helle Not, 2009, S. 9.

Familien und Arten definiert werden.[121] Schätzungen zufolge werden in Deutschland allein an Straßenlaternen jedes Jahr 150 Billionen Insekten getötet.[122] Durch die vielen einzelnen Lichtpunkte kann das langfristig zu Leerfangeffekten führen.[123] Unter einem Leerfangeffekt ist das Resultat zu verstehen, dass im Umfeld der Lichtquelle lokale Populationen stark abnehmen und es zu einer Verarmung der Fauna kommt.[124] Betroffen sind viele Insektenordnungen,[125] darunter auch Arten, vorrangig Käfer und Schmetterlinge,[126] die besonders geschützt sind.[127] Als stärker gefährdet dürften besonders standorttreue und spezialisierte Arten (K-Strategen) gelten.[128]

b) Einflussfaktoren

Verschiedene Faktoren beeinflussen den Anflug von Insekten. Diese lassen sich in drei Gruppen einteilen: Art und Typ der Lichtquelle, Standortfaktoren und abiotische Faktoren.[129]

aa) Art und Typ der Lichtquelle

Bei Art und Typ der Lichtquelle sind die wichtigsten Faktoren die spektrale Zusammensetzung des Lichts (Farbe bzw. Wellenlänge), Helligkeit (Beleuchtungsstärke) und Bauart der Lichtquelle.[130]

---

[121] *Eisenbeis,* in: *Bundesamt für Naturschutz* (Hrsg.), Auswirkungen von Fremdlicht auf die Fauna im Rahmen von Eingriffen in Natur und Landschaft, 2001, S. 97.

[122] *Schmid/Doppler et al.*, Vogelfreundliches Bauen mit Glas und Licht, 2. Aufl. 2012, S. 39. Ohne die Bezugnahme auf Licht als Ursache wurde ein Rückgang von mehr als 75 % der Biomasse von Fluginsekten innerhalb der letzten 27 Jahre nachgewiesen: *Hallmann/Sorg et al.*, PloS one 2017, doi: 10.1371/journal.pone.0185809, passim.

[123] *Eisenbeis*, in: Held/Hölker/Jessel (Hrsg.), Schutz der Nacht, 2013, 53.

[124] *Eisenbeis/Hänel*, in: McDonnell/Hahs/Breuste (Hrsg.), Ecology of Cities and Towns, 2009, S. 243, 248.

[125] 13 bis 16 Ordnungen der 28 Insektenordnungen wurden an Lichtquellen nachgewiesen, davon sieben in größeren Zahlen: *Eisenbeis*, in: Held/Hölker/Jessel (Hrsg.), Schutz der Nacht, 2013, 53; mit Auflistung *Höttinger/Graf*, Zur Anlockwirkung öffentlicher Beleuchtungseinrichtungen auf nachtaktive Insekten, Dezember 2003, S. 12 f.

[126] Beispielhaft an der Untersuchung von *Kolligs*, Ökologische Auswirkungen künstlicher Lichtquellen auf nachtaktive Insekten, insbesondere Schmetterlinge (Lepidoptera), 2000, S. 60 und 106.

[127] Z. B. der Nachtfalter Hecken-Wollafter (Eriogaster catax) oder die Hornisse (Vespa crabro); vgl. EG-Artenschutzverordnung Nr. 338/97 Anhang A, FFH-Richtlinie RL 92/43/EWG Anhang IV und BArtSchV Anhang 1.

[128] *Eisenbeis,* in: *Bundesamt für Naturschutz* (Hrsg.), Auswirkungen von Fremdlicht auf die Fauna im Rahmen von Eingriffen in Natur und Landschaft, 2001, S. 97.

[129] *Höttinger/Graf,* Zur Anlockwirkung öffentlicher Beleuchtungseinrichtungen auf nachtaktive Insekten, Dezember 2003, S. 14.

[130] *Kolligs*, Ökologische Auswirkungen künstlicher Lichtquellen auf nachtaktive Insekten, insbesondere Schmetterlinge (Lepidoptera), 2000, S. 105; *Longcore/Aldern et al.*, Phil. Trans. R. Soc. B (370) 2015, doi: 10.1098/rstb.2014.0125, S. 1.

Die Anlockwirkung ist nach emittierter Wellenlänge, zumeist als Lichtfarbe in Kelvin beschrieben,[131] unterschiedlich. Besonders stark reagieren die meisten Insekten auf kurze Wellenlängen,[132] d. h. Lichtemissionen mit hohem Blaulicht- und UV-Lichtanteil.[133] Grundsätzlich gilt, dass viele Insekten UV-A-Licht (315–400 nm Wellenlänge)[134] und blaues Licht (430–500 nm Wellenlänge)[135] intensiv wahrnehmen.[136] Entsprechend unterscheidet sich die Attraktivität von Lichtquellen mit gleicher Farbtemperatur nach der Zusammensetzung des Wellenlängenspektrums des emittierten Lichts.[137] Viele Insekten reagieren auf bestimmte Wellenlängen mit bestimmten Verhaltensweisen.[138] Daraus folgt, dass Beleuchtungen, die derartige Wellenlängen emittieren, eine starke Anlockwirkung auf Insekten entwickeln. Entsprechend können Beleuchtungen im Außenbereich massenhaft Insekten anziehen (sog. Staubsauger-Effekt).[139] Allerdings unterscheidet sich die Anlockwirkung maßgeblich je nach den jahreszeitlichen Aktivitätsperioden, sodass im Winter kaum Insekten angezogen werden.[140] Im Gegensatz dazu sind während der Vegetationsperioden, besonders in den Sommermonaten, hohe Anflugzahlen zu erwarten.[141]

Verstärkt werden die Risiken und Gefahren durch die Helligkeit der Lichtquelle. Je heller die Lichtemission im Vergleich zur Hintergrundbeleuchtung ist, desto eher werden Insekten von der Lichtquelle angelockt.[142] Ein linearer Zusammenhang

---

[131] Zur Problematik unterschiedlicher Farbwahrnehmung siehe Seite 31 f.

[132] Am Beispiel von Motten *Somers-Yeates/Hodgson et al.*, Biology letters 2013, doi: 10.1098/rsbl.2013.0376, S. 3.

[133] Das könnte daran liegen, dass Insekten kurzwelliges Licht als wesentlich heller wahrnehmen als Menschen; vgl. *Huemer/Kühtreiber/Tarmann*, Anlockwirkung moderner Leuchtmittel auf nachtaktive Insekten, 2010, S. 29; *Longcore/Aldern et al.*, Phil. Trans. R. Soc. B (370) 2015, doi: 10.1098/rstb.2014.0125, S. 2; *Barghini/Medeiros*, Leukos 2012, 47, 53 f.; möglicherweise können auch typische Verhaltensweisen ausschlaggebend sein, ausführlich dazu *Scheibe*, Straßenbeleuchtungen, 2000, S. 98 ff.

[134] *Lipinski* (Hrsg.), Licht und Farbe, 2007, S. 36.

[135] *Ders.*, Licht und Farbe, 2007, S. 4.

[136] *Eisenbeis*, in: Held/Hölker/Jessel (Hrsg.), Schutz der Nacht, 2013, S. 53, 54.

[137] *Longcore/Aldern et al.*, Phil. Trans. R. Soc. B (370) 2015, doi: 10.1098/rstb.2014.0125, S. 6, mit dem Ergebnis, dass bei gleicher Farbtemperatur das Licht einer LED-Leuchte weniger stark anziehend wirkt, als das einer Leuchtstofflampe.

[138] *Scheibe*, Straßenbeleuchtungen, 2000, S. 99 m.w.N.

[139] *Eisenbeis*, in: Held/Hölker/Jessel (Hrsg.), Schutz der Nacht, 2013, 53.

[140] *Huemer/Kühtreiber/Tarmann*, Anlockwirkung moderner Leuchtmittel auf nachtaktive Insekten, 2010, S. 17; bestätigend *dies.*, Anlockwirkung moderner Leuchtmittel auf nachtaktive Insekten, 2011, S. 13.

[141] *Huemer/Kühtreiber/Tarmann*, Anlockwirkung moderner Leuchtmittel auf nachtaktive Insekten, 2010, S. 17; ausführend dazu betont *Kolligs*, dass meist nur an wenigen Tagen im Jahr optimale Bedingungen für einen starken Anflug von Insekten herrschen und daher an den meisten Tagen nur wenige Tiere einer Population angelockt werden; *Kolligs*, Ökologische Auswirkungen künstlicher Lichtquellen auf nachtaktive Insekten, insbesondere Schmetterlinge (Lepidoptera), 2000, S. 102.

[142] *Höttinger/Graf*, Zur Anlockwirkung öffentlicher Beleuchtungseinrichtungen auf nachtaktive Insekten, Dezember 2003, S. 15 f. m.w.N.

zwischen Helligkeit und Anlockwirkung besteht jedoch wohl nicht.[143] Zur Bestimmung der Helligkeit können Leistung (Watt) und Beleuchtungsstärke (Lux) nur bedingt als Indizien dienen, weil sich die von den Insekten wahrgenommene Helligkeit von der menschlichen Wahrnehmung deutlich unterscheiden kann.[144]

bb) Standortfaktoren

Standortfaktoren der Lichtquelle spielen eine weitere, bestimmende Rolle. Bei den Standortfaktoren ist auf die örtliche Umgebung abzustellen, insbesondere auf die Nähe zu natürlichen Lebensräumen und Brutstätten. Die Anlockwirkung ist abhängig von der Lichtemission: Je höher die Lichtkonzentration, d. h. die Beleuchtungsstärke, in einem bestimmten Bereich ist, desto höher ist die Anflugwahrscheinlichkeit.[145] Wie intensiv – gemessen an der Beleuchtungsstärke – die Lichtimmission ist, hängt maßgeblich von der direkten Lichteinstrahlung, aber auch von der Lichtstreuung und der Lichtreflexion ab.[146] In welchem Umfang Lichtemissionen i.S.e. direkten Lichteinstrahlung zu Lichtimmissionen im betroffenen Bereich führen, wird durch die Lichtpunkthöhe, also auf welcher Höhe die Lichtquelle installiert wird, die mögliche Abschirmung der Leuchte und den Standort der Lichtquelle beeinflusst.[147] Je nachdem wie weit das Licht in Natur und Landschaft hineinwirkt, werden bereits durch eine Lichtquelle massenhaft Insekten angezogen.[148] Gerade aquatische Insekten werden von Lichtquellen angelockt, wenn sich diese in der Nähe von (Klein-)Gewässern befinden.[149] Wie weit die Anlockwirkung reicht bzw. aus welcher Entfernung Insekten zur Lichtquelle angezogen werden, ist nicht abschließend bekannt. Messungen ergeben unterschiedliche Werte, die sich aber nicht

[143] *Longcore/Aldern et al.*, Phil. Trans. R. Soc. B (370) 2015, doi: 10.1098/rstb.2014.0125, S. 6, die der Helligkeit des Leuchtmittels eine geringere Bedeutung beimessen, als die spektrale Zusammensetzung des emittierten Lichts.

[144] So wird die relevante UV-A Emission nicht von der „Lux"-Messung erfasst: *Scheibe*, Straßenbeleuchtungen, 2000, S. 105.

[145] *Höttinger/Graf*, Zur Anlockwirkung öffentlicher Beleuchtungseinrichtungen auf nachtaktive Insekten, Dezember 2003, S. 16 ff.

[146] Mit Erläuterungen zur Strahlengeometrie *Lang*, in: Held/Hölker/Jessel (Hrsg.), Schutz der Nacht, 2013, 91 f.

[147] *Höttinger/Graf*, Zur Anlockwirkung öffentlicher Beleuchtungseinrichtungen auf nachtaktive Insekten, Dezember 2003, S. 18; weitere Forschung insbesondere bzgl. LED für erforderlich halten *Wakefield/Broyles et al.*, J Appl Ecol 2017, doi: 10.1111/1365-2664.13004, S. 6.

[148] Bei gewöhnlichen Leuchtentypen zwischen 160 und 370 Individuen pro Nacht *Huemer/Kühtreiber/Tarmann*, Anlockwirkung moderner Leuchtmittel auf nachtaktive Insekten, 2010, S. 30; dabei handelt es sich um eine Studie dessen Ergebnisse nicht pauschalisiert werden können; vgl. a.a.O. S. 29.

[149] *Eisenbeis*, in: *Bundesamt für Naturschutz* (Hrsg.), Auswirkungen von Fremdlicht auf die Fauna im Rahmen von Eingriffen in Natur und Landschaft, 2001, S. 96; *Scheibe*, Natur und Landschaft 2003, 264, 266.

notwendigerweise widersprechen.[150] Die Distanz kann zwischen 10 und 50 m,[151] bzw. 20 und 200 m oder 400 und 700 m betragen.[152] Allgemein gilt: Je höher der Lichtpunkt ist, desto weiter reicht die Anlockwirkung.[153] Auch die Flughöhe der Insekten ist nach Art und teilweise auch nach Geschlecht unterschiedlich.[154] Je höher die Flughöhe ist, desto weniger wird das Insekt, bspw. durch Bäume, vor der Lichtemission geschützt, wodurch die Anlockwirkung steigt.

Im Ergebnis lässt sich feststellen, dass die Anlockwirkung mit der direkten Lichteinstrahlung in Lebensräumen steigt. In dem Kontext hängt die Anlockwirkung von der Beschaffenheit und insbesondere von der räumlichen Nähe der Leuchte zu den Lebensräumen, den dort beheimateten Arten und von der Frage ab, wie weit die Lichtstrahlen in Natur und Landschaft hineinwirken können.

cc) Abiotische Faktoren

Zu den nicht beeinflussbaren abiotischen Faktoren zählen Temperatur, Wind, Niederschlag, Luftfeuchtigkeit, Mondhelligkeit, Bewölkung und Luftdruck.[155]

Aktivität und Anflug von Insekten sind maßgeblich von Witterung und Mondphase beeinflusst. Am stärksten, d. h. am zahlreichsten, ist der Anflug in warmen, windstillen und mondlosen Nächten.[156] Bewölkung wirkt generell anflugfördernd, vermutlich weil die Reduzierung der Hintergrundhelligkeit kontraststärkend ist.[157] Der Anflug von kleinen oder flugschwachen Insekten wird durch zunehmende

---

[150] Da neben Licht auch noch andere Faktoren die Anlockwirkung beeinflussen, vgl. dazu *Höttinger/Graf*, Zur Anlockwirkung öffentlicher Beleuchtungseinrichtungen auf nachtaktive Insekten, Dezember 2003, S. 10.

[151] *Wakefield/Broyles et al.*, J Appl Ecol 2017, doi: 10.1111/1365-2664.13004, S. 7; *Urbanič*, Natura Slovenia 2002, 13, 17.

[152] Dies dürfte maßgeblich davon abhängen, ob Lichtkonkurrenz vorliegt und wie stark diese ausgeprägt ist, *Höttinger/Graf*, Zur Anlockwirkung öffentlicher Beleuchtungseinrichtungen auf nachtaktive Insekten, Dezember 2003, S. 18 m.w.N.; mit anderen Ergebnissen *Kolligs*, Ökologische Auswirkungen künstlicher Lichtquellen auf nachtaktive Insekten, insbesondere Schmetterlinge (Lepidoptera), 2000, S. 70 f.

[153] *Höttinger/Graf*, Zur Anlockwirkung öffentlicher Beleuchtungseinrichtungen auf nachtaktive Insekten, Dezember 2003, S. 16; dazu ist die maximale zurückgelegte Entfernung artspezifisch *Kolligs*, Ökologische Auswirkungen künstlicher Lichtquellen auf nachtaktive Insekten, insbesondere Schmetterlinge (Lepidoptera), 2000, S. 106.

[154] *Höttinger/Graf*, Zur Anlockwirkung öffentlicher Beleuchtungseinrichtungen auf nachtaktive Insekten, Dezember 2003, S. 16 m.w.N.; insgesamt kann der Anflug von Männchen und Weibchen differieren *Kolligs*, Ökologische Auswirkungen künstlicher Lichtquellen auf nachtaktive Insekten, insbesondere Schmetterlinge (Lepidoptera), 2000, S. 68 f.

[155] *Kolligs*, Ökologische Auswirkungen künstlicher Lichtquellen auf nachtaktive Insekten, insbesondere Schmetterlinge (Lepidoptera), 2000, S. 10.

[156] *Ders.*, Ökologische Auswirkungen künstlicher Lichtquellen auf nachtaktive Insekten, insbesondere Schmetterlinge (Lepidoptera), 2000, S. 77.

[157] *Höttinger/Graf*, Zur Anlockwirkung öffentlicher Beleuchtungseinrichtungen auf nachtaktive Insekten, Dezember 2003, S. 20 m.w.N.

Windstärke und Regen, insbesondere mit großen Tropfen, stark vermindert.[158] Umgebungshelligkeit und Mondphase können ebenfalls die Anlockwirkung einer Lichtquelle beeinflussen.

Darüber hinaus vermindert Lichtkonkurrenz den Anflug auf die emittierende Lichtquelle teilweise erheblich.[159] Lichtkonkurrenz besteht, wenn in der Nähe der Lichtquelle weitere Lichtemissionen existieren, was dazu führt, dass der Kontrast zwischen Lichtquelle und Umgebung reduziert wird. Daher ist bei Vollmond der Anflug an künstliche Lichtquellen geringer als in mondlosen Nächten.[160]

Zu den wichtigen abiotischen Faktoren zählt die Temperatur, weil sie die Aktivität von wirbellosen Tieren insgesamt bestimmt. Bei höheren Temperaturen erhöht sich der Anflug an die Lichtquelle.[161] Besonders aquatische Insekten werden in warmen Sommernächten von künstlichem Licht angelockt.[162] Dagegen reduziert sich der Anflug an kühlen Tagen (<10 °C[163] bzw. 19 °C[164]) drastisch.

c) Verhaltens- und Populationsveränderungen

Für Insekten kann die Anlockwirkung von Lichtemissionen Konsequenzen haben, die zwar nicht unmittelbar tödlich sein müssen, jedoch das Verhalten und die Population nachteilig beeinflussen. Dazu zählt erstens, dass Partnersuche, Partnerfindung, Begattung und Eiablage durch den Aufenthalt bei der künstlichen Lichtquelle zeitlich verzögert oder ganz unterbunden werden.[165] Zweitens führt die künstliche Lichtquelle zu gesteigerter Flugaktivität, was Energieverluste zur Folge hat, welche die Nahrungssuche, Reproduktion und Ausbreitung beeinträchtigen. Drittens können Tiere durch die Lichtemission aus ihren natürlichen Habitaten herausgelockt werden und finden dann an der Lichtquelle keine geeigneten Entwicklungshabitate und Nahrungsquellen vor.[166] Viertens führt die nächtliche Beleuchtung dazu, dass Insekten Pflanzen

[158] *Kolligs*, Ökologische Auswirkungen künstlicher Lichtquellen auf nachtaktive Insekten, insbesondere Schmetterlinge (Lepidoptera), 2000, S. 81.

[159] *Höttinger/Graf*, Zur Anlockwirkung öffentlicher Beleuchtungseinrichtungen auf nachtaktive Insekten, Dezember 2003, S. 17 m.w.N.

[160] So *dies.*, Zur Anlockwirkung öffentlicher Beleuchtungseinrichtungen auf nachtaktive Insekten, Dezember 2003, S. 20, die darauf hinweisen, dass mondhelle Nächte mit anderen Faktoren, wie niedrige Temperaturen, kombiniert sein können.

[161] *Dies.*, Zur Anlockwirkung öffentlicher Beleuchtungseinrichtungen auf nachtaktive Insekten, Dezember 2003, S. 19 m.w.N.

[162] *Scheibe*, Natur und Landschaft 2003, 264, 265.

[163] *Höttinger/Graf*, Zur Anlockwirkung öffentlicher Beleuchtungseinrichtungen auf nachtaktive Insekten, Dezember 2003, S. 19.

[164] *Eisenbeis*, in: *Bundesamt für Naturschutz* (Hrsg.), Auswirkungen von Fremdlicht auf die Fauna im Rahmen von Eingriffen in Natur und Landschaft, 2001, S. 98.

[165] Am Beispiel der Motte *MacGregor/Pocock et al.*, Ecological Entomology 2015, 187, 191 f. m.w.N.

[166] So legen dadurch Nachtfalter mitunter ihre Eier an ungeeigneten Stellen ab und fallen dadurch für die Reproduktion aus: *Frank*, Journal of the Lepidopterists' Society 1988, 63, 72.

seltener bestäuben, wodurch der landwirtschaftliche Ertrag zurückgeht.[167] Fünftens kann die Beleuchtung die innere Uhr und damit die nächtliche zeitliche Synchronisation stören.[168] Eine Desynchronisation kann nachteilige Effekte für die Population entfalten.[169] Sechstens können schließlich Außenbeleuchtungen für wandernde Arten (z. B. Wanderfalter) innerhalb der Ausbreitungsbewegungen als Barriere fungieren.[170]

d) Verletzungs- und Tötungsfolgen

Darüber hinaus können die Lichtemissionen schließlich zum unmittelbaren Tod oder zur Verletzung des Insekts führen. Ursächlich für Verletzung oder Tod des Insekts können erstens Hitzeentwicklungen der Leuchten sein, die direkt zu einer Tötung der Insekten oder zu einem Verbrennen der Flügel führen, was die Flugfähigkeit stark einschränkt oder völlig zerstört. Zweitens können größere und schnell fliegende Insekten durch den Aufprall mit dem Leuchtengehäuse getötet oder schwer verletzt werden. Dies führt insbesondere zur Beschädigung empfindlicher Rezeptoren.[171] Drittens können Insekten in das Leuchtengehäuse gelangen und dort durch Verbrennung oder Verhungern verenden. Viertens werden Insekten an Lichtquellen Opfer von Fressfeinden (Spinnen, Eidechsen, Vögel, Fledermäuse), vor allem weil im Lichtkegel der Lichtquelle Tarneffekte wirkungslos sind.[172] Verletzungen oder Tötungen können in dem Zusammenhang auch durch den Straßenverkehr verursacht werden, entweder durch Kollisionen oder durch Luftverwirbelungen, wodurch Insekten auf die Fahrbahn geschleudert werden und Verletzungen erleiden oder überfahren bzw. zertreten werden.[173] Insgesamt lässt sich ein erheblicher Rückgang der Artenvielfalt und der Biomasse von Insekten um 75 % in den letzten 27 Jahren feststellen,[174] dessen exakte Ursachen zwar ungeklärt sind, jedoch von der künstlichen Beleuchtung mitverursacht wurde.

---

[167] *Knop/Zoller et al.*, Nature 2017, 206; *Bundesamt für Naturschutz* (Hrsg.), Agrarreport, 2017, S. 4.

[168] *Gaston/Gaston et al.*, Environ. Rev. 2015, 14, 19.

[169] *Malicky*, Aquatic Insects, 1981, S. 25–32 (zit. nach *Höttinger/Graf*, Zur Anlockwirkung öffentlicher Beleuchtungseinrichtungen auf nachtaktive Insekten, Dezember 2003, S. 6).

[170] *Gaston/Gaston et al.*, Environ. Rev. 2015, 14, 19 m.w.N.; Zu den aufgezählten nachteiligen Effekten *Höttinger/Graf*, Zur Anlockwirkung öffentlicher Beleuchtungseinrichtungen auf nachtaktive Insekten, Dezember 2003, S. 6 f.

[171] Betroffen sind im gesteigerten Maße Fühler mit empfindlichen Geruchsrezeptoren, die für die Nahrungssuche und Fortpflanzung wichtig sind, *Herrmann/Baier/Bosecke*, NuL 2006, 115, 116.

[172] Das betrifft auch die Fähigkeit, Jägern auszuweichen, *Svensson/Rydell*, Animal behaviour 1998, 223, 225; dies führt ebenfalls zu dem Effekt, dass sich die Nahrungsgrundlage für manche Tiere verbessert. Dieser Aspekt ist allenfalls nur kurzfristig positiv, vgl. *Eisenbeis*, in: *Bundesamt für Naturschutz* (Hrsg.), Auswirkungen von Fremdlicht auf die Fauna im Rahmen von Eingriffen in Natur und Landschaft, 2001, S. 98.

[173] Zu den einzelnen Ursachen siehe *Höttinger/Graf*, Zur Anlockwirkung öffentlicher Beleuchtungseinrichtungen auf nachtaktive Insekten, Dezember 2003, S. 6.

[174] *Hallmann/Sorg et al.*, PloS one 2017, doi: 10.1371/journal.pone.0185809, wobei zu betonen ist, dass diese Forschungsarbeit in Schutzgebieten vorgenommen wurde. Die Nachricht fand auch in der Öffentlichkeit große Resonanz, vgl. *Schmitt*, Die Zeit, Nr. 44 vom 26.10.2017, S. 2 f.

3. Auswirkungen auf Vögel und Fledermäuse

Lichtemissionen führen auch bei Vögeln und Fledermäusen zu nachteiligen Effekten. Ungeachtet der Auswirkungen von Licht werden Fledermäuse und Vögel insbesondere durch Habitatverluste mit der Folge zurückgedrängt, dass Populationen gefährdet werden und einzelne Arten auszusterben drohen. Darauf hat auch der Gesetzgeber reagiert, indem er viele Fledermausarten und alle in Europa heimischen Vogelarten unter Schutz gestellt hat.[175] Zu diesen Risiken und Gefahren tragen auch die Emissionen von Licht bei. Fledermäuse haben sich auf den nächtlichen Luftraum spezialisiert.[176] Diese Anpassung macht Fledermäuse gegenüber Lichtemissionen und der Aufhellung der Nacht empfindlich. Ebenso sind Vögel von den Auswirkungen der Lichtemissionen betroffen. Vögel orientieren sich stark am circadianen Rhythmus von Tag und Nacht.[177] Diese Orientierung erstreckt sich auch auf die sogenannte Fotoperiodik, also die jahreszeitliche Veränderung der Tageslänge. Durch die Beeinflussung mit künstlichem Licht kann es zu einer Störung der biologischen Uhr der Tiere kommen.[178] Zusätzlich dazu reagieren nächtlich ziehende Vögel sehr sensibel auf künstliches Licht.[179]

a) Lichtemissionen von künstlichen Lichtquellen

aa) Auswirkungen auf Vögel

Auch Vögel werden (unabhängig von der Problematik des Vogelschlags)[180] durch Licht angelockt (Attraktionswirkung).[181] Während der Zugzeiten sind nächtlich ziehende Vögel stark betroffen. So werden diese Vögel durch starke Lichtemissionen von ihrer Flugroute abgebracht.[182] Solche Lichtemissionen gehen von beleuchteten Türmen, Gebäuden und Ölplattformen aus. Ein Beispiel ist das Fußballstadion des FC Bayern München, dessen beleuchtete Fassade in klaren Nächten von österreichischen Berggipfeln in bis zu 75 km Entfernung noch zu sehen ist.[183] Daneben sind Himmelsstrahler (sog. Skybeamer) besonders bedenklich. Hierbei handelt es sich um sehr helle Lampen, die einen (beweglichen) konzentrierten Lichtstrahl in den

---

[175] Vgl. Art. 1 Richtlinie 2009/147/EG (Vogelschutzrichtlinie) und Anlage 1 BArtSchV.

[176] *Lewanzik/Voigt*, in: Held/Hölker/Jessel (Hrsg.), Schutz der Nacht, 2013, 65.

[177] *Jong/Ouyang et al.*, Phil. Trans. R. Soc. B (370) 2015, doi: 10.1098/rstb.2014.0128, S. 1.

[178] Vgl. *Helm/Parteke*, in: Held/Hölker/Jessel (Hrsg.), Schutz der Nacht, 2013, 57; *Jong/Ouyang et al.*, Phil. Trans. R. Soc. B (370) 2015, doi: 10.1098/rstb.2014.0128, S. 1.

[179] *Helm/Parteke*, in: Held/Hölker/Jessel (Hrsg.), Schutz der Nacht, 2013, S. 57, 58.

[180] Siehe Seite 8 ff.

[181] *Jong/Ouyang et al.*, Phil. Trans. R. Soc. B (370) 2015, doi: 10.1098/rstb.2014.0128, S. 2; ähnlich *Spoelstra/van Grunsven et al.*, Phil. Trans. R. Soc. B 2015, doi: 10.1098/rstb.2014.0129, S. 6.

[182] *Bruderer/Peter/Steuri*, The Journal of Experimental Biology 1999, 1015, 1020.

[183] https://de.wikipedia.org/wiki/Allianz_Arena (zugegriffen am 20.12.2018).

Nachthimmel emittieren.[184] Zwar sind im Zusammenhang von Skybeamern Sichtbeobachtungen nur schwer möglich und Radarerfassungen sehr aufwendig.[185] Dennoch wurde nachgewiesen, dass nachts ziehende Zugvögel davon erheblich irritiert werden.[186] Dadurch kann es zu Kollisionen ganzer Schwärme mit der Lichtquelle oder dem sie tragenden Bauwerk sowie zur Störung des empfindlichen Orientierungssystems der Zugvögel kommen.[187] Letzteres hat zur Folge, dass Zugvögel vom Kurs abgebracht werden und auch nach dem Verlassen des Lichtkegels die „falsche" Richtung beibehalten.[188] Die Lichtimmissionen führen bei den Tieren zu erhöhtem Stress und legen den Vögeln zusätzliche Belastungen auf.[189] Das erhöht das Risiko, während der Zugzeit an Entkräftung zugrunde zu gehen.[190] Dabei treten möglicherweise in der Reaktion auf künstliche Lichtquellen artspezifische Unterschiede auf.[191]

Ebenfalls zeigen Vögel ein abruptes Fluchtverhalten durch Änderung von Geschwindigkeit und Flugrichtung, wenn sie unmittelbar mit starken Lichtstrahlen konfrontiert sind (Schreckwirkung).[192] Warum Vögel ein solches Verhalten erkennen lassen, ist nicht abschließend geklärt.[193] Bekannt ist, dass sich Vögel anhand des Erdmagnetfeldes und der Sterne orientieren. Daher wird vermutet, dass Licht eine wichtige Rolle für die Orientierung von Vögeln spielt, denn der Sternenkompass wird möglicherweise mithilfe von Magnetrezeptoren durch die Himmelsrichtung von Sonnenauf- und Sonnenuntergang geeicht.[194]

Die Anlockwirkung ist von abiotischen Faktoren abhängig. So zwingen bestimmte Witterungsbedingungen (z. B. niedrige Wolkendecke, schlechte Sichtverhältnisse oder Niederschläge)[195] die Vögel in niedrigere Flughöhen, wodurch sie eher von künstlichen Lichtquellen angelockt werden. Abgesehen davon ist unklar, unter welchen Bedingungen sich die Anlockwirkung verstärkt. Bestimmte Lichtfarben (Wellenlängen) können bei Vögeln nach dem aktuellen Erkenntnisstand nicht als mehr oder weniger kritisch angesehen werden. Frühere pauschale Interpretationen von Beobachtungen an Offshore-Förderplattformen, wonach langwelliges (rotes) Licht starke und im Gegensatz dazu kurze Lichtwellenlängen (blau-grünes Licht)

---

[184] *Herrmann/Baier/Bosecke*, NuL 2006, 115.

[185] *Haupt/Schillemeit*, NuL 2011, 165, 168.

[186] *Herrmann/Baier/Bosecke*, NuL 2006, 115, 116.

[187] *Haupt*, in: Held/Hölker/Jessel (Hrsg.), Schutz der Nacht, 2013, S. 61, 63.

[188] *Haupt/Schillemeit*, NuL 2011, 165, 166 f.

[189] *Haupt*, in: Held/Hölker/Jessel (Hrsg.), Schutz der Nacht, 2013, S. 61, 63.

[190] *Schmid/Doppler et al.*, Vogelfreundliches Bauen mit Glas und Licht, 2. Aufl. 2012, S. 50.

[191] *Haupt*, Charadrius 2009, 1, 15.

[192] *Bruderer/Peter/Steuri*, The Journal of Experimental Biology 1999, 1015, 1021.

[193] *Gauthreaux/Belser*, in: Rich/Longcore (Hrsg.), Ecological consequences of artificial night lighting, 2010, S. 67, 68 ff.

[194] *Helm/Parteke*, in: Held/Hölker/Jessel (Hrsg.), Schutz der Nacht, 2013, S. 57, 59; weitere Theorien und Nachweise bei *Gauthreaux/Belser*, in: Rich/Longcore (Hrsg.), Ecological consequences of artificial night lighting, 2010, S. 67, 68 ff.

[195] *Ballasus/Hill/Hüppop*, Berichte zum Vogelschutz 2009, 127, 128.

weniger starke bis gar keine Anlockwirkungen hervorrufen,[196] wurden mit Daten der Studie und anhand anderer Versuche widerlegt.[197] Beobachtungen anhand anderer Lichtquellen zeigen unterschiedliche Ergebnisse, was verdeutlicht, dass Anlockwirkung und Desorientierung weniger von bestimmten Lichtwellenlängen als von der Intensität der Lichtimmission bestimmt wird, wobei selbst geringe Lichtintensitäten derartige Auswirkungen hervorrufen können.[198]

Schließlich resultieren aus der Anlockwirkung auf Insekten Folgen für Vögel. In den vergangenen Jahren sind die Populationen von Vogelarten, die sich vorwiegend von Insekten und Spinnen ernähren, besonders stark zurückgegangen.[199] Der Rückgang des Nahrungsangebots beruht zwar auch auf anderen Ursachen, dennoch stellen Populationsbeeinträchtigungen durch Lichtimmissionen einen relevanten, bislang wenig beachteten Faktor dar, der einen mittelbaren Effekt auf die gesamte Nahrungskette hat. Eine Ausnahme von den nachteiligen Effekten der Anlockwirkung künstlichen Lichts ist die Beobachtung, dass manche Vögel die Anlockwirkung von Licht auf Insekten dazu nutzen, um ihre Nahrungssuche zu erleichtern.[200] Die Fähigkeit, künstliches Licht auszunutzen, wird auch als „night light niche" bezeichnet.[201]

bb) Auswirkungen auf Fledermäuse

Fledermäuse reagieren auf künstliches Licht in unterschiedlicher Weise, abhängig von der Art, der jeweiligen Verhaltensmuster, der örtlichen Bedingungen, der Art des Lichts und der Anwesenheit von Fressfeinden.[202] An die Verhaltensmuster von Insekten, sich an künstlichen Lichtquellen zu sammeln, passen sich mitunter auch die Jäger von Insekten an. Manche Fledermausarten suchen daher gezielt Straßenlaternen auf, weil dort viel Nahrung zu finden ist.[203] Andere hingegen meiden beleuchtete

---

196 *Poot/Ens et al.*, E&S 2008, 47, 57 f.

197 *Evans*, E&S 2010, r1.

198 *Manville*, Proceedings of the Fourth International Partners in Flight Conference 2009, 262, 265; *Gehring/Walter*, Studies of avian collisions with communication towers, 2012, S. 17 f.

199 *Bundesamt für Naturschutz* (Hrsg.), Agrarreport, 2017, S. 9, das korrespondiert mit dem Rückgang der vorhandenen Insektenbiomasse um über 75 % in den letzten 27 Jahren, *Hallmann/Sorg et al.*, PloS one 2017, doi: 10.1371/journal.pone.0185809, passim.

200 *Hill*, The impact of noise and artificial light on waterfowl behaviour, 1992, S. 3.

201 So z. B. zeigen sich Unterschiede zwischen Rot- und Singdrosseln, ohne dass der Grund hierfür erforscht ist, vgl. *Longcore/Rich*, Frontiers in Ecology and the Environment 2004, 191, 193.

202 Guter Überblick bei *Stone/Harris/Jones*, Mammalian Biology 2015, 213 ff. m.w.N.; *Spoelstra/van Grunsven et al.*, Phil. Trans. R. Soc. B 2015, doi: 10.1098/rstb.2014.0129, S. 6; *Rydell*, Funtional Ecology 1992, 744, 748 f.

203 *Stone/Wakefield et al.*, Phil. Trans. R. Soc. B (370) 2015, doi: 10.1098/rstb.2014.0127, S. 4; *Gaston/Bennie et al.*, Biological reviews of the Cambridge Philosophical Society 2013, 912, 918 m.w.N.; *Rydell*, Holartic Ecology 1991, 203, 206 m.w.N.; *Haupt*, in: Held/Hölker/Jessel (Hrsg.), Schutz der Nacht, 2013, S. 61, 63. Dieser Effekt kann jedoch das ökologische Gleichgewicht zwischen Nachtfaltern und sich davon ernährenden Fledermäusen einseitig verschieben und deshalb mit nachteiligen Folgen verbunden sein, *Stone/Wakefield et al.*, Phil. Trans. R. Soc. B (370) 2015, doi: 10.1098/rstb.2014.0127, S. 5; vgl. *Mathews/Roche et al.*, Phil. Trans. R. Soc. B (370) 2015, 2.

Bereiche,[204] selbst wenn sie sich gut zur Jagd eignen; vermutlich aus Angst vor Fressfeinden.[205] Auch werden auf den Flugrouten der Tiere Lichtquellen gemieden.[206] Dies beruht möglicherweise darauf, dass die durch künstliche Lichtquellen hervorgerufene erhöhte Helligkeit des Luftraums die Sichtbarkeit der Abendröte des Sonnenuntergangs, welche zur Orientierung genutzt wird, einschränkt. Dadurch könnte die Navigationsfähigkeit von Fledermäusen negativ beeinflusst werden.[207]

Darüber hinaus können Lichtemissionen Fledermäuse durch die Aufhellung von Habitaten beeinträchtigen.[208] Bereits geringe Lichtmengen genügen, um eine Störwirkung zu entfalten.[209] Viele Fledermausarten fliegen in der Dämmerung aus, in welcher sie die größten Beuteerfolge erzielen können. Wenn sich vor dem Quartier der Tiere, bspw. einer Höhle oder einem Gebäude, eine Lichtquelle befindet, kann dies die Tiere am Ausfliegen hindern.[210] Dadurch wird die Zeit für die Nahrungssuche beschränkt, was zu einer langsameren Entwicklung von Jungtieren bis hin zur Aufgabe von Quartieren führen kann.[211] Dies kann weitreichende Folgen haben, weil Quartiere häufig über Jahrzehnte genutzt werden und aktive Umsiedlungen regelmäßig nicht erfolgreich sind.[212] Diese Folgen stellen zwar keine unmittelbaren tödlichen Risiken und Gefahren dar, sind aber geeignet, die Lebensräume dieser Arten einzuschränken und den Erhaltungszustand lokaler Populationen zu beeinträchtigen.

Schließlich kann eine Anlockwirkung von Fledermäusen durch Licht unter Umständen zu einer Kollision mit Gebäuden führen.[213] Die Zahl der Kollisionen, die überwiegend im Spätsommer und Herbst stattfinden, ist nach derzeitigem Erkenntnisstand deutlich niedriger als die von Vögeln.[214] Allerdings sind diese Risiken und Gefahren bislang wenig erforscht, sodass der Einfluss von künstlichem Licht weitestgehend unbekannt ist und die Ursachen für Kollisionen entsprechend unklar sind.[215]

---

[204] *Rydell/Eklöf/Sánchez-Navarro*, R. Soc. open sci. 2017, doi: 10.1098/rsos.161077, S. 7; dies ist auch nicht nur auf das Jagdgebiet beschränkt, sondern kann auf andere Aktivitäten wie das Trinken Einfluss haben. Letzteres betrifft auch Arten, die beleuchtete Bereiche als Jagdgebiet nutzen. Dazu *Russo/Cistrone et al.*, Animal Conservation 2017, doi: 10.1111/acv.12340, S. 6 f.

[205] *Stone/Wakefield et al.*, Phil. Trans. R. Soc. B (370) 2015, doi: 10.1098/rstb.2014.0127, S. 5; *Kuijper/Schut et al.*, Lutra 2008, 37, 46.

[206] *Kuijper/Schut et al.*, Lutra 2008, 37, 46.

[207] *Mathews/Roche et al.*, Phil. Trans. R. Soc. B (370) 2015, 10.

[208] *Rydell/Eklöf/Sánchez-Navarro*, R. Soc. open sci. 2017, doi: 10.1098/rsos.161077, S. 7.

[209] *Emery*, Effect of Street Lighting on Bats, 2008, S. 13, der das bereits bei Aufhellung von nur 0,06 lux annimmt.

[210] *Zeale/Bennitt et al.*, PloS one 2016, doi: 10.1371/journal.pone.0146782, S. 19; *Mathews/Roche et al.*, Phil. Trans. R. Soc. B (370) 2015, 2; *Lewanzik/Voigt*, in: Held/Hölker/Jessel (Hrsg.), Schutz der Nacht, 2013, S. 65, 66.

[211] *Zeale/Bennitt et al.*, PloS one 2016, doi: 10.1371/journal.pone.0146782, S. 19; *Rydell/Eklöf/Sánchez-Navarro*, R. Soc. open sci. 2017, doi: 10.1098/rsos.161077, S. 2; *Mathews/Roche et al.*, Phil. Trans. R. Soc. B (370) 2015, 2; *Lugon/Eicher/Bontadina*, Fledermausschutz, 2017, S. 17.

[212] *Lugon/Eicher/Bontadina*, Fledermausschutz, 2017, S. 15.

[213] *Mathews/Roche et al.*, Phil. Trans. R. Soc. B (370) 2015, 9.

[214] *Ballasus/Hill/Hüppop*, Berichte zum Vogelschutz 2009, 127, 143 f. Das gilt jedoch nicht für Kollisionen von Fledermäusen mit Windkraftanlagen.

[215] *Dies.*, Berichte zum Vogelschutz 2009, 127, 144 f.

b) Risiken und Gefahren durch die Aufhellung der Nacht

Die Aufhellung der Nacht beschreibt den Umstand, dass künstliche Beleuchtungen die Nachtlandschaft in einem bestimmten Bereich erhellen. So sind die Nächte in Deutschland, insbesondere in der Umgebung von urbanen Gegenden signifikant heller und überschreiten mitunter deutlich die Helligkeitsschwelle, die in unbewölkten Vollmondnächten herrscht.[216] Bei Bewölkung wird die Aufhellung durch Reflexion des Lichts an den Wolken noch verstärkt.[217] Verursacht wird die Aufhellung der Nacht durch Lichtverschmutzung.[218] Hierunter versteht man die Summe aller nachteiligen Auswirkungen von Kunstlicht auf die Umwelt einschließlich der Auswirkung von Abfalllicht.[219] Abfalllicht bezeichnet den Teil des Lichts einer Beleuchtungsanlage, der nicht dem bestimmungsgemäßen Zweck dient. Dazu gehört:

- Licht, das nicht in das zu beleuchtende Gebiet fällt,
- diffuses Licht in der Nachbarschaft der Beleuchtungsanlage,
- die Lichtglocke, das heißt die Aufhellung des Nachthimmels aufgrund direkter und indirekter Reflexion von (sichtbarer und nicht sichtbarer) Strahlung, die durch die Bestandteile der Atmosphäre (Gasmoleküle, Aerosole und Partikel) in Beobachtungsrichtung zerstreut wird.[220]

Es wird vermutet, dass die Aufhellung der Nacht langfristige Folgen für ganze Ökosysteme hat.[221] Möglich sind ökologische und evolutionsbiologische Konsequenzen.[222] Inwieweit diese durch Aufhellung der Nacht bzw. nächtliche Beleuchtungen verursacht werden, ist bislang nicht ausreichend untersucht.[223] Es existieren allerdings Beobachtungen, die einen solchen Schluss nahelegen. So wurde nachgewiesen, dass Blaumeisen, die in der Nähe von Beleuchtungen nisten, früher mit der Eiablage beginnen.[224] Das kann nachteilige Folgen für die Nahrungsversorgung des Nachwuchses haben und zu einer erhöhten Sterblichkeit der Jungtiere führen.[225]

---

[216] *Cinzano/Falchi/Elvidge*, Monthly Notices of the Royal Astronomical Society 2001, 689, 701 f.

[217] Am Beispiel von Berlin um den Faktor 4,1; *Kyba/Ruhtz et al.*, PloS one 2011, doi: 10.1371/journal.pone.0017307, S. 6.

[218] *Longcore/Rich*, Frontiers in Ecology and the Environment 2004, 191.

[219] Vgl. Anhang II Nr. 3 lit. e) VO (EG) Nr. 245/2009.

[220] Vgl. Anhang II Nr. 3 lit. f) VO (EG) Nr. 245/2009.

[221] *Bennie/Davies et al.*, Phil. Trans. R. Soc. B (370) 2015, doi: 10.1098/rstb.2014.0131, S. 7; *Longcore/Rich*, Frontiers in Ecology and the Environment 2004, 191, 196.

[222] Am Beispiel der Schwarzdrossel *Partecke/Van't Hof/Gwinner*, Proceedings. Biological sciences 2004, 1995, 1998 f.; mit anderem Beispiel *Moore/Pierce et al.*, Urban light pollution alters the diel vertical migration of Daphnia, 2000, S. 3.

[223] *Jong/Ouyang et al.*, Phil. Trans. R. Soc. B (370) 2015, doi: 10.1098/rstb.2014.0128, S. 7; *Helm/Parteke*, in: Held/Hölker/Jessel (Hrsg.), Schutz der Nacht, 2013, S. 57, 59.

[224] *Kempenaers/Borgstrom et al.*, Current biology (CB) 2010, 1735, 1737.

[225] *Jong/Ouyang et al.*, Phil. Trans. R. Soc. B (370) 2015, doi: 10.1098/rstb.2014.0128, S. 7; *Lambrechts/Blondel et al.*, Proceedings of the National Academy of Sciences 1997, 5153, 5154.

Welche langfristigen Risiken aus der Lichtverschmutzung entstehen, ist noch nicht gänzlich abschätzbar.[226] Bekannt ist, dass Licht die biologische Uhr von Tieren beeinflusst.[227] Gemessen an der hohen Zahl von nachtaktiven Arten und der zunehmenden Ausbreitung von Lichtglocken ist zu befürchten, dass Lichtverschmutzung gravierende, nachteilige Auswirkungen zur Folge hat. Dazu gehören: Verlust an Biodiversität, reduzierte Belastbarkeit von Ökosystemen, Rückgang lokaler Populationen, Veränderung von Populationsstrukturen[228] sowie die verschlechterte Anpassung von Tieren an die Umwelt.[229]

4. *Vermeidungsmaßnahmen*

Um die Auswirkungen durch Licht für Vögel, Fledermäuse und Insekten zu begrenzen, werden verschiedene Maßnahmen diskutiert. Insbesondere werden Leuchtmittel dahingehend untersucht, unter welchen Bedingungen sie eine geringere Anlockwirkung haben und durch welche technischen Vorrichtungen Abfalllicht vermieden werden kann. Abfalllicht wird erheblich reduziert, wenn keine Lichtabstrahlungen nach oben oder zur Seite emittiert werden.[230] Entscheidenden Einfluss auf die Reduktion und Vermeidung von Risiken und Gefahren haben die spektrale Zusammensetzung des Lichts, die Helligkeit, die Bauart sowie der Einsatz der Leuchtmittel.

a) Bedeutung des Lichtspektrums für die Anlockwirkung

Das Lichtspektrum der Lichtquelle bestimmt maßgeblich die Anlockwirkung und hat entscheidenden Einfluss auf das Anflugverhalten von Insekten.[231] Um möglichst schonende Leuchtmittel zu identifizieren, werden Messungen mit Hilfe von Flugfallen an unterschiedlichen Lichtquellen vorgenommen.[232] Diese Flugfallen werden

---

[226] *Hölker/Moss et al.*, Ecology and Society 2010a, 13.

[227] *Horváth/Kriska et al.*, Frontiers in Ecology and the Environment 2009, 317, 324.

[228] *Stone/Wakefield et al.*, Phil. Trans. R. Soc. B (370) 2015, doi: 10.1098/rstb.2014.0127, S. 5.

[229] *Hölker/Moss et al.*, Ecology and Society 2010, 13, 18, ob sich lichtempfindliche Tiere selbst anpassen ist fraglich und wird derzeit erforscht, vgl. bspw. *Altermatt/Ebert*, Biology letters 2016, doi: 10.1098/rsbl.2016.0111.

[230] So werden Abstrahlungen in den oberen Halbraum von Lichtanlagen in Slowenien und Italien zum Schutz vor Lichtverschmutzung grundsätzlich verboten; *Mohar*, in: Held/Hölker/Jessel (Hrsg.), Schutz der Nacht, 2013, 125. Es handelt sich dabei um abfallendes Licht, nicht um Abfall im Rechtssinne, vgl. den Abfallbegriff; *Kloepfer*, Umweltrecht, 4. Aufl. 2016, § 21, Rn. 112 ff.

[231] *Longcore/Aldern et al.*, Phil. Trans. R. Soc. B (370) 2015, doi: 10.1098/rstb.2014.0125, S. 1; *Höttinger/Graf*, Zur Anlockwirkung öffentlicher Beleuchtungseinrichtungen auf nachtaktive Insekten, Dezember 2003, S. 29.

[232] *Eisenbeis*, in: Held/Hölker/Jessel (Hrsg.), Schutz der Nacht, 2013, S. 53, 54.

im Lichtkegel der Lichtquelle positioniert und fangen dort anteilig Insekten heraus, welche die Lichtquelle bei Nacht anfliegen.[233] Damit lassen sich insektenfreundliche Leuchtentypen entwickeln und bestimmen. Wie bereits gezeigt, reagieren die meisten Insekten auf UV-Licht und kurzwelliges (blaues) Licht mit erhöhtem Anflug.[234] Daraus folgt, dass Leuchtentypen, die in diesem Spektralbereich nur eine geringe Leuchtstärke aufweisen, gegenüber anderen Leuchtentypen zu bevorzugen sind. Zusätzlich dazu hilft die Vermeidung von kurzwelligem Licht, Lichtverschmutzungen zu vermindern. Denn kurzwelliges Licht wird im Gegensatz zu längeren Wellen in der Atmosphäre stärker gestreut, sodass Lichtglocken[235] aufgehellt werden und es zu einer verstärkten Aufhellung der Nacht kommt.[236]

Für Vögel ist sowohl rotes als auch weißes Licht besonders anziehend.[237] Solche Lichtquellen werden auf Funktürmen, Masten etc. aus Gründen der Flugsicherheit häufig verwendet. Dauerhaft leuchtende Anlagen durch blinkendes oder blitzendes Licht zu ersetzen, würde die Anlockwirkung deutlich reduzieren.[238] Dabei sind blinkende Lichter mit möglichst langer Dunkelphase und geringer Lichtintensität zu bevorzugen.[239]

b) Wellenlänge und Lichtfarbe als Kriterium zur Bewertung von Lampentypen

Im Außenbereich werden unterschiedliche Lampentypen verwendet. Dazu gehören Natriumdampflampen, Metallhalogendampflampen und LED.[240] Die jeweiligen Leuchtentypen emittieren Licht mit unterschiedlichen Wellenlängen. Daher erscheinen die Lampentypen in verschiedenen Lichtfarben. Die Lichtfarbe wird mit der Farbtemperatur in Kelvin angegeben. Die Farbtemperatur dient als Maß, um den Farbeindruck quantitativ zu bestimmen (siehe Abb. 1).

---

[233] Aufbaubeschreibungen bei *Perkin*, effects of artificial light, 2013, S. 74 ff.; *Scheibe*, Straßenbeleuchtungen, 2000, S. 16 ff.

[234] Vgl. Seite 19; Insekten, die auf gelbes Licht verstärkt reagieren, genießen bislang noch keinen Schutzstatus, vgl. *Höttinger/Graf*, Zur Anlockwirkung öffentlicher Beleuchtungseinrichtungen auf nachtaktive Insekten, Dezember 2003, S. 15.

[235] Siehe Seite 28.

[236] *Falchi/Cinzano et al.*, Journal of environmental management 2011, 2714, 2718; diese Streuung führt auch dazu, dass tagsüber der Himmel blau erscheint. Je weiter die Wegstrecke des Lichts durch die Atmosphäre ist, desto größer die Streuung. Aufgrund dieser Streuung leuchtet der Sonnenauf- und Sonnenuntergang in rotem Licht.

[237] Siehe Seite 26.

[238] *Gauthreaux/Belser*, in: Rich/Longcore (Hrsg.), Ecological consequences of artificial night lighting, 2010, S. 88; *Gehring/Kerlinger/Manville*, Ecological Applications 2009, 505, 512.

[239] *Ballasus/Hill/Hüppop*, Berichte zum Vogelschutz 2009, 127, 150.

[240] Quecksilberdampflampen dürfen gem. der Verordnung (EG) Nr. 245/2009 nicht mehr in den Umlauf gebracht werden. Sie werden daher im Rahmen der Untersuchung nicht mehr berücksichtigt.

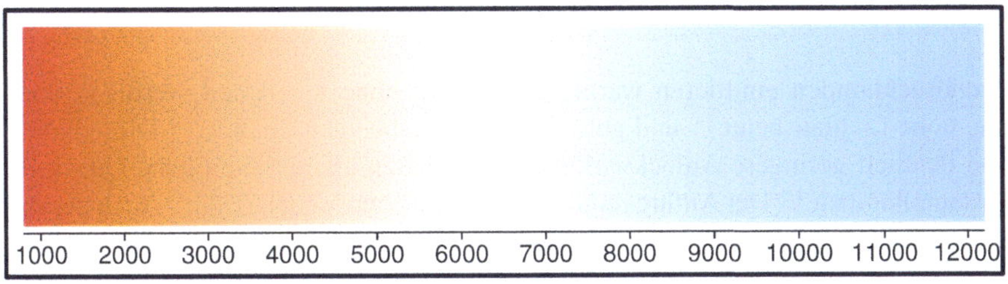

Abb. 1 Lichtfarbe in Kelvin

Je höher die Farbtemperatur ist, desto weißer ist die Lichtfarbe. Es lassen sich für Lampen drei Hauptgruppen unterscheiden: warmweiße (unter 3300 Kelvin), neutralweiße (3300 bis 5000 Kelvin) und kaltweiße Lichtfarben (über 5000 Kelvin).[241] Die von einer Lichtquelle emittierten Wellenlängen sind in der Regel umso länger, je niedriger die Farbtemperatur ist. Das bedeutet, dass warmweiße Lichtfarben (unter 3300 Kelvin) weniger Blaulichtanteile (kurze Wellenlänge) enthalten, als kaltweiße Lichtfarben. Allerdings kann die spektrale Verteilung des Lichts, d. h. die emittierten Wellenlängen, sehr unterschiedlich sein und sich auf einige bestimmte Wellenlängen beschränken.[242] Das erschwert es, generelle Aussagen über die Anlockwirkung zu treffen, weil diese von der emittierten Wellenlänge abhängen und nicht von der menschlich wahrgenommenen Lichtfarbe. Daher kann die Lichtfarbe nur als Indiz verwendet werden.

aa) Natriumdampf-Niederdrucklampen

Natriumdampflampen lassen sich weiter in Natriumdampf-Hochdrucklampen und Natriumdampf-Niederdrucklampen unterscheiden. Niederdrucklampen zeichnen sich zwar durch eine gute Lichtausbeute und lange Lebensdauer und besonders wenige Anflüge,[243] allerdings auch durch schlechte Farbwiedergabeeigenschaften aus.[244] Grund dafür ist, dass Niederdrucklampen monochromatisches Licht abgeben, also Lichtemissionen in nur einer bestimmten Wellenlänge.[245] Werden Farbwiedergabeeigenschaften nicht benötigt, sind Natriumdampf-Niederdrucklampen als gut geeignet anzusehen.

---

[241] *Lindemuth*, in: Bodenhaupt/Lindemuth (Hrsg.), Straßen-und Außenbeleuchtung, 2012, S. 11, 15.

[242] Mit graphischer Darstellung *Fördergemeinschaft Gutes Licht* (Hrsg.), Wirkung des Lichts auf den Menschen, 2014, S. 46 f.; bei LED *Eisenbeis/Eick*, Natur und Landschaft 2011, 298, 304.

[243] *Bund/Länder-Arbeitsgemeinschaft für Immissionsschutz (LAI)* (Hrsg.), Hinweise zur Messung, Beurteilung und Minderung von Lichtimmissionen, 2014, S. 19; *Rassmus*, Methodische Anforderungen an Wirkungsprognosen in der Eingriffsregelung, 2003, S. 134.

[244] *Ganslandt/Hofmann*, Handbuch der Lichtplanung, 1992, S. 56 f.

[245] *Dies.*, Handbuch der Lichtplanung, 1992, S. 56.

bb) Natriumdampf-Hochdrucklampen

Hochdrucklampen emittieren warmweißes Licht ohne UV-Anteil, verfügen über eine hohe Lichtausbeute[246] und gute Farbwiedergabeeigenschaften.[247] Diese haben eine deutlich geringere Anlockwirkung auf Insekten als herkömmliche Quecksilberdampflampen.[248] Der Anflug reduziert sich zwischen 54 bis 57 %.[249] Auch gegenüber Metallhalogendampflampen und LED ist der Attraktionswirkung auf Insekten geringer.[250] Sie sind daher als gut geeignet einzustufen.

cc) Metallhalogendampflampen

Metallhalogendampflampen sind Weiterentwicklungen von Quecksilberdampflampen[251] und werden verstärkt in Innenstädten eingesetzt.[252] Dabei finden sowohl warmweiße als auch kaltweiße Lampen Verwendung. Im Gegensatz zu Natriumdampflampen emittieren Metallhalogendampflampen ein wesentlich breiteres Lichtspektrum und werden von Insekten stärker wahrgenommen.[253] Metallhalogendampflampen stellen keine wesentliche Verbesserung zu herkömmlichen Quecksilberdampflampen dar und sind deshalb zur Vermeidung von Insektenanflügen ungeeignet.[254]

---

[246] Lichtausbeute beschreibt, wieviel Licht eine Leuchte aus der eingebrachten Energie erzeugt, vgl. *dies.*, Handbuch der Lichtplanung, 1992, S. 40. Je höher die Lichtausbeute ist, desto geringer sind die Energiekosten, um dieselbe Beleuchtungsstärke zu erreichen. Je nach Energiequelle sinkt dadurch auch der CO_2-Ausstoss.

[247] *Dies.*, Handbuch der Lichtplanung, 1992, S. 60; die Farbwiedergabeeigenschaften gehen jedoch zu Lasten der Lichtausbeute.

[248] *Höttinger/Graf*, Zur Anlockwirkung öffentlicher Beleuchtungseinrichtungen auf nachtaktive Insekten, Dezember 2003, S. 29; der Anflug unterscheidet sich nach jeweiliger Insektenordnung, vgl. *Eisenbeis/Eick*, Natur und Landschaft 2011, 298, 303.

[249] *Eisenbeis/Eick*, Natur und Landschaft 2011, 298, 303 m.w.N., bei dieser Untersuchung war die Natriumdampf-Hochdrucklampe sogar die Lampe mit der größten Helligkeit.

[250] *Wakefield/Broyles et al.*, J Appl Ecol 2017, doi: 10.1111/1365-2664.13004, S. 7 m.w.N.

[251] *Ganslandt/Hofmann*, Handbuch der Lichtplanung, 1992, S. 59.

[252] *Eisenbeis/Eick*, Natur und Landschaft 2011, 298, 305.

[253] *Wakefield/Broyles et al.*, J Appl Ecol 2017, doi: 10.1111/1365-2664.13004, S. 7; *Huemer/Kühtreiber/Tarmann*, Anlockwirkung moderner Leuchtmittel auf nachtaktive Insekten, 2010, S. 30; *Soneira*, Auswirkungen auf die Insekten-Fauna durch die Umrüstung von Kugelleuchten auf LED-Beleuchtungen, 2013, S. 4 f.

[254] *Eisenbeis/Eick*, Natur und Landschaft 2011, 298, 305.

dd) Lichtdioden (LED)

Licht emittierende Dioden (LED) bestehen aus Halbleiterkristallen.[255] Je nach Beschaffenheit der Halbleiterelemente wird Licht in unterschiedlichen Wellenlängen (Lichtfarbe) emittiert.[256] Dadurch ist es möglich, bestimmte Wellenlängen, die zu Anlockeffekten führen, auszuschließen.[257] Insbesondere sind LED verfügbar, die keine UV- und Infrarotlichtanteile emittieren.[258] Üblich sind kaltweiße LED mit einer Lichttemperatur von 6000 Kelvin, neutralweiße mit 4000 Kelvin und warmweiße LED mit 3000 bzw. 2700 Kelvin. Obwohl kaltweißes LED-Licht hohe Blaulichtanteile enthält,[259] schneiden kaltweiße LED bezüglich der Anlockung von Insekten besser ab als andere Lampentypen mit Ausnahme der Natriumdampfniederdrucklampe.[260] Warmweiße LEDs (Lichttemperatur von 3000 Kelvin oder weniger) führen zu einer signifikanten Reduktion des Insektenanflugs[261] und erreichen im Vergleich zu anderen Lampentypen – ebenfalls Natriumdampfniederdrucklampen ausgenommen – die besten Resultate.[262] Nebeneffekt warmweißer LED sind geringere Energieeinsparungsmöglichkeiten gegenüber anderen LED-Varianten.[263] Die von LED ausgehenden Lichtemissionen lassen

[255] *Kümmerer*, in: Held/Hölker/Jessel (Hrsg.), Schutz der Nacht, 2013, S. 101, 102.

[256] *Ders.*, in: Held/Hölker/Jessel (Hrsg.), Schutz der Nacht, 2013, S. 101.

[257] *Longcore/Aldern et al.*, Phil. Trans. R. Soc. B (370) 2015, doi: 10.1098/rstb.2014.0125, S. 9; *Gaston/Bennie et al.*, Biological reviews of the Cambridge Philosophical Society 2013, 912, 922.

[258] *Haibl/Hartig/Härtel*, in: Hochschule Mittweida (Hrsg.), Energietechnische Blätter (ETB), 2016, S. 37, 38.

[259] Der geringe Anflug dürfte mit der fehlenden UV-Licht Emission zu erklären sein, vgl. *Eisenbeis/Eick*, Natur und Landschaft 2011, 298, 304.

[260] *Huemer/Kühtreiber/Tarmann*, Anlockwirkung moderner Leuchtmittel auf nachtaktive Insekten, 2010, S. 1; *Wakefield/Broyles et al.*, J Appl Ecol 2017, doi: 10.1111/1365-2664.13004, S. 5 ff., die weitergehende Forschung für notwendig erachten. Zu anderen Ergebnissen kommen *Pawson/Bader*, die phosphorbeschichteten LED deutlich schlechtere Eigenschaften als Natriumdampflampen bescheinigen; *Pawson/Bader*, Ecological Applications 2014, 1561, 1567, wobei *Wakefield/Broyles et. al.* (s. o.) den Grund für diese Beobachtung in dem untersuchten Habitat vermuten.

[261] *Huemer/Kühtreiber/Tarmann*, Anlockwirkung moderner Leuchtmittel auf nachtaktive Insekten, 2010, S. 1.; *Eisenbeis/Eick*, Natur und Landschaft 2011, 298, 303 f., allerdings weist *Perkin* darauf hin, dass die Auswirkungen auf andere Lebewesen, wie etwa Fische, derzeit noch nicht erforscht sind und möglicherweise Probleme verursachen; *Perkin*, effects of artificial light, 2013, S. 29.

[262] *Eisenbeis/Eick*, Natur und Landschaft 2011, 298, 303; *Huemer/Kühtreiber/Tarmann*, Anlockwirkung moderner Leuchtmittel auf nachtaktive Insekten, 2010, S. 30; *Kostenzer*, in: Held/Hölker/Jessel (Hrsg.), Schutz der Nacht, 2013, S. 177, 179; *Soneira*, Auswirkungen auf die Insekten-Fauna durch die Umrüstung von Kugelleuchten auf LED-Beleuchtungen, 2013, S. 5; *Huemer/Kühtreiber/Tarmann*, Anlockwirkung moderner Leuchtmittel auf nachtaktive Insekten, 2010, S. 30; *dies.*, Anlockwirkung moderner Leuchtmittel auf nachtaktive Insekten, 2011, S. 23, die darauf hinweisen, dass der Unterschied der Anlockwirkung von warmweißen zu neutralweißen LED nur gering ist.

[263] *Longcore/Aldern et al.*, Phil. Trans. R. Soc. B (370) 2015, doi: 10.1098/rstb.2014.0125, S. 8; *Khanh*, in: Bodenhaupt/Lindemuth (Hrsg.), Straßen-und Außenbeleuchtung, 2012, S. 41, 46.

sich gezielt lenken. Dadurch können Abstrahlungen in ungewünschte Bereiche und so Lichtabfall vermieden werden.[264] Im Vergleich zu anderen Lampentypen haben LED eine höhere Lichtausbeute, sodass sie wenig Energie verbrauchen und im Betrieb nur geringe Kosten verursachen. Allerdings setzt der Energieeinspareffekt den Anreiz, lichtstärkere Leuchten zu installieren, was positive Effekte wieder zunichtemachen kann (sog. Rebound-Effekt) und deshalb dringend zu vermeiden ist. Schließlich sind LED mit höheren Anschaffungskosten verbunden. Diese Kosten amortisieren sich jedoch zumeist durch die lange Lebensdauer und die geringeren Energiekosten.[265]

ee) Zwischenergebnis

Im Ergebnis zeigt sich, dass gelbe oder warmweiße Lichtquellen zu bevorzugen sind, um den Insektenanflug deutlich zu reduzieren, da sie im Vergleich zu kaltweißen Lichtspektren durchschnittlich weniger Blaulicht emittieren. Insbesondere die Vermeidung von UV-Licht hat einen positiven Effekt auf die Anlockwirkung. Die besten Ergebnisse erzielen gelbe bzw. warmweiße Natriumdampflampen. Metallhalogendampflampen sind zur Vermeidung von Anflügen ungeeignet, da sie keine wesentliche Verbesserung gegenüber herkömmlichen Quecksilberdampflampen darstellen. In diesem Zusammenhang sind zwei weitere Faktoren zu beachten: Erstens ist auch bei warmweißen Lichtquellen zu untersuchen, ob Wellenlängen (z. B. UV-Licht) emittiert werden, welche die Anlockwirkung erhöhen. Zweitens darf die Wahl des Leuchtmittels nicht darüber hinwegtäuschen, dass die Helligkeit und die Anzahl der Lichtquellen maßgeblichen Einfluss auf die Anlockwirkung und Lichtverschmutzung haben.

Die Vermeidung von UV- und Blaulicht stehen im Übrigen nicht im Gegensatz zu menschlichen Interessen. UV-Licht kann vom Menschen optisch nicht wahrgenommen werden, sodass kein Interessenkonflikt entstehen kann. Blaulicht kann sogar nachteilige Wirkungen auf den Menschen entfalten. Immissionen von kurzen Wellenlängen (Blaulicht) unterdrücken beim Menschen die Produktion von Melatonin, einem Hormon, das unter anderem den Schlaf- und Biorhythmus steuert.[266] Das bedeutet, dass die Reduktion von Blaulichtanteilen zu Nachtzeiten positive Effekte auf den Menschen hat.[267] Bei der Verwendung wärmerer Lichtfarben ist lediglich auf die Farbwahrnehmung zu achten, die für die ästhetische Gestaltung und die Sicherheit, bspw. im Straßenverkehr, eine wichtige Rolle spielt.[268]

---

[264] *Gaston/Davies et al.*, The Journal of applied ecology 2012, 1256, 1264; *Haibl/Hartig/Härtel*, in: Hochschule Mittweida (Hrsg.), Energietechnische Blätter (ETB), 2016, S. 37, 38.

[265] Allerdings gibt es bei der vergleichsweise neuen Technik einige Risikofaktoren, welche die Lebensdauer verkürzen; *Haibl/Hartig/Härtel*, in: Hochschule Mittweida (Hrsg.), Energietechnische Blätter (ETB), 2016, S. 37, 40; vgl. auch *Khanh*, in: Bodenhaupt/Lindemuth (Hrsg.), Straßen-und Außenbeleuchtung, 2012, S. 41, 50.

[266] *Chepesiuk*, Environmental Health Perspectives 2009, 20, 26 f.

[267] *Knab*, in: Held/Hölker/Jessel (Hrsg.), Schutz der Nacht, 2013, S. 77, 79.

[268] Ausführlich Bundesamt für Umwelt BAFU (CH) (Hrsg.), Vollzugshilfe Lichtemissionen (Entwurf) 2017, S. 20 f. Zur Beleuchtungspflicht der Gemeinde siehe Seite 193 ff.

c) Vermeidung durch Bauart des Leuchtmittels

Mit gutem Design und sinnvoller Positionierung ist es möglich, die nachteiligen Effekte von künstlichem Licht zu begrenzen. Lichtabfall durch Abstrahlung nach oben und zur Seite hin zu verhindern, zählt zu den wirkungsvollsten Maßnahmen.[269] Die Vermeidung von Abstrahlungen nach oben und zur Seite führt dazu, dass Störungen von Ruheräumen (z. B. Schlafzimmer), die Anlockwirkungen auf Insekten und Vögel, die störende Wirkung auf Fledermäuse, die Lichtverschmutzung und die Blendwirkung minimiert werden.[270] Sofern Anlock- und Störwirkungen betroffen sind, sind namentlich horizontale Abstrahlungen zu vermeiden.[271] Horizontal emittiertes Licht kann weit in Naturhabitate hineinwirken und dadurch nachteilige Wirkungen entfalten. Das wird verhindert, wenn die Lichtquellen so abgeschirmt werden, dass sie nur in den zu gewünschten Bereich strahlen (z. B. Straßen oder Wege).[272] Diese Abschirmung kann entweder durch eine bauliche Vorrichtung oder durch Leuchtmitteleinsatz wie LED, durch welche sich die Lichtemission genau steuern lässt, erfolgen. Die Gefahr horizontaler Abstrahlungen wird zusätzlich verringert, wenn eine möglichst niedrige Lichtpunkthöhe gewählt wird.[273] Denn je höher die Lichtquelle der Leuchten installiert wird, desto größer ist die Lichtstreuung und desto schwieriger ist die Vermeidung seitlicher Lichtabstrahlung.[274]

Das setzt voraus, dass die Leuchtmittel soweit wie möglich dergestalt konstruiert und positioniert werden, dass sie von oben nach unten leuchten.[275] Das schließt eine Verwendung von Fassadenbeleuchtungen von unten, Bodenstrahler und Skybeamer aus. Wenn ein Leuchtmittel verwendet wird, das UV-Licht emittiert, können die Leuchten mit einem Filter versehen werden, der die UV-Emission ausschließt.[276]

Zusätzlich sind Leuchtengehäuse so zu konstruieren, dass sich für Insekten keine Möglichkeit bietet, in das Innere des Gehäuses zu gelangen. Dies senkt nicht nur die

---

[269] Sog. full cutoff Leuchten; *Kobler*, Lichtverschmutzung, 2002, S. 31.

[270] *Klaus/Kägi et al.*, Empfehlungen zur Vermeidung von Lichtemissionen, 2005, S. 34.

[271] Ausführlich *Soneira*, Auswirkungen auf die Insekten-Fauna durch die Umrüstung von Kugelleuchten auf LED-Beleuchtungen, 2013, S. 45; *Schanowski:* in: *Bundesamt für Naturschutz* (Hrsg.), Auswirkungen von Fremdlicht auf die Fauna im Rahmen von Eingriffen in Natur und Landschaft, 2001, S. 72; *Schmid/Doppler et al.*, Vogelfreundliches Bauen mit Glas und Licht, 2. Aufl. 2012, S. 52.

[272] *Kobler*, Lichtverschmutzung, 2002, S. 28; *Borgmann/Kurz*, Leitfaden: „Lichteinwirkung auf die Nachbarschaft", 2014, S. 15 f.

[273] *Kolligs*, Ökologische Auswirkungen künstlicher Lichtquellen auf nachtaktive Insekten, insbesondere Schmetterlinge (Lepidoptera), 2000, S. 104.

[274] Allerdings ist zu beachten, dass dann mehr Lampen notwendig werden können; *Isépy*, in: Bundesamt für Naturschutz (Hrsg.), Auswirkungen von Fremdlicht auf die Fauna im Rahmen von Eingriffen in Natur und Landschaft, 2001, S. 163, 164.

[275] *Schmid/Doppler et al.*, Vogelfreundliches Bauen mit Glas und Licht, 2. Aufl. 2012, S. 52; ausführlich zur Veränderung des Beleuchtungswinkels *Soneira*, Auswirkungen auf die Insekten-Fauna durch die Umrüstung von Kugelleuchten auf LED-Beleuchtungen, 2013, S. 40 ff.

[276] *Höttinger/Graf*, Zur Anlockwirkung öffentlicher Beleuchtungseinrichtungen auf nachtaktive Insekten, Dezember 2003, S. 30; *Ganslandt/Hofmann*, Handbuch der Lichtplanung, 1992, S. 92.

Tötungszahlen von Insekten, sondern auch die Wartungskosten, weil dann keine toten Insekten das Innere der Leuchte verschmutzen.[277] Auch an der Außenseite des Leuchtengehäuses ist darauf zu achten, dass sich dieses nicht erhitzt. Andernfalls kommt es beim Anflug von Insekten zu Beschädigungen von Flügeln oder Rezeptoren, die mittelbar tödlich sein können.[278] Leuchten derartig zu konstruieren, dass diese Fallenwirkung entfällt, ist bei Leuchtdioden (LED) im Gegensatz zu anderen Leuchttypen unproblematisch, weil bei LED keine Hitzeprobleme auftreten.[279]

d) Vermeidung durch Beeinflussung von Einsatz und Helligkeit von Leuchtmitteln

Auswirkungen von Licht lassen sich am leichtesten entschärfen, indem nicht benötigte Leuchten zurückgebaut bzw. gar nicht erst installiert werden.[280] Dies gilt nicht nur für die öffentliche Beleuchtung von Wegen, Straßen und Plätzen,[281] sondern auch für Privatanwendungen und kommerzielle Nutzungen. Ebenfalls ist bei der Neuinstallation bzw. der Umrüstung einer Leuchte auf die richtige Auswahl des Leuchtmittels zu achten. Deshalb ist nicht nur der richtige Lampentyp (s. o.), sondern auch die richtige Beleuchtungsstärke zu wählen. Die Beleuchtungsstärke definiert, wieviel Licht auf eine bestimmte Fläche fällt. Daraus lässt sich ableiten wie hell eine Lichtquelle strahlt.

Moderne, effiziente Leuchtentypen (z. B. LED) mit verbesserter Lichtausbeute können einen Rebound-Effekt hervorrufen. Ein Rebound-Effekt beschreibt das Problem, dass Einspareffekte durch Effizienzsteigerungen durch anderweitige Maßnahmen reduziert oder gänzlich aufgehoben werden.[282] So könnte die Effizienzsteigerung von LED dazu führen, dass anstatt die höhere Effizienz zu Strom- und Energieeinsparungen zu nutzen, die Beleuchtungsstärke, also die Helligkeit oder die Anzahl der Lampen erhöht wird.[283] Durch die Steigerung der Helligkeit werden dann die Vorteile eines weniger beeinträchtigenden Leuchtentyps wieder zunichte gemacht. Daher muss, insbesondere bei Umrüstungen von Leuchten, darauf geachtet werden, dass sich die Helligkeit am Bedarf und nicht an den technischen Möglichkeiten orientiert.

---

[277] *Eisenbeis*, in: Posch (Hrsg.), Das Ende der Nacht, 2. Aufl., 2013, S. 83, 90.

[278] *Herrmann/Baier/Bosecke*, NuL 2006, 115, 116.

[279] *Eisenbeis/Eick*, Natur und Landschaft 2011, 298, 304.

[280] *Kobler*, Lichtverschmutzung, 2002, S. 28; ebenfalls *Scheibe* mit der Betonung darauf, dass dies die einzige effektive Maßnahme ist, *Scheibe*, Natur und Landschaft 2003, 264, 266.

[281] *Isépy*, in: *Bundesamt für Naturschutz* (Hrsg.), Auswirkungen von Fremdlicht auf die Fauna im Rahmen von Eingriffen in Natur und Landschaft, 2001, S. 164.

[282] Zum Begriff Rebound-Effekt *Berkhout/Muskens/Velthuijsen*, Energy Policy 2000, 425, 426 ff., spezifisch zu Nachhaltigkeitserwägungen *Binswanger*, Ecological Economics 2001, 119, 120 ff.

[283] Mit Daten am Beispiel Augsburgs *Isépy*, in: Held/Hölker/Jessel (Hrsg.), Schutz der Nacht, 2013, S. 169.

Des Weiteren kann eine intelligente Steuerung der Beleuchtung die Risiken und Gefahren durch Licht stark reduzieren. Ausgehend davon, dass eine Lichtquelle nur leuchten soll, wenn sie benötigt wird, können Zeitschaltuhren, Bewegungsmelder und Dimmer eine bedarfsgerechte Beleuchtung ermöglichen.[284] Dies hat den positiven Nebeneffekt, dass eine solche Steuerung den Energieverbrauch senkt, die Lebensdauer des Leuchtmittels erhöht und damit Kosteneinsparungen ermöglicht.

Beleuchtungsabschaltungen sind sinnvoll, wenn Örtlichkeiten zu bestimmten (Nacht-)Zeiten gar nicht genutzt werden, wie bspw. Parkplätze.[285] Dadurch wird die Lichtverschmutzung verringert, die Anlockwirkung ausgeschlossen sowie Tieren, die sich im Lichtkegel der Leuchte verfangen haben, die Gelegenheit geboten, den Wirkungsbereich zu verlassen.[286] Eine besonders effektive Vermeidungsmaßnahme stellt das Abschalten von Außenbeleuchtungen zu bestimmten Nachtzeiten dar.[287] Zusätzlich können die Ein- und Ausschaltzeiten an die Jahreszeiten angepasst werden. Gerade in Sommermonaten können so Lichtimmissionen stark reduziert werden.[288]

In verkehrsarmen Zeiten, in der keine Beleuchtung benötigt wird, kann die Beleuchtung von öffentlichen Verkehrswegen ausgeschaltet oder gedimmt werden. Das Dimmen reduziert auch die Blendwirkung bei Nacht.[289] Entgegen der Vermutung, dass mehr Licht stets auch die Sicherheit im Verkehr erhöht,[290] kann durch das Dimmen die Sicherheit verbessert werden.[291] Das Dimmen verlängert darüber hinaus die Lebensdauer des Leuchtmittels und senkt die Energiekosten.[292]

Schließlich setzt die Verhinderung der Abstrahlung in ungewünschte Bereiche voraus, dass die Leuchte der Bauart entsprechend richtig installiert wird. Das heißt, eine Leuchte muss nicht nur über die notwendige Abschirmung bzw. Leuchtdioden verfügen, sondern auch korrekt aufgestellt werden.

---

[284] *Klaus/Kägi et al.*, Empfehlungen zur Vermeidung von Lichtemissionen, 2005, S. 34; *Borgmann/Kurz*, Leitfaden: „Lichteinwirkung auf die Nachbarschaft“, 2014, S. 15 f.

[285] *Hofmeister*, in: Held/Hölker/Jessel (Hrsg.), Schutz der Nacht, 2013, S. 133, 135.

[286] *Herden*, in: Bundesamt für Naturschutz (Hrsg.), Auswirkungen von Fremdlicht auf die Fauna im Rahmen von Eingriffen in Natur und Landschaft, 2001, S. 121, 125.

[287] Siehe Seite 21.

[288] *Isépy*, in: Bundesamt für Naturschutz (Hrsg.), Auswirkungen von Fremdlicht auf die Fauna im Rahmen von Eingriffen in Natur und Landschaft, 2001, S. 163, 168.

[289] Dies ist deshalb attraktiv, weil das menschliche Auge sich auf die gegebenen Lichtverhältnisse gut einstellen kann. So wird die Halbierung der Lichthelligkeit kaum wahrgenommen; vgl. *Posch*, in: Held/Hölker/Jessel (Hrsg.), Schutz der Nacht, 2013, S. 43. Ein weiteres bislang wenig beachtetes Problem ist in diesem Zusammenhang die Blendwirkung von modernen Kfz-Leuchten. Auch für die Tiere könnten diese Emissionen wegen der horizontalen Abstrahlung problematisch sein.

[290] *Pauen-Höppner/Höppner*, in: Held/Hölker/Jessel (Hrsg.), Schutz der Nacht, 2013, S. 105, 107.

[291] *Mohar*, in: Held/Hölker/Jessel (Hrsg.), Schutz der Nacht, 2013, S. 125, 128.

[292] *Haibl/Hartig/Härtel*, in: Hochschule Mittweida (Hrsg.), Energietechnische Blätter (ETB), 2016, S. 37, 38.

III. Zwischenfazit: naturwissenschaftlicher Erkenntnisstand

1. Auswirkungen auf Vögel, Fledermäuse und Insekten

Der Einsatz von Glas und Licht hat vielfältige nachteilige Auswirkungen auf Vögel, Fledermäuse und Insekten. Die Verwendung von Glas betrifft Vögel, die aufgrund der Durchsicht oder Spiegelung der Scheibe ein attraktives Flugziel erkennen und deswegen die Glasfläche anfliegen. Ebenfalls werden Vögel durch Licht angelockt und kollidieren deshalb entweder mit der Glasfläche oder mit dem beleuchteten Bauwerk. Diese Kollisionen haben häufig den Tod des Tieres zur Folge. Daneben können sowohl einzelne Lichtquellen als auch Lichtglocken Zugvögel vom Kurs abbringen und dadurch gefährden. Schließlich kann es durch künstliches Licht zu Verhaltensveränderungen von Vögeln kommen.

Fledermäuse sind vom Einsatz von Glas nicht betroffen. Dagegen können Fledermäuse durch künstliche Lichtimmissionen schwerwiegend gestört werden. Künstliches Licht kann Habitate verschlechtern oder gänzlich unbrauchbar machen. Insbesondere können Lichtimmissionen dazu führen, dass Fledermäuse verspätet ausfliegen und schon früher in der Nacht zurückkehren, was die Zeit der Nahrungssuche verkürzt und zu einer ungenügenden Versorgung der Jungtiere führen kann.

Für Insekten stellt Licht ein Risiko oder eine Gefahr dar. Insekten werden von künstlichen Lichtquellen angelockt. An der Lichtquelle können die Insekten durch Hitzeeinwirkung, Verhungern oder Erschöpfung sterben sowie natürlichen Fressfeinden zum Opfer fallen. Künstliches Licht führt ferner zu Verhaltensänderungen. So wird die Fortpflanzung beeinträchtigt, die Nahrungssuche erschwert, die Bestäubungsleistung reduziert, Insekten aus ihren natürlichen Habitaten herausgelockt, die innere biologische Uhr gestört und Wanderbewegungen unterbunden.

2. Vermeidungsmaßnahmen

Zur Vermeidung von Vogelschlag an Glas und der Auswirkungen von Licht sind zusammenfassend folgende Vermeidungsmaßnahmen als geeignet anzusehen:

Für Glas:

- Vermeidung von Glasflächen in nicht benötigten Bereichen,
- Verwendung alternativer lichtdurchlässiger, nicht transparenter Materialien,
- Vermeidung von großflächigen Glasfronten,
- Verhinderung von Durchsichten und Korridoren,
- Einsatz von Glas mit geringem Reflexionsgrad zur Reduktion von Spiegelungseffekten,
- Sichtbarmachung von Glasflächen mittels hoch wirksamer Markierungen (anstatt unwirksamer Greifvogelsilhouetten),
- Positionierung von Futterstellen und Vogelbädern in unmittelbarer Nähe zum Glas oder in großräumiger Entfernung, und
- Verzicht auf anlockende Beleuchtung, insbesondere wenn diese nicht benötigt wird.

Für Licht:

- Einsatz von Leuchtmitteln, die ein insektenfreundliches Lichtspektrum emittieren (insb. Natriumdampflampen),
- Einsatz von UV-absorbierenden Leuchtenabdeckungen,
- Abschirmung der Leuchten zur Vermeidung von Lichtverschmutzung, insbesondere durch Abstrahlung nach oben und in die Horizontale,
- Einsatz geschlossener Leuchtengehäuse,
- Bevorzugung geringer Lichtpunkthöhen,
- Beleuchtung von oben nach unten,
- Reduzierung der Beleuchtungsstärke und der Beleuchtungsdauer auf das notwendige Maß,
- Einsatz von Bewegungsmeldern, Zeitschaltuhren und Dimmern zur bedarfsgerechten Steuerung,
- Verzicht auf Skybeamer und andere helle Himmelsstrahler, insbesondere während der Zugzeiten, und
- Vermeidung von Leuchten in der Nähe von besonders wertvollen oder empfindlichen Gebieten, insbesondere in der Nähe von Habitaten empfindlicher und gefährdeter Arten.

C. Rechtliche Anforderungen an die Verwendung von Glas und Licht

Nachfolgend werden die Auswirkungen von Glas auf Vögel sowie von Licht auf Vögel, Fledermäuse und Insekten dahingehend untersucht, ob sie vom geltenden Recht erfasst werden und wie das geltende Recht diese Auswirkungen steuert. Dazu werden zunächst das Naturschutzrecht (I.), sodann das Immissionsschutzrecht (II.) und schließlich das Baurecht (III.) untersucht.

I. Naturschutzrechtliche Anforderungen an den Einsatz von Glas und Licht

Die Risiken und Gefahren durch Glas und Licht für Vögel, Fledermäuse und Insekten können von Verhaltensveränderungen über Populations- und Habitatsbeeinträchtigungen bis hin zu Verletzungen und Tötungen von Individuen reichen (s. S. 22 ff.). Das Naturschutzrecht bezweckt gem. § 1 Abs. 1 BNatSchG, die biologische Vielfalt, die Leistungs- und Funktionsfähigkeit des Naturhaushalts sowie die Vielfalt, Eigenart, Schönheit und den Erholungswert von Natur und Landschaft zu sichern und zu schützen. Es ist daher zu untersuchen, ob und inwieweit das Naturschutzrecht de lege lata diese Risiken und Gefahren vermeidet oder minimiert.

1. Eingriffsregelung, §§ 13 ff. BNatSchG

Glas und Licht wird flächendeckend auf unterschiedliche Weise sowohl im Innen- als auch im Außenbereich eingesetzt. Die Eingriffsregelung gem. §§ 13 ff. BNatSchG sieht einen flächendeckenden Mindestschutz von Natur und Landschaft gegen Verschlechterungen des status quo vor.[1]

[1] *Maaß/Schütte*, in: Koch/Hofmann/Reese (Hrsg.), Handbuch Umweltrecht, 5. Aufl., 2018, § 7, Rn. 42.

© Springer-Verlag GmbH Deutschland, ein Teil von Springer Nature 2019

B. Huggins, S. Schlacke, *Schutz von Arten vor Glas und Licht*, Schriftenreihe Natur und Recht, https://doi.org/10.1007/978-3-662-58257-2_3

§ 13 S. 1 BNatSchG normiert für erhebliche Beeinträchtigungen von Natur und Landschaft vorrangig ein Vermeidungsgebot.[2] Die Pflicht zur Vermeidung setzt voraus, dass ein Eingriff i.S.d. § 14 Abs. 1 BNatSchG vorliegt.

a) Eingriff

Die Verwendung von Glas und Licht ist als Eingriff zu qualifizieren, wenn sie als *Eingriffshandlung* zu einer erheblichen Beeinträchtigung der Schutzgüter führt (*Eingriffswirkung*[3]).[4]

aa) Eingriffshandlung

Eine Eingriffshandlung erfordert eine planmäßige Gestaltung oder Nutzung von Grundflächen oder eine Veränderung des mit der belebten Bodenschicht in Verbindung stehenden Grundwasserspiegels, vgl. § 14 Abs. 1 BNatSchG.[5] Die Verwendung von Glas und Licht könnte zu einer Nutzungsänderung oder Gestaltveränderung von Grundflächen führen. Zu einer Gestaltveränderung von Grundflächen führt die Verwendung von Glas nicht unmittelbar, sondern nur in Verbindung mit der Errichtung baulicher Anlagen. Unter Zugrundelegung eines weiten Eingriffsbegriffs[6] – wofür i. Ü. der weite Begriff der Veränderung i.S.d. § 14 Abs. 1 BNatSchG streitet – ist jede Errichtung oder wesentliche Änderung[7] von baulichen Anlagen ein Eingriff in Natur und Landschaft,[8] da Flächen versiegelt und das Landschaftsbild verändert werden. Darüber hinaus tragen auch die verwendeten Glasscheiben zu einer jedenfalls optischen Veränderung der Grundfläche bei, sodass nach dem hier vertretenen weiten Eingriffsbegriff eine Veränderung der Grundfläche i.S.d. § 14 Abs. 1 BNatSchG vorliegt.

Bei der Verwendung von Licht ist fraglich, ob überhaupt eine Eingriffshandlung vorliegt. Licht ist eine Immission gem. § 3 Abs. 3 BImSchG. Teilweise wird ein Eingriff durch Immissionen verneint, da die Eingriffshandlung einen Grundflächenbezug

---

[2] *Kloepfer*, Umweltrecht, 4. Aufl. 2016, § 5, Rn. 166; *Guckelberger*, in: Frenz/Müggenborg (Hrsg.), BNatSchG, 2. Aufl., 2016, § 13, Rn. 16.

[3] *Lau*, NuR 2011, 680, 681; ausführlich zu den Schutzgütern *Guckelberger*, in: Frenz/Müggenborg (Hrsg.), BNatSchG, 2. Aufl., 2016, § 14, Rn. 39 ff.

[4] *Guckelberger*, in: Frenz/Müggenborg (Hrsg.), BNatSchG, 2. Aufl., 2016, § 14, Rn. 10; *Fischer-Hüftle/Czybulka*, in: Schumacher/Fischer-Hüftle (Hrsg.), BNatSchG, 2. Aufl., 2011, § 14, Rn. 2; vom Gesetzgeber als Anknüpfungs- und Folgetatbestand bezeichnet, vgl. BT-Drs. 14/6378, S. 47.

[5] *Schlacke*, Umweltrecht, 7. Aufl. 2019, § 10, Rn. 31.

[6] *Prall*, in: Schlacke (Hrsg.), GK-BNatSchG, 2. Aufl., 2017, § 14, Rn. 29; *Scheidler*, ZfBR 2011, 228, 232.

[7] So teilweise auch explizit die Eingriffsregelungen nach Landesrecht, vgl. § 9 Nr. 2 SächsNatSchG; § 8 Abs. 1 Nr. 1 LNatSchG SH; § 16 Nr. 6 NatSchG Bln.

[8] Vgl. dazu Seite 220.

voraussetzt, der bei Immissionen nicht gegeben sei.[9] So wurden etwa Abgasimmissionen und der Einsatz von Pflanzenschutzmitteln nicht als Eingriffe i.S.v. § 14 Abs. 1 BNatSchG erachtet.[10] In Bezug auf Lichtimmissionen ist insofern zu unterscheiden: Ist die Lichtquelle, z. B. die Installation einer Straßenleuchte, mit dem Boden verbunden, wird dadurch die Grundfläche verändert, sodass regelmäßig bereits hierdurch ein Eingriff vorliegt.

Damit verbleiben im Anwendungsbereich jedenfalls solche Lichtquellen, die auf einer Grundfläche errichtet werden, wie bspw. Außenbeleuchtungen von Gebäuden oder Straßenbeleuchtungen. Ein solcher Bezug zur Grundfläche fehlt, wenn an einer bestehenden Anlage lediglich eine Lichtquelle ohne zusätzliche Bodenversiegelung in Betrieb genommen oder eine bestehende Lichtquelle umgerüstet wird.[11] Ebenfalls keinen Grundflächenbezug weisen nicht fest installierte Lichtquellen, wie Kfz oder bewegliche Lichtanlagen (z. B. mobile Himmelsstrahler), auf.

Werden Gläser und Leuchtmittel ausgetauscht, so fehlt es aufgrund gleichbleibender Nutzung an einem Eingriff.[12] Fraglich ist allerdings, ob eine Nutzungsänderung mit einhergehender Steigerung der Nutzungsintensität, etwa durch Einsatz von Leuchtmitteln mit erhöhter Beleuchtungsstärke oder durch zusätzliches Verbauen von Glas im Rahmen einer Renovierung, einen Eingriff darstellt. Nach einer Ansicht erfüllt eine Nutzungsintensivierung nur bei Änderung der Nutzungsart den Tatbestand.[13] Begründet wird dies damit, dass eine Fortführung einer bestimmten Nutzung niemals gleichmäßig verlaufen kann, sondern quantitativen und geringen qualitativen Änderungen unterliegt.[14] Die Gegenposition argumentiert, dass aus dem systematischen Vergleich zwischen Gestalt- und Nutzungsveränderung folgt, dass zwischen beiden Unterschiede bestehen. Deshalb seien Nutzungsintensivierungen Nutzungsänderungen i.S.d. § 14 Abs. 1 BNatSchG.[15] Der restriktiven Ansicht ist zuzugeben, dass der Telos des § 14 Abs. 1 BNatSchG nicht darauf abzielt,

---

[9] *Prall*, in: Schlacke (Hrsg.), GK-BNatSchG, 2. Aufl., 2017, § 14, Rn. 30; *Bickel*, DÖV 1989, 937, 939; *Gellermann*, in: Landmann/Rohmer (Hrsg.), Umweltrecht, Bearbeitungsstand: 12/2011, § 14 BNatSchG, Rn. 7; *Maaß/Schütte*, in: Koch/Hofmann/Reese (Hrsg.), Handbuch Umweltrecht, 5. Aufl., 2018, § 7, Rn. 47.

[10] *Berchter*, Eingriffsregelung, 2006, S. 73; *Maaß/Schütte*, in: Koch/Hofmann/Reese (Hrsg.), Handbuch Umweltrecht, 5. Aufl., 2018, § 7, Rn. 48; *Gellermann*, in: Landmann/Rohmer (Hrsg.), Umweltrecht, Bearbeitungsstand: 12/2011, § 14 BNatSchG, Rn. 7.

[11] Ebenso *Maaß*, in: Bundesamt für Naturschutz (Hrsg.), Auswirkungen von Fremdlicht auf die Fauna im Rahmen von Eingriffen in Natur und Landschaft, 2001, S. 139, 152; dieser Umstand war Anlass für Kritik: SRU Umweltgutachten, BT-Drs. 11/1568, Rn. 462; BT-Drs. 12/4105, S. 7. Eine gesetzliche Änderung erfolgte jedoch nicht.

[12] *Guckelberger*, in: Frenz/Müggenborg (Hrsg.), BNatSchG, 2. Aufl., 2016, § 14, Rn. 21; *Berchter*, Eingriffsregelung, 2006, S. 45.

[13] *Berchter*, Eingriffsregelung, 2006, S. 45; *Wilrich*, in: Marzik/Wilrich (Hrsg.), BNatSchG, 2004, § 18, Rn. 13 m.w.N.

[14] *Wilrich*, in: Marzik/Wilrich (Hrsg.), BNatSchG, 2004, § 18, Rn. 13; *Schink*, Naturschutz- und Landschaftspflegerecht Nordrhein-Westfalen, 1989, Rn. 258.

[15] *Guckelberger*, in: Frenz/Müggenborg (Hrsg.), BNatSchG, 2. Aufl., 2016, § 14, Rn. 22; *Gassner/Heugel*, Das neue Naturschutzrecht, 2010, Rn. 261; *Gellermann*, in: Landmann/Rohmer (Hrsg.), Umweltrecht, Bearbeitungsstand: 12/2011, § 14 BNatSchG, Rn. 9.

gewöhnliche Unterhaltungs- und Modernisierungsmaßnahmen zu erfassen.[16] Dies überzeugt jedenfalls beim Einsatz von Glas und Licht. Der Austausch von Gläsern bzw. die Umrüstung oder Austausch von Leuchtmitteln – auch wenn damit die Nutzungsintensität gesteigert wird – stellen Verhalten dar, die der bereits ausgeübten Nutzung entsprechen. Eine gleichbleibende Nutzung ist daher auch anzunehmen, wenn zusätzliche Leuchtmittel oder Glasflächen installiert werden. Da es hier auf die Eingriffshandlung und nicht auf die Eingriffswirkung ankommt, ist es unbeachtlich, ob dies zur Steigerung der Risiken und Gefahren durch erhöhte Beleuchtungsstärken oder vermehrte Spiegelungen und Durchsichten führt.

bb) Eingriffswirkung

Für die Annahme eines Eingriffs ist weiterhin erforderlich, dass die Schutzgüter Leistungs- und Funktionsfähigkeit des Naturhaushalts sowie das Landschaftsbild durch die Veränderung, d. h. hier durch den Einsatz von Glas und Licht, erheblich beeinträchtigt werden können.

(1) Beeinträchtigung

Eine Beeinträchtigung liegt vor, wenn sich die Veränderung nachteilig auf die Schutzgüter auswirken kann.[17] Bezüglich der Folgen bedarf es einer hinreichenden Wahrscheinlichkeit.[18]

Die Verwendung von Glas und Licht könnte zu einer Beeinträchtigung des Naturhaushalts führen. Wie eingangs gezeigt,[19] resultieren aus dem Einsatz von Glas und Licht Verletzungs- und Tötungsfolgen für Vögel und Insekten. Ebenfalls können Lichtemissionen durch ihre Anlockwirkung Insekten aus dem Naturkreislauf herausziehen und dadurch die Nahrungsgrundlage anderer Tierarten beeinträchtigen.[20] Lichtemissionen können Meidereaktionen bei Fledermäusen auslösen: Dies kann, insbesondere an kleineren, selteneren Biotopen,[21] mittelbar die Existenz lokaler

---

[16] BT-Drs. 16/12274, S. 57; es ist im Übrigen nicht davon auszugehen, dass die extensive Auffassung dem widerspricht. Der Streit entzündete sich in der Hauptsache bzgl. der Veränderung der Fruchtfolge und dem Einsatz von Pflanzenschutzmitteln, also landwirtschaftlicher Nutzungen, vgl. dazu *Krohn*, in: Kolodziejcok/Recken (Hrsg.), NaturschutzR, 1991, § 14 BNatSchG, Rn. 18.

[17] *Guckelberger*, in: Frenz/Müggenborg (Hrsg.), BNatSchG, 2. Aufl., 2016, § 14, Rn. 26.

[18] BVerwG, Urt. v. 17.01.2007 – 9 A 20/05, NVwZ 2007, 1054, Rn. 153; *Schlacke/Kröger*, in: Ehlers/Fehling/Pünder (Hrsg.), Besonderes Verwaltungsrecht, Bd. 2, 3. Aufl., 2013, § 50, Rn. 95; nach a.A. muss die Folge ohne weiteres feststellbar sein, *Maaß/Schütte*, in: Koch/Hofmann/Reese (Hrsg.), Handbuch Umweltrecht, 5. Aufl., 2018, § 7, Rn. 47.

[19] Siehe Seite 5 ff. und Seite 22 f.

[20] So auch *Maaß*, in: Bundesamt für Naturschutz (Hrsg.), Auswirkungen von Fremdlicht auf die Fauna im Rahmen von Eingriffen in Natur und Landschaft, 2001, S. 139, 24.

[21] *Rassmus*, Methodische Anforderungen an Wirkungsprognosen in der Eingriffsregelung, 2003, S. 134.

Populationen gefährden.[22] Zugvögel und lichtempfindliche Insekten sind von den Auswirkungen des Lichts besonders betroffen: Bei Zugvögeln führt die Anlockwirkung unter anderem zu tödlichen Kollisionen mit Gebäuden. Insekten können unter der Lichteinwirkung der künstlichen Lichtquelle durch Verbrennen, Verhungern, Erschöpfung oder durch natürliche Fressfeinde verenden. Dies könnte zu einer Verschiebung der Artenzusammensetzungen und einer Beeinträchtigung der Artenvielfalt in bestimmten Gebieten führen.[23] Demnach ist davon auszugehen, dass der Einsatz von Glas und Licht geeignet ist, eine Beeinträchtigung der Leistungs- und Funktionsfähigkeit des Naturhaushalts i.S.d. § 14 Abs. 1 BNatSchG hervorzurufen.

Der Einsatz von Glas und Licht könnte auch zu einer Beeinträchtigung des Landschaftsbildes führen. Geschützt werden soll die vom Menschen sinnlich wahrgenommene Erscheinung der Landschaft.[24] So kann mit Lichtimmissionen der Verlust des Sternenhimmels[25] einhergehen. Zwar kann die im Kontext des Gutachtens behandelte Verwendung von Licht auch nachteilige Auswirkungen auf den Menschen haben. Darunter dürften Ruhestörungen und Belästigungen fallen.[26] Jedoch liegt im Kontext der Risiken und Gefahren für Tiere keine Beeinträchtigung des Landschaftsbildes vor.

(2) Erheblichkeit der Beeinträchtigung

Erheblich ist eine Beeinträchtigung, die nach „Art, Umfang und Schwere nicht völlig unwesentlich“[27] ist. Für die Tierwelt und ihre Lebensräume sind nicht nur die Seltenheit bzw. Gefährdung einzelner Arten[28] und ihrer Biotope entscheidend,[29] sondern auch Störungen, welche die Anpassungsfähigkeit von Tieren überfordern.[30] Die Erheblichkeit kann sich zudem wegen erhöhter Schädigungspotenziale aus der funktionalen Bedeutung einer Landschaft als Durchzugsgebiet für wandernde Tierarten

---

[22] Mit Kriterien, welche Arten besonders betroffen sind *Herrmann/Baier/Bosecke*, NuL 2006, 115, 117.

[23] Siehe Seite 22 f.

[24] *Gellermann*, in: Landmann/Rohmer (Hrsg.), Umweltrecht, Bearbeitungsstand: 12/2011, § 14 BNatSchG, Rn. 14.

[25] Wie sich die Aufhellung der Nacht auf das Erlebnis des Landschaftsbildes auswirken kann, zeigen *Herrmann/Baier/Bosecke*, NuL 2006, 115, 117. Ob der Sternenhimmel als Landschaftsbild i.S.d. § 14 Abs. 1 zu werten ist und wann die Verschmutzung des Nachthimmels als Eingriff zu qualifizieren ist, bedarf weiterer Klärung.

[26] Ein Überblick bei *Knab*, in: Held/Hölker/Jessel (Hrsg.), Schutz der Nacht, 2013, S. 77 ff.

[27] VGH Mannheim, Beschluss v. 14.11.1991 – 10 S 1143/90, juris, Rn. 2 m.w.N.; ähnlich *Kloepfer*, der eine Beeinträchtigung von „spürbarem Gewicht“ verlangt, *Kloepfer*, Umweltrecht, 4. Aufl. 2016, § 12, Rn. 198; ebenso OVG Münster, Urt. v. 13.03.1991 – 7 A 486/89, juris, Rn. 24.

[28] Der Schutz erstreckt sich über besonders geschützte Arten hinaus auch auf andere Arten: *Fischer-Hüftle/Czybulka*, in: Schumacher/Fischer-Hüftle (Hrsg.), BNatSchG, 2. Aufl., 2011, § 14, Rn. 30.

[29] *Gassner*, Natur- und Landschaftsschutzrecht, 2. Aufl. 2016, Rn. 156, der auf das Schutzprofil der betroffenen Güter und nicht auf das Gefährdungsprofil der Veränderung abstellt.

[30] *Fischer-Hüftle/Czybulka*, in: Schumacher/Fischer-Hüftle (Hrsg.), BNatSchG, 2. Aufl., 2011, § 14, Rn. 30.

ergeben.[31] Regenerieren sich die Schäden innerhalb kurzer Zeit von selbst, ist die Erheblichkeit zu verneinen.[32] Die Erheblichkeit der Beeinträchtigungen durch Glasflächen oder Lichtquellen lässt sich wohl nur im Einzelfall ermitteln. Der Grad der Beeinträchtigung hängt von der Größe oder dem Zusammenspiel mehrerer Glasflächen oder von der einzelnen Lichtemission ab.[33]

Im Einzelfall dürfte entscheidend sein, ob die betroffenen Arten noch in annähernd gleicher Zahl und Qualität wie vor dem Eingriff leben können.[34] So kann ein einzelnes Gebäude mit vielen Glasflächen, wenn es in unmittelbarer Nähe zu einem Biotop oder an einer Wanderroute gelegen ist, zur Folge haben, dass eine Vielzahl von Individuen zu Tode kommt und damit standortbedingt eine erhebliche Beeinträchtigung auslösen. Ebenfalls kann ein Flutlichtstrahler die Qualität eines Biotops erheblich beeinträchtigen. Mögliche Beispiele erheblicher Beeinträchtigungen sind Hochhäuser, Flutlichtstrahler,[35] Himmelsstrahler in Zeiten des Vogelzugs[36] und Gebäude mit besonders hohem Glasanteil[37] oder mit exponierten Glasflächen.[38]

(3) Summationseffekte

Fraglich ist, ob von der Eingriffsregelung auch Summationseffekte, die durch das Zusammenwirken vieler Lichtquellen und/oder Glasflächen erzeugt werden, erfasst werden.

Aktuelle Forschungsergebnisse zeigen, dass die meisten Vögel durch Kollision an Glasflächen von Gebäuden mit ein bis drei Geschossen getötet werden (ca. zwei Kollisionen von Vögeln an Glas pro Gebäude und Jahr).[39] Dies ergibt sich aus der hohen Anzahl kleiner Gebäude, obwohl diese im Vergleich zu größeren Gebäudetypen die geringste Kollisionswahrscheinlichkeit aufweisen.[40] Ebenfalls locken einzelne Lichtquellen in der Regel nicht ausreichend viele Individuen an, um alleine die Schwelle der Erheblichkeit zu erreichen. So erzeugt erst eine Mehrzahl von Lichtpunkten eine Barriere für wandernde Arten.[41] Zudem treten manche Beeinträchtigungen künstlichen Lichts erst ab einer bestimmten Einwirkungsdauer ein.

---

[31] *Dies.*, in: Schumacher/Fischer-Hüftle (Hrsg.), BNatSchG, 2. Aufl., 2011, § 14, Rn. 29.

[32] So auch *Berchter*, Eingriffsregelung, 2006, S. 67.

[33] Siehe Seite 9 ff. und Seite 18 ff.

[34] BVerwG, Urt. v. 27.09.1990 – 4 C 44/87, NVwZ 1991, 364, 367; *Fischer-Hüftle/Czybulka*, in: Schumacher/Fischer-Hüftle (Hrsg.), BNatSchG, 2. Aufl., 2011, § 14, Rn. 31.

[35] Vgl. OVG Münster, Beschl. v. 27.02.2009 – 7 B 1647/08, NVwZ-RR 2009, 716.

[36] Vgl. *Herrmann/Baier/Bosecke*, NuL 2006, 115.

[37] Ein Bewertungssystem der Gefährdungspotentiale einzelner Gebäude bspw. bei *Elle/Weerts et al.*, Berichte zum Vogelschutz 2013, 135, 139 ff.

[38] *Schmid/Doppler et al.*, Vogelfreundliches Bauen mit Glas und Licht, 2. Aufl. 2012, S. 8 ff.

[39] *Loss/Will et al.*, The Condor 2014, 8, 15 f.; vgl. Seite 9. Allerdings ist die Zahl ein Näherungswert mittels Median, der die einzelnen Gefährdungspotenziale der unterschiedlichen Ursachen nicht berücksichtigen kann und nicht darüber hinwegtäuschen darf, dass in der jeweiligen Konstellation eine Einzelbetrachtung vonnöten ist.

[40] *Dies.*, The Condor 2014, 8, 18.

[41] Siehe dazu auf Seite 22 f.

Für solche Summationseffekte ist kennzeichnend, dass einzelne Lichtanlagen isoliert betrachtet keine erheblichen Beeinträchtigungen hervorrufen, aber in der Summe so schwere Folgen verursachen, dass sie als erhebliche Beeinträchtigung zu qualifizieren sind.[42]

Ob eine Summation mehrerer Beiträge als Eingriff i.S.v. § 14 Abs. 1 BNatSchG zu qualifizierten ist, ist umstritten. Nach Teilen der Literatur und Rechtsprechung konnten Summationseffekte[43] über das Kriterium der Nachhaltigkeit des § 8 Abs. 1 BNatSchG a.F. berücksichtigt werden.[44] Auch nach der Neufassung des BNatSchG und dem Wegfall des Begriffs der Nachhaltigkeit[45] sei die Summierung kleinerer Maßnahmen möglich.[46] Teilweise wurden Summationseffekte berücksichtigt, die von mehreren Verursachern zusammen ausgelöst wurden.[47] Restriktiver ist die Auffassung, dass nur Summationseffekte von einem Vorhaben berücksichtigt werden können.[48] Noch weitergehend ist der Standpunkt, die Summation von Kleinschäden sei im Rahmen der Eingriffsregelung generell nicht möglich.[49]

Der Wortlaut der Norm steht der Berücksichtigung von Summationswirkungen indes nicht entgegen, da § 14 Abs. 1 BNatSchG von Veränderungen spricht. Die Eingriffsregelung dient dem vorsorgenden Umweltschutz.[50] Ausdruck des Vorsorgeprinzips ist das Verschlechterungsverbot.[51] Dieses zielt darauf ab, ein weiteres Anwachsen von Umweltbelastungen auszuschließen und den vorgefundenen status

---

[42] *Guckelberger*, in: Frenz/Müggenborg (Hrsg.), BNatSchG, 2. Aufl., 2016, § 14, Rn. 32; entwickelt wurde der Begriff unter der Tatbestandsvoraussetzung der „Nachhaltigkeit" aus § 8 Abs. 1 BNatSchG a.F., vgl. *Berchter*, Eingriffsregelung, 2006, S. 67.

[43] Nicht gemeint ist eine Summierung mehrerer Vorhaben i.S.e. Pilotfalls, wodurch eine Vorbildwirkung entstehen kann. Anhaltspunkte, dass dies im Kontext des Forschungsvorhabens relevant ist, bestehen nicht. Zur Vorbildwirkung s. *Fischer-Hüftle/Czybulka*, in: Schumacher/Fischer-Hüftle (Hrsg.), BNatSchG, 2. Aufl., 2011, § 14, Rn. 25.

[44] VGH Kassel, Urt. v. 27.07.1988 – 3 UE 1870/84, juris, Rn. 34; VG Gießen, Urt. v. 25.01.1990 – I/2 E 91/89, NVwZ-RR 1990, 596, 598; *Gassner*, in: Gassner/Bendomir-Kahlo et. al. (Hrsg.), BNatSchG, 2. Aufl., 2003, § 18, Rn. 19; *Schink*, Naturschutz- und Landschaftspflegerecht Nordrhein-Westfalen, 1989, Rn. 264; neutral *Burmeister*, Der Schutz von Natur und Landschaft vor Zerstörung, 1988, S. 52.

[45] Dadurch sollte lediglich eine Vereinheitlichung der Begrifflichkeit erreicht werden, eine materielle Rechtsänderung sollte nicht erfolgen, BT-Drs. 14/6378, S. 48.

[46] *Gassner/Heugel*, Das neue Naturschutzrecht, 2010, Rn. 283; *Schink*, DVBl 1992, 1390, 1395; *Dürr*, BauR 1994, 460, 461; bzgl. einer Summation unterschiedlicher Faktoren bejahend *Prall*, in: Schlacke (Hrsg.), GK-BNatSchG, 2. Aufl., 2017, § 14, Rn. 41.

[47] VGH Kassel, Urt. v. 27.07.1988 – 3 UE 1870/84, juris, Rn. 34 m.w.N.; VG Gießen, Urt. v. 25.01.1990 – I/2 E 91/89, NVwZ-RR 1990, 596, 598.

[48] *Kolodziejcok*, in: Kolodziejcok/Recken (Hrsg.), NaturschutzR, 1991 § 18 BNatSchG a.F., Rn. 18.

[49] *Bettermann*, in: Kloepfer (Hrsg.), Jahrbuch des Umwelt- und Technikrechts, 1987, S. 113, 118; a.A. *Dürr*, BauR 1994, 460, 461.

[50] *Guckelberger*, in: Frenz/Müggenborg (Hrsg.), BNatSchG, 2. Aufl., 2016, § 14, Rn. 32; *Berchter*, Eingriffsregelung, 2006, S. 67 f.

[51] *Schlacke*, Umweltrecht, 7. Aufl. 2019, § 3, Rn. 2; *Kloepfer*, Umweltrecht, 4. Aufl. 2016, § 7, Rn. 3 ff.

quo der Umweltqualität zu erhalten.[52] Für das Ziel, die bestehende Umweltqualität zu sichern, ist es irrelevant, ob die Umweltbelastung durch eine Einzelmaßnahme oder durch mehrere Maßnahmen eintritt und wer diese verursacht hat, also ob etwa eine erhebliche Beeinträchtigung durch einen großen Flutlichtstrahler oder durch eine Vielzahl von Straßenleuchten hervorgerufen wird. Das in den §§ 13 ff. BNatSchG enthaltene Verursacherprinzip[53] setzt eine Kausalitätsbeziehung zwischen dem Verpflichteten und den zugerechneten Umweltbelastungen voraus.[54] Bei einer Summation von Verursachungsbeiträgen anderer wird dieses Kausalitätserfordernis durchbrochen. Dies spricht gegen eine Summation von Beeinträchtigungen unterschiedlicher Verursacher.

Auch kann ein systematischer Vergleich der Schutzregeln von Natura 2000-Gebieten herangezogen werden. § 34 Abs. 1 S. 1 BNatSchG legt fest, dass Projekte, die „einzeln oder im Zusammenwirken mit anderen Projekten oder Plänen" geeignet sind, das Gebiet erheblich zu beeinträchtigen, auf ihre Verträglichkeit zu überprüfen sind. Im Gegensatz dazu verpflichtet § 13 S. 1 BNatSchG den Verursacher, erhebliche Beeinträchtigungen zu vermeiden. Im Vergleich stellt § 34 Abs. 1 S. 1 BNatSchG explizit auf mehrere Beteiligte ab, während § 13 S. 1 BNatSchG vom Verursacher im Singular spricht. Die Nichteinbeziehung anderer Verursacher in § 13 BNatSchG lässt erkennen, dass eine Zurechnung von Beeinträchtigungen Dritter nicht erfolgen soll.[55] Die unterschiedliche Bewertung des Bestandschutzes und des Verursacherprinzips im Verhältnis beider Normen[56] erklärt sich auch aus dem Unterschied des allgemeinen und besonderen Gebietsschutzes. Der besondere Gebietsschutz folgt strikt dem Verschlechterungsverbot, wonach Handlungen, die zu einer erheblichen Beeinträchtigung des Erhaltungsziels führen können, unzulässig sind.[57] Im Rahmen der §§ 13 ff. BNatSchG sind nur vermeidbare Beeinträchtigungen zu unterlassen.[58] Unvermeidbare Beeinträchtigungen werden nicht untersagt, sondern bleiben möglich und sind durch Ausgleichs- und Ersatzmaßnahmen oder durch Ersatz in Geld zu kompensieren, § 13 S. 2 BNatSchG. Die Zusammenschau lässt erkennen, dass bei der Eingriffsregelung das

---

[52] *Schink*, DVBl 1992, 1390, 1395; *Kloepfer*, Umweltrecht, 4. Aufl. 2016, § 4, Rn. 72, dieser führt im Übrigen an, dass eine erhebliche Beeinträchtigung dann ausgeschlossen ist, wenn eine Veränderung an bereits durch Vorbelastungen schwer geschädigten Fläche vorgenommen wird, *ders.*, Umweltrecht, 4. Aufl. 2016, § 12, Rn. 199.

[53] *Guckelberger*, in: Frenz/Müggenborg (Hrsg.), BNatSchG, 2. Aufl., 2016, § 13, Rn. 5; *Maaß/Schütte*, in: Koch/Hofmann/Reese (Hrsg.), Handbuch Umweltrecht, 5. Aufl., 2018, § 7, Rn. 42; *Berchter*, Eingriffsregelung, 2006, S. 69; *Kuschnerus*, NVwZ 1996, 235, 238.

[54] *Eifert*, in: Schoch/Danwitz (Hrsg.), Besonderes Verwaltungsrecht, 15. Aufl., 2013, S. 563, Rn. 44; ausführlich zu den dem Verursacherprinzip zugrunde liegenden Deutungen *Kloepfer*, Umweltrecht, 4. Aufl. 2016, § 4, Rn. 92 ff.

[55] Ähnlich und mit Kritik an dieser projektbezogenen Betrachtungsweise *Berchter*, Eingriffsregelung, 2006, S. 73.

[56] So geht auch die Gesetzesbegründung (BNatSchG 2002) davon aus, dass es an einer erheblichen Beeinträchtigung mangelt, wenn die Fläche stark vorgeschädigt ist; BT-Drs. 14/6378, S. 48.

[57] *Schmidt/Kahl/Gärditz*, Umweltrecht, 10. Aufl. 2017, § 10, Rn. 123.

[58] *Maaß/Schütte*, in: Koch/Hofmann/Reese (Hrsg.), Handbuch Umweltrecht, 5. Aufl., 2018, § 7, Rn. 53.

Verursacherprinzip durchgreift, sodass im Konfliktfall das Verschlechterungsverbot zurücktritt.

Daher stellen Beeinträchtigungen, die erst durch Summation von Beiträgen verschiedener Verursacher die Erheblichkeitsschwelle überschreiten, keinen Eingriff dar. Dies schließt jedoch eine Summation von Beeinträchtigungen durch ein und denselben Verursacher nicht aus, sodass diese insoweit kumulativ eine erhebliche Beeinträchtigung und somit einen Eingriff verursachen können.

cc) Kausalität

Die menschlich bedingte Veränderung muss die erhebliche Beeinträchtigung verursacht haben. Dabei wird teilweise zwischen mittelbaren und unmittelbaren Verursachungen unterschieden und gefordert, dass nur solche Beeinträchtigungen erfasst sind, die mit der Veränderung in unmittelbaren Zusammenhang stehen.[59] Diese Unterscheidung ist vorliegend von Bedeutung, da Tiere oftmals erst mittelbar geschädigt werden: So zieht die Beleuchtung eines Weges Insekten an, die an der Lichtquelle verenden. Dadurch finden Vögel kein ausreichendes Nahrungsangebot mehr vor und können Junge nicht mehr oder nur erschwert aufziehen. Beide Folgen sind nicht atypisch und eine Unterscheidung läuft lediglich auf eine willkürliche Unterbrechung des Ursachzusammenhangs heraus.[60] Dabei dient die Unterscheidung zwischen mittelbarer und unmittelbarer Verursachung dazu, eine zu weitgehende Verantwortlichkeit des Verursachers zu begrenzen. Zielführender ist indes eine Differenzierung nach typischen und atypischen Kausalverläufen.[61] In dem vorliegend gewählten Beispiel entsprechen solche Zusammenhänge der Nahrungskette und damit typischen Vorgängen in der Natur, sodass kein atypischer Fall vorliegt und die Kausalität zu bejahen wäre.

[59] OVG Lüneburg, Urt. v. 24.06.1996 – 3 L 4259/94, juris, Rn. 19; *Bickel*, DÖV 1989, 937, 939; *Breuer*, NuR 1980, 89, 92; **a.A.** OVG Münster, Beschluss v. 18.07.1997 – 21 B 1717/94, juris, Rn. 40 ff.; ebenso die wohl h.L. *Guckelberger*, in: Frenz/Müggenborg (Hrsg.), BNatSchG, 2. Aufl., 2016, § 14, Rn. 27; *Maaß/Schütte*, in: Koch/Hofmann/Reese (Hrsg.), Handbuch Umweltrecht, 5. Aufl., 2018, § 7, Rn. 47; *Mühlbauer*, in: Lorz/Konrad et. al. (Hrsg.), Naturschutzrecht, 3. Aufl., 2013, § 14, Rn. 18; *Prall*, in: Schlacke (Hrsg.), GK-BNatSchG, 2. Aufl., 2017, § 14, Rn. 49; *Fischer-Hüftle/Czybulka*, in: Schumacher/Fischer-Hüftle (Hrsg.), BNatSchG, 2. Aufl., 2011, § 14, Rn. 52; *Gellermann*, in: Landmann/Rohmer (Hrsg.), Umweltrecht, Bearbeitungsstand: 12/2011, § 14 BNatSchG, Rn. 17; *Gassner/Heugel*, Das neue Naturschutzrecht, 2010, Rn. 277.

[60] Ebenso *Fischer-Hüftle/Czybulka*, in: Schumacher/Fischer-Hüftle (Hrsg.), BNatSchG, 2. Aufl., 2011, § 14, Rn. 52.

[61] Ausführlich *dies.*, in: Schumacher/Fischer-Hüftle (Hrsg.), BNatSchG, 2. Aufl., 2011, § 14, Rn. 53; *Prall*, in: Schlacke (Hrsg.), GK-BNatSchG, 2. Aufl., 2017, § 14, Rn. 49; *Gellermann*, in: Landmann/Rohmer (Hrsg.), Umweltrecht, Bearbeitungsstand: 12/2011, § 14 BNatSchG, Rn. 17; ähnlich die Auffassung, die auch mittelbare Beeinträchtigungen einbezieht: OVG Münster, Beschluss v. 18.07.1997 – 21 B 1717/94, juris, 42; *Gassner/Heugel*, Das neue Naturschutzrecht, 2010, Rn. 277.

dd) Verhältnis zum Baurecht

Eine wichtige Einschränkung ergibt sich aus dem Verhältnis der naturschutzrechtlichen Eingriffsregelung der §§ 13 ff. BNatSchG zum Baurecht. Zwar ist bei der Aufstellung, Änderung, Ergänzung und Aufhebung von Flächennutzungsplänen und Bebauungsplänen zu prüfen, ob ein Eingriff i.S.d. § 14 Abs. 1 BNatSchG vorliegt. Jedoch bestimmen sich die Rechtsfolgen nach den Vorschriften des BauGB; vgl. § 18 Abs. 1 BNatSchG. Entsprechend bleiben bei nachfolgenden Baugenehmigungsverfahren die Eingriffsregelungen der §§ 14 ff. BNatSchG unangewendet; § 18 Abs. 2 S. 1 BNatSchG.

Ausgenommen sind lediglich Vorhaben im Außenbereich nach § 35 BauGB und planfeststellungsersetzende Bebauungspläne (bspw. Bundesfernstraßen nach § 17 Abs. 1 FStrG);[62] § 18 Abs. 2 S. 2 BNatSchG. Wird also ein Vorhaben im Geltungsbereich eines einfachen Bebauungsplanes nach § 30 Abs. 3 BauGB im Außenbereich realisiert, richtet sich die Zulässigkeit nach § 35 BauGB, sodass auch in diesem Fall die Eingriffsregelung umfassend anzuwenden ist.[63]

Dies hat zur Folge, dass die Eingriffsregelung bei vielen Verwendungen von Glas und Licht nicht unmittelbar Anwendung findet und die Auswirkungen von Glas und Licht nur im Rahmen von Flächennutzungsplänen und Bebauungsplänen in die Abwägung einzustellen sind.[64] Verbleibender Hauptanwendungsfall dürften Straßen,[65] Gebäude, Werbeanlagen und ähnliche bauliche Anlagen im Außenbereich sein.

ee) Zwischenergebnis

Die Verwendung von Glas und Licht stellt unter bestimmten Voraussetzungen einen Eingriff i.S.d. § 14 Abs. 1 dar. Erstens muss als Eingriffshandlung eine Änderung gegeben sein, die einen Grundflächenbezug aufweist. Die Verwendung von Glas und Licht stellt eine taugliche Eingriffshandlung dar, wenn sie mit der Errichtung oder wesentlichen Änderungen von mit dem Boden verbundenen baulichen Anlagen einhergeht. Dagegen verursachen mobile Anlagen keine Eingriffe. Zweitens müssen durch die Auswirkungen durch Glas oder Licht *erhebliche* Beeinträchtigungen des Naturhaushalts eintreten. Erheblich ist eine Beeinträchtigung, wenn nachteilige Folgen für die lokale Artenzusammensetzung, die Population (vor allem besonders oder streng geschützter Arten) oder die Wirkmechanismen zwischen denselben drohen und diese sich nicht von selbst in kurzer Zeit regenerieren.

Als erhebliche Beeinträchtigungen und insgesamt als Eingriffe können Vorhaben mit großen Risiko- und Gefahrenpotenzial wie Hochhäuser, Himmelsstrahler in Zeiten des Vogelzuges und Gebäude mit extensivem Glaseinsatz oder mit exponierten Glasflächen zu qualifizieren sein. Auch kleinere Beeinträchtigungen können in

---

[62] Vgl. BVerwG, Urt. v. 13.12.2001 – 4 C 3/01, juris, Rn. 16.

[63] *Beutling*, in: Frenz/Müggenborg (Hrsg.), BNatSchG, 2. Aufl., 2016, § 18, Rn. 24.

[64] Siehe Seite 203 ff.

[65] Vgl. OVG Lüneburg, Urt. v. 04.12.1997 – 7 M 1155/97, juris, Rn. 33.

der Summe einen Eingriff darstellen, wenn sie von demselben Verursacher resultieren, wie bspw. Straßenleuchten entlang eines Straßenabschnitts. Keine Eingriffe werden durch Umrüstungen, Austausch und Erweiterung von Leuchtmitteln oder Glasflächen verursacht, solange diese gewöhnlichen Wartungs- und Modernisierungsmaßnahmen entsprechen. Im Übrigen gilt die Eingriffsregelung nur bei Vorhaben im Außenbereich i.S.d. § 35 BauGB und bei planfeststellungsersetzenden Bebauungsplänen. Bei der Aufstellung, Änderung, Ergänzung und Aufhebung von Bauleitplänen wird nach dem BNatSchG bestimmt, ob ein Eingriff vorliegt, die Rechtsfolgen ergeben sich aber aus dem BauGB.[66]

b) Rechtsfolgen des Eingriffs

Ist ein Vorhaben, d. h. der Einsatz von Glas oder Licht, als Eingriff i.S.d. § 14 Abs. 1 BNatSchG zu qualifizieren, finden die Rechtsfolgen in einem gestuften Rangverhältnis Anwendung:[67] Als erstes sind alle vermeidbaren Beeinträchtigungen gem. § 15 Abs. 1 S. 1 BNatSchG zu unterlassen. Zweitens müssen Beeinträchtigungen, die unvermeidbar sind, durch Ausgleichsmaßnahmen gem. § 15 Abs. 2 S. 1, 1. Alt. BNatSchG oder durch Ersatzmaßnahmen gem. § 15 Abs. 2 S. 1, 2. Alt BNatSchG kompensiert werden.[68] Wenn Ausgleich oder Ersatz einer unvermeidbaren Beeinträchtigung nicht möglich sind, müssen nach § 15 Abs. 5 BNatSchG die Belange des Naturschutzes und der Landschaftspflege mit den entgegenstehenden Belangen abgewogen werden. Überwiegen die Naturschutzbelange, ist der Eingriff zu untersagen (§ 15 Abs. 5 BNatSchG), andernfalls ist eine Ersatzleistung in Geld zu entrichten; § 15 Abs. 6 S. 1 BNatSchG.

aa) Vermeidungsgebot nach § 15 Abs. 1 BNatSchG

(1) Vermeidbare Beeinträchtigungen

§ 15 Abs. 1 S. 1 BNatSchG verpflichtet den Verursacher eines Eingriffs, vermeidbare Beeinträchtigungen zu unterlassen. Vermeidbar sind Beeinträchtigungen, wenn zumutbare Alternativen, den mit dem Eingriff verbundenen Zweck am gleichen Ort ohne oder mit geringeren Beeinträchtigungen von Natur und Landschaft zu erreichen, gegeben sind (§ 15 Abs. 1 S. 2 BNatSchG). Das Vermeidungsgebot zielt mithin auf eine möglichst schonende Verwirklichung des Vorhabens am gewählten Standort, also auf eine umweltschonende Ausführungsalternative,[69] ab.[70] Durch das

---

[66] Siehe dazu Seite 191 ff.

[67] *Schmidt/Kahl/Gärditz*, Umweltrecht, 10. Aufl. 2017, § 10, Rn. 45.

[68] *Guckelberger*, in: Frenz/Müggenborg (Hrsg.), BNatSchG, 2. Aufl., 2016, § 13, Rn. 17.

[69] *Schmidt/Kahl/Gärditz*, Umweltrecht, 10. Aufl. 2017, § 10, Rn. 50.

[70] BVerwG, Urt. v. 19. 5. 1998 – 4 C 11–96, NVwZ 1999, 528, 529; *Ekardt/Hennig*, NuR 2013, 694, 696; *Kerkmann/Koch*, in: Schlacke (Hrsg.), GK-BNatSchG, 2. Aufl., 2017, § 15, Rn. 5; *Gassner/Heugel*, Das neue Naturschutzrecht, 2010, Rn. 309.

Kriterium der Zumutbarkeit wird deutlich, dass das Vermeidungsgebot durch den Verhältnismäßigkeitsgrundsatz begrenzt wird.[71]

Bei Risiken und Gefahren durch Glas und Licht liegen die Beeinträchtigungen zumeist darin, dass Vögel mit Glas kollidieren und dass Licht eine Anlockwirkung auf Vögel und Insekten sowie Störwirkungen auf Fledermäuse entfaltet. Aus den Anlockwirkungen resultieren Verhaltensveränderungen sowie Verletzungs- und Tötungsfolgen. Geeignete Vermeidungsmaßnahmen hängen von den spezifischen Auswirkungen ab und sind oben aufgeführt.[72] Zu den Wichtigsten zählen:

- Sichtbarmachung von Glasflächen mittels Markierungen oder anderer baulicher Maßnahmen,
- Vermeidung von Durchsichten und Gläsern mit hohem Reflexionsgrad,
- Reduzierung und Anpassung der Beleuchtungsstärken und Beleuchtungszeiten von Lichtquellen,
- Abschirmung der Leuchten zur Vermeidung von Lichtverschmutzung, insbesondere durch Abstrahlung nach oben und in die Horizontale,
- Einsatz von geeigneten Leuchtentypen mit entsprechender Beleuchtungsstärke und Spektralbereich,
- Ausführung von Bauarbeiten außerhalb von Brut- und Wanderzeiten.[73]

Der Verursacher hat grundsätzlich die Kosten für die erforderlichen Vermeidungsmaßnahmen zu tragen.[74] Diese Vermeidungsmaßnahmen stehen jedoch unter dem Vorbehalt der Zumutbarkeit, d. h., Vermeidungsmaßnahmen müssen geeignet und erforderlich sein sowie in einem angemessenen Verhältnis zu der erreichbaren Eingriffsminimierung stehen.[75] Je intensiver die Beeinträchtigung wirkt, desto eher sind kostenintensive Vermeidungsmaßnahmen zumutbar.[76] Dabei kommt es nicht auf die wirtschaftliche Leistungsfähigkeit des Verursachers, also des Verpflichteten, an, sondern auf die nach objektiven Kriterien bestimmbare Verhältnismäßigkeit.[77] Das kann im Einzelfall zu Kostensteigerungen führen, die das Vorhaben faktisch zum Scheitern bringen.[78] Solche Kostensteigerungen dürften bei Vermeidungsmaßnahmen gegen die Auswirkungen von Glas und Licht unwahrscheinlich sein, weil weder die Verwendung von Markierungen auf Glasflächen noch die Verwendung von Abschirmungen an Lichtquellen

---

[71] *Hendler/Brockhoff*, NVwZ 2010, 733, 734.

[72] Siehe dazu die Vermeidungsmaßnahmen bei Vogelschlag auf Seite 12 f. und bei Lichtemissionen auf Seite 29 ff. Eine Zusammenstellung der Vermeidungsmaßnahmen findet sich auf Seite 38 f.

[73] *Guckelberger*, in: Frenz/Müggenborg (Hrsg.), BNatSchG, 2. Aufl., 2016, § 15, Rn. 26 m.w.N.; allgemein zur Vermeidungsmaßnahmen bei der Durchführung von Vorhaben *Fischer-Hüftle/Schumacher*, in: Schumacher/Fischer-Hüftle (Hrsg.), BNatSchG, 2. Aufl., 2011, § 15, Rn. 21.

[74] *Fischer-Hüftle/Schumacher*, in: Schumacher/Fischer-Hüftle (Hrsg.), BNatSchG, 2. Aufl., 2011, § 15, Rn. 23.

[75] *Schmidt/Kahl/Gärditz*, Umweltrecht, 10. Aufl. 2017, § 10, Rn. 50.

[76] *Berchter*, Eingriffsregelung, 2006, S. 91 m.w.N.

[77] *Guckelberger*, in: Frenz/Müggenborg (Hrsg.), BNatSchG, 2. Aufl., 2016, § 15, Rn. 28.

[78] *Fischer-Hüftle/Schumacher*, in: Schumacher/Fischer-Hüftle (Hrsg.), BNatSchG, 2. Aufl., 2011, § 15, Rn. 24.

hohe Kosten verursachen.[79] Höhere Anschaffungskosten bestimmter Leuchtentypen, insbesondere von LED, amortisieren sich durch geringeren Energieverbrauch über ihre Betriebszeit und können sogar eine kostengünstigere Alternative darstellen.[80] Gleichzeitig ist ein Rebound-Effekt zu vermeiden, der eintritt, wenn trotz sparsamerer Leuchtmittel beleuchtungsstärkere Leuchten etwa wegen einer besseren Energieeffizienz installiert werden.[81] Die Zumutbarkeit kann auch aus anderen Gründen zu verneinen sein. Insbesondere liegen dem Einsatz von Licht häufig Sicherheitsbedürfnisse zu Grunde.[82] Auch Beleuchtungen, die aus Gründen der Sicherheit erfolgen, verfehlen ihren Zweck nicht, wenn eine unnötige Abstrahlung zur Seite verhindert oder andere Leuchtmittel verwendet werden. Lediglich die Abschaltung von Beleuchtungen und eine Reduzierung der Beleuchtungsstärke können den Sicherheitszwecken zuwiderlaufen und daher unverhältnismäßig, also unzumutbar sein.

(2) Unvermeidbare Beeinträchtigungen

Unvermeidbar sind Beeinträchtigungen, die sich aus anderen zwingenden Rechtsvorschriften ergeben, weil Anforderungen an das Vorhaben aus anderen Rechtsquellen nicht zur Disposition stehen.[83] Solche Verpflichtungen können bei Glas und Licht insbesondere aus Bauvorschriften[84] abzuleiten sein. So müssen Baustellen nach § 11 MBauO ausreichend beleuchtet und nach § 48 MBauO Aufenthaltsräume mit den notwendigen Fenstern ausgestattet werden. Allerdings ist zu beachten, dass genau zu prüfen ist, welche Anforderungen die in Frage kommenden Normen dem Vorhaben auferlegen. Eine Vermeidung bzw. Minimierung von Risiken und Gefahren durch Glas und Licht lässt sich häufig auch trotz solcher Anforderungen realisieren. Besteht nach § 11 MBauO die Pflicht, die Baustelle zu beleuchten, dann können Beeinträchtigungen auch durch Abschirmungen, richtige Leuchtenwahl und Steuerung der Beleuchtungsstärke vermieden werden.[85] Die Lichtverschmutzung, die sich aus der Abstrahlung zur Seite und nach oben ergibt, wird von solchen Anforderungen nicht vorausgesetzt. Gleiches gilt für den Einsatz von Glas: Soweit dieser erforderlich ist, steht dem nicht entgegen, die Glasfläche mit entsprechender

[79] Beispielhaft VG Düsseldorf, Urt. v. 18.03.2008 – 16 K 3722/07, juris, Rn. 18.

[80] Differenzierend *Haibl/Hartig/Härtel*, in: Hochschule Mittweida (Hrsg.), Energietechnische Blätter (ETB), 2016, S. 37, 41, welche zwar keine hohen Kosten annehmen, aber die Amortisationszeit der Anschaffungskosten auf etwa die Lebensdauer der Leuchtmittel schätzen; zur Erneuerung und Umrüstung von Straßenbeleuchtungen am Beispiel Düsseldorf *Stieler*, in: Ringwald/Rönitzsch/Riedel (Hrsg.), Praxishandbuch Öffentliche Beleuchtung, 2013, 5 ff.

[81] Siehe Seite 36.

[82] Die jedoch keine Auswirkung auf die Sicherheit hat, Amt der Oö. Landesregierung (Hrsg.), Leitfaden: Besseres Licht 2013, S. 14.

[83] *Guckelberger*, in: Frenz/Müggenborg (Hrsg.), BNatSchG, 2. Aufl., 2016, § 15, Rn. 26; *Berchter*, Eingriffsregelung, 2006, S. 85.

[84] Vorschriften des Straßenrecht wie bspw. § 41 I 1 StrG BW dürften keinen Einfluss auf die Eingriffsregelung haben, weil diese Pflicht nur für geschlossene Ortschaften gilt und daher im Ergebnis ohne Bedeutung bleibt.

[85] Vgl. Seite 29 ff.; vgl. auch OVG Koblenz, Urt. v. 30.07.1981 – 1 A 73/80, juris, Rn. 7.

Markierung zum Schutz vor Vogelschlag zu versehen. Bezüglich der Anforderungen aus anderen zwingenden Rechtsvorschriften entfalten diese nur bezüglich ihres Regelungszwecks und für die daraus entstehenden Beeinträchtigungen eine Sperrwirkung: Soweit der Regelungszweck durch die Vermeidungsmaßnahmen nicht beeinträchtigt wird, stehen solche Rechtsvorschriften nicht entgegen, sodass diese Beeinträchtigungen nicht unvermeidbar sind.

Abweichend davon können sich aus dem Denkmalschutzrecht unvermeidbare Beeinträchtigungen ergeben. Insbesondere die Unterschutzstellung von Fassaden kann der Vornahme von Vermeidungsmaßnahmen gegen die Auswirkungen von Glas entgegenstehen. Solche Maßnahmen sind nach dem Landesrecht genehmigungspflichtig und stehen unter dem Vorbehalt der Belange des Denkmalschutzes; vgl. beispielhaft § 9 DSchG NRW. In solchen Fällen liegt eine unvermeidbare Beeinträchtigung vor.

Ebenfalls handelt es sich um unvermeidbare Eingriffe, wenn dem Verursacher nur Vermeidungsmaßnahmen auferlegt werden können, durch die sein Vorhaben die ihm beigemessene Identität verliert. Durch die Pflicht zur Vermeidung darf dem Verursacher nicht ein „aliud" zu dessen ursprünglich beabsichtigten Vorhaben aufgezwungen werden.[86] Dies kann für die architektonische Gestaltung eines Vorhabens relevant sein, wenn es sich um ein Gebäude handelt, das durch den Einsatz von Glas als architektonisches Element oder durch Illuminierung eine besondere Gestaltung erhalten soll. Fraglich ist daher, ob eine optisch wesentliche Änderung des Erscheinungsbildes die Identität so stark verändert, dass von einem aliud gesprochen werden muss. Zunächst ist festzustellen, dass die Verwendung bestimmter Leuchtentypen und Abschirmungen oder eine strikte Beleuchtung von oben nach unten bis auf wenige Ausnahmefälle unproblematisch sein dürfte, während die Markierungen auf Glasflächen und der Verzicht von Glasflächen an besonders gefährdenden Stellen eine wesentliche Änderung des Erscheinungsbildes darstellen können. Da die Veränderungen keine Auswirkungen auf die Funktionsweise, sondern lediglich auf das Erscheinungsbild haben, muss die dem Vorhaben beigemessene Identität sich ebenfalls auf das Erscheinungsbild, also architektonische oder künstlerische Aspekte beziehen. Liegt dies vor, ist in einem zweiten Schritt im Rahmen einer Einzelfallprüfung zu entscheiden, ob die Vermeidungsmaßnahme das Erscheinungsbild soweit verändert, dass das künstlerische und architektonische Ziel nicht mehr zum Ausdruck kommt und somit ein aliud vorliegt. Angesichts der Tatsache, dass sich die Auswirkungen von Glas und Licht durch wenig intensive Maßnahmen effektiv vermindern lassen, dürften solche Fälle kaum auftreten.

Wenn ein Vorhaben durch den Einsatz von Glas und Licht keine erhebliche Beeinträchtigung verursacht, aber eine erhebliche Beeinträchtigung anderweitig, etwa durch das Gebäude selbst, zu bejahen ist, also nur unerhebliche Beeinträchtigungen durch Glas oder Licht vorliegen, sind diese hinzunehmen und nicht durch Vermeidungsmaßnahmen zu minimieren.

---

[86] *Lütkes*, in: Lütkes/Ewer (Hrsg.), BNatSchG, 2. Aufl., 2018, § 15, Rn. 7; *Kuschnerus*, NVwZ 1996, 235, 239.

bb) Ausgleichs- und Ersatzmaßnahmen nach § 15 Abs. 2 BNatSchG

Sind die Vermeidungsmaßnahmen unzumutbar, etwa aufgrund entgegenstehender Vorschriften des Denkmalschutzes oder wegen der ästhetischen und künstlerischen Gestaltung des Gebäudes, ist der Verursacher nach § 15 Abs. 2 S. 1 BNatSchG dazu verpflichtet, solche unvermeidbaren Beeinträchtigungen von Natur und Landschaft durch Maßnahmen des Naturschutzes und der Landschaftspflege auszugleichen oder zu ersetzen. Ziel der Ausgleichs- und Ersatzverpflichtung ist es, dass der Eingriff vollständig kompensiert wird.[87] Diese vollständige Kompensationspflicht besteht jedoch nur, wenn nach der Durchführung der Vermeidungsmaßnahmen noch erhebliche Beeinträchtigungen verbleiben.[88]

Für erhebliche Beeinträchtigungen durch Glas und Licht gilt, dass diese in aller Regel durch Vermeidungsmaßnahmen reduziert werden können.[89] Sind geeignete Vermeidungsmaßnahmen umgesetzt worden, könnten zwar weiterhin Beeinträchtigungen bestehen,[90] naheliegend ist allerdings die Annahme, dass keine nachteiligen Folgen mehr für die lokale Artenzusammensetzung, die Population (vor allem besonders oder streng geschützter Arten) oder die Wirkmechanismen zwischen denselben drohen. Aus diesem Grund liegen in der Regel bei Beachtung der Vermeidungsmaßnahmen keine erheblichen Beeinträchtigungen mehr vor. Bei nicht erheblichen Beeinträchtigungen besteht nach § 13 S. 2 BNatSchG keine Pflicht zum Ausgleich oder Ersatz der Beeinträchtigungen.

Sollten die Vermeidungsmaßnahmen unzulässig oder unzumutbar sein, können weiterhin erhebliche Beeinträchtigungen vorliegen, die dann nach § 15 Abs. 2 BNatSchG zu kompensieren sind. Bezüglich der Kompensation ergeben sich keine Besonderheiten aus dem Einsatz von Glas und Licht.[91]

cc) Unzulässigkeit und Ersatzzahlungen nach § 15 Abs. 5, 7 BNatSchG

Sind Beeinträchtigungen von Natur und Landschaft weder vermeidbar noch kompensierbar, erfolgt eine Abwägung.[92] Der Eingriff ist unzulässig, wenn bei der Abwägung die Belange des Naturschutzes und der Landschaftspflege den anderen Belangen vorgehen. Zu den abwägungserheblichen Belangen gehören auch private Belange, wie

---

[87] BVerwG, Urt. v. 27.09.1990 – 4 C 44/87, NVwZ 1991, 364, 367; *Mühlbauer*, in: Lorz/Konrad et. al. (Hrsg.), Naturschutzrecht, 3. Aufl., 2013, § 15, Rn. 7; zum Umsetzungsdefizit *Liedtke/Schult*, Die naturschutzrechtliche Eingriffsregelung in der räumlichen Planung, 2011, S. 155 f.

[88] Vgl. *Guckelberger*, in: Frenz/Müggenborg (Hrsg.), BNatSchG, 2. Aufl., 2016, § 13, Rn. 16.

[89] Ein Überblick über die Vermeidungsmaßnahmen auf Seite 38 f.

[90] Auch insektenfreundliche, in der Beleuchtungsstärke reduzierte Leuchten locken Insekten an: *Eisenbeis/Eick*, Natur und Landschaft 2011, 298, 302.

[91] Einen guten Überblick bei *Kloepfer*, Umweltrecht, 4. Aufl. 2016, § 12, Rn. 211 ff.

[92] Der Charakter der Abwägung unterscheidet sich sowohl von der fachplanerischen als auch von der bauplanungsrechtlichen Abwägung, es liegt also eine spezifisch naturschutzrechtliche Abwägung vor, BVerwG, Beschl. v. 30.10.1992 – 4 A 4/92, NVwZ 1993, 565, 569; *Guckelberger*, in: Frenz/Müggenborg (Hrsg.), BNatSchG, 2. Aufl., 2016, § 15, Rn. 96.

Wirtschafts- und Eigentümerinteressen.[93] Die Abwägung hängt von den Umständen des Einzelfalles ab. Aufgrund der Verhinderung oder Minimierung von negativen Auswirkungen durch Glas und Licht auf Vögel, Fledermäuse und Insekten durch Vermeidungsmaßnahmen ist es unwahrscheinlich, dass überhaupt eine Abwägung erforderlich wird. Sollte diese dennoch notwendig sein, dürfte die Abwägung umso eher zugunsten des Naturschutzes ausfallen, je mehr sich das Vorhaben auf den Einsatz von Glas und Licht beschränkt (z. B. Bau eines Himmelsstrahlers). Regelmäßig spielt der Einsatz von Glas und Licht für ein Vorhaben jedoch eine untergeordnete Rolle, sodass mit einem Überwiegen der Naturschutzbelange nicht zu rechnen ist.

Geht die Abwägung zugunsten des Vorhabens aus, ist nach § 15 Abs. 6 BNatSchG als „ultima ratio“[94] eine Ersatzzahlung in Geld[95] zu leisten. Bezüglich der Beeinträchtigungen durch Auswirkungen von Glas und Licht ergeben sich keine Besonderheiten bei der Ermittlung und Erhebung der Ersatzzahlung.

c) Zwischenergebnis

Der Einsatz von Glas und Licht stellt einen Eingriff i.S.d § 14 Abs. 1 BNatSchG dar, wenn das Glas oder die Lichtquelle durch die feste Verbindung mit dem Boden einen Grundflächenbezug aufweist und dadurch eine erhebliche Beeinträchtigung des Naturhaushalts verursacht wird. Bei der Neuerrichtung oder wesentlichen Änderungen einer baulichen Anlage, ist der Grundflächenbezug unproblematisch. Dagegen sind mobile Anlagen sowie Umrüstungen und übliche Modernisierungsmaßnahmen keine Eingriffe i.S.v. § 14 Abs. 1 BNatSchG. Von einer erheblichen Beeinträchtigung ist bei Vorhaben mit großflächigem Glaseinsatz oder intensiver Beleuchtung auszugehen, wie etwa Hochhäuser, Himmelsstrahler oder Gebäude mit großen Glasfronten oder exponierten Glasflächen. Ebenfalls kann sich eine erhebliche Beeinträchtigung durch die Summation einzelner Beeinträchtigungen ergeben, sofern sie von demselben Vorhabenträger verursacht werden.

Die Erheblichkeit von Beeinträchtigungen ist durch die Vornahme geeigneter Vermeidungsmaßnahmen zu vermeiden, sodass ein Eingriff zu verneinen ist. Allerdings müssen die Vermeidungsmaßnahmen gem. § 15 Abs. 1 S. 2 BNatSchG verhältnismäßig sein. Die Vermeidungsmaßnahmen gegen die Auswirkungen von Glas und Licht sind in der Regel effektiv, einfach zu realisieren und kostengünstig. Daher ist anzunehmen, dass Vermeidungsmaßnahmen auch trotz Sicherheitserfordernissen oder besonderer künstlerischer, architektonischer Gestaltung verhältnismäßig sind. Ist das ausnahmsweise nicht der Fall, etwa weil Anforderungen des Denkmalschutzes entgegenstehen, sind die Beeinträchtigungen durch

[93] *Maaß/Schütte*, in: Koch/Hofmann/Reese (Hrsg.), Handbuch Umweltrecht, 5. Aufl., 2018, § 7, Rn. 56; *Sparwasser/Engel/Voßkuhle*, Umweltrecht, 5. Aufl. 2003, § 6, Rn. 150 f. m.w.N.

[94] *Gassner/Heugel*, Das neue Naturschutzrecht, 2010, Rn. 344.

[95] Dabei handelt es sich bei der Zahlungsverpflichtung um eine verfassungskonforme öffentliche Abgabe, BVerwG, Urt. v. 04.07.1986 – 4 C 50/83, NVwZ 1986, 832 ff.; ausführlich dazu *Guckelberger*, in: Frenz/Müggenborg (Hrsg.), BNatSchG, 2. Aufl., 2016, § 15, Rn. 114 ff. m.w.N.

Ausgleichs- oder Ersatzmaßnahmen zu kompensieren. Ist das nicht möglich, ist das Vorhaben bei einem Überwiegen der Naturschutzbelange zu untersagen, wobei die Naturschutzbelange durch den Einsatz von Glas oder Licht in der Regel nicht überwiegen dürften.

Ferner ist festzustellen, dass die Eingriffsregelung nach § 13 ff. BNatSchG nur auf bauliche Vorhaben im Außenbereich i.S.d. § 35 BauGB und bei planfeststellungsersetzenden Bebauungsplänen Anwendung findet. Im Übrigen werden die Anforderungen an die Eingriffsregelung auf vorgelagerter Ebene im Rahmen der Bauleitplanung verarbeitet.[96] Allerdings ist nicht zu verkennen, dass sich die Frage, ob ein Eingriff in den Naturhaushalt oder in das Landschaftsbild vorliegt, im Rahmen einer baurechtlichen Abwägung i.S.d. BauGB nach den §§ 13 f. BNatSchG bestimmt.

2. *Natura 2000-Schutzgebiete*

Die Verwendung von Glas und Licht kann zu einer erheblichen Beeinträchtigung eines Natura 2000-Gebiets i.S.v. § 7 Abs. 1 Nr. 8 BNatSchG in seinen für die Erhaltungsziele[97] maßgeblichen Bestandteilen führen und gem. §§ 34 Abs. 2, 33 Abs. 1 S. 1 BNatSchG unzulässig sein. Untersuchungsgegenstand sind mithin förmlich ausgewiesene Natura 2000-Schutzgebiete i.S.v. § 20 Abs. 2 BNatSchG und Gebiete von gemeinschaftlicher Bedeutung sowie Vogelschutzgebiete i.S.v. § 7 Abs. 1 Nr. 6 und 7 BNatSchG, die (noch) nicht förmlich unter Schutz gestellt sind.[98]

a) Schutzgebietsauswahl: Schutz von Nachtlandschaften

Hinsichtlich der Auswahl der Gebiete stellt sich in Bezug auf die Auswirkungen künstlichen Lichts die Frage, ob Nachtlandschaften, d. h. Gebiete mit geringer oder keiner Aufhellung der Nacht,[99] als Natura 2000-Gebiete unter Schutz gestellt werden können. Die Schutzgebietsauswahl richtet sich nach § 32 BNatSchG, der gem. § 32 Abs. 1 S. 1 BNatSchG wiederum auf Art. 4 Abs. 1 FFH-RL verweist.[100] Demnach erfolgt die Auswahl anhand der Kriterien, die in Anhang III FFH-RL aufgezählt sind. Als Natura 2000-Gebiete können Flächen ausgewählt werden, die

---

[96] Siehe Seite 203 ff.

[97] Gem. § 7 Abs. 1 Nr. 9 BNatSchG sind Erhaltungsziele Ziele, die im Hinblick auf die Erhaltung oder Wiederherstellung eines günstigen Erhaltungszustands eines natürlichen Lebensraumtyps von gemeinschaftlichem Interesse, einer in Anhang II der Richtlinie 92/43/EWG oder in Artikel 4 Absatz 2 oder Anhang I der Richtlinie 2009/147/EG aufgeführten Art für ein Natura 2000-Gebiet festgelegt sind.

[98] *Schumacher/Schumacher*, in: Schumacher/Fischer-Hüftle (Hrsg.), BNatSchG, 2. Aufl., 2011, § 34, Rn. 21.

[99] Zum Landschaftsbegriff *Haber*, in: Held/Hölker/Jessel (Hrsg.), Schutz der Nacht, 2013, S. 19 ff.

[100] Dazu *Möckel*, in: Schlacke (Hrsg.), GK-BNatSchG, 2. Aufl., 2017, § 32, Rn. 28 ff.

entweder einem Lebensraumtyp nach Anhang I FFH-RL entsprechen oder für eine geschützte Art nach Anhang II FFH-RL von Bedeutung sind. Nachtlandschaften sind nicht als Gebietstyp in Anhang I FFH-RL aufgelistet.[101] Dennoch könnte die Unterschutzstellung mittelbar erfolgen. Denn die Auswahl der Gebiete erfolgt unter anderem anhand des Erhaltungsgrads der Funktionen des potenziellen Schutzgebiets.[102] Die Aufhellung der Nacht sowie die Beleuchtung von Flächen verursacht Anlockwirkungen und Vergrämungen, die Populationsveränderungen und Habitatsbeeinträchtigungen zur Folge haben. Dies kann die Funktionen eines in Anhang I FFH-RL aufgeführten Gebiets beeinträchtigen. Im Gegenzug können solche Gebiete, die bislang von Lichtimmissionen nicht betroffen sind, besonders schutzwürdig sein. Gleiches gilt für lichtempfindliche Arten, die in Anhang II FFH-RL gelistet sind. Auch hierfür sind die für die Art wichtigen Habtitatselemente bei der Auswahl zu berücksichten. Daraus ergibt sich, dass Nachtlandschaften ein wichtiges Entscheidungskriterium bei der Schutzgebietsauswahl darstellen können.

b) Verträglichkeitsprüfungspflichtige Projekte i.S.v. § 34 Abs. 1 BNatSchG

Zunächst ist zu prüfen, ob ein Vorhaben, bei dem Glas oder Licht zum Einsatz kommt, einer Verträglichkeitsprüfung nach § 34 Abs. 1 BNatSchG bedarf. Dann müsste es sich um ein Projekt i.S.v. § 34 Abs. 1 BNatSchG handeln.[103]

Der Projektbegriff i.S.v. § 34 Abs. 1 BNatSchG ist nicht legaldefiniert.[104] Er ist nach der Rechtsprechung des EuGH weit zu verstehen und erfasst nicht nur bauliche Anlagen, sondern alle menschlichen Eingriffe in Natur und Landschaft.[105] Nach dem Bundesverwaltungsgericht ist der Begriff wirkungsbezogen auszulegen,[106] sodass es auf die Auswirkungen eines Vorhabens für das betreffende Natura 2000-Gebiet und nicht auf seinen Standort ankommt.[107] Daher können auch Vorhaben außerhalb des Schutzgebiets prüfpflichtige Projekte sein, wenn dadurch erheb-

[101] Anderes kann für andere Schutzgebietstypen gelten. Insbesondere ermöglichen Naturschutzgebiete nach § 23 Abs. 1 Nr. 3 BNatSchG, Landschaftsschutzgebiete gem. § 26 Abs. 1 Nr. 2, 3 BNatSchG und Naturparke gem. § 27 Abs. 1 BNatSchG die Berücksichtigung ästhetischer Elemente, sodass das Erleben der Nacht unabhängig der ökologischen Funktionszusammenhänge unter Schutz gestellt werden kann.

[102] Die Auswahl beruht allein auf naturschutzfachlichen Gründen, EuGH, Urt. v. 07.11.2000 – C-371/98, Slg. 2000, I-9235, Rn. 13 ff.

[103] *Möckel*, in: Schlacke (Hrsg.), GK-BNatSchG, 2. Aufl., 2017, § 34, Rn. 2.

[104] *Schumacher/Schumacher*, in: Schumacher/Fischer-Hüftle (Hrsg.), BNatSchG, 2. Aufl., 2011, § 34, Rn. 16.

[105] Der EuGH verweist auf Art. 1 Abs. 2 lit. a UVP-RL, st. Rspr. EuGH, Urt. v. 14.01.2010 – C-226/08, Slg. 2010, I-131, Rn. 38; ihm folgend BVerwG, Urt. v. 10.04.2013 – 4 C 3/12, NVwZ 2013, 1346, Rn. 29; *Möckel*, in: Schlacke (Hrsg.), GK-BNatSchG, 2. Aufl., 2017, § 34, Rn. 14.

[106] St. Rspr. BVerwG, Urt. v. 12.11.2014 – 4 C 34/13, NVwZ 2015, 596, Rn. 29; vgl. auch EuGH, Urt. v. 10.01.2006 – C-98/03, Slg. 2006, I-53, Rn. 40 f.

[107] *Ewer*, in: Lütkes/Ewer (Hrsg.), BNatSchG, 2. Aufl., 2018, § 34, Rn. 7.

liche Beeinträchtigungen in seinen für die Erhaltungsziele oder den Schutzzweck maßgeblichen Bestandteilen nicht ausgeschlossen werden können,[108] bspw. durch Immissionen und Barriereeffekte.[109] Wie weit der Radius zu ziehen ist, hängt von den Fernwirkungen ab.[110] Um eine uferlose Prüfpflicht zu vermeiden, sind Vorhaben außerhalb des Schutzgebietes nur einzubeziehen, wenn die erheblichen Beeinträchtigungen eindeutig zurechenbar sind.[111]

aa) Bauliche Vorhaben unter Einsatz von Glas

Glas wird regelmäßig bei baulichen Anlagen verwendet, die in Schutzgebieten errichtet werden. Bereits der mit baulichen Vorhaben verbundene Flächenverbrauch dürfte unter Zugrundelegung des weiten Projektbegriffs des BVerwG zur regelmäßigen Bejahung prüfpflichtiger Projekte i.S.v. § 34 Abs. 1 BNatSchG führen.[112] Selbst wenn die bauliche Anlage außerhalb des Schutzgebiets liegt, können Vögel, die innerhalb des Schutzgebiets leben, durch Vogelschlag zu Tode kommen, sodass in Abhängigkeit vom Standort und vom Verhalten der Vögel auch der Einsatz von Glas bei außerhalb des Schutzgebiets liegenden Vorhaben erhebliche Beeinträchtigungen der Erhaltungsziele oder des Schutzzwecks verursachen und folglich eine Prüfpflicht begründen kann.[113] Bis zu welcher Entfernung mit einer solchen Fernwirkung von Glasfronten in baulichen Vorhaben, die zu Vogelschlag führen können, zu rechnen ist, hängt von den jeweiligen Arten und deren Verhaltensweisen ab.

Einen Anhaltspunkt für diese Prognoseentscheidung könnten insoweit die Abstandsempfehlungen zu bedeutsamen Vogellebensräumen und Brutplätzen

[108] BVerwG, Urt. v. 19.05.1998 – 4 A 9/97, NVwZ 1998, 961, 966; OVG Münster, Urt. v. 13.12.2007 – 8 A 2810/04, ZUR 2008, 209; *Möckel*, in: Schlacke (Hrsg.), GK-BNatSchG, 2. Aufl., 2017, § 34, Rn. 15; *Jarass*, NuR 2007, 371, 374. So schreiben Art. 21 BayNatSchG, § 35 Abs. 2 S. 1 NatSchG BW und § 16a BbgNatSchAG für den Anbau gentechnisch veränderten Pflanzen eine Prüfpflicht bei einer Entfernung von 1000 bzw. 3000 m zu einem Natura 2000-Gebiet vor.

[109] BVerwG, Urt. v. 14.07.2011 – 9 A 12/10, NuR 2011, 866, Rn. 93; BVerwG, Urt. v. 17.01.2007 – 9 A 20/05, NVwZ 2007, 1054, Rn. 36; *Frenz*, in: Frenz/Müggenborg (Hrsg.), BNatSchG, 2. Aufl., 2016, § 34, Rn. 31.

[110] *Möckel*, in: Schlacke (Hrsg.), GK-BNatSchG, 2. Aufl., 2017, § 34, Rn. 16; BVerwG, Beschl. v. 23.01.2015 – 7 VR 6.14, juris, Rn. 22 f.; OVG Münster, Urt. v. 01.12.2011 – 8 D 58/08.AK, juris, Rn. 751 f.; Beispiel einer Trassenführung, bei der eine Entfernung von 400 m als ausreichend angesehen wurde BVerwG, Urt. v. 19.05.1998 – 4 A 9/97, NVwZ 1998, 961, 966.

[111] *Möckel*, in: Schlacke (Hrsg.), GK-BNatSchG, 2. Aufl., 2017, § 34, Rn. 16; *Frenz*, in: Frenz/Müggenborg (Hrsg.), BNatSchG, 2. Aufl., 2016, § 34, Rn. 31.

[112] *Lambrecht/Trautner*, Fachinformationssystem und Fachkonventionen zur Bestimmung der Erheblichkeit im Rahmen der FFH-VP, 2007, S. 33 f.; dazu BVerwG, Urt. v. 12.03.2008 – 9 A 3/06, NuR 2008, 633, Rn. 125; OVG Koblenz, Urt. v. 08.11.2007 – 8 C 11523/06, DVBl 2008, 321, Rn. 96; *Schumacher/Schumacher*, in: Schumacher/Fischer-Hüftle (Hrsg.), BNatSchG, 2. Aufl., 2011, § 34, Rn. 54; *Halama*, NVwZ 2001, 506, 510.

[113] VG Köln, Urt. v. 24.07.2012 – 14 K 4263/11, juris, Rn. 31.

ausgewählter Vogelarten[114] bieten, die für die Kollisionsrisiken von Vögeln mit Windenergieanlagen entwickelt wurden. Diese Abstandsempfehlungen beziehen sich allerdings ausschließlich auf die Errichtung und den Betrieb von Windenergieanlagen[115] und können deshalb nicht ohne weiteres auf die vorliegenden Konstellationen übertragen werden. Die Abstandsempfehlungen für Windenergieanlagen beschreiben allerdings Aktionsradien, innerhalb derer der überwiegende Teil der Aktivitäten stattfindet bzw. den Bereich der regelmäßig genutzt wird (sog. Homerange).[116] Innerhalb dieser Aktionsradien ist mit erhöhter Vogelaktivität zu rechnen. Die Vogelaktivität in der Umgebung ist wiederum ein bestimmender Faktor für das Kollisionsrisiko. Entsprechend können die Abstandsempfehlungen im Umkehrschluss Indizwirkung für die Vorprüfung entfalten. Innerhalb der Aktionsradien können wegen der erhöhten Aktivität mit erhöhter Wahrscheinlichkeit Vögel mit Glas kollidieren, sodass eine erhebliche Beeinträchtigung nicht ausgeschlossen werden kann. Dementsprechend ist das Unterschreiten der Abstandsempfehlungen bei Projekten mit Glaseinsatz ein Indiz, dass eine Verträglichkeitsprüfung durchzuführen ist, sofern keine anderen Hinweise existieren, welche die mögliche erhebliche Beeinträchtigung ausschließen.

bb) Lichtanlagen

Mobile und immobile Lichtanlagen können ebenfalls unter den Projektbegriff nach § 34 Abs. 1 BNatSchG (s.o.)[117] fallen und eine Prüfpflicht auslösen.[118] Durch Licht werden Anlockwirkungen auf Vögel und Insekten erzeugt. Ebenfalls reagieren Fledermäuse mit unterschiedlichem Verhalten auf Lichtemissionen.[119] Können Beeinträchtigungen für die Erhaltungsziele oder den Schutzzweck nicht ohne vernünftige Zweifel ausgeschlossen werden,[120] sind Lichtanlagen prüfpflichtig. Eine Prüfpflicht besteht auch bei Änderungsvorhaben,[121] wenn beispielsweise Beleuchtungen von Straßen oder Windenergieanlagen modernisiert werden, besonders wenn es durch höhere Lichtstärken oder längere Beleuchtungszeiten zu zusätzlichen Belastungen

---

[114] Vgl. *Länderarbeitsgemeinschaft der Vogelschutzwarten*, Berichte zum Vogelschutz 2014, 15 ff.; zur Anerkennung der Abstandsempfehlungen als allgemein anerkannten Stand der Wissenschaft VGH München, Urt. v. 29.03.2016 – 22 B 14.1875, NuR 2016, 564, Rn. 45; dazu *Mayer*, NuR 2016, 683.

[115] *Länderarbeitsgemeinschaft der Vogelschutzwarten*, Berichte zum Vogelschutz 2014, 15, 16.

[116] *Dies.*, Berichte zum Vogelschutz 2014, 15, 19; die Aktionsradien werden auch unabhängig von den Abstandsempfehlungen für Windkraftanlagen beschrieben, vgl. *Lambrecht/Trautner*, Fachinformationssystem und Fachkonventionen zur Bestimmung der Erheblichkeit im Rahmen der FFH-VP, 2007, S. 128 ff.

[117] Siehe Seite 58.

[118] *Möckel*, in: Schlacke (Hrsg.), GK-BNatSchG, 2. Aufl., 2017, § 33, Rn. 14.

[119] Siehe Seite 26 f.

[120] St. Rspr. vgl. nur BVerwG, Urt. v. 29.09.2011 – 7 C 21/09, juris, Rn. 40.

[121] *Lau*, NuR 2016, 149, 152 f.

kommen kann.[122] Abhängig von der Anlockwirkung unterliegen Lichtanlagen auch außerhalb des Schutzgebiets einer Prüfpflicht. Lichtquellen, wie etwa Straßenleuchten, werden von Insekten je nach Standort der Lichtquelle ab einer Entfernung von etwa 700 m nicht mehr angeflogen.[123] Die Reichweite der Anlockwirkung von Vögeln, insbesondere zu Wanderungszeiten, ist nicht genau bestimmt bzw. bestimmbar, dürfte aber maßgeblich von der Höhe des betreffenden Gebäudes und den Standortbedingungen[124] abhängen. Jedenfalls ist, abgesehen von beleuchteten Türmen und Hochhäusern, eine Fernwirkung aus mehr als 700 m Entfernung nicht mehr zu befürchten, und deshalb der Einsatz von Licht nur innerhalb dieser Grenze prüfpflichtig. Bei beleuchteten Türmen und Hochhäusern, bei denen die Lichtemissionen weit in die Landschaft hineinwirken können, kann eine Anlockwirkung noch in bis zu 5 km Entfernung bestehen,[125] sodass auch dann eine Prüfpflicht besteht.

Bauliche Vorhaben unter Einsatz von Glas und Licht, die keiner behördlichen Entscheidung bedürfen und nicht von einer Behörde durchgeführt werden, können gem. § 34 Abs. 6 S. 1 BNatSchG anzeigepflichtig sein.[126] Die Genehmigungspflicht von Lichtanlagen bestimmt sich nach § 4 BImSchG und bei Glas nach dem Bauordnungsrecht der Länder, bspw. nach §§ 60 ff. BauO NRW. Ist das Vorhaben genehmigungsfrei, besteht eine Anzeigepflicht, wenn es sich um ein Projekt gem. § 34 Abs. 1 BNatSchG handelt und durch das Vorhaben das Natura 2000-Gebiet in seinen Erhaltungszielen oder seinem Schutzzweck erheblich beeinträchtigt werden kann.[127] Dazu hat der Vorhabenträger eine Vorprüfung durchzuführen, ob eine erhebliche Beeinträchtigung nicht offensichtlich auszuschließen ist.[128] Allerdings bestehen erhebliche Zweifel, ob der Vorhabenträger kompetent und willens ist, eine naturschutzfachliche Vorprüfung angemessen und objektiv durchzuführen.[129] Dies erfordert eine Einzelfallprüfung, die von den jeweiligen Umständen abhängt und in der eine summarische Abschätzung vorzunehmen ist, ob die Gefahr einer erheblichen Beeinträchtigung für die Erhaltungsziele oder den Schutzzweck des Schutzgebietes besteht.[130]

---

[122] Zu der Befeuerung von Windenergieanlagen *Gehring/Kerlinger/Manville*, Ecological Applications 2009, 505, 512.

[123] Siehe Seite 21 f.

[124] Siehe Seite 20 f.

[125] *Bruinzeel/van Belle*, Additional research on the impact of conventional illumination of offshore platforms in the North Sea on migratory bird populations, 2010, S. 13.

[126] *Kloepfer*, Umweltrecht, 4. Aufl. 2016, § 12, Rn. 397.

[127] *Möckel*, in: Schlacke (Hrsg.), GK-BNatSchG, 2. Aufl., 2017, § 34, Rn. 191; *Louis*, NuR 2012, 385, 390.

[128] EuGH, Urt. v. 07.09.2004 – C-127/02, Slg. 2004, I-7405, Rn. 44; st. Rspr. BVerwG, Urt. v. 18.12.2014 – 4 C 35/13, DVBl 2015, 636, Rn. 33; BVerwG, Urt. v. 29.09.2011 – 7 C 21/09, juris, Rn. 40; BVerwG, Urt. v. 17.01.2007 – 9 A 20/05, NVwZ 2007, 1054, Rn. 60.

[129] *Möckel*, in: Schlacke (Hrsg.), GK-BNatSchG, 2. Aufl., 2017, § 34, Rn. 191; *Sundseth/Roth*, Study on Evaluating and Improving the Article 6.3 Permit Procedure for Natura 2000 Sites, 2013, S. 52 f.

[130] EuGH, Urt. v. 26.05.2011 – C-538/09, Slg. 2011, I-4687, Rn. 39; *Möckel*, in: Schlacke (Hrsg.), GK-BNatSchG, 2. Aufl., 2017, § 34, Rn. 47.

c) Erhebliche Beeinträchtigung des Gebiets

Ein Projekt ist gem. § 34 Abs. 2 BNatSchG unzulässig, wenn es zu erheblichen Beeinträchtigungen des Gebiets in seinen für die Erhaltungsziele oder den Schutzzweck maßgeblichen Bestandteilen führen kann. Dafür sind die Natura 2000-Flächen einschließlich der relevanten Rückzugs-, Ruhe-, Nist- und Nahrungsflächen[131] als auch der Erhaltungszustand und die Verbesserungspotenziale der geschützten Arten ausschlaggebend.[132]

aa) Prüfungsmaßstab für eine erhebliche Beeinträchtigung

Eine Beeinträchtigung ist jede direkte oder indirekte nachteilige Auswirkung auf die maßgeblichen Gebietsbestandteile, die von den auftretenden Wirkfaktoren hervorgerufen wird.[133] Die Erheblichkeit der Beeinträchtigung bestimmt sich nach den Auswirkungen auf den Erhaltungszustand der Gebietsbestandteile, wobei der günstige Erhaltungszustand der geschützten Lebensräume und Arten i.S.d. Art. 1 lit. e und i FFH-RL maßgeblich ist.[134] Einzubeziehen sind alle Faktoren, die einen Einfluss auf den Erhaltungszustand der Lebensräume und Arten haben.[135] Es genügt die Beeinträchtigung von Teilbereichen, sodass es keiner Beeinträchtigung des „Gebiets als solches" bedarf.[136] Entsprechend ist die Erheblichkeit zu bejahen, wenn durch das Vorhaben der günstige Erhaltungszustand der geschützten Lebensräume und Arten nicht mehr erhalten bleibt.[137] Der Erhaltungszustand ist in § 7 Abs. 1 Nr. 10 BNatSchG i.V.m. Art. 1 lit. i FFH-RL als Gesamtheit der Einflüsse, die sich langfristig auf die Verbreitung und die Größe der Populationen der betreffenden Arten auswirken, legaldefiniert und bestimmt sich nach naturschutzfachlichen Kriterien, die sich an den Umständen des Einzelfalls orientieren.[138] Als Einflüsse sind sämtliche, d. h. auch mittelbare Auswirkungen des Projektes bzw.

---

[131] EuGH, Urt. v. 02.08.1993 – C-355/90, juris, Rn. 36; ähnlich EuGH, Urt. v. 11.04.2013 – C-258/11, juris, Rn. 48.

[132] *Möckel*, in: Schlacke (Hrsg.), GK-BNatSchG, 2. Aufl., 2017, § 34, Rn. 88.

[133] *Schumacher/Schumacher*, in: Schumacher/Fischer-Hüftle (Hrsg.), BNatSchG, 2. Aufl., 2011, § 34, Rn. 51.

[134] VGH München, Urt. v. 30.09.2009 – 8 A 05.40050 u. a., juris, Rn. 41; *Frenz*, in: Frenz/Müggenborg (Hrsg.), BNatSchG, 2. Aufl., 2016, § 34, Rn. 54.

[135] *Erb*, Untersuchungsumfang, 2013, S. 315.

[136] *Knopp/Wiegleb/Piroch*, NuR 2008, 745, 747; *Jarass*, NuR 2007, 371, 373; *Erb*, Untersuchungsumfang, 2013, S. 189 m.w.N.; a.A. ältere Stimmen in der Literatur, bspw. *Fisahn*, ZUR 1996, 3, 6.

[137] BVerwG, Urt. v. 14.04.2010 – 9 A 5/08, NVwZ 2010, 1225, Rn. 57 m.w.N.; *Schumacher/Schumacher*, in: Schumacher/Fischer-Hüftle (Hrsg.), BNatSchG, 2. Aufl., 2011, § 34, Rn. 54. Auf die Vielzahl von Kriterien, deren relative Offenheit und die Ausfüllung der rechtlichen Maßstäbe durch außerrechtliche Bewertungen verweisen BVerwG, Beschl. v. 06.03.2014 – 9 C 6/12, juris, Rn. 34; BVerwG, Urt. v. 12.03.2008 – 9 A 3/06, NuR 2008, 633, Rn. 75; *Ewer*, in: Lütkes/Ewer (Hrsg.), BNatSchG, 2. Aufl., 2018, § 34, Rn. 29.

[138] GAin Kokott, Schlussantrag v. 29.01.2004 – C-127/02, Slg. 2004, I-7409, Rn. 62.

Plans miteinzubeziehen,[139] worunter bei Licht auch die Aufhellung der Nacht sowie die Verknappung der Nahrungsgrundlage für Vögel und Fledermäuse fällt, die durch die Tötung von Insekten an Lichtquellen verursacht wird. Der günstige Erhaltungszustand einer vom Erhaltungsziel des Schutzgebiets umfassten Tierart bemisst sich nach dem Verbreitungsgebiet und der Populationsgröße.[140] Der Erhaltungszustand ist günstig, wenn der Lebensraumtyp oder die Art in qualitativer und quantitativer Hinsicht gut gedeiht und gute Aussichten bestehen, dass dies in Zukunft auch so bleibt.[141]

Kommt eine Vorprüfung zu dem Ergebnis, dass eine erhebliche Beeinträchtigung zu besorgen ist, muss in der eigentlichen FFH-Verträglichkeitsprüfung ermittelt werden, ob die mögliche erhebliche Beeinträchtigung durch einen Gegenbeweis entkräftet werden kann.[142] Das kann problematisch sein, wenn der Gegenbeweis wegen mangelnder wissenschaftlicher Erkenntnisse gar nicht oder nur schwer zu führen ist oder nicht ausreicht, um jeden vernünftigen Zweifel auszuräumen. Ebenfalls können die Untersuchungen zur Beeinträchtigung außer Verhältnis zum Projekt geraten.[143] Bestehen solche Unsicherheiten, darf gem. dem Vorsorgeprinzip[144] mit Prognosewahrscheinlichkeiten, Schätzungen und Analogien gearbeitet werden.[145]

Keine erhebliche Beeinträchtigung liegt vor, wenn die Arten, die gegenüber Glas und Licht empfindlich sind, einen günstigen Erhaltungszustand und einen positiven Bestandstrend aufweisen.[146] Entwickelt sich also der Bestand positiv und wird diese Entwicklung durch die Verwirklichung des Projekts oder Plans verlangsamt, aber nicht umgekehrt, besteht keine erhebliche Beeinträchtigung. Nach ständiger Rechtsprechung des Bundesverwaltungsgerichts liegt auch bei einem als schlecht eingestuften Erhaltungszustand keine erhebliche Beeinträchtigung vor, solange der

---

[139] BVerwG, Urt. v. 09.07.2009 – 4 C 12/07, NVwZ 2010, 123, Rn. 11; *Möckel*, in: Schlacke (Hrsg.), GK-BNatSchG, 2. Aufl., 2017, § 34, Rn. 17; *Erb*, Untersuchungsumfang, 2013, S. 315.

[140] *Schumacher/Schumacher*, in: Schumacher/Fischer-Hüftle (Hrsg.), BNatSchG, 2. Aufl., 2011, § 34, Rn. 60; *Erb*, Untersuchungsumfang, 2013, S. 197 m.w.N.

[141] BVerwG, Urt. v. 12.03.2008 – 9 A 3/06, NuR 2008, 633, Rn. 124; *Europäische Kommission*, Leitfaden zum strengen Schutzsystem für Tierarten von gemeinschaftlichem Interesse im Rahmen der FFH-Richtlinie 92/43/EWG, 2007, Rn. 14; *Schumacher/Schumacher*, in: Schumacher/Fischer-Hüftle (Hrsg.), BNatSchG, 2. Aufl., 2011, § 34, Rn. 58.

[142] BVerwG, Urt. v. 18.12.2014 – 4 C 35/13, DVBl 2015, 636, Rn. 33; BVerwG, Urt. v. 17.01.2007 – 9 A 20/05, NVwZ 2007, 1054, Rn. 62; *Frenz*, in: Frenz/Müggenborg (Hrsg.), BNatSchG, 2. Aufl., 2016, § 34, Rn. 77 f.

[143] Nicht überzeugend *Stüer*, DVBl 2007, 416, 417 ff.

[144] BVerwG, Urt. v. 17.01.2007 – 9 A 20/05, NVwZ 2007, 1054, Rn. 62; ausführlich *Erb*, Untersuchungsumfang, 2013, S. 208 ff.

[145] BVerwG, Urt. v. 14.04.2010 – 9 A 5/08, NVwZ 2010, 1225, Rn. 67; BVerwG, Urt. v. 17.01.2007 – 9 A 20/05, NVwZ 2007, 1054, Rn. 64; GAin Kokott, Schlussantrag v. 29.01.2004 – C-127/02, Slg. 2004, I-7409, Rn. 97.

[146] EuGH, Urt. v. 24.11.2011 – C-404/09, Slg. 2011, I-11853, Rn. 169 f.; *Möckel*, in: Schlacke (Hrsg.), GK-BNatSchG, 2. Aufl., 2017, § 34, Rn. 93.

Erhaltungszustand stabil bleibt und sich nicht weiter verschlechtert.[147] Insoweit legt Art. 6 Abs. 2 FFH-RL ein absolutes Verschlechterungsverbot fest, das bei richtlinienkonformer Auslegung im Rahmen von § 34 BNatSchG zu beachten ist.[148]

Im Ergebnis muss der günstige Erhaltungszustand des Lebensraumes oder der Art trotz Durchführung des Projekts zumindest stabil bleiben.[149] Bei dieser naturschutzfachlichen Wirkungsprognose[150] sind die Reaktions- und Belastungsschwellen der geschützten Arten zu berücksichtigen; die vom Projekt ausgehenden Stressfaktoren dürfen aber keinesfalls so weit stören, dass mittelfristig die Verbreitung der Art abnehmen wird.[151] Es sind die Gesamtwirkungen zu betrachten, die auch durch kumulierende Einwirkungen entstehen können.[152] Schließlich finden auch die Vermeidungsmaßnahmen Berücksichtigung, weil es wegen des wirkungsbezogenen Ansatzes des FFH-Rechts nur auf die Auswirkungen im Ergebnis ankommt.[153] Bei dieser Wirkungsprognose handelt es sich um eine fachspezifische Einschätzung, bei der die Behörde die Standards der „besten einschlägigen wissenschaftlichen Erkenntnisse" zu berücksichtigen hat.[154]

bb) Beeinträchtigung durch Licht und Glas

Wie eingangs aufgezeigt, sind nach dem derzeitigen Kenntnisstand die grundlegenden Ursachenzusammenhänge von Vogelschlag bekannt, nicht jedoch das Ausmaß der Auswirkungen.[155] Die Risiken und Gefahren, die von künstlichem Licht ausge-

---

[147] BVerwG, Beschl. v. 23.01.2015 – 7 VR 6.14, juris, Rn. 27; BVerwG, Urt. v. 03.05.2013 – 9 A 16/12, NVwZ 2013, 1209, Rn. 28; BVerwG, Urt. v. 28.03.2013 – 9 A 22/11, NuR 2013, 565, Rn. 41; BVerwG, Urt. v. 06.11.2012 – 9 A 17/11, NuR 2014, 344, Rn. 35 m.w.N.; ähnlich GAin Kokott, Schlussantrag v. 29.01.2004 – C-127/02, Slg. 2004, I-7409, Rn. 85; einschränkend *Schumacher/Schumacher*, in: Schumacher/Fischer-Hüftle (Hrsg.), BNatSchG, 2. Aufl., 2011, § 34, Rn. 79; *Möckel*, in: Schlacke (Hrsg.), GK-BNatSchG, 2. Aufl., 2017, § 34, Rn. 93.

[148] *Schumacher/Schumacher*, in: Schumacher/Fischer-Hüftle (Hrsg.), BNatSchG, 2. Aufl., 2011, § 34, Rn. 54; *Gellermann/Schreiber*, NuR 2003, 205, 207.

[149] BVerwG, Urt. v. 17.01.2007 – 9 A 20/05, NVwZ 2007, 1054, Rn. 43 m.w.N.; zum Begriff *Smith/Smith*, Ökologie, 6. Aufl. 2009, S. 7.

[150] *Wolf*, ZUR 2005, 449, 453.

[151] BVerwG, Urt. v. 17.01.2007 – 9 A 20/05, NVwZ 2007, 1054, Rn. 45; *Möckel*, in: Schlacke (Hrsg.), GK-BNatSchG, 2. Aufl., 2017, § 34, Rn. 90; zu Populationsdynamiken *Begon/Howarth/Townsend*, Ökologie, 3. Aufl. 2017, S. 308 ff.

[152] EuGH, Urt. v. 07.09.2004 – C-127/02, Slg. 2004, I-7405, Rn. 53; BVerwG, Urt. v. 14.04.2010 – 9 A 5/08, NVwZ 2010, 1225, Rn. 88; *Möckel*, in: Schlacke (Hrsg.), GK-BNatSchG, 2. Aufl., 2017, § 34, Rn. 98.

[153] BVerwG, Urt. v. 17.01.2007 – 9 A 20/05, NVwZ 2007, 1054, Rn. 53 f.

[154] EuGH, Urt. v. 07.09.2004 – C-127/02, Slg. 2004, I-7405, Rn. 54; BVerwG, Urt. v. 06.11.2012 – 9 A 17/11, NuR 2014, 344, Rn. 32; BVerwG, Urt. v. 12.03.2008 – 9 A 3/06, NuR 2008, 633, Rn. 73.

[155] Siehe Seite 8 ff.

hen, sind in groben Zügen bekannt, auch wenn bezüglich der langfristigen Folgen und insbesondere bei LED noch Unsicherheiten bestehen.[156] Die wissenschaftlichen Erkenntnisse sind aber ausreichend, um Ursachen und Wirkungen zu beschreiben,[157] sodass diese bei der Verträglichkeitsprüfung heranzuziehen und die nachteiligen Auswirkungen in die Wirkungsprognose einzustellen sind.[158] Bestehen Unsicherheiten über die Risiko- und Gefahrenpotenziale des Projekts, ist ein Schutzkonzept mit wirksamem Risikomanagement umzusetzen.[159] Bestehenden Unsicherheiten mit einem Risikomanagement zu begegnen, ist eine geeignete und angemessene Maßnahme, weil sich die nachteiligen Auswirkungen von Glas und Licht zu großen Teilen nach Errichtung des Vorhabens unter Einsatz von Glas oder der Lichtanlage verhindern lassen, ohne unverhältnismäßige Anstrengungen oder Kosten zu verursachen.[160]

Werden die Auswirkungen von Glas und Licht bei einer Verträglichkeitsprüfung nicht oder nicht ausreichend in die Verträglichkeitsprüfung eingestellt, geht dies zulasten des Projektträgers, sofern er die Gutachten zur Verträglichkeit des Projekts vorgelegt hat.[161] Er zieht die Vorteile aus der nicht hinreichend geprüften Gebietsbeeinträchtigung, ist für etwaige Mängel verantwortlich und muss die entsprechenden Konsequenzen tragen.[162] Er ist so zu stellen, wie er stünde, wenn eine angemessene vollständige Verträglichkeitsprüfung erfolgt wäre, insbesondere durch die Auferlegung von Schadensminderungsmaßnahmen. Gegebenenfalls ist eine Verträglichkeitsprüfung nachzuholen und eine abweichende Zulassung nach § 34 Abs. 3, 4 BNatSchG zu prüfen.[163]

---

[156] Siehe Seite 18 ff.

[157] Sog. Einschlägigkeit vgl. EuGH, Urt. v. 07.09.2004 – C-127/02, Slg. 2004, I-7405, 54; GAin Kokott, Schlussantrag v. 29.01.2004 – C-127/02, Slg. 2004, I-7409, Rn. 97, die bei Unsicherheiten über die Wirkungszusammenhänge auf Prognosewahrscheinlichkeiten und Schätzungen verweist; ähnlich BVerwG, Urt. v. 17.01.2007 – 9 A 20/05, NVwZ 2007, 1054, Rn. 46.

[158] Vgl. *Frenz*, in: Frenz/Müggenborg (Hrsg.), BNatSchG, 2. Aufl., 2016, § 34, Rn. 92.

[159] BVerwG, Urt. v. 17.01.2007 – 9 A 20/05, NVwZ 2007, 1054, Rn. 64 ff.; *Frenz*, in: Frenz/Müggenborg (Hrsg.), BNatSchG, 2. Aufl., 2016, § 34, Rn. 103.

[160] Siehe Seite 12 f. und Seite 30 ff.

[161] Anders wenn die Behörde gem. des Untersuchungsgrundsatzes des § 24 VwVfG von Amts wegen ermittelt und den Umfang bestimmt hat, vgl. *Schumacher/Schumacher*, in: Schumacher/Fischer-Hüftle (Hrsg.), BNatSchG, 2. Aufl., 2011, § 34, Rn. 33.

[162] *Sobotta*, EurUP 2015, 341, 347; zur Ermittlungspflicht des Vorhabenträgers *Erb*, Untersuchungsumfang, 2013, S. 59 f.; ähnlich LANA (Hrsg.), Empfehlungen der LANA zur FFH-VP, 2004, S. 12, wonach die Darlegungslast dafür, dass keine erhebliche Beeinträchtigung ausgelöst wird, beim Projektträger liegt.

[163] *Sobotta*, EurUP 2015, 341, 347; zur Nachermittlung von Verträglichkeitsprüfungen BVerwG, Urt. v. 15.07.2016 – 9 C 3/16, NVwZ 2016, 1631, Rn. 42; BVerwG, Urt. v. 14.07.2011 – 9 A 12/10, NuR 2011, 866, Rn. 68; allgemein *Hendrischke*, in: Frenz/Müggenborg (Hrsg.), BNatSchG, 2. Aufl., 2016, § 3, Rn. 35.

d) Erheblichkeitsschwellen

Aus dem – auch durch Unionsrecht vorgegebenen – Verhältnismäßigkeitsgrundsatz werden Erheblichkeitsschwellen abgeleitet, die dazu dienen, die Signifikanz der Auswirkungen auf Natura 2000-Gebiete durch Projekte einzugrenzen.[164] Es wird zwischen schutzgutbezogenen Reaktions- und Belastungsschwellen und eingriffsbezogenen Bagatellschwellen unterschieden.[165] Die Länderarbeitsgemeinschaft für Naturschutz, Landschaftspflege und Erholung (LANA) hat zur Bestimmung der Erheblichkeitsschwelle einen Katalog an Je-desto-Formeln entwickelt,[166] der jedoch zu allgemein gehalten ist, um die spezifischen Auswirkungen von Glas und Licht beurteilen zu können.

aa) Reaktions- und Belastungsschwellen

Jeder Lebensraum und jede Art hat spezifische Empfindlichkeiten gegenüber äußeren Einwirkungen, woraus unterschiedliche Reaktions- und Belastungsschwellen resultieren, unterhalb derer Beeinträchtigungen toleriert werden.[167] Für die Auswirkungen von Glas und Licht ist die Empfindlichkeit der betroffenen Arten entscheidend. Die Frage, ob eine Reaktions- und Belastungsschwelle vorliegt, ist nicht individuenbezogen, sondern bezogen auf den Erhaltungszustand der gebietsrelevanten Arten zu beantworten.[168] Je nach artspezifischer Populationsdynamik und entsprechendem Standort führt nicht jeder Verlust eines Individuums oder Reviers zwangsläufig zu einer Verschlechterung des Erhaltungszustands.[169] Wird die Reaktions- und Belastungsschwelle überschritten, liegt eine erhebliche Beeinträchtigung vor.[170]

---

[164] BVerwG, Beschl. v. 05.09.2012 – 7 B 24/12, juris, Rn. 7; BVerwG, Urt. v. 12.03.2008 – 9 A 3/06, NuR 2008, 633, Rn. 124; *Weuthen*, ZUR 2017, 215, 217 f.; *Frenz*, in: Frenz/Müggenborg (Hrsg.), BNatSchG, 2. Aufl., 2016, § 34, Rn. 65; a.A. *Gellermann*, NuR 2004, 769, 773. Dieser Ansatz ist nicht gleichzusetzen mit dem artenschutzrechtlichen Signifikanzerfordernis gem. § 44 Abs. 1 Nr. 1 BNatSchG, weil dann kumulative Einwirkungen unbeachtet bleiben, so aber bspw. *Ministerium für Umwelt, Energie und Klimaschutz* (Nds.), Nds. MBl. 2016, 190, 213.

[165] *Möckel*, in: Schlacke (Hrsg.), GK-BNatSchG, 2. Aufl., 2017, § 34, Rn. 108; instruktiv BVerwG, Urt. v. 17.01.2007 – 9 A 20/05, NVwZ 2007, 1054, Rn. 44 ff.

[166] LANA (Hrsg.), Empfehlungen der LANA zur FFH-VP, 2004, S. 13 f.; vgl. auch *Mühlbauer*, in: Lorz/Konrad et. al. (Hrsg.), Naturschutzrecht, 3. Aufl., 2013, § 34 BNatSchG, Rn. 15.

[167] *Möckel*, in: Schlacke (Hrsg.), GK-BNatSchG, 2. Aufl., 2017, § 34, Rn. 109.

[168] OVG Koblenz, Urt. v. 13.02.2008 – 8 C 10368/07, NVwZ-RR 2008, 514, Rn. 63.

[169] BVerwG, Urt. v. 16.03.2006 – 4 A 1075/04, NVwZ 2006, Beilage Nr. I 8, 1–56, Rn. 571 f., allerdings mit einer fehlgehenden Begründung; *Schumacher/Schumacher*, in: Schumacher/Fischer-Hüftle (Hrsg.), BNatSchG, 2. Aufl., 2011, § 34, Rn. 60.

[170] BVerwG, Urt. v. 14.04.2010 – 9 A 5/08, NVwZ 2010, 1225, Rn. 91; BVerwG, Beschl. v. 10.11.2009 – 9 B 28/09, DVBl 2010, 176, Rn. 6.

(1) Reaktions- und Belastungsschwellen bei Beeinträchtigungen durch Glas

Vögel werden durch Vogelschlag verletzt oder getötet.[171] Eine erhebliche Beeinträchtigung liegt dann vor, wenn sich der Erhaltungszustand der Vogelarten, die von den Erhaltungszielen oder dem Schutzzweck des Schutzgebietes erfasst sind, verschlechtert. Je größer die Empfindlichkeit (Sensitivität)[172] der Vogelart ist, desto eher führt der Verlust einzelner Individuen zu einer Verschlechterung des Erhaltungszustandes. Die Empfindlichkeit der Vogelart hängt von ihrer Verhaltensweise und ihrer Robustheit, also der Fähigkeit Verluste einzelner Individuen zu kompensieren,[173] ab.

Die Empfindlichkeit kann mithilfe des von *Bernotat* und *Dierschke* entwickelten Mortalitäts-Gefährdungs-Index (MGI) des Bundesamtes für Naturschutz auf Artniveau bestimmt werden.[174] Der MGI ist ein naturschutzfachlicher Hinweis, der die Empfindlichkeit einzelner Tierarten gegenüber anthropogener Mortalität unabhängig von einzelnen Verlustursachen beschreibt und auf dessen Grundlage eine qualifizierte Bewertung vorgenommen werden kann.[175]

Der MGI setzt sich aus einem Populationsbiologischen Sensitivitäts-Index (PSI) und einem Naturschutzfachlichen Wert-Index (NWI) zusammen. Der PSI bestimmt die Empfindlichkeit der Arten und wird von den Kriterien natürliche Mortalität, Reproduktion, Populationsgröße und Populationsentwicklung abgeleitet.[176] Der NWI beurteilt die allgemeine Gefährdung und naturschutzfachliche Bedeutung der Art anhand folgender Kriterien: Einstufung nach der nationalen Roten Liste, Häufigkeitsklasse nach Roter Liste, Erhaltungszustand sowie die nationale Verantwortlichkeit.[177] Die Kombination beider Indices zum MGI ist für die naturschutzfachliche Bewertung von Projekten im Rahmen der FFH-Verträglichkeitsprüfung erforderlich.[178] Insbesondere kann mithilfe des MGI die Empfindlichkeit von Arten gegenüber anthropogener Mortalität transparent abgebildet werden.

---

[171] Siehe Seite 5 ff.

[172] *Bernotat/Dierschke*, Mortalität wildlebender Tiere, 2016, S. 19.

[173] *Dies.*, Mortalität wildlebender Tiere, 2016, S. 7.

[174] Den Ansatz erläuternd *Bernotat*, ZUR 2018, 594.

[175] *Wulfert/Lau et al.*, Standardisierungspotenzial im Bereich der arten- und gebietsschutzrechtlichen Prüfung, 2015, S. 56.

[176] *Bernotat/Dierschke*, Mortalität wildlebender Tiere, 2016, S. 21.

[177] *Dies.*, Mortalität wildlebender Tiere, 2016, S. 35 f.

[178] *Dies.*, Mortalität wildlebender Tiere, 2016, S. 18 ff.; darauf verweisend *Peters/Jahns-Lüttmann/Wulfert*, Bewertung erheblicher Biodiversitätsschäden im Rahmen der Umwelthaftung, 2015, S. 108; ähnlich *Simon/Runge et al.*, Bewertung von Alternativen im Rahmen der Ausnahmeprüfung nach europäischem Gebiets- und Artenschutzrecht, 2015, S. 81 ff.; *LUBW*, Hinweise zur Bewertung und Vermeidung von Beeinträchtigungen von Vogelarten bei Bauleitplanung und Genehmigung für Windenergieanlagen, 2015, S. 40.

Der Methodenansatz liegt mittlerweile in dritter aktualisierter Fassung vor und wird auch von anderen Experten empfohlen bzw. als Arbeitshilfe herangezogen.[179] Das Bundesverwaltungsgericht hat einzelne Forschungsarbeiten als Fachkonventionen oder Arbeitshilfen ausdrücklich anerkannt und als wichtige Entscheidungshilfen verwendet.[180] Den MGI von *Bernotat* und *Dierschke* hat das Bundesverwaltungsgericht bislang in einer Entscheidung zur Bestimmung der Empfindlichkeit bestimmter Arten gegenüber spezifischen Tötungsrisiken herangezogen.[181]

Bezüglich des im MGI enthaltenen Naturschutzfachlichen Wert-Index stellt sich die Frage, ob die beachtungsrelevanten Besonderheiten des jeweiligen Schutzgebiets bei der Anwendung des MGI hinsichtlich der durch die Erhaltungsziele geschützten Arten ausreichend gewürdigt werden, wenn der Naturschutzfachliche Wert-Index auf die *allgemeine* Gefährdungssituation einer Art abstellt. Es spricht einiges dafür, dass der Naturschutzfachliche Wert-Index geeignet ist, im Rahmen der Verträglichkeitsprüfung Berücksichtigung zu finden. Die Stabilität einer Population, d. h. die Fähigkeit, den Verlust einzelner Individuen zu kompensieren, wird unter anderem durch Elastizität bzw. Resilienz bestimmt.[182] Für die Elastizität spielen wiederum die Ausbreitungs- und Wanderungsbewegungen der betroffenen Art eine bestimmende Rolle.[183] Die Stabilität einzelner Populationen kann daher nicht isoliert betrachtet werden, sondern hängt auch von anderen Populationen der Art sowie deren Verbreitung und Erhaltungszustand in anderen Habitaten ab.[184] Diesem Umstand trägt der Naturschutzfachliche Wert-Index Rechnung, der auch bei der FFH-Prüfung zu berücksichtigen ist. Die Unterschutzstellung dient zur Herstellung eines europaweiten Netzes von Schutzgebieten, um gem. Art. 2 Abs. 2 FFH-RL den

[179] Hervorzuheben ist Einstufung als fachlicher Hinweis bei *Wulfert/Lau et al.*, Standardisierungspotenzial im Bereich der arten- und gebietsschutzrechtlichen Prüfung, 2015, S. 252 f.; *Peters/Jahns-Lüttmann/Wulfert*, Bewertung erheblicher Biodiversitätsschäden im Rahmen der Umwelthaftung, 2015, S. 108; *Simon/Runge et al.*, Bewertung von Alternativen im Rahmen der Ausnahmeprüfung nach europäischem Gebiets- und Artenschutzrecht, 2015, S. 38; *Länderarbeitsgemeinschaft der Vogelschutzwarten*, Berichte zum Vogelschutz 2014, 15, 22; BNetzA – Az. 6.07.00.02/19-2-1/10.0, 14.06.2017, S. 21.

[180] Zur Ermittlung der Belastungen durch Stickstoffeinträge BVerwG, Urt. v. 23.04.2014 – 9 A 25/12, DVBl 2014, 1400, Rn. 37; für Auswirkungen durch Flächenverluste BVerwG, Urt. v. 12.03.2008 – 9 A 3/06, NuR 2008, 633, Rn. 125; zur Bedeutung von Fachkonventionen *Bick*, jurisPR-BVerwG 20/2014, Anm. 4, S. 3.

[181] BVerwG, Beschl. v. 08.03.2018 – 9 B 25/17, juris, Rn. 28, hier hat das BVerwG die Einteilung sog. planungsrelevanter Arten anhand des MGI überprüft. Guter Überblick über Fachkonventionen und Arbeitshilfen bei *Möckel*, in: Schlacke (Hrsg.), GK-BNatSchG, 2. Aufl., 2017, § 34, Rn. 64 ff.; die Heranziehung derartiger außerrechtlicher Bewertungen befürwortend *Bick/Wulfert*, NVwZ 2017, 346, 349.

[182] *Begon/Howarth/Townsend*, Ökologie, 3. Aufl. 2017, S. 345.

[183] *Dies.*, Ökologie, 3. Aufl. 2017, S. 318 ff.

[184] *Smith/Smith*, Ökologie, 6. Aufl. 2009, S. 262 ff.; *Begon/Howarth/Townsend*, Ökologie, 3. Aufl. 2017, S. 320.

Erhalt der geschützten Arten zu gewährleisten.[185] Insoweit wird gem. Art. 3 Abs. 1 FFH-RL auf ein funktionsfähiges, kohärentes ökologisches Netz abgezielt. Entsprechend können die Kriterien des Naturschutzfachlichen Wert-Index eine Hilfestellung bieten, um die Wechselwirkungen innerhalb des Netzes Natura 2000 einzubeziehen. Der Mortalitäts-Gefährdungs-Index kann als naturschutzfachlich-normative Bewertung im Rahmen der Verträglichkeitsprüfung mithin eine wichtige Hilfe sein. Um eine Pauschalisierung zu vermeiden, sind die Besonderheiten des jeweiligen Schutzgebiets und die konkreten konstellationsspezifischen Risiken zu beachten, sodass es im Einzelfall auch zu einer abweichenden Einschätzung der Empfindlichkeit kommen kann.[186]

Im Ergebnis lassen sich für die Beeinträchtigung von Vögeln durch Glas keine quantifizierbaren Reaktions- und Belastungsschwellen definieren. Im Zusammenhang mit Natura 2000-Gebieten ist regelmäßig von Artenspektren mit erhöhter Mortalitätsgefährdung auszugehen. Zudem sind angesichts der strengen Vorsorgemaßstäbe des FFH-Rechts hohe Anforderungen an die Schadensbegrenzungsmaßnahmen zu stellen. Dies betrifft insbesondere die Verwendung von Glas mit hohen Kollisionsrisiken, z. B. durch das Zusammentreffen mehrerer risikoerhöhender Faktoren wie Eckfenster, starke Spiegelungseffekte oder große Glasflächen.[187] Die Reaktions- und Belastungsschwellen können jedoch mittels einer Je-desto-Formel näher konkretisiert werden: Je geringer die Mortalitätsgefährdung ist, desto eher kann die jeweilige Vogelart Verluste einzelner Individuen kompensieren, ohne dass eine Verschlechterung des Erhaltungszustandes eintritt.[188] Folglich liegt dann keine erhebliche Beeinträchtigung vor. Ein anderes Ergebnis könnte indes nur dann erzielt werden, wenn die kumulierende Wirkung mehrerer Projekte miteinbezogen wird.[189]

Umgekehrt kann der Verlust eines einzelnen Individuums den Erhaltungszustand der Art umso eher beeinträchtigen, je höher die Mortalitätsgefährdung der betroffenen Art ist. Insbesondere Großvögel weisen im Schnitt eine hohe Mortalitätsgefährdung auf.[190] Zielt das Schutzgebiet auf den Schutz solcher Vogelarten ab,[191] ist die Reaktions- und Belastungsschwelle regelmäßig niedrig anzusetzen. Entsprechend liegt umso eher eine erhebliche Beeinträchtigung vor.

---

[185] EuGH, Urt. v. 07.11.2000 – C-371/98, Slg. 2000, I-9235, Rn. 19; *Schumacher/Schumacher*, in: Schumacher/Fischer-Hüftle (Hrsg.), BNatSchG, 2. Aufl., 2011, § 31, Rn. 55; mit Verweis auf die Vogelschutz-RL *Möckel*, in: Schlacke (Hrsg.), GK-BNatSchG, 2. Aufl., 2017, § 31, Rn. 4.

[186] Vgl. *Bernotat/Dierschke*, Mortalität wildlebender Tiere, 2016, S. 35.

[187] Zu den Kollisionsrisiken siehe Seite 5 und Seite 8 ff.

[188] Teilweise auch als „Allerweltsarten" bezeichnet; vgl. BVerwG, Beschl. v. 28.11.2013 – 9 B 14/13, NuR 2014, 361, Rn. 20.

[189] Siehe dazu Seite 74 ff.

[190] *Bernotat/Dierschke*, Mortalität wildlebender Tiere, 2016, S. 213 ff.

[191] Beispielhaft ist beim FFH-Schutzgebiet Siebengebirge nur der Rotmilan als hoch empfindliche Vogelart einzustufen; vgl. § 3 lit. bd und lit. be der Schutzverordnung v. 12.05.2005; Abl. Regierungsbezirk Köln, 2005, S. 262 ff.; zu den PSI-Werten der Vogelarten vgl. *dies.*, Mortalität wildlebender Tiere, 2016, S. 226 ff.

(2) Reaktions- und Belastungsschwellen bei Beeinträchtigungen durch Licht

Der Einsatz von Licht führt zu Tötungen von nacht- und dämmerungsaktiven Individuen, vorrangig Insekten, und zur Verschlechterung von Habitaten.[192] Wie unterschiedlich die Empfindlichkeit der betroffenen Arten sein kann, zeigen die Reaktionen der unterschiedlichen Fledermausarten, wovon manche künstliche Lichtquellen zur Jagd ausnutzen können, während der überwiegende Teil der Fledermausarten sehr empfindlich auf Lichtemissionen reagiert und ein Meideverhalten zeigt.[193] Nach den Empfindlichkeiten der jeweiligen Art zu differenzieren, erfordert allerdings eine artspezifische Betrachtung und eine genaue Kenntnis der Ursachen- und Wirkungszusammenhänge.[194] Der derzeitige Forschungsstand ist in den meisten Fällen jedoch nicht ausreichend, um genaue Reaktions- und Belastungsschwellen auf Artniveau zu definieren.[195] Die Ursache hierfür liegt bei den Risiken und Gefahren durch Licht darin begründet, dass die betroffenen Arten auf die jeweilige Wellenlänge des emittierten Lichts und deren Intensität unterschiedlich reagieren.[196]

Ausgehend davon ist zu überlegen, ob der Einsatz von Natriumdampfniederdrucklampen unterhalb einer Erheblichkeitsschwelle liegt. Diese Leuchtmittel senden monochromatisches Licht, d. h. Licht mit nur einer Wellenlänge, aus und sind deswegen als insektenfreundlich zu charakterisieren.[197] Nichtsdestotrotz führen diese Leuchtmittel zu Anlockwirkungen, auch wenn diese im Vergleich zu anderen Lampentypen deutlich geringer sind.[198] Zwar dürfte die Belastung, die durch eine einzelne Lichtanlage ausgeht, den Erhaltungszustand der betroffenen Population nicht gefährden. Allerdings hat nach dem Vorsorgegrundsatz[199] eine Gesamtbetrachtung erfolgen: Weil die Anwendungsmöglichkeiten von Licht fast immer eine Mehrzahl von Lichtquellen erfordert, ist die isolierte Betrachtung einer einzelnen Lichtquelle nicht in der Lage, die Belastung des Natura 2000-Gebiets angemessen abzubilden, sodass es sich richtigerweise um ein Problem kumulierter Einwirkungen handelt.

(3) Zwischenergebnis

Im Ergebnis lassen sich beim derzeitigen Kenntnisstand für die Beeinträchtigungen durch Licht keine Reaktions- und Belastungsschwellen bestimmen. Reaktions- und Belastungsschwellen können für die Beeinträchtigungen durch Glas nur mit einer Je-desto-Formel konkretisiert, aber nicht quantifiziert werden. Je geringer die

---

[192] Siehe Seite 22 ff.

[193] Siehe Seite 26 f.

[194] Ein Index zu Beurteilung der jeweiligen Empfindlichkeit findet sich bei *Bernotat/Dierschke*, Mortalität wildlebender Tiere, 2016, S. 20 ff.

[195] Siehe Seite 11 und Seite 18 ff.

[196] Zum Einfluss der Lichtwellenlänge auf die Anlockwirkung siehe Seite 30 ff.

[197] Siehe Seite 31.

[198] Vgl. Seite 32 ff.

[199] Grundlegend *Kloepfer*, Umweltrecht, 4. Aufl. 2016, § 4, Rn. 28 ff.; vgl. auch Seite 47.

Mortalitätsgefährdung ist, desto eher kann der Verlust einzelner Individuen durch ein einzelnes Projekt auf natürliche Weise kompensiert werden und desto eher verbleibt die Beeinträchtigung unterhalb der Reaktions- und Belastungsschwelle der jeweiligen Vogelart. Umgekehrt ist umso eher eine erhebliche Beeinträchtigung anzunehmen, je höher die Mortalitätsgefährdung ist. Dafür kann der Mortalitäts-Gefährdungs-Index herangezogen werden, wenn in der jeweiligen Einzelfallentscheidung die Besonderheiten des Schutzgebiets Beachtung finden. Im Übrigen wird eine vollständige Erfassung der Beeinträchtigung durch Glas und Licht für den Erhaltungszustand der Arten erst bei Berücksichtigung kumulierender Wirkungen erreicht.

bb) Bagatellschwellen

Möglicherweise lassen sich Bagatellschwellen definieren, unterhalb derer keine erheblichen Beeinträchtigungen zu befürchten sind. Wann eine Belastung Bagatellcharakter hat, ist eine zuvörderst naturschutzfachliche Frage.[200]

Das Bundesverwaltungsgericht hat seit seiner Entscheidung zur Westumfahrung Halle Bagatellschwellen im Rahmen der Verträglichkeitsprüfung anerkannt.[201] Wirkfaktoren, bei denen Bagatellschwellen definiert und anerkannt wurden, sind Flächenverluste (u. a. mit dem relativen 1 % Kriterium)[202] sowie Stickstoffeinträge (3 % eines Critical loads[203]).[204] Es stellt sich die Frage, ob Bagatellschwellen auch auf den Einsatz von Glas und Licht angewendet werden können.[205] Die Beeinträchtigungen, die durch den Einsatz von Glas und Licht eintreten, skalieren je nach konkreter Ausgestaltung im Einzelfall von sehr geringen zu schwerwiegenden (erheblichen) Beeinträchtigungen.[206]

---

[200] BVerwG, Beschl. v. 05.09.2012 – 7 B 24/12, juris, Rn. 7; BVerwG, Urt. v. 14.04.2010 – 9 A 5/08, NVwZ 2010, 1225, Rn. 92, worin betont wird, dass die Erheblichkeitsschwellen nicht generalisierend sein dürfen, sondern naturschutzfachlich fundiert sein müssen.

[201] BVerwG, Urt. v. 17.01.2007 – 9 A 20/05, NVwZ 2007, 1054, Rn. 45.

[202] BVerwG, Urt. v. 28.03.2013 – 9 A 22/11, NuR 2013, 565, Rn. 75, mit Bezug auf *Lambrecht/Trautner*, Fachinformationssystem und Fachkonventionen zur Bestimmung der Erheblichkeit im Rahmen der FFH-VP, 2007, S. 67 ff.; BVerwG, Urt. v. 12.03.2008 – 9 A 3/06, NuR 2008, 633, Rn. 125 f.

[203] BVerwG, Urt. v. 08.01.2014 – 9 A 4/13, NVwZ 2014, 1008, Rn. 69; BVerwG, Urt. v. 06.11.2012 – 9 A 17/11, NuR 2014, 344, Rn. 62; BVerwG, Urt. v. 29.09.2011 – 7 C 21/09, juris, Rn. 42; *Sobotta*, EurUP 2015, 341, 343.

[204] *Möckel*, in: Schlacke (Hrsg.), GK-BNatSchG, 2. Aufl., 2017, § 34, Rn. 115 f.

[205] In die Richtung gehend VG Köln, Urt. v. 24.07.2012 – 14 K 4263/11, juris, Rn. 47.

[206] Ein Beispiel für eine sehr geringe Beeinträchtigung ist eine Lichtquelle, die Wellenlängen emittiert, die nur wenige Individuen anlockt und tötet. Eine erhebliche Beeinträchtigung liegt hingegen beispielsweise bei einem großen Glaskubus in der Nähe eines FFH-Schutzgebietes vor, dessen Durchsichten und Spiegelungen eine Vielzahl von Vogelschlagopfern verursachen kann, vgl. VG Köln, Urt. v. 24.07.2012 – 14 K 4263/11, juris, Rn. 49.

Belastungsschwellen zu definieren, die Beeinträchtigungen generalisierend für unbedenklich erklären, ist nicht ohne Weiteres mit den habitatrechtlichen Vorgaben vereinbar, weshalb Belastungsschwellen besonderer, naturschutzfachlich fundierter Rechtfertigung bedürfen.[207] Damit Belastungsschwellen praktikabel sind, müssten diese auch quantifizierbar oder anderweitig eindeutig bestimmbar sein.[208] Es ist zweifelhaft, dass bei Einsatz von Glas und Licht insbesondere bei baulichen Anlagen Belastungsschwellen bestimmbar sind.

Die Bestimmung des Ausmaßes der nachteiligen Auswirkungen von Glas beruht allein auf Schätzungen der Anzahl der tödlichen Kollisionen von Vögeln an Glas in Deutschland.[209] Zwar können einzelne Faktoren, die Einfluss auf das Kollisionsrisiko haben, identifiziert und gewichtet werden.[210] Die aus einer ex ante-Perspektive zu erwartenden Kollisionen lassen sich auch für ein ein konkretes Projekt nicht exakt ermittelt. Auch bei einem nachträglichen Monitoring von Glasflächen kann die Zahl der Kollisionen nicht genau beziffert werden und wird tendenziell unterschätzt, weil Beutegreifer und Aasfresser sowie unbeobachtete Kollisionen eine hohe Dunkelziffer zur Folge haben können.[211] Diese Unsicherheiten zeigen, dass die geforderte besondere, naturschutzfachlich fundierte Rechtfertigung derzeit kaum geleistet werden kann. Hinzu tritt, dass auch nach der Beseitigung jener Unsicherheiten eine Schwelle nicht einfach an den nur begrenzt vorhandenen quantifizierbaren Kriterien wie etwa dem der Glasflächengröße anknüpfen kann, weil diese nur einen Teil der maßgeblichen Faktoren ausmachen und somit nicht genügen, um die Kollisionsrisiken adäquat zu beschreiben.[212] Daher können Bagatellschwellen für die Beeinträchtigungen von Vogelarten durch Glas nicht sicher bestimmt werden und scheiden insofern als berücksichtigungsfähige Kriterien im Rahmen der FFH-Verträglichkeitsprüfung aus.

Ähnliche Unsicherheiten bestehen bei den von Licht ausgehenden Beeinträchtigungen. Bislang fehlt es an einer Beschreibung der mit der Anlockwirkung verbundenen Verletzungs- und Tötungsfolgen auf Artniveau.[213] Bezüglich der Anlockwirkung lassen sich für die spektrale Zusammensetzung des Lichts und für die Standortfaktoren generalisierende Aussagen treffen, die zwar eine Gewichtung der unterschiedlichen Faktoren ermöglicht, eine naturschutzfachliche Beurteilung im Einzelfall jedoch nicht entbehrlich machen.[214] Fraglich ist, ob für die Beleuchtungsstärke Grenzwerte ermittelt werden können, unter denen eine Anlockwirkung zu

---

[207] BVerwG, Urt. v. 14.04.2010 – 9 A 5/08, NVwZ 2010, 1225, Rn. 92.

[208] BVerwG, Urt. v. 17.01.2007 – 9 A 20/05, NVwZ 2007, 1054, Rn. 46; eine feste relative Erheblichkeitsschwellen für unmöglich hält *Schreiber*, NuL 2004, 133, 134 f.

[209] Siehe Seite 5 f.

[210] Zu den Ursachen von Vogelschlag siehe Seite 7 ff.

[211] *Steiof/Altenkamp/Baganz*, Berichte zum Vogelschutz 2017, 69, 71 und 84, die davon ausgehen, dass 80 % der Anflüge unentdeckt bleiben; *Haupt*, Charadrius 2009, 1, 14 f.

[212] Vgl. Seite 7 ff. m.w.N.

[213] Siehe Seite 17 f.

[214] Vgl. Seite 18 ff.

verneinen ist.[215] Dies hätte den Vorteil, dass die etwaige Bagatellschwelle unproblematisch messbar wäre. Allerdings ist zu beachten, dass es bei den Auswirkungen von künstlichem Licht maßgeblich auf den Standort und die Empfindlichkeit der jeweiligen Tierart ankommt.[216] Letztere ist entweder wegen der Vielzahl der betroffenen Arten kaum bestimmbar oder bislang noch nicht ausreichend erforscht,[217] sodass sich nach derzeitigem Kenntnisstand eine Bagatellgrenze anhand der Beleuchtungsstärke einer Lichtquelle nicht abstrakt bestimmen lässt.

Im Ergebnis mangelt es aufgrund der bestehenden naturschutzfachlichen, wissenschaftlichen und technischen Unsicherheiten an der vom Bundesverwaltungsgericht geforderten besonderen, naturschutzfachlich fundierten Begründung für die Definition von Bagatellschwellen. Selbst wenn die Formulierung von Bagatellschwellen möglich wäre, ist zweifelhaft, ob diese angesichts des großen Spektrums an unterschiedlicher Arten und unterschiedlichen Beeinträchtigungen ein geeignetes Instrument zur Bewertung der Auswirkungen von Glas und Licht ist.

cc) Abschneidekriterien

Denkbar wäre darüber hinaus, ein Abschneidekriterium zu entwickeln, das etwa für Stickstoffeinträge anerkannt ist[218] und im Entwurf der TA Luft für stoffliche Einträge vorgesehen ist.[219] Abschneidekriterien sind Zurechenbarkeits- und Messbarkeitsschwellen, die Unsicherheiten der räumlichen und stofflichen Zuordnung beseitigen sollen.[220] Allerdings bestehen bei der Messung der Beleuchtung einzelner Lichtquellen keine Unsicherheiten, die mittels eines Abschneidekriteriums operabel gemacht werden müssten.[221] Sinnvoll wäre ein Abschneidekriterium allenfalls für Lichtimmissionen, wenn nicht auf eine einzelne Lichtquelle, sondern auf die Aufhellung der Nacht innerhalb eines bestimmten Gebiets Bezug genommen wird. Eine solche Aufhellung kann weitreichende nachteilige ökologische Konsequenzen

---

[215] So hat die Bund/Länder-Arbeitsgemeinschaft für Immissionsschutz Grenzwerte für die maximale Beleuchtungsstärke in bestimmen Gebieten erarbeitet, die sich jedoch nur auf die Auswirkungen auf den Menschen beziehen und daher nicht auf Tiere übertragbar sind, *Bund/Länder-Arbeitsgemeinschaft für Immissionsschutz (LAI)* (Hrsg.), Hinweise zur Messung, Beurteilung und Minderung von Lichtimmissionen, 2014, S. 5.

[216] Siehe Seite 20 f.

[217] *Eisenbeis*, in: Bundesamt für Naturschutz (Hrsg.), Auswirkungen von Fremdlicht auf die Fauna im Rahmen von Eingriffen in Natur und Landschaft, 2001, S. 75, 97.

[218] BVerwG, Urt. v. 23.04.2014 – 9 A 25/12, DVBl 2014, 1400, Rn. 125 f. m.w.N.

[219] Überblick bei *Weuthen*, ZUR 2017, 215; bezüglich der unionsrechtlichen Vereinbarkeit kritisch *Schumacher/Schumacher*, in: Schumacher/Fischer-Hüftle (Hrsg.), BNatSchG, 2. Aufl., 2011, § 34, Rn. 77.

[220] *Weuthen*, ZUR 2017, 215, 217; *Lau*, NuR 2016, 149, 152; *Kment*, DVBl 2014, 818, 821.

[221] Vgl. *Bund/Länder-Arbeitsgemeinschaft für Immissionsschutz (LAI)* (Hrsg.), Hinweise zur Messung, Beurteilung und Minderung von Lichtimmissionen, 2014, S. 7 ff.

hervorrufen.[222] Die hier beschriebenen Lebensraum- und Populationsverluste durch Lichtimmissionen werden dagegen durch die direkte Beleuchtung erzeugt und lassen sich über Betrachtungen der Aufhellung der Nacht nicht adäquat erfassen.[223] Deshalb ist ein Abschneidekriterium zur Bewertung der Beeinträchtigung durch Licht ungeeignet.

dd) Kumulierte Einwirkungen

Eine erhebliche Beeinträchtigung für die Erhaltungsziele eines Schutzgebiets kann sich gem. § 34 Abs. 1 BNatSchG aus der Kumulierung mehrerer, an sich unerheblicher Beeinträchtigungen bzw. aus dem Zusammenwirken mehrerer Projekte ergeben. Die Berücksichtigung kumulativer Einwirkungen ist ein wesentlicher Unterschied zum artenschutzrechtlichen Verletzungs- und Tötungsverbot gem. § 44 Abs. 1 Nr. 1 BNatSchG und zur Eingriffsregelung.[224] Dabei sind Vorbelastungen ebenso wie die (unerheblichen) Beeinträchtigungen anderer Projekte zu berücksichtigen.[225] Die Berücksichtigung erfolgt, weil in der Verträglichkeitsprüfung eine schutzgutbezogene Betrachtung der Gesamtwirkungen vorgenommen wird.[226] Ein Projekt oder Plan ist gem. § 34 Abs. 1, 2 BNatSchG auch dann unzulässig, wenn seine Auswirkungen zwar alleine keine erhebliche Beeinträchtigung verursacht, aber aufgrund der Kumulation mit den Auswirkungen anderer Vorhaben die Erheblichkeitsschwelle überschritten wird.[227] Dabei kann zwischen bereits realisierten Projekten (Vorbelastung) und Zusatzbelastungen durch absehbar zu erwartende, aber noch nicht verwirklichte Projekte unterschieden werden.[228]

Die Berücksichtigung von Vorbelastungen verlangt, dass die Beurteilung des Zustandes des zu schützenden Gebietsbestandteiles nicht losgelöst von den übrigen Einwirkungen erfolgt.[229] Entsprechend sind die Vorbelastungen zu den Auswirkungen des Projekts hinzuzuaddieren.[230] Beim Einsatz von Glas und Licht wird das nicht erreicht, indem die Summe der Glasflächen bzw. die Summe der installierten

---

[222] Zu den Auswirkungen der Aufhellung der Nacht siehe Seite 28 f.

[223] Zu den Wirkungsmechanismen von Lichtemissionen siehe Seite 18 ff.

[224] *Schreiber*, NuR 2017, 5, 10; *Schütte/Gerbig*, in: Schlacke (Hrsg.), GK-BNatSchG, 2. Aufl., 2017, § 44, Rn. 8.

[225] BVerwG, Beschl. v. 10.11.2009 – 9 B 28/09, DVBl 2010, 176; *Möckel*, in: Schlacke (Hrsg.), GK-BNatSchG, 2. Aufl., 2017, § 34, Rn. 98; *Frenz*, in: Frenz/Müggenborg (Hrsg.), BNatSchG, 2. Aufl., 2016, § 34, Rn. 61; *Erb*, Untersuchungsumfang, 2013, S. 54; *Knopp/Wiegleb/Piroch*, NuR 2008, 745, 749; *Gassner*, in: Gassner/Bendomir-Kahlo et. al. (Hrsg.), BNatSchG, 2. Aufl., 2003, § 34, Rn. 25.

[226] BVerwG, Beschl. v. 10.11.2009 – 9 B 28/09, DVBl 2010, 176, Rn. 3; *Wolf*, ZUR 2005, 449, 453.

[227] *Möckel*, in: Schlacke (Hrsg.), GK-BNatSchG, 2. Aufl., 2017, § 34, Rn. 98.

[228] *Lau*, NuR 2016, 149, 150.

[229] BVerwG, Beschl. v. 10.11.2009 – 9 B 28/09, DVBl 2010, 176.

[230] EuGH, Urt. v. 24.11.2011 – C-404/09, Slg. 2011, I-11853, Rn. 80; BVerwG, Beschl. v. 28.11.2013 – 9 B 14/13, NuR 2014, 361, Rn. 11.

Lichtquellen oder deren Lichtstromstärke errechnet wird. Denn weder existieren Grenzwerte, noch ist mit einer reinen Summation eine adäquate Bewertung der Belastungen der Lebensräume und betroffenen Arten möglich. Stattdessen bedarf es in solchen Fällen einer synergistischen Betrachtungsweise[231] und naturschutzfachlichen Einzelfallentscheidung,[232] die von den jeweiligen Umständen abhängig ist.

Nach § 34 Abs. 1 S. 1 BNatSchG sind auch die kumulierenden Auswirkungen anderer Projekte und Pläne miteinzubeziehen.[233] Die Berücksichtigung setzt voraus, dass das Projekt oder der Plan hinreichend verfestigt ist.[234] Nach Ansicht des Bundesverwaltungsgerichts sind unter den zukünftigen Projekten und Plänen nur solche in die Prüfung einzustellen, bei denen die Zulassungsentscheidung schon getroffen wurde.[235] Bedarf es keiner Zulassungsentscheidung, muss als Voraussetzung für die Einbeziehung zumindest die Möglichkeit bestehen, die zukünftigen Projekte oder Pläne überprüfen zu können.[236]

Die kumulativ eintretenden nachteiligen Auswirkungen von Glas und Licht sind von besonderer Bedeutung. Glas und Licht findet in fast allen baulichen Anlagen Verwendung. Die durch eine einzelne Anlage entstehenden Risiken und Gefahren für die Populationen der betroffenen Arten sind in aller Regel für sich genommen gering. Erst der vielfache Einsatz von Glas und Licht führt je nach Einzelfall zu einer Abnahme der betroffenen Populationen und somit zu einer erheblichen Beeinträchtigung.[237] Abgesehen von Großprojekten, die für sich genommen bereits die Erheblichkeitsschwelle überschreiten,[238] kommt es maßgeblich auf die Vorbelastungen und auf die zu erwartenden Zusatzbelastungen durch zukünftige Projekte oder Pläne an. Diese Vor- und Zusatzbelastungen müssen nicht notwendigerweise durch den anderweitigen Einsatz von Glas und Licht verursacht werden. Die Verwendung von Glas und Licht verursacht Tötungsrisiken und für lichtempfindliche Arten Störwirkungen.[239] Auch andere Faktoren führen zu derartigen Auswirkungen, die für die betroffenen Arten im Zusammenwirken mit den Folgen von Glas und Licht zusätzliche Stressfaktoren darstellen.[240] Wechselwirkungen mit anderen Wirkfaktoren

---

[231] *Erb*, Untersuchungsumfang, 2013, S. 193.

[232] Zur naturschutzfachlichen Beurteilung BVerwG, Urt. v. 06.11.2012 – 9 A 17/11, NuR 2014, 344, Rn. 32; *Frenz*, in: Frenz/Müggenborg (Hrsg.), BNatSchG, 2. Aufl., 2016, § 34, Rn. 96.

[233] BVerwG, Beschl. v. 28.11.2013 – 9 B 14/13, NuR 2014, 361, Rn. 11 m.w.N.

[234] BVerwG, Beschl. v. 28.11.2013 – 9 B 14/13, NuR 2014, 361, Rn. 11; *Schumacher/Schumacher*, in: Schumacher/Fischer-Hüftle (Hrsg.), BNatSchG, 2. Aufl., 2011, § 34, Rn. 71.

[235] BVerwG, Beschl. v. 28.11.2013 – 9 B 14/13, NuR 2014, 361, Rn. 11; BVerwG, Urt. v. 14.07.2011 – 9 A 12/10, NuR 2011, 866, Rn. 81; BVerwG, Urt. v. 21.05.2008 – 9 A 68/07, juris, Rn. 21; nach a.A. ist auf den prüffähigen Antrag abzustellen OVG Münster, Urt. v. 01.12.2011 – 8 D 58/08.AK, juris, Rn. 632.

[236] BVerwG, Urt. v. 08.01.2014 – 9 A 4/13, NVwZ 2014, 1008, Rn. 55.

[237] Siehe Seite 18 ff.; *Loss/Will et al.*, The Condor 2014, 8, 16.

[238] Beispielsweise ein großer exponierter Glaskubus, vgl. VG Köln, Urt. v. 24.07.2012 – 14 K 4263/11, juris, Rn. 49.

[239] Vgl. Seite 5 ff. und Seite 22 ff.

[240] Vgl. BVerwG, Urt. v. 23.04.2014 – 9 A 25/12, DVBl 2014, 1400, Rn. 51.

können sich für Vögel und Fledermäuse bspw. durch Windenergieanlagen,[241] Freileitungen[242] und Straßenbauvorhaben[243] sowie für Insekten insbesondere durch den Einsatz von Pestiziden[244] ergeben.[245]

ee) Vermeidungsmaßnahmen

Stellt das Projekt oder der Plan eine erhebliche Beeinträchtigung dar, kann der Projektträger Vermeidungsmaßnahmen ergreifen, um die Beeinträchtigung auf ein Maß zu reduzieren, das unerheblich und damit gebietsverträglich ist.[246] Dazu zählen auch die aufgezeigten Vermeidungsmaßnahmen, die Vogelschlag und nachteilige Auswirkungen auf Fledermäuse und Insekten effektiv vermindern können.[247] Diese Vermeidungsmaßnahmen sind von vornherein auf die Verhinderung schädlicher Auswirkungen gerichtet und stellen daher keine Ausgleichs- und Kompensationsmaßnahmen dar, die bei der Verträglichkeitsprüfung unberücksichtigt bleiben.[248] Bei der Auswahl geeigneter Vermeidungsmaßnahmen, insbesondere Markierung von Glasflächen, Vermeidung von exponierten Glasfronten sowie bedarfsorientierte Beleuchtungsreduzierung, Leuchttypenauswahl und Abschirmung, ist zu erwarten, dass eine erhebliche Beeinträchtigung verhindert wird. Dies hängt aber von den jeweiligen Umständen des Falles ab, sodass eine Einzelfallentscheidung erforderlich ist.

ff) Zwischenergebnis

Eine erhebliche Beeinträchtigung eines Natura 2000-Gebietes in seinen für die Erhaltungsziele und den Schutzzweck maßgeblichen Bestandteilen ist anzunehmen, wenn sich der Erhaltungszustand einer Art oder eines Lebensraumes des

[241] Das auch im Zusammenspiel mit Licht eintreten kann, vgl. *Ballasus/Hill/Hüppop*, Berichte zum Vogelschutz 2009, 127, 150.

[242] VGH Kassel, Beschl. v. 26.06.1991 – 3 UE 1643/87, NVwZ-RR 1992, 239; *Schumacher*, in: Schumacher/Fischer-Hüftle (Hrsg.), BNatSchG, 2. Aufl., 2011, § 41, Rn. 4 f.

[243] BVerwG, Urt. v. 23.04.2014 – 9 A 25/12, DVBl 2014, 1400, Rn. 51.

[244] Vgl. *Haffmans*, Auswirkungen chemisch-synthetischer Pestizide auf die biologische Vielfalt, 2010, S. 19 ff.

[245] *Schumacher/Schumacher*, in: Schumacher/Fischer-Hüftle (Hrsg.), BNatSchG, 2. Aufl., 2011, § 34, Rn. 72; zum Erfordernis einer Wechselwirkung OVG Saarlouis, Urt. v. 20.07.2005 – 1 M 2/04, juris, Rn. 179; Übersicht über die unterschiedlichen Wirkfaktoren bei *Lambrecht/Trautner*, Fachinformationssystem und Fachkonventionen zur Bestimmung der Erheblichkeit im Rahmen der FFH-VP, 2007, S. 21.

[246] EuGH, Urt. v. 15.05.2014 – C-521/12, juris, Rn. 28; folgend BVerwG, Urt. v. 23.04.2014 – 9 A 25/12, DVBl 2014, 1400, Rn. 60; *Möckel*, in: Schlacke (Hrsg.), GK-BNatSchG, 2. Aufl., 2017, § 34, Rn. 124 ff.

[247] Eine Übersicht der Vermeidungsmaßnahmen findet sich auf Seite 38 f.; teilweise sind die Maßnahmen auch explizit anerkannt, vgl. *Möckel*, in: Schlacke (Hrsg.), GK-BNatSchG, 2. Aufl., 2017, § 34, Rn. 127 m.w.N.

[248] EuGH, Urt. v. 15.05.2014 – C-521/12, juris, Rn. 29.

Natura 2000-Gebietes durch den Einsatz von Glas und Licht verschlechtert. Dies ist durch eine naturschutzfachliche Einzelfallentscheidung zu ermitteln, die nach besten einschlägigen wissenschaftlichen Erkenntnissen erfolgen muss. Wegen des wirkungsbezogenen Ansatzes ist auch die Verwendung von Glas und Licht außerhalb des Schutzgebietes einzubeziehen bzw. zu prüfen. Bei Glas bestimmt sich die Entfernung, in der noch mit Auswirkungen auf das Schutzgebiet zu rechnen ist, nach der jeweiligen Verhaltensweise der betroffenen Vogelart. Bei Licht sind Lichtanlagen mit einer Entfernung mit bis zu 700 m einzubeziehen. Bei beleuchteten Türmen und Hochhäusern kann die Entfernung auch bis zu 5 km betragen.

Die Verwendung von Glas und Licht ist unbeachtlich, wenn die Erheblichkeitsschwelle nicht überschritten wird. Schutzgutbezogene Reaktions- und Belastungsschwellen lassen sich anhand der Empfindlichkeit bzw. der Mortalitätsgefährdung der betroffenen Arten bestimmen. Reaktions- und Belastungsschwellen können für die Beeinträchtigungen durch Glas nur mit einer Je-desto-Formel konkretisiert, aber nicht quantifiziert werden: Je geringer die Mortalitätsgefährdung ist, desto eher kann der Verlust einzelner Individuen durch ein einzelnes Projekt kompensiert werden und desto eher verbleibt die Beeinträchtigung unterhalb der Reaktions- und Belastungsschwelle der Vogelart. Umgekehrt ist umso eher eine erhebliche Beeinträchtigung anzunehmen, je höher die Mortalitätsgefährdung ist. Die Je-desto-Formel kann allerdings nur als Indiz dienen, sodass es zur Beurteilung der Reaktions- und Belastungsschwellen auf die Besonderheiten des jeweiligen Schutzgebiets und damit auf eine Einzelfallentscheidung ankommt. Reaktions- und Belastungsschwellen der von der Verwendung von Licht betroffenen Arten lassen sich beim derzeitigen Kenntnisstand nicht bestimmen.

Die Ermittlung von Bagatellschwellen scheitert aufgrund der bestehenden Unsicherheiten an der zu fordernden besonderen, naturschutzfachlich fundierten Rechtfertigung. Da die Auswirkungen von Glas und Licht ein sehr großes Spektrum an unterschiedlichen Arten betreffen, die Anwendungsmöglichkeiten vielfältig sind und in Abhängigkeit davon die Beeinträchtigung unterschiedlich zu bewerten ist, ist zweifelhaft, ob Bagatellschwellen ein geeignetes Instrument zur Bewertung der Auswirkungen von Glas und Licht darstellen.

Jedoch können auch unerhebliche Beeinträchtigungen die Erheblichkeitsschwelle erreichen, wenn durch die kumulierende Wirkung vieler Glasflächen bzw. Lichtquellen oder durch Zusammenwirken mit anderen Wirkfaktoren im Ergebnis eine Verschlechterung des Erhaltungszustandes einer Art oder eines Lebensraumes eintritt. Die hinzutretenden Vor- und Zusatzbelastungen sind zu den Wirkfaktoren Glas und Licht hinzuzuaddieren. Dabei können Abschneidekriterien, die zur Bewältigung von Zuordnungsschwierigkeiten entwickelt wurden, nicht gebildet werden. Im Gegenzug sind ergriffene Vermeidungsmaßnahmen zu berücksichtigen, wodurch Beeinträchtigungen, die an sich als erheblich zu qualifizieren sind, auf ein gebietsverträgliches Maß reduziert werden und als unerhebliche Beeinträchtigung einzustufen sind.

e) Rechtsfolge und abweichende Zulassung

Bestehen aus wissenschaftlicher Sicht keine vernünftigen Zweifel, dass nachteilige Auswirkungen auf das Schutzgebiet vermieden werden, ist das Vorhaben zulässig.[249] Liegt eine erhebliche Beeinträchtigung vor, ist das Projekt oder der Plan gem. § 34 Abs. 2 BNatSchG gebietsunverträglich und damit unzulässig.[250]

Abweichend darf das Projekt oder der Plan nur unter den Voraussetzungen nach § 34 Abs. 3 oder Abs. 4 BNatSchG zugelassen werden. Dazu muss das Projekt oder der Plan aus zwingenden Gründen des überwiegenden öffentlichen Interesses notwendig sein während zumutbare Alternativen fehlen.[251] Sind prioritäre Arten oder Lebensräume gem. § 7 Abs. 1 Nr. 5, Abs. 2 Nr. 11 BNatSchG i.V.m. Art. 1 lit. d und h FFH-RL betroffen, können nur die eingeschränkten zwingenden Gründe gem. § 34 Abs. 4 BNatSchG für eine Abweichungsentscheidung herangezogen werden.[252] Wird das Projekt zugelassen, sind gem. § 34 Abs. 5 S. 1 BNatSchG Maßnahmen zur Sicherung der Kohärenz des europäischen Netzwerks Natura 2000 (Kohärenzmaßnahmen) zu ergreifen.[253]

aa) Zwingende Gründe des überwiegenden öffentlichen Interesses

Zunächst müsste ein öffentliches Interesse vorliegen, worunter Belange des Gemeinwohls zu verstehen sind.[254] Das schließt Interessen sozialer und (volks-)[255]wirtschaftlicher Art ein, rein private Interessen genügen jedoch nicht.[256] Ob beim Einsatz von Glas ein öffentliches Interesse besteht, ist nach dem Verwendungszweck der damit verbundenen baulichen Anlage zu beurteilen. Bei Licht hängt dies vom Beleuchtungszweck ab. Lichtanlagen zu (Flug-)Sicherheitszwecken und zur Gestaltung von Orten mit besonderer Lichtbedeutung (bspw. Brandenburger Tor)[257]

---

[249] BVerwG, Urt. v. 26.02.2008 – 7 B 66/07, juris, Rn. 7; OVG Lüneburg, Urt. v. 11.09.2008 – 7 K 1269/00, NuR 2009, 360, Rn. 81.

[250] *Ewer*, in: Lütkes/Ewer (Hrsg.), BNatSchG, 2. Aufl., 2018, § 34, Rn. 41.

[251] *Schumacher/Schumacher*, in: Schumacher/Fischer-Hüftle (Hrsg.), BNatSchG, 2. Aufl., 2011, § 34, Rn. 82.

[252] EuGH, Urt. v. 14.04.2005 – C-441/03, Slg. 2005, I-3043, Rn. 27; *Möckel*, in: Schlacke (Hrsg.), GK-BNatSchG, 2. Aufl., 2017, § 34, Rn. 154 ff.; sonstige Gründe bedürfen der Stellungnahme der Kommission, *Schumacher/Schumacher*, in: Schumacher/Fischer-Hüftle (Hrsg.), BNatSchG, 2. Aufl., 2011, § 34, Rn. 82.

[253] *Erb*, Untersuchungsumfang, 2013, S. 75; *Schumacher/Schumacher*, in: Schumacher/Fischer-Hüftle (Hrsg.), BNatSchG, 2. Aufl., 2011, § 34, Rn. 104.

[254] *Koch*, Verträglichkeitsprüfung, 2006, S. 188; zur fehlenden (europarechtlichen) Definition *Ewer*, in: Lütkes/Ewer (Hrsg.), BNatSchG, 2. Aufl., 2018, § 34, Rn. 48 mit vertiefenden Hinweisen.

[255] *Koch*, Verträglichkeitsprüfung, 2006, S. 189 m.w.N.

[256] *Schumacher/Schumacher*, in: Schumacher/Fischer-Hüftle (Hrsg.), BNatSchG, 2. Aufl., 2011, § 34, Rn. 84; *Möckel*, in: Schlacke (Hrsg.), GK-BNatSchG, 2. Aufl., 2017, S. 34 ff.

[257] *Senatsverwaltung für Stadtentwicklung*, Lichtkonzept Berlin, 2015, S. 35.

dienen einem öffentlichen Interesse. Wichtige Anwendungsfelder dürften innerörtliche Straßen- und Wegebeleuchtungen, Signalleuchten zu Sicherheitszwecken sowie nächtliche Stadtbeleuchtungen sein.[258] Nicht im öffentlichen Interesse liegen Beleuchtungen, die insbesondere privaten kommerziellen Interessen dienen, wie Werbetafeln, Anstrahlungen von Geschäftsgebäuden oder Illuminierungen, welche die Aufmerksamkeit des Betrachters erregen sollen,[259] wie etwa Skybeamer.

Die mit dem Projekt oder Plan verfolgten öffentlichen Interessen müssen überwiegend und zwingend sein. Das öffentliche Interesse ist zwingend, wenn das Erreichen des öffentlichen Interesses mit hoher Wahrscheinlichkeit zu erwarten ist.[260] Sie überwiegen, wenn die öffentlichen Interessen gewichtiger sind als die im konkreten Fall betroffenen und von der FFH-RL beschützten Interessen.[261] Um dies festzustellen, sind die im jeweiligen Einzelfall relevanten Interessen zu ermitteln, zu gewichten und gegeneinander abzuwägen.[262] Hierbei sind die Beeinträchtigungen des Schutzgebiets zu gewichten und quantitativ und qualitativ zu bewerten.[263]

bb) Alternativenprüfung

Für die Verwendung von Glas und Licht sind Alternativen von besonderer Bedeutung, die zu einer geringeren Beeinträchtigung der betroffenen Natura 2000-Gebiete in ihren Erhaltungszielen führen können. Als zumutbare Alternativen sind gem. § 34 Abs. 3 Nr. 2 BNatSchG Standort- und Ausführungsalternativen zu untersuchen, wobei die Identität des Projekts erhalten bleiben muss.[264] Das bedeutet für den Einsatz von Glas und Licht, dass nicht nur Vermeidungsmaßnahmen, wie etwa die Wahl bestimmter Leuchttypen oder die Markierung von Glasfronten,[265] sondern auch alternative Ausführungsvarianten zu prüfen sind, die mit geringerem Glas- und Lichteinsatz auskommen. Die vorgeschlagenen Vermeidungsmaßnahmen[266] erfüllen die Anforderungen des Bundesverwaltungsgerichts, wonach die Vermeidungsmaßnahmen bzw. Ausführungsalternativen nicht gegen den Grundsatz der Verhältnismäßigkeit

[258] Zur Beleuchtungspflicht von Straßen siehe Seite 193 ff.

[259] *Herrmann/Baier/Bosecke*, NuL 2006, 115.

[260] *Kloepfer*, Umweltrecht, 4. Aufl. 2016, § 12, Rn. 400; abweichend BVerwG, Urt. v. 15.01.2004 – 4 A 11/02, NVwZ 2004, 732, 737, wo auf ein durch Vernunft und Verantwortungsbewusstsein geleitetes staatliches Handeln abgestellt wird; ebenso *Ewer*, in: Lütkes/Ewer (Hrsg.), BNatSchG, 2. Aufl., 2018, § 34, Rn. 48.

[261] *Kloepfer*, Umweltrecht, 4. Aufl. 2016, § 12, Rn. 400; vgl. auch OVG Lüneburg, Urt. v. 14.09.2000 – 1 L 2153/99, NuR 2001, 333, Rn. 50; eingehend *Unnerstall*, ZUR 2008, 79, 80 ff.

[262] *Schumacher/Schumacher*, in: Schumacher/Fischer-Hüftle (Hrsg.), BNatSchG, 2. Aufl., 2011, § 34, Rn. 85; BVerwG, Urt. v. 27.10.2000 – 4 A 18/99, NVwZ 2001, 673, 681; OVG Münster, Beschl. v. 11.05.1999 – 20 B 1464/98.AK, NVwZ-RR 2000, 490, 493.

[263] *Ewer*, in: Lütkes/Ewer (Hrsg.), BNatSchG, 2. Aufl., 2018, § 34, Rn. 50.

[264] *Schumacher/Schumacher*, in: Schumacher/Fischer-Hüftle (Hrsg.), BNatSchG, 2. Aufl., 2011, § 34, Rn. 87; zur Identität des Projekts siehe Seite 54.

[265] VG Köln, Urt. v. 24.07.2012 – 14 K 4263/11, juris, Rn. 66.

[266] Siehe Seite 38 f.

und gegen Gemeinwohlbelange, wozu auch Kostengründe gehören, verstoßen dürfen.[267] Bei Beleuchtungen, die der (Flug-)Sicherheit dienen, liegt zwar mit dem Gesundheitsschutz ein zwingendes öffentliches Interesse vor, das auch den Anforderungen des § 34 Abs. 4 S. 1 BNatSchG genügt und damit eine abweichende Zulassung nach § 34 Abs. 3 BNatSchG rechtfertigt. Allerdings können auch in diesem Fall die Vermeidungsmaßnahmen die nachteiligen Auswirkungen signifikant reduzieren.[268] Zu betonen ist, dass soziale öffentliche Interessen, bspw. Tourismusinteressen, optisch wahrnehmbaren Maßnahmen nicht notwendigerweise vorgehen, wie etwa Glasmarkierungen oder bestimmte Lichtfarben.[269]

cc) Kohärenzmaßnahmen zum Schutz vor Lichtbarrieren

Projekte oder Pläne, die nach der abweichenden Zulassung nach § 34 Abs. 3 oder 4 BNatSchG zugelassen werden, müssen, wenn sie erhebliche Beeinträchtigungen eines Natura 2000-Gebiets mit sich bringen, gem. § 34 Abs. 5 S. 1 BNatSchG Maßnahmen zur Sicherung der Funktionsfähigkeit des europäischen ökologischen Netzes Natura 2000 vorsehen.[270] Diese Sicherungsmaßnahmen dienen dazu, die globale Kohärenz von Natura 2000 sicherzustellen.[271]

Licht kann Barrierewirkungen für lichtempfindliche Tiere hervorrufen.[272] Diese Barrierewirkung betrifft im Besonderen wandernde Insektenarten.[273] Eine größere Zahl an Lichtpunkten entlang einer Linie (bspw. eine Straßenbeleuchtung) kann eine Zerschneidungswirkung entfalten, wodurch die Ausbreitung der Individuen der jeweiligen Art verhindert wird.[274] Das Unterbinden der Ausbreitungsbewegung kann zur Folge haben, dass stark bedrohte Arten, die nur noch in kleinen Populationen vorkommen, keine neuen Habitate erschließen und sich nicht erholen können. Sicherungsmaßnahmen haben den Fortbestand der Arten als Ziel und ermöglichen ein kohärentes System. Sind Wander- und Ausbreitungsbewegungen nicht möglich, ist auch die Kohärenz des Netzes Natura 2000 beeinträchtigt. Daher kann es notwendig sein, dass diese (Licht-)Barrieren zeitweise durchbrochen werden, damit Wander- und Ausbreitungsbewegungen möglich bleiben. Das kann durch Abschaltungen der Lichtanlagen zu bestimmten Nacht- oder Wanderungszeiten erreicht

---

[267] Diese Anforderungen leitet das BVerwG aus § 34 Abs. 3 Nr. 2 BNatSchG ab; st. Rspr. BVerwG, Urt. v. 06.11.2013 – 9 A 14/12, NVwZ 2014, 714, Rn. 74 m.w.N.

[268] Siehe Seite 12 f. und Seite 29 ff.

[269] Vgl. VG Köln, Urt. v. 24.07.2012 – 14 K 4263/11, juris, Rn. 67.

[270] *Schumacher/Schumacher*, in: Schumacher/Fischer-Hüftle (Hrsg.), BNatSchG, 2. Aufl., 2011, § 34, Rn. 104.

[271] *Epiney*, UPR 1997, 303, 309; *Schumacher/Schumacher*, in: Schumacher/Fischer-Hüftle (Hrsg.), BNatSchG, 2. Aufl., 2011, § 34, Rn. 107.

[272] Siehe Seite 23.

[273] *Höttinger/Graf*, Zur Anlockwirkung öffentlicher Beleuchtungseinrichtungen auf nachtaktive Insekten, Dezember 2003, S. 7.

[274] *Hotz/Bontadina*, Ökologische Auswirkungen künstlicher Beleuchtung, 2007, S. 42 (n.v.).

werden.[275] Mit dieser Sicherungsmaßnahme kann insbesondere bei Straßenbauprojekten die Funktionsfähigkeit für betroffene lichtempfindliche Arten in einem zusammenhängenden ökologischen Funktionsraum[276] gewahrt werden. Ob dies zur Aufrechterhaltung der Kohärenz erforderlich ist, steht im Beurteilungsspielraum der Naturschutzbehörde. Allerdings unterliegt die Verpflichtung, Sicherheitsmaßnahmen zu ergreifen, im Unterschied zur Eingriffsregelung nach § 14 BNatSchG keiner Abwägung.[277]

f) Zwischenergebnis

Die Verwendung von Glas und Licht kann zu einer Verschlechterung des Erhaltungszustands von Arten und Lebensräumen führen und damit eine erhebliche Beeinträchtigung der Erhaltungsziele eines Natura 2000-Gebiets auslösen. Ob dies zu befürchten ist, muss mithilfe einer Vorprüfung ermittelt werden. Erscheint eine erhebliche Beeinträchtigung möglich, ist eine Verträglichkeitsprüfung nach § 34 Abs. 1 BNatSchG durchzuführen bzw. das Projekt gem. § 34 Abs. 6 S. 1 BNatSchG anzuzeigen.

Ergibt die Verträglichkeitsprüfung, dass die Auswirkungen des Projekts oder Planes eine erhebliche Beeinträchtigung der Erhaltungsziele des Schutzgebietes zur Folge haben können, ist das Projekt bzw. der Plan gebietsunverträglich und damit unzulässig. Wann eine erhebliche Beeinträchtigung vorliegt, ist durch eine naturschutzfachliche Einzelfallentscheidung zu ermitteln. Dabei sind die Vorbelastungen und zu erwartende kumulierende Einwirkungen ebenso einzubeziehen, wie die reduzierende Wirkung von Vermeidungsmaßnahmen. Auch Projekte außerhalb des Natura 2000-Gebiets sind prüfpflichtig, wenn nachteilige Auswirkungen auf das Schutzgebiet zu befürchten sind. Der Radius der prüfpflichtigen Projekte ist unterschiedlich weit zu ziehen. Bei Glas hängt die Entfernung von den Verhaltensweisen der betroffenen Vogelarten ab. Hierzu können die Abstandsempfehlungen, die für die Beeinträchtigungen durch Windenergieanlagen entwickelt wurden, als Indiz herangezogen werden. Lichtanlagen sind bis zu einer Entfernung von 700 m vom Schutzgebiet noch einzubeziehen. Bei beleuchteten Türmen und Hochhäusern, deren Lichtemissionen weit in die Landschaft hineinwirken können, kann eine Prüfpflicht noch in 5 km Entfernung bestehen.

Die Verwendung von Glas und Licht erfolgt in aller Regel bei einer Vielzahl von Projekten. Das Zusammenwirken der nachteiligen Auswirkungen kann durch die kumulierende Wirkung eine erhebliche Beeinträchtigung hervorrufen. Ein Zusammenwirken kann auch mit anderen Wirkfaktoren wie Windenergieanlagen, Freileitungen, Pestiziden oder Straßenbauvorhaben eintreten. Zu berücksichtigen sind

---

[275] Siehe Seite 36 f.

[276] BVerwG, Gerichtsbescheid v. 10.09.1998 – 4 A 35/97, NVwZ 1999, 532, 533.

[277] *Schumacher/Schumacher*, in: Schumacher/Fischer-Hüftle (Hrsg.), BNatSchG, 2. Aufl., 2011, § 34, Rn. 106; *Schink*, Gew. Arch. 1989, 41, 52.

Vorbelastungen, die von bereits verwirklichte Projekte ausgehen, und Auswirkungen von Projekten oder Plänen, die hinreichend verfestigt sind.

Reaktions- und Belastungsschwellen, unterhalb derer keine erhebliche Beeinträchtigung vorliegt, lassen sich für die Beeinträchtigungen durch Licht beim derzeitigen Forschungsstand nicht ermitteln. Reaktions- und Belastungsschwellen für Vogelarten, die von den Auswirkungen von Glas betroffen sind, sind nicht quantifizierbar, lassen sich jedoch anhand des Mortalitäts-Gefährdungs-Index durch eine Je-desto-Formel konkretisieren: Je geringer die Mortalitätsgefährdung ist, desto eher kann der Verlust einzelner Individuen durch ein einzelnes Projekt auf natürliche Weise kompensiert werden und desto eher verbleibt die Beeinträchtigung unterhalb der Reaktions- und Belastungsschwelle der Vogelart. Umgekehrt ist umso eher eine erhebliche Beeinträchtigung anzunehmen, je höher die Mortalitätsgefährdung ist. Die Mortalitätsgefährdung kann indes nur als Indiz herangezogen werden, in der jeweiligen Einzelfallentscheidung sind die Besonderheiten des Schutzgebiets zu berücksichtigen.

Bagatellschwellen, unterhalb derer keine erhebliche Beeinträchtigung vorliegt, lassen sich weder für Glas noch für Licht bestimmen. Auch Abschneidekriterien sind für die Beurteilung der Beeinträchtigung ungeeignet.

Eine unzulässige Beeinträchtigung kann durch eine Abweichungsentscheidung nach § 34 Abs. 3 und Abs. 4 BNatSchG noch zugelassen werden. Das dafür erforderliche zwingende öffentliche Interesse bemisst sich bei der Verwendung von Glas an dem Verwendungszweck der damit verbundenen baulichen Anlage und bei Licht an dem Beleuchtungszweck. Diese Zwecke müssen sozialer oder (volks-)wirtschaftlicher Art sein, rein private Interessen genügen nicht. Bei Licht können insbesondere Beleuchtungen zu Sicherheitszwecken und an Orten mit besonderer Lichtbedeutung öffentlichen Interessen dienen. Ob das Interesse zwingend ist und überwiegt, ist durch eine Abwägung mit den vom FFH-Gebiet geschützten Interessen zu ermitteln. Voraussetzung ist allerdings, dass keine zumutbaren Alternativen bestehen. Angesichts der effektiven Vermeidungsmaßnahmen ist das im Regelfall zu verneinen, sodass es in dem Zusammenhang auf die Wahl und Durchführung geeigneter Vermeidungsmaßnahmen ankommt.

3. *Artenschutzrecht*

Das Artenschutzrecht (§§ 37 ff. BNatSchG) ist wegen seiner Durchsetzungsfähigkeit gegenüber Planungs- und Zulassungsentscheidungen von erheblicher praktischer Bedeutung.[278] Nachfolgend wird untersucht, ob der Einsatz von Glas und Licht gegen die Bestimmungen des allgemeinen (a) oder des besonderen Artenschutzrechts (b) verstößt.

[278] *Schmidt/Kahl/Gärditz*, Umweltrecht, 10. Aufl. 2017, § 10, Rn. 138; *Dolde*, NVwZ 2007, 7, 8.

a) Allgemeiner Artenschutz

Ziel des allgemeinen Artenschutzes i.S.d. § 39 BNatSchG ist ein individuenbezogener Mindestschutz[279] wild lebender Tiere und ihrer jeweiligen Entwicklungsformen (z. B. Eier oder Larven).[280] Die Verwendung von Glas und Licht könnte gegen die allgemeinen artenschutzrechtlichen Verbote des § 39 Abs. 1 BNatSchG verstoßen, indem Vögel durch Vogelschlag zu Tode kommen und Vögel, Fledermäuse und Insekten durch Licht tödlichen Auswirkungen oder Populations- und Habitatsbeeinträchtigungen ausgesetzt sind.

aa) Allgemeine artenschutzrechtliche Verbote nach § 39 Abs. 1 BNatSchG

Nach § 39 Abs. 1 Nr. 1 BNatSchG ist es verboten, wild lebende Tiere mutwillig zu beunruhigen oder ohne vernünftigen Grund zu fangen, zu verletzen oder zu töten. Die erste Variante setzt einen Mutwillen i.S.e. Vorsatzes ohne sachlich nachvollziehbaren Beweggrund voraus.[281] Dieser Mutwille dürfte bei der Verwendung von Glas und Licht nicht zu bejahen sein.

Die anderen Tatbestände verlangen stattdessen eine Tathandlung, die „ohne vernünftigen Grund“ erfolgt. Ob ein vernünftiger Grund vorliegt, bemisst sich danach, ob die Handlung ausdrücklich erlaubt ist oder im Rahmen einer Abwägung aus der Sicht eines durchschnittlich gebildeten, dem Naturschutz aufgeschlossenen Betrachters gerechtfertigt erscheint, insbesondere dann, wenn die Handlung sozialadäquat ist.[282] Der Einsatz von Glas sowie von Beleuchtungen unterliegt grundsätzlich – wenn er mit der Errichtung oder wesentlichen Änderung einer genehmigungspflichtigen baulichen Anlage verbunden ist – der Erlaubniserteilung. Darüber hinaus ist der Einsatz von Licht und Glas aus architektonischen, künstlerischen bzw. ästhetischen Gestaltungsgründen sowie aus Sicherheitsgründen oder -bedürfnissen und aufgrund wirtschaftlicher Interessen regelmäßig gerechtfertigt. Mit dem Einsatz verbundene Beeinträchtigungen von Arten sind entweder nicht bekannt oder werden jedenfalls nicht bezweckt.[283] Daher ist § 39 Abs. 1 Nr. 1 BNatSchG durch den Einsatz von Glas oder Licht nicht verwirklicht.

279 *Lau*, in: Frenz/Müggenborg (Hrsg.), BNatSchG, 2. Aufl., 2016, § 39, Rn. 1.

280 *Schütte/Gerbig*, in: Schlacke (Hrsg.), GK-BNatSchG, 2. Aufl., 2017, § 39, Rn. 7.

281 *Lau*, in: Frenz/Müggenborg (Hrsg.), BNatSchG, 2. Aufl., 2016, § 39, Rn. 3.

282 Statt vieler *Gassner/Heugel*, Das neue Naturschutzrecht, 2010, Rn. 535. Dogmatisch handelt es sich um einen Rechtfertigungsgrund, der Ausprägung des verfassungsrechtlichen Verhältnismäßigkeitsgrundsatzes ist, *Erbs/Kohlhaas*, in: Kohlhaas/Erbs et. al. (Hrsg.), Strafrechtliche Nebengesetze, § 39, Rn. 7.

283 Eine zu vernachlässigende Ausnahme könnte die Beeinträchtigung wild lebender Tiere zur Niedrighaltung des ökologischen Zustands von Flächen zwecks Erzielung einer möglichst hohen Aufwertung im Rahmen von Eingriffskompensationsmaßnahmen sein, *Lau*, in: Frenz/Müggenborg (Hrsg.), BNatSchG, 2. Aufl., 2016, § 39, Rn. 7.

Von § 39 Abs. 1 Nr. 2 BNatSchG werden Tiere nicht erfasst. § 39 Abs. 1 Nr. 3 BNatSchG erfordert ebenfalls eine Tathandlung „ohne vernünftigen Grund", so dass auch diese Vorschrift nicht einschlägig ist.

bb) Besonderer Schutz von Fledermäusen nach § 39 Abs. 6 BNatSchG

Möglicherweise konstituiert § 39 Abs. 6 BNatSchG für Fledermäuse einen weitergehenden Schutz, da dieser auch die Winterquartiere von Fledermäusen erfasst. Wie gezeigt, bestehen bei Fledermäusen die Auswirkungen mitunter darin, dass Licht in der Umgebung der Rückzugsräume von Fledermäusen die Aufgabe von Quartieren zur Folge haben kann.[284] § 39 Abs. 6 BNatSchG schützt indes die Winterquartiere nur vor dem Aufsuchen durch Menschen, nicht aber vor Lichtimmissionen. Daher bietet dieses Verbot keinen Schutz vor den Risiken und Gefahren für Fledermäuse durch Licht.

cc) Zwischenergebnis

Die Verbote des allgemeinen Artenschutzrechts nach § 39 BNatSchG setzen entweder voluntative Elemente oder das Fehlen von Rechtfertigungsgründen voraus. Beim Einsatz von Glas und Licht ist regelmäßig beides nicht gegeben, sodass die Vorschriften des allgemeinen Artenschutzrechts nicht eingreifen.

b) Besonderer Artenschutz

Der Einsatz von Glas und Licht kann den Tod einzelner Individuen und je nach Fallgestaltung Populations- und Verhaltensveränderungen hervorrufen. Vor solchen Auswirkungen sollen die Zugriffsverbote nach § 44 Abs. 1 BNatSchG schützen. Für Besitz- und Vermarktungsverbote nach § 44 Abs. 2 BNatSchG spielt der Einsatz von Glas und Licht hingegen keine Rolle.

Vorrangig dienen die Verbotstatbestände des § 44 Abs. 1 BNatSchG als Sanktionsnormen für zu missbilligende Handlungen; sie fungieren aber ebenfalls als Zulassungsvoraussetzung im Rahmen von Genehmigungsentscheidungen, wobei die Zulassungsbehörde eine vorausschauende Risikoermittlung und -bewertung vorzunehmen hat.[285] So ist im Rahmen einer Baugenehmigung zu prüfen, ob § 44 Abs. 1 BNatSchG als öffentlich-rechtliche Vorschrift dem Vorhaben entgegensteht und damit einen bestimmten Einsatz von Glas oder Licht untersagt. Darüber hinaus können die Ordnungsbehörden nach § 3 Abs. 2 BNatSchG zur Durchsetzung der artenschutzrechtlichen Verbote die erforderlichen Maßnahmen anordnen.

---

[284] Siehe Seite 27.

[285] BVerwG, Urt. v. 21.11.2013 – 7 C 40/11, NVwZ 2014, 524, 525 f.; *Lau*, in: Frenz/Müggenborg (Hrsg.), BNatSchG, 2. Aufl., 2016, § 44, Rn. 3.

Bei Planungsentscheidungen ermittelt die Behörde zuerst den Bestand und bewertet daraufhin, ob das geplante Vorhaben gegen § 44 Abs. 1 BNatSchG verstößt. Diesbezüglich kommt der Behörde bei der Prüfung des Verbotstatbestandes eine naturschutzfachliche Einschätzungsprärogative zu, sofern sich die Beurteilung auf außerrechtliche Fragestellungen bezieht und dafür keine allgemein anerkannten, fachwissenschaftlichen Maßstäbe und standardisierten Erfassungsmethoden existieren.[286] Ob solche Maßstäbe und Erfassungsmethoden hinsichtlich der Auswirkungen durch Glas und Licht bestehen, ist zu bezweifeln. Bezüglich der Risiken und Gefahren durch Glas stehen bislang noch keine einheitlichen Messmethoden zur Einschätzung von Kollisionsrisiken zur Verfügung.[287] Für die Risiken und Gefahren durch Licht werden zwar seitens des Bund-Länder-Ausschusses für Immissionsschutz, abgestuft nach Gebietsart, Immissionsrichtwerte beschrieben, diese beziehen sich jedoch nur auf die Auswirkungen auf den Menschen.[288] Weil sich die Immissionsrichtwerte nicht auf die naturschutzfachlichen Einschätzungen für Tiere übertragen lassen, können diese Immissionsrichtwerte nicht herangezogen werden.

Daher ist im Ergebnis festzuhalten, dass zur Beurteilung, ob eine Verwirklichung eines Verbotstatbestandes durch die Auswirkungen von Glas und Licht eintreten wird, eine gerichtlich nur eingeschränkt überprüfbare Einschätzungsprärogative der Behörde besteht.

aa) Tötungs- und Verletzungsverbot nach § 44 Abs. 1 Nr. 1 BNatSchG

Nachfolgend werden zuerst die Tatbestandsvoraussetzungen des Tötungs- und Verletzungsverbots (1) und sodann die Tatbestandsverwirklichungen in den Fallkonstellationen durch Glas und Licht (2) untersucht.

(1) Geschützte Tierarten

Nach § 44 Abs. 1 Nr. 1 BNatSchG ist es verboten, wild lebenden Tieren besonders geschützter Arten nachzustellen, sie zu fangen, zu verletzen oder zu töten oder ihre Entwicklungsformen aus der Natur zu entnehmen, zu beschädigen oder zu zerstören. Das Verbot ist individuenbezogen und schützt jedes einzelne Exemplar einer besonders geschützten Art.[289] Welche Tierarten zu den besonders geschützten Arten

---

[286] BVerwG, Urt. v. 21.11.2013 – 7 C 40/11, NVwZ 2014, 524, 525; *Ramsauer*, in: Kopp/Ramsauer (Hrsg.), VwVfG, 18. Aufl., 2017, § 40, Rn. 31b; *Berkemann*, in: Faßbender/Köck (Hrsg.), Aktuelle Entwicklungen im Naturschutzrecht, 2015, S. 65, 76 ff.

[287] Die Untersuchungen mittels Flugtunnel dienen zur Bestimmung von Gläsern, die für Vögel sichtbar sind. Sie geben aber keine Auskunft darüber, wann ein Vogel eine Glasscheibe anfliegt, vgl. Seite 13.

[288] *Bund/Länder-Arbeitsgemeinschaft für Immissionsschutz (LAI)* (Hrsg.), Hinweise zur Messung, Beurteilung und Minderung von Lichtimmissionen, 2014, S. 5.

[289] BVerwG, Urt. v. 21.06.2006 – 9 A 28/05, NVwZ 2006, 1161, Rn. 36; *Lau*, in: Frenz/Müggenborg (Hrsg.), BNatSchG, 2. Aufl., 2016, § 44, Rn. 10.

zählen, ist in § 7 Abs. 2 Nr. 13 BNatSchG legaldefiniert.[290] Dazu zählen die Arten, die im Anhang A und B der Verordnung (EG) Nr. 338/97 (Artenschutzverordnung), im Anhang IV der Richtlinie 92/43/EWG (FFH-RL) aufgezählt oder in der Anlage 1 Spalte 2 BArtSchV gekennzeichnet sind sowie europäische Vogelarten nach der Vogelschutzrichtlinie 2009/147/EG (VS-RL). Besonders geschützt sind alle Fledermausarten[291] und 41 Schmetterlingsarten, bspw. der in Deutschland verbreitete Nachtfalter Hecken-Wollafter (Eriogaster catax),[292] aber auch andere Insekten wie etwa Hornissen (Vespa crabro).[293] Jedoch gehören nicht alle von Lichtquellen angezogenen Insekten besonders geschützten Arten an. Vor diesem Hintergrund ist das Tötungs- und Verletzungsverbot aus § 44 Abs. 1 Nr. 1 BNatSchG weniger für den Insektenanflug an Lichtquellen, als für Vogelschlag an Glas und für die Auswirkungen auf Fledermäuse von Bedeutung.

(2) Tatbestandshandlungen

Die Verwendung von Glas oder Licht müsste eine Tatbestandshandlung des § 44 Abs. 1 Nr. 1 BNatSchG verwirklichen. Hierzu zählen das Nachstellen, Fangen, Töten, Verletzen oder die Entnahme, Beschädigung oder Zerstörung der Entwicklungsformen der Tiere.

Fraglich ist, ob das Aufstellen von Lichtquellen mit Leuchtengehäusen, welche nicht vollständig geschlossen sind, sodass Insekten hineingelangen können und darin verenden, bereits das Tatbestandsmerkmal des Nachstellens oder des Fangens erfüllt.[294] Unter Nachstellen sind sämtliche Handlungen zu verstehen, die das Fangen, Verletzen oder Töten von Individuen besonders geschützter Arten unmittelbar vorbereiten.[295] Fangen bezeichnet den Zugriff auf ein lebendes Tier, bei dem sich der Fänger des Tieres bemächtigt und ihm nicht alsbald und am Ort des Zugriffs die Freiheit wiedergibt.[296] Umfasst sind aber nur solche Handlungen, die nach der Vorstellung des Handelnden ohne weiteren Zwischenschritt zum Fang oder zur Verletzung führen.[297] Da zwischen der Installation der Lichtquelle und dem Fang oder der Verletzung noch die Inbetriebnahme erfolgt, ist eine Verwirklichung erst mit dieser möglich. Zusätzlich dazu verlangt die Tatbestandsvariante

---

[290] Dazu auch *Lütkes*, NVwZ 2008, 598, 599.

[291] Anhang IV lit. a FFH-RL.

[292] Anhang IV lit. a FFH-RL.

[293] Anlage 1 BArtSchV.

[294] Vgl. Beispiele des Nachstellens bei *Kratsch*, in: Schumacher/Fischer-Hüftle (Hrsg.), BNatSchG, 2. Aufl., 2011, § 44, Rn. 14.

[295] *Lau*, in: Frenz/Müggenborg (Hrsg.), BNatSchG, 2. Aufl., 2016, § 44, Rn. 11.

[296] *Müller-Walter*, in: Lorz/Konrad et. al. (Hrsg.), Naturschutzrecht, 3. Aufl., 2013, § 44, Rn. 13; a.A. *Heugel*, in: Lütkes/Ewer (Hrsg.), BNatSchG, 2. Aufl., 2018, S. 44, Rn. 8, wonach die Gewahrsamsbegründung von der Dauer unabhängig ist; unsicher BVerwG, Urt. v. 14.07.2011 – 9 A 12/10, NuR 2011, 866, Rn. 130.

[297] *Müller-Walter*, in: Lorz/Konrad et. al. (Hrsg.), Naturschutzrecht, 3. Aufl., 2013, § 44, Rn. 9; *Lau*, in: Frenz/Müggenborg (Hrsg.), BNatSchG, 2. Aufl., 2016, § 44, Rn. 11.

des Nachstellens schon begrifflich einen auf Fang, Verletzung oder Tötung gerichteten Vorsatz.[298] Mit der Ausnahme spezieller UV-Lampen zur Anlockung und Vernichtung von Insekten dürfte der Betrieb von Lichtquellen nicht das Fangen oder Töten von Tieren bezwecken und insofern nicht die Handlungsvariante des Nachstellens verwirklichen.

Die Tatbestandsverwirklichung durch Fangen ist bereits ausgeschlossen, weil das Fangen den Gewahrsam des lebendigen Tieres erfordert,[299] was bei Risiken und Gefahren durch Glas oder Licht typischerweise nicht der Fall ist. Ebenfalls ohne Bedeutung für die Auswirkungen durch Glas und Licht bleibt die Tatbestandsvariante des § 44 Abs. 1 Nr. 1, 5. Var. BNatSchG, schließlich führen weder Lichtemissionen noch die Verwendung von Glas zur Verletzung oder Tötung von Larven oder anderen Entwicklungsformen.

Bedeutsam könnte hingegen die Tatbestandsverwirklichung der Tötung eines besonders geschützten Exemplars durch Vogelschlag oder aufgrund der tödlichen Auswirkungen von Licht sein. Nach dem weiten Tötungsbegriff liegt eine Tötung vor, wenn sich diese als unausweichliche Konsequenz einer Handlung erweist.[300] In Anbetracht der vielfältigen Auswirkungen von Licht und unbestimmten Risiken des Vogelschlages ist nicht klar, wann der Einsatz von Glas oder Licht die Schwelle der Tötung überschreitet. Daher bedarf der Begriff „unausweichlich" der näheren Konkretisierung. Der Begriff wurde in Anlehnung an den Absichtsbegriff des EuGHs entwickelt.[301] Da die Verwirklichung des § 44 Abs. 1 Nr. 1 BNatSchG nicht von subjektiven Elementen abhängt, bezieht sich der Begriff auf die erforderliche Kausalbeziehung zwischen Vorhaben und Tötung. Aus dem Wortsinn folgt, dass eine Tötung nur vorliegt, wenn es dem Tier nicht möglich ist, dem Todeseintritt (z. B. durch Ausweichen) zu entgehen. Damit der Tatbestand nicht über seinen Zweck hinaus ausgeweitet wird, sind im Hinblick auf komplexe biologische Wirkungen und Kausalketten nach dem Telos strenge Anforderungen an den Verursachungsbeitrag zu stellen. Daher stellt der Begriff „unausweichlich" ein Unmittelbarkeits- und damit Kausalitätskriterium dar,[302] wonach die Letztursache für den Todeseintritt vom Menschen gesetzt werden muss. Bei der Verwendung von Glas wird der Tod durch den Anprall an der Glasfläche verursacht. Die Lichtemissionen führen bei den betroffenen Tieren zu nicht steuerbaren Reaktionen, weshalb das Tier entweder durch Kollision, Hitzeeinwirkung oder Erschöpfung verstirbt. In beiden Fällen ist das Tier nicht in der Lage, dem Todeseintritt zu entgehen, dementsprechend wird das Unmittelbarkeitskriterium sowohl beim Einsatz von Glas als auch Licht erfüllt.

---

[298] *Lau*, in: Frenz/Müggenborg (Hrsg.), BNatSchG, 2. Aufl., 2016, § 44, Rn. 11.

[299] *Müller-Walter*, in: Lorz/Konrad et. al. (Hrsg.), Naturschutzrecht, 3. Aufl., 2013, § 44, Rn. 13.

[300] BVerwG, Urt. v. 09.07.2008 – 9 A 14/07, NVwZ 2009, 302, Rn. 91; nach dem engeren Begriff liegt eine Tötung vor, wenn unmittelbar auf ein Tier zugegriffen wird, sei es durch Waffen, Gift oder unmittelbare Gewalt, vgl. *Louis*, NuR 2009, 91, 93.

[301] BVerwG, Urt. v. 09.07.2008 – 9 A 14/07, NVwZ 2009, 302, Rn. 91, allerdings wird der Begriff unausweichlich vom EuGH nicht verwendet; zum Absichtsbegriff des EuGH, Urt. v. 30.01.2002 – Rs. C-103/00, Slg. 2002, I-1147, Rn. 36; ausführlich *Sobotta*, NuR 2007, 642 ff.

[302] *Lau*, in: Frenz/Müggenborg (Hrsg.), BNatSchG, 2. Aufl., 2016, § 44, Rn. 14.

Im Rahmen des Zugriffsverbotes muss auch das in § 4 BArtSchV enthaltene Verbot des Einsatzes bestimmter Hilfsmittel und Methoden beim Zugriff auf wild lebende Tiere der besonders geschützten Arten berücksichtigt werden.[303] Zu den verbotenen Handlungen zählt das Verbot, mit künstlichen Lichtquellen, Spiegeln oder anderen beleuchtenden oder blendenden Vorrichtungen die von § 4 BArtSchV geschützten Tiere anzulocken, zu fangen oder zu töten. Das ist problematisch, weil jedes Installieren und Betreiben von Beleuchtungen, die Vögel anziehen und kollidieren lassen sowie Insekten anlocken, die an der Lichtquelle verenden,[304] erfasst sein könnte. § 4 BArtSchV beruht auf der Rechtsgrundlage der §§ 54 Abs. 6, 55 BNatSchG und dient insbesondere der Umsetzung von Art. 8 VS-RL.[305] Die Umsetzung geht über Art. 8 i.V.m. Art. 5 VS-RL hinaus, indem sie in Anlehnung an § 44 Abs. 1 BNatSchG grundsätzlich an keine subjektiven Voraussetzungen geknüpft ist.[306] Eine teleologische Reduktion nur mit dem Verweis auf die Rechtsgrundlage des § 54 Abs. 6 BNatSchG greift nicht,[307] weil § 54 Abs. 6 BNatSchG nicht nur zu einem Verbot von Geräten, Mitteln und Vorrichtungen ermächtigt, die das wahllose Fangen und das Töten in großen Mengen ermöglichen, sondern auch Handlungen beschränkt oder verbietet, die nur die Möglichkeit der Beeinträchtigung der Population mit sich bringen.[308] Jedoch würde ein Verbot von Leuchtmitteln, die Vogel- oder relevante Insektenpopulationen beeinträchtigen können, eine große Vielzahl von Leuchten erfassen und die Ausnahmeregelung aus § 4 Abs. 3 BArtSchV zum Regelfall umwandeln. Dies ist erkennbar nicht Ziel des § 4 BArtSchV und nicht vom Telos erfasst.[309] Daher ist der Tatbestand im Wege einer teleologischen Reduktion zu beschränken. Angemessene Ergebnisse würden dann erzielt, wenn das Verbot nur für Hilfsmittel und Methoden gilt, die dazu *bestimmt* sind, den von § 4 BArtSchV geschützten Tieren nachzustellen, diese anzulocken, zu fangen oder zu töten. Im Ergebnis folgt aus § 4 BArtSchV keine Verwirklichung des Tötungs- und Verletzungsverbots durch den Einsatz von Licht und Glas.

---

[303] *Heugel*, in: Lütkes/Ewer (Hrsg.), BNatSchG, 2. Aufl., 2018, § 44, Rn. 9.

[304] Siehe Seite 8 f. und Seite 18 ff.

[305] *Müller-Walter*, in: Lorz/Konrad et. al. (Hrsg.), Naturschutzrecht, 3. Aufl., 2013, § 4 BArtSchV, Rn. 4.

[306] Vgl. *ders.*, in: Lorz/Konrad et. al. (Hrsg.), Naturschutzrecht, 3. Aufl., 2013, § 4 BArtSchV, Rn. 4.

[307] So teilweise *Schmidt-Räntsch*, in: Gassner/Bendomir-Kahlo et. al. (Hrsg.), BNatSchG, 2. Aufl., 2003, Anh. § 52, Rn. 60 m.w.N.

[308] *Müller-Walter*, in: Lorz/Konrad et. al. (Hrsg.), Naturschutzrecht, 3. Aufl., 2013, § 4 BArtSchV, Rn. 5.

[309] § 4 Abs. 3 BArtSchV sieht eine Ausnahme nur „im Einzelfall“ vor. Im Übrigen wäre dies unionsrechtswidrig, da ein Verbot bestimmter Glühlampen gegen die vollharmonisierte Ökodesign-RL verstoßen würde, vgl. *Tölle*, Der Rechtsrahmen für den Erlass von Ökodesign-Anforderungen, 2016, S. 184 f.

(3) Signifikanzerfordernis der Rechtsprechung

Die Auswirkungen von Glas und Licht führen zu Tötungen einzelner Individuen. Nach Ansicht der Rechtsprechung erfüllt nicht jede unvermeidbare Tötung eines Individuums den Tatbestand,[310] vielmehr ist das Tötungs- und Verletzungsverbot nur dann verwirklicht, wenn das Tötungsrisiko für die Individuen geschützter Arten in „signifikanter Weise" erhöht ist.[311] Der Gesetzgeber hat die Signifikanz-Rechtsprechung mittlerweile in den § 44 Abs. 5 S. 2 Nr. 1 BNatSchG g.F. übernommen.[312] Aufgrund der Tatsache, dass die Kollisionsrisiken mit Glas und die Tötungswahrscheinlichkeiten durch Licht nicht gänzlich bekannt sind, ist fraglich, wann die Verwendung von Glas und Licht zu einer signifikanten Erhöhung des Tötungsrisikos führt.

Die Rechtsprechung des Signifikanzerfordernisses wurde anhand von Straßenvorhaben entwickelt.[313] Danach sollen Tierkollisionen, die durch die Aufnahme des Verkehrs unvermeidbar sind, zwar nicht pauschal aus den Verbotstatbeständen des § 44 Abs. 1 Nr. 1 BNatSchG herausgenommen werden, jedoch ist nur bei einer signifikanten Erhöhung des Tötungsrisikos das Tötungsverbot verwirklicht.[314] Dabei beschränkt sich der Signifikanzansatz nicht nur auf Straßenbauvorhaben und deren Zulassung, sondern wird auch auf andere Vorhaben übertragen, insbesondere Windenergieanlagen, bei deren Betrieb Kollisionen mit Vögeln drohen.[315] Das Bundesverwaltungsgericht betont nachdrücklich den individuenbezogenen Charakter des Tötungs- und Verletzungsverbots;[316] der individuenbezogene Schutzansatz soll nicht aufgegeben, sondern mit einer Zurechnungsschranke flankiert werden.[317]

Das Bundesverwaltungsgericht begründet seine Auffassung damit, dass bei lebensnaher Betrachtung nie völlig auszuschließen sei, dass einzelne Exemplare besonders geschützter Arten durch Kollisionen mit Kraftfahrzeugen zu Schaden kommen können.[318] „Solche kollisionsbedingten Einzelverluste sind zwar nicht „gewollt" im Sinne eines zielgerichteten „dolus directus", müssen aber – wenn sie trotz aller

---

[310] BVerwG, Urt. v. 12.03.2008 – 9 A 3/06, NuR 2008, 633, Rn. 219; *Bick/Wulfert*, NVwZ 2017, 346, 347.

[311] St. Rspr. BVerwG, Urt. v. 08.01.2014 – 9 A 4/13, NVwZ 2014, 1008, Rn. 78; BVerwG, Urt. v. 28.03.2013 – 9 A 22/11, NuR 2013, 565, Rn. 118; BVerwG, Urt. v. 14.07.2011 – 9 A 12/10, NuR 2011, 866, Rn. 99; BVerwG, Urt. v. 12.03.2008 – 9 A 3/06, NuR 2008, 633, Rn. 219; BVerwG, Urt. v. 09.07.2008 – 9 A 14/07, NVwZ 2009, 302, Rn. 90 f.

[312] Das Kriterium der Signifikanz wurde in den Privilegierungstatbestand des § 44 Abs. 5 BNatSchG übernommen. Die Rechtsprechung verwendet den Signifikanzansatz jedoch als teleologische Reduktion des Tatbestandes. Aus Gründen der Einfachheit wird hier der Signifikanzansatz nach der st. Rspr. auf Tatbestandsebene geprüft.

[313] Vgl. nur BVerwG, Urt. v. 12.03.2008 – 9 A 3/06, NuR 2008, 633, Rn. 219.

[314] BVerwG, Urt. v. 09.07.2008 – 9 A 14/07, NVwZ 2009, 302, Rn. 91.

[315] BVerwG, Urt. v. 27.06.2013 – 4 C 1/12, NVwZ 2013, 1411, Rn. 11.

[316] BVerwG, Urt. v. 09.07.2008 – 9 A 14/07, NVwZ 2009, 302, Rn. 91.

[317] *Lau*, in: Frenz/Müggenborg (Hrsg.), BNatSchG, 2. Aufl., 2016, § 44, Rn. 14.

[318] BVerwG, Urt. v. 09.07.2008 – 9 A 14/07, NVwZ 2009, 302, Rn. 91.

Vermeidungsmaßnahmen doch vorkommen – als unvermeidlich hingenommen werden. Wäre der Tatbestand des Tötungsverbots bereits bei der Kollision eines Einzelexemplars mit einem Kraftfahrzeug erfüllt, könnten Straßenbauvorhaben stets und ausschließlich nur noch im Wege einer Befreiung [...] oder in Anwendung [...] [der engen Ausnahmevoraussetzungen des § 44 Abs. 5 bzw. § 45 Abs. 7, 8 BNatSchG] zugelassen werden. Damit würden diese nach dem artenschutzrechtlichen Regelungsgefüge als Ausnahmen konzipierten Vorschriften zum Regelfall. Ihren strengen Voraussetzungen würde eine Steuerungsfunktion zugewiesen, für die sie nach der Gesetzessystematik nicht gedacht sind und die sie nicht sachangemessen erfüllen können. Ein sachgerechtes Verständnis des Gesetzes führt daher zu der Auslegung, dass der Tötungstatbestand [des § 44 Abs. 1 Nr. 1 BNatSchG] nur erfüllt ist, wenn sich das Kollisionsrisiko für die betroffenen Tierarten durch das Straßenbauvorhaben in signifikanter Weise erhöht."[319]

Im Ergebnis ist das Tötungs- und Verletzungsverbot im Sinne der Rechtsprechung nicht erfüllt, wenn das Vorhaben nach naturschutzfachlicher Einschätzung jedenfalls wegen der vorgesehenen Vermeidungsmaßnahmen kein signifikant erhöhtes Risiko kollisionsbedingter Verluste von Einzelexemplaren verursacht; also das Risiko unter der Gefahrenschwelle in einem Bereich bleibt, der mit einem Verkehrsweg im Naturraum immer verbunden ist.[320] Dieses Risiko ist mit dem allgemeinen Lebensrisiko, dass einzelne Exemplare einer Art im Rahmen des allgemeinen Naturgeschehens Opfer einer anderen Art werden (z. B. von einem Greifvogel geschlagen werden), vergleichbar,[321] denn auch Tiere setzen sich zwangsläufig einem Risiko aus, wenn sie ihren Lebensraum mit Menschen teilen.[322] Auch wenn § 44 Abs. 1 Nr. 1 BNatSchG in Anlehnung an Art. 12 Abs. 1 lit. a FFH-RL und Art. 5 lit. a VS-RL jede Tötung eines besonders geschützten Tieres unterbinden will, so kann die Funktion der Norm nicht darin bestehen, die aus dem Zusammenleben unvermeidlich entstehende Schädigungen gänzlich zu verhindern.[323]

Allerdings geht aus der Rechtsprechung nicht genau hervor, wann eine signifikante Erhöhung vorliegt, insbesondere welcher zeitliche und räumliche Bezugspunkt zu wählen ist.[324] Insoweit verweist das Bundesverwaltungsgericht auf die naturschutzfachliche Einschätzungsprärogative der Behörden und beschränkt dadurch die gerichtliche Kontrolle auf die Einhaltung der artenschutzrechtlichen Vorgaben.[325] Jedoch hat die Rechtsprechung Indizien entwickelt, die für eine signifikante

[319] BVerwG, Urt. v. 09.07.2008 – 9 A 14/07, NVwZ 2009, 302, Rn. 91.

[320] BVerwG, Urt. v. 09.07.2008 – 9 A 14/07, NVwZ 2009, 302, Rn. 91; kritisch dazu *Schreiber*, NuR 2017, 5, 8.

[321] *Gellermann*, NuR 2009, 85, 86; BVerwG, Urt. v. 09.07.2008 – 9 A 14/07, NVwZ 2009, 302, Rn. 91; der Gesetzgeber spricht von sozialadäquaten Risiken, BT-Drs. 16/5100, S. 11.

[322] *Gellermann*, NuR 2009, 85, 86.

[323] *Ders.*, NuR 2009, 85, 86; ähnlich *Schmidt/Kahl/Gärditz*, Umweltrecht, 10. Aufl. 2017, § 10, Rn. 143.

[324] *Brandt*, NuR 2013, 482, 483.

[325] BVerwG, Urt. v. 09.07.2008 – 9 A 14/07, NVwZ 2009, 302, Rn. 91; *Ramsauer*, in: Kopp/Ramsauer (Hrsg.), VwVfG, 18. Aufl., 2017, § 40, Rn. 31b; kritisch dazu *Brandt*, NuR 2013, 482, 483.

Erhöhung des Tötungsrisikos sprechen, so etwa, wenn im Nachweisgebiet des Vorhabens eine besonders geschützte Art vorgefunden wird, ohne dass darauf mit wirksamen Vermeidungsmaßnahmen reagiert wird,[326] denn letztere können eine signifikante Erhöhung wieder auf das Normalmaß absenken.[327] Die signifikante Erhöhung des Tötungsrisikos ist insbesondere dann zu bejahen, wenn der Eingriff oder das Vorhaben in einem Raum verwirklicht werden, der von mehreren Arten genutzt wird, bspw. bei Rastplätzen, Wanderkorridoren oder Zugrouten.[328] Dabei betont die Rechtsprechung, dass trotz der Einschränkung das Zugriffsverbot individuenbezogen sei[329] und deshalb nicht auf die Zahl der Individuen einer Population oder auf den Populationsschutz[330] abgestellt werden könne.[331] Wie schwer die Trennung zwischen Individuenbezug und Populationsbetrachtungen vor dem Hintergrund der Signifikanz fällt, zeigt die Rechtsauffassung des Bundesverwaltungsgerichts in einem Beschluss, wonach bei „Allerweltsarten mit einem landesweit günstigen Erhaltungszustand und einer großen Anpassungsfähigkeit im Regelfall davon ausgegangen werden kann, dass nicht gegen die Verbote des § 44 Abs. 1 BNatSchG verstoßen wird.“ [332]

Zusammenfassend lässt sich eine signifikante Risikoerhöhung dann annehmen,

- wenn Tiere betroffen sind, die aufgrund ihrer Verhaltensweisen im Vorhabenbereich ungewöhnlich stark von den Risiken der mit dem Vorhaben verbundenen Auswirkungen betroffen sein können,[333]
- wenn sich diese Risiken auch durch die konkrete Ausgestaltung des Vorhabens einschließlich etwaiger Vermeidungsmaßnahmen nicht beherrschen lassen[334] und
- wenn es aus naturschutzfachlicher Sicht[335] zu einer deutlichen Steigerung[336] des Tötungsrisikos kommt.[337]

---

[326] *Gellermann*, NuR 2009, 85, 86.

[327] BVerwG, Urt. v. 14.07.2011 – 9 A 12/10, NuR 2011, 866, Rn. 112; *Gellermann*, in: Landmann/Rohmer (Hrsg.), Umweltrecht, Bearbeitungsstand: 12/2011, § 44 BNatSchG, Rn. 9 m.w.N.

[328] Vgl. BVerwG, Urt. v. 14.04.2010 – 9 A 5/08, NVwZ 2010, 1225, Rn. 116; *Müller-Walter*, in: Lorz/Konrad et. al. (Hrsg.), Naturschutzrecht, 3. Aufl., 2013, § 44, Rn. 11; *Gellermann*, in: Landmann/Rohmer (Hrsg.), Umweltrecht, Bearbeitungsstand: 12/2011, § 44 BNatSchG, Rn. 9.

[329] BVerwG, Urt. v. 09.07.2008 – 9 A 14/07, NVwZ 2009, 302, Rn. 91.

[330] Zum Unterschied von Populationsschutz und Populationsbezug *Brandt*, NuR 2013, 482, 483 (Fußnote Nr. 13).

[331] So aber OVG Magdeburg, Urt. v. 16. 5. 2013 – 2 L 80/11, NuR 35, 2013, 514, 516 f.; unklar OVG Münster, Urt. v. 30.07.2009 – 8 A 2357/08, juris, Rn. 169 f.; kritisch zu populationsbezogenen Kriterien *Gellermann*, NuR 2012, 34, 35.

[332] BVerwG, Beschl. v. 28.11.2013 – 9 B 14/13, NuR 2014, 361, Rn. 20.

[333] BVerwG, Urt. v. 18.03.2009 – 9 A 39/07, NVwZ 2010, 44, Rn. 58.

[334] BVerwG, Urt. v. 18.03.2009 – 9 A 39/07, NVwZ 2010, 44, Rn. 58.

[335] BVerwG, Urt. v. 09.07.2008 – 9 A 14/07, NVwZ 2009, 302, Rn. 91.

[336] BVerwG, Urt. v. 09.07.2009 – 4 C 12/07, NVwZ 2010, 123, Rn. 42; OVG Lüneburg, Urt. v. 10.11.2008 – 7 KS 1/05, juris, Rn. 88.

[337] *Lau*, in: Frenz/Müggenborg (Hrsg.), BNatSchG, 2. Aufl., 2016, § 44, Rn. 14 m.w.N.

(4) Tatbestandsverwirklichung durch die Auswirkungen von Glas und Licht unter der Berücksichtigung des Signifikanzerfordernisses

Nachfolgend wird vor dem Hintergrund der oben dargelegten naturwissenschaftlichen Erkenntnisse[338] und der Rechtsprechung des BVerwG untersucht, ob und in welchen Fallkonstellationen die Auswirkungen von Glas und Licht den Tatbestand des § 44 Abs. 1 Nr. 1 BNatSchG verwirklichen.

Um die Auswirkungen von Glas und Licht i.S.e. signifikant erhöhten Tötungsrisikos auf besonders geschützte Arten zu bewerten, ist zu bestimmen, worauf sich die signifikante Erhöhung des Tötungsrisikos bezieht. Dazu wird der Begriff des Risikos im Kontext der Auswirkungen von Glas und Licht näher beleuchtet und anschließend anhand der vom Bundesverwaltungsgericht entwickelten Kriterien zur Bestimmung des signifikant erhöhten Tötungsrisikos zu den Auswirkungen von Glas und Licht in Beziehung gesetzt.

(a) Risikobegriff

Nach der Ansicht der Rechtsprechung besteht eine behördliche Einschätzungsprärogative dann, wenn zuvor eine Risikoermittlung und -bewertung erfolgte.[339] Ein Risiko ist als Produkt aus Schadensfaktoren und Eintrittshäufigkeit definiert.[340] Tötungsrisiken werden in der Biologie als Mortalität (lat. mortalitas = Sterblichkeit) beschrieben, worunter das Verhältnis der Anzahl von Todesfällen einer bestimmten Individuengruppe, einer Population oder Art innerhalb einer Zeiteinheit zu der Gesamtindividuenzahl der untersuchten Gruppe gefasst wird.[341] Unter Schadensfaktoren sind alle möglichen Schadenszenarien zu verstehen,[342] bei Glas und Licht können insbesondere Tötungen und Verletzungen von Tieren eintreten. Die Eintrittshäufigkeit beschreibt die Wahrscheinlichkeit, dass sich ein Schadenszenario realisiert.[343] Die zuständige Behörde muss also ermitteln, welche Eintrittsfaktoren im jeweils vorliegenden Sachverhalt gegeben sind.

Die Verletzung und Tötung von Vögeln durch die Kollision an Glas wird durch Reflexion des Glases, Durchsicht und anlockende Lichtquellen verursacht.[344] Insekten können durch die Auswirkungen von künstlichem Licht verbrennen,

---

[338] Siehe Seite 5 ff. und Seite 17 ff.

[339] Siehe Seite 90; vgl. auch BVerwG, Urt. v. 09.07.2008 – 9 A 14/07, NVwZ 2009, 302, Rn. 91; den Einsatz quantitativer Risikoanalysen fordert *Brandt*, NuR 2013, 482, 483.

[340] *Spangenberger*, in: Brandt/Spangenberger (Hrsg.), Windenergieanlagen und Rotmilane, 2011, S. 17, 21; *Reich*, Gefahr-Risiko-Restrisiko, 1988, S. 90 ff.

[341] *Freudig* (Hrsg.), Lexikon der Biologie, Bd. 9, 2002; der Unterschied zwischen dem biologischen Mortalitätsbegriff und der zuvor genannten Risikodefinition besteht darin, dass der Mortalitätsbegriff nur ein Schadenszenario – die Tötung eines Individuums – betrachtet.

[342] *Spangenberger*, in: Brandt/Spangenberger (Hrsg.), Windenergieanlagen und Rotmilane, 2011, S. 17, 21.

[343] *Ders.*, in: Brandt/Spangenberger (Hrsg.), Windenergieanlagen und Rotmilane, 2011, S. 17, 22.

[344] Siehe Seite 8 f.

verhungern oder an Erschöpfung sterben.[345] Zu den Eintrittsfaktoren gehören u. a. die Häufigkeit der Anwesenheit von Vögeln und die Anzahl potenziell betroffener Vögel (Vogelaktivität in der Umgebung) sowie die Anzahl der Glasflächen in einem bestimmten Einwirkungsbereich.[346] Die Vogelaktivität hängt von dem Artenvorkommen der Umgebung und den artspezifischen Verhaltensweisen ab.[347] Gleiches gilt für die Auswirkungen durch Licht, bei welchem je nach Standort, emittiertem Licht sowie geschlechts- und artspezifische Verhaltensweisen die Anflugwahrscheinlichkeit variiert.[348] Mit zu berücksichtigen ist neben der Intensität der Einwirkung die Empfindlichkeit des betroffenen Schutzgutes.[349] Deshalb können auch geringe Eingriffsintensitäten signifikant erhöhte Tötungsrisiken zur Folge haben.

Entscheidend für die signifikante Erhöhung ist die Bewertung des Tötungsrisikos (= Mortalität) durch das Vorhaben im Vergleich zur Mortalität der betroffenen Art im Naturraum.[350] Letztere bildet den Bezugspunkt,[351] anhand derer die relative Erhöhung der Risiken zu messen ist. Denn die vorhabenbedingte Erhöhung des Tötungsrisikos wird umso eher zu bejahen sein, je geringer das Risiko ist, dem die Individuen einer Art im Naturraum ausgesetzt sind.[352] Zur Konkretisierung kann der Mortalitäts-Gefährdungs-Index herangezogen werden, der eine artspezifische Betrachtung der Mortalität ermöglicht (s. Seite 67 ff.).[353]

In diesem Zusammenhang bereitet auch der Begriff des „Naturraums"[354] Schwierigkeiten. Es stellt sich die Frage, ob mit den Tötungsrisiken des „Naturraums" nur natürliche Mortalitätsfaktoren erfasst sind oder auch anthropogene Risiken miteinzubeziehen sind. Das Bundesverwaltungsgericht, das auf diesen Begriff abstellt,[355] argumentiert, dass hiermit das allgemeine Lebensrisiko gemeint ist und verweist sowohl auf das Risiko, „Opfer einer anderen Art zu werden" (als ein natürliches Risiko) als auch auf die Risiken, die mit dem Vorhaben „im Naturraum immer verbunden"

---

345 Siehe Seite 23.

346 *Länderarbeitsgemeinschaft der Vogelschutzwarten*, Vögel und Glas, 2016, S. 4; vgl. *Spangenberger*, in: Brandt/Spangenberger (Hrsg.), Windenergieanlagen und Rotmilane, 2011, S. 17, 22.

347 *Müller-Walter*, in: Lorz/Konrad et. al. (Hrsg.), Naturschutzrecht, 3. Aufl., 2013, Rn. 44, Rn. 11.

348 Siehe Seite 30 ff.

349 Vgl. *Bernotat/Dierschke*, Mortalität wildlebender Tiere, 2016, S. 20 ff.

350 Im Ansatz ähnlich *Bick/Wulfert*, NVwZ 2017, 346, 348 f., die auf die artspezifischen Verhaltensweisen abstellen.

351 Da die Mortalität einer Art je nach Lebenszyklusphase des Tieres (bspw. Eier, juvenile und adulte Tiere) stark divergieren kann, ist es denkbar, auf die die Mortalität der Lebenszyklusphase einer Art (Phasenmortalität) als Bezugspunkt abzustellen. Zur Phasenmortalität *Begon/Howarth/Townsend*, Ökologie, 3. Aufl. 2017, S. 314 ff.

352 *Bick/Wulfert*, NVwZ 2017, 346, 348.

353 BVerwG, Beschl. v. 08.03.2018 – 9 B 25/17, juris, Rn. 28; *Bernotat/Dierschke*, Mortalität wildlebender Tiere, 2016, S. 20 ff.; ähnlich *Schreiber*, NuL 2014, 361, 364, der von „Grundrisiko" spricht; vgl. auch *Bick/Wulfert*, NVwZ 2017, 346, 348.

354 BVerwG, Urt. v. 09.07.2008 – 9 A 14/07, NVwZ 2009, 302, Rn. 91.

355 BVerwG, Urt. v. 08.01.2014 – 9 A 4/13, NVwZ 2014, 1008, Rn. 99; BVerwG, Urt. v. 13.05.2009 – 9 A 73/07, NuR 2009, 711, 718; BVerwG, Urt. v. 09.07.2008 – 9 A 14/07, NVwZ 2009, 302, Rn. 90.

sind (anthropogene Risiken).[356] Dass es auch auf die anthropogenen Risiken ankommen soll, widerspricht indes dem Schutzzweck des besonderen Artenschutzrechts, der den Schutz wild lebender Arten und den Schutz der Lebensstätten und Biotope wild lebender Arten vor Beeinträchtigungen des Menschen zum Ziel hat:[357] Denn je größer die anthropogenen Risiken sind (z. B. durch Straßen oder Windenergieanlagen), desto „insignifikanter" sind die neu hinzukommenden Mortalitätsrisiken zu bewerten.[358] Das hätte zur Folge, dass Arten, die bereits vielen (anthropogenen) Mortalitätsfaktoren ausgesetzt sind, eher zusätzliche Beeinträchtigungen zugemutet werden könnten; m.a.W. besonders gefährdete Arten wären weniger geschützt als weniger gefährdete Arten. Dies widerspricht dem Telos des § 44 Abs. 1 Nr. 1 BNatSchG, der maßgeblich der Umsetzung des internationalen Artenschutzrechts dient[359] und als Ziel ein kohärentes und strenges Schutzsystem für geschützte Arten verfolgt (Art. 12 Abs. 1 FFH-RL). Das vorangegangene Ergebnis zeigt, dass die Berücksichtigung anthropogener Mortalitätsfaktoren das strenge Schutzsystem aufweicht, insbesondere dann, wenn bereits schon anthropogene Risiken existieren. Deshalb sind im Hinblick auf den Telos des § 44 BNatSchG und den Schutzzweck des besonderen Artenschutzrechts bei dem Bezugspunkt „Naturraum" nur natürliche Mortalitätsfaktoren zu berücksichtigen. Einzubeziehen sind zudem die Vermeidungsmaßnahmen, die das Tötungsrisiko durch das Vorhaben auf ein Normalmaß absenken können.[360]

Im Ergebnis ist ein signifikant erhöhtes Tötungsrisiko gegeben, wenn das Vorhaben zu Verlusten einzelner Individuen führen kann, das Risiko deutlich höher als die Mortalität der entsprechenden Art ist, ohne dass anthropogene Mortalitätsfaktoren berücksichtigt werden und dieses Risiko durch die Ausgestaltung des Vorhabens einschließlich der Vermeidungsmaßnahmen nicht beherrschbar ist.

(b) Erhöhtes Tötungsrisiko durch Vogelschlag

Der Einsatz von Glas könnte eine Verwirklichung des Tötungs- und Verletzungsverbotes nach § 44 Abs. 1 Nr. 1 BNatSchG darstellen. Vögel fliegen Glasscheiben an, weil diese ein Flugziel oder freien Luftraum suggerieren und nicht als Hindernis erkannt werden. Durch die Kollision mit dem Glas werden die Vögel entweder ver-

---

[356] BVerwG, Urt. v. 09.07.2008 – 9 A 14/07, NVwZ 2009, 302, Rn. 91, hierbei ist zu ergänzen, dass sich das BVerwG auf Straßenvorhaben bezieht.

[357] *Kloepfer*, Umweltrecht, 4. Aufl. 2016, § 12, Rn. 448; vgl. auch § 37 Abs. 1 BNatSchG.

[358] Zu den natürlichen Mortalitätsrisiken ausführlich *Bernotat/Dierschke*, Mortalität wildlebender Tiere, 2016, S. 20 ff.

[359] *Kloepfer*, Umweltrecht, 4. Aufl. 2016, § 12, Rn. 466; BT-Drs. 16/5100, S. 11 f.; für die FFH-RL und VS-RL überblicksartig *Schütte/Gerbig*, in: Schlacke (Hrsg.), GK-BNatSchG, 2. Aufl., 2017, Vorbem. zu §§ 44–47, Rn. 10 ff.

[360] *Bick/Wulfert*, NVwZ 2017, 346, 347; *Schütte/Gerbig*, in: Schlacke (Hrsg.), GK-BNatSchG, 2. Aufl., 2017, § 44, Rn. 17 m.w.N.

letzt oder getötet.[361] Alle europäischen Vogelarten sind gem. § 44 Abs. 1 Nr. 1 i.V.m § 7 Abs. 2 Nr. 13 lit. b Doppelbuchst. bb BNatSchG besonders geschützte Arten, sodass der die Glasscheibe anfliegende Vogel einer besonders geschützten Art i.S.d. § 44 Abs. 1 Nr. 1 BNatSchG angehört. Die Todesursache wird durch den Einsatz der Glasscheibe gesetzt, also durch einen Menschen hervorgerufen. Damit liegt in einem solchen Fall eine Tötung i.S.d. § 44 Abs. 1 Nr. 1 BNatSchG vor.[362] Zur Verwirklichung des Tatbestandes muss für tödliche Kollisionen ein signifikant erhöhtes Tötungsrisiko festgestellt werden.

Nach derzeitigen Erkenntnissen kommt es an kleinen Gebäuden mit geringem Glaseinsatz zu wenigen tödlichen Kollisionen pro Gebäude und Jahr.[363] Sofern keine anderweitigen risikoerhöhenden Umstände, wie bspw. exponierte Glasflächen vorliegen, ist anzunehmen, dass ein solches Vorhaben für Vögel i.S.d. Signifikanz-Rechtsprechung des Bundesverwaltungsgerichts ein Risiko darstellt, das mit dem Vorhaben immer verbunden ist[364] und deshalb kein signifikant erhöhtes Tötungsrisiko gegeben ist. Im Gegensatz dazu führen größere Gebäude unter Verwendung großer Glasflächen oder andere bauliche Anlagen, etwa aufgrund hoher Umgebungsattraktivität, zu deutlich höheren Kollisionsraten. Zu den (Eintritts-)Faktoren, die das Kollisionsrisiko steigern, gehören die Gesamtfläche von Glas, die Reflexionseigenschaften des verwendeten Glases, Durchsichten auf oder Spiegelungen von potenziellen Flugzielen, sowie die Nähe zu Habitaten – insbesondere zu Vorkommen besonders mortalitätsgefährdeter Arten[365] – und die Nähe zu Rastplätzen von Zugvögeln.[366] Je mehr Faktoren durch ein Vorhaben erfüllt sind, desto eher dürfte ein signifikant erhöhtes Tötungsrisiko vorliegen.[367]

Wird ein signifikant erhöhtes Risiko bejaht, kann die Verwirklichung des Tatbestandes des Tötungs- und Verletzungsverbotes aus § 44 Abs. 1 Nr. 1 BNatSchG trotzdem verneint werden, wenn geeignete Vermeidungsmaßnahmen ergriffen werden, die das Tötungsrisiko auf das Normalmaß absenken.[368] Abgesehen vom reduzierten Glaseinsatz können geeignete Maßnahmen unter anderem Markierungen

---

[361] Siehe Seite 5 ff.

[362] *Kratsch*, in: Schumacher/Fischer-Hüftle (Hrsg.), BNatSchG, 2. Aufl., 2011, § 44, Rn. 16, der diese Tötung als Erfüllung des Tatbestandes ansieht.

[363] Siehe Seite 9 f.

[364] BVerwG, Urt. v. 09.07.2008 – 9 A 14/07, NVwZ 2009, 302, Rn. 91.

[365] Vgl. die artspezifische Ermittlung von Mortalitätsgefahren bei *Bernotat/Dierschke*, Mortalität wildlebender Tiere, 2016, S. 18 ff.

[366] Zu den einzelnen Faktoren siehe Seite 7 ff.

[367] Ebenso *Louis*, NuR 2009, 91, 93, der ohne nähere Begründung bei einer „kompletten Verglasung eines Gebäudes" von einer signifikanten Erhöhung ausgeht. Vermutlich zu einem anderen Ergebnis kommt *Kratsch*, der auf sozialadäquate Risiken abstellt. Weiter ausgeführt wird das Argument nicht, man kann aber annehmen, dass auch ein Hochhaus mit Glasfassade danach ein sozialadäquates Risiko darstelle, vgl. *Kratsch*, in: Schumacher/Fischer-Hüftle (Hrsg.), BNatSchG, 2. Aufl., 2011, § 44, Rn. 16.

[368] BVerwG, Urt. v. 14.07.2011 – 9 A 12/10, NuR 2011, 866, Rn. 112; *Gellermann*, in: Landmann/Rohmer (Hrsg.), Umweltrecht, Bearbeitungsstand: 12/2011, § 44 BNatSchG, Rn. 9 m.w.N.

von Glasflächen und die Vermeidung von anlockender Beleuchtung sein. Vereinzelt wird vorgeschlagen, Grünflächen vor Gebäuden, die sich in den Glasflächen spiegeln können, zu entfernen.[369] Allerdings kann die Beseitigung von Lebensräumen der Vögel nicht mit deren Schutz begründet werden und daher ist eine solche Maßnahme auch angesichts möglicher Rebound-Effekte nicht als geeignete Vermeidungsmaßnahme anzusehen. Im Übrigen wird für eine vollständige Übersicht der geeigneten Vermeidungsmaßnahmen auf das Kapitel des naturwissenschaftlichen Erkenntnisstands (Seite 12 ff. und Seite 30 ff.) verwiesen.

(c) Erhöhtes Tötungsrisiko durch künstliches Licht für Vögel und Fledermäuse

Ebenfalls könnten Lichtemissionen das Tötungs- und Verletzungsverbot im Hinblick auf Vögel und Fledermäuse erfüllen. Sämtliche europäische Vogel- und Fledermausarten zählen zu den besonders geschützten Arten,[370] sodass auch für diese der Anwendungsbereich des Tötungs- und Verletzungsverbotes eröffnet ist. Die Auswirkungen künstlichen Lichts beruhen auf der vom Menschen installierten und betriebenen Lichtquelle, die durch ihre Lichtemissionen die Tötung eines Tieres i.S.d. § 44 Abs. 1 Nr. 1 BNatSchG hervorrufen kann.[371]

Möglicherweise könnte auch die Aufhellung der Nacht zu einer Verletzung des Tötungs- und Verletzungsverbotes führen. Durch die Aufhellung der Nacht werden Auswirkungen auf die Anpassungsfähigkeit von Arten und die Biodiversität sowie der Rückgang von Populationen und Populationsstrukturen einzelner Arten befürchtet.[372] Eine Tötung liegt aber nur dann vor, wenn der Tod des Individuums die unausweichliche Konsequenz menschlichen Handelns ist.[373] Die hier beschriebenen nachteiligen Auswirkungen werden zwar von Menschen verursacht und können letztlich auch zum Tod von Individuen führen, jedoch ist die Todesfolge bei Betrachtung eines einzelnen Individuums nicht unausweichlich. Daher wird die Aufhellung der Nacht durch Lichtemissionen mit Blick auf Vögel, Fledermäuse und Insekten von § 44 Abs. 1 BNatSchG nicht erfasst.

Ebenfalls stellt sich die Frage, ob Meidereaktionen oder Anlockwirkungen, die durch Lichtemissionen hervorgerufen werden, eine Verletzung oder Tötung i.S.d. § 44 Abs. 1 Nr. 1 BNatSchG darstellen. Meidereaktionen können Habitate verkleinern und verschlechtern, sodass bspw. Fledermäuse eine geringere Nahrungsgrundlage zur Auswahl haben.[374] Das stellt aber keine Tötung oder Verletzung eines Individuums dar. Gleiches gilt für die Irritation und Desorientierung durch Lichtemissionen für nächtlich ziehende Vögel und die dadurch verursachten

---

[369] *Elle/Weerts et al.*, Berichte zum Vogelschutz 2013, 135, 137.

[370] Siehe Seite 85.

[371] Vgl. *Müller-Walter*, in: Lorz/Konrad et. al. (Hrsg.), Naturschutzrecht, 3. Aufl., 2013, § 44, Rn. 12.

[372] Siehe Seite 28 f.

[373] BVerwG, Urt. v. 09.07.2008 – 9 A 14/07, NVwZ 2009, 302, Rn. 91 m.w.N.; zum Kriterium der unausweichlichen Konsequenz siehe Seite 87.

[374] Siehe Seite 27.

Stressreaktionen.[375] Selbst, wenn diese Auswirkungen eine höhere Belastung der Tiere zur Folge haben und dadurch auch das Risiko steigt, an Erschöpfung zu verenden, wird die Letztursache trotzdem nicht durch die Lichtemission gesetzt, sodass in diesen Fällen eine Verwirklichung des Tötungs- und Verletzungstatbestandes ausgeschlossen ist.

Anders könnte die Fallgruppe zu beurteilen sein, bei der Zugvögel von Licht angelockt und vom Kurs abgebracht werden und mit der Lichtquelle oder mit dem beleuchteten Bauwerk kollidieren und dadurch sterben. Hierbei wird die Ursache für die Kollision vom Menschen gesetzt, sodass eine Tötung i.S.d. § 44 Abs. 1 Nr. 1 BNatSchG vorliegt. Insoweit kommt es entscheidend auf die Ermittlung der Risikofaktoren[376] nach naturschutzfachlichen Gesichtspunkten an, also darauf, ob das Risiko deutlich größer als die natürliche Mortalität der jeweiligen Art ist. Während die Schadensfaktoren in solchen Fällen wohl als gewichtig einzuschätzen sind, hängt es von dem jeweiligen Einzelfall ab, ob und inwieweit mit erhöhten Eintrittsfaktoren wie der Vogelaktivitäten in der Umgebung zu rechnen ist. Da dieses Phänomen hauptsächlich nächtlich ziehende Vögel betrifft, dürften, abgesehen vom Breitfrontzug, Zugkorridore und Wanderrouten maßgeblichen Einfluss auf die Eintrittsfaktoren haben.[377] Angesichts der Beobachtung von Massenkollisionen von Zugvögeln mit Türmen und Hochhäusern[378] dürfte bei solchen Gebäuden und Skybeamern ein signifikant erhöhtes Tötungsrisiko vorliegen.

Schließlich werden durch Lichtemissionen (nicht besonders geschützte) Insekten angelockt und vernichtet, sodass sich das Nahrungsangebot in einem Habitat für andere Tiere wie Fledermäuse und Vögel verschlechtern kann.[379] Aber auch diese Auswirkungen stellen keine Letztverursachung dar, sodass hierdurch keine Tötung i.S.d § 44 Abs. 1 Nr. 1 BNatSchG verwirklicht wird.

(d) Erhöhtes Tötungsrisiko durch künstliches Licht für Insekten

Der Einsatz von Licht könnte auch bezüglich besonders geschützter Insektenarten das Tötungs- und Verletzungsverbot verwirklichen. Insekten werden von Licht angelockt und verenden durch Hitzeeinwirkung, Verhungern oder Erschöpfung an der Lichtquelle.[380] Soweit es um die Tötung durch Licht geht, sind die Anforderungen der Letztverursachung bzw. an das Unmittelbarkeitskriterium unproblematisch. Schwieriger zu beurteilen ist, ob und in welchem Umfang besonders geschützte Insektenarten von den Auswirkungen durch Licht betroffen sind. Im Rahmen der Risikoermittlung hat die Behörde eine Bestandsaufnahme durchzuführen, welche Tierarten im Wirkungsbereich der Lichtquelle vorzufinden sind.

---

[375] Zu den Reaktionen siehe Seite 24 ff.

[376] Zum Risikobegriff und der naturschutzfachlichen Einschätzungsprärogative siehe Seite 92.

[377] *Müller-Walter*, in: Lorz/Konrad et. al. (Hrsg.), Naturschutzrecht, 3. Aufl., 2013, § 44, Rn. 11.

[378] *Herrmann/Baier/Bosecke*, NuL 2006, 115 m.w.N.

[379] *Eisenbeis*, in: Bundesamt für Naturschutz (Hrsg.), Auswirkungen von Fremdlicht auf die Fauna im Rahmen von Eingriffen in Natur und Landschaft, 2001, S. 75, 98.

[380] Siehe dazu auf Seite 23.

Dazu darf die Behörde die Untersuchung auf die planungsrelevanten Arten beschränken, die nach naturschutzfachlich einheitlichen Kriterien bestimmt werden.[381] Planungsrelevante Arten sind eine begründete Auswahl an Arten, die typischerweise im jeweiligen Naturraum anzutreffen und bei der Prüfung der Verbotstatbestände nach einer Art-zu-Art Betrachtung einzeln zu bearbeiten sind.[382] So finden sich z. B. besonders an Schlehengebüschen Populationen von Hecken-Wollafter-Schmetterlingen, sodass in der Nähe solcher Habitate die Art als planungsrelevant einzustufen ist.[383] Andere besonders geschützte Arten sind dann nur im Ausnahmefall zu berücksichtigen.[384]

Der Grund für die Beschränkung auf planungsrelevante Arten ist der enorme Aufwand, der für den Nachweis erforderlich ist, welche Insektenarten in welchem Umfang durch eine Lichtquelle zu Tode kommen.[385] Die jeweiligen Insekten können allein wegen ihrer Größe schwer zu unterscheiden sein und treten nicht nur jahreszeitlich, sondern auch über mehrere Jahre hinweg in unterschiedlicher Individuenzahl auf. Daher sind häufig längerfristige Untersuchungen notwendig, die im Rahmen der Vorhabenzulassung regelmäßig eine unverhältnismäßige Belastung des Vorhabenträgers verursacht. Gleiches gilt für das repressive Verwaltungshandeln, da etwaige Gefahrerforschungseingriffe zur Ermittlung der Tötungsrisiken eine höhere Eingriffsintensität als die vorgesehene Vermeidungs- oder Schutzmaßnahme aufweisen können. Deshalb können bei Insekten empirische Nachweise über die Tötungsrisiken, verursacht durch das jeweilige Vorhaben, nicht verlangt werden. Vielmehr bedarf es einer naturschutzfachlichen Einschätzung unter Beachtung wissenschaftlicher Standards, die in vertretbarer Weise die Risiken ermittelt und anschließend bewertet.[386]

Ist davon auszugehen, dass eine besonders geschützte Art im Wirkungskreis der künstlichen Lichtquelle des Vorhabens beheimatet ist, sind die Tötungsrisiken zu bewerten. Nach der hier vertretenen Ansicht ist das Tötungsrisiko auf die jeweilige natürliche Mortalität der entsprechenden Art zu beziehen. Hier können art- und geschlechtsspezifische Eigenschaften, insbesondere die Reaktion auf die Emission bestimmter Lichtwellenlängen ausschlagegebende Kriterien sein.[387] Bezüglich der Bewertung der Eintrittswahrscheinlichkeiten des Tötungsrisikos können der Standort der Leuchte sowie die von der Leuchte verursachten Immissionen in nahe gelegenen

---

[381] BVerwG, Beschl. v. 28.11.2013 – 9 B 14/13, NuR 2014, 361, 364; OVG Lüneburg, Urt. v. 22.04.2016 – 7 KS 27/15, juris, Rn. 281.

[382] Vgl. bspw. Anlage 1 Nr. 2 VV-Artenschutz NRW.

[383] *Drews/Wachlin*, in: Bundesamt für Naturschutz (Hrsg.), Das europäische Schutzgebietssystem Natura 2000, 2003, 459 ff.

[384] BVerwG, Beschl. v. 28.11.2013 – 9 B 14/13, NuR 2014, 361, 364.

[385] Vgl. beispielhaft *Holzhauer/Franke et al.*, Sustainability 2015, 15593, 15597 ff.; *Eisenbeis/Eick*, Natur und Landschaft 2011, 298 ff.; *Höttinger/Graf*, Zur Anlockwirkung öffentlicher Beleuchtungseinrichtungen auf nachtaktive Insekten, Dezember 2003, S. 21 ff.

[386] BVerwG, Urt. v. 13.05.2009 – 9 A 73/07, NuR 2009, 711, 718; BVerwG, Urt. v. 09.07.2008 – 9 A 14/07, NVwZ 2009, 302, Rn. 64 f.

[387] Vgl. dazu die Auswirkungen von Lichtemissionen auf Insekten auf Seite 22 ff.

Habitaten und Biotopen von besonderer Bedeutung sein.[388] Eine signifikante Erhöhung ist jedenfalls dann anzunehmen, wenn *durch* den Verlust der Individuen eine Beeinträchtigung der Population zu erwarten ist. Auf eine Erhöhung der Tötungsrisiken durch die Lichtquellen kann allerdings mit geeigneten Vermeidungsmaßnahmen reagiert werden, um diese wieder auf ein Normalmaß zu reduzieren. Das betrifft vor allem die Auswahl und Bauart der Leuchte und die Wellenlängenemissionen des Leuchtmittels.[389] Insbesondere dürfte dann ein signifikant erhöhtes Tötungsrisiko zu verneinen sein, wenn mittels Abschirmung verhindert wird,[390] dass direkte Lichtstrahlen in die Habitate besonders geschützter Arten eindringen.

Keine Tötung i.S.d § 44 Abs. 1 Nr. 1 BNatSchG wird durch die Auswirkungen künstlichen Lichts verursacht, die lediglich zu Verhaltensveränderungen von Insekten führen.[391] Die Auswirkungen sind auch dann unbeachtlich, wenn durch die Verhaltensveränderungen nachteilige Folgen für die Population zu erwarten sind. Die Betrachtung durch § 44 Abs. 1 Nr. 1 BNatSchG erfolgt individuenbezogen und schützt nicht die Population als solche oder einen bestimmten Erhaltungszustand.[392]

Problematischer ist der Umgang mit der Tatsache, dass sich Insekten an Lichtquellen konzentrieren und dadurch zu Tode kommen, weil sie leichte und beliebte Beute von Fressfeinden, insbesondere Fledermäusen, sind.[393] Mittelfristig kann es dadurch zu nachteiligen Effekten für die Populationsgröße und Artenvielfalt kommen.[394] Die Tötung tritt allerdings nicht unmittelbar durch den Menschen ein, sondern durch ein anderes Tier. Der Einfluss des Menschen auf den im Kern natürlichen Vorgang ist nur mittelbar. Zum einen lockt das Licht das Insekt unter den Lichtkegel der Leuchte, wodurch es wesentlich leichter von natürlichen Feinden wahrgenommen werden kann. Zum anderen konnte beobachtet werden, dass Motten im Lichtkegel von LED-Leuchten deutlich seltener Ausweichmanöver unternehmen, um dem Fressfeind zu entkommen.[395] Das Risiko, einem natürlichen Feind zum Opfer zu fallen, besteht aber auch ohne die künstliche Lichtquelle. Da jedoch eine unmittelbare Verursachung der Tötung zu fordern ist, wird in diesen Fällen das Tötungs- und Verletzungsverbot nicht verwirklicht.

Im Ergebnis lässt sich daher festhalten, dass, wenn Individuen der geschützten Arten betroffen sein können, ein signifikant erhöhtes Tötungsrisiko durch geeignete Maßnahmen zu vermeiden sein wird. Es ist daher nicht davon auszugehen, dass unter Berücksichtigung der Vermeidungsmaßnahmen der Verbotstatbestand des § 44 Abs. 1 Nr. 1 BNatSchG im Hinblick auf Insekten von großer Bedeutung ist.

---

[388] Siehe Seite 20 f.

[389] Zu den Vermeidungsmaßnahmen bezogen auf die Wellenlänge siehe Seite 31 ff.

[390] Vgl. dazu die Standortfaktoren und die Abschirmung von Leuchten auf Seite 35 f.

[391] Zu den einzelnen Verhaltensveränderungen siehe Seite 22 f.

[392] *Brandt*, NuR 2013, 482, 483.

[393] Siehe Seite 24 ff.

[394] *Eisenbeis*, in: Bundesamt für Naturschutz (Hrsg.), Auswirkungen von Fremdlicht auf die Fauna im Rahmen von Eingriffen in Natur und Landschaft, 2001, S. 75, 98.

[395] *Wakefield/Stone et al.*, Royal Society open science 2015, doi: 10.1098/rsos.150291, S. 4 f.

(5) Zwischenergebnis

Zusammenfassend ist zu konstatieren, dass für die Annahme eines signifikant erhöhten Tötungsrisikos durch die Auswirkungen von Glas und Licht auf Arten zwei grundlegende Beschränkungen bestehen. Die Anwendbarkeit des Tötungs- und Verletzungsverbots aus § 44 Abs. 1 Nr. 1 BNatSchG setzt zum einen voraus, dass es sich bei den fraglichen Individuen um Angehörige einer besonders geschützten Art handelt und zum anderen, dass durch den Einsatz von Glas oder Licht unmittelbar der Tod des einzelnen Individuums verursacht wird. Dadurch fallen nachteilige Auswirkungen auf die Habitate und Populationen als solche aus dem Tatbestand des § 44 Abs. 1 Nr. 1 BNatSchG heraus.

Um bei unvermeidbaren Tötungen eine Verwirklichung des § 44 Abs. 1 Nr. 1 BNatSchG annehmen zu können, muss das Tötungsrisiko nach der Rechtsprechung des Bundesverwaltungsgerichts signifikant erhöht sein.[396] Für diese Beurteilung steht der entscheidenden Behörde eine Einschätzungsprärogative zu, bei der sie unter Beachtung wissenschaftlicher Standards in vertretbarer Weise die Risiken, die sich aus dem Eingriff oder Vorhaben ergeben können, ermitteln und anschließend bewerten muss.[397] Die Bewertung des Risikos wird bislang weitgehend der Exekutive überlassen, da die Rechtsprechung bislang für das Erfordernis des signifikant erhöhten Tötungsrisikos keine konkretisierenden Kriterien vorgegeben hat. So ist nicht geklärt, welche Tötungsrisiken verglichen werden, um die Steigerung zu bestimmen und die Signifikanz der Tötungsrisiken zu beurteilen. Mögliche Bezugspunkte sind die Tötungsrisiken des „Naturraums“, die Risiken des Naturraums inklusive der anthropogenen Mortalitätsfaktoren oder ein Vergleich mit den Tötungsrisiken, die mit der Art des Vorhabens zwingend, d. h. auch bei Anwendung von Vermeidungsmaßnahmen, verbunden sind (z. B. Kollisionsrisiken des Straßenverkehrs).

In Anlehnung an die Argumentation des Bundesverwaltungsgerichts,[398] dass das Tötungsrisiko die mit dem Naturraum verbundenen, d. h. natürlichen und nicht anthropogen erzeugten Risiken nicht übersteigen darf, ist als Bezugspunkt die natürliche Mortalität der einzelnen Art zu wählen. Ein signifikant erhöhtes Tötungsrisiko ist jedenfalls dann zu bejahen, wenn durch das Vorhaben oder durch den Eingriff Individuen geschützter Arten getötet werden und *dadurch* die Population beeinträchtigt werden kann. Allerdings ist das Tötungsverbot einer populationsbezogenen Relativierung unzugänglich.[399] Der Umkehrschluss ist indes gerade keine Relativierung, da eine signifikante Erhöhung des Tötungsrisikos auch ohne Beeinträchtigung der

[396] St. Rspr. BVerwG, Urt. v. 08.01.2014 – 9 A 4/13, NVwZ 2014, 1008, Rn. 78; BVerwG, Urt. v. 28.03.2013 – 9 A 22/11, NuR 2013, 565, Rn. 118; BVerwG, Urt. v. 14.07.2011 – 9 A 12/10, NuR 2011, 866, Rn. 99; BVerwG, Urt. v. 12.03.2008 – 9 A 3/06, NuR 2008, 633, Rn. 219; BVerwG, Urt. v. 09.07.2008 – 9 A 14/07, NVwZ 2009, 302, Rn. 90 f.

[397] BVerwG, Urt. v. 13.05.2009 – 9 A 73/07, NuR 2009, 711, 718; BVerwG, Urt. v. 09.07.2008 – 9 A 14/07, NVwZ 2009, 302, Rn. 65 f.

[398] BVerwG, Urt. v. 09.07.2008 – 9 A 14/07, NVwZ 2009, 302, Rn. 91.

[399] Vgl. nur BVerwG, Urt. v. 09.07.2008 – 9 A 14/07, NVwZ 2009, 302, Rn. 91.

Population möglich ist. Insgesamt bestehen erhebliche Schwierigkeiten, den Signifikanzansatz zu operationalisieren. Wird die Population durch das Vorhaben aufgrund des Verlusts von Individuen beeinträchtigt, lässt sich in einem Umkehrschluss annehmen, dass dafür eine signifikante Erhöhung des Tötungsrisikos eine notwendige Bedingung sein muss,[400] d. h. die Schwelle der signifikanten Erhöhung überschritten wurde.

Ein signifikant erhöhtes Tötungsrisiko wird vorrangig beim Einsatz von Glas in Betracht kommen. Eine Signifikanz wird umso eher gegeben sein, wenn bestimmte bzw. mehrere risikoerhöhende Kriterien erfüllt sind. Dazu zählen hohe Bebauungen, große Glasfronten, die Nähe zu Grünflächen und Habitaten besonders mortalitätsgefährdeter Arten, starke Spiegelungseffekte, Durchsichten sowie anlockende nächtliche Beleuchtungen.[401]

bb) Störungsverbot nach § 44 Abs. 1 Nr. 2 BNatSchG

Ebenfalls könnte der Einsatz von Glas und Licht das Störungsverbot nach § 44 Abs. 1 Nr. 2 BNatSchG verwirklichen. Dazu müssten die betroffenen Vogel-, Fledermaus- und Insektenarten von § 44 Abs. 1 Nr. 2 BNatSchG geschützt sein. Welche Arten streng geschützt sind, ergibt sich aus § 7 Abs. 2 Nr. 14 BNatSchG. Zu diesen zählen alle Arten die im Anhang A der Artenschutzverordnung, im Anhang IV der FFH-Richtlinie oder in einer Rechtsverordnung nach § 54 Abs. 2 aufgezählt sind. Neben den heimischen Vogelarten, die nach § 44 Abs. 1 Nr. 2 BNatSchG sämtlich erfasst sind, betrifft das nur wenige dämmerungs- bzw. nachtaktive Insektenarten wie die Hofdame (Hyphoraia aulica) oder die Panther-Ameisenjungfer (Dendreleon pantherinus).[402] Daraus folgt, dass auch das Störungsverbot vor allem für die Auswirkungen von Glas und Licht in Bezug auf Vögel und Fledermäuse beachtlich ist.

Das Zugriffsverbot ist erfüllt, wenn die betroffenen Arten in Zeiten erheblich gestört werden, in denen diese Tierarten besonders störungsempfindlich sind.[403] Dazu gehören die Fortpflanzungs-, Aufzucht-, Mauser-, Überwinterungs- und Wanderungszeiten; § 44 Abs. 1 Nr. 2 BNatSchG.[404] Eine erhebliche Störung liegt nach der Legaldefinition des § 44 Abs. 1 Nr. 2 BNatSchG dann vor, wenn der Erhaltungszustand der lokalen Population einer Art verschlechtert wird.

---

[400] *Bick/Wulfert*, NVwZ 2017, 346, 349, die den mittelbaren Bezug herausarbeiten.

[401] Vgl. dazu auch die Ursachenzusammenhänge bei Vogelschlag auf Seite 7 ff. und bei künstlichem Licht auf Seite 17 ff.

[402] *Gellermann/Schreiber*, Schutz wildlebender Tiere und Pflanzen in staatlichen Planungs- und Zulassungsverfahren, 2007, S. 338 und 438.

[403] *Kratsch*, in: Schumacher/Fischer-Hüftle (Hrsg.), BNatSchG, 2. Aufl., 2011, § 44, Rn. 19.

[404] Die abschließende Aufzählung des § 44 Abs. 1 Nr. 2 BNatSchG könnte unionsrechtswidrig sein, da die FFH-RL und die VS-RL nicht abschließend sind, was sich aus dem Wort „insbesondere" in Art. 12 Abs. 1 lit. b FFH-RL und Art. 5 lit. d VS-RL ergibt.

(1) Störungen durch Glas und Licht

Zur Erfüllung des Verbotstatbestandes müssten die Auswirkungen von Glas und Licht eine Störung i.S.d. § 44 Abs. 1 Nr. 2 BNatSchG darstellen. Unter einer Störung ist jede nachteilige Einwirkung auf die psychische Verfassung eines Tieres zu verstehen,[405] die sich in Angst-, Flucht-, oder Schreckreaktionen äußert.[406] Die Störung kann durch jedwede Form der Vergrämung, darunter auch optische Wirkungen wie Licht oder Silhouettenwirkungen von Gebäuden,[407] sowie durch vorhabenbedingte Zerschneidungs- und Trennwirkungen[408] ausgelöst werden.[409] Ebenso wie beim Tötungs- und Verletzungsverbot werden von § 44 Abs. 1 Nr. 2 BNatSchG nur solche Einwirkungen erfasst, die unmittelbar zu einer Störung führen. Lediglich mittelbare Wirkungen, wie dies durch die Verringerung des Nahrungsangebots durch Lichtemissionen eintreten kann,[410] sind nicht erfasst.[411] Dagegen kommt es nicht darauf an, wo die störende Handlung vorgenommen wird. Insoweit ist es unbeachtlich, wenn sich die Lichtquelle in weiter Entfernung zum Lebensraum und der sich dort befindlichen Tiere befindet.[412]

Möglicherweise könnte der Einsatz von Glas eine Störung i.S.d. § 44 Abs. 1 Nr. 2 BNatSchG darstellen. Die Verwendung von Glas kann zu Vogelschlag führen. Abgesehen von der körperlichen Beeinträchtigung wird die Psyche der Tiere dadurch jedoch nicht beeinträchtigt. Auch eine Silhouettenwirkung tritt durch das Gebäude selbst und nicht durch das im Gebäude verbaute Glas ein. Folglich ist eine Verwirklichung des Störungsverbotes nach § 44 Abs. 1 Nr. 2 BNatSchG durch den Einsatz von Glas ausgeschlossen.

Dagegen kann die Verwendung von Licht das Störungsverbot verwirklichen. Bei Licht treten unterschiedliche Auswirkungen auf: Lichtemissionen, etwa verursacht

---

[405] *Schütte/Gerbig*, in: Schlacke (Hrsg.), GK-BNatSchG, 2. Aufl., 2017, § 44, Rn. 21; *Müller-Walter*, in: Lorz/Konrad et. al. (Hrsg.), Naturschutzrecht, 3. Aufl., 2013, § 44, Rn. 15; *Louis*, NuR 2009, 91, 95; *Müller*, NuR 2005, 157, 159.

[406] *Gellermann*, in: Landmann/Rohmer (Hrsg.), Umweltrecht, Bearbeitungsstand: 12/2011, § 44 BNatSchG, Rn. 10; ähnlich *Schütte/Gerbig*, in: Schlacke (Hrsg.), GK-BNatSchG, 2. Aufl., 2017, § 44, Rn. 21.

[407] *Kratsch*, in: Schumacher/Fischer-Hüftle (Hrsg.), BNatSchG, 2. Aufl., 2011, § 44, Rn. 21; von optischen Reizen sprechen: BVerwG, Urt. v. 09.06.2010 – 9 A 20/08, NuR 2010, 870, 872; *Schütte/Gerbig*, in: Schlacke (Hrsg.), GK-BNatSchG, 2. Aufl., 2017, § 44, Rn. 21.

[408] BVerwG, Urt. v. 14.04.2010 – 9 A 5/08, NVwZ 2010, 1225, Rn. 114; BVerwG, Urt. v. 09.07.2008 – 9 A 14/07, NVwZ 2009, 302, Rn. 105; a. A. mit guter Begründung *Schütte/Gerbig*, in: Schlacke (Hrsg.), GK-BNatSchG, 2. Aufl., 2017, § 44, Rn. 22 f.; ebenfalls kritisch *Gellermann*, NuR 2009, 85, 87, der verlangt, dass der Tatbestand nur erfüllt sein kann, wenn dies zu einer Unruhe-, Angst- oder Fluchtreaktion der betroffenen Tiere führt.

[409] *Lau*, in: Frenz/Müggenborg (Hrsg.), BNatSchG, 2. Aufl., 2016, § 44, Rn. 16; *Länderarbeitsgemeinschaft für Naturschutz, Landschaftspflege und Erholung* (Hrsg.), Hinweise zu zentralen unbestimmten Rechtsbegriffen des Bundesnaturschutzgesetzes, S. 5.

[410] Vgl. Seite 49.

[411] Vgl. *Lau*, in: Frenz/Müggenborg (Hrsg.), BNatSchG, 2. Aufl., 2016, § 44, Rn. 16; *Müller-Walter*, in: Lorz/Konrad et. al. (Hrsg.), Naturschutzrecht, 3. Aufl., 2013, § 44, Rn. 15.

[412] *Müller-Walter*, in: Lorz/Konrad et. al. (Hrsg.), Naturschutzrecht, 3. Aufl., 2013, § 44, Rn. 15.

durch starke Scheinwerfer wie Skybeamer,[413] führen bei Zugvögeln zu Irritationen, sodass diese von ihrem Kurs abgebracht werden. Der dadurch erlittene Stress ist nachweisbar.[414] Fledermäuse reagieren unterschiedlich auf Licht. Auch wenn manche Tiere sich künstliches Licht für die Jagd zu Nutze machen,[415] konnte nachgewiesen werden, dass auch Profiteure in anderen Kontexten, wie bei Trinkaktivitäten und der Wahl der Flugrouten, ein Meideverhalten zeigen.[416] Bei Insekten, sofern diese von § 44 Abs. 1 Nr. 2 BNatSchG geschützt sind, könnten auch Störungen i.S.v. psychischen Einwirkungen zu bejahen sein. Diese werden von der Lichtemission angelockt und vom Lichtkegel der Leuchte gefangen, sodass sie sich nicht der Nahrungsaufnahme oder Partnersuche widmen können.[417] Das Umfliegen der Leuchte stellt dabei eine Reaktion auf die psychische Einwirkung dar, sodass eine Störung vorliegt.

Im Ergebnis ist in den vorgenannten Fällen von einer Störung auszugehen. Allerdings deutet nicht jede Verhaltensveränderung eines Tieres auf eine Störung i.S.d. § 44 Abs. 1 Nr. 2 BNatSchG hin. Zu verlangen ist eine bemerkbare psychische Einwirkung, die der Verhaltensänderung zu Grunde liegt. Dies ist in solchen Fällen, in denen sich die Tiere an die Gegebenheiten in urbanen Gegenden anpassen, nicht der Fall, wie bspw. bei Stadtamseln, die wegen der Lichteinwirkung früher mit der Eiablage beginnen.[418]

(2) Störung in geschützten Zeiten

Die Störung muss während der Zeiten eintreten, in denen die Tiere besonders störempfindlich und deshalb von § 44 Abs. 1 Nr. 2 BNatSchG geschützt sind. Dazu zählen insbesondere die Aufzuchts- und Wanderungszeiten; vgl. § 44 Abs. 1 Nr. 2 BNatSchG.

Licht wird das ganze Jahr über hinweg eingesetzt. Aber gerade in den von § 44 Abs. 1 Nr. 2 BNatSchG genannten Zeiten sind die Tiere von den Auswirkungen durch Licht betroffen, was sich am Beispiel der Fledermäuse gut illustrieren lässt: Trächtige Fledermausweibchen finden sich in sog. Wochenstuben (Quartiere, in denen die Weibchen den Nachwuchs gemeinsam aufziehen) zusammen.[419] Durch Lichtemissionen, welche zur Aufhellung des Quartiereingangs führen, fliegen die Fledermäuse später aus und kehren eher zurück oder geben die Wochenstube ganz auf.[420]

---

413 *Dietlein*, BauR 2000, 1682, 1690, der das Vorliegen einer Störung vom Einzelfall abhängig macht.

414 Vgl. *Haupt*, Charadrius 2009, 1, 12.

415 Siehe Seite 26.

416 *Russo/Cistrone et al.*, Animal Conservation 2017, doi: 10.1111/acv.12340, S. 6; einschränkend *Kuijper/Schut et al.*, Lutra 2008, 37, 46 f.

417 Siehe Seite 22 f.

418 *Helm/Parteke*, in: Held/Hölker/Jessel (Hrsg.), Schutz der Nacht, 2013, S. 57.

419 *Lewanzik/Voigt*, in: Held/Hölker/Jessel (Hrsg.), Schutz der Nacht, 2013, S. 65, 67.

420 Siehe Seite 26 f.

(3) Begriff der lokalen Population

Damit der Tatbestand des § 44 Abs. 1 Nr. 2 BNatSchG erfüllt ist, müsste die Störung den Erhaltungszustand der lokalen Population beeinträchtigen. Daraus folgt im Umkehrschluss, dass eine Störung von Individuen ohne Populationsbezug das Störungsverbot gem. § 44 Abs. 1 Nr. 2 BNatSchG nicht verwirklicht.

Zunächst müsste also eine lokale Population gegeben sein. Unter einer lokalen Population ist eine Gruppe von Individuen einer Art zu verstehen, die einen zusammenhängenden Lebensraum gemeinsam bewohnen.[421] Erfasst sind die Lebensräume einer Population, die in einem für die Lebens(raum)ansprüche einer Art ausreichenden räumlich-funktionalem Zusammenhang stehen.[422] Solche Lebensräume können kleinräumige Landschaftseinheiten wie Wälder, Grünlandkomplexe oder Gewässer sein, unter Umständen zählen aber auch größere Landschaftseinheiten dazu.[423]

In der Regel wird anzunehmen sein, dass die Auswirkungen von künstlichem Licht Individuen betreffen, die einer lokalen Population angehören, wie im Falle des zuvor beschriebenen Beispiels, bei dem die Fledermausweibchen das Quartier gemeinsam bewohnen und insofern eine lokale Population bilden.[424]

(a) Zugvögel als lokale Population

Fraglich ist allerdings, ob Zugvögel, vor allem während des Fluges, als lokale Population anzusehen sind oder ob sie aus dem Tatbestand des Störungsverbotes herausfallen. Problematisch ist, dass der Bezug zu einer bestimmten Landschaftseinheit wegfällt, wenn die betroffenen Tiere von einem Habitat in ein anderes, mitunter weit entferntes Habitat migrieren.[425] Das ist besonders für nächtlich ziehende Vögel von Bedeutung, die von Lichtemissionen angelockt, vom Kurs abgebracht oder irritiert werden. Solange die Vögel sich während des Zuges bei einem Rastplatz aufhalten, liegt ein räumlich-funktionaler Zusammenhang zwischen der Population und dem Lebensraum vor, sodass eine lokale Population i.S.d. § 44 Abs. 1 Nr. 2 BNatSchG gegeben ist. Besonders empfindlich gegenüber Lichtemissionen sind Zugvögel aber während des Fluges. Dieser ist auch integraler Bestandteil des Vogelzuges und obwohl § 44 Abs. 1 Nr. 2 BNatSchG die Wanderungszeit

---

[421] *Maaß/Schütte*, in: Koch/Hofmann/Reese (Hrsg.), Handbuch Umweltrecht, 5. Aufl., 2018, § 7, Rn. 140; *Gellermann*, in: Landmann/Rohmer (Hrsg.), Umweltrecht, Bearbeitungsstand: 12/2011, § 44, Rn. 11 m.w.N., der den Begriff für eine Chiffre für die Gesamtheit der Individuen einer Art hält, die während einer bestimmten Phase des jährlichen Zyklus in einem anhand ihrer jeweiligen Habitatansprüche abgrenzbaren Raum vorkommen.

[422] BVerwG, Urt. v. 09.06.2010 – 9 A 20/08, NuR 2010, 870, 872; BT-Drs. 16/5100, S. 11.

[423] *Maaß/Schütte*, in: Koch/Hofmann/Reese (Hrsg.), Handbuch Umweltrecht, 5. Aufl., 2018, § 7, Rn. 140; dazu dürften auch Brut-, Rast- und Überwinterungsstätten zählen, die in Art. 12 Abs. 1 lit. b FFH-RL aufgezählt sind, ebenso *Gellermann*, NuR 2007, 783, 785.

[424] Ebenso *Kratsch*, in: Schumacher/Fischer-Hüftle (Hrsg.), BNatSchG, 2. Aufl., 2011, § 44, Rn. 26.

[425] Zu den einzelnen Phänomenen des Vogelzugs *Berthold*, Vogelzug, 6. Aufl. 2008, S. 52 ff.; zum Unterschied von Migration und Dispersion *Begon/Howarth/Townsend*, Ökologie, 3. Aufl. 2017, S. 174.

schützt, verlangt § 44 Abs. 1 Nr. 2, 2. Hs. BNatSchG die Betroffenheit einer lokalen Population.[426] In diesem Sinne geht das Bundesverwaltungsgericht davon aus, dass der räumlich-funktionale Bezug zu einem Lebensraum notwendige Bedingung für eine Störung ist.[427] Das hat zur Folge, dass Vögel während des Fluges selbst keinen Lebensraumbezug aufweisen und somit auch nicht i.S.d. § 44 Abs. 1 Nr. 2 BNatSchG gestört werden können.

(b) Richtlinienkonforme Auslegung des Populationsbegriffs

Dieses Ergebnis könnte allerdings den unionsrechtlichen Vorgaben widersprechen. § 44 Abs. 1 Nr. 2, 2. Hs. BNatSchG könnte i.S.d. Art. 12 Abs. 1 lit. b FFH-RL und Art. 5 lit. d VS-RL richtlinienkonform so auszulegen sein, dass Zugvögel als lokale Populationen anzusehen und damit auch während des Fluges geschützt sind. Art. 12 Abs. 1 lit. b FFH-RL verbietet jede absichtliche Störung der in der FFH-RL geschützten Arten, insbesondere während der Fortpflanzungs-, Aufzuchts-, Überwinterungs- und Wanderungszeiten. Eine absichtliche Störung ist laut dem Caretta-Urteil des EuGH[428] bereits bei Vorliegen des dolus eventualis zu bejahen.[429] Dies gilt nicht nur für Handlungen, sondern auch für Planungsentscheidungen, bspw. für Baugenehmigungen von Lichtanlagen, durch welche Zugvögel gestört werden können.[430] Lediglich zufällige Störungen fallen aus dem Tatbestand des Art. 12 Abs. 1 lit. b FFH-RL heraus.[431] Allerdings stellen die Auswirkungen von Lichtemissionen entlang der Flugrouten von Zugvögeln keine rein zufälligen Folgen dar. Entsprechend wären Zugvögel während ihrer Zugzeit (d. h. Wanderungszeit i.S.d. Art. 12 Abs. 1 lit. b FFH-RL) vor den Auswirkungen von Licht i.S.d. FFH-RL umfassend geschützt.

Zwar müssen Richtlinien, wie die FFH-RL, umgesetzt werden und entfalten keine direkte Anwendung, dennoch sind die entsprechenden nationalstaatlichen Rechtsakte, hier § 44 Abs. 1 Nr. 2 BNatSchG,[432] zur effektiven Umsetzung (effet utile) der FFH-RL richtlinienkonform auszulegen.[433] Dieser effektive Schutz von Zugvögeln ist im Rahmen des § 44 Abs. 1 Nr. 2 BNatSchG möglicherweise nicht mehr erreichbar, wenn die betroffenen Tiere in den Zeiten des Fluges nicht vom

[426] In der Gesetzesbegründung wird ein räumlich-funktionaler Zusammenhang zwischen Art und Lebensraum verlangt, BT-Drs. 16/5100, S. 11.

[427] BVerwG, Urt. v. 21.06.2006 – 9 A 28/05, NVwZ 2006, 1161, Rn. 44.

[428] EuGH, Urt. v. 30.01.2002 – Rs. C-103/00, Slg. 2002, I-1147.

[429] EuGH, Urt. v. 30.01.2002 – Rs. C-103/00, Slg. 2002, I-1147, Rn. 36; EuGH, Urt. v. 18.05.2006 – C-221/04, Slg. 2006, I-4516, Rn. 71; *Meßerschmidt*, Europäisches Umweltrecht, 2011, § 13, Rn. 122 m.w.N.; BVerwG, Urt. v. 16.03.2006 – 4 A 1075/04, NVwZ 2006, Beilage Nr. I 8, 1–56, Rn. 560 ff.

[430] GAin Kokott, Schlussantrag v. 15.12.2005 – C-221/04, Slg. 2006, 1, 15; dem folgend BVerwG, Urt. v. 16.03.2006 – 4 A 1075/04, NVwZ 2006, Beilage Nr. I 8, 1–56, Rn. 561.

[431] *Niederstadt/Krüsemann*, ZUR 2007, 347, 349.

[432] BT-Drs. 16/5100, S. 11.

[433] Vgl. *Meßerschmidt*, Europäisches Umweltrecht, 2011, § 1, Rn. 107 m.w.N.

Schutzbereich erfasst sind. Dies ist der Fall, wenn unter dem unbestimmten Rechtsbegriff „lokale Population“ weiterhin ein funktionaler Lebensraumbezug gefordert wird (s. o.).[434] Dabei hat Art. 12 Abs. 1 lit. b FFH-RL das Ziel, Arten in Zeiten besonderer Empfindlichkeit vor Störungen umfassend zu schützen.[435] Gerade vor dem Hintergrund, dass die von dem Licht ausgehende Irritation und Anlockwirkung zu Erschöpfungserscheinungen bis hin zu massenhaften Kollisionen von ziehenden Vögeln mit Gebäuden führen können,[436] ist ein effektiver Schutz von § 44 Abs. 1 Nr. 2 BNatSchG zu verneinen. Gleiches gilt für die von einzelnen Gebäuden und lichtstarken Himmelsstrahlern ausgehenden Lichtemissionen (z. B. Hochhäusern),[437] die sehr weit in Natur und Landschaft hineinwirken und somit beträchtliche Risiken verursachen können.[438] Ähnliche Wirkung können Lichtpunktreihen (z. B. Leuchten entlang einer Straße) auf wandernde Insekten entfalten, wodurch die Lichtemissionen wie eine Barriere die Wanderung behindern bzw. unterbinden können.[439]

Aus dem Risiko- und Gefahrenpotenzial ergibt sich eine erhebliche Schutzlücke des nationalen Rechts durch die Auslegung des Begriffs der lokalen Population i.S.d. § 44 Abs. 1 Nr. 2 BNatSchG, die nach dem Schutzzweck des Art. 12 Abs. 1 lit. b FFH-RL nicht bestehen soll. Aus diesen Gründen sind im Wege der richtlinienkonformen Auslegung auch Vogelschwärme im Flug als lokale Population anzusehen. Jedoch ist die richtlinienkonforme Auslegung nicht auf Fälle zu erstrecken, bei denen eine Kollision mit unionsrechtlichen Normen nicht im Raum steht. Daher ist die richtlinienkonforme Auslegung i.S.d. Art. 12 Abs. 1 lit. b FFH-RL nur auf die von der FFH-RL geschützten Arten anzuwenden.

Möglicherweise verlangt die Vogelschutzrichtlinie auch für die heimischen europäischen Vogelarten eine richtlinienkonforme Auslegung des Populationsbegriffs i.S.d. § 44 Abs. 1 Nr. 2 BNatSchG. Art. 5 lit. d VS-RL verbietet das absichtliche Stören von Vögeln zu besonderen Zeiten. Hier wird die Zugzeit im nicht abschließenden Art. 5 lit. d VS-RL nicht explizit genannt, der EuGH hat allerdings geklärt, dass die Zugzeit unter dem Schutz der Vogelschutzrichtlinie steht.[440] Daher kann für die europäischen Vogelarten nichts anderes gelten als für die Arten, die nach der FFH-RL geschützt sind.

Im Ergebnis ist also § 44 Abs. 1 Nr. 2, 2. Hs. BNatSchG i.S.d. Art. 12 Abs. 1 lit. b FFH-RL und Art. 5 lit. d VS-RL richtlinienkonform so auszulegen, dass die von der FFH-RL und VS-RL geschützten Arten im Rahmen der Zugbewegungen auch unabhängig von einem Habitat- oder Lebensraumbezug vor Störungen geschützt sind.

---

[434] Siehe Seite 104 f.

[435] *Niederstadt/Krüsemann*, ZUR 2007, 347, 349.

[436] *Berthold*, Vogelzug, 6. Aufl. 2008, S. 193.

[437] Mit einigen Beispielen *Haupt*, Charadrius 2009, 1.

[438] Siehe Seite 20 f.

[439] Siehe Seite 22 f.

[440] EuGH, Urt. v. 09.06.2005 – C-135/04, Slg. 2005, I-5261, Rn. 23.

(4) Erheblichkeit der Störung

Eine solche Störung müsste zudem erheblich sein. Die Erheblichkeit ist in § 44 Abs. 1 Nr. 2, 2. Hs. BNatSchG als Verschlechterung des Erhaltungszustandes der lokalen Population einer Art legaldefiniert.[441] Den Erhaltungszustand einer Art definiert Art. 1 lit. i FFH-RL. Darunter ist die Gesamtheit der Einflüsse, die sich langfristig auf die Verbreitung und die Größe der Populationen der betreffenden Arten in dem von Art. 2 FFH-RL bezeichneten Gebiet (natürlicher Lebensraum) auswirken können, zu verstehen. Eine Verschlechterung ist insbesondere dann anzunehmen, wenn die Überlebenschancen, der Bruterfolg oder die Reproduktionsfähigkeit vermindert werden, wobei dies artspezifisch für den jeweiligen Einzelfall untersucht und beurteilt werden muss.[442] Sie ist zu verneinen, wenn die lokale Population die nachteiligen Auswirkungen kompensieren oder in andere Habitate ausweichen kann (sog. Revierverschiebung[443]).[444] Das gilt insbesondere für allgemein häufige Arten, darunter die sog. Allerweltsarten, deren Population eine solche Ausdehnung haben, dass sie Störungen verkraften können.[445] Daher wird eine erhebliche Störung bei verbreiteten Arten mit individuenstarken lokalen Populationen nicht zu bejahen sein, während im Gegenzug bei Individuen kleiner lokaler Populationen eine erhebliche Störung vorliegt.[446] Im Übrigen liegt eine erhebliche Störung auch dann nicht vor, wenn konfliktvermeidende oder -mindernde Maßnahmen die nachteiligen Auswirkungen in absehbarer Zeit auffangen.[447]

(5) Bedeutung für Vögel, Fledermäuse und Insekten

Störungen können durch künstliche Lichtemissionen verursacht werden, wohingegen die Verwendung von Glas keine Störwirkung entfaltet. Diese müssen sich auf eine lokale Population beziehen und erheblich sein. Für den lokalen Populationsbezug gilt, dass Arten, die nach der Vogelschutzrichtlinie und dem Anhang IV der FFH-RL geschützt sind, im Rahmen der richtlinienkonformen Auslegung auch während des Zuges und nicht nur in Beziehung zu einem Rastplatz von § 44 Abs. 1 Nr. 2 BNatSchG erfasst sind. Eine erhebliche Störung von Vögeln, Fledermäusen oder Insekten ist im Einzelfall im Wege einer Prognose zu ermitteln und zu bewerten.

---

[441] Umstritten ist hierbei, ob dieser nicht mehr Individuen- sondern Populationsbezug europarechtskonform ist. Die Europarechtskonformität bejahend BVerwG, Urt. v. 09.07.2008 – 9 A 14/07, NVwZ 2009, 302, Rn. 104; wohl auch *Müller-Walter*, in: Lorz/Konrad et. al. (Hrsg.), Naturschutzrecht, 3. Aufl., 2013, § 44, Rn. 16; **a.A.** *Gellermann*, NuR 2009, 8, 12; *ders.*, NuR 2007, 783, 785; *Fehrensen*, NuR 2009, 13, 14; *Lau/Steeck*, NuR 2008, 386, 395.

[442] *Lau*, in: Frenz/Müggenborg (Hrsg.), BNatSchG, 2. Aufl., 2016, § 44, Rn. 17; *Kratsch*, in: Schumacher/Fischer-Hüftle (Hrsg.), BNatSchG, 2. Aufl., 2011, § 44, Rn. 25; BT-Drs. 16/5100, S. 11.

[443] BVerwG, Beschl. v. 06.03.2014 – 9 C 6/12, juris, Rn. 61.

[444] BVerwG, Urt. v. 12.03.2008 – 9 A 3/06, NuR 2008, 633, Rn. 258; *Lau*, in: Frenz/Müggenborg (Hrsg.), BNatSchG, 2. Aufl., 2016, § 44, Rn. 17.

[445] BVerwG, Urt. v. 12.03.2008 – 9 A 3/06, NuR 2008, 633, Rn. 258.

[446] *Gellermann*, in: Landmann/Rohmer (Hrsg.), Umweltrecht, Bearbeitungsstand: 12/2011, § 44 BNatSchG, Rn. 12.

[447] *Lau*, in: Frenz/Müggenborg (Hrsg.), BNatSchG, 2. Aufl., 2016, § 44, Rn. 17.

(a) Erhebliche Störungen von Zugvögeln

Bei Zugvögeln besteht ein Bezug zu einer lokalen Population nicht. Häufig migrieren jedoch die lokalen Populationen von Vögeln zumindest teilweise gemeinsam,[448] sodass sich die Erheblichkeit an dem ziehenden Vogelschwarm bestimmen lässt.[449] Eine Irritationswirkung von Licht ohne weitere Folgen wird zu keiner Verschlechterung des Erhaltungszustands der Population führen. Eine erhebliche Störung wird deshalb nur anzunehmen sein, wenn Individuen durch die Lichtemission, bspw. durch Skybeamer, erschöpft oder gestresst werden und sich die Erschöpfung oder der Stress auf die Überlebenschancen auswirkt[450] sowie erst recht dann, wenn es zu massenhaften Kollisionen mit Gebäuden kommt. Solange die betreffende Population einen günstigen Erhaltungszustand aufweist, wird hingegen eine erhebliche Störung und somit eine Verwirklichung des Störungsverbots nach § 44 Abs. 1 Nr. 2 BNatSchG zu verneinen sein. Das gilt insbesondere für die sog. Allerweltsarten, bei denen ein günstiger Erhaltungszustand vorliegen dürfte.[451]

(b) Erhebliche Störungen von Fledermäusen

Bei Fledermäusen ist eine erhebliche Störung zu bejahen, wenn die Lichtemissionen den Bruterfolg oder die Überlebenschancen verringern. Im Falle der Beleuchtung natürlicher Habitate führt diese zu reduzierten Jagdmöglichkeiten, wodurch die verringerte Nahrungsaufnahme sowohl die Überlebenschancen adulter Tiere als auch die von Jungtieren und damit den Bruterfolg gefährden kann.

(c) Erhebliche Störungen von Insekten

Insekten werden durch Licht angelockt. Die Anlockung erzeugt neben tödlichen Gefahren auch Verhaltensveränderungen wie die verminderte Paarungssuche, Begattung und Eiablage, wodurch die Reproduktionsfähigkeit beeinträchtigt wird. Die Lichtimmissionen verursachen auch ein gesteigertes Flugverhalten, was zu einem höheren Energieverbrauch führt, wodurch wiederum die Überlebenschancen beeinträchtigt werden. Des Weiteren kann sich eine erhebliche Störung dadurch ergeben, dass mehrere Lichtquellen gemeinsam die Wanderbewegungen unterbinden und dadurch die Verbreitung einer Population reduzieren. Das gilt allerdings nur dann, wenn streng geschützte Insektenarten betroffen sind.

---

[448] *Berthold*, Vogelzug, 6. Aufl. 2008, S. 69 ff., mit Ausführungen zum Phänomen des Teilzuges.

[449] So argumentiert *Gellermann*, dass der Begriff der lokalen Population lediglich eine „Chiffre" für eine Gesamtheit von Individuen einer Art ist, *Gellermann*, NuR 2007, 783, 785; dem folgend *Lau*, in: Frenz/Müggenborg (Hrsg.), BNatSchG, 2. Aufl., 2016, § 44, Rn. 19.

[450] Vgl. *Haupt*, in: Held/Hölker/Jessel (Hrsg.), Schutz der Nacht, 2013, S. 61, 63.

[451] Vgl. BVerwG, Beschl. v. 28.11.2013 – 9 B 14/13, NuR 2014, 361, 364.

(6) Zwischenergebnis

Vom Störungsverbot nach § 44 Abs. 1 Nr. 2 BNatSchG geschützt sind Vögel, Fledermäuse und wenige Insektenarten in den Zeiten, in denen die Individuen gegenüber psychischen Einwirkungen, d. h. Störungen, besonders empfindlich sind. Die Verwirklichung des Verbots setzt eine erhebliche Störung voraus. Diese ist anzunehmen, wenn mit einer Verschlechterung des Erhaltungszustandes der lokalen Population zu rechnen ist. Für Vögel gilt, dass vom Begriff der lokalen Population nicht nur Vogelpopulationen erfasst sind, die sich während des Vogelzuges an Rastplätzen aufhalten, sondern auch Vögel, die sich im Flug befinden.

Glas führt zwar zu körperlichen Verletzungen, jedoch nicht zu Störungen, sodass das Störungsverbot durch den Einsatz von Glasflächen nicht verwirklicht wird.

Der Einsatz von Licht kann zu erheblichen Störungen von lichtempfindlichen Tieren, bspw. von Vögeln, Fledermäusen und Insekten führen. Bei Fledermäusen können Lichtquellen in der Nähe von Quartieren, insbesondere der Wochenstuben, die Verschlechterung des Erhaltungszustandes der lokalen Population verursachen und damit den Verbotstatbestand verwirklichen. Vögel sind vor allem während der Zugzeiten gegenüber Lichtemissionen empfindlich, sodass durch lichtstarke Beleuchtungen das Verbot erfüllt sein kann. Kein Verstoß gegen das Störungsverbot liegt dagegen bei den sog. Allerweltsarten mit einem günstigen Erhaltungszustand vor. Bei Insekten kann sich eine erhebliche Störung in Zeiten der Paarungssuche und Eiablage insbesondere durch mehrere Lichtquellen in der Nähe der Habitate ergeben.

Die Verwirklichung des Störungsverbots durch den Einsatz von Licht ist dann zu verneinen, wenn geeignete Vermeidungsmaßnahmen – vor allem durch Abschirmung der Leuchten – ergriffen werden, sodass der Erhaltungszustand der entsprechenden Art sich nicht verschlechtert.

cc) Lebensstättenschutz nach § 44 Abs. 1 Nr. 3 BNatSchG

(1) Tatbestandsvoraussetzungen

Der Einsatz von Glas und Licht könnte schließlich auch das Zugriffsverbot des Lebensstättenschutzes nach § 44 Abs. 1 Nr. 3 BNatSchG verwirklichen. Nach der Vorschrift ist es verboten, Fortpflanzungs- und Ruhestätten (sog. Lebensstätten)[452] von besonders geschützten Arten aus der Natur zu entnehmen, zu beschädigen oder zu zerstören. Daher müssten die Auswirkungen von Glas oder Licht Fortpflanzungs- oder Ruhestätten der entsprechenden Vogel-, Fledermaus-, und Insektenarten betreffen. Unter Fortpflanzungsstätten sind grundsätzlich alle Orte zu verstehen, die für eine erfolgreiche Reproduktion einer Art benötigt werden, worunter auch Balz- und Aufzuchtstätten fallen.[453] Ruhestätten

---

[452] *Gellermann*, in: Landmann/Rohmer (Hrsg.), Umweltrecht, Bearbeitungsstand: 12/2011, § 44 BNatSchG, Rn. 14.

[453] *Schütte/Gerbig*, in: Schlacke (Hrsg.), GK-BNatSchG, 2. Aufl., 2017, § 44, Rn. 30; *Louis*, NuR 2009, 91, 93.

sind Orte, zu denen sich Tiere zur Regeneration, etwa zur Rast, zum Schlafen oder zum Schutz zurückziehen.[454] Von § 44 Abs. 1 Nr. 3 BNatSchG geschützt sind nicht nur natürliche (z. B. Höhlen als Winterquartiere für Fledermäuse)[455] sondern auch künstlich geschaffene Gegenstände und Bereiche (z. B. Nisthilfen),[456] die aus der Natur nicht entnommen, beschädigt oder zerstört werden dürfen, sofern sie Fortpflanzungs- oder Ruhezwecken dienen.[457] Inwieweit die ausdrücklich bezeichneten Lebensstätten ihre Funktion einbüßen, ist eine naturschutzfachliche Frage, deren Beantwortung von den Verhaltensweisen der jeweiligen Art abhängt.[458]

Die Verwendung von Glas oder Licht müsste darüber hinaus als eine Verbotshandlung des § 44 Abs. 1 Nr. 3 BNatSchG zu qualifizieren sein. Zu den Verbotshandlungen zählen das Entnehmen, Beschädigen und Zerstören, § 44 Abs. 1 Nr. 3 BNatSchG. Entnehmen verlangt eine durch unmittelbare menschliche Einwirkung bewirkte Ortsveränderung,[459] was bei dem Einsatz von Glas oder Licht nicht gegeben ist. Die Beschädigung ist eine Beeinträchtigung einer geschützten Fortpflanzungs- oder Ruhestätte, wodurch die ökologische Funktion nicht mehr oder nur noch im eingeschränkten Umfang gegeben ist.[460] Zum Teil wird eine körperliche Einwirkung auf die geschützte Lebensstätte verlangt,[461] sodass mittelbare Einwirkungen wie Immissionen (bspw. eine Beschallung) nicht ausreichen würden.[462] Nach anderer Ansicht ist das Beschädigen das Herbeiführen einer Mangelhaftigkeit der Lebensstätte, also jede Beeinträchtigung der Funktionsfähigkeit.[463] Das Bundesverwaltungsgericht hat diese Frage bislang offengelassen.[464] Gegen das weitergehende funktionale Verständnis lässt sich ein Vergleich zum Lebensstättenschutz

---

[454] *Schütte/Gerbig*, in: Schlacke (Hrsg.), GK-BNatSchG, 2. Aufl., 2017, § 44, Rn. 31; *Kratsch*, in: Schumacher/Fischer-Hüftle (Hrsg.), BNatSchG, 2. Aufl., 2011, § 44, Rn. 29; *Louis*, NuR 2009, 91, 94.

[455] *Kratsch*, NuR 2007, 27, 29.

[456] OVG Berlin, Beschl. v. 18.08.2000 – 2 SN 20/00, NVwZ-RR 2001, 21; *Kratsch*, in: Schumacher/Fischer-Hüftle (Hrsg.), BNatSchG, 2. Aufl., 2011, § 44, Rn. 32.

[457] *Kratsch*, in: Schumacher/Fischer-Hüftle (Hrsg.), BNatSchG, 2. Aufl., 2011, § 44, Rn. 32; *Schlacke/Kröger*, in: Ehlers/Fehling/Pünder (Hrsg.), Besonderes Verwaltungsrecht, Bd. 2, 3. Aufl., 2013, § 50, Rn. 166.

[458] BVerwG, Urt. v. 13.05.2009 – 9 A 73/07, NuR 2009, 711, 719; *Kratsch*, in: Schumacher/Fischer-Hüftle (Hrsg.), BNatSchG, 2. Aufl., 2011, § 44, Rn. 31.

[459] *Müller-Walter*, in: Lorz/Konrad et. al. (Hrsg.), Naturschutzrecht, 3. Aufl., 2013, S. 44, Rn. 24; a.A. *Lau*, in: Frenz/Müggenborg (Hrsg.), BNatSchG, 2. Aufl., 2016, § 44, Rn. 23, der auch eine Vergrämung durch Emissionen wie Licht miteinbezieht.

[460] *Gellermann*, in: Landmann/Rohmer (Hrsg.), Umweltrecht, Bearbeitungsstand: 12/2011, § 44 BNatSchG, Rn. 20.

[461] *Lau*, in: Frenz/Müggenborg (Hrsg.), BNatSchG, 2. Aufl., 2016, § 44, Rn. 23.

[462] *Louis*, NuR 2009, 91, 95.

[463] *Müller-Walter*, in: Lorz/Konrad et. al. (Hrsg.), Naturschutzrecht, 3. Aufl., 2013, S. 44, Rn. 23; *Heugel*, in: Lütkes/Ewer (Hrsg.), BNatSchG, 2. Aufl., 2018, § 44, Rn. 18.

[464] Vgl. BVerwG, Urt. v. 12.08.2009 – 9 A 64/07, NuR 2010, 276, Rn. 72; BVerwG, Urt. v. 18.03.2009 – 9 A 39/07, NVwZ 2010, 44, Rn. 77.

nach § 39 Abs. 1 Nr. 3 BNatSchG anführen. Dieser erfasst tatbestandlich zwar auch mittelbare Einwirkungen wie Immissionen, allerdings ist die Norm mit der Tatbestandshandlung „beeinträchtigen" weiter gefasst.[465] Mittelbare Einwirkungen von der Anwendung des § 44 Abs. 1 Nr. 3 BNatSchG auszunehmen, könnte darüber hinaus der Systematik der Zugriffsverbote nach § 44 Abs. 1 BNatSchG entsprechen.[466] Mittelbare Einwirkungen, wie Lärm oder Licht, wirken nicht auf das Gebiet oder die geschützten Gegenstände selbst, sondern stellen vielmehr eine Einwirkung auf die Tiere als solche dar,[467] welche aber von § 44 Abs. 1 Nr. 3 BNatSchG nicht erfasst sind. Diese systematischen Argumente sind indes nicht zwingend. Gegen eine Begrenzung spricht bereits der insoweit offene Wortlaut. Zudem verlangt auch der Sinn und (Schutz-)Zweck des Artenschutzrechts eine funktionale Betrachtung: Für den Lebensstättenschutz ist es unbedeutend, ob der Verlust der ökologischen Funktion durch eine physische Einwirkung oder durch das Zuführen unwägbarer Stoffe (Dämpfe, Schall, Licht) eintritt.[468] Entscheidend kommt es nur auf den Erhalt der geschützten Lebensräume und ihrer Funktion an. Aus diesem Grund ist die funktionale Betrachtungsweise[469] vorzugswürdig, sodass auch Lichtimmissionen zu einer tatbestandlichen Beschädigung von geschützten Fortpflanzungs- und Ruhestätten führen können und dadurch den Verbotstatbestand des § 44 Abs. 1 Nr. 3 BNatSchG verwirklichen.

Gleiches gilt für die Tathandlung des Zerstörens. Sie ist als so wesentliche Beschädigung der Lebensstätte definiert, dass diese für ihren Zweck völlig unbrauchbar wird.[470] Da Zerstören immer auch ein Beschädigen umfasst, ergibt sich kein Unterschied zur der Tathandlung des Beschädigens (s. o.).

(2) Zwischenergebnis

Im Ergebnis kann es durch den Einsatz von Glas oder Licht zu einer Beeinträchtigung der Funktionen von Lebensstätten kommen. Insbesondere können Lichtemissionen zu Funktionseinbußen führen. Solche mittelbaren Einwirkungen auf die Tiere sind nach der vorzugswürdigen funktionalen Betrachtungsweise ebenfalls in der Lage, Beschädigungen oder Zerstörungen von Lebensstätten hervorzurufen. In diesen Fällen ist das Zugriffsverbot gem. § 44 Abs. 1 Nr. 3 BNatSchG verwirklicht.

---

[465] *Lau*, in: Frenz/Müggenborg (Hrsg.), BNatSchG, 2. Aufl., 2016, § 44, Rn. 23.

[466] So wohl *Louis*, NuR 2009, 91, 95.

[467] *Lau*, in: Frenz/Müggenborg (Hrsg.), BNatSchG, 2. Aufl., 2016, § 44, Rn. 23.

[468] *Kratsch*, in: Schumacher/Fischer-Hüftle (Hrsg.), BNatSchG, 2. Aufl., 2011, § 44, Rn. 31; *Heugel*, in: Lütkes/Ewer (Hrsg.), BNatSchG, 2. Aufl., 2018, § 44, Rn. 18; *Gellermann*, in: Landmann/Rohmer (Hrsg.), Umweltrecht, Bearbeitungsstand: 12/2011, § 44 BNatSchG, Rn. 20.

[469] BVerwG, Urt. v. 13.05.2009 – 9 A 73/07, NuR 2009, 711, Rn. 90 f.

[470] *Müller-Walter*, in: Lorz/Konrad et. al. (Hrsg.), Naturschutzrecht, 3. Aufl., 2013, S. 44, Rn. 23; *Louis*, NuR 2009, 91, 94.

dd) Privilegierung nach § 44 Abs. 5 BNatSchG

Wurde durch den Einsatz von Glas oder Licht ein Zugriffsverbot tatbestandlich verwirklicht, könnte dies unbeachtlich sein, wenn eine Privilegierung gem. § 44 Abs. 5 BNatSchG vorliegt. Der Gesetzgeber hat mit der BNatSchG-Novelle 2017 den Privilegierungstatbestand des § 44 Abs. 5 BNatSchG neu gefasst und darin das Signifikanzerfordernis der Rechtsprechung in das BNatSchG integriert.[471] Nach § 44 Abs. 5 BNatSchG gilt das Zugriffsverbot für unvermeidbare Beeinträchtigungen i.S.d. § 15 Abs. 1 BNatSchG durch Eingriffe in Natur und Landschaft, die nach § 17 Abs. 1, 3 BNatSchG zugelassen sind oder von einer Behörde durchgeführt werden, sowie für Vorhaben i.S.d. § 18 Abs. 2 S. 1 BNatSchG, deren Zulässigkeit sich aus den Vorschriften des BauGB ergibt, nur nach Maßgabe der Sätze 2 bis 5 des § 44 Abs. 5 BNatSchG. Das betrifft nach § 18 Abs. 2 S. 1 BNatSchG i.V.m. § 30 BauGB auch die wichtige Fallgruppe von Bauvorhaben innerhalb des Geltungsbereichs eines Bebauungsplanes. Der Privilegierungstatbestand unterscheidet je nach betroffener Tierart zwischen zwei Fallkonstellationen.

(1) Anforderungen des § 44 Abs. 5 S. 1, 2 Nr. 1 BNatSchG

Die erste Fallkonstellation gem. § 44 Abs. 5 S. 1, 2 Nr. 1 BNatSchG betrifft besonders geschützte Tierarten nach der BArtSchV, Anhang IV der Richtlinie 92/43/EWG und europäische Vogelarten. Danach verstößt ein Eingriff bzw. Vorhaben gem. § 44 Abs. 5 S. 2 Nr. 1 BNatSchG n.F. nicht gegen das Tötungs- und Verletzungsverbot, wenn die Beeinträchtigung unvermeidbar und das Tötungsrisiko nicht signifikant erhöht ist.

Die Anforderung eines signifikant erhöhten Tötungsrisikos könnte allerdings die Privilegierung, d. h. die Legalausnahme vom Tötungsverbot,[472] im Vergleich zur vorherigen Rechtslage entfallen lassen.[473] Nach der alten Rechtslage haben Eingriffe i.S.d. § 44 Abs. 5 S. 1 BNatSchG das Tötungsverbot nicht verwirklicht, soweit die ökologische Funktion – etwa durch Ausgleichsmaßnahmen – weiterhin erfüllt wurde.[474]

Bislang hat die Rechtsprechung ein signifikant erhöhtes Tötungsrisiko i.S.e. teleologischen Reduktion als Voraussetzung für die Verwirklichung des Tötungs- und Verletzungsverbots des § 44 Abs. 1 Nr. 1 BNatSchG geprüft. Entsprechend fand die Privilegierung des § 44 Abs. 5 BNatSchG a.F. auf Vorhaben Anwendung, bei denen ein signifikant erhöhtes Tötungsrisiko bejaht wurde. Nach der jetzigen Rechtslage liegt gem. § 44 Abs. 5 S. 2 Nr. 1 BNatSchG n.F. *kein* Verstoß gegen das Tötungsverbot vor, wenn das Vorhaben *kein* signifikant erhöhtes Tötungsrisiko verursacht und diese Beeinträchtigung bei Anwendung der gebotenen, fachlich anerkannten

[471] Art. 1 Nr. 6 Gesetz zur Änderung des Bundesnaturschutzgesetzes vom 15.09.2017, BGBl. 2017 II, S. 3434.

[472] BT-Drs. 16/5100, S. 16.

[473] In die Richtung gehend *Lütkes*, NuR 2018, 145, 147.

[474] Ausführlich *Schütte/Gerbig*, in: Schlacke (Hrsg.), GK-BNatSchG, 2. Aufl., 2017, § 44, Rn. 50 ff.

Schutzmaßnahmen nicht vermieden werden kann. Darüberhinausgehende Ausnahmen sieht § 44 Abs. 5 S. 1, 2 Nr. 1 BNatSchG n.F. nicht vor. § 44 Abs. 5 S. 2 Nr. 1 BNatSchG n.F. fungiert insoweit nicht mehr als Ausnahme, sondern als Tatbestandsvoraussetzung in dem Sinne, dass er festschreibt, unter welchen Voraussetzungen nicht gegen das Tötungs- und Verletzungsverbot des § 44 Abs. 1 Nr. 1 BNatSchG verstoßen wurde.

Gegenüber der bisherigen Rechtslage erfordert § 44 Abs. 5 S. 1, 2 Nr. 1 BNatSchG n.F. zudem, dass Beeinträchtigungen von Vorhaben und Eingriffen nach § 44 Abs. 5 S. 2 Nr. 1 BNatSchG n.F., die keine signifikant erhöhten Tötungsrisiken verursachen, vermieden werden müssen. Ursache für diese Rechtsfolge ist die Negativdefinition des § 44 Abs. 5 S. 2 BNatSchG n.F., wonach beide Voraussetzungen (kein signifikantes Tötungsrisiko und Vermeidung) erfüllt sein müssen, damit kein Verstoß gegen das Tötungsverbot vorliegt. Inhaltlich verlangt die Vermeidungspflicht die Anwendung gebotener, fachlich anerkannter Schutzmaßnahmen (§ 44 Abs. 5 S. 2 Nr. 1 BNatSchG n.F.). Darunter sind in Bezug auf die nachteiligen Auswirkungen von Glas und Licht auch die anerkannten Vermeidungsmaßnahmen zu verstehen.[475] Werden diese Schutzmaßnahmen nicht ergriffen, liegt gem. § 44 Abs. 5 S. 1, 2 BNatSchG ein Verstoß gegen das Tötungsverbot vor, selbst wenn kein signifikant erhöhtes Tötungsrisiko besteht, sodass das Vorhaben oder der Eingriff unzulässig ist.

Allerdings ist fraglich, ob trotz fehlender signifikanter Tötungsrisiken wegen vermeidbarer Beeinträchtigung bei unterlassener Vermeidung eine Verletzung des § 44 Abs. 1 Nr. 1 BNatSchG anzunehmen ist. Dagegen spricht, dass die Rechtsprechung den Signifikanzansatz als teleologische Reduktion bislang auf der Tatbestandsebene des § 44 Abs. 1 Nr. 1 BNatSchG prüft und bei fehlenden signifikanten Tötungsrisiken nicht mehr zur Anwendung des § 44 Abs. 5 BNatSchG gelangt,[476] sodass die Vermeidungspflicht unbeachtet bleibt. Deshalb wird im Kontext dieses Gutachtens die Vermeidung nach § 44 Abs. 5 S. 2 Nr. 1 a.E. BNatSchG nicht weiter berücksichtigt.

(2) Privilegierung nach § 44 Abs. 5 S. 1, 5 BNatSchG

Die zweite Fallkonstellation betrifft gem. § 44 Abs. 5 S. 1, 5 BNatSchG die anderen besonders geschützten Arten, die nicht in Abs. 5 S. 2 aufgezählt sind. Werden von Eingriffen bzw. Vorhaben solche Arten beeinträchtigt, liegt ungeachtet eines signifikant erhöhten Tötungsrisikos keine Verletzung des § 44 Abs. 1 Nr. 1 BNatSchG vor.[477]

Die Privilegierung tritt jedoch nicht schon dann ein, wenn das Vorhaben in den Anwendungsbereich der Bestimmungen fällt (z. B. Vorhaben innerhalb des Geltungsbereichs eines Bebauungsplans), sondern erst, wenn der mit dem Vorhaben

---

[475] Siehe Seite 38 f.

[476] BVerwG, Urt. v. 14.07.2011 – 9 A 12/10, NuR 2011, 866, Rn. 117, bei der die Prüfungsreihenfolge des BVerwG deutlich wird.

[477] *Schütte/Gerbig*, in: Schlacke (Hrsg.), GK-BNatSchG, 2. Aufl., 2017, § 44, Rn. 53; *Lau*, in: Frenz/Müggenborg (Hrsg.), BNatSchG, 2. Aufl., 2016, § 44, Rn. 42.

verbundene Eingriff in Natur und Landschaft richtig gesehen und bewältigt worden ist.[478] Das ist der Fall, wenn die Aspekte des besonderen Artenschutzes im Rahmen der Eingriffsregelung, unabhängig von den bestehenden Spielräumen, eine angemessene Berücksichtigung erfahren haben.[479]

(3) Zwischenergebnis

Im Ergebnis enthält lediglich § 44 Abs. 5 S. 1, 5 BNatSchG für Eingriffe bzw. Vorhaben eine Privilegierung, wonach Beeinträchtigungen von besonders geschützten Arten, die nicht in § 44 Abs. 5 S. 2 BNatSchG aufgezählt sind, unbeachtlich bleiben, wenn der mit dem Vorhaben verbundene Eingriff richtig gesehen und bewältigt worden ist.

ee) Ausnahmen und Befreiungen nach §§ 45, 67 BNatSchG

Liegt beim Einsatz von Glas oder Licht die Erfüllung eines Zugriffsverbotes vor und greift auch keine Privilegierung ein, könnte das Zugriffsverbot nach § 44 Abs. 1 BNatSchG durch die Erteilung einer Ausnahme oder Befreiung unangewendet bleiben.[480] Die Ausnahmen sind einheitlich in § 45 BNatSchG geregelt, während sich die Befreiungen nach § 67 BNatSchG richten.

(1) Ausnahmen nach § 45 BNatSchG

Fraglich ist, ob für die Verwendung von Glas oder Licht eine Ausnahmeregelung einschlägig ist. Nach § 45 Abs. 7 S. 1 Nr. 4 BNatSchG kann im Interesse der Gesundheit des Menschen, der öffentlichen Sicherheit oder der maßgeblich günstigen Auswirkungen auf die Umwelt eine Ausnahme zugelassen werden. Gesundheitsinteressen i.S.d. § 44 Abs. 7 S. 1 Nr. 4 BNatSchG sind insbesondere Maßnahmen des Küsten- und Lawinenschutzes, aber auch die Entschärfung von Unfallschwerpunkten.[481] Für den Einsatz von Glas und Licht ist allenfalls die letzte Fallgruppe bei Straßenbeleuchtungen einschlägig, welche aber regelmäßig wohl keiner Ausnahmegenehmigung bedarf, da sich eine erhebliche Beeinträchtigung durch die Anwendung von Vermeidungsmaßnahmen verhindern lässt.

---

[478] BVerwG, Urt. v. 14.07.2011 – 9 A 12/10, NuR 2011, 866, Rn. 118; *Schütte/Gerbig*, in: Schlacke (Hrsg.), GK-BNatSchG, 2. Aufl., 2017, § 44, Rn. 53; *Lau*, in: Frenz/Müggenborg (Hrsg.), BNatSchG, 2. Aufl., 2016, § 44, Rn. 43; *Fellenberg*, UPR 2012, 321, 323.

[479] Ausführlich *Müller-Walter*, in: Lorz/Konrad et. al. (Hrsg.), Naturschutzrecht, 3. Aufl., 2013, § 44, Rn. 47; *Lau*, in: Frenz/Müggenborg (Hrsg.), BNatSchG, 2. Aufl., 2016, § 44, Rn. 44; *Gellermann*, NuR 2012, 34, 36.

[480] *Schlacke/Kröger*, in: Ehlers/Fehling/Pünder (Hrsg.), Besonderes Verwaltungsrecht, Bd. 2, 3. Aufl., 2013, § 50, Rn. 168.

[481] BVerwG, Urt. v. 17.01.2007 – 9 A 20/05, NVwZ 2007, 1054, Rn. 121; *Lau*, in: Frenz/Müggenborg (Hrsg.), BNatSchG, 2. Aufl., 2016, § 45, Rn. 17; *Gellermann*, in: Landmann/Rohmer (Hrsg.), Umweltrecht, Bearbeitungsstand: 04/2014, § 34 BNatSchG, Rn. 46.

Unter der öffentlichen Sicherheit sind lediglich die Existenzsicherung des Staates und die Bekämpfung von Gewaltanwendungen im Innern oder von außen sowie die Abwehr unmittelbar drohender oder absehbarer Gefahren für grundlegende gesellschaftliche Interessen zu verstehen.[482] Auch wenn der Einsatz von Licht das subjektive Sicherheitsgefühl steigern kann, ist dieser Fall von § 45 Abs. 7 S. 1 Nr. 4 BNatSchG nicht erfasst.

Schließlich kann eine Ausnahme gem. § 45 Abs. 7 S. 1 Nr. 5 BNatSchG aus anderen zwingenden Gründen des überwiegenden öffentlichen Interesses einschließlich sozialer und wirtschaftlicher Art gewährt werden.[483] Ausgenommen sind lediglich rein private Interessen.[484] Zwingend sind solche Gründe, die einem durch Vernunft und Verantwortungsbewusstsein geleiteten staatlichen Handeln entsprechen.[485] Beim Einsatz von Glas und Licht sind insbesondere Sicherheitsvorkehrungen denkbare Gründe, die zum Überwiegen der öffentlichen Interessen über die Naturschutzbelange führen können.

Im Ergebnis werden bei der Verwendung von Glas und Licht die Ausnahmegründe des § 45 Abs. 7 S. 1 Nr. 5 BNatSchG, aber nicht die Gründe der Nr. 4 eingreifen können.

(2) Befreiungen nach § 67 BNatSchG

Wenn keine Möglichkeit einer Ausnahme nach § 45 BNatSchG besteht, könnte ein Vorhabenträger nach § 67 BNatSchG von dem Verbot des § 44 Abs. 1 BNatSchG befreit werden. Eine Befreiung für Zugriffsverbote setzt nach § 67 Abs. 2 S. 1 BNatSchG neben einem Antrag eine unzumutbare Belastung voraus. Unzumutbar ist eine Belastung, wenn eine atypische Fallgestaltung vorliegt, die vom Gesetzgeber nicht vorausgesehen und gewollt wurde und daher eine nicht beabsichtigte Härte darstellt.[486] Das heißt, dass Besonderheiten gegeben sein müssen, die den betreffenden Fall deutlich vom Regelfall unterscheiden, deshalb diesen als anormalen Einzelfall erscheinen lassen und den Betroffenen wesentlich stärker als andere belasten.[487] Eine wesentlich stärkere Belastung kann jedoch nicht in den individuellen Verhältnissen des Verpflichteten liegen (z. B. Krankheit, fehlende Finanzmittel).[488]

Eine unzumutbare Belastung ist dann anzunehmen, wenn diese unter den Gegebenheiten des Einzelfalls und der ihn prägenden Umständen als „nicht gerechtfertigt", „unbillig" oder „unangemessen" erscheint.[489] In diesem Zusammenhang eröffnet § 67 Abs. 2 BNatSchG eine Abwägung i.S.e. Verhältnismäßigkeitsprüfung, um Sonderopfer mit Blick auf die verfassungsrechtliche Verbürgung des Eigentums

---

[482] *Lau*, in: Frenz/Müggenborg (Hrsg.), BNatSchG, 2. Aufl., 2016, § 45, Rn. 17 m.w.N.

[483] *Ders.*, in: Frenz/Müggenborg (Hrsg.), BNatSchG, 2. Aufl., 2016, § 45, Rn. 18.

[484] *Jarass*, NuR 2007, 371, 376.

[485] BVerwG, Urt. v. 27.01.2000 – 4 C 2/99, NVwZ 2000, 1171, 1174.

[486] *Sauthoff*, in: Schlacke (Hrsg.), GK-BNatSchG, 2. Aufl., 2017, § 67, Rn. 21.

[487] *Ders.*, in: Schlacke (Hrsg.), GK-BNatSchG, 2. Aufl., 2017, § 67, Rn. 21.

[488] OVG Bautzen, Beschluss v. 27.04.2009 – 2 A 286/09, NuR 2009, 428.

[489] *Sauthoff*, in: Schlacke (Hrsg.), GK-BNatSchG, 2. Aufl., 2017, § 67, Rn. 22.

nach Art. 14 Abs. 1 GG in einen gerechten und verhältnismäßigen Ausgleich zu den Belangen der Allgemeinheit zu bringen.[490]

Im Ergebnis hängt das Vorliegen der Voraussetzungen für eine Befreiung von den atypischen Umständen des Einzelfalls ab. Da die Vermeidungsmaßnahmen nicht mit hohen Kosten verbunden sind, ist wohl kaum mit Fallkonstellationen zu rechnen, in denen eine unzumutbare Belastung vorliegt, sodass eine Befreiung nur selten möglich ist.

c) Zusammenfassung

Der Einsatz von Glas und Licht verstößt nicht gegen die Bestimmungen des allgemeinen Artenschutzes, weil die Zugriffsverbote aus § 39 Abs. 1 BNatSchG voluntative Elemente oder das Fehlen von Rechtfertigungsgründen voraussetzen und diese Erfordernisse bei der Verwendung von Glas oder Licht nicht erfüllt sind.

Dagegen kann durch den Einsatz von Glas und Licht das Tötungs- und Verletzungsverbot nach § 44 Abs. 1 Nr. 1 BNatSchG verwirklicht sein. Dafür müssen erstens Individuen besonders geschützter Arten betroffen sein und zweitens ein signifikant erhöhtes Tötungsrisiko vorliegen.

Während alle europäischen Vogelarten und Fledermäuse geschützt sind, fallen nur einige Insektenarten in den Schutzbereich der Zugriffsverbote. Deshalb ist der Schutz für Insekten insoweit lückenhaft.

Des Weiteren bleiben unter den Voraussetzungen des § 44 Abs. 5 S. 1 Nr. 1 BNatSchG alle Vorhaben und Eingriffe außer Betracht, deren Tötungs- und Verletzungsrisiken unterhalb der Schwelle des signifikant erhöhten Tötungsrisikos liegen. Ob der Einsatz von Licht und Glas diese Schwelle überschreitet, ist im Wege einer naturschutzfachlichen Einschätzung, die nur bedingt gerichtlich überprüfbar ist, zu bestimmen. Eine signifikante Risikoerhöhung ist anzunehmen,

- wenn Tiere aufgrund ihrer Verhaltensweisen im Vorhabenbereich ungewöhnlich stark von den mit dem Vorhaben verbundenen Auswirkungen betroffen sein können,
- wenn sich die Risiken durch geeignete Vermeidungsmaßnahmen nicht auf ein Normalmaß absenken lassen und
- wenn aus naturschutzfachlicher Sicht das Tötungsrisiko im Vergleich zur natürlichen Mortalität deutlich gesteigert ist und sich das Risiko nicht zwangsläufig aus dem Zusammenleben von Mensch und Tier ergibt.

Für die Risiken durch den Einsatz von Glas wird eine signifikante Erhöhung des Tötungsrisikos bei kleinen Gebäuden (ein bis drei Stockwerke) mit kleiner Glasfläche nicht anzunehmen sein. Bei größeren Gebäuden und solchen, bei denen mehrere Risikofaktoren zusammentreffen, wie große Glasflächen, Nähe zur Vegetation,

---

[490] *Fischer-Hüftle*, in: Schumacher/Fischer-Hüftle (Hrsg.), BNatSchG, 2. Aufl., 2011, Rn. 67, Rn. 17; zu der verfassungsrechtlichen Vorgabe, BVerfG, Beschluss v. 02.03.1999 – 1 BvL 7/91, BVerfGE 100, 226, Rn. 89.

Vorkommen besonders mortalitätsgefährdeter Arten, Durchsichten oder Spiegelungen, dürfte je nach Einzelfall eine signifikante Erhöhung zu bejahen sein.

Für die Auswirkungen von Licht gilt, dass die Aufhellung der Nacht wegen des Unmittelbarkeitskriteriums zu keiner Verwirklichung des Tötungs- und Verletzungsverbotes führt. Ebenfalls wird durch die bei Fledermäusen beobachteten Meidereaktionen das Tötungs- und Verletzungsverbot nicht erfüllt. Tatbestandlich erfasst sein können dagegen die Fälle beleuchteter Türme und Hochhäuser, die nächtlich ziehende Vögel vom Kurs abbringen, sodass die Vögel mit der Lichtquelle oder dem durch diese beleuchteten Bauwerke kollidieren und sterben. Bei Insekten liegen die Tatbestandsvoraussetzungen nicht vor, wenn die Auswirkungen des künstlichen Lichts lediglich zu Verhaltensveränderungen führen, auch wenn dadurch Populationsbeeinträchtigungen drohen. Das Tötungs- und Verletzungsverbot kann hingegen erfüllt sein, wenn Lichtquellen ohne Abschirmung in Nähe von Habitaten besonders geschützter Insekten betrieben werden. Besonders dann, wenn ein Leuchtmittel verwendet wird, dass eine starke Anlockwirkung entfaltet.

Schließlich ist das Tötungs- und Verletzungsverbot jedenfalls dann erfüllt, wenn durch das Vorhaben oder den Eingriff Individuen geschützter Arten getötet werden und deshalb von einer Populationsbeeinträchtigung auszugehen ist.

Hervorzuheben sind die in § 44 Abs. 1 BNatSchG enthaltenen Pflichten, bei Risiken und Gefahren durch Glas und Licht geeignete Vermeidungsmaßnahmen zu treffen. Dadurch kann das Risiko auf ein Normalmaß reduziert werden, sodass ein Zugriffsverbot nicht verwirklicht wird. Das ist deshalb wichtig, weil sich die Risiken, die durch den Einsatz von Glas und Licht entstehen, typischerweise durch geeignete Vermeidungsmaßnahmen wirkungsvoll vermindern lassen.[491] Bislang werden diese aber gar nicht oder nur ungenügend umgesetzt. Die Zugriffsverbote können mithin dazu dienen, die Anwendung von Vermeidungsmaßnahmen effektiv durchzusetzen.

Daneben kann der Lebensstättenschutz nach § 44 Abs. 1 Nr. 3 BNatSchG und das Störungsverbot nach § 44 Abs. 1 Nr. 2 BNatSchG mit Blick auf Lichtemissionen schützend eingreifen. In Bezug auf das Störungsverbot sind zwar auch hier erhebliche Störungen zu verlangen, dafür zielt die Vorschrift auf den Schutz der Tiere in den Zeiten besonderer Empfindlichkeit ab. So erstreckt sich der Verbotstatbestand nach richtlinienkonformer Auslegung auch auf Zugvogelschwärme während des Fluges. Aufgrund der besonderen Empfindlichkeit von Fledermäusen[492] kann das Störungsverbot für diese Tiere von gehobener Bedeutung sein. Die Verwirklichung hängt dabei auch von dem Erhaltungszustand der jeweiligen Population ab. Dadurch lässt sich ein angemessener, an Erhaltungszielen orientierter Schutz der betroffenen Arten erreichen.

Letztlich kann ein Verstoß gegen die Zugriffsverbote noch entfallen, wenn einer der Privilegierungstatbestände des § 44 Abs. 5 BNatSchG erfüllt ist. Seit der BNatSchG-Novelle 2017 beinhaltet lediglich § 44 Abs. 5 S. 1, 5 BNatSchG für Eingriffe bzw. Vorhaben eine Privilegierung, wonach Beeinträchtigungen von besonders

[491] Zu den Vermeidungsmaßnahmen gegen Vogelschlag siehe Seite 12 ff.; zu den Vermeidungsmaßnahmen Lichtemissionen betreffend siehe Seite 30 ff.

[492] Vgl. Seite 27.

geschützten Arten, die nicht in § 44 Abs. 5 S. 2 BNatSchG aufgezählt sind, nicht gegen § 44 BNatSchG verstoßen, wenn der mit dem Vorhaben verbundene Eingriff richtig gesehen und bewältigt worden ist. § 44 Abs. 5 S. 2 Nr. 1 BNatSchG enthält das von der Rechtsprechung entwickelte Signifikanzerfordernis und ist daher eher als Tatbestandsvoraussetzung denn als Privilegierung zu verstehen.

Schließlich können auch Ausnahmen nach § 45 BNatSchG und Befreiungen nach § 67 BNatSchG greifen. Allerdings sind diese für die Anwendung von Glas und Licht ohne größere Bedeutung, da die nachteiligen Auswirkungen von Glas und Licht auf Vögel, Fledermäuse und Insekten mithilfe von Vermeidungsmaßnahmen wirksam unterbunden oder ausreichend minimiert werden können.

4. Handlungs- und Anordnungsbefugnis nach § 3 Abs. 2 Hs. 2 BNatSchG

Neben den zuvor geprüften, präventiven rechtlichen Anforderungen des Naturschutzes im Rahmen von Zulassungsverfahren steht den zuständigen Behörden mit § 3 Abs. 2 Hs. 2 BNatSchG auch eine naturschutzrechtliche generalklauselartig gefasste repressive Eingriffsbefugnis zur Verfügung,[493] um die Einhaltung der naturschutzrechtlichen Vorschriften zu gewährleisten. Danach treffen die für Naturschutz und Landschaftspflege zuständigen Behörden die für die Einhaltung des BNatSchG und der auf Grund des BNatSchG erlassenen Vorschriften im Einzelfall erforderlichen Maßnahmen nach pflichtgemäßem Ermessen, um deren Einhaltung sicherzustellen, soweit nichts anderes bestimmt ist. In einigen Bundesländern ist § 3 Abs. 2 BNatSchG auch auf die naturschutzrechtlichen Landesvorschriften entsprechend anwendbar.[494]

a) Abdrängende Sondervorschrift

Die in § 3 Abs. 2 BNatSchG verankerte Eingriffsbefugnis ist spezielleren Regelungen gegenüber subsidiär.[495] Sonderbefugnisse insbesondere im Rahmen der Eingriffsregelung gem. §§ 15, 17 Abs. 1 und Abs. 8 BNatSchG und bei zwar nicht zulassungsbedürftigen aber anzeigepflichtigen Projekten nach § 34 Abs. 6 S. 4 BNatSchG finden insoweit vorrangig Anwendung.[496]

---

[493] *Krohn*, in: Schlacke (Hrsg.), GK-BNatSchG, 2. Aufl., 2017, § 3, Rn. 13.

[494] § 4 Abs. 1 NatSchG BW, § 30 Abs. 2 S. 2 BbgNatSchG, § 2 S. 1 HmbBNatSchG, § 8 Abs. 1 NatSchAG M-V, § 3 Abs. 1 S. 1 LNatSchG RP, § 2 S. 1 SächsNatSchG; siehe auch *dies.*, in: Schlacke (Hrsg.), GK-BNatSchG, 2. Aufl., 2017, § 3, Rn. 42; entsprechende Befugnisnormen sind in § 4 Abs. 1 S. 1 NatSchG Bln, § 2 Abs. 1 S. 2, 3 NAGBNatSchG, § 1 Abs. 3 S. 1, 2 NatSchG LSA nachgebildet; vgl. auch BVerwG, Urt. v. 01.06.2017 – 9 C 2/16, NVwZ 2017, 1634, 1636.

[495] *Krohn*, in: Schlacke (Hrsg.), GK-BNatSchG, 2. Aufl., 2017, § 3, Rn. 14.

[496] *Hendrischke*, in: Frenz/Müggenborg (Hrsg.), BNatSchG, 2. Aufl., 2016, § 3, Rn. 43; eine Übersicht der abdrängenden Sondervorschriften findet sich bei *Krohn*, in: Schlacke (Hrsg.), GK-BNatSchG, 2. Aufl., 2017, § 3, Rn. 14.

Zum Teil enthalten landesrechtliche Bauordnungsvorschriften Ermächtigungsgrundlagen, nach welchen rechtmäßig bestehende Anlagen, die nicht (mehr) öffentlich-rechtlichen Anforderungen entsprechen, angepasst werden müssen (bspw. § 59 BauO NRW). Diese Vorschriften stellen generelle Regelungen dar und sind nicht abschließend,[497] weshalb dadurch die parallele Anwendung von § 3 Abs. 2 Hs. 2 BNatSchG nicht ausgeschlossen wird. Die Subsidiarität schließt zudem eine Doppelzuständigkeit nicht aus, sodass die Überwachungsaufgabe der Bauaufsichtsbehörden nach den Vorschriften des jeweils einschlägigen Landesrechts (bspw. § 58 Abs. 1 S. 2 BauO NRW) die Befugnis der Naturschutzbehörden gem. § 3 Abs. 2 Hs. 2 BNatSchG nicht einschränkt.[498]

b) Tatbestandsvoraussetzungen des § 3 Abs. 2 Hs. 2 BNatSchG

aa) Naturschutzbezogene Rechtsverletzung

§ 3 Abs. 2 Hs. 2 BNatSchG setzt für die Tatbestandsverwirklichung eine Verletzung naturschutzbezogener Rechtssätze voraus.[499] Eine naturschutzbezogene Rechtsverletzung liegt nicht erst bei einer eingetretenen und andauernden Störung vor, sondern bereits bei Vorliegen einer konkreten Gefahr.[500] Der Wortlaut des § 3 Abs. 2 Hs. 2 BNatSchG spricht darüber hinaus umfassend von der „Einhaltung der Vorschriften".[501] Im Hinblick der Ziele von Naturschutz und Landschaftspflege i.S.d. § 1 BNatSchG ist der Begriff auch zustandsbezogen zu verstehen, sodass die Ermächtigung den durch das Verhalten geschaffenen Zustand in den Blick nimmt.[502] Daher geht die Ermächtigung über die Gefahrenabwehr im engeren Sinne hinaus und räumt der Behörde die Befugnis ein, die Wiederherstellung des früheren Zustands zu verlangen.[503]

---

[497] Vgl. für § 59 BauO NRW n.F. *Wenzel*, in: Gädtke (Hrsg.), BauO NRW, 12. Aufl., 2011, § 87, Rn. 8.

[498] Explizit BVerwG, Urt. v. 01.06.2017 – 9 C 2/16, NVwZ 2017, 1634, 1636; VGH Kassel, Beschl. v. 20.12.1999 – 4 TG 4637/98, NVwZ-RR 2000, 494; *Hendrischke*, in: Frenz/Müggenborg (Hrsg.), BNatSchG, 2. Aufl., 2016, § 3, Rn. 28; *Krohn*, in: Schlacke (Hrsg.), GK-BNatSchG, 2. Aufl., 2017, § 3, Rn. 41, wonach § 3 Abs. 2 Hs. 2 BNatSchG und andere Generalklauseln gleichberechtigt nebeneinanderstehen.

[499] *Hendrischke*, in: Frenz/Müggenborg (Hrsg.), BNatSchG, 2. Aufl., 2016, § 3, Rn. 31.

[500] *Ders.*, in: Frenz/Müggenborg (Hrsg.), BNatSchG, 2. Aufl., 2016, § 3, Rn. 32; *Krohn*, in: Schlacke (Hrsg.), GK-BNatSchG, 2. Aufl., 2017, § 3, Rn. 21; weitergehend *Müller-Walter*, in: Lorz/Konrad et. al. (Hrsg.), Naturschutzrecht, 3. Aufl., 2013, § 3 BNatSchG Rn. 7.

[501] Als umfassende Befugnisnorm anerkennt *Müller-Walter*, in: Lorz/Konrad et. al. (Hrsg.), Naturschutzrecht, 3. Aufl., 2013, § 3 BNatSchG Rn. 5; *Lütkes*, in: Lütkes/Ewer (Hrsg.), BNatSchG, 2. Aufl., 2018, § 3, Rn. 6.

[502] *Fischer-Hüftle/Schumacher*, in: Schumacher/Fischer-Hüftle (Hrsg.), BNatSchG, 2. Aufl., 2011, § 3, Rn. 6.

[503] So die Rspr. in ähnlichen Fällen, vgl. VG Stuttgart, Beschl. v. 21.10.1998 – 3 K 3411/98, NuR 1999, 186; VGH Mannheim, Urt. v. 01.10.1991 – 5 S 1823/90, NVwZ-RR 1992, 350; *Fischer-Hüftle/Schumacher*, in: Schumacher/Fischer-Hüftle (Hrsg.), BNatSchG, 2. Aufl., 2011, § 3, Rn. 6; a.A. *Lau*, in: Frenz/Müggenborg (Hrsg.), BNatSchG, 2. Aufl., 2016, § 44, Rn. 2.

Ein Verstoß gegen naturschutzrechtliche Vorschriften kann etwa bei dem Einsatz von Glas in baulichen Anlagen in der (absehbaren) Verwirklichung der artenschutzrechtlichen Zugriffsverbote nach § 44 Abs. 1 Nr. 1 BNatSchG bestehen.[504] Der Einsatz von Licht kann zu einer Verletzung, Tötung oder Störung i.S.d. § 44 Abs. 1 Nr. 1 und 2 BNatSchG führen.[505] Bei der Verwendung von Glas lässt sich anhand der Umstände des jeweiligen Einzelfalls ermitteln, ob ausgehend von den Kollisionsfällen der Vergangenheit in Zukunft mit weiterem Vogelschlag zu rechnen ist. Für das Vorliegen einer konkreten Gefahr, bedarf es zur Verwirklichung des § 44 Abs. 1 Nr. 1 BNatSchG eines signifikant erhöhten Tötungsrisikos.[506] Die Verwendung von Licht kann zur Anlockung und Tötung von Insekten führen sowie eine erhebliche Störung von Vögeln, Fledermäusen und Insekten zur Folge haben.[507] Zur Feststellung einer konkreten Gefahr i.S.d. § 3 Abs. 2 Hs. 2 BNatSchG kann die zuständige Behörde aus naturschutzfachlicher Sicht ermitteln, ob eine erhebliche Störung i.S.d § 44 Abs. 1 Nr. 2 BNatSchG bzw. die Verwirklichung des Tötungsverbots nach § 44 Abs. 1 Nr. 1 BNatSchG mit einer hinreichenden Wahrscheinlichkeit zu erwarten ist.

Ein naturschutzbezogener Rechtsverstoß kann sich auch aus einer Verletzung des Verbots der erheblichen Beeinträchtigung von FFH-Gebieten gem. § 34 Abs. 2 bzw. § 33 Abs. 1 BNatSchG ergeben.[508] Die Verwendung von Glas oder Licht kann zu einer erheblichen Beeinträchtigung eines Natura 2000-Gebiets in seinen für die Erhaltungsziele oder den Schutzzweck maßgeblichen Bestandteilen führen, indem sich der Erhaltungszustand durch Vogelschlag oder durch die nachteiligen Auswirkungen von Lichtimmissionen verschlechtert.[509]

bb) Legalisierungswirkung von Genehmigungen

Indes ist fraglich, ob einer Handlungs- und Anordnungsbefugnis gem. § 3 Abs. 2 Hs. 2 BNatSchG die Legalisierungswirkung einer Genehmigung entgegensteht. Eine wirksam genehmigte Anlage steht nicht im Widerspruch zu öffentlich-rechtlichen Vorschriften, auch wenn sie materiell gegen diese Normen verstößt.[510] Die (Bau-)Genehmigung als Verwaltungsakt wird zum Schutzschild, selbst wenn die bauliche Anlage im Wiederspruch zum materiellen Recht steht.[511] Allerdings gilt

---

[504] Siehe Seite 94 ff.; *Krohn*, in: Schlacke (Hrsg.), GK-BNatSchG, 2. Aufl., 2017, § 3, Rn. 17 m.w.N.

[505] Siehe Seite 96 ff.; darüber hinaus kann auch ein Verstoß gegen landesrechtliche Vorschriften bestehen, bspw. sind Himmelstrahler (sog. Skybeamer) gem. § 21 Abs. 1 S. 2 LNatSchG BW im Außenbereich unzulässig, vgl. *Hildebrandt*, VBlBW 1999, 250, 254.

[506] Siehe Seite 89 ff.

[507] Siehe Seite 97 f. und Seite 107 f.

[508] Vgl. VG Augsburg, Beschl. v. 31.03.2014 – Au 2 S 14.81, juris, Rn. 22 f.

[509] Siehe Seite 64.

[510] *Nicolai*, in: Koch/Hendler (Hrsg.), Baurecht, 6. Aufl., 2015, § 26, Rn. 22; ausführlich zur Legalisierungswirkung *Peine*, JZ 1990, 201 ff.

[511] *Finkelnburg/Ortloff/Kment*, Öffentliches Baurecht Bd. I, 7. Aufl. 2017, § 4, Rn. 20.

dies nur so weit, wie die Legalisierungswirkung reicht.[512] Die Bindungswirkung der (Bau-)Genehmigung ergibt sich aus ihrem sachlichen Regelungsgehalt.[513]

Die Verwendung von Glas oder Licht erfolgt in der Regel durch die Errichtung oder Änderung von baulichen Anlagen. Als Genehmigungen kommen dafür solche nach dem BImSchG sowie insbesondere die Baugenehmigung (z. B. § 74 Abs. 1 BauO NRW) in Betracht.

(1) Immissionsschutzrechtliche Genehmigung, §§ 6, 4 BImSchG

Für genehmigungsbedürftige Lichtanlagen[514] kann eine immissionsschutzrechtliche Genehmigung nach §§ 6, 4 BImSchG vorliegen, die der Befugnis gem. § 3 Abs. 2 Hs. 2 BNatSchG entgegenstehen könnte. Die Genehmigung ist gem. § 6 Abs. 1 BImSchG für eine Anlage gem. § 4 BImSchG zu erteilen, wenn sichergestellt ist, dass die sich aus §§ 5, 7 BImSchG ergebenden Pflichten erfüllt werden und andere öffentlich-rechtliche Vorschriften und Belange des Arbeitsschutzes der Errichtung und dem Betrieb der Anlage nicht entgegenstehen. Insbesondere ist die Anlage gem. § 5 Abs. 1 BImSchG so zu errichten und zu betreiben, dass zur Gewährung eines hohen Umweltschutzniveaus schädliche Umwelteinwirkungen nicht hervorgerufen werden und Vorsorge vor schädlichen Umwelteinwirkungen getroffen wird – vor allem durch die dem Stand der Technik entsprechenden Maßnahmen. Für die Bindungswirkung kommt es auf den im Bescheid zum Ausdruck kommenden objektiven Erklärungswillen der Behörde an.[515] Von ihm hängt es ab, ob die ausgehenden Lichtemissionen vom Regelungsgehalt der immissionsschutzrechtlichen Genehmigung erfasst sind.[516]

Ist die Lichtanlage alleiniger Genehmigungsgegenstand, erfasst der Regelungsgehalt die Lichtemissionen. Bei größeren Anlagen, die auch andere Emissionen hervorrufen, ist das im Einzelfall zu ermitteln. Selbst wenn die Lichtemissionen vom Regelungsgehalt umfasst sind, ergibt sich daraus für den Anlagenbetreiber keine Garantie, dass er die Anlage immer so betreiben kann, wie sie genehmigt wurde.[517] Im Gegensatz zum Baurecht gilt im Immissionsschutzrecht nicht der Grundsatz, dass eine eingeräumte Rechtsposition im Allgemeinen zu belassen ist.[518] Die immissionsschutzrechtliche Genehmigung entfaltet keinen absoluten Bestandsschutz

[512] *Sparwasser/Engel/Voßkuhle*, Umweltrecht, 5. Aufl. 2003, § 9, Rn. 241; *Kloepfer* spricht von einer konkludenten Genehmigung *Kloepfer*, Umweltrecht, 4. Aufl. 2016, § 13, Rn. 260.

[513] *Finkelnburg/Ortloff/Otto*, Öffentliches Baurecht Bd. II, 7. Aufl. 2018, § 8, Rn. 37; *Hilger*, Legalisierungswirkung, 1996, S. 123; ebenso *Johlen*, in: Gädtke (Hrsg.), BauO NRW, 12. Aufl., 2011, § 75, Rn. 4 u. 45.

[514] Siehe dazu Seite 141 ff.

[515] *Jarass*, BImSchG, 12. Aufl., 2017, § 6, Rn. 61; ähnlich zu anzeigebedürftigen Anlagen ausführlich BVerwG, Urt. v. 02.12.1977 – IV C 75.75, juris, Rn. 16 ff.

[516] Allgemein auf Emissionen bezogen *Jarass*, BImSchG, 12. Aufl., 2017, § 6, Rn. 62; bezogen auf CO2-Emissionen für eine Legalisierungswirkung *Kutscheidt*, DVBl 2000, 754, 757; a.A. *Spieth/Hamer*, ZUR 2004, 427, 431; *Hansmann*, DVBl 1997, 1421, 1427.

[517] *Jarass*, BImSchG, 12. Aufl., 2017, § 6, Rn. 56 m.w.N.

[518] BVerfG, Beschl. v. 14.01.2010 – 1 BvR 1627/09, NVwZ 2010, 771, Rn. 35; BVerwG, Urt. v. 30.04.2009 – 7 C 14/08, NVwZ 2009, 1441, Rn. 22; *Sendler*, WiVerw 1993, 235, 278.

gegen zukünftige Rechtsänderungen.[519] Darüber hinaus statuiert § 5 BImSchG dynamische Betreiberpflichten,[520] d. h. dem Betreiber einer nach §§ 4, 6 BImSchG genehmigungsbedürftigen Anlage obliegt gem. § 5 Abs. 1 Nr. 1 BImSchG die Schutzpflicht, schädliche Umwelteinwirkungen dauerhaft und nicht nur im Zeitpunkt der Genehmigungserteilung zu verhindern.[521] Diese Schutzpflicht wird verletzt, wenn die Zugriffsverbote nach § 44 Abs. 1 BNatSchG verwirklicht oder erhebliche Beeinträchtigungen nach § 34 Abs. 2 BNatSchG hervorgerufen werden. Dann hat der Betreiber die Pflicht, die erforderlichen Maßnahmen zu ergreifen und die Anlage entsprechend der dynamischen Betreiberpflichten anzupassen.[522] Diese Betreiberpflicht richtet sich nach dem jeweils einschlägigen Fachrecht,[523] vorliegend nach den Vorgaben des BNatSchG. Aufgrund dessen kann der Anlagenbetreiber nicht darauf vertrauen, dass die (Licht-)Anlage in Zukunft keinen zusätzlichen Anforderungen unterworfen wird. Entsprechend entfaltet die Genehmigung keine Bindungswirkung, weshalb aus der immissionsschutzrechtlichen Genehmigung keine dauerhafte Legalisierungswirkung erwächst.[524]

(2) Baugenehmigung

Auch die Legalisierungswirkung einer Baugenehmigung hängt vom Inhalt und damit vom Regelungsgehalt der Genehmigung ab.[525] Dies bestimmt sich nach dem materiellen Prüfprogramm, das die zuständige Baubehörde zu beachten hat.[526] Das materielle Prüfprogramm einer Baugenehmigung richtet sich nach den einschlägigen Vorschriften des jeweiligen Landesbauordnungsrechts.[527] Im Regelfall muss die Bauaufsichtsbehörde die Vereinbarkeit des baulichen Vorhabens mit allen einschlägigen öffentlich-rechtlichen Vorschriften prüfen.[528] Insoweit erstreckt sich der

---

[519] BVerwG, Urt. v. 30.04.2009 – 7 C 14/08, NVwZ 2009, 1441, Rn. 22.

[520] *Jarass*, BImSchG, 12. Aufl., 2017, § 5, Rn. 2 m.w.N.

[521] BVerwG, Urt. v. 11.12.2003 – 7 C 19/02, NVwZ 2004, 610, 611; *Kloepfer*, Umweltrecht, 4. Aufl. 2016, § 14, Rn. 282.

[522] BVerwG, Urt. v. 21.12.2011 – 4 C 12/10, NVwZ 2012, 636, Rn. 18; *Jarass*, BImSchG, 12. Aufl., 2017, § 5, Rn. 33 ff.

[523] BVerwG, Urt. v. 21.12.2011 – 4 C 12/10, NVwZ 2012, 636, Rn. 18; BVerwG, Urt. v. 30.04.2009 – 7 C 14/08, NVwZ 2009, 1441, Rn. 25; BVerfG, Beschl. v. 14.01.2010 – 1 BvR 1627/09, NVwZ 2010, 771, Rn. 44.

[524] *Sparwasser/Engel/Voßkuhle*, Umweltrecht, 5. Aufl. 2003, § 9, Rn. 241, die eine Legalisierungswirkung bei entgegenstehenden dynamischen Betreiberpflichten verneinen; *Hilger*, Legalisierungswirkung, 1996, S. 92; implizit BVerwG, Urt. v. 21.12.2011 – 4 C 12/10, NVwZ 2012, 636, Rn. 18.

[525] Siehe Seite 120.

[526] BVerwG, Beschl. v. 25.10.1995 – 4 B 216/95, NVwZ 1996, 377; *Johlen*, in: Gädtke (Hrsg.), BauO NRW, 12. Aufl., 2011, § 75, Rn. 82.

[527] Vgl. etwa § 74 BauO NRW.

[528] *Finkelnburg/Ortloff/Otto*, Öffentliches Baurecht Bd. II, 7. Aufl. 2018, § 7, Rn. 57 ff.; § 62 Abs. 1 S. 1 HBauO; § 64 BbgBO; § 72 Abs. 1 BremLBO; § 74 Abs. 1 BauO NRW; § 70 Abs. 1 LBauO RLP; § 72 Abs. 1 HBO; § 70 Abs. 1 S. 1 NBauO; § 77 Abs. 1 LBO SL; § 71 Abs. 1 BauO LSA.

Regelungsgehalt der Baugenehmigung auf die Feststellung, dass öffentlich-rechtliche Vorschriften dem Vorhaben nicht entgegenstehen, sodass eine Legalisierungswirkung in Immissionsschutz- (Lichtimmissionen) und Umweltbelangen (Verwendung von Glas) regelmäßig gegeben ist.

(a) Prüfungsumfang nach Landesbauordnungsrecht

Nach manchen Landesbauordnungen (Bayern, Berlin, Sachsen, Mecklenburg-Vorpommern und Thüringen) wird die Baugenehmigung erteilt, wenn keine öffentlich-rechtlichen Vorschriften entgegenstehen,[529] die im bauaufsichtlichen Verfahren zu prüfen sind.[530] Das materielle Prüfprogramm ist hier eingeschränkt und bezieht neben bauplanungs- und bauordnungsrechtlichen Vorschriften nur sog. aufgedrängtes öffentliches Recht,[531] nicht aber sämtliche öffentlich-rechtliche Vorschriften mit ein.[532] Ein aufgedrängtes öffentliches Recht liegt dann vor, wenn das jeweilige Fachrecht im Falle eines Baugenehmigungsverfahrens diesem die Prüfung des materiellen Fachrechts zuweist (bspw. § 17 Abs. 1 BNatSchG).[533] Bei anderen sonstigen öffentlich-rechtlichen Vorschriften erfolgt im Rahmen des Baugenehmigungsverfahrens keine Prüfung, ob ein Verstoß vorliegt. Entsprechend bleibt ungeprüft, ob der Einsatz von Glas und Licht ein Verstoß gegen die Zugriffsverbote gem. § 44 Abs. 1 BNatSchG darstellt oder eine erhebliche Beeinträchtigung nach § 34 Abs. 2 BNatSchG auslöst. Gleiches gilt für vereinfachte Genehmigungsverfahren, bspw. gem. § 63 NBauO.[534] Das hat zur Folge, dass sich die Feststellungswirkung der Baugenehmigung nur auf die geprüften Vorschriften erstreckt.[535] Wegen des eingeschränkten Prüfprogramms enthält die Baugenehmigung nicht die abschließende Feststellung, dass das Vorhaben nicht gegen öffentlich-rechtliche Vorschriften

---

[529] *Dies.*, Bauordnungsrecht, Nachbarschutz, Rechtsschutz, 6. Aufl. 2010, S. 109.

[530] Vgl. Art. 68 Abs. 1 S. 1 BayBO; § 71 Abs. 1 BauO Bln; § 72 Abs. 1 LBauO M-V; § 72 Abs. 1 SächsBO; § 71 Abs. 1 S. 1 ThürBO.

[531] BY LT-Drs. 15/7161, S. 65; der Wortlaut der Norm der anderen Länder (Berlin, Mecklenburg-Vorpommern, Sachsen und Thüringen) ist identisch, weshalb sich keine Unterschiede zum bayerischen Recht ergeben.

[532] VGH Mannheim, Urt. v. 15.02.1996 – 3 S 1914/95, juris, Rn. 34; vgl. auch Art. 59, 60 BayBO, dazu *Robl*, BeckOK BauordnungsR Bayern, 3. Ed. 1.3.2017, BayBO, Art. 59 Rn. 8; §§ 63, 64 BauO Bln; §§ 62 Abs. 1, 63 ThürBO; §§ 63 Abs. 1, 64 LBauO M-V; §§ 63, 64 SächsBO; kritisch dazu *Nicolai*, in: Koch/Hendler (Hrsg.), Baurecht, 6. Aufl., 2015, § 23, Rn. 23.

[533] Eine Übersicht des sonstig zu prüfenden öffentlichen Rechts findet sich bei *Jäde*, in: ders. (Hrsg.), PdK-BayBO, 6. Aufl., 2017 Art. 59, Nr. 2.4.; zur Eingriffsregelung *Kaiser*, in: Ehlers/Fehling/Pünder (Hrsg.), Besonderes Verwaltungsrecht, Bd. 2, 3. Aufl., 2013, § 41, Rn. 51.

[534] *Ekardt/Beckmann/Schenderlein*, NJ 2007, 481, 485 m.w.N.; *Kaiser*, in: Ehlers/Fehling/Pünder (Hrsg.), Besonderes Verwaltungsrecht, Bd. 2, 3. Aufl., 2013, § 41, Rn. 79. Das vereinfachte Genehmigungsverfahren kann je nach Ausgestaltung der Landesbauordnung den Regelfall bilden. Eine Übersicht bei *Finkelnburg/Ortloff/Otto*, Öffentliches Baurecht Bd. II, 7. Aufl. 2018, § 7, Rn. 27 ff.

[535] *Wenzel*, in: Gädtke (Hrsg.), BauO NRW, 12. Aufl., 2011, § 68, Rn. 19.

verstößt (sog. Unbedenklichkeitserklärung).[536] Entsprechend wird dadurch die Entstehung eines Vertrauensschutzes des Antragstellers und dadurch eine Legalisierungswirkung verhindert.[537] Etwas anderes ergibt sich nur bei einer „überfrachteten“ Genehmigung, bei der die Bauaufsichtsbehörde die Übereinstimmung mit nicht zu prüfenden Anforderungen ausdrücklich feststellt.[538]

Sachlich beseitigt die Baugenehmigung das präventive Verbot und lässt das Vorhaben zu.[539] Neben dieser Gestaltungswirkung besteht die Baugenehmigung auch aus einem feststellenden Teil.[540] Für die Legalisierungswirkung ist entscheidend, ob die Feststellung der Genehmigung, das Vorhaben stehe nicht im Widerspruch zu öffentlich-rechtlichen Vorschriften, das Vorhaben in seiner Wirkung auch für die Zukunft insgesamt öffentlich-rechtlich, insbesondere polizeirechtlich, abschließend beurteilt und zulässt.[541] Der Baugenehmigung kommt für die Zukunft eine Sicherungsfunktion zu: Sie sichert nach ihrer Ausnutzung den Bestand und die Nutzung des fertiggestellten Bauwerks.[542] Dieser sachliche Kerngehalt entfaltet Bindungswirkung und dadurch auch eine Legalisierungswirkung, die einer nachträglichen Anordnung entgegensteht.

Allerdings verändern sich die Anforderungen an die bauliche Anlage mit fortschreitender technischer Entwicklung.[543] Dies gilt auch für neu entstandene oder nicht vorausgesehene Gefahrenlagen, wenn z. B. neue Gefahrenherde erkennbar werden.[544] Die Erfordernisse an die Sicherheit von baulichen Anlagen ist daher keine statische Größe, sondern abhängig von zukünftigen Erkenntnissen und

---

[536] OVG Koblenz, Beschl. v. 18.11.1991 – 8 B 11955/91, NVwZ-RR 1992, 289, 290; *Jäde*, in: ders. (Hrsg.), PdK-BayBO, 6. Aufl., 2017 Art. 68, Nr. 1.3.1.1.; *Wenzel*, in: Gädtke (Hrsg.), BauO NRW, 12. Aufl., 2011, § 68, Rn. 19.

[537] *Nicolai*, in: Koch/Hendler (Hrsg.), Baurecht, 6. Aufl., 2015, § 23, Rn. 45; *Kaiser*, in: Ehlers/Fehling/Pünder (Hrsg.), Besonderes Verwaltungsrecht, Bd. 2, 3. Aufl., 2013, § 41, Rn. 114; *Finkelnburg/Ortloff/Otto*, Öffentliches Baurecht Bd. II, 7. Aufl. 2018, § 7, Rn. 25.

[538] *Kaiser*, in: Ehlers/Fehling/Pünder (Hrsg.), Besonderes Verwaltungsrecht, Bd. 2, 3. Aufl., 2013, § 41, Rn. 57; OVG Saarlouis, Beschl. v. 31.05.2007 – 2 A 189/07, NVwZ-RR 2007, 741, Rn. 12; OVG Koblenz, Urt. v. 22.11.2011 – 8 A 10636/11, NVwZ-RR 2012, 304, Rn. 23; krit. *Hornmann*, NVwZ 2012, 1294; a.A. *Ekardt/Beckmann/Schenderlein*, NJ 2007, 481, 485.

[539] *Finkelnburg/Ortloff/Otto*, Öffentliches Baurecht Bd. II, 7. Aufl. 2018, § 8, Rn. 4.

[540] *Kaiser*, in: Ehlers/Fehling/Pünder (Hrsg.), Besonderes Verwaltungsrecht, Bd. 2, 3. Aufl., 2013, § 41, Rn. 55.

[541] Für Bodeneinträge entsprechend *Sparwasser/Engel/Voßkuhle*, Umweltrecht, 5. Aufl. 2003, § 9, Rn. 242.

[542] *Finkelnburg/Ortloff/Otto*, Öffentliches Baurecht Bd. II, 7. Aufl. 2018, § 8, Rn. 32 ff.

[543] OVG Lüneburg, Urt. v. 23.09.1976 – I A 94/74, BRS 30, 1976, 303, 304.

[544] *Nicolai*, in: Koch/Hendler (Hrsg.), Baurecht, 6. Aufl., 2015, § 26, Rn. 20, der argumentiert, dass nachträgliche Konfliktlagen – hier am Beispiel von Lärmemissionen – auf der Grundlage des BImSchG zu lösen sind. Für Verletzungen bzw. Konfliktlagen schädlicher Umwelteinwirkungen lässt sich dieses Argument auch auf die Fälle des BNatSchG übertragen.

Wertungen.[545] So steht eine bestandskräftige Baugenehmigung einer nachträglichen Anordnung gem. § 24 BImSchG[546] für eine nicht genehmigungsbedürftige BImSch-Anlage nicht entgegen.[547]

Im Ergebnis schützt die Baugenehmigung zwar den genehmigten Bestand,[548] sodass die in der Baugenehmigung vorausgesetzte Nutzung weiter möglich sein muss. Jedoch vermittelt die Genehmigung keinen Vertrauensschutz dahingehend, dass die bauliche Anlage unabhängig von Emissionen und deren Auswirkungen unbeschränkt genutzt werden kann.[549]

(b) Einschränkung des Vertrauensschutzes durch Art. 6 Abs. 2 FFH-RL

Eine Einschränkung des Vertrauensschutzes einer Baugenehmigung ergibt sich auch bei der Beachtung des unionsrechtlich vorgegebenen Verschlechterungs- und Störungsverbots gem. Art. 6 Abs. 2 FFH-RL. Diese Verbote wurden durch das allgemeine Verschlechterungsverbot gem. § 33 Abs. 1 BNatSchG umgesetzt.[550] Ein Verstoß gegen § 33 Abs. 1 BNatSchG ist folglich als naturschutzrechtliche Rechtsverletzung gem. § 3 Abs. 2 Hs. 2 BNatSchG beachtlich.

Früher wurde angenommen, dass eine bestehende Nutzung nicht gegen Art. 6 Abs. 2 FFH-RL verstoßen könne.[551] In seiner Entscheidung zur Waldschlößchenbrücke[552] hat der Europäische Gerichtshof bekräftigt, dass das Verschlechterungs- und Störungsverbots gem. Art. 6 Abs. 2 FFH-RL eine laufende Verpflichtung darstellt.[553] Damit steht fest, dass auch bei bereits genehmigten und verwirklichten Projekten eine nachträgliche Verträglichkeitsprüfung erforderlich sein kann.[554] Das Verschlechterungs- und Störungsverbot ist zudem auch auf Projekte anzuwenden,

---

[545] OVG Lüneburg, Urt. v. 23.09.1976 – I A 94/74, BRS 30, 1976, 303, 304; *Wenzel*, in: Gädtke (Hrsg.), BauO NRW, 12. Aufl., 2011, § 87, Rn. 13.

[546] § 24 BImSchG dient der Durchsetzung der Anforderungen gem. § 22 BImSchG, worunter nach § 22 Abs. 1 S. 1 Nr. 1 BNatSchG auch die Schutzpflicht fällt, schädliche Umwelteinwirkungen zu verhindern.

[547] BVerwG, Urt. v. 24.09.1992 – 7 C 6/92, juris, Rn. 22; BVerwG, Beschl. v. 09.03.1988 – 7 B 34/88, juris; BVerwG, Beschl. v. 26.08.1988 – 7 B 124/88, NVwZ 1989, 257.

[548] *Jarass*, BImSchG, 12. Aufl., 2017, § 22, Rn. 41.

[549] Hier auf nächtliche Lärmemissionen bezogen BVerwG, Urt. v. 24.09.1992 – 7 C 6/92, juris, Rn. 22; weitergehend BVerwG, Urt. v. 23.10.2008 – 7 C 4/08, NVwZ 2009, 647, Rn. 17.

[550] *Heugel*, in: Lütkes/Ewer (Hrsg.), BNatSchG, 2. Aufl., 2018, § 33, Rn. 2.

[551] *Erbguth/Schubert*, DVBl 2006, 591, 596.

[552] EuGH, Urt. v. 14.01.2016 – C-399/14, NVwZ 2016, 595 ff.

[553] GAin Sharpston, Schlussantrag v. 24.09.2015 – C-399/14, Celex-Nr. 62014CC0399, Rn. 43, darauf verweisend EuGH, Urt. v. 14.01.2016 – C-399/14, NVwZ 2016, 595, Rn. 37; ähnlich bereits EuGH, Urt. v. 14.01.2010 – C-226/08, Slg. 2010, I-131, Rn. 46.

[554] BVerwG, Urt. v. 15.07.2016 – 9 C 3/16, NVwZ 2016, 1631, Rn. 38 f.; ausführlich *Möckel*, in: Schlacke (Hrsg.), GK-BNatSchG, 2. Aufl., 2017, § 34, Rn. 11; EuGH, Urt. v. 14.01.2016 – C-399/14, NVwZ 2016, 595, Rn. 42 ff.; *Müller-Mitschke*, NuR 2018, 453, 456.

die auf der Grundlage einer Verträglichkeitsprüfung zugelassen wurden.[555] Die Zulassungsprüfung erfolgt präventiv, wobei zukünftige Auswirkungen und mögliche erhebliche Beeinträchtigungen nur prognostisch abgeschätzt werden.[556] Ergibt sich später doch eine erhebliche Beeinträchtigung, etwa weil die Verträglichkeitseinschätzung fehlerhaft war oder neue Erkenntnisse hinsichtlich der Empfindlichkeit geschützter Lebensraumtypen und Arten vorliegen, greift die fortlaufende Schutzpflicht.[557] Diese Schutzpflicht kann Schutz- und Wiederherstellungsmaßnahmen, aber auch Beendigungs- und Rückbauanordnungen erforderlich machen.[558] Die Zulassung, insbesondere die Baugenehmigung, steht dann einer Verpflichtung zur Vornahme von Schutz- und Vermeidungsmaßnahmen nicht entgegen.[559]

(c) Keine Korrektur fehlerhafter Baugenehmigungen

Die Handlungs- und Anordnungsbefugnis nach § 3 Abs. 2 Hs. 2 BNatSchG bietet allerdings keine Grundlage zur Korrektur fehlerhafter Baugenehmigungen.[560] Deshalb sind nach Genehmigungserteilung getroffene Maßnahmen, die den Kerngehalt betreffen, d. h. die bauliche Anlage grundlegend ändern oder die Nutzung vereiteln,[561] erst nach Widerruf (§ 49 VwVfG) oder Rücknahme (§ 48 VwVfG) der Baugenehmigung möglich.[562] Bis dahin ist der Inhaber der Genehmigung vor einer

[555] *Beier*, NVwZ 2016, 575, 577; mit Betonung auf die Auswirkungen auf Bestandsvorhaben *Bick*, jurisPR-BVerwG 24/2016, Anm. 5, S. 3.

[556] *Möckel*, in: Schlacke (Hrsg.), GK-BNatSchG, 2. Aufl., 2017, § 33, Rn. 20.

[557] *Ders.*, in: Schlacke (Hrsg.), GK-BNatSchG, 2. Aufl., 2017, § 33, Rn. 20; ähnlich *Sobotta*, ZUR 2006, 353, 357; vgl. auch EuGH, Urt. v. 14.01.2016 – C-399/14, NVwZ 2016, 595, Rn. 74 ff.; *Müller-Mitschke*, NuR 2018, 453, 456 f.; *Beier*, NVwZ 2016, 575, 577; *Heugel*, in: Lütkes/Ewer (Hrsg.), BNatSchG, 2. Aufl., 2018, § 33, Rn. 3; *Würtenberger*, NuR 2010, 316, 319 f.

[558] *Möckel*, in: Schlacke (Hrsg.), GK-BNatSchG, 2. Aufl., 2017, § 33, Rn. 31 f.; ähnlich *Beier*, NVwZ 2016, 575, 580.

[559] *Würtenberger*, NuR 2010, 316, 320.

[560] *Wenzel*, in: Gädtke (Hrsg.), BauO NRW, 12. Aufl., 2011, § 61, Rn. 105; zur Sicherungsfunktion der Baugenehmigung *Finkelnburg/Ortloff/Otto*, Öffentliches Baurecht Bd. II, 7. Aufl. 2018, § 8, Rn. 32 ff.; für die bauordnungsrechtliche Ermächtigungsgrundlage OVG NRW, Beschl. v. 08.11.2000 – 10 B 986/00 n.v. (zit. nach *Wenzel*, in: Gädtke (Hrsg.), BauO NRW, 12. Aufl., 2011, § 61, Rn. 105); vgl. *Nicolai*, in: Koch/Hendler (Hrsg.), Baurecht, 6. Aufl., 2015, § 26, Rn. 22 ff.

[561] Bezüglich der grundlegenden Veränderung siehe auch Seite 53 f.; bei der Vornahme von Markierungen von Glasflächen zum Schutz vor Vogelschlag liegt noch keine grundlegende Änderung vor.

[562] *Hilger*, Legalisierungswirkung, 1996, S. 122; *Möckel*, in: Schlacke (Hrsg.), GK-BNatSchG, 2. Aufl., 2017, § 33, Rn. 32; *Kaiser*, in: Ehlers/Fehling/Pünder (Hrsg.), Besonderes Verwaltungsrecht, Bd. 2, 3. Aufl., 2013, § 41, Rn. 128; wohl auch *Gärditz*, DVBl 2010, 247, 249 f.; ähnlich BVerwG, Urt. v. 24.09.1992 – 7 C 6/92, juris, Rn. 22, wonach die Baugenehmigung keinen Vertrauensschutz für unbeschränkte (Lärm)Emissionen bietet; BVerwG, Urt. v. 18.05.1995 – 4 C 20/94, NVwZ 1996, 379, 380; BVerwG, Urt. v. 18.08.1960 – I C 42.59, juris, bei der die Baugenehmigung einer Anordnung nach BImSchG nicht entgegensteht; unklar *Wolf*, ZUR 2005, 449, 456 f.; *Fischer*, NVwZ 2004, 1057, 1061, der aufzeigt, dass für Beseitigungsanordnungen nicht die formelle Illegalität, sondern das Fehlen einer Baugenehmigung erforderlich ist.

Inanspruchnahme als Verhaltens- oder Zustandsstörer geschützt. Ein Einschreiten ist dann nur bei Maßnahmen zur Abwehr einer gegenwärtigen erheblichen Gefahrenlage möglich, bei der der Genehmigungsinhaber im Wege des polizeilichen Notstandes unter den Voraussetzungen als Nichtstörer (bspw. § 19 OBG NRW) Adressat einer gefahrenabwehrrechtlichen Maßnahme sein kann.[563]

(3) Zwischenergebnis

Im Ergebnis ist festzuhalten, dass eine immissionsschutzrechtliche Genehmigung keine Legalisierungswirkung gegenüber zukünftigen Rechtsänderungen oder Änderungen des Standes der Technik, an die eine Anlage dynamisch anzupassen ist, entfaltet. Sie kann insofern damit Anordnungen auf der Grundlage des § 3 Abs. 2 Hs. 2 BNatSchG nicht vollumfänglich abwehren. Bei einer Baugenehmigung richtet sich die Sicherungsfunktion nach dem Regelungsgehalt der Genehmigung. Bei einem umfassenden Prüfungsprogramm besteht insoweit eine Sicherungsfunktion, als dass durch Anordnungen der Kernbereich der Baugenehmigung nicht betroffen sein darf. So kann bspw. zwar nachträglich das Anbringen von Markierungen auf Glasflächen angeordnet werden, nicht aber die Ersetzung von Eckfenstern mit Mauerwerk. Ist der Prüfumfang im Genehmigungsverfahren eingeschränkt, wird dadurch die Entstehung eines schützenswerten Vertrauens gehindert und es tritt soweit keine Legalisierungswirkung ein. Auch bezüglich ausgehender Emissionen und deren Auswirkungen schafft die Baugenehmigung keinen Vertrauenstatbestand, nach dem die bauliche Anlage unbeschränkt genutzt werden kann. Selbiges gilt für eine Verletzung des Verschlechterungs- und Störungsverbots nach § 33 Abs. 1 BNatSchG, das der Umsetzung von Art. 6 Abs. 2 FFH-RL dient. Die darin zum Ausdruck kommende Schutzpflicht ist eine dauerhafte Verpflichtung, sodass auch nach Genehmigungserteilung Schutz- und Vermeidungsmaßnahmen auferlegt werden dürfen. Die Befugnis nach § 3 Abs. 2 Hs. 2 BNatSchG dient jedoch nicht zur Korrektur fehlerhafter Baugenehmigungen. Ist der Kernbereich der Baugenehmigung durch grundlegende Änderung, Nutzungsvereitelung oder Wesensänderung betroffen, steht die Legalisierungswirkung der Baugenehmigung entgegen und ermöglicht eine Inanspruchnahme außer im Wege des polizeilichen Notstandes nur bei Widerruf oder Rücknahme. Dagegen ist eine Anordnung i.S.d. § 3 Abs. 2 Hs. 2 BNatSchG, die den Kernbereich unberührt lässt, bspw. indem bei einer Lichtanlage das Anbringen eines UV-Filters aufgegeben wird, trotz Baugenehmigung uneingeschränkt möglich.

c) Rechtsfolge

Liegt eine naturschutzbezogene Rechtsverletzung vor und stehen auch sonstige Bestimmungen nicht entgehen, muss die zuständige Behörde das ihr gem. § 3 Abs. 2 Hs. 2 BNatSchG eröffnete Ermessen gem. den Grundsätzen des § 40 VwVfG

[563] Allgemein zur Inanspruchnahme des Nichtstörers *Gusy*, Polizei- und Ordnungsrecht, 10. Aufl. 2017, Rn. 379 ff.; daneben bestehen auch bauordnungsrechtliche Eingriffsbefugnisse, dazu ausführlich *Finkelnburg/Ortloff/Otto*, Öffentliches Baurecht Bd. II, 7. Aufl. 2018, § 15, Rn. 3 ff.

pflichtgemäß ausüben. Der Behörde steht neben dem Auswahlermessen ein am Opportunitätsprinzip orientiertes Entschließungsermessen zu.[564] Da die Rechtsfolge des § 3 Abs. 2 Hs. 2 BNatSchG den Generalklauseln des allgemeinen Polizei- und Ordnungsrechts entspricht, können die Grundsätze für die Wahl der Mittel und die Inanspruchnahme von Verantwortlichen entsprechend herangezogen werden.[565] Adressat der Maßnahme kann insofern der Betreiber oder Eigentümer einer baulichen Anlage als Verhaltens- oder Zustandsstörer sein.[566] Zudem hat die Behörde gem. § 3 Abs. 3 BNatSchG vorrangig zu prüfen, ob der verfolgte Zweck auch mit den Mitteln des Vertragsnaturschutzes erreicht werden kann.

aa) Entschließungsermessen

Allein aus der Verletzung des Naturschutzrechts folgt noch keine Pflicht zu behördlichem Einschreiten.[567] So darf die Behörde eine Prioritätenfolge bestimmen und sich auf besonders dringliche Fälle beschränken sowie Musterfälle herausgreifen.[568] Eine Ermessensreduktion auf Null und folglich eine Pflicht zum Einschreiten kann bei dringenden, erheblichen Gefahren, in denen ein schwerer Verstoß gegen naturschutzrechtliche Vorgaben oder immenser Schaden droht, bestehen.[569] Beim Einsatz von Licht und Glas treten große Schäden in der Regel durch die kumulierte Wirkung der Glasflächen bzw. Lichtquellen ein,[570] sodass der Verstoß gegen Naturschutzrecht durch die einzelne Verwendung von Glas oder Licht allein nicht zu einer Ermessenreduktion auf Null führt. Eine Ermessensreduktion[571] wegen einer negativen Vorbildwirkung besteht nicht, weil die Verwendung von Glas und Licht mit den daraus entstehenden Risiken und Gefahren für Tiere allgemein üblich ist und daher die Wiederholungs- oder Nachahmungsgefahr nicht erhöht wird.

Möglicherweise wirken unionsrechtliche Vorgaben auf die innerstaatliche Ermessenausübung ein. Hier könnte insbesondere die Verwirklichung der Zugriffsverbote aus § 44 Abs. 1 BNatSchG und die Vereitelung der Erhaltungsziele in Natura

---

[564] *Hendrischke*, in: Frenz/Müggenborg (Hrsg.), BNatSchG, 2. Aufl., 2016, § 3, Rn. 38; *Fischer-Hüftle/Schumacher*, in: Schumacher/Fischer-Hüftle (Hrsg.), BNatSchG, 2. Aufl., 2011, § 3, Rn. 8.

[565] *Hendrischke*, in: Frenz/Müggenborg (Hrsg.), BNatSchG, 2. Aufl., 2016, § 3, Rn. 31.

[566] *Ders.*, in: Frenz/Müggenborg (Hrsg.), BNatSchG, 2. Aufl., 2016, § 3, Rn. 34.

[567] BVerwG, Urt. v. 01.06.2017 – 9 C 2/16, NVwZ 2017, 1634, 1636; OVG Greifswald, Urt. v. 18.09.2003 – 1 L 279/01, NuR 2004, 739, 742; *Krohn*, in: Schlacke (Hrsg.), GK-BNatSchG, 2. Aufl., 2017, § 3, Rn. 24; a.A. *Fischer-Hüftle/Schumacher*, in: Schumacher/Fischer-Hüftle (Hrsg.), BNatSchG, 2. Aufl., 2011, § 3, Rn. 8.

[568] BVerwG, Beschl. v. 19.02.1992 – 7 B 106/91, NVwZ-RR 1992, 360; *Krohn*, in: Schlacke (Hrsg.), GK-BNatSchG, 2. Aufl., 2017, § 3, Rn. 27.

[569] *Krohn*, in: Schlacke (Hrsg.), GK-BNatSchG, 2. Aufl., 2017, § 3, Rn. 25; *Hendrischke*, in: Frenz/Müggenborg (Hrsg.), BNatSchG, 2. Aufl., 2016, § 3, Rn. 39.

[570] Siehe Seite 74 ff.

[571] *Krohn*, in: Schlacke (Hrsg.), GK-BNatSchG, 2. Aufl., 2017, § 3, Rn. 25.

2000-Schutzgebieten, die jeweils unionsrechtliche Vorgaben umsetzen,[572] einschlägig sein. Nach Art. 6 Abs. 2 FFH-RL treffen die Mitgliedstaaten die notwendigen Maßnahmen, um Störungen, die sich auf die Ziele der Richtlinie erheblich auswirken können, zu vermeiden. Geht also aus der Verwendung von Glas oder Licht eine erhebliche Störung[573] für ein Natura 2000-Gebiet hervor, besteht in der Regel eine Pflicht zum Einschreiten.[574] Ebenso verlangt Art. 12 Abs. 1 Hs. 1 FFH-RL ein strenges Schutzsystem für die nach der FFH- und Vogelschutz-Richtlinie geschützten Tierarten. Allerdings dürfte wohl eine einzelne Verwendung von Glas oder Licht das strenge Artenschutzregime nicht unterlaufen, sodass keine Pflicht zum Einschreiten seitens der Behörde bestünde.[575]

bb) Ermessenfehlerfreie Auswahl der Maßnahmen

Bei der Auswahl der Maßnahme steht der Behörde ein Auswahlermessen zu, das sie gem. § 40 VwVfG auszuüben hat. Die wichtigste Ermessensausübungsgrenze bildet der Verhältnismäßigkeitsgrundsatz.[576] Dieser verlangt, dass die Anordnung oder Maßnahme einen legitimen Zweck verfolgt sowie geeignet, erforderlich und angemessen ist.[577] Anordnungen und Maßnahmen gegen konkrete Gefahren oder Störungen durch Licht und Glas nach § 3 Abs. 2 Hs. 2 BNatSchG können entweder Vermeidungsmaßnahmen,[578] Wiederherstellungsmaßnahmen oder Nutzungs- oder Stilllegungsverfügungen enthalten.

(1) Vermeidungsmaßnahmen

Die vorgeschlagenen Vermeidungsmaßnahmen können die nachteiligen Auswirkungen wirksam reduzieren und sind zur Zweckverfolgung geeignet,[579] während Wiederherstellungsmaßnahmen aufgrund der Irreversibilität der durch Glas und Licht verursachten Tötungen und psychischen Störungen von vornherein ausscheiden.[580]

---

[572] Siehe Seite 81 f. und Seite 116 ff.

[573] Entsprechend dem europäischen Verhältnismäßigkeitsgebot nach Art. 5 Abs. 4 EUV; vgl. *Möckel*, in: Schlacke (Hrsg.), GK-BNatSchG, 2. Aufl., 2017, § 34, Rn. 6.

[574] BVerwG, Urt. v. 01.06.2017 – 9 C 2/16, NVwZ 2017, 1634, 1636; allgemein *Krohn*, in: Schlacke (Hrsg.), GK-BNatSchG, 2. Aufl., 2017, § 3, Rn. 26.

[575] Zu einem anderen Ergebnis gelangt man auch unter Berücksichtigung des effet utile Grundsatzes nicht. Denn die generelle Verpflichtung, ein strenges Schutzregime zu errichten, ist auch in der Art und Weise der Umsetzung den Mitgliedsstaaten überlassen. Lediglich die Verbote gem. Art. 12 Abs. 1 lit. a-d FFH-RL sind explizit vorgeschrieben. Daher entsteht keine Verpflichtung gefahrenabwehrrechtlich tätig zu werden.

[576] *Hendrischke*, in: Frenz/Müggenborg (Hrsg.), BNatSchG, 2. Aufl., 2016, § 3, Rn. 40.

[577] *Krohn*, in: Schlacke (Hrsg.), GK-BNatSchG, 2. Aufl., 2017, § 3, Rn. 34; *Pewestorf/Söllner/Tölle*, Polizei- und Ordnungsrecht, 2. Aufl. 2017, Rn. 11, Rn. 3.

[578] Siehe Seite 38 f.

[579] Vgl. die Übersicht auf Seite 38 f.

[580] Vgl. *Krohn*, in: Schlacke (Hrsg.), GK-BNatSchG, 2. Aufl., 2017, § 3, Rn. 34.

Vermeidungsmaßnahmen sind darauf gerichtet, eine Nutzung bei gleichzeitiger Vermeidung bzw. Reduzierung nachteiliger Auswirkungen zu ermöglichen. Das lässt sich bei den Vermeidungsmaßnahmen in Bezug auf Glas gut illustrieren: Anstatt auf die Glasfläche zu verzichten oder sie durch lichtdurchlässige, aber nur halbtransparente Materialien zu ersetzen, kann das Glas mit einer Markierung versehen werden, die aus Streifen, Punkten oder einem beliebigem Muster in bis zu 10 cm Abstand zueinander und mit einem Deckungsgrad von nur 15 % besteht.[581] Eine solche Markierung ist für das menschliche Auge zwar bis zu einer gewissen Entfernung wahrnehmbar, jedoch werden dadurch die Funktionen, denen die Glasfläche dient – vorrangig Belichtung und Durchsicht – nicht oder nur geringfügig beeinträchtigt. Auch die Vermeidungsmaßnahmen in Bezug auf den Einsatz von Licht lassen eine angemessene Beleuchtung der erforderlichen Bereiche zu und verhindern nicht den bestimmungsgemäßen Gebrauch der Lichtanlagen. Deswegen vereiteln die vorgeschlagenen Vermeidungsmaßnahmen nicht die Nutzung der baulichen Anlage.

Schwieriger zu beurteilen ist die Frage, ob die bauliche Anlage durch die Vornahme von Vermeidungsmaßnahmen grundlegend verändert wird, d. h. ein aliud darstellt.[582] Entscheidend ist dafür nicht die Funktionalität oder Nutzbarkeit der baulichen Anlage, sondern das veränderte Erscheinungsbild der baulichen Anlage durch die veränderte Beleuchtung oder durch die Verwendung von Glasmarkierungen. Die Frage ist zu bejahen, wenn die optisch wahrnehmbaren Veränderungen, die durch die Vornahme der Vermeidungsmaßnahme eintreten, so wesentlich sind, dass das Erscheinungsbild der baulichen Anlage die ihr beigemessene Identität verliert.[583] Dies hängt von dem jeweiligen subjektiven Empfinden des Einzelnen ab.[584] Bei der Beurteilung kann ergänzend auf die erteilte Baugenehmigung Bezug genommen werden, um zu ermitteln, ob es dem Vorhabenträger besonders auf eine bestimmte optische Gestaltung der baulichen Anlage ankam.

Bei Glas hängt die Wesentlichkeit der optischen Veränderung davon ab, wie stark die Vermeidungsmaßnahmen das Erscheinungsbild der Glasflächen verändern. So könnte im Einzelfall die Verwendung von Milchglas gegenüber transparentem Glas eine wesentliche Veränderung verursachen. Im Gegensatz dazu ist eine flächige Markierung auch bei extensivem Glaseinsatz aus der Entfernung nicht mehr zu erkennen, sodass das Erscheinungsbild keiner wesentlichen Veränderung unterliegt. Entsprechend wurde die Markierung eines Glaskubus als herausragende touristische Attraktion von der Rechtsprechung nicht als eine solche Veränderung anerkannt.[585] Bei der Beurteilung der Charakteristika einer baulichen Anlage in Bezug auf Licht kann es sich bei der baulichen Anlage um einen Ort mit besonderer Lichtbedeutung handeln, welcher aus historischen Gründen und insbesondere

---

[581] Siehe Seite 13 m.w.N.

[582] Vgl. OVG Berlin, Beschl. v. 25.04.2017 – OVG 10 N 64.13, juris, Rn. 6; *Wenzel*, in: Gädtke (Hrsg.), BauO NRW, 12. Aufl., 2011, § 69, Rn. 12.

[583] Siehe dazu auch Seite 54 f.

[584] Vgl. VG Köln, Urt. v. 24.07.2012 – 14 K 4263/11, juris, Rn. 67.

[585] VG Köln, Urt. v. 24.07.2012 – 14 K 4263/11, juris, Rn. 67.

touristischen Zwecken beleuchtet wird.[586] Dies ist vor allem dann anzunehmen, wenn es sich um eine historisch oder architektonisch-künstlerisch besonders wertvolle bauliche Anlage handelt, deren äußere Erscheinung vom Einsatz von Licht abhängt.[587] Eine grundlegende Änderung liegt dann vor, wenn das bezweckte Erscheinungsbild nicht mehr zum Ausdruck kommt, etwa weil durch die Wahl einer monochromatischen Lichtfarbe das Farbsehen nicht möglich ist.[588]

Insgesamt erfordern die Vermeidungsmaßnahmen weder einen Rückbau baulicher Anlagen noch eine anderweitige Beschränkung. Vielmehr sind mit den Vermeidungsmaßnahmen nur geringfügige Änderungen verbunden.[589] Je nachdem, wodurch das äußere Erscheinungsbild einer Anlage bestimmt wird, steht die Baugenehmigung den Vermeidungsmaßnahmen gegebenenfalls entgegen. Jedenfalls kann das Auswahlermessen der Behörde auf Vermeidungsmaßnahmen beschränkt sein, die das Erscheinungsbild und damit die bauliche Anlage nicht grundlegend verändern. Die entsprechende Ermessensausübung kann etwa durch die Vorgabe von Leuchtmitteln, die das Farbesehen ermöglichen, oder durch die Abschaltung außerhalb der benötigten Zeit erfolgen.[590] Insoweit sind bei Vorliegen einer Baugenehmigung aufgrund der bindenden Legalisierungswirkung die Maßstäbe der Verhältnismäßigkeit, insbesondere der Erforderlichkeit der jeweiligen Maßnahme, streng anzulegen.[591] Allerdings darf die Behörde den wirtschaftlichen Interessen des Adressaten keinen einseitigen Vorrang einräumen,[592] sodass auch kostenintensive Maßnahmen angeordnet werden können. Dies erfordert im Rahmen der Ermessensausübung nach § 40 VwVfG bzw. der entsprechenden landesrechtlichen Vorschrift eine Einzelfallprüfung, die sowohl die betroffene bauliche Anlage als auch die möglichen Vermeidungsmaßnahmen einbezieht.

Die Anordnung zur Vornahme von Vermeidungsmaßnahmen muss zur Wahrung des Verhältnismäßigkeitsgrundsatzes erforderlich sein, d. h. weniger intensive, gleich wirksame Maßnahmen dürfen nicht zur Verfügung stehen.[593] Dazu sind die Vermeidungsmaßnahmen so zu wählen, dass die Einhaltung der naturschutzrechtlichen Normen und der aufgrund des BNatSchG erlassenen Vorschriften möglichst schonend erreicht wird. Um die nachteiligen Auswirkungen von Glas und Licht zu verhindern, wurde ein Katalog unterschiedlicher Vermeidungsmaßnahmen entwickelt.[594] Welche Maßnahme als besonders schonend zu wählen ist, orientiert sich an den Umständen des jeweiligen Einzelfalls, sodass eine Einzelfallentscheidung erforderlich ist. Insbesondere ist eine Vermeidungsmaßnahme zu wählen, die den

[586] Vgl. bspw. *Senatsverwaltung für Stadtentwicklung*, Lichtkonzept Berlin, 2015, S. 22.

[587] Siehe dazu ausführlich Seite 54 f.

[588] Zum Farbsehen und der Wahl der Lichtfarbe Seite 31 ff.

[589] Vgl. die jeweiligen Vermeidungsmaßnahmen auf Seite 12 ff. und Seite 29 ff.

[590] So auch *Senatsverwaltung für Stadtentwicklung*, Lichtkonzept Berlin, 2015, S. 22.

[591] In Bezug auf Immissionen ähnlich *Jarass*, BImSchG, 12. Aufl., 2017, § 23, Rn. 18 i.V.m. § 7, Rn. 14; bei Lärmimmissionen zur Vergrämung von Vögeln auf mildere Maßnahmen abstellend VGH Mannheim, Urt. v. 04.11.2014 – 10 S 1663/11, juris, Rn. 72.

[592] Vgl. VGH Mannheim, Urt. v. 04.11.2014 – 10 S 1663/11, juris, Rn. 72.

[593] *Krohn*, in: Schlacke (Hrsg.), GK-BNatSchG, 2. Aufl., 2017, § 3, Rn. 36.

[594] Siehe Seite 38 f.

Einzelnen und die Allgemeinheit am wenigsten beeinträchtigt.[595] Im Rahmen der Angemessenheit ist zu prüfen, ob die Vermeidungsmaßnahme zu Nachteilen führt, die außer Verhältnis zum erstrebten Zweck stehen.[596] Angesichts des generell erheblichen öffentlichen Interesses am Schutz von Natur und Landschaft führt eine hohe Kostenlast oder ein Verlust materieller Werte noch nicht zur Unangemessenheit.[597] Im Ergebnis kommen Vermeidungsmaßnahmen – an den Umständen des Einzelfalles orientiert – grundsätzlich als verhältnismäßiges Mittel der Handlungs- und Anordnungsbefugnis des § 3 Abs. 2 Hs. 2 BNatSchG in Betracht.

(2) Nutzungsuntersagung und Stilllegungsverfügung

Fraglich ist allerdings, ob die Nutzungsuntersagung oder die Stilllegungsverfügung eine verhältnismäßige, insbesondere geeignete und erforderliche Maßnahme darstellt. Die Nutzungsuntersagung verbietet die rechtswidrige Nutzung eines Bauwerks oder nicht bebauten Grundstücks.[598] Eine Stilllegungsverfügung verlangt die Einstellung der Bauarbeiten.[599] Geeignet ist eine Maßnahme, die den angestrebten Erfolg erreicht oder zumindest die Zweckerreichung fördert. Wird die naturschutzbezogene Rechtsverletzung durch die Verwendung von Glas verursacht, scheidet die Nutzungsuntersagung bereits mangels Geeignetheit aus, weil Vogelschlag trotz Nutzungsbeendigung eintritt.[600]

Demgegenüber ist die Erforderlichkeit zu verneinen, wenn ein milderes Mittel gleicher Eignung ersichtlich ist. Wie oben gezeigt, kann ein effektiver Schutz und damit die naturschutzbezogene Rechtsverletzung durch die Vornahme von Vermeidungsmaßnahmen ausgeschlossen werden.[601] Die nachteiligen Auswirkungen von Glas können insbesondere durch die Markierung der Glasflächen vermieden werden, indem die Glasfläche mit einer Folie versehen wird, die das Glas mittels Muster, Streifen oder Punkten für die Vögel sichtbar macht.[602] Bei Licht sind mehrere Maßnahmen möglich, die auch nachträglich vorgenommen werden können, insbesondere die Abschirmung der Leuchte.[603] Dies verhindert, dass Licht in Naturflächen hinwirken kann und Anlockwirkungen entfaltet. Ebenso kann die Reduzierung von Beleuchtungsstärken und der Beleuchtungsdauer ein gleich geeignetes Mittel darstellen. Welche Vermeidungsmaßnahme allein oder mit anderen gemeinsam die gleiche Eignung wie eine Stilllegungsverfügung oder Nutzungsuntersagung aufweist, hängt von der spezifischen Risiko- und Gefahrenlage ab und ist aus naturschutzfachlicher Sicht im Einzelfall zu bestimmen.

---

[595] *Hendrischke*, in: Frenz/Müggenborg (Hrsg.), BNatSchG, 2. Aufl., 2016, § 3, Rn. 40.

[596] *Krohn*, in: Schlacke (Hrsg.), GK-BNatSchG, 2. Aufl., 2017, § 3, Rn. 37.

[597] *Dies.*, in: Schlacke (Hrsg.), GK-BNatSchG, 2. Aufl., 2017, § 3, Rn. 37 m.w.N.

[598] *Finkelnburg/Ortloff/Otto*, Öffentliches Baurecht Bd. II, 7. Aufl. 2018, § 14, Rn. 1 f.

[599] *Muckel/Ogorek*, Öffentliches Baurecht, 3. Aufl. 2018, § 9, Rn. 40.

[600] Vgl. dazu die Ursachen von Vogelschlag auf Seite 7 ff.

[601] Siehe Seite 116 f.

[602] Siehe Seite 12.

[603] Eine Übersicht findet sich auf Seite 38 f.

Insgesamt stehen häufig ebenso gleich geeignete, aber mildere Mittel zur Verfügung. Dementsprechend ist in diesen Fällen eine Stilllegungs- oder Nutzungsuntersagung nicht erforderlich und wäre auch nicht verhältnismäßig. Sollten Vermeidungsmaßnahmen jedoch im Einzelfall nicht gleich geeignet sein, kann die Anordnung einer Nutzungsuntersagung oder Stilllegung bei Lichtanlagen erforderlich sein, wenn sie im Einzelfall nicht unangemessen ist. Eine Erforderlichkeit der Nutzungsuntersagung oder Stilllegung liegt etwa bei Lichtanlagen vor, bei denen die Vermeidungsmaßnahmen nicht anwendbar sind, ohne dass der Beleuchtungszweck verloren geht. Ein Beispiel sind Skybeamer, die nicht mit geringerer Beleuchtungsstärke betrieben werden können, bei denen eine Abschirmung zwecklos ist und eine Abschaltung während der Zugzeit nicht ausreicht.[604] Hier liegt kein milderes Mittel vor, sodass die Nutzungsuntersagung oder Stilllegung nicht an der Erforderlichkeit scheitert. Da Skybeamer erhebliche nachteilige Auswirkungen verursachen[605] und im Regelfall keine besonders schützenswerten Interessen für die Nutzung von Skybeamern streiten,[606] ist eine Nutzungsuntersagung auch angemessen.

Im Ergebnis dürften Nutzungsuntersagungen und Stilllegungsverfügungen regelmäßig mangels Erforderlichkeit ausscheiden, weil mildere Vermeidungsmaßnahmen möglich sind, sodass die Anordnung bestimmter Vermeidungsmaßnahmen – etwa Glasscheiben an Gebäudeecken zu markieren[607] oder Lichtquellen abzuschirmen[608] – den Regelfall bilden dürften.

(3) Vertragsnaturschutz

Schließlich hat die Behörde nach § 3 Abs. 3 BNatSchG die Pflicht, vorrangig zu prüfen, ob das Ziel durch Maßnahmen des Vertragsnaturschutzes bei gleicher Wirksamkeit erreicht werden kann.[609] Die Verwendung von Glas und Licht hat auf die äußere Gestaltung baulicher Anlagen maßgeblichen Einfluss. Dieses Erscheinungsbild wird je nach gewählter Vermeidungsmaßnahme unterschiedlich modifiziert. Da eine als ästhetisch wahrgenommene Gestaltung vom subjektiven Empfinden des Betrachters abhängt und zur Begrenzung der nachteiligen Auswirkungen regelmäßig unterschiedliche Vermeidungsmaßnahmen zur Verfügung stehen, kann der Vertragsnaturschutz ein geeignetes und angemessenes Instrument darstellen und in diesen Fallkonstellationen als flexible, d. h. den individuellen Interessen der beteiligten Parteien Rechnung tragende Lösungsmöglichkeit von besonderer Bedeutung sein.

---

[604] Vgl. Seite 39.

[605] Siehe Seite 24 ff.

[606] Vorrangig Werbezwecke, vgl. *Herrmann/Baier/Bosecke*, NuL 2006, 115.

[607] Vgl. Seite 12.

[608] Siehe Seite 38 f.

[609] *Krohn*, in: Schlacke (Hrsg.), GK-BNatSchG, 2. Aufl., 2017, § 3, Rn. 49; *Hendrischke*, in: Frenz/Müggenborg (Hrsg.), BNatSchG, 2. Aufl., 2016, § 3, Rn. 55; *Müller-Walter*, in: Lorz/Konrad et. al. (Hrsg.), Naturschutzrecht, 3. Aufl., 2013, § 3, Rn. 14.

d) Ergebnis

Den Naturschutzbehörden steht nach § 3 Abs. 2 Hs. 2 BNatSchG eine Handlungs- und Anordnungsbefugnis zu. Diese Befugnis ist gegenüber spezielleren naturschutzrechtlichen Regelungen subsidiär, insbesondere gem. §§ 15, 17 Abs. 1 und Abs. 8 BNatSchG und § 34 Abs. 6 S. 4 BNatSchG. Dagegen ist die Vorschrift neben anderen Generalklauseln bspw. des Bauordnungsrechts anwendbar.

Bei der Verwendung von Glas und Licht ist die Behörde bei Verstößen, insbesondere gegen die Zugriffsverbote nach § 44 Abs. 1 BNatSchG und bei erheblichen Störungen nach § 34 Abs. 2 BNatSchG, gegen Normen des BNatSchG und der aufgrund des Gesetzes erlassenen Vorschriften zum Einschreiten berechtigt. Dabei steht es zur Disposition der Behörde, ob sie tätig wird. Lediglich bei erheblichen Störungen für Natura 2000-Gebiete liegt eine Pflicht zum Einschreiten vor. Die Behörde kann den Eigentümer oder Betreiber einer Anlage dazu verpflichten, Vermeidungsmaßnahmen zu ergreifen. Solange die Anordnung die bauliche Anlage nicht in ihrem Wesen ändert, steht auch eine etwaig erteilte Genehmigung dem Einschreiten nicht entgegen. Schließlich dürfte der Vertragsnaturschutz wegen der Vielzahl von unterschiedlichen Vermeidungsmaßnahmen ein geeignetes und angemessenes Instrument darstellen, um die Einhaltung des Naturschutzrechts sicherzustellen.

5. Zwischenfazit: Naturschutzrecht

Hervorzuheben ist der Befund, dass aus den naturschutzrechtlichen Vorschriften vorrangig ein Vermeidungsgebot folgt. Entweder wird der Vorhabenträger verpflichtet Vermeidungsmaßnahmen zu ergreifen oder das Vorhaben ist ohne die Vornahme von Vermeidungsmaßnahmen unzulässig. Diese Verpflichtung stellt ein geeignetes Instrumentarium dar, weil sich die nachteiligen Auswirkungen von Glas und Licht durch effektive Vermeidungsmaßnahmen abwenden oder zumindest deutlich vermindern lassen. Mit § 3 Abs. 2 BNatSchG steht ferner eine Ermächtigungsgrundlage zur Verfügung, mit Hilfe derer die Vermeidungsmaßnahmen konkretisiert bzw. durchgesetzt werden können.

a) Eingriffsregelung

Ein Eingriff nach §§ 13 ff. BNatSchG liegt vor, wenn die Verwendung von Glas und Licht eine Eingriffshandlung darstellt, der eine Eingriffswirkung zukommt. Weil Glas in anderen baulichen Anlagen verbaut wird und Lichtanlagen in aller Regel bauliche Anlagen darstellen, ist eine Eingriffshandlung zu bejahen. Die Eingriffswirkung setzt eine erhebliche Beeinträchtigung der Schutzgüter voraus. Während Glas und Licht den Naturhaushalt beeinträchtigen, kommt es bezüglich der Erheblichkeit auf die Umstände des Einzelfalls an. Je größer die Risiken und Gefahren durch die Verwendung von Glas und Licht sind, desto eher ist die Erheblichkeit gegeben. Daher dürften Beeinträchtigungen durch Vorhaben wie Hochhäuser, Straßenprojekte, Himmelsstrahler sowie Gebäude mit großen oder exponierten Glasfassaden als erheblich zu qualifizieren sein. Ob eine erhebliche Beeinträchtigung vorliegt, kann nur mit Hilfe einer naturschutzfachlichen Wirkungsprognose ermittelt werden, die nur eingeschränkt gerichtlich überprüfbar ist.

Sind die Auswirkungen als erheblich einzuschätzen, sind gem. § 15 Abs. 1 BNatSchG geeignete Vermeidungsmaßnahmen zu ergreifen, welche die Risiken und Gefahren auf ein Normalmaß absenken. Sind die Auswirkungen ausnahmsweise nicht vermeidbar, müssen diese durch Ausgleichs- oder Ersatzmaßnahmen gem. § 15 Abs. 2 BNatSchG kompensiert werden. Die Eingriffsregelung ist in ihrem räumlichen Anwendungsbereich beschränkt und nur auf Vorhaben im Außenbereich gem. § 35 BauGB und auf planfeststellungsersetzende Bebauungsplänen unmittelbar anwendbar. Allerdings ist die Tatsache, dass ein Eingriff vorliegt, baurechtlich zu berücksichtigen.

b) Natura 2000-Gebiete

Die Verwendung von Glas und Licht kann zu einer Verschlechterung des Erhaltungszustands von Arten und Lebensräumen führen und damit eine erhebliche Beeinträchtigung der für die Erhaltungsziele oder den Schutzzweck maßgeblichen Bestandteile des Natura 2000-Gebietes auslösen. Das ist durch eine Verträglichkeitsprüfung gem. § 34 Abs. 1 BNatSchG zu ermitteln. Prüfpflichtig sind auch Projekte, die außerhalb des Natura 2000-Gebietes durchgeführt werden. Die Frage, wie weit der Radius der einzubeziehenden Projekte zu ziehen ist, beurteilt sich bei Glas nach den Verhaltensweisen der betroffenen Vogelarten. Hierzu können die Abstandsempfehlungen, die für die Beeinträchtigungen durch Windenergieanlagen entwickelt wurden, als Indiz herangezogen werden. Lichtanlagen sind noch bis zu einer Entfernung von 700 m vom Schutzgebiet einzubeziehen. Bei beleuchteten Türmen und Hochhäusern, deren Lichtemissionen weit in die Landschaft hineinwirken können, kann eine Prüfpflicht noch in 5 km Entfernung bestehen.

Ob eine erhebliche Beeinträchtigung vorliegt, ist durch eine naturschutzfachliche Beurteilung des Einzelfalls zu ermitteln. Hierbei sind Vorbelastungen, kumulierende Einwirkungen und Vermeidungsmaßnahmen zu berücksichtigen. Reaktions- und Belastungsschwellen, unterhalb derer keine erheblichen Beeinträchtigungen vorliegen, hängen von der Fähigkeit einer Art ab, den Verlust einzelner Individuen zu tolerieren. Diese Fähigkeit wird wiederum maßgeblich von der Empfindlichkeit der Art bestimmt. Reaktions- und Belastungsschwellen lassen sich für die Auswirkungen von Glas auf Vogelarten nicht quantifizieren, aber mittels einer Je-desto-Formel konkretisieren: Je geringer die Mortalitätsgefährdung ist, desto eher kann der Verlust einzelner Individuen kompensiert werden und desto eher verbleibt die Beeinträchtigung unterhalb der Reaktions- und Belastungsschwelle. Umgekehrt ist umso eher eine erhebliche Beeinträchtigung anzunehmen, je höher die Mortalitätsgefährdung ist. Die Mortalitätsgefährdung kann mithilfe des Mortalitäts-Gefährdungs-Index näher bestimmt und als Indiz für die Empfindlichkeit herangezogen werden, wobei die Besonderheiten des Schutzgebiets in der jeweiligen Einzelfallentscheidung zu berücksichtigen sind. Reaktions- und Belastungsschwellen lassen sich beim derzeitigen Forschungsstand für den Wirkfaktor Licht nicht ermitteln.

Ergibt die Verträglichkeitsprüfung, dass die Auswirkungen des Projekts oder Plans eine erhebliche Beeinträchtigung der Erhaltungsziele des Schutzgebietes zur Folge haben, ist das Projekt bzw. der Plan gebietsunverträglich und damit unzulässig.

Eine unzulässige Beeinträchtigung kann durch eine abweichende Zulassungsentscheidung nach § 34 Abs. 3 und Abs. 4 BNatSchG noch zugelassen werden. Das setzt allerdings voraus, dass keine zumutbaren Alternativen zur Verfügung stehen, die eine erhebliche Beeinträchtigung entfallen lassen. Die Vornahme von Vermeidungsmaßnahmen wird im Regelfall eine zumutbare Alternative darstellen, sodass es bei erheblichen Beeinträchtigungen auf die Wahl und Durchführung geeigneter Vermeidungsmaßnahmen ankommt.

c) Artenschutz

Das besondere Artenschutzrecht schützt durch die Zugriffsverbote aus § 44 Abs. 1 BNatSchG vor den nachteiligen Auswirkungen von Glas und Licht. Voraussetzung ist, dass die jeweilige Tierart vom Tatbestand geschützt wird. Hierzu gehören europäische Vogel- und Fledermausarten; der Schutz von Insekten fällt hingegen selektiv aus.

aa) Tötungs- und Verletzungsverbot

§ 44 Abs. 1 Nr. 1 BNatSchG verbietet die Verletzung oder Tötung jedes Individuums einer geschützten Tierart und ist auch auf Planungsentscheidungen anwendbar. Nach der Rechtsprechung und nunmehr nach § 44 Abs. 5 S. 1, 2 Nr. 1 BNatSchG muss bei Planungsentscheidungen das Risiko der Tötung eines geschützten Individuums signifikant erhöht sein. Nach der hier vertretenen Ansicht ist das Tötungsrisiko an der Mortalität der betroffenen Art im Naturraum zu messen. Die Mortalität im Naturraum bezeichnet die natürlichen, nicht aber die anthropogenen Mortalitätsrisiken, denen ein Tier ausgesetzt ist. Eine signifikante Risikoerhöhung ist anzunehmen,

- wenn Tiere aufgrund ihrer Verhaltensweisen im Vorhabenbereich ungewöhnlich stark von den Risiken der mit dem Vorhaben verbundenen Auswirkungen betroffen sein können,
- wenn sich die Risiken durch geeignete Vermeidungsmaßnahmen nicht auf ein Normalmaß absenken lassen und
- wenn aus naturschutzfachlicher Sicht das Tötungsrisiko im Vergleich zur natürlichen Mortalität deutlich gesteigert ist und sich das Risiko nicht zwangsläufig aus dem Zusammenleben von Mensch und Tier ergibt.

Ein signifikant erhöhtes Tötungsrisiko durch Glas wird umso eher gegeben sein, wenn bestimmte bzw. mehrere risikoerhöhende Kriterien erfüllt sind. Dazu zählen hohe Bebauungen, große Glasfronten, die Nähe zu Grünflächen, starke Spiegelungseffekte und viele Durchsichten sowie anlockende nächtliche Beleuchtungen. Bei Licht kommt es insbesondere auf das verwendete Leuchtmittel, die Helligkeit und die Standortfaktoren an. Ist das Risiko signifikant erhöht, kann die Verwirklichung durch die Vornahme geeigneter Vermeidungsmaßnahmen abgewendet oder zumindest minimiert werden. Im Übrigen greift das Verbot nach § 44 Abs. 5 S. 1, 5 BNatSchG bei Vorhaben nicht ein, bei denen die Aspekte des besonderen Artenschutzes hinsichtlich bestimmter Arten auf der vorgelagerten Ebene der Planungsentscheidung richtig gesehen und bewältigt worden sind.

bb) Störungsverbot

Das Störungsverbot nach § 44 Abs. 1 Nr. 2 BNatSchG erfasst alle Vogel- und Fledermausarten aber nur wenige Insektenarten. Geschützt sind lokale Populationen vor den psychischen Auswirkungen von Lichtimmissionen. Nach unionsrechtskonformer Auslegung sind unter den Begriff der lokalen Population auch Zugvögel während der Zugzeiten, d. h. auch im Flug, zu subsumieren. Die Verwendung von Glas führt zu keiner Verwirklichung des Störungsverbots.

Das Störungsverbot ist verwirklicht, wenn die Störung erheblich ist, also die Lichtimmissionen ein Maß erreichen, das zu einer Verschlechterung des Erhaltungszustands der Population führt. Das wird bei räumlich weitreichenden, beleuchtungsstarken Lichtquellen und bei der Beleuchtung von Fledermausquartieren der Fall sein. Auch diese Auswirkungen lassen sich durch Vermeidungsmaßnahmen wie Beleuchtungsabschaltungen (bspw. während der Zugzeit), Lichtstärkenreduzierungen und Abschirmungen vermindern, sodass das Verbot dann nicht verwirklicht ist.

cc) Lebensstättenschutz

Schließlich kann der Schutz der Fortpflanzungs- und Ruhestätten der besonders geschützten Arten einschlägig sein. Insbesondere können Lichtimmissionen zu einer Beeinträchtigung führen, welche die ökologische Funktion der Lebensstätte mindert oder aufhebt. Eine unmittelbare physische Einwirkung ist dafür nicht erforderlich, sodass die funktionale Beeinträchtigung durch Licht zu einer verbotenen Beschädigung oder Zerstörung der Lebensstätte i.S.d. § 44 Abs. 1 Nr. 3 BNatSchG führt.

d) Handlungs- und Anordnungsbefugnis

Die Naturschutzbehörden sind bei Verstößen durch die Verwendung von Glas und Licht gegen Normen den BNatSchG und der aufgrund des Gesetzes erlassenen Vorschriften nach § 3 Abs. 2 Hs. 2 BNatSchG zum Einschreiten berechtigt. In Betracht kommen insbesondere Verstöße gegen die Zugriffsverbote nach § 44 Abs. 1 BNatSchG durch signifikant erhöhte Tötungsrisiken und erhebliche Störungen sowie unzulässige Beeinträchtigungen nach § 34 Abs. 2 BNatSchG. Dabei steht es zur Disposition der Behörden (Entschließungsermessen), ob sie tätig wird. Lediglich bei erheblichen Störungen für Natura 2000-Gebiete liegt eine Pflicht zum Einschreiten vor. Die Behörde kann den Eigentümer oder Betreiber der Anlage dazu verpflichten, Vermeidungsmaßnahmen zu ergreifen. Solange die Anordnung die bauliche Anlage nicht in ihrem Kerngehalt betrifft, steht auch eine etwaig erteilte Genehmigung dem Einschreiten nicht entgegen.

II. Immissionsschutzrechtliche Anforderungen an die Verwendung von Licht

Die Auswirkungen von Licht durch Lichtanlagen könnten nach dem Bundes-Immissionsschutzgesetz (BImSchG) zu beurteilen sein. Voraussetzung hierfür ist, dass das BImSchG Anwendung findet (1.). Falls dies der Fall ist, stellt sich die Frage, ob Lichtanlagen – als Nebeneinrichtung – nach §§ 4, 6 BImSchG genehmigungsbedürftig sind (2.). Für diese ist zu prüfen, welche Pflichten gem. § 5 Abs. 1 BImSchG auf Lichtanlagen als Nebeneinrichtung einer genehmigungsbedürftigen Hauptanlage Anwendung finden (3.) und ob repressive Maßnahmen nach § 17 BImSchG ergriffen werden können (4.). Daneben sind auch nicht genehmigungsbedürftige Lichtanlagen spezifischen Pflichten gem. §§ 22 ff. BImSchG unterworfen (5.). Schließlich ist zu untersuchen, welche repressiven Maßnahmen nach § 24 BImSchG ergriffen werden können, um schädliche Umwelteinwirkungen durch Licht zu unterbinden (6.).

1. Anwendungsbereich des BImSchG

Die Vorschriften des BImSchG finden Anwendung, wenn es sich bei Lichtanlagen um Anlagen i.S.d. § 2 Abs. 1 i.V.m. § 3 Abs. 5 BImSchG handelt. Als Lichtanlagen kommen in Betracht

- öffentliche Straßen- und Wegebeleuchtungen,
- Lichtwerbeanlagen,
- Beleuchtungen von Flächen, bspw. Sportplätze, Reitanlagen und Parkplätze,
- Sicherheitsbeleuchtungen von Industrieanlagen, Funkmasten, Ölplattformen, Windenergieanlagen etc.,
- Leuchttürme,
- Außenbeleuchtungen von Gebäuden und
- nächtliche Illuminierungen von Gebäuden zu gewerblichen oder ästhetischen Zwecken.

a) Licht i.S.d. BImSchG

Nach § 3 Abs. 2 und 3 BImSchG gehört Licht zu den Emissionen und Immissionen i.S.d. BImSchG. Unter Licht i.S.v. § 3 Abs. 2, 3 BImSchG wird nach ganz überwiegender Auffassung das sichtbare Licht, d. h. der vom menschlichen Auge wahrnehmbare Bereich elektromagnetischer Wellen verstanden (380 und 780 nm Wellenlänge).[610] Wegen dieser restriktiven Auslegung werden vom Begriff Wellenlängen im UV-A (315–380 nm) und Infrarot-Bereich (780–1400 nm) nicht erfasst. Allerdings können Tiere teilweise einen größeren Spektralbereich an elektromagnetischen Wellen optisch wahrnehmen. So wurde für einige Vogelarten[611] und viele Insektenarten[612] die Sehfähigkeit im UV-A-Bereich nachgewiesen. Dieses restriktive Verständnis von Licht kann indes dem Wortlaut des § 3 Abs. 2, 3 BImSchG nicht entnommen werden. Sinn und Zweck des BImSchG sprechen für ein weites Verständnis des Begriffs Licht: Nach § 1 Abs. 1 BImSchG dient das Gesetz nicht allein einem anthropozentrischen Schutz, sondern neben anderen Schutzgütern auch dem Schutz von Tieren. Insofern können auch Wellenlängenbereiche, die zwar von Tieren, nicht aber vom Menschen optisch wahrgenommen werden können, unter den Lichtbegriff fallen. I.S.d. § 3 Abs. 2, 3 BImSchG und im Kontext dieses Gutachtens ist daher unter dem Begriff Licht auch der für das menschliche Auge nicht wahrnehmbare Bereich des UV-A Lichts zu verstehen (315–780 nm Wellenlänge).

Das BImSchG enthält in § 3 Abs. 3 eine Beschränkung des Begriffs der Lichtemission als Emission von Licht von einer Anlage. Lichtemissionen i.S.v. § 3 Abs. 3 BImSchG sind solche, die von einer künstlichen Lichtquelle, von deren Reflexion oder von der Reflexion natürlicher Lichtquellen herrühren. Die immissionsschutzrechtliche Begriffsbestimmung der Lichtemission ist auf den anlagenbezogenen Regelungsbereich des BImSchG (§§ 4 ff., 22 ff. BImSchG) beschränkt.

b) Lichtanlagen als Anlagen i.S.d. § 3 Abs. 5 Nr. 1 und 2 BImSchG

Der Anlagenbegriff ist in § 3 Abs. 5 BImSchG legaldefiniert. Dazu zählen

1. Betriebsstätten und sonstige ortsfeste Einrichtungen (Nr. 1),
2. Maschinen, Geräte und sonstige ortsveränderliche technische Einrichtungen sowie Fahrzeuge, soweit sie nicht der Vorschrift des § 38 BImSchG unterliegen (Nr. 2).[613]

---

[610] *Jarass*, BImSchG, 12. Aufl., 2017, § 3, Rn. 10; *Schulte/Michalk*, in: Giesberts/Rohmer (Hrsg.), BeckOK UmweltR, 2017, § 3 BimSchG, Rn. 26; *Thiel*, in: Landmann/Rohmer (Hrsg.), Umweltrecht, Bearbeitungsstand: 05/2017, § 3 BImSchG, Rn. 65.

[611] Mit genaueren Ausführungen und weiteren Nachweisen *Rössler/Laube/Weihs*, Vermeidung von Vogelanprall an Glasflächen, 2007, S. 45 ff.

[612] *Scheibe*, Straßenbeleuchtungen, 2000, S. 89.

[613] Bei der Nummer 3 handelt es sich um Grundstücke, die keine öffentlichen Verkehrswege sind und Emissionen verursachen. Grundstücke ohne Lichtanlagen verursachen hingegen allein keine Lichtemissionen und bleiben daher im Kontext der Untersuchung unberücksichtigt.

Lichtanlagen können ortsfest oder ortsveränderlich sein. Ortsfest ist eine Anlage, die auf Grund ihrer Art oder Konstruktion an ihren Standort gebunden ist.[614]

Die überwiegende Art von Lichtanlagen ist entweder durch den Lichtmast oder als Teil einer baulichen Anlage fest mit dem Erdboden verbunden.[615] Eine solche Verbindung mit einer baulichen Anlage oder dem Erdboden liegt etwa bei öffentlichen Straßen- und Wegebeleuchtungen, Lichtwerbeanlagen, einer Beleuchtung von Flächen (z. B. Sportplätzen, Reitanlagen und Parkplätzen), Sicherheitsbeleuchtungen von Industrieanlagen, Funkmasten, Ölplattformen, Windenergieanlagen, Leuchttürmen und Außenbeleuchtungen von Gebäuden vor. Derartige ortsfeste Beleuchtungen sind Anlagen i.S.d. § 3 Abs. 5 Nr. 1 BImSchG.

Ortsveränderliche technische Einrichtungen sind demgegenüber etwa Skybeamer, die ebenfalls unter den Anlagenbegriff des § 3 Abs. 5 Nr. 2 BImSchG fallen.

c) Eingeschränkter Geltungsbereich des BImSchG für öffentliche Straßen- und Wegebeleuchtungen?

Der für die soeben genannten Lichtanlagen vollumfänglich eröffnete Geltungsbereich des BImSchG könnte bezüglich öffentlicher Straßen- und Wegebeleuchtungen gem. § 2 Abs. 1 Nr. 4 BImSchG eingeschränkt sein.[616] Danach gelten für den Bau öffentlicher Straßen nur die §§ 41 bis 43 BImSchG. Allerdings umfasst der bundesimmissionsschutzrechtliche Straßenbegriff nur den eigentlichen Straßenkörper, also den Straßengrund, -unterbau, und -mantel (einschließlich Brücken, Tunnel, Lärmschutzeinrichtungen etc.[617]),[618] nicht aber Straßenbeleuchtungen.[619] Daher ist die Straßenbeleuchtung nicht Teil der öffentlichen Straße i.S.v. § 2 Abs. 1 Nr. 4 BImSchG, sondern als Anlage i.S.d. § 2 Abs. 1 Nr. 1 BImSchG zu qualifizieren. Folglich sind die Vorschriften des BImSchG vollständig auf öffentliche Straßen- und Wegebeleuchtungen anwendbar.

---

[614] *Schulte/Michalk*, in: Giesberts/Rheinhardt (Hrsg.), BeckOK UmweltR, 2017, § 3 BImSchG, Rn. 75; *Jarass*, BImSchG, 12. Aufl., 2017, § 3, Rn. 75.

[615] Vgl. *Seiler*, Nicht genehmigungsbedürftige Anlagen, 1985, S. 40; siehe auch oben auf Seite 42 f.

[616] So ohne nähere Begründung der Gemeinsame Runderlass *Land NRW* (Hrsg.), Lichtimmissionen, Messung, Beurteilung und Verminderung, MBl. NRW, 2015, S. 26.

[617] *Dietlein*, in: Landmann/Rohmer (Hrsg.), Umweltrecht, Bearbeitungsstand: 08/2014, § 2 BImSchG, Rn. 13.

[618] Anders für das Straßenrecht vgl. *ders.*, in: Landmann/Rohmer (Hrsg.), Umweltrecht, Bearbeitungsstand: 08/2014, § 2 BImSchG, Rn. 13.

[619] OVG Münster, Beschl. v. 01.07.2004 – 15 A 2188/04, NVwZ-RR 2004, 783 f.; VGH Kassel, Urt. v. 26.04.1988 – 11 UE 468/85, NJW 1989, 1500, Rn. 24; OVG Münster, Urt. v. 28.01.1980 – 1 A 1813/77, juris, Rn. 7; *Hofmann/Koch*, in: Führ (Hrsg.), GK-BImSchG, 2016, § 3, Rn. 214; *Jarass*, BImSchG, 12. Aufl., 2017, § 41, Rn. 14; *Dietlein*, in: Landmann/Rohmer (Hrsg.), Umweltrecht, Bearbeitungsstand: 08/2014, § 2 BImSchG, Rn. 15; *Sauthoff*, Öffentliche Straßen, 2. Aufl. 2010, Rn. 555.

d) Haupt- und Nebeneinrichtungen

Lichtanlagen können Hauptanlagen oder Nebeneinrichtungen einer Hauptanlage sein. Eine Nebeneinrichtung liegt vor, wenn die Lichtanlage eine dienende und untergeordnete Funktion ausfüllt.[620] Bei Leuchttürmen, Straßen- und Wegebeleuchtungen und Skybeamern ist der Hauptzweck die Lichtquelle, sodass eine Hauptanlage vorliegt. Lichtanlagen, die bei Industrieanlagen, Werbeanlagen, an Signaltürmen oder Windenergieanlagen sowie (Sicherheits-)Beleuchtungen in Fabrikanlagen oder auf Ölplattformen Verwendung finden, sind für den Betriebszweck zwar notwendig, haben aber gegenüber der Hauptanlage eine dienende, somit untergeordnete Funktion. Diese Lichtanlagen sind dementsprechend Nebeneinrichtungen einer Hauptanlage. Ob es sich bei der Lichtanlage um eine Haupt- oder eine Nebenanlage handelt, ist für den Geltungsbereich des BImSchG zunächst unbeachtlich. Diese Differenzierung entfaltet jedoch für die Frage der Genehmigungsbedürftigkeit Relevanz.

e) Zwischenergebnis

Es ist festzuhalten, dass Lichtquellen unabhängig davon, ob sie ortsfest oder beweglich, (selbstständige) Hauptanlage oder Nebeneinrichtung einer Hauptanlage sind, vom Anlagenbegriff und damit Geltungsbereich des BImSchG erfasst werden.

2. *Lichtanlagen als genehmigungsbedürftige BImSch-Anlagen*

Lichtanlagen könnten gem. §§ 4, 6 BImSchG genehmigungsbedürftig sein. Anlagen sind gem. § 4 Abs. 1 S. 1 BImSchG genehmigungsbedürftig, wenn die Anlage aufgrund ihrer Beschaffenheit oder ihres Betriebs in besonderem Maße geeignet ist, schädliche Umwelteinwirkungen hervorzurufen oder in anderer Weise die Allgemeinheit oder die Nachbarschaft zu gefährden, erheblich zu benachteiligen oder erheblich zu belästigen. Die Genehmigungspflichtigkeit einer Anlage ergibt sich nicht unmittelbar aus § 4 Abs. 1 S. 1 BImSchG, sondern aus der auf Grundlage des § 4 Abs. 1 S. 3 BImSchG erlassenen 4. BImSchV, die sämtliche genehmigungsbedürftigen Anlagen abschließend auflistet.[621]

---

[620] BVerwG, Beschl. v. 29.12.2010 – 7 B 6/10, NVwZ 2011, 429, Rn. 21; *Dietlein*, in: Landmann/Rohmer (Hrsg.), Umweltrecht, Bearbeitungsstand: 08/2014, § 4 BImSchG, Rn. 47 f.; dazu zählen insbesondere Hilfseinrichtungen und Sicherheitsvorkehrungen, BVerwG, Beschl. v. 29.12.2010 – 7 B 6/10, NVwZ 2011, 429, Rn. 20; BVerwG, Urt. v. 06.07.1984 – 7 C 71/82, NVwZ 1985, 46.

[621] *Böhm*, in: Führ (Hrsg.), GK-BImSchG, 2016, § 4, Rn. 32; *Dietlein*, in: Landmann/Rohmer (Hrsg.), Umweltrecht, Bearbeitungsstand: 08/2014, § 4 BImSchG, Rn. 15.

Lichtanlagen, die als Hauptanlagen zu qualifizieren sind – wie etwa Leuchttürme, öffentliche Straßen- und Wegebeleuchtungen oder Skybeamer – werden von der 4. BImSchV nicht erfasst, so dass sie nicht nach dem BImSchG genehmigungsbedürftig sind.

Die Genehmigungsbedürftigkeit von Nebeneinrichtungen[622] richtet sich nach der Genehmigungsbedürftigkeit der Hauptanlage (§ 1 Abs. 2 Nr. 2 der 4. BImSchV). Nebeneinrichtungen, wie etwa Sicherheitsbeleuchtungen bei Windenergieanlagen[623] oder für (Industrie-)Anlagen, die der 4. BImSchV unterfallen,[624] sind nach §§ 4, 6 BImSchG als Teil der Hauptanlage genehmigungsbedürftig.

Es kann festgehalten werden, dass Lichtanlagen als eigenständige Hauptanlagen nicht nach dem BImSchG genehmigungsbedürftig sind. Allenfalls sind Lichtanlagen als untergeordnete Nebeneinrichtung einer gem. §§ 4, 6 BImSchG genehmigungsbedürftigen Hauptanlage zu qualifizieren. Im Rahmen der Genehmigung für Hauptanlagen ist folglich zu untersuchen, ob von den Lichtanlagen als Nebeneinrichtung ggf. schädliche Umwelteinwirkungen i.S.v. § 5 Abs. 1 i.V.m. § 3 Abs. 1 BImSchG ausgehen.

3. Anforderungen an Lichtanlagen als Nebeneinrichtung genehmigungsbedürftiger Anlagen

Lichtanlagen können als Nebeneinrichtung Bestandteil einer nach § 4 Abs. 1 BImSchG i.V.m. der 4. BImSchV genehmigungsbedürftigen Anlage sein. Diese unterliegt den Pflichten des § 5 Abs. 1 Nr. 1 und 2 BImSchG, die nachfolgend geprüft werden.

a) Sachlicher und persönlicher Anwendungsbereich

Die Pflichten des § 5 Abs. 1 BImSchG sind auf Errichtung und Betrieb der genehmigungsbedürftigen Anlage begrenzt.[625] Sachlich vom Anwendungsbereich erfasst ist der Anlagenbereich, wozu die für den Anlagenzweck genutzten Flächen gehören, darunter die Flächen, auf denen sich Haupt- und Nebeneinrichtungen befinden.[626] Gegenstand der Abwehrpflicht sind die Umweltauswirkungen, die von der Anlage

---

[622] Zur Unterscheidung von Neben- und Hauptanlagen siehe Seite 141.

[623] Vgl. Nr. 1.6 der Anlage zur 4. BImSchV.

[624] *Schmidt-Kötters*, in: Giesberts/Rheinhardt (Hrsg.), BeckOK UmweltR, 2017, § 4 BImSchG, Rn. 82.

[625] Vgl. nur *Jarass*, BImSchG, 12. Aufl., 2017, § 5, Rn. 3.

[626] *Ders.*, BImSchG, 12. Aufl., 2017, § 5, Rn. 113; *Dietlein*, in: Landmann/Rohmer (Hrsg.), Umweltrecht, Bearbeitungsstand: 08/2014, § 5 BImSchG, Rn. 223; *Hansmann*, NVwZ 1993, 921, 925 f.

ausgehen.[627] Da es sich bei Lichtanlagen um Nebeneinrichtungen handelt, sind deren Auswirkungen auf die Umwelt zu denen der genehmigungsbedürftigen Hauptanlage hinzuzurechnen.[628] Der persönliche Anwendungsbereich des § 5 Abs. 1 BImSchG erfasst den Betreiber, nicht aber den Errichter der Anlage.[629]

b) Gefahrenabwehr gegen schädliche Umwelteinwirkungen gem. § 5 Abs. 1 Nr. 1 BImSchG

Eine genehmigungsbedürftige BImSch-Anlage ist gem. § 5 Abs. 1 Nr. 1 BImSchG nur genehmigungsfähig, wenn die Anlage keine schädlichen Umwelteinwirkungen i.S.d. § 3 Abs. 1 BImSchG hervorruft.[630] Die Schädlichkeit der Umwelteinwirkung ist in § 3 Abs. 1 BImSchG legaldefiniert.[631] Schädliche Umwelteinwirkungen „sind Immissionen, die nach Art, Ausmaß oder Dauer geeignet sind, Gefahren, erhebliche Nachteile oder erhebliche Belästigungen für die Allgemeinheit oder die Nachbarschaft herbeizuführen."

aa) Lichtimmissionen als schädliche Umwelteinwirkungen

Lichtimmissionen könnten eine schädliche Umwelteinwirkung hervorrufen. Immissionen im Sinne des § 3 Abs. 2 BImSchG sind „auf Menschen, Tiere und Pflanzen, den Boden, das Wasser, die Atmosphäre sowie Kultur- und sonstige Sachgüter einwirkende Luftverunreinigungen, Geräusche, Erschütterungen, Licht, Wärme, Strahlen und ähnliche Umwelteinwirkungen".

Ausdrücklich wird Licht (315–780 nm Wellenlänge)[632] als Umwelteinwirkung erfasst. Das Schutzgut der Allgemeinheit aus § 3 Abs. 1 BImSchG bezieht Tiere und Pflanzen mit ein,[633] sodass die von Lichtimmissionen betroffenen nacht- und dämmerungsaktiven Tiere, darunter Fledermäuse und zahlreiche Vogel- und Insektenarten,

---

[627] *Jarass,* BImSchG, 12. Aufl., 2017, § 5, Rn. 4.

[628] *Dietlein,* in: Landmann/Rohmer (Hrsg.), Umweltrecht, Bearbeitungsstand: 08/2014, § 5 BImSchG, Rn. 93.

[629] *Jarass,* BImSchG, 12. Aufl., 2017, § 5, Rn. 10.

[630] Vgl. nur *Roßnagel/Hentschel,* in: Führ (Hrsg.), GK-BImSchG, 2016, § 5, Rn. 175.

[631] *Jarass,* BImSchG, 12. Aufl., 2017, § 3, Rn. 25 f.; ob die Definition einen einheitlichen Rechtbegriff darstellt oder sich je nach Kontext der jeweiligen Vorschrift unterscheidet, ist streitig. Für letzteres BVerwG, Urt. v. 17.02.1984 – 7 C 8/82, NVwZ 1984, 371, 373; *Jarass,* BImSchG, 12. Aufl., 2017, § 3, Rn. 26; a.A. *Hofmann/Koch,* in: Führ (Hrsg.), GK-BImSchG, 2016, § 3, Rn. 2 ff.; überzeugend *Thiel,* in: Landmann/Rohmer (Hrsg.), Umweltrecht, Bearbeitungsstand: 05/2017, § 3 BImSchG, Rn. 12 f., der die Problematik als Auslegungsproblem des Schädlichkeitsbegriffs ansieht.

[632] Siehe hierzu Seite 139.

[633] *Schulte/Michalk,* in: Giesberts/Rheinhardt (Hrsg.), BeckOK UmweltR, 2017, § 3 BImSchG, Rn. 62; *Hofmann/Koch,* in: Führ (Hrsg.), GK-BImSchG, 2016, § 3, Rn. 26 f.; *Jarass,* BImSchG, 12. Aufl., 2017, § 3, Rn. 32.

aber auch Säugetiere, Reptilien, Amphibien, Fische oder Bodenkulturen, Schutzgüter sind, die vor den Auswirkungen der Lichtimmissionen geschützt werden sollen.[634]

(1) Gefahr

Die Lichtimmissionen müssen gem. § 3 Abs. 1 BImSchG „nach Art, Ausmaß oder Dauer geeignet sein, Gefahren, erhebliche Nachteile oder erhebliche Belästigungen“[635] für die Schutzgüter hervorzurufen. Lichtimmissionen können Gefahren und Nachteile i.S.d. § 3 Abs. 1 BImSchG verursachen.

Der Gefahrenbegriff kann der polizeirechtlichen Definition entnommen werden.[636] Danach ist von einer Gefahr auszugehen, wenn ein Verhalten oder eine Sachlage bei ungehindertem Ablauf des Geschehens mit hinreichender Wahrscheinlichkeit zu einem Schaden an einem Schutzgut führt[637] oder i.S.e. Störung bereits eingetreten ist.[638] In erster Linie ist eine Gefahr in Hinblick auf Lichtimmissionen dann zu bejahen, wenn ein Verhalten oder eine Sachlage eine Verbotsnorm zu verletzen droht. Das gilt insbesondere für Verstöße gegen die Zugriffsverbote aus § 44 Abs. 1 BNatSchG und gegen die allgemeine Schutzvorschrift gem. § 33 Abs. 1 BNatSchG.[639]

(2) Nachteil

Ferner könnten Lichtimmissionen zu erheblichen Nachteilen führen. Ein Nachteil liegt vor, wenn Interessen, die ansonsten keinem rechtlichen Schutz unterliegen, beeinträchtigt werden.[640] Erheblich ist ein Nachteil, wenn er nicht zumutbar ist.[641]

Sämtliche oben beschriebene Gefahren, wie etwa die durch Lichtimmissionen verursachte Tötung von Individuen sowie Verhaltens- und Populationsveränderungen, die einen Verbotstatbestand erfüllen, sind freilich auch Nachteile.[642]

---

[634] *Brüning/Hölker*, in: Held/Hölker/Jessel (Hrsg.), Schutz der Nacht, 2013, S. 69 ff.

[635] Nachfolgend werden nur Gefahren und Nachteile geprüft, da Belästigungen eine Beeinträchtigung des Menschen voraussetzen, die hier nicht in Rede steht; vgl. dazu *Roßnagel/Hentschel*, in: Führ (Hrsg.), GK-BImSchG, 2016, § 5, Rn. 109.

[636] Siehe nur *Kloepfer*, Umweltrecht, 4. Aufl. 2016, § 15, Rn. 203.

[637] *Schlacke*, Umweltrecht, 7. Aufl. 2019, § 9, Rn. 28; *Thiel*, in: Landmann/Rohmer (Hrsg.), Umweltrecht, Bearbeitungsstand: 05/2017, § 3 BImSchG, Rn. 33 m.w.N.; ebenso *Roßnagel/Hentschel*, in: Führ (Hrsg.), GK-BImSchG, 2016, § 5, Rn. 114.

[638] *Thiel*, in: Landmann/Rohmer (Hrsg.), Umweltrecht, Bearbeitungsstand: 05/2017, § 3 BImSchG, Rn. 34; *Gusy*, Polizei- und Ordnungsrecht, 10. Aufl. 2017, Rn. 108.

[639] Siehe Seite 57 ff. und Seite 84 ff.

[640] *Schlacke*, Umweltrecht, 7. Aufl. 2019, § 9, Rn. 28; begrifflich enger *Hofmann/Koch*, in: Führ (Hrsg.), GK-BImSchG, 2016, § 3, Rn. 25, der auf Vermögensnachteile abstellt; ähnlich *Kloepfer*, Umweltrecht, 4. Aufl. 2016, § 15, Rn. 205.

[641] Statt vieler *Jarass*, BImSchG, 12. Aufl., 2017, § 3, Rn. 53; siehe auch Fn. 649.

[642] Siehe dazu auch Seite 22 ff.

Aber auch wenn keine Verwirklichung einer naturschutzrechtlichen Verbotsnorm droht, kann ein Nachteil zu besorgen sein. Wie bereits zuvor ausgeführt, führen Lichtimmissionen sowohl zu Verhaltens- und Populationsveränderungen als auch zu Tötungen und Verletzungen.[643] Hervorzuheben sind

- die Verschlechterung von Habitaten für Fledermäuse durch künstliche Beleuchtung, sodass die Tiere die beleuchteten Habitate aufgeben,
- die Anlockwirkung künstlicher Beleuchtung auf Insekten, die aus ihren natürlichen Habitaten herausgezogen werden (Staubsaugereffekt) und an der Lichtquelle durch Verbrennen, Verhungern oder Erschöpfen verenden,
- die Barriereeffekte von Beleuchtungen, wodurch die Ausbreitungs- und Migrationsbewegungen unterbunden werden und
- die Störwirkung für nächtlich ziehende Zugvögel, die durch die Lichtimmissionen irritiert und vom Kurs abgebracht werden.

Darüber hinaus erbringen Insekten ökologische Dienstleistungen, die im rechtlichen Interesse anderer stehen, indem sie bspw. als Bestäuber notwendige Voraussetzung für landwirtschaftliche Erträge sind.[644] So führt die künstliche Beleuchtung von Pflanzen dazu, dass die Pflanzen wegen der Störwirkung des Lichts weniger häufig von Insekten aufgesucht, mit geringerer Wahrscheinlichkeit bestäubt werden und daher geringere Erträge ausbilden.[645] Zudem wird die ökologische Funktion von Vögeln, Fledermäusen und Insekten beeinträchtigt, als biologische Schädlingsbekämpfer und damit zugleich den Interessen der Landwirtschaft zu dienen.[646]

Schließlich führen nächtliche Beleuchtungen zu einer Veränderung der Nachtlandschaft. Lichtempfindliche Tierarten meiden die beleuchteten Bereiche, sodass dort die Artenvielfalt zurückgehen kann. Diese Auswirkung des Lichts auf Tiere mindert wiederum den Erholungswert der Natur für den Menschen, der ein rechtliches Interesse nicht wirtschaftlicher Art ist.[647] Gleiches gilt auch für die Aufhellung der Nacht, wodurch der Sternenhimmel nur eingeschränkt oder gar nicht mehr von Mensch und Tier wahrgenommen werden kann.[648]

(3) Erheblichkeit des Nachteils

Erfasst werden nach § 3 Abs. 1 BImSchG allerdings nur erhebliche Nachteile. Welche Gesichtspunkte für die Beurteilung der Erheblichkeit zu beachten sind, ist umstritten. Einigkeit besteht darüber, dass der Erheblichkeitsbegriff eine

---

[643] Siehe dazu Seite 22 ff.

[644] Vgl. *Nentwig/Bacher/Brandl*, Ökologie kompakt, 4. Aufl. 2017, S. 160; aber auch andere Tiere wie Kolibris oder Fledermäuse bestäuben Blüten, *Begon/Howarth/Townsend*, Ökologie, 3. Aufl. 2017, S. 296.

[645] Anschaulich *Knop/Zoller et al.*, Nature 2017, 206.

[646] *Nentwig/Bacher/Brandl*, Ökologie kompakt, 4. Aufl. 2017, S. 283 f.

[647] BVerwG, Urt. v. 13.04.1983 – 4 C 21/79, NVwZ 1985, 42, 44.

[648] Für Erholungszwecke explizit *Jarass*, BImSchG, 12. Aufl., 2017, § 3, Rn. 35.

Abwägung i.S.e. Zumutbarkeit erfordert.[649] Während nach einer Ansicht sämtliche Belange bei der Frage der Unzumutbarkeit berücksichtigt werden,[650] wozu auch wertende Elemente, insbesondere die emittentenseitigen Interessen an der störenden Nutzung zählen,[651] wird nach anderer Auffassung die Erheblichkeit maßgeblich anhand der Störungsintensität (Art, Ausmaß und Dauer der Immission) und den Kriterien der Vorbelastung aus der Sicht eines durchschnittlichen, verständigen Betroffenen beurteilt.[652] Hier überzeugt die Ansicht, die davon ausgeht, dass die Erheblichkeit eine gebietsspezifische Unzumutbarkeit voraussetzt.[653] Weil es nur auf die Gesamtimmission unabhängig von den Einzelbeiträgen ankommt, kann die Erheblichkeit nicht allein anhand der emittierenden Anlage bestimmt werden.[654] Die Güterabwägung verläuft zwischen dem Umweltschutz- und Industrieförderungszweck des BImSchG, deren konfligierenden Nutzungsinteressen durch ein räumlich differenziertes Zumutbarkeitsniveau auszutarieren sind.[655]

In diesem Sinne dürfte auch die höchstrichterliche Rechtsprechung zu verstehen sein. Ging das Bundesverwaltungsgericht zunächst davon aus, dass sich die Erheblichkeit nicht nach der Schutzwürdigkeit oder der Schutzbedürftigkeit der emittierenden Anlage, sondern nach der Empfindlichkeit des geschützten Rechtsgutes bestimme,[656] ist es von dieser Ansicht abgerückt. Es verlangt nunmehr eine

---

[649] St. Rspr. BVerwG, Urt. v. 25.02.1992 – 1 C 7/90, NVwZ 1992, 886, 887; BVerwG, Urt. v. 17.02.1984 – 7 C 8/82, NVwZ 1984, 371, 373; BVerwG, Urt. v. 12.12.1975 – IV C 71.73, juris, Rn. 22; *Schlacke*, Umweltrecht, 7. Aufl. 2019, § 9, Rn. 28; *Jarass*, BImSchG, 12. Aufl., 2017, § 3, Rn. 53; *Koch/Hofmann*, in: ders./Hofmann/Reese (Hrsg.), Handbuch Umweltrecht, 5. Aufl., 2018, § 4, Rn. 97; *Schmidt/Kahl/Gärditz*, Umweltrecht, 10. Aufl. 2017, § 7, Rn. 58; *Thiel*, in: Landmann/Rohmer (Hrsg.), Umweltrecht, Bearbeitungsstand: 05/2017, § 3 BImSchG, Rn. 46; *Dietlein*, in: Landmann/Rohmer (Hrsg.), Umweltrecht, Bearbeitungsstand: 08/2014, § 5 BImSchG, Rn. 55; *Sellner/Reidt/Ohms*, Immissionsschutzrecht und Industrieanlagen, 3. Aufl. 2006, S. 28; *Heilshorn/Sparwasser*, in: Landmann/Rohmer (Hrsg.), Umweltrecht, Bearbeitungsstand: 08/2015, § 22 BImSchG, Rn. 16; *Sparwasser/Engel/Voßkuhle*, Umweltrecht, 5. Aufl. 2003, § 10, Rn. 117; *Ohms*, Praxishandbuch Immissionsschutzrecht, 2003, Rn. 106; *Classen*, JZ 1993, 1042; *Kutscheidt*, NVwZ 1983, 65, 68; *Martens*, DVBl 1981, 597, 598; *Feldhaus*, DVBl 1979, 301, 305; ähnlich *Kloepfer*, Umweltrecht, 4. Aufl. 2016, § 15, Rn. 206; **a.A.** *Couzinet*, Zulässigkeit von Immissionen, 2007, S. 348 ff.; *Petersen*, Schutz und Vorsorge, 1991, S. 69 ff.; *Ziegler*, BayVBl 1986, 690, 693; *Murswiek*, staatliche Verantwortung, 1983, S. 318 ff.

[650] *Kutscheidt*, FS Feldhaus, S. 1, 18; *Feldhaus*, DVBl 1979, 301, 305 f.

[651] *Feldhaus*, DVBl 1979, 301, 305, der auch das Interesse an der Schaffung von Arbeitsplätzen in die Abwägung einstellen will.

[652] *Jarass*, BImSchG, 12. Aufl., 2017, § 3, Rn. 53 ff.; *Bodanowitz*, NJW 1997, 2351, 2352; *Engler*, Immissionsabwehranspruch, 1994, S. 115; weitergehend *Thiel*, in: Landmann/Rohmer (Hrsg.), Umweltrecht, Bearbeitungsstand: 05/2017, § 3 BImSchG, Rn. 47 ff.

[653] *Petersen*, Schutz und Vorsorge, 1991, S. 69 ff.; *Koch*, in: ders. (Hrsg.), Schutz vor Lärm, 1990, S. 41, 42; ähnlich *Classen*, JZ 1993, 1042, 1045.

[654] *Petersen*, Schutz und Vorsorge, 1991, S. 69.

[655] *Ders.*, Schutz und Vorsorge, 1991, S. 71; *Koch*, in: ders. (Hrsg.), Schutz vor Lärm, 1990, S. 41, 42, die in § 50 BImSchG, der BauNVO, der TA Lärm und der TA Luft eine Stütze ihrer Argumentation sehen.

[656] BVerwG, Beschl. v. 06.08.1982 – 7 B 67/82, NVwZ 1983, 155.

Abwägung und Bewertung der widerstreitenden Interessen,[657] zu denen auch solche der Emittenten zählen.[658] So hat das Bundesverwaltungsgericht in seiner Entscheidung zum Glockenläuten auf die Funktion des Geläuts Bezug genommen und anhand der sozialen Adäquanz die Erheblichkeit verneint.[659] Ebenso stellte das Bundesverwaltungsgericht in der Entscheidung zur Feueralarmsirene auf die Sozialadäquanz und die gesetzliche Wertung der Feuerwehrgesetze ab.[660] Im Übrigen falle die Beurteilung der Zumutbarkeit jedenfalls dann zulasten des Betroffenen aus, wenn der Betroffene eingewilligt hat oder sich rechtswidrig verhält und deshalb gegenüber der rechtmäßigen störenden Nutzung nicht schutzwürdig sei.[661]

Literatur und Rechtsprechung haben die Kriterien für die Abwägung von Interessen im Rahmen des Erheblichkeitsbegriffs bislang anhand von konfligierenden menschlichen Nutzungsinteressen entwickelt.[662] Ob sie auf Tiere, die von Lichtimmissionen betroffen sind, übertragen werden können, ist fraglich. Unproblematisch kann dies bejaht werden, wenn etwa Tierwohlbelange im subjektiven Interesse des Menschen stehen. So können Lichtimmissionen das Wohl von Rindern beeinträchtigen,[663] welches ein abwägungsfähiges Nutzungsinteresse des Landwirts ist.

Bei den aufgezeigten nachteiligen Auswirkungen von Lichtimmissionen auf Vögel, Fledermäuse und Insekten[664] handelt es sich um Naturschutzbelange.[665] Das hat zur Konsequenz, dass die anthropogenen Kriterien zur Bemessung der Störungsintensität leerlaufen. Ferner kann es nicht darauf ankommen, ob der Betroffene sich rechtswidrig verhält oder in die Störung eingewilligt hat. Gleiches gilt für die Beurteilung der Störungsintensität nach dem Maßstab eines durchschnittlichen, verständigen Betroffenen bzw. dem von der Rechtsprechung entwickelten Maßstab der Sozialadäquanz.[666] Für Nutzungskonflikte zwischen Mensch und Umwelt können

---

[657] BVerwG, Urt. v. 17.02.1984 – 7 C 8/82, NVwZ 1984, 371, 373, die Abkehr erfolgt allerdings ohne eine Auseinandersetzung mit der vorausgehenden Rechtsprechung; kritisch dazu *Jarass*, JZ 1993, 601, 603; ablehnend OVG Münster, Urt. v. 24.09.1987 – 21 A 1743/86, NVwZ-RR 1988, 13, 14; ein Überblick der Rspr. für Lärmimmissionen findet sich bei *Paetow*, NVwZ 2010, 1184.

[658] BVerwG, Beschl. v. 06.08.1982 – 7 B 67/82, NVwZ 1983, 155.

[659] BVerwG, Urt. v. 07.10.1983 – 7 C 44/81, NJW 1984, 989, 990; ähnlich bei der Beurteilung des nicht sakralen Läutens BVerwG, Urt. v. 30.04.1992 – 7 C 25/91, NJW 1992, 2779; kritisch *Koch*, NuR 1996, 276, 279.

[660] BVerwG, Urt. v. 29.04.1988 – 7 C 33/87, NJW 1988, 2396, 2397.

[661] BVerwG, Urt. v. 24.09.1992 – 7 C 6/92, juris, Rn. 14.

[662] Dies wird besonders anhand der Rspr. deutlich; vgl. die Entscheidungen in Fn. 649; exemplarisch BVerwG, Beschl. v. 03.05.1996 – 4 B 50/96, NVwZ 1996, 1001, 1002.

[663] VG Regensburg, Urt. v. 26.11.1984 – RN 5 K 83 A.2395, BeckRS 1984, 30992355.

[664] Siehe Seite 17 ff.

[665] *Jarass*, BImSchG, 12. Aufl., 2017, § 3, Rn. 34.

[666] Unter dem Begriff der Sozialadäquanz werden Verhaltensweisen beschrieben, die im Rahmen des menschlichen Zusammenlebens Beeinträchtigungen darstellen, jedoch von der Allgemeinheit akzeptiert werden, weil sie sich in den Grenzen des sozial Üblichen und Tolerierbaren halten, vgl. nur BVerwG, Urt. v. 30.04.1992 – 7 C 25/91, NJW 1992, 2779 m.w.N.; Hintergrund der Berücksichtigung emittentenseitiger Belange auf Tatsachenebene ist die zwingende Rechtsfolge des § 5 Abs. 1 Nr. 1 BImSchG, vgl. *Classen*, JZ 1993, 1042, 1045; zur Unterscheidung von tatsächlichen und rechtlichen Bewertungsmaßstäben siehe *Gaentzsch*, in: Koch (Hrsg.), Schutz vor Lärm, 1990, S. 31, 35.

die zuletzt genannten Beurteilungskriterien keine Anwendung finden, da die Beeinträchtigung von Natur und Umwelt durch Lichtimmissionen von der sozialen Adäquanz oder der allgemeinen Akzeptanz unabhängig ist.

Übertragbar ist indes der Gedanke, dass es nicht auf individuelle, sondern auf die besondere Empfindlichkeit ganzer Gruppen ankommt,[667] wie etwa Fledermäuse sowie nachtaktive Vögel und Insekten. Diese sind auf einen Lebensraum angewiesen, der frei von (künstlicher) Beleuchtung ist. Ihnen ist es nicht möglich, sich vor der von Lichtanlagen ausgehenden Anlockwirkung bzw. Irritationswirkung zu schützen.[668] Folglich ist nicht auf die Empfindlichkeit des einzelnen Individuums, aber auf die Empfindlichkeit der jeweiligen Tierart abzustellen.

Bislang sind die naturwissenschaftlichen Erkenntnisse nicht ausreichend, um die Empfindlichkeit bzw. die Störwirkung auf Artniveau zu bestimmen. Es lassen sich aber durchaus Aussagen zur Empfindlichkeit von Vögeln, Fledermäusen und Insekten treffen.[669] Die Empfindlichkeit lässt sich mittels der nachfolgenden Kriterien bestimmen.

Die Störungsintensität bemisst sich nach Art, Ausmaß und Dauer der Lichtimmission.[670] Unter der Art der Lichtimmission ist die spektrale Zusammensetzung des Lichts zu verstehen. Die spektrale Zusammensetzung des Lichts ist nach dem derzeitigen Kenntnisstand zwar nicht für Vögel und Fledermäuse, jedoch für Insekten von besonderer Bedeutung. Kurze Wellenlängen, wie blaues Licht und insbesondere das menschlich optisch nicht wahrnehmbare UV-A-Licht, wirken auf Insekten stark anziehend.[671]

Das Ausmaß der Lichtimmission hat einen maßgeblichen Effekt auf die Störwirkung. Im vorliegenden Zusammenhang ist darunter in erster Linie die Beleuchtungsstärke zu verstehen.[672] Die Beleuchtungsstärke gehört zu den wichtigsten Faktoren, um die Störwirkung und -intensität bestimmen zu können.[673] Je größer die Beleuchtungsstärke ist, desto schwerwiegendere Auswirkungen bzw. Schäden oder Nachteile treten ein.

Die Dauer[674] der Lichtimmission kann in dreifacher Hinsicht bedeutsam sein. Erstens ergibt sich aus einer längeren Beleuchtungsdauer eine höhere Wahrscheinlichkeit, dass Vögel, Fledermäuse und Insekten gestört werden, m.a.W.: Die Dauer beeinflusst die Eintrittswahrscheinlichkeit von Umwelteinwirkungen.[675] Zweitens

[667] VGH Mannheim, Urt. v. 28.07.1998 – 10 S 3242/96, NVwZ 1999, 85, 86; *Bodanowitz*, NJW 1997, 2351, 2352, *Jarass*, BImSchG, 12. Aufl., 2017, § 3, Rn. 60; ebenso VGH Mannheim, Urt. v. 29.03.2012 – 3 S 2658/10, NVwZ-RR 2012, 636, Rn. 40.

[668] Siehe dazu Seite 17 ff.

[669] Siehe Seite 15 ff.

[670] *Jarass*, BImSchG, 12. Aufl., 2017, § 3, Rn. 58.

[671] Siehe Seite 18 f.

[672] Allerdings ist eine Bestimmung der Helligkeit in Lux nicht ausreichend, weil die wahrgenommene Helligkeit bei jeder Tierart mitunter stark divergieren kann, vgl. Seite 19.

[673] Siehe Seite 19 f.

[674] Vgl. *Jarass*, BImSchG, 12. Aufl., 2017, § 3, Rn. 59; *Dietrich*, NVwZ 2009, 144, 145.

[675] Zum zweidimensionalen Gefahrenbegriff siehe Seite 3.

treten nachteilige Auswirkungen, wie der Tod von Insekten durch Erschöpfung und das Ablegen von Eiern an ungeeigneten Stellen, erst nach einer gewissen Zeit ein. Drittens hängt die Störwirkung auch von den Jahreszeiten ab. Insbesondere Zugvögel sind während der Zugzeiten von Lichtimmissionen betroffen.[676]

Hilfreich zur Bestimmung der Erheblichkeit eines Nachteils dürfte ferner der Ansatz sein, die widerstreitenden Interessen im betroffenen Gebiet i.S.e. gebietsspezifischen Unzumutbarkeit zu behandeln.[677] Dies bietet sich für Lichtimmissionen an, weil sowohl das Nutzungsinteresse an der Lichtanlage als auch die Umwelteinwirkung räumlich eng beieinanderliegen.[678]

Nicht in Betracht kommt indes eine Beurteilung der Zumutbarkeit nach Gebietsarten, die bauplanungsrechtlich bestimmt sind, wie etwa die Gebietstypen nach der BauNVO.[679] Während die Einteilung der jeweiligen Gebiete im Baurecht nach den Geboten der Rücksichtnahme und der Trennung widerstreitender Nutzungen erfolgt und damit ein verhältnismäßiger Ausgleich der widerstreitenden, im Kern anthropogenen Interessen ermöglicht, wird kein schonender Ausgleich anthropogener Nutzungsinteressen mit Belangen des Naturschutzes erreicht.[680] Das gilt insbesondere für Lichtimmissionen, deren schädliche Auswirkungen umso größer sind, je mehr Tiere davon betroffen sind, also je näher die Lichtemission an Naturflächen heranrückt. In diesem Zusammenhang enthalten die Hinweise der *Bund/Länder-Arbeitsgemeinschaft für Immissionsschutz* Grenzwerte für Lichtimmissionen, die in Abhängigkeit von der jeweiligen Gebietsart der BauNVO nur Wirkungen auf den Menschen in Bezug nehmen.[681] Die im Anhang behandelten Auswirkungen auf Tiere und Umwelt werden hingegen nicht nach der Gebietsart differenziert betrachtet.[682] Folglich sind diese Grenzwerte für die Bewertung

---

[676] Siehe Seite 24 f.; zur (naturschutz)rechtlichen Beurteilung der Störwirkung siehe Seite 102 ff.

[677] So auch *Koch*, in: ders. (Hrsg.), Schutz vor Lärm, 1990, S. 41, 42 ff., der von gebietsspezifischer Unzumutbarkeit spricht; *Petersen*, Schutz und Vorsorge, 1991, S. 69 ff.

[678] Mit der gleichen Argumentation für Luftverunreinigungen und Lärmimmissionen *Hofmann/Koch*, in: Führ (Hrsg.), GK-BImSchG, 2016, § 3, Rn. 34 u. 36; *Koch*, in: ders. (Hrsg.), Schutz vor Lärm, 1990, S. 41, 45 f.; ähnlich BVerwG, Urt. v. 19.01.1989 – 7 C 77/87, NJW 1989, 1291, Rn. 34.

[679] Mit diesem Ansatz *Koch*, in: ders. (Hrsg.), Schutz vor Lärm, 1990, S. 41, 45 f., der auf gebietsadäquate Immissionsniveaus abstellt. Insofern ist zu beachten, dass sich die dem Umweltschutz entgegenstehenden Nutzungsinteressen durchaus anhand des Gebietstyps beurteilen lassen.

[680] Erkennbar bei *Gaentzsch*, der für die gebietsspezifische Konkretisierung nur auf den Schutz der Nachbarschaft und nicht auf den Schutz der Allgemeinheit abstellt, *Gaentzsch*, in: Koch (Hrsg.), Schutz vor Lärm, 1990, S. 31, 36.

[681] *Bund/Länder-Arbeitsgemeinschaft für Immissionsschutz (LAI)* (Hrsg.), Hinweise zur Messung, Beurteilung und Minderung von Lichtimmissionen, 2014, S. 5 ff.; der LAI-Licht-Richtlinie kommt zwar keine Rechtskraft zu, jedoch kann sie als sachverständige Beurteilungshilfe herangezogen werden, VGH Mannheim, Urt. v. 29.03.2012 – 3 S 2658/10, NVwZ-RR 2012, 636, Rn. 40; *Roßnagel/Hentschel*, in: Führ (Hrsg.), GK-BImSchG, 2016, § 22, Rn. 78; *Heilshorn/Sparwasser*, in: Landmann/Rohmer (Hrsg.), Umweltrecht, Bearbeitungsstand: 08/2015, § 22 BImSchG, Rn. 27; *Thiel*, in: Landmann/Rohmer (Hrsg.), Umweltrecht, Bearbeitungsstand: 05/2017, § 3 BImSchG, Rn. 65.

[682] Gleiches gilt für die empfohlenen Maßnahmen gegen die Auswirkungen von Lichtimmissionen auf Insekten und Vögel nach dem Gemeinsamen Runderlasses, *Land NRW* (Hrsg.), Lichtimmissionen, Messung, Beurteilung und Verminderung, MBl. NRW, 2015, S. 26.

schädlicher Umwelteinwirkungen von Lichtimmissionen auf Tiere i.S.d § 3 Abs. 1 BImSchG bislang nicht hinreichend. Die Hinweise der *Bund/Länder-Arbeitsgemeinschaft für Immissionsschutz* sind in dieser Hinsicht ergänzungsbedürftig.

Anzuknüpfen ist mithin an die jeweiligen Eigenheiten des betroffenen Gebiets, wenn Tier- und Artenschutzbelange in der Güterabwägung berücksichtigt werden. Eine abstrakt-generelle Festlegung von Gebietsnutzungen nach Gebietstypen ist für die Bewertungen von Lichtimmissionen ohne Belang. Die Bewertung muss sich an den konkret vorgefundenen Begebenheiten des jeweiligen Gebiets orientieren (sog. Ortsüblichkeit).[683] Dabei kommt es maßgeblich auf die Natur und die Funktion des Gebiets für den Naturhaushalt an.[684] Auch dem Artenschutz sind naturschutzfachliche Wertungen der Schutzwürdigkeit bestimmter Tierarten oder Biotope nicht fremd.[685] Die Bewertung erfolgt anhand der allgemeinen Gefährdung, der Häufigkeit bzw. Seltenheit der Tierart, dem Erhaltungszustand und der nationalen Verantwortlichkeit.[686] Folglich können Habitatsverschlechterungen oder Populationsbeeinträchtigungen von ubiquitären oder weniger schützenswerten Arten als zumutbar und damit als nicht erheblich qualifizieren werden. Diese *naturschutzfachliche* Bewertung gibt Auskunft darüber, wie gewichtig die beeinträchtigten Naturschutzinteressen sind. Dieses Gewicht ist bei der Abwägung einzustellen. Sind besonders schützenswerte Arten oder seltene, erhaltenswerte Biotope betroffen, dann ist die Erheblichkeit zu bejahen.

Die Beurteilung des Gebiets erschöpft sich nicht im Schutz einzelner Tiere oder bestimmter Arten. So können Lichtimmissionen zur Folge haben, dass ökologisch wertvolle Gebiete in für lichtempfindliche Arten ungeeignete Habitate umgewandelt werden. Auch an potenziell nutzbaren Naturräumen besteht ein Allgemeininteresse.[687] Eine erhebliche Beeinträchtigung kann also auch dann bestehen, wenn z. B. eine Höhle beleuchtet wird (bspw. durch Außenbeleuchtungen oder nächtliche Illuminierungen), die sich zwar als Fledermausquartier eignet, jedoch derzeit nicht bewohnt wird. Das trifft vor allem dann zu, wenn das Gebiet einen seltenen, schutzwürdigen Naturraum darstellt. Ebenso ist gegebenenfalls die Funktion des Gebietes für Wander- und Migrationsbewegungen zu berücksichtigen, bspw. als Rastplatz für Zugvögel. Im Ergebnis folgt daraus, dass es neben der Betroffenheit bestimmter Tierarten im Gebiet insbesondere auf die Eignung des Gebietes als ökologisch wertvolles Biotop bzw. Habitat ankommt.

---

[683] Ähnlich *Petersen*, Schutz und Vorsorge, 1991, S. 80, der von tatsächlicher Vorbelastung spricht; *Kotulla*, in: ders. (Hrsg.), BImSchG, § 3, Rn. 46.

[684] Ähnlich BVerwG, Urt. v. 25.02.1992 – 1 C 7/90, NVwZ 1992, 886, 887, das auf die Schutzwürdigkeit und Schutzbedürftigkeit des Gebiets abstellt. Die Schutzbedürftigkeit ist allerdings eine Frage der Empfindlichkeit des betroffenen Schutzgutes und ist deshalb richtigerweise dort zu behandeln.

[685] Vgl. den Naturschutzfachlichen Wertindex (NWI) bei *Bernotat/Dierschke*, Mortalität wildlebender Tiere, 2016, S. 35 ff. Siehe auch Seite 67 ff.

[686] *Dies.*, Mortalität wildlebender Tiere, 2016, S. 36.

[687] Vgl. die Zweckbestimmungen des BImSchG; *Führ*, in: ders. (Hrsg.), GK-BImSchG, 2016, § 1, Rn. 180 ff., 200.

Schließlich ist in die Abwägung einzustellen, dass die unberührte Nachtlandschaft ein schützenswertes Allgemeininteresse sein kann.[688] Zum einen ist die unberührte Nachtlandschaft unabdingbare Voraussetzung für astronomische Beobachtungen[689] und zum anderen ist eine naturbelassene, unbeleuchtete Landschaft Ausdruck der Vielfalt, Eigenart und Schönheit der Natur, welche als Erholungsort dem Interesse der Allgemeinheit dient.[690]

(4) Zwischenergebnis

Im Ergebnis beurteilt sich die Erheblichkeit der Umwelteinwirkung eines anthropogenen Verhaltens anhand der herausgearbeiteten Kriterien: Dazu ist auf eine pauschalisierte Empfindlichkeit des Schutzguts, d. h. auf die Empfindlichkeit von Vögeln, Fledermäusen und Insekten, abzustellen. Ebenfalls ist die Störungsintensität, also die Helligkeit, die spektrale Zusammensetzung des Lichts und die Dauer der Lichtimmissionen miteinzubeziehen. Ferner hat eine gebietsspezifische Bewertung der Umwelteinwirkungen zu erfolgen: Diese bestimmt sich maßgeblich nach dem Vorkommen der jeweiligen Tierart in einem näher festzulegenden Gebiet. Sind an dieser Stelle nur geringe Auswirkungen zu befürchten – etwa, weil die Lichtimmissionen nicht ausreichen, um Insektenpopulationen, oder Fledermausquartiere zu beeinträchtigen bzw. Vögel oder Fledermäuse zu stören – so ist die Erheblichkeit der Umwelteinwirkungen zu verneinen.

Sind die Umwelteinwirkungen nicht geringfügig, sind diese mit den entgegenstehenden Interessen im Wege der Zumutbarkeit gegenüber den Nutzerinteressen abzuwägen. Dazu sind die Naturschutzbelange, insbesondere der Arten- und Gebietsschutz, naturschutzfachlich zu bewerten.[691] Gegebenenfalls sind anderweitige Störwirkungen durch die Lichtimmission und die Interessen an einer unberührten Natur verstärkend hinzuzurechnen. Diese Interessen sind mit den widerstreitenden Nutzungsinteressen des jeweiligen Gebiets abzuwägen. Dies erfordert eine Einzelfallentscheidung.[692] Diese fällt insbesondere dann zugunsten der Naturschutzbelange aus, wenn an der konkreten Immission kein schützenswertes Interesse besteht. Das ist jedenfalls dann der Fall, wenn die Lichtimmission für den Beleuchtungszweck nicht erforderlich ist (Abfalllicht).[693]

---

[688] Zum Begriff der Nachtlandschaft *Haber*, in: Held/Hölker/Jessel (Hrsg.), Schutz der Nacht, 2013, S. 19 ff.

[689] *Posch*, in: ders. (Hrsg.), Das Ende der Nacht, 2. Aufl., 2013, S. 13, 36 f.

[690] Vgl. *Kerkmann*, in: Schlacke (Hrsg.), GK-BNatSchG, 2. Aufl., 2017, § 1, Rn. 7.

[691] Insoweit steht der Behörde zur Ermittlung und Beurteilung der Erheblichkeit eine Einschätzungsprärogative zu, BVerwG, Urt. v. 27.06.2013 – 4 C 1/12, NVwZ 2013, 1411, Rn. 14; VGH München, Urt. v. 29.03.2016 – 22 B 14.1875, NuR 2016, 564, Rn. 39; *Mayer*, NuR 2016, 683, 684.

[692] VG Aachen, Beschl. v. 24.10.2011 – 6 L 237/11, juris, Rn. 25; *Thiel*, in: Landmann/Rohmer (Hrsg.), Umweltrecht, Bearbeitungsstand: 05/2017, § 3 BImSchG, Rn. 47.

[693] Vgl. Anhang II Nr. 3 lit. f) VO (EG) Nr. 245/2009; es handelt sich hierbei um abfallendes Licht, nicht um Abfall im Rechtssinne, vgl. den Abfallbegriff, *Kloepfer*, Umweltrecht, 4. Aufl. 2016, § 21, Rn. 112 ff.

Im Ergebnis dürften Lichtimmissionen, die

- besonders beleuchtungsstark sind,
- sich in oder in der Nähe von schützenswerten Naturräumen befinden,
- besonders lichtempfindliche Tiere betreffen können und/oder
- ein hohes Maß an Abfalllicht hervorrufen

einen erheblichen Nachteil i.S.v. § 3 Abs. 1 BImSchG darstellen.

bb) Rechtsfolge: Maßnahmen zur Einhaltung der Schutzpflicht

§ 5 Abs. 1 Nr. 1 BImSchG enthält eine Abwehrpflicht.[694] Liegt eine Gefahr oder eine erhebliche Beeinträchtigung i.S.e. schädlichen Umwelteinwirkung vor, hat der Betreiber die erforderlichen Maßnahmen zu ergreifen, um die Umwelteinwirkungen auf ein Maß unterhalb der Schädlichkeitsschwelle zu senken.[695] Welche Maßnahmen der Betreiber dafür ergreift, ist ihm überlassen.[696] Dabei kann er sowohl technische als auch nicht technische Maßnahmen wählen. Diese Auswahlmöglichkeiten können durch Rechtsverordnung aufgrund § 7 BImSchG oder durch Verwaltungsvorschriften nach § 48 BImSchG eingeschränkt werden.[697] Bislang ist hinsichtlich der Auswirkungen von Licht aber noch keine Rechtsverordnung oder Verwaltungsvorschrift ergangen.[698] Zwar hat das Land Nordrhein-Westfalen eine normenkonkretisierende Verwaltungsvorschrift erlassen, welche die Messung, Beurteilung und Minderung von (belästigenden) Lichtimmissionen zum Inhalt hat.[699] Da diese nicht auf der Grundlage § 48 BImSchG erlassen wurde, ist sie für den durch § 5 Abs. 1 Nr. 1 BImSchG verpflichteten Betreiber nicht bundesweit rechtsverbindlich. Sie enthält aber eine Auflistung geeigneter Maßnahmen zur Abwehr schädlicher Lichtimmissionen, die den bereits vorgeschlagenen Vermeidungsmaßnahmen (siehe S. 39 f.) entsprechen.[700]

---

[694] *Roßnagel/Hentschel*, in: Führ (Hrsg.), GK-BImSchG, 2016, § 5, Rn. 106; als Schutzpflicht bezeichnend BVerwG, Urt. v. 24.10.2013 – 7 C 36/11, NVwZ 2014, 515, Rn. 47.

[695] *Roßnagel/Hentschel*, in: Führ (Hrsg.), GK-BImSchG, 2016, § 5, Rn. 268.

[696] *Jarass*, BImSchG, 12. Aufl., 2017, § 5, Rn. 33; *Dietlein*, in: Landmann/Rohmer (Hrsg.), Umweltrecht, Bearbeitungsstand: 08/2014, § 5 BImSchG, Rn. 100.

[697] *Jarass*, BImSchG, 12. Aufl., 2017, § 5, Rn. 33.

[698] *Roßnagel/Hentschel*, in: Führ (Hrsg.), GK-BImSchG, 2016, § 5, Rn. 338.

[699] *Land NRW* (Hrsg.), Lichtimmissionen, Messung, Beurteilung und Verminderung, MBl. NRW, 2015, S. 26 ff., die im Anhang Hinweise auch für die Auswirkungen auf Insekten und Vögel enthält.

[700] Zu berücksichtigen sind ebenfalls die Hinweise der *Bund/Länder-Arbeitsgemeinschaft für Immissionsschutz (LAI)* (Hrsg.), Hinweise zur Messung, Beurteilung und Minderung von Lichtimmissionen, 2014, S. 18 ff.; *Roßnagel/Hentschel*, in: Führ (Hrsg.), GK-BImSchG, 2016, § 5, Rn. 341; *Jarass*, BImSchG, 12. Aufl., 2017, § 5, Rn. 43; *Ohms*, Praxishandbuch Immissionsschutzrecht, 2003, Rn. 313 ff.

c) Vorsorge gegen schädliche Umwelteinwirkungen nach § 5 Abs. 1 Nr. 2 BImSchG

Darüber hinaus ist der Anlagenbetreiber gem. § 5 Abs. 1 Nr. 2 BImSchG verpflichtet, Vorsorgemaßnahmen zur Abwehr schädlicher Umwelteinwirkungen und sonstiger Gefahren, erheblicher Nachteile und erheblicher Belästigungen, insbesondere durch die dem Stand der Technik entsprechenden Maßnahmen zu ergreifen.

aa) Vorsorge gegen schädliche Umwelteinwirkungen

Die Vorsorgepflicht betrifft Umwelteinwirkungen, die potenziell schädlich sind.[701] In Abgrenzung zur Gefahrenabwehrpflicht ist eine konkrete Gefährdung nicht erforderlich.[702] Abzuwehren sind somit auch diejenigen Immissionen, deren Auswirkungen sich nur mit Unsicherheiten beurteilen lassen.[703] Für die schädlichen Auswirkungen von Lichtimmissionen gilt, dass die grundlegenden Wirkzusammenhänge bekannt sind. Unsicherheiten bestehen insbesondere bezüglich des Ausmaßes der Beeinträchtigungen und der Empfindlichkeit der jeweiligen Arten.[704]

Unsicherheiten könnten sich jedoch ferner daraus ergeben, dass die konkreten Umstände des Einzelfalls nicht bekannt sind, was die Beurteilung des Schadensausmaßes erschwert. So stehen möglicherweise keine ausreichenden Informationen über die Verbreitung lichtempfindlicher Arten in dem Einwirkungsgebiet zur Verfügung oder die zur Beurteilung notwendigen Daten wurden nicht erhoben.[705] Darüber hinaus können naturschutzfachlich hinreichend begründete Anhaltspunkte bestehen, dass sich in Zukunft schützenswerte Arten in der Nähe der Anlage ausbreiten, sodass potenzielle schädliche Umwelteinwirkungen entstehen können.[706] Liegen solche Unsicherheiten vor und ist die Lichtemission grundsätzlich geeignet schädliche Umwelteinwirkungen hervorzurufen,[707] kann eine potenziell gefährliche Umwelteinwirkung zu bejahen sein, die den Betreiber zur Vornahme von Vorsorgemaßnahmen verpflichtet. Entsprechend kann die Einhaltung des Standes der Technik auch dann verlangt werden, wenn die Gefahrenschwelle weit entfernt ist oder die Schaffung bzw. Erhaltung von Freiräumen nicht erforderlich erscheint.[708]

---

[701] BVerwG, Urt. v. 11.12.2003 – 7 C 19/02, NVwZ 2004, 610 f.; *Jarass*, BImSchG, 12. Aufl., 2017, § 5, Rn. 51; *Dietlein*, in: Landmann/Rohmer (Hrsg.), Umweltrecht, Bearbeitungsstand: 08/2014, § 5 BImSchG, Rn. 143.

[702] *Jarass*, BImSchG, 12. Aufl., 2017, § 3, Rn. 51; siehe hierzu auch Seite 47 f.

[703] BVerwG, Urt. v. 11.12.2003 – 7 C 19/02, NVwZ 2004, 610, 611; *Roßnagel/Hentschel*, in: Führ (Hrsg.), GK-BImSchG, 2016, § 5, Rn. 376.

[704] Siehe Seite 15 ff.

[705] Vgl. dazu *Roßnagel/Hentschel*, in: Führ (Hrsg.), GK-BImSchG, 2016, § 5, Rn. 377 ff.

[706] Insoweit genügt ein abstraktes Besorgnispotential BVerwG, Urt. v. 11.12.2003 – 7 C 19/02, NVwZ 2004, 610, 611; *Dietlein*, in: Landmann/Rohmer (Hrsg.), Umweltrecht, Bearbeitungsstand: 08/2014, § 5 BImSchG, Rn. 146; *Roßnagel/Hentschel*, in: Führ (Hrsg.), GK-BImSchG, 2016, § 5 BImSchG, Rn. 382.

[707] Siehe dazu Seite 143 ff.

[708] *Jarass*, BImSchG, 12. Aufl., 2017, § 5, Rn. 47; *Roßnagel/Hentschel*, in: Führ (Hrsg.), GK-BImSchG, 2016, § 5, Rn. 399.

bb) Dem Stand der Technik entsprechende Vorsorgemaßnahmen

Als Maßnahmen zur Vorsorge gegen potenziell gefährliche Umwelteinwirkungen durch Lichtimmissionen sind insbesondere die Emissionsbegrenzungen nach dem Stand der Technik zu ergreifen.[709] Für BImSch-Anlagen, die der IE-RL unterfallen,[710] sind die entsprechenden Vorgaben gem. § 3 Abs. 6 lit. a-e BImSchG zu berücksichtigen, welche die Vorgaben der BVT-Merkblätter und -schlussfolgerungen übernehmen.[711] Lichtanlagen, die Nebenanlagen genehmigungsbedürftiger BImSch-Anlagen sind, unterliegen jedoch keinen Anforderungen der IE-RL, da Licht nicht vom sachlichen Anwendungsbereich erfasst ist (Art. 3 Nr. 1, 2 IE-RL).

Daneben zählen auch nicht technische Maßnahmen zu den erforderlichen Vorsorgemaßnahmen.[712] Fraglich ist indes, welche vorliegend erarbeiteten Vermeidungsmaßnahmen[713] als dem Stand der Technik entsprechende Vorsorgemaßnahmen zu qualifizieren sind.

(1) Stand der Technik für Lichtanlagen

Für den Stand der Technik ist gem. § 3 Abs. 6 BImSchG auf den Entwicklungsstand fortschrittlicher Verfahren, Einrichtungen oder Betriebsweisen, der die praktische Eignung einer Maßnahme zur Begrenzung von Emissionen gesichert erscheinen lässt, abzustellen.

(a) Verfahren, Einrichtungen und Betriebsweisen

Die für Lichtimmissionen wirksamen Vermeidungsmaßnahmen[714] könnten Verfahren, Einrichtungen oder Betriebsweisen darstellen (Techniken).[715] Unter Verfahren sind Gestaltung und Steuerung der Produktionsprozesse zu verstehen.[716] Darunter fällt insbesondere die Wahl des Leuchtmittels, d. h. die Wahl, ob eine Glüh-, Halogen-, Metalldampf-, Natriumdampflampe oder ein LED verwendet wird.

---

[709] BVerwG, Urt. v. 17.02.1984 – 7 C 8/82, NVwZ 1984, 371, 373; *Jarass*, BImSchG, 12. Aufl., 2017, § 5, Rn. 52; *Roßnagel/Hentschel*, in: Führ (Hrsg.), GK-BImSchG, 2016, § 5, Rn. 422 ff.

[710] Dazu *Jarass*, NVwZ 2013, 169.

[711] *Dietlein*, in: Landmann/Rohmer (Hrsg.), Bearbeitungsstand: 08/2014, Umweltrecht, § 5 BImSchG, Rn. 150.

[712] *Roßnagel/Hentschel*, in: Führ (Hrsg.), GK-BImSchG, 2016, § 5, Rn. 427; anzumerken ist, dass den Betreiber auch Hilfspflichten treffen, z. B. die Auswirkungen von Licht auf Tiere in der Nähe der Anlage zu ermitteln, vgl. *Jarass*, BImSchG, 12. Aufl., 2017, § 5, Rn. 59.

[713] Siehe Seite 38 f.

[714] Siehe Seite 30 ff.; eine Aufzählung geeigneter Maßnahmen findet sich auch im Anhang des Gemeinsamen Runderlasses, *Land NRW* (Hrsg.), Lichtimmissionen, Messung, Beurteilung und Verminderung, MBl. NRW, 2015, S. 26, worin allerdings nicht zwischen technischen und nicht technischen Maßnahmen unterschieden wird.

[715] *Jarass*, BImSchG, 12. Aufl., 2017, § 3, Rn. 122.

[716] *Hofmann/Koch*, in: Führ (Hrsg.), GK-BImSchG, 2016, § 3, Rn. 246; *Thiel*, in: Landmann/Rohmer (Hrsg.), Umweltrecht, Bearbeitungsstand: 05/2017, § 3 BImSchG, Rn. 107.

Einrichtungen sind die Teile einer Anlage, deren Zweck gerade in der Emissionsbegrenzung liegt.[717] Zu den Einrichtungen zählen insbesondere die Abschirmungen der Leuchte, die Lichtpunkthöhe und die Konstruktion des Leuchtengehäuses sowie gegebenenfalls eingesetzte UV-Lichtfilter.

Betriebsweisen sind anlagenbezogene Vorgänge, die keine Verfahren sind.[718] Die Betriebsweise bezieht sich auf die Lampensteuerung, insbesondere die Verwendung von Zeitschaltuhren, Dimmern und Bewegungsmeldern.[719]

Nicht zu den Techniken hingegen gehören die Standortwahl der Lichtanlage sowie die Betriebseinstellung bzw. -beschränkung.

(b) Fortschrittlichkeit und Eignung der Techniken

Diese Techniken müssten fortschrittlich und technisch geeignet sein. Fortschrittlich sind Verfahren, Einrichtung und Betriebsweisen, wenn sie zumindest dem gegenwärtigen Stand der Emissionsbegrenzung entsprechen.[720] Nicht fortschrittlich sind somit solche Leuchtmittel, die nicht den Effizienzanforderungen entsprechen, welche durch die Verordnungen, die zur Durchführung der Ökodesign-Richtlinie 2009/125/EG erlassen wurden,[721] vorgeschrieben werden. Nach diesen Effizienzanforderungen stellen Glühlampen und bestimmte Halogenlampen keine fortschrittliche Technik dar.[722]

Natriumdampflampen und LED gehören dagegen mit guter Energieeffizienz, langer Lebensdauer und besserer Umweltverträglichkeit (kein Einsatz von Quecksilber) zu den fortschrittlichen Techniken. Die anderen Vorrichtungen, wie Abschirmungen, Filter, Dimmer, Bewegungsmelder und Zeitschaltuhren, sind wegen ihrer quantitativen oder zeitlichen Emissionsbegrenzung ebenfalls als fortschrittlich einzustufen.

Die technische Eignung gem. § 3 Abs. 6 BImSchG ist zu bejahen, wenn die Techniken erprobt sind und zu keiner Beeinträchtigung der Anlagenleistung führen.[723] Die meisten Vermeidungsmaßnahmen, etwa eine Abschirmung der Leuchten, führen zu keinen Leistungsverlusten.[724] Insbesondere Natriumdampflampen und LED sind ebenso leistungsfähig und zumeist effizienter als herkömmliche Lampentypen. Lediglich die Natriumdampfniederdrucklampe kann für manche Anwendungsfälle ungeeignet sein, weil ihr monochromatisches Licht nur eine schlechte Farbwiedergabe ermöglicht.[725]

---

[717] *Thiel*, in: Landmann/Rohmer (Hrsg.), Umweltrecht, Bearbeitungsstand: 05/2017, § 3 BImSchG, Rn. 107.

[718] *Schulte/Michalk*, in: Giesberts/Rheinhardt (Hrsg.), BeckOK UmweltR, 2017, § 3 BImSchG, Rn. 97.

[719] Vgl. bzgl. der einzelnen Leuchtenbestandteile und deren Auswirkungen auf Vögel, Fledermäuse und Insekten Seite 30 ff.

[720] *Thiel*, in: Landmann/Rohmer (Hrsg.), Umweltrecht, Bearbeitungsstand: 05/2017, § 3 BImSchG, Rn. 106; vgl. auch BVerfG, Beschl. v. 08.08.1978 – 2 BvL 8/77, BVerfGE 49, 89, Rn. 108.

[721] Insbesondere Verordnung (EG) Nr. 244/2009 v. 18.03.2009 und Verordnung (EG) Nr. 245/2009 v. 28.03.2009; dazu *Dietrich*, ZfU 2013, 24, 26 ff.

[722] Vgl. Anhang II der Verordnung (EG) 244/2009.

[723] *Jarass*, BImSchG, 12. Aufl., 2017, § 3, Rn. 124 f.; *Thiel*, in: Landmann/Rohmer (Hrsg.), Umweltrecht, Bearbeitungsstand: 05/2017, § 3 BImSchG, Rn. 108 f.

[724] OVG Koblenz, Urt. v. 30.07.1981 – 1 A 73/80, juris, Rn. 7.

[725] Siehe Seite 31.

(c) Wirtschaftliche Vertretbarkeit

Schließlich müssten die Techniken wirtschaftlich vertretbar sein.[726] Die Wirtschaftlichkeit bestimmt sich nicht nach den wirtschaftlichen Möglichkeiten des Betreibers, sondern nach vergleichbaren Anlagen,[727] d. h. nach anderen Lampentypen oder Leuchtenkonstruktionen. Nicht mehr vertretbar ist eine Technik, wenn die notwendigen Investitions- und Betriebskosten so hoch sind, dass ihr Einsatz unter keinen Umständen erwartet werden kann.[728] Die vorgeschlagenen Vermeidungsmaßnahmen sind zumeist mit erhöhten Investitionskosten verbunden. Das gilt insbesondere für aufwendigere Leuchtenkonstruktionen, teurere Lampentypen und zusätzliche Vorrichtungen wie Bewegungsmelder, Zeitschaltuhren, Dimmer oder UV-Filter. Ebenfalls haben manche Lampentypen, etwa warmweiße LED, eine geringere Lichtausbeute als andere Lampentypen und sind deshalb im Betrieb teurer. Jedoch führen viele Maßnahmen wiederum zu geringeren Betriebskosten, entweder weil der verwendete Lampentypus bzw. die Leuchtenkonstruktion einen geringeren Strombedarf hat, oder sich die Kosten wegen der verlängerten Lebensdauer amortisieren.[729] Im Ergebnis ist daher zu erwarten, dass die Kosten nicht den wirtschaftlichen Rahmen sprengen und folglich vertretbar sind.

(2) BVT-Merkblätter

Der Stand der Technik könnte auch von den BVT-Merkblättern (BVT = „beste verfügbare Technik") konkretisiert werden. Die BVT-Merkblätter werden auf der Grundlage der Richtlinie 2010/75/EU erlassen und konkretisieren sowie standardisieren den Begriff der besten verfügbaren Technik.[730] Dieser Begriff ist zwar mit dem im BImSchG verwendeten Begriff des „Stand der Technik" nicht deckungsgleich,[731] jedoch sind die Informationen, die in den BVT-Merkblätter enthalten sind, gem. Nr. 13 der Anlage zum BImSchG zu beachten, sodass der Stand der Technik

---

[726] *Jarass*, BImSchG, 12. Aufl., 2017, § 3, Rn. 127; *Buschbaum/Schulz*, NuR 2001, 181, 185; a.A. *Heimlich*, NuR 1998, 582, 585, der durch die Berücksichtigung wirtschaftlicher Belange eine Relativierung des Stands der Technik sieht.

[727] *Schulte/Michalk*, in: Giesberts/Rheinhardt (Hrsg.), BeckOK UmweltR, 2017, § 3 BImSchG, Rn. 102; *Feldhaus*, NVwZ 2001, 1, 4.

[728] *Hofmann/Koch*, in: Führ (Hrsg.), GK-BImSchG, 2016, § 3, Rn. 261, die wirtschaftliche Fragen nur im Sinne einer äußersten Grenze berücksichtigen; *Jarass*, BImSchG, 12. Aufl., 2017, § 3, Rn. 128; ähnlich *Koch*, Beste verfügbare Technik, 2006, S. 160.

[729] Ausführlich *Rönitzsch/Höschele*, in: Ringwald/Rönitzsch/Riedel (Hrsg.), Praxishandbuch Öffentliche Beleuchtung, 2013, S. 33, 39 ff.; am Beispiel der Stadt Fürth *Schneider*, in: Bodenhaupt/Lindemuth (Hrsg.), Straßen-und Außenbeleuchtung, 2012, 159 ff.; kritisch *Kindl*, Beleuchtungstechnik, 2015, S. 75.

[730] *Thiel*, in: Landmann/Rohmer (Hrsg.), Umweltrecht, Bearbeitungsstand: 05/2017, § 3 BImSchG, Rn. 113.

[731] *Jarass*, BImSchG, 12. Aufl., 2017, § 3, Rn. 131; Bearbeitungsstand: 05/2017, *Thiel*, in: Landmann/Rohmer (Hrsg.), Umweltrecht, Bearbeitungsstand: 05/2017, § 3 BImSchG, Rn. 113.

i.S.d. BImSchG nicht hinter den Anforderungen der besten verfügbaren Technik i.S.d. BVT-Merkblätter zurückbleiben darf.[732]

(3) Vermeidungsmaßnahmen nach dem Stand der Technik

Von den im naturwissenschaftlichen Teil herausgearbeiteten Vermeidungsmaßnahmen (s. o.)[733] finden einige als emissionsbegrenzende Technik Verwendung.[734] Ziel der Emissionsbegrenzung ist die Vermeidung nicht benötigter Lichtemissionen.[735] Dazu zählt

- die Vermeidung von Lichtemissionen in Bereiche (Abstrahlwinkel), in denen sie keinem Beleuchtungszweck dienen,
- die Vermeidung von Lichtemissionen in Zeiten, in welchen kein Beleuchtungszweck vorhanden ist,
- die Vermeidung von überdimensionierten Beleuchtungen, die weit über das erforderliche Maß hinausgehen und
- die Wahl eines Lampentyps, dessen spektrale Zusammensetzung des Lichts eine möglichst geringe Anlockwirkung entfaltet.

Bezogen auf die Energieeffizienz von Leuchtmitteln enthalten BVT-Merkblätter Informationen über die einsetzbaren Lampentypen. Als Stand der Technik sind sämtliche Lampentypen, die als Vermeidungsmaßnahmen Verwendung finden können, aufgelistet. Darunter auch Natriumdampfnieder- und Hochdrucklampen, Metallhalogen und LED.[736] Andere technischen Anforderungen an Leuchten, die zur Vermeidung ergriffen werden können, werden von den BVT-Merkblättern nicht behandelt. Die von der LAI erarbeiteten Hinweise zur Vermeidung schädlicher Lichtimmissionen im Anhang der LAI-Licht-Richtlinie[737] sowie die Hinweise im

[732] *Jarass,* BImSchG, 12. Aufl., 2017, § 3, Rn. 130; *ders.*, NVwZ 2013, 169, 172; *Koch*, Beste verfügbare Technik, 2006, S. 244; ähnlich *Betensted/Grandjot/Waskow*, ZUR 2013, 395, 398 f.; kritisch *Buschbaum/Schulz*, NuR 2001, 181, 184 f.

[733] Siehe Seite 30 ff.; eine Übersicht der Maßnahmen findet sich auf Seite 39; eine gute Übersicht über Maßnahmen nach dem Stand der Technik findet sich bei *Borgmann/Kurz*, Leitfaden: „Lichteinwirkung auf die Nachbarschaft", 2014, S. 15 f.

[734] Siehe Seite 154.

[735] Nicht sämtliche Emissionsbegrenzungen sind solche des § 3 Abs. 6 BImSchG. Die Vermeidungsmaßnahmen zielen darauf ab, die räumliche Ausbreitung des Lichts gemäß dem Beleuchtungszweck einzuschränken. Da darin keine Immissionsbegrenzung liegt (bspw. durch eine weiträumige Verteilung des Lichts), handelt es sich um eine Maßnahme der Emissionsbegrenzung i.S.d. § 3 Abs. 6 BImSchG.

[736] BVT-Merkblätter zur Energieeffizienz, S. 246 ff., die BVT-Merkblätter für Lampentypen wurden aus Gründen der Energieeffizienz erlassen, zeigen aber, dass der jeweilige Lampentyp Stand der Technik ist.

[737] *Bund/Länder-Arbeitsgemeinschaft für Immissionsschutz (LAI)* (Hrsg.), Hinweise zur Messung, Beurteilung und Minderung von Lichtimmissionen, 2014, S. 18 ff.; diese ist nicht verbindlich OVG Münster, Beschl. v. 27.02.2009 – 7 B 1647/08, NVwZ-RR 2009, 716, 718; *Jarass,* BImSchG, 12. Aufl., 2017, § 3, Rn. 10.

Anhang des *Gemeinsamen Runderlasses des Landes NRW zur Messung, Beurteilung und Verminderung von Lichtimmissionen*[738] enthalten eine Vielzahl von Vermeidungsmaßnahmen, die technischer und nicht technischer Natur sind. Wegen dieser fehlenden Differenzierung kann daraus kein Stand der Technik für Lichtimmissionen abgeleitet werden, sondern diesen nur eine Indizwirkung zukommen.

Darüber hinaus können andere Vorrichtungen wie Abschirmungen,[739] Bewegungsmelder, Dimmer und Zeitschaltuhren technische Einrichtungen bzw. Betriebsweisen sein, die aufgrund ihrer Bewährung in der Praxis als „allgemein anerkannten Regeln der Technik“ anzusehen sind.[740] Jedenfalls dürfte es sich hierbei um Einrichtungen oder Betriebsweisen handeln, die sowohl zur Emissionsvermeidung geeignet als auch fortschrittlich sind und daher dem Stand der Technik entsprechen.[741] Dafür spricht zudem, dass diese Maßnahmen auch in der LAI-Licht-Richtlinie und im Anhang *Gemeinsamen Runderlasses des Landes NRW zur Messung, Beurteilung und Verminderung von Lichtimmissionen*[742] aufgezählt sind.

cc) Verhältnismäßigkeitsgrundsatz

Vorsorgemaßnahmen müssen im Gegensatz zu Abwehrmaßnahmen nach § 5 Abs. 1 Nr. 1 BImSchG verhältnismäßig sein.[743] Verhältnismäßig sind Maßnahmen, die geeignet, erforderlich und angemessen sind.[744] Vorsorgemaßnahmen gegen die Auswirkungen von Lichtimmissionen bestehen regelmäßig darin, geeignete Vermeidungsmaßnahmen zur Emissionsbegrenzung vorzunehmen.[745] Unverhältnismäßig i.S.d. Erforderlichkeit sind Maßnahmen, wenn mildere Mittel gleicher Eignung zur Verfügung stehen.[746] Im Rahmen der Angemessenheit ist aufgrund der vielfältigen Möglichkeiten, die schädlichen Umwelteinwirkungen zu unterbinden, im Regelfall zu erwarten, dass die freie Lichtgestaltung auch unter Beachtung der Vermeidungspflicht weiterhin möglich ist. Ebenfalls sind hohe Kosten nicht zu erwarten;

---

[738] *Land NRW* (Hrsg.), Lichtimmissionen, Messung, Beurteilung und Verminderung, MBl. NRW, 2015, S. 26.

[739] Explizit OVG Koblenz, Urt. v. 22.12.2010 – 8 C 10600/10.OVG, LKRZ 2011, 142, 146; Beispiel einer verbreiteten Straßenleuchte *Weis*, in: Bodenhaupt/Lindemuth (Hrsg.), Straßen-und Außenbeleuchtung, 2012, S. 75, 90 ff.

[740] *Thiel*, in: Landmann/Rohmer (Hrsg.), Umweltrecht, Bearbeitungsstand: 05/2017, § 3 BImSchG, Rn. 104; *Hofmann/Koch*, in: Führ (Hrsg.), GK-BImSchG, 2016, § 3, Rn. 253.

[741] Zur Steuerungstechnik *Müller*, in: Bodenhaupt/Lindemuth (Hrsg.), Straßen-und Außenbeleuchtung, 2012, 95 ff.; *Schneck*, in: Bodenhaupt/Lindemuth (Hrsg.), Straßen-und Außenbeleuchtung, 2012, 103 ff.

[742] *Land NRW* (Hrsg.), Lichtimmissionen, Messung, Beurteilung und Verminderung, MBl. NRW, 2015, S. 26.

[743] BVerwG, Urt. v. 11.12.2003 – 7 C 19/02, NVwZ 2004, 610, 611; *Jarass*, BImSchG, 12. Aufl., 2017, § 5, Rn. 60 ff.

[744] *Badura*, Staatsrecht, 7. Aufl. 2018, S. 144 f.

[745] Siehe Seite 30 ff.

[746] *Badura*, Staatsrecht, 7. Aufl. 2018, S. 145.

ganz im Gegenteil können die Vermeidungsmaßnahmen zu Kosteneinsparungen führen. Im Übrigen sind wirtschaftliche Belange nur bei einem krassen Missverhältnis der Kosten zum Erfolg beachtlich.[747] Die Angemessenheit steht der Vermeidungsmaßnahme nur dann entgegen, wenn die Maßnahme in einem krassen Missverhältnis zum angestrebten Erfolg steht.

d) Zwischenergebnis

Die nachteiligen Auswirkungen von Lichtimmissionen, die von Lichtanlagen ausgehen, die als Nebeneinrichtung einer genehmigungsbedürftigen Anlage zu qualifizieren sind, sind zu den Umwelteinwirkungen, die durch die Hauptanlage verursacht werden, hinzuzurechnen. Sind schädliche Umwelteinwirkungen zu befürchten, ist der Betreiber gem. § 5 Abs. 1 Nr. 1 BImSchG verpflichtet, die schädliche Umwelteinwirkung zu unterbinden. Schädliche Umwelteinwirkungen gem. § 3 Abs. 1 BImSchG sind Lichtimmissionen, die naturschutzrechtliche Verbotstatbestände (§ 44 Abs. 1 Nr. 1, 2 oder 3 BNatSchG; § 34 BNatSchG) erfüllen. Daneben sind Lichtimmissionen i.S.e. erheblichen Nachteils, die besonders beleuchtungsstark sind, sich in der Nähe von schützenswerten Naturräumen befinden, besonders lichtempfindliche Tiere betreffen können und/oder ein hohes Maß an Abfalllicht hervorrufen, als eine schädliche Umwelteinwirkung anzusehen. Liegt eine schädliche Umwelteinwirkung vor, hat der Betreiber die erforderlichen Vermeidungsmaßnahmen zu ergreifen.

Darüber hinaus ist der Betreiber gem. der Vorsorgepflicht aus § 5 Abs. 1 Nr. 2 BImSchG auch dann zur Vornahme von Vermeidungsmaßnahmen nach dem Stand der Technik gegen schädliche Lichtimmissionen verpflichtet, wenn Unsicherheiten darüber bestehen, ob Lichtimmissionen, die von der Anlage hervorgerufen werden, schädliche Umwelteinwirkungen verursachen. Zum Stand der Technik gehören die vorgeschlagenen technischen Vermeidungsmaßnahmen (Wahl eines geeigneten Lampentyps, Abschirmungen, Bewegungsmelder, Dimmer und Zeitschaltuhren).

4. Nachträgliche Anordnungen für genehmigungsbedürftige Anlagen gem. § 17 BImSchG

Nachträgliche Anordnungen zur Erfüllung der sich aus dem BImSchG und der aufgrund des BImSchG erlassenen Rechtsverordnungen ergebenden Pflichten können nach Erteilung der Genehmigung sowie infolge einer nach § 15 Abs. 1 BImSchG angezeigten Änderung gem. § 17 Abs. 1 S. 1 BImSchG getroffen werden. Dazu müssten die Tatbestandsvoraussetzungen erfüllt sein, die Behörde ihr pflichtgemäßes Ermessen ausgeübt und insbesondere die Verhältnismäßigkeit gewahrt haben.

---

[747] Siehe Seite 156 f.

a) Verletzung immissionsschutzrechtlicher Pflichten

Eine nachträgliche Anordnung gem. § 17 Abs. 1 BImSchG setzt voraus, dass der Anlagenbetreiber einer genehmigten Anlage i.S.d. §§ 4, 6 BImSchG eine immissionsschutzrechtliche Rechtspflicht verletzt hat oder diese Pflichtverletzung mit hinreichender Wahrscheinlichkeit droht.[748] In Betracht kommen insbesondere die Schutzpflicht nach § 5 Abs. 1 Nr. 1 BImSchG und die Vorsorgepflicht des § 5 Abs. 1 Nr. 2 BImSchG. Lichtanlagen sind nicht genehmigungsbedürftig, können aber als Nebeneinrichtung Bestandteil einer genehmigungsbedürftigen Anlage sein.[749] Als Bestandteil einer solchen Anlage können Lichtemissionen schädliche Umwelteinwirkungen hervorrufen und somit eine Pflichtverletzung auslösen (s. o.).[750]

Inhaltlich muss die Anordnung auf die Durchsetzung der immissionsschutzrechtlichen Pflichten abzielen,[751] sodass Vermeidungsmaßnahmen angeordnet werden können. Allerdings darf die Anordnung den Anlagenbetrieb nicht objektiv unmöglich machen.[752] Bezüglich Lichtimmissionen ist dies nicht zu befürchten, weil die Lichtimmission lediglich eine dienende Funktion für die in Rede stehende Hauptanlage darstellt und darüber hinaus Einschränkungen der Betriebszeiten prinzipiell möglich sind.[753]

b) Rechtsfolge: Ermessen

Der Erlass einer nachträglichen Anordnung steht im Ermessen der Behörde, die diese pflichtgemäß auszuüben hat.[754] Gemäß der Ermessensreduzierung nach § 17 Abs. 1 S. 2 BImSchG muss die Behörde im Regelfall eine nachträgliche Anordnung treffen, wenn die Anlage gegen die Gefahrenabwehrpflicht nach § 5 Abs. 1 Nr. 1 BImSchG verstößt oder zu verstoßen droht.[755]

Gem. § 17 Abs. 2 S. 1 BImSchG muss die Behörde den Grundsatz der Verhältnismäßigkeit wahren. Die Anordnung muss daher geeignet, erforderlich und angemessen sein.[756] Die Anordnung ist gem. § 17 Abs. 2 S. 1 BImSchG ausdrücklich unverhältnismäßig, wenn die aufgegebene Vermeidungsmaßnahme

---

[748] *Jarass*, BImSchG, 12. Aufl., 2017, § 17, Rn. 13; zur erforderlichen Genehmigungserteilung *Hansmann/Ohms*, in: Landmann/Rohmer (Hrsg.), Umweltrecht, Bearbeitungsstand: 04/2014, § 17 BImSchG, Rn. 58 f.

[749] Siehe Seite 141.

[750] Siehe Seite 143 ff.

[751] *Koch/König*, in: Führ (Hrsg.), GK-BImSchG, 2016, § 17, Rn. 65.

[752] BVerwG, Urt. v. 07.08.2012 – 7 C 7/11, ZUR 2013, 101; *Jarass*, BImSchG, 12. Aufl., 2017, § 17, Rn. 25.

[753] Vgl. *Jarass*, BImSchG, 12. Aufl., 2017, § 17, Rn. 25 ff.

[754] *Ders.*, BImSchG, 12. Aufl., 2017, § 17, Rn. 58.

[755] *Koch/König*, in: Führ (Hrsg.), GK-BImSchG, 2016, § 17, Rn. 38 ff.

[756] Ausführlich *Hansmann/Ohms*, in: Landmann/Rohmer (Hrsg.), Umweltrecht, Bearbeitungsstand: 04/2014, § 17, Rn. 112 ff., wo zu näheren Konkretisierung der Verhältnismäßigkeit der Entwurf von Verwaltungsvorschrift zu § 17 Abs. 2 BImSchG der LAI abgedruckt ist.

zum angestrebten Erfolg außer Verhältnis steht. Im Übrigen ist die Anordnung insbesondere dann nicht erforderlich, wenn eine mildere Vermeidungsmaßnahme gleicher Eignung zur Verfügung steht.

c) Zwischenergebnis

Die zuständige Behörde kann nach § 17 Abs. 1 BImSchG Anordnungen zum Schutz vor Lichtimmissionen treffen, wenn Lichtanlagen als Nebeneinrichtung einer genehmigten Anlage i.S.d. §§ 4, 6 BImSchG eine schädliche Umwelteinwirkung hervorrufen. Führt die Lichtimmission zu einem (drohenden) Verstoß gegen § 5 Abs. 1 Nr. 1 BImSchG, ist die Behörde gem. § 17 Abs. 1 S. 2 BImSchG zum Einschreiten verpflichtet.

5. Anforderungen an nicht genehmigungsbedürftige Lichtanlagen

Die Anforderungen für nicht genehmigungsbedürftige Lichtanlagen richten sich nach § 22 Abs. 1 BImSchG.

a) Anwendungsbereich des § 22 Abs. 1 BImSchG

Nach § 22 Abs. 1 S. 1 Nr. 1 BImSchG hat der Betreiber bzw. Errichter[757] bei Errichtung und Betrieb einer nach § 4 BImSchG nicht genehmigungsbedürftigen Anlage schädliche Umwelteinwirkungen zu verhindern, die nach dem Stand der Technik vermeidbar sind. Sind die schädlichen Umwelteinwirkungen nach dem Stand der Technik nicht vermeidbar, ist der Betreiber gem. § 22 Abs. 1 S. 1 Nr. 2 BImSchG verpflichtet, die schädlichen Umwelteinwirkungen auf ein Mindestmaß zu beschränken.

Unter die nicht genehmigungsbedürftigen Lichtanlagen fallen sowohl nicht genehmigungsbedürftige Haupteinrichtungen (z. B. Straßen- und Wegebeleuchtungen) als auch Nebeneinrichtungen von nicht nach §§ 4, 6 BImSchG genehmigungsbedürftigen Hauptanlagen (z. B. Außenbeleuchtungen von Gebäuden oder Lichtwerbeanlagen).

§ 22 Abs. 1 S. 3 BImSchG ordnet an, dass Anlagen, die nicht gewerblichen Zwecken dienen und nicht im Rahmen wirtschaftlicher Unternehmungen Verwendung finden, die Verpflichtungen des Satzes 1, schädliche Umwelteinwirkungen nach dem Stand der Technik zu vermeiden oder auf ein Mindestmaß zu beschränken, nur eingeschränkt erfüllen müssen. Die Pflichten des § 22 Abs. 1 S. 1 BImSchG sind bei

[757] *Roßnagel/Hentschel*, in: Führ (Hrsg.), GK-BImSchG, 2016, § 22, Rn. 9; *Jarass*, BImSchG, 12. Aufl., 2017, § 22, Rn. 21; zur Vereinfachung wird nachfolgend nur auf den Betreiber abgestellt.

diesen Anlagen auf die Verhinderung oder Beschränkung von schädlichen Umwelteinwirkungen durch Luftverunreinigungen, Geräusche oder von Funkanlagen ausgehende nichtionisierende Strahlen begrenzt. Betreiber von Anlagen, die Licht emittieren, und in den Anwendungsbereich des § 22 Abs. 1 S. 3 BImSchG fallen, haben mithin nicht die Pflichten des § 22 Abs. 1 S. 1 BImSchG zu erfüllen. Das trifft für den hier interessierenden Anlagenbereich vor allem für hoheitliche Straßen- und Wegebeleuchtungen[758] wie auch Außenbeleuchtungen privater, nicht gewerblicher Gebäude und Anlagen, wie etwa Haus- und Gartenbeleuchtungen, zu.[759]

Bei Beleuchtungen öffentlicher Straßen und Wege könnte allerdings § 22 Abs. 1 S. 3 BImSchG unanwendbar sein, wenn die Gemeinde den Betrieb der Straßen- und Wegebeleuchtung nicht selbst verantwortet, sondern von einem privatrechtlich organisierten Wirtschaftsunternehmen durchführen lässt.[760] Es könnte sich aufgrund der Privatisierung des Betriebs um eine im Rahmen wirtschaftlicher Unternehmung Verwendung findende Anlage handeln. Von einer wirtschaftlichen Unternehmung i.S.d. § 22 Abs. 1 S. 3 BImSchG ist auszugehen, wenn wirtschaftlich verwertbare Leistungen erbracht werden und die Anlage in einer gewerblichen Unternehmen vergleichbaren Art genutzt wird.[761] Als Beispiele für derartige Anlagen werden von der öffentlichen Hand beherrschte Wasser-, Gas- und Elektrizitätswerke sowie Krankenhäuser und Kläranlagen genannt.[762] Dagegen sollen Anlagen, die kulturellen, wissenschaftlichen, religiösen oder pädagogischen Zwecken dienen, auch dann nicht als wirtschaftliche Unternehmung gelten, wenn wirtschaftlich verwertbare Leistungen erbracht werden.[763]

Aus Sicht der Gemeinde ist der mit der Straßen- und Wegebeleuchtung verfolgte Zweck die Förderung des gemeindlichen, wirtschaftlichen, kulturellen und

---

[758] So VGH München, Urt. v. 18.12.1990 – 8 B 8703780, NJW 1991, 2660, 2661; OVG Lüneburg, Urt. v. 13.09.1993 – 13.09.1993, NVwZ 1994, 713; VG Düsseldorf, Urt. v. 18.03.2008 – 16 K 3722/07, juris, Rn. 13; *Jarass,* BImSchG, 12. Aufl., 2017, § 22, Rn. 24a; *Roßnagel*, in: Koch (Hrsg.), GK-BImSchG, § 22, Rn. 44; a.A. wohl OVG Münster, Urt. v. 28.01.1980 – 1 A 1813/77, juris.

[759] *Borchers/Schomerus*, NuR 2015, 614, 617.

[760] In die Richtung gehend *Dietlein*, in: Landmann/Rohmer (Hrsg.), Umweltrecht, Bearbeitungsstand: 08/2014, § 4 BImSchG, Rn. 29. Beispiel als GmbH Berlin, vgl. https://www.stromnetz.berlin/de/stoerungsmanagement-beleuchtung.htm (zuletzt abgerufen am 22.12.2018); als AG Stadt Köln http://www.stadt-koeln.de/leben-in-koeln/verkehr/beleuchtungs-hotline (zuletzt abgerufen am 22.12.2018).

[761] *Böhm*, in: Führ (Hrsg.), GK-BImSchG, 2016, § 4, Rn. 68; BT-Drs. 7/179, S. 30; die weite Auslegung des Begriffs geht auf die Gesetzeskompetenz des Bundes als „Recht der Wirtschaft" gem. Art. 74 Abs. 1 Nr. 11 GG zurück, vgl. BT-Drs. 7/179, S. 30; zum Verfassungsrecht *Degenhart*, in: Sachs (Hrsg.), GG, 8. Aufl., 2018, Art. 74, Rn. 44; dazu BVerfG, Beschl. v. 12.12.1984 – 1 BvR 1249/83, juris, Rn. 30.

[762] Vgl. nur *Jarass*, BImSchG, 12. Aufl., 2017, § 4, Rn. 36.

[763] *Dietlein*, in: Landmann/Rohmer (Hrsg.), Umweltrecht, Bearbeitungsstand: 08/2014, § 4 BImSchG, Rn. 30; *Böhm*, in: Führ (Hrsg.), GK-BImSchG, 2016, § 4, Rn. 69; *Henkel*, Anlagenbegriff, 1989, S. 171.

gesellschaftlichen Lebens der Einwohnerinnen und Einwohner.[764] Straßen- und Wegebeleuchtungen dienen mithin der Erfüllung der gemeindlichen Daseinsvorsorge, die zum Kernbestand der kommunalen Selbstverwaltung gem. Art. 28 Abs. 2 GG zählt. Diese Aufgabe ist als nicht gewerblich einzuordnen, unabhängig davon, wer konkret für das Funktionieren und den Betrieb der Straßenbeleuchtung zuständig ist.[765] Die Gemeinde befindet sich nicht mit anderen im Wettbewerb und verlangt für die Straßen- und Wegebeleuchtung keine Entgelte. Die Leistung, d. h. die Beleuchtung der Straßen und Wege, ist daher wirtschaftlich nicht verwertbar. Selbst bei einer Ausgliederung der Planung und des Betriebs von Lichtanlagen in ein Wirtschaftsunternehmen stehen die nichtwirtschaftlichen Zwecke und Funktionen von Straßen- und Wegebeleuchtungen im Vordergrund.[766]

Zwar bieten private Unternehmen den Unterhalt und den Betrieb von Straßen- und Wegebeleuchtungen als Dienstleistung gegen Entgelt an, sodass aus dieser Perspektive die Straßen- und Wegebeleuchtung eine gegenüber der Gemeinde wirtschaftlich verwertbare Leistung darstellt. Entscheidend ist indes, wer Anlagenbetreiber der Straßen- und Wegebeleuchtung ist und welche Ziele dieser Betreiber mit der Anlage verfolgt. Auf die Rechtsform des Betreibers kommt es nicht an.[767] Betreiber ist, wer letztverantwortlich den maßgeblichen Einfluss auf den Anlagenbetrieb ausübt.[768] Das ist grundsätzlich die Gemeinde, nicht der private Auftragnehmer.[769] Zwar werden Straßen- und Wegebeleuchtungen in unterschiedlichen Formen betrieben, etwa indem die Gemeinde lediglich den technischen Unterhalt auf den Privaten überträgt (Instandhaltungsmodell)[770] oder zusätzlich auch noch die Energielieferung vereinbart (Betriebsführungsmodell).[771] Allerdings bestimmt die Gemeinde unabhängig von diesen Modellen weiterhin Umfang und Art der Straßen- und Wegebeleuchtung, sodass sie die Verfügungsmacht über die Anlage und den Betrieb inne hat. Sie bleibt Betreiberin, die die Anlagen nicht im Rahmen

---

[764] OVG Magdeburg, Urt. v. 29.10.2008 – 4 L 261/07, juris, Rn. 34; dem folgend *Bauer*, in: Kodal (Hrsg.), Straßenrecht, 7. Aufl., 2010, Kap. 43, Rn. 43; *Sauthoff*, Öffentliche Straßen, 2. Aufl. 2010, Rn. 971.

[765] *Schink*, DVBl 2005, 861 f. m.w.N.; *Papier*, DVBl 2003, 686, 687 f.; *Bauer*, in: Kodal (Hrsg.), Straßenrecht, 7. Aufl., 2010, Kap. 43, Rn. 44; bzgl. einer Pflicht zur Straßenbeleuchtung siehe Seite 193 ff.

[766] OVG Magdeburg, Urt. v. 29.10.2008 – 4 L 261/07, juris, Rn. 34; *Bauer*, in: Kodal (Hrsg.), Straßenrecht, 7. Aufl., 2010, Kap. 43, Rn. 43; *Sauthoff*, Öffentliche Straßen, 2. Aufl. 2010, Rn. 971; ähnlich *Schink*, DVBl 2005, 861, 864; *Bull*, Der Staat 2008, 1, 18, der bei der Daseinsvorsorge von einer gemeinwohlorientierten Leistung spricht; *Burgi*, Kommunalrecht, 5. Aufl. 2015, § 17, Rn. 12, der die Verfolgung von Sachzielen durch die Gemeinde betont.

[767] *Böhm*, in: Führ (Hrsg.), GK-BImSchG, 2016, § 4, Rn. 69.

[768] *Lechelt*, in: Führ (Hrsg.), GK-BImSchG, 2016, § 52, Rn. 33; *Hansmann/Röckinghausen*, in: Landmann/Rohmer (Hrsg.), Umweltrecht, Bearbeitungsstand: 01/2014, § 52 BImSchG, Rn. 38.

[769] *Vierhaus*, NuR 2014, 98, 104.

[770] *Ringwald/Weichel*, in: Ringwald/Rönitzsch/Riedel (Hrsg.), Praxishandbuch Öffentliche Beleuchtung, 2013, 93 ff.

[771] *Dies.*, in: Ringwald/Rönitzsch/Riedel (Hrsg.), Praxishandbuch Öffentliche Beleuchtung, 2013, S. 93, 95 f., die dieses Modell als „klassisch" bezeichnen.

wirtschaftlicher Unternehmung einsetzt, weshalb auch § 22 Abs. 1 S. 3 BImSchG anwendbar bleibt.

Etwas anderes gilt indes für das sog. Betreibermodell (sog. Contracting) und ÖPP-Modell. Das Betreibermodell umfasst neben der Unterhaltung und der Stromlieferung auch Erneuerungsinvestitionen für die Straßen- und Wegebeleuchtung durch den Privaten. Der Contractor erhält eine Pauschalvergütung pro Lichtpunkt, sodass er ein wirtschaftliches Interesse an einer sparsamen Straßen- und Wegebeleuchtung und damit an Erneuerungsinvestitionen hat.[772] Ähnlich verhält es sich bei einer Öffentlich-Privaten-Partnerschaft (sog. ÖPP-Modell).[773] In den beiden letztgenannten Fällen hat das private Unternehmen die volle Kontrolle über die Anlage, da es auch für Umrüstungen und Neuinstallationen zuständig ist. Zudem trägt es das wirtschaftliche Risiko selbst, indem es lediglich eine Pauschalvergütung erhält und sich sein Gewinn daran bemisst, wie sparsam die Beleuchtung ist und wie kostengünstig die Unterhaltung gelingt. Daher ist in diesen Fällen (Betreiber- und ÖPP-Modell) davon auszugehen, dass die Straßenbeleuchtungsanlagen im Rahmen einer wirtschaftlichen Unternehmung Verwendung finden. Straßen- und Wegebeleuchtungen, die im Rahmen von Betreiber- oder ÖPP-Modellen betrieben werden, fallen somit nicht aus dem Anwendungsbereich des § 22 Abs. 1 S. 1 BImSchG heraus, sodass die Betreiberpflichten anzuwenden sind.

Im Ergebnis sind also nach dem Instandhaltungs- und Betriebsführungsmodell betriebene öffentliche Straßen- und Wegebeleuchtungen sowie private Haus- und Gartenbeleuchtungen Anlagen gem. § 22 Abs. 1 S. 3 BImSchG, die nicht gemäß den Pflichten des § 22 Abs. 3 S. 1 BImSchG betrieben werden müssen. Das gilt allerdings nicht für Straßen- und Wegebeleuchtungen, die aufgrund von Contracting- oder ÖPP-Modellen wirtschaftlich betrieben werden. Zudem werden insbesondere gewerblich genutzte Lichtwerbeanlagen, Sicherheitsbeleuchtungen und Außenbeleuchtungen (bspw. von gewerblich genutzten Parkplätzen etc.) unabhängig davon, ob sie eine nach dem BImSchG nicht genehmigungsbedürftige Hauptanlage oder eine Nebeneinrichtung einer nicht genehmigungsbedürftigen Hauptanlage sind, vom Anwendungsbereich des § 22 Abs. 1 S. 1 BImSchG erfasst.

b) Vermeidung schädlicher Umwelteinwirkungen

Gem. § 22 Abs. 1 S. 1 Nr. 1 BImSchG ist der Betreiber einer nicht genehmigungsbedürftigen Anlage verpflichtet, schädliche Umwelteinwirkungen, die nach dem Stand der Technik vermeidbar sind, zu verhindern (Vermeidungspflicht). In Bezug auf Lichtimmissionen besteht eine Pflicht zur Vermeidung, wenn es sich bei Lichtimmissionen um schädliche Umwelteinwirkungen handelt (aa), diese nach dem

---

[772] *Dies.*, in: Ringwald/Rönitzsch/Riedel (Hrsg.), Praxishandbuch Öffentliche Beleuchtung, 2013, S. 93, 96 ff.

[773] *Dies.*, in: Ringwald/Rönitzsch/Riedel (Hrsg.), Praxishandbuch Öffentliche Beleuchtung, 2013, S. 93, 98 f.

Stand der Technik vermeidbar sind (bb) und die zu ergreifende Maßnahme verhältnismäßig ist (cc).

aa) Lichtimmissionen als schädliche Umwelteinwirkungen

Lichtimmissionen müssten eine schädliche Umwelteinwirkung hervorrufen. Schädliche Umwelteinwirkungen sind in § 3 Abs. 1 BImSchG als Immissionen, die nach Art, Ausmaß oder Dauer geeignet sind, Gefahren, erhebliche Nachteile oder erhebliche Belästigungen für die Allgemeinheit oder die Nachbarschaft herbeizuführen, legaldefiniert.[774] Gem. § 3 Abs. 1 BImSchG sind nacht- und dämmerungsaktive Tiere, darunter Fledermäuse und zahlreiche Vogel- und Insektenarten, aber auch Säugetiere, Reptilien, Amphibien, Fische oder Bodenkulturen, als Schutzgüter vor den Auswirkungen der Lichtimmissionen geschützt.[775]

(1) Gefahr

Lichtimmissionen könnten Gefahren i.S.d. § 3 Abs. 1 BImSchG verursachen. Der Gefahrenbegriff kann der polizeirechtlichen Definition entnommen werden.[776] Danach ist von einer Gefahr auszugehen, wenn ein Verhalten oder eine Sachlage bei ungehindertem Ablauf des Geschehens mit hinreichender Wahrscheinlichkeit zu einem Schaden an einem Schutzgut führen wird[777] oder i.S.e. Störung bereits eingetreten ist.[778] Mögliche Gefahren können die (drohende) Verwirklichung der artenschutzrechtlichen Zugriffsverbote aus § 44 Abs. 1 BNatSchG und die (drohende) Verletzung der allgemeinen Schutzvorschrift gem. § 33 Abs. 1 BNatSchG konstituieren.[779]

(2) Nachteil

Zudem können Lichtimmissionen erhebliche Nachteile hervorrufen, wenn von ihnen Gefahren ausgehen oder Verhaltens- und Populationsveränderungen oder Tötungen und Verletzungen von lichtempfindlichen Tieren drohen (zu den einzelnen Nachteilen siehe Seite 144 ff.).

---

[774] *Jarass*, BImSchG, 12. Aufl., 2017, § 3, Rn. 25 f.

[775] *Schulte/Michalk*, in: Giesberts/Rheinhardt (Hrsg.), BeckOK UmweltR, 2017, § 3 BImSchG, Rn. 62; *Hofmann/Koch*, in: Führ (Hrsg.), GK-BImSchG, 2016, § 3, Rn. 26 f.; *Jarass*, BImSchG, 12. Aufl. 2017, § 3, Rn. 32.

[776] Siehe nur *Kloepfer*, Umweltrecht, 4. Aufl. 2016, § 15, Rn. 203.

[777] *Schlacke*, Umweltrecht, 7. Aufl. 2019, § 9, Rn. 28; *Thiel*, in: Landmann/Rohmer (Hrsg.), Umweltrecht, Bearbeitungsstand: 05/2017, § 3 BImSchG, Rn. 33 m.w.N.

[778] *Thiel*, in: Landmann/Rohmer (Hrsg.), Umweltrecht, Bearbeitungsstand: 05/2017, § 3 BImSchG, Rn. 34; *Gusy*, Polizei- und Ordnungsrecht, 10. Aufl. 2017, Rn. 108.

[779] Siehe Seite 57 ff. und Seite 84 ff.

(3) Erheblichkeit des Nachteils

Erfasst werden nach § 3 Abs. 1 BImSchG allerdings nur erhebliche Nachteile, wobei die Erheblichkeit durch eine Abwägung i.S.e. Zumutbarkeit zu bestimmen ist.[780] Da sich die Erheblichkeit des Nachteils nach § 3 Abs. 1 BImSchG bestimmt, kann zur Ermittlung der Erheblichkeit auf die Ausführungen zu § 5 Abs. 1 Nr. 1 BImSchG verwiesen werden (siehe Seite 145 ff.).

Zusammengefasst beurteilt sich die Erheblichkeit der Umwelteinwirkung eines anthropogenen Verhaltens anhand der herausgearbeiteten Kriterien: Dazu ist auf eine pauschalisierte Empfindlichkeit des Schutzguts, d. h. auf die Empfindlichkeit von Vögeln, Fledermäusen und Insekten, abzustellen. Ebenfalls ist die Störungsintensität, also die Helligkeit, die spektrale Zusammensetzung des Lichts und die Dauer der Lichtimmissionen miteinzubeziehen. Ferner hat eine gebietsspezifische Bewertung der Umwelteinwirkungen zu erfolgen, die sich maßgeblich an dem Vorkommen der jeweiligen Tierart in einem näher festzulegenden Gebiet orientiert. Sind anhand dieser Betrachtung nur geringe Auswirkungen zu befürchten – etwa, weil die Lichtimmissionen nicht ausreichen, um Insektenpopulationen, oder Fledermausquartiere zu beeinträchtigen bzw. Vögel oder Fledermäuse zu stören – so ist die Erheblichkeit der Umwelteinwirkungen zu verneinen.

Sind die Umwelteinwirkungen nicht geringfügig, sind diese mit den entgegenstehenden Interessen im Wege der Zumutbarkeit gegenüber den Nutzerinteressen abzuwägen. Dazu sind die Naturschutzbelange, insbesondere der Arten- und Gebietsschutz, naturschutzfachlich zu bewerten.[781] Gegebenenfalls sind anderweitige Störwirkungen durch die Lichtimmission und die Interessen an einer unberührten Natur verstärkend hinzuzurechnen. Diese Interessen sind mit den widerstreitenden Nutzungsinteressen des jeweiligen Gebiets abzuwägen. Das erfordert eine

---

[780] St. Rspr. BVerwG, Urt. v. 25.02.1992 – 1 C 7/90, NVwZ 1992, 886, 887; BVerwG, Urt. v. 17.02.1984 – 7 C 8/82, NVwZ 1984, 371, 373; BVerwG, Urt. v. 12.12.1975 – IV C 71.73, juris, Rn. 22; *Schlacke*, Umweltrecht, 7. Aufl. 2019, § 9, Rn. 28; *Jarass*, BImSchG, 12. Aufl., 2017, § 3, Rn. 53; *Koch/Hofmann*, in: ders./Hofmann/Reese (Hrsg.), Handbuch Umweltrecht, 5. Aufl., 2018, § 4, Rn. 97; *Schmidt/Kahl/Gärditz*, Umweltrecht, 10. Aufl. 2017, § 7, Rn. 60; *Thiel*, in: Landmann/Rohmer (Hrsg.), Umweltrecht, Bearbeitungsstand: 05/2017, § 3 BImSchG, Rn. 46; *Dietlein*, in: Landmann/Rohmer (Hrsg.), Umweltrecht, Bearbeitungsstand: 08/2014, § 5 BImSchG, Rn. 55; *Sellner/Reidt/Ohms*, Immissionsschutzrecht und Industrieanlagen, 3. Aufl. 2006, S. 28; *Heilshorn/Sparwasser*, in: Landmann/Rohmer (Hrsg.), Umweltrecht, § 22 BImSchG, Rn. 16; *Sparwasser/Engel/Voßkuhle*, Umweltrecht, 5. Aufl. 2003, § 10, Rn. 117; *Ohms*, Praxishandbuch Immissionsschutzrecht, 2003, Rn. 106; *Classen*, JZ 1993, 1042; *Kutscheidt*, NVwZ 1983, 65, 68; *Martens*, DVBl 1981, 597, 598; *Feldhaus*, DVBl 1979, 301, 305; ähnlich *Kloepfer*, Umweltrecht, 4. Aufl. 2016, § 15, Rn. 206; **a.A.** *Couzinet*, Zulässigkeit von Immissionen, 2007, S. 348 ff.; *Petersen*, Schutz und Vorsorge, 1991, S. 69 ff.; *Ziegler*, BayVBl 1986, 690, 693; *Murswiek*, staatliche Verantwortung, 1983, S. 318 ff.

[781] Insoweit steht der Behörde zur Ermittlung und Beurteilung der Erheblichkeit eine Einschätzungsprärogative zu; BVerwG, Urt. v. 27.06.2013 – 4 C 1/12, NVwZ 2013, 1411, Rn. 14; VGH München, Urt. v. 29.03.2016 – 22 B 14.1875, NuR 2016, 564, Rn. 39; *Mayer*, NuR 2016, 683, 684.

Einzelfallentscheidung.[782] Diese fällt insbesondere dann zugunsten der Naturschutzbelange aus, wenn an der konkreten Immission kein schützenswertes Interesse besteht. Das ist jedenfalls dann der Fall, wenn die Lichtimmission für den Beleuchtungszweck nicht erforderlich ist (Abfalllicht).[783]

Im Ergebnis dürften Lichtimmissionen, die

- besonders beleuchtungsstark sind,
- sich in oder in der Nähe von schützenswerten Naturräumen befinden,
- besonders lichtempfindliche Tiere betreffen können und/oder
- ein hohes Maß an Abfalllicht hervorrufen

einen erheblichen Nachteil i.S.v. § 3 Abs. 1 BImSchG darstellen.

bb) Vermeidungsmaßnahmen nach dem Stand der Technik

Die schädlichen Umwelteinwirkungen müssten vermeidbar sein. Die Vermeidungspflicht fordert – im Gegensatz zur Abwehrpflicht aus § 5 Abs. 1 Nr. 1 BImSchG – keinen vollständigen Ausschluss schädlicher Umwelteinwirkungen, sondern verlangt nur die Vermeidung dessen, was nach dem Stand der Technik möglich ist.[784] Bei dem Begriff des Stands der Technik handelt es sich um einen unbestimmten, gerichtlich voll überprüfbaren[785] Rechtsbegriff,[786] der in § 3 Abs. 6 BImSchG i.V.m. der Anlage zum BImSchG näher konkretisiert wird. Zur Frage, ob die technischen Vermeidungsmaßnahmen dem Stand der Technik entsprechen, kann nach oben verwiesen werden (siehe Seite 154 ff.).

Im Ergebnis finden einige von den im naturwissenschaftlichen Teil herausgearbeiteten Vermeidungsmaßnahmen (s. o.)[787] als emissionsbegrenzende Technik Verwendung.[788] Ziel der Emissionsbegrenzung ist die Vermeidung nicht benötigter Lichtemissionen.[789] Dazu zählt

---

[782] VG Aachen, Beschl. v. 24.10.2011 – 6 L 237/11, juris, Rn. 25; *Thiel*, in: Landmann/Rohmer (Hrsg.), Umweltrecht, § 3 BImSchG, Rn. 47.

[783] Vgl. Anhang II Nr. 3 lit. f) VO (EG) Nr. 245/2009; es handelt sich hierbei um abfallendes Licht, nicht um Abfall im Rechtssinne, vgl. den Abfallbegriff; *Kloepfer*, Umweltrecht, 4. Aufl. 2016, § 21, Rn. 112 ff.

[784] OVG Münster, Beschl. v. 29.08.2012 – 2 B 940/12, NuR 2014, 659, Rn. 11.

[785] *Schulte/Michalk*, in: Giesberts/Rheinhardt (Hrsg.), BeckOK UmweltR, 2017, § 3 BImSchG, Rn. 92; *Jarass*, BImSchG, 12. Aufl., 2017, § 3, Rn. 117.

[786] *Thiel*, in: Landmann/Rohmer (Hrsg.), Umweltrecht, § 3 BImSchG, Rn. 105 m.w.N.

[787] Siehe Seite 30 ff.; eine Übersicht der Maßnahmen findet sich auf Seite 39; eine gute Übersicht über Maßnahmen nach dem Stand der Technik findet sich bei *Borgmann/Kurz*, Leitfaden: „Lichteinwirkung auf die Nachbarschaft", 2014, S. 15 f.

[788] Siehe Seite 154 ff.

[789] Nicht sämtliche Emissionsbegrenzungen sind solche des § 3 Abs. 6 BImSchG. Die Vermeidungsmaßnahmen zielen darauf ab, die räumliche Ausbreitung des Lichts gemäß dem Beleuchtungszweck einzuschränken. Da darin keine Immissionsbegrenzung liegt (bspw. durch eine weiträumige Verteilung des Lichts), handelt es sich um eine Maßnahme der Emissionsbegrenzung i.S.d. § 3 Abs. 6 BImSchG.

- die Vermeidung von Lichtemissionen in Bereiche (Abstrahlwinkel), in denen sie keinem Beleuchtungszweck dienen,
- die Vermeidung von Lichtemissionen in Zeiten, in welchen kein Beleuchtungszweck vorhanden ist,
- die Vermeidung von überdimensionierten Beleuchtungen, die weit über das erforderliche Maß hinausgehen und
- die Wahl eines Lampentyps, dessen spektrale Zusammensetzung des Lichts eine möglichst geringe Anlockwirkung entfaltet.

Bezogen auf die einsetzbaren Lampentypen sind sämtliche Lampentypen, die als Vermeidungsmaßnahmen Verwendung finden können, als Stand der Technik anzusehen. Darunter auch Natriumdampfnieder- und Hochdrucklampen, Metallhalogen und LED.[790] Andere technischen Anforderungen an Leuchten, die zur Vermeidung ergriffen werden können, wie Abschirmungen,[791] Bewegungsmelder, Dimmer und Zeitschaltuhren entsprechen ebenfalls als geeignete und fortschrittliche technische Einrichtungen bzw. Betriebsweisen dem Stand der Technik.[792] Insoweit stehen genügend technische Vermeidungsmaßnahmen zur Verfügung, sodass es sich bei schädlichen Lichtimmissionen i.S.d. § 22 Abs. 1 BImSchG in der Regel um nach dem Stand der Technik vermeidbare Umwelteinwirkungen handelt.

cc) Verhältnismäßigkeitsgrundsatz

Die Betreiberpflicht aus § 22 Abs. 1 S. 1 Nr. 1 BImSchG wird durch den Grundsatz der Verhältnismäßigkeit begrenzt.[793] Die Verhältnismäßigkeit ist zwar nicht in § 22 Abs. 1 S. 1 Nr. 1 BImSchG normiert, jedoch ergibt sich die Geltung des Verhältnismäßigkeitsgrundsatzes aus der Grundrechtsrelevanz der Betreiberpflichten.[794] Verhältnismäßig sind Maßnahmen, die geeignet, erforderlich und angemessen sind (siehe Seite 158 f).[795] Im Rahmen der Angemessenheit ist aufgrund der vielfältigen Möglichkeiten, die schädlichen Umwelteinwirkungen zu unterbinden, im Regelfall zu erwarten, dass verhältnismäßige Maßnahmen zur Auswahl stehen. Im Übrigen steht die Angemessenheit der Vermeidungsmaßnahme nur dann entgegen, wenn die Maßnahme in einem krassen

---

[790] Siehe Seite 155.

[791] Explizit OVG Koblenz, Urt. v. 22.12.2010 – 8 C 10600/10.OVG, LKRZ 2011, 142, 146; Beispiel einer verbreiteten Straßenleuchte *Weis*, in: Bodenhaupt/Lindemuth (Hrsg.), Straßen-und Außenbeleuchtung, 2012, S. 75, 90 ff.

[792] Zur Steuerungstechnik *Müller*, in: Bodenhaupt/Lindemuth (Hrsg.), Straßen-und Außenbeleuchtung, 2012, 95 ff.; *Schneck*, in: Bodenhaupt/Lindemuth (Hrsg.), Straßen-und Außenbeleuchtung, 2012, 103 ff.

[793] *Heilshorn/Sparwasser*, in: Landmann/Rohmer (Hrsg.), Umweltrecht, § 22 BImSchG, Rn. 44; vgl. auch *Petersen*, Schutz und Vorsorge, 1991, S. 162 f.

[794] *Petersen*, Schutz und Vorsorge, 1991, S. 162 m.w.N.

[795] *Badura*, Staatsrecht, 7. Aufl. 2018, S. 144 f.

Missverhältnis zum angestrebten Erfolg steht. So ist zum Beispiel eine weitergehende Reduktion von Lichtemissionen nicht allein deshalb durchzuführen, weil es nach dem Stand der Technik möglich aber naturschutzfachlich nicht erforderlich ist.[796] In diesem Fall scheitert die Vermeidungsmaßnahme an der Angemessenheit.

dd) Zwischenergebnis

Im Ergebnis unterliegen nicht genehmigungsbedürftige Lichtanlagen der Vermeidungspflicht, wenn die hervorgerufenen Lichtimmissionen eine schädliche Umwelteinwirkung verursachen. Ausgenommen sind gem. § 22 Abs. 1 S. 3 BImSchG nichtgewerbliche Anlagen, wie etwa öffentliche Straßen- und Wegebeleuchtungen, die im Rahmen des Instandhaltungs- und Betriebsführungsmodell betrieben werden, sowie private Haus- und Gartenbeleuchtungen. Auf Straßen- und Wegebeleuchtungen, die nach dem Betreiber- oder ÖPP-Modell betrieben werden, bleiben die Pflichten des § 22 Abs. 1 S. 1 BImSchG anwendbar.

Die Schädlichkeit der Umwelteinwirkung ist zu bejahen, wenn eine Gefahr oder erhebliche Nachteile für die Schutzgüter, zu denen auch Tiere zählen, drohen. Während eine Gefahr zu bejahen ist, wenn etwa die Verletzung eines artenschutzrechtlichen Verbots zu besorgen ist, bestimmt sich die Erheblichkeit eines Nachteils durch eine Abwägung, in der die Naturschutzbelange naturschutzfachlich zu bewerten und mit den widerstreitenden Interessen abzuwägen sind. Dabei ist auf die pauschalisierte Empfindlichkeit der Schutzgüter, die Störungsintensität der Lichtimmission und die gebietsspezifische Bewertung der Umwelteinwirkungen abzustellen. Die Interessen des Emittenten an der störenden Nutzung bleiben außer Betracht. Im Ergebnis dürften Lichtimmissionen einen erheblichen Nachteil verursachen, die

- besonders beleuchtungsstark sind,
- sich in der Nähe von schützenswerten Naturräumen befinden,
- besonders lichtempfindliche Tiere betreffen können und/oder
- ein hohes Maß an Abfalllicht hervorrufen.

Liegt eine schädliche Umwelteinwirkung vor, muss die Lichtemission nach dem Stand der Technik vermeidbar sein. Vermeidbar sind Lichtemissionen, die in nicht zu beleuchtende Bereiche abgegeben werden (Abfalllicht), bestimmte spektrale Zusammensetzungen, eine übermäßige Beleuchtungsstärke und Emissionen in Zeiten, in denen die Beleuchtung nicht notwendig ist. Die vorgeschlagenen Vermeidungstechniken entsprechen dem Stand der Technik. Eine Ausnahme stellen die Fälle dar, in denen es auf das Farbsehen ankommt, sodass dann der Einsatz von Natriumdampfniederdrucklampen ausscheidet.

---

[796] BVerwG, Beschl. v. 25.08.1999 – 4 B 55/99, NVwZ-RR 2000, 90, Rn. 6; OVG Münster, Beschl. v. 29.08.2012 – 2 B 940/12, NuR 2014, 659, Rn. 11; *Jarass*, BImSchG, 12. Aufl., 2017, § 22, Rn. 35.

Als letzte Voraussetzung muss die Betreiberpflicht verhältnismäßig sein. Nicht verhältnismäßig sind Vermeidungsmaßnahmen, wenn eine mildere Vermeidungsmaßnahme gleicher Eignung verfügbar ist oder die Maßnahme in einem krassen Missverhältnis zum angestrebten Erfolg steht. Dass die für die Vornahme der Vermeidungsmaßnahme notwendigen Kosten ein unverhältnismäßiges Maß erreichen, ist hingegen nicht zu erwarten.

c) Minimierung unvermeidbarer schädlicher Umwelteinwirkungen gem. § 22 Abs. 1 S. 1 Nr. 2 BImSchG

Sind schädliche Umwelteinwirkungen durch Emissionsbegrenzungen nach dem Stand der Technik nicht vermeidbar, könnte der Betreiber gem. § 22 Abs. 1 S. 1 Nr. 2 BImSchG dazu verpflichtet sein, die Lichtimmissionen auf ein Mindestmaß zu begrenzen.

aa) Unvermeidbare schädliche Umwelteinwirkungen

Unvermeidbar sind Lichtimmissionen, die für den Beleuchtungszweck der Lichtanlage notwendig sind, da nach dem Stand der Technik keine Vermeidungsmaßnahmen erfasst sind, die eine Leistungsbeeinträchtigung zur Folge haben.[797] Unvermeidbar sind somit Lichtemissionen, die in Richtung der zu beleuchtenden Bereiche abgegeben werden, auf das Mindestmaß an Beleuchtungsstärke reduziert sind, nur in Zeiten des Bedarfs emittiert werden und gegebenenfalls so ausgestaltet sind, dass ein Farbsehen möglich ist. Gleiches betrifft die Standortwahl der Lichtanlage, da die Auswahl des Standorts kein technisches Mittel ist, sodass die dadurch eintretenden Umwelteinwirkungen unvermeidbar i.S.d. § 22 Abs. 1 S. 1 Nr. 1 BImSchG sind.[798]

bb) Minimierungsmaßnahmen

Des Weiteren müsste die Minimierung der schädlichen Umwelteinwirkung möglich sein. Als Minimierungsmaßnahmen kommen die Auswahl des Standorts der Lichtanlage sowie Betriebseinschränkungen und der Verzicht auf Beleuchtungen (Betriebseinstellung) in Betracht. Bei den Betriebseinschränkungen handelt es sich um den Verzicht auf Beleuchtungen in Zeiten, in denen entweder die Schutzgüter besonders empfindlich sind (bspw. Vogelzugzeiten) oder die Beleuchtungen verzicht-

---

797 *Roßnagel/Hentschel*, in: Führ (Hrsg.), GK-BImSchG, 2016, § 3, Rn. 147; *Jarass*, BImSchG, 12. Aufl., 2017, § 3, Rn. 125.

798 Vgl. *Heilshorn/Sparwasser*, in: Landmann/Rohmer (Hrsg.), Umweltrecht, § 22 BImSchG, Rn. 52; *Ohms*, Praxishandbuch Immissionsschutzrecht, 2003, Rn. 146.

bar erscheinen.[799] Schließlich kann auf die Lichtanlage oder auf eine bestimmte Zahl von Lichtquellen verzichtet werden. So kann das zeitweilige Abschalten von Lichtanlagen in der Nacht Insekten ermöglichen, aus dem Lichtkegel zu entkommen.[800] Dies unterscheidet sich von der Reduktion der Beleuchtungsstärke auf das notwendige Maß dahingehend, dass der Verzicht auf Beleuchtungen zu einer Beschränkung der Beleuchtungsfunktion der Lichtanlage führen kann.

cc) Mindestmaß als Grenze der Minimierungspflicht

Im Gegensatz zur Pflicht aus § 22 Abs. 1 S. 1 Nr. 1 BImSchG zur Vermeidung von Emissionen ist nach Nr. 2 eine Minimierung auf ein Mindestmaß geboten. Entscheidend ist also die Frage, was unter dem Mindestmaß gem. § 22 Abs. 1 S. 1 Nr. 2 BImSchG zu verstehen ist.

(1) Gefahren

Liegt eine konkrete Gefahr für das Leben, die Gesundheit oder für Tiere, Pflanzen sowie andere Sachwerte vor, ist das Mindestmaß immer überschritten.[801] Eine im Hinblick auf die Vermeidungspflicht nach § 22 Abs. 1 Nr. 1 BImSchG unvermeidbare Gefahrenlage dürfte allerdings im Regelfall kaum entstehen, da sie durch technische Vermeidungsmaßnahmen verhindert werden kann.[802] Ausgenommen sind Fälle, in denen die Gefahr nur durch die völlige Betriebseinstellung ausgeschlossen werden kann, wie etwa die Anstrahlung eines Fledermausquartiers (etwa eines Kirchturmes). Liegt darin eine Verwirklichung einer Verbotsnorm – wie bspw. des § 44 Abs. 1 Nr. 2 BNatSchG – ist der Betrieb gänzlich zu unterlassen.[803]

(2) Nachteile

Das Mindestmaß bei Nachteilen ist durch eine umfassende Abwägung i.S.d. Verhältnismäßigkeit[804] zwischen dem Aufwand der Vermeidungsmaßnahmen und den Interessen der Nachbarschaft bzw. der Allgemeinheit zu ermitteln.[805] Die Abwägung im

---

[799] Zu den Störwirkungen des Lichts in bestimmten Zeiten siehe Seite 24 ff.

[800] Siehe Seite 37.

[801] BVerwG, Urt. v. 19.01.1989 – 7 C 77/87, NJW 1989, 1291, 1294; *Roßnagel/Hentschel*, in: Führ (Hrsg.), GK-BImSchG, 2016, § 22, Rn. 127; *Jarass*, BImSchG, 12. Aufl., 2017, § 22, Rn. 38; *Schmidt/Kahl/Gärditz*, Umweltrecht, 10. Aufl. 2017, § 7, Rn. 131; *Ohms*, Praxishandbuch Immissionsschutzrecht, 2003, Rn. 146.

[802] Siehe hierzu insbesondere die Vermeidungsmaßnahmen auf Seite 30 ff. sowie Seite 76, 116 ff. und 167 f.

[803] Siehe hierzu Seite 101 ff.

[804] *Couzinet*, Zulässigkeit von Immissionen, 2007, S. 428 f.

[805] VGH Mannheim, Beschl. v. 08.06.1998 – 10 S 3300/96, NVwZ-RR 1999, 569 f., in dem das Gebot der Rücksichtnahme hervorgehoben wird; *Roßnagel/Hentschel*, in: Führ (Hrsg.), GK-BImSchG, 2016, § 22, Rn. 128; *Jarass*, BImSchG, 12. Aufl., 2017, § 22, Rn. 39; *Ohms*,

Rahmen der Minimierungspflicht gem. § 22 Abs. 1 S. 1 Nr. 2 BImSchG unterscheidet sich von der Abwägung der Erheblichkeit schädlicher Umwelteinwirkungen i.S.e. erheblichen Nachteils gem. § 3 Abs. 1 BImSchG (s. o.)[806] dahingehend, dass die Minimierungspflicht die Interessen des Emittenten berücksichtigt.[807] Das in § 22 Abs. 1 S. 1 Nr. 2 BImSchG genannte Mindestmaß ergibt sich folglich aus einer Abwägung der konfligierenden Naturschutzbelangen mit den Interessen des Emittenten unter Berücksichtigung technischer Möglichkeiten und wirtschaftlicher Zumutbarkeit im Einzelfall.

Für die Bestimmung des Mindestmaßes kann die Gebietsprägung des Einwirkungsortes ausschlaggebend sein. Die spezifische Gebietsprägung führt dazu, dass dem Betreiber eine besondere Rücksichtnahmepflicht obliegt.[808] Besonders gewichtig sind die Belange des Naturschutzes zu bewerten, wenn sich die Lichtanlage in unmittelbarer Nähe zu besonders empfindlichen oder wertvollen Habitaten oder Biotopen befindet. Das betrifft in erster Linie die Planung der Standorte der Lichtquellen, bei der auch der Grundsatz zu beachten ist, dass die Beleuchtung von oben nach unten erfolgen soll.[809] Diesen Anforderungen stehen vorrangig Kostenüberlegungen gegenüber.

Die Gewichtung des Nutzungsinteresses ist davon abhängig zu machen, inwieweit die Nutzung der Anlage oder der mit der Anlage verbundene Zweck durch die Abschaltung der Beleuchtung beeinträchtigt wird. Führt die fehlende Beleuchtung zu Gefahren für das Leben, die Gesundheit oder bedeutende Sachwerte, überwiegen die Nutzungsinteressen an der Lichtimmission, sodass das Mindestmaß keine Betriebseinstellung oder -beschränkung erfordert. Gleiches gilt, wenn der Betreiber zur Beleuchtung verpflichtet ist (z. B. bei Baustellen nach § 11 Abs. 2 S. 2 MBauO), da die gesetzgeberische Entscheidung die Einzelfallentscheidung überlagert.[810] Dies trifft insbesondere auf Sicherheitsbeleuchtungen zu. Treten hingegen durch die fehlende Beleuchtung lediglich unerhebliche Belästigungen oder Nachteile ein, ist zugunsten des Schutzes von Tieren die Betriebseinstellung zu verlangen. Solche unerheblichen Belästigungen oder Nachteile können insbesondere bei Lichtwerbeanlagen, Außenbeleuchtungen von Gebäuden und nächtlichen Illuminierungen aus gewerblichen oder ästhetischen Gründen vorliegen.

Praxishandbuch Immissionsschutzrecht, 2003, Rn. 146; ebenso *Heilshorn/Sparwasser*, in: Landmann/Rohmer (Hrsg.), Umweltrecht, § 22 BImSchG, Rn. 49, die die Abwägung jedoch auf sämtliche Umwelteinwirkungen erstrecken wollen.

[806] Siehe Seite 145 ff.

[807] *Heilshorn/Sparwasser*, in: Landmann/Rohmer (Hrsg.), Umweltrecht, § 22 BImSchG, Rn. 51; *Jarass*, BImSchG, 12. Aufl., 2017, § 22, Rn. 39; *Couzinet*, Zulässigkeit von Immissionen, 2007, S. 440; *Seiler*, Nicht genehmigungsbedürftige Anlagen, 1985, S. 70; a.A. *Roßnagel/Hentschel*, in: Führ (Hrsg.), GK-BImSchG, 2016, § 22, Rn. 129.

[808] BVerwG, Urt. v. 12.12.1975 – IV C 71.73, juris, Rn. 23; BVerwG, Beschl. v. 26.08.1988 – 7 B 124/88, NVwZ 1989, 257; *Roßnagel/Hentschel*, in: Führ (Hrsg.), GK-BImSchG, 2016, § 22, Rn. 132.

[809] Siehe Seite 39; ebenso *Borgmann/Kurz*, Leitfaden: „Lichteinwirkung auf die Nachbarschaft", 2014, S. 16.

[810] *Couzinet*, Zulässigkeit von Immissionen, 2007, S. 434 f., der dies als „spezialgesetzliche Gemeinwohldefinitionen" bezeichnet.

dd) Zusammenfassung

Im Ergebnis besteht eine Minimierungspflicht, sofern eine konkrete Gefahr zu bejahen ist oder wenn die umfassende Abwägung der widerstreitenden Interessen zugunsten des Schutzes der durch die Lichtimmissionen betroffenen Tiere ausfällt. Ist das der Fall, ist der Betreiber gem. § 22 Abs. 1 S. 1 Nr. 2 BImSchG verpflichtet, die Standortwahl und die Zahl der Lichtquellen zur Minimierung der schädlichen Umwelteinwirkungen anzupassen, sowie – als ultima ratio – den Betrieb der Lichtanlage (teilweise) einzustellen. Das Mindestmaß begrenzt die Minimierungspflicht. So kommt etwa eine Betriebseinstellung nicht in Betracht, wenn durch die fehlende Beleuchtung eine Gefahr für Leben, Gesundheit oder bedeutende Sachwerte eintritt. Im Übrigen dürften für die störende Nutzung hauptsächlich Kostenargumente streiten, welche die Naturschutzinteressen nicht überwiegen.

d) Zwischenergebnis

Nicht genehmigungsbedürftige Lichtanlagen unterliegen den Pflichten aus § 22 Abs. 1 S. 1 Nr. 1 und 2 BImSchG. Verpflichtet ist der Betreiber oder Errichter der Lichtanlage. Beleuchtungen von Straßen- und Wegen die nach dem Instandhaltungs- oder Betriebsführungsmodell betrieben werden sowie private Haus- und Gartenbeleuchtungen sind zwar Anlagen i.S.d. § 3 Abs. 5 BImSchG, sie unterliegen aber gem. § 22 Abs. 1 S. 3 BImSchG nicht den Pflichten gem. § 22 Abs. 1 S. 1 BImSchG. Diese Ausnahme von den Betreiberpflichten gilt jedoch nicht für Straßen- und Wegebeleuchtungen, die im Rahmen eines Betreiber- oder ÖPP-Modell betrieben werden.

Lichtanlagen erzeugen Lichtimmissionen, die sich nachteilig auf Tiere auswirken. Es handelt sich hierbei um ein geschütztes Rechtsgut i.S.d. § 22 Abs. 1 i.V.m. § 3 Abs. 1 und 2 BImSchG. Geht von Lichtimmissionen eine Gefahr, etwa durch die Tötung des Tieres, oder ein erheblicher Nachteil aus, muss der Betreiber der Anlage gemäß der Vermeidungspflicht aus § 22 Abs. 1 S. 1 Nr. 1 BImSchG die nach dem Stand der Technik vermeidbaren Immissionen unterbinden. Lichtimmissionen, die besonders beleuchtungsstark sind, sich in der Nähe von schützenswerten Naturräumen befinden, besonders lichtempfindliche Tiere betreffen können und/oder ein hohes Maß an Abfalllicht hervorrufen, stellen einen erheblichen Nachteil i.S.v. § 3 Abs. 1 BImSchG dar. Die vorgeschlagenen technischen Vermeidungsmaßnahmen (Wahl eines geeigneten Lampentyps, Abschirmungen, Bewegungsmelder, Dimmer und Zeitschaltuhren) erfüllen die Anforderungen an den Stand der Technik. Die Vermeidungspflicht ist durch die Verhältnismäßigkeit begrenzt. Die Interessen des Betreibers sind nicht in die Abwägung einzustellen und finanzielle Aspekte sind nur relevant, wenn sie in einem krassen Missverhältnis zum angestrebten Erfolg stehen.

Sind schädliche Umwelteinwirkungen unvermeidbar, ist der Betreiber bzw. Errichter gem. § 22 Abs. 1 S. 1 Nr. 2 BImSchG verpflichtet, diese auf ein Mindestmaß zu reduzieren (Minimierungspflicht). Minimierungsmaßnahmen betreffen die Wahl des Standorts der Leuchte sowie die (partielle) Betriebseinstellung der Lichtanlage.

Diese Verpflichtung besteht soweit, wie die Lichtimmission eine konkrete Gefahr hervorruft oder eine umfassende Abwägung i.S.d. Verhältnismäßigkeit zugunsten der Naturschutzinteressen ausfällt. Die Verpflichtung besteht nicht, wenn durch die Betriebseinschränkung oder -einstellung eine Gefahr für das Leben, die Gesundheit und bedeutende Sachwerte entsteht oder der Betreiber bzw. Errichter zur Beleuchtung verpflichtet ist. Folglich werden in der Regel Sicherheitsbeleuchtungen nicht von der Minimierungspflicht erfasst. Dagegen kann eine Minimierungspflicht bei Lichtwerbeanlagen, Außenbeleuchtungen von Gebäuden und nächtlichen Illuminierungen bestehen.

6. Anordnungen für nicht genehmigungsbedürftige Lichtanlagen gem. § 24 BImSchG

Die zuständige Behörde kann im Einzelfall nachträgliche Anordnungen gem. § 24 BImSchG für nicht genehmigungsbedürftige Anlagen zur Durchsetzung der Betreiberpflichten aus § 22 BImSchG treffen.

Dazu müssten die Tatbestandsvoraussetzungen erfüllt sein und die Behörde ihr pflichtgemäßes Ermessen unter Wahrung der Verhältnismäßigkeit ausgeübt haben.

a) Anordnung zur Einhaltung der Pflichten aus § 22 BImSchG

Die Anordnung müsste gem. § 24 BImSchG zur „Durchführung" des § 22 BImSchG erlassen werden. Eine Durchführung i.S.d. § 24 BImSchG liegt vor, wenn die Pflichten aus § 22 Abs. 1 BImSchG näher konkretisiert werden oder Anordnungen zur Einhaltung der Pflichten erlassen werden.[811]

Die Behörde ist erst zum Erlass einer Anordnung befugt, wenn diese zur Einhaltung der Betreiberpflichten erforderlich ist. Die Erforderlichkeit ist gegeben, wenn der Betreiber einer nicht genehmigungsbedürftigen Anlage die Pflichten aus § 22 Abs. 1 BImSchG verletzt oder eine solche Pflichtverletzung droht.[812] Bei Lichtanlagen kommt als Pflichtverletzung ein Verstoß gegen die Vermeidungspflicht gem. § 22 Abs. 1 S. 1 Nr. 1 BImSchG oder gegen die Minimierungspflicht gem. § 22 Abs. 1 S. 1 Nr. 2 BImSchG in Betracht (s. o.).[813] Entscheidend ist nur die (drohende) Pflichtverletzung. Auf einen Schaden oder ein Verschulden kommt es nicht an.[814]

---

[811] *Koch/König*, in: Führ (Hrsg.), GK-BImSchG, 2016, § 24, Rn. 7; *Jarass*, BImSchG, 12. Aufl., 2017, § 24, Rn. 2 u. 10; *Sparwasser/Heilshorn*, in: Landmann/Rohmer (Hrsg.), Umweltrecht, § 24 BImSchG, Rn. 27.

[812] *Jarass*, BImSchG, 12. Aufl., 2017, § 24, Rn. 6; *Sparwasser/Heilshorn*, in: Landmann/Rohmer (Hrsg.), Umweltrecht, § 24 BImSchG, Rn. 37.

[813] Zu den Anforderungen nach § 22 Abs. 1 BImSchG siehe Seite 161 ff.

[814] *Sparwasser/Heilshorn*, in: Landmann/Rohmer (Hrsg.), Umweltrecht, § 24 BImSchG, Rn. 37.

Eine drohende Pflichtverletzung ist anzunehmen, wenn eine Tätigkeit konkret beabsichtigt ist, bei der eine Pflichtverletzung ohne vorherige Anordnung nicht ausgeschlossen werden kann.[815] Entsprechend ist die Befugnis der Behörde nicht auf Altanlagen beschränkt, sondern ist auch vor Errichtung der Lichtanlage anwendbar. Um eine drohende Pflichtverletzung vorzubeugen, kann die Behörde die Verwendung bestimmter Lampentypen oder eine bestimmte Bauausführung, insbesondere die Abschirmung der Leuchte, verlangen.

b) Rechtsfolge: Ermessen

Die Behörde muss von ihrem Ermessen pflichtgemäß Gebrauch machen.[816] Übt sie ihr Ermessen gem. § 40 VwVfG nicht oder nicht pflichtgemäß aus, ist die Anordnung rechtswidrig.[817]

aa) Entschließungsermessen

Nach überwiegender Meinung steht der Behörde ein Entschließungsermessen zu.[818] Das Entschließungsermessen reduziert sich allerdings, je mehr sich die Immissionen der Unverträglichkeitsgrenze annähern (Ermessensschrumpfung[819]).[820] Demnach muss die Behörde einschreiten, wenn größere Schäden drohen, etwa weil eine Vielzahl von Individuen betroffen sein können, Populationen bedroht sind oder Biotope zerstört werden können und ein Zuwarten zu irreversiblen Schäden führen würde. Das gilt insbesondere dann, wenn Arten betroffen sind, die gefährdet sind und/oder für die Deutschland eine hohe nationale Verantwortlichkeit trägt.

---

[815] *Dies.*, in: Landmann/Rohmer (Hrsg.), Umweltrecht, § 24 BImSchG, Rn. 38; weitergehend *Koch/König*, in: Führ (Hrsg.), GK-BImSchG, 2016, § 24, Rn. 15.

[816] BVerwG, Urt. v. 18.05.1995 – 4 C 20/94, NVwZ 1996, 379, 381; *Koch/König*, in: Führ (Hrsg.), GK-BImSchG, 2016, § 24, Rn. 17; einschränkend *Seiler*, Nicht genehmigungsbedürftige Anlagen, 1985, S. 87 f.

[817] *Jarass*, BImSchG, 12. Aufl., 2017, § 17, Rn. 59; *Sparwasser/Heilshorn*, in: Landmann/Rohmer (Hrsg.), Umweltrecht, § 24 BImSchG, Rn. 40; vgl. zu den allgemeinen Grundsätzen *Ramsauer*, in: Kopp/Ramsauer (Hrsg.), VwVfG, 18. Aufl., 2017, § 40, Rn. 63.

[818] *Enders*, in: Giesberts/Rheinhardt (Hrsg.), BeckOK UmweltR, 2017, § 24 BImSchG, Rn. 13; *Jarass*, BImSchG, 12. Aufl., 2017, § 24, Rn. 16; *Sparwasser/Heilshorn*, in: Landmann/Rohmer (Hrsg.), Umweltrecht, § 24 BImSchG, Rn. 41; *Koch/König*, in: Führ (Hrsg.), GK-BImSchG, 2016, § 24, Rn. 26, die ein intendierendes Ermessen annehmen; a.A. *Seiler*, Nicht genehmigungsbedürftige Anlagen, 1985, S. 87.

[819] *Bull/Mehde*, Allgemeines Verwaltungsrecht mit Verwaltungslehre, 9. Aufl. 2015, Rn. 598; *Peine/Siegel*, Allgemeines Verwaltungsrecht, 12. Aufl. 2018, Rn. 218; s. auch BVerwG, Urt. v. 18.08.1960 – I C 42.59, juris, Rn. 10.

[820] BVerwG, Urt. v. 18.05.1995 – 4 C 20/94, NVwZ 1996, 379, 381; dem folgend *Enders*, in: Giesberts/Rheinhardt (Hrsg.), BeckOK UmweltR, 2017, § 24 BImSchG, Rn. 14; BVerwG, Urt. v. 19.01.1989 – 7 C 77/87, NJW 1989, 1291, 1294; ein Beurteilungsspielraum wurde verneint, vgl. *Ramsauer*, in: Kopp/Ramsauer (Hrsg.), VwVfG, 18. Aufl., 2017, § 40, Rn. 108 f. m.w.N.

bb) Auswahlermessen

Die Behörde müsste von ihrem Auswahlermessen pflichtgemäß Gebrauch machen. Die Anordnung nach § 24 BImSchG ist an diejenige (natürliche oder juristische) Person des privaten oder des öffentlichen Rechts (auch an Hoheitsträger wie bspw. die Gemeinde)[821] zu richten, die als Betreiber bzw. Errichter den Pflichten des § 22 BImSchG unterliegt.[822] Wird die Immission von mehreren Emittenten verursacht, kann die Behörde auswählen, gegen welchen Emittenten sie vorgeht, sofern sie den Grundsatz der Gleichbehandlung und das Willkürverbot beachtet.[823] Die Behörde muss also gegen die Betreiber vorgehen, deren Lichtanlagen den größten Beitrag hervorrufen oder sämtliche Betreiber der Anordnung unterwerfen. Sie hat sich dabei an den objektiven Kriterien der Umweltschädlichkeit zu orientieren und kann nicht nach subjektiven Erwägungen, wie bspw. der ästhetischen Empfindung, entscheiden. Sie kann aber zuerst gegen denjenigen Betreiber vorgehen, der eine negative Vorbildwirkung verursacht.[824]

Bezogen auf die Wahl der Mittel, steht es der Behörde frei, eine oder mehrere geeignete Vermeidungsmaßnahmen auszuwählen.[825] Eine Einschränkung kann sich jedoch aus den Festsetzungen eines Bebauungsplanes ergeben, die die Betreiberpflichten i.S.e. Ermessensbindung näher konkretisieren.[826] Ferner kann die Behörde lediglich das Ziel vorgeben und dem Betreiber die Wahl des hierzu geeigneten Mittels überlassen.[827] So kann die Behörde dem Betreiber lediglich aufgeben, dass eine Abstrahlung in nicht zu beleuchtende Bereiche zu verhindern und ein Lampentyp mit geringem UV- und Blaulichtanteil zu verwenden ist. Der Betreiber kann dann nach optischen und praktischen Erwägungen die dazu geeignete Lampe bzw. Maßnahme auswählen und entscheiden, auf welche Art und Weise er den Lichtabfall unterbindet.[828]

---

[821] BVerwG, Urt. v. 25.07.2002 – 7 C 24/01, NVwZ 2003, 346, 347; *Sparwasser/Heilshorn*, in: Landmann/Rohmer (Hrsg.), Umweltrecht, § 24 BImSchG, Rn. 39; *Koch/Hofmann/Reese*, in: ders. (Hrsg.), Handbuch Umweltrecht, 5. Aufl., 2018, § 4, Rn. 280; *Koch/Kahle*, NVwZ 2006, 1124, 1126; a.A. *Glöckner*, NVwZ 2003, 1207, 1210.

[822] *Sparwasser/Heilshorn*, in: Landmann/Rohmer (Hrsg.), Umweltrecht, § 24 BImSchG, Rn. 45; *Jarass*, BImSchG, 12. Aufl., 2017, § 24, Rn. 5; vgl. Seite 161.

[823] *Koch/König*, in: Führ (Hrsg.), GK-BImSchG, 2016, § 24, Rn. 27; *Sparwasser/Heilshorn*, in: Landmann/Rohmer (Hrsg.), Umweltrecht, § 24 BImSchG, Rn. 45.

[824] Vgl. BVerwG, Beschl. v. 08.04.2014 – 4 B 5/14, ZfBR 2014, 494, Rn. 8.

[825] Strittig ist jedoch, ob eine Betriebsuntersagung auf § 24 BImSchG gestützt werden kann. Noch unklar BVerwG, Urt. v. 30.04.1992 – 7 C 25/91, NJW 1992, 2779, 2780; dafür dann BVerwG, Urt. v. 24.09.1992 – 7 C 6/92, juris, Rn. 9; *Koch/König*, in: Führ (Hrsg.), GK-BImSchG, 2016, § 24, Rn. 19; *Sparwasser/Heilshorn*, in: Landmann/Rohmer (Hrsg.), Umweltrecht, § 24 BImSchG, Rn. 6; a.A. *Enders*, in: Giesberts/Rheinhardt (Hrsg.), BeckOK UmweltR, 2017 § 24 BImSchG, Rn. 9; *Jarass*, BImSchG, 12. Aufl., 2017, § 24, Rn. 10; *Ohms*, Praxishandbuch Immissionsschutzrecht, 2003, Rn. 710.

[826] BVerwG, Beschl. v. 16.12.1988 – 4 NB 1/88, NVwZ 1989, 664, 665; *Roßnagel/Hentschel*, in: Führ (Hrsg.), GK-BImSchG, 2016, § 22, Rn. 47; *Heilshorn*, NVwZ 2009, 137, 139.

[827] *Sparwasser/Heilshorn*, in: Landmann/Rohmer (Hrsg.), Umweltrecht, § 24 BImSchG, Rn. 44.

[828] Vgl. dazu die Vermeidungsmaßnahmen auf Seite 30 ff.

cc) Verhältnismäßigkeit

Schließlich muss die Anordnung verhältnismäßig sein.[829] Hierbei sind die von der Umsetzung der Anordnung zu erwartenden Nachteile und der erstrebte Erfolg miteinander abzuwägen.[830]

Zu berücksichtigen sind die entstehenden Kosten durch die Vornahme der Vermeidungsmaßnahmen. Diese setzen sich aus der Planung, Umsetzung und Betrieb der Vermeidungsmaßnahmen zusammen. Jedoch dürften im Regelfall die entstehenden Kosten gering sein. Im Gegenteil können die vermiedenen Lichtemissionen oder die Verwendung eines anderen Lampentyps zu Kosteneinsparungen durch einen geringeren Stromverbrauch führen.[831] Zusätzlich genießt der Betreiber einer nicht genehmigungsbedürftigen Lichtanlage mangels ergangener Genehmigung keinen Vertrauens- und Bestandsschutz, sodass die wirtschaftlichen Belange des Betreibers nur bei einem krassen Missverhältnis der Kosten zum beabsichtigten Erfolg beachtlich sind.[832] Ebenso unbeachtlich ist der baurechtliche Bestandsschutz, der einer Anordnung nach § 24 BImSchG nicht entgegensteht.[833]

Möglicherweise kann aber ein milderes, insbesondere günstigeres Mittel gleicher Eignung zur Verfügung stehen, sodass die Wahl des Mittels beschränkt sein kann. Schließlich kann die Anordnung an der Angemessenheit scheitern, wenn der zu erzielende Erfolg außer Verhältnis zur angeordneten Maßnahme steht. Das ist dann der Fall, wenn die vermiedene Lichtemission keinen oder kaum einen Einfluss auf die schädliche Umwelteinwirkung hat, was jedoch nur in Ausnahmefällen zutreffen dürfte.

Im Ergebnis scheitert die Anordnung nur dann an der Verhältnismäßigkeit, wenn ein milderes Mittel verfügbar ist, insbesondere eine gleich geeignete, kostengünstigere Vermeidungsmaßnahme, oder die zu erwartende Immissionsbegrenzung so gering ist, dass der dazu erforderliche Aufwand außer Verhältnis steht.

---

[829] Ganz h.M. vgl. nur *Sparwasser/Heilshorn*, in: Landmann/Rohmer (Hrsg.), Umweltrecht, § 24 BImSchG, Rn. 49 m.w.N.

[830] OVG Münster, Urt. v. 24.09.1987 – 21 A 1743/86, NVwZ-RR 1988, 13, 16; *Sparwasser/Heilshorn*, in: Landmann/Rohmer (Hrsg.), Umweltrecht, § 24 BImSchG, Rn. 50; vgl. hierzu auch die gleichlaufende Verhältnismäßigkeitsprüfung auf Seite 168.

[831] Vgl. *Wachholz*, in: Held/Hölker/Jessel (Hrsg.), Schutz der Nacht, 2013, S. 149, 150 f.; ebenso *Reich-Schilcher*, in: Held/Hölker/Jessel (Hrsg.), Schutz der Nacht, 2013, S. 163, 164.

[832] Zur wirtschaftlichen Vertretbarkeit siehe Seite 156; weitergehend *Kutscheidt*, NVwZ 1983, 65, 71; mit Verweis auf die dynamischen immissionsschutzrechtlichen Betreiberpflichten ausführlich *Sparwasser/Heilshorn*, in: Landmann/Rohmer (Hrsg.), Umweltrecht, § 24 BImSchG, Rn. 28 ff.

[833] BVerwG, Urt. v. 18.05.1995 – 4 C 20/94, NVwZ 1996, 379, 381 m.w.N.; VGH München, Urt. v. 15.03.1999 – 14 B 93.1542, NVwZ-RR 2000, 273, 274; *Jarass*, BImSchG, 12. Aufl., 2017, § 24, Rn. 16; *Sparwasser/Heilshorn*, in: Landmann/Rohmer (Hrsg.), Umweltrecht, § 24 BImSchG, Rn. 54; *Kutscheidt*, NVwZ 1983, 65, 71; die Baugenehmigung steht auch einer baulichen Änderung nicht entgegen und muss nicht vorher (teil)aufgehoben werden, BVerwG, Beschl. v. 09.03.1988 – 7 B 34/88, juris, Rn. 4; OVG Koblenz, Beschl. v. 29.06.2004 – 8 A 10899/04, NVwZ-RR 2005, 318; *Jarass*, BImSchG, 12. Aufl., 2017, § 24, Rn. 14; a.A. *Koch/König*, in: Führ (Hrsg.), GK-BImSchG, 2016, § 24, Rn. 22.

c) Zwischenergebnis

Die Behörde kann die Vermeidungsmaßnahmen, die zur Einhaltung der Pflichten nach § 22 Abs. 1 S. 1 Nr. 1 u. 2 BImSchG erforderlich sind, nach § 24 BImSchG anordnen. Dies setzt voraus, dass der Betreiber gegen die Pflichten aus § 22 Abs. 1 BImSchG verstößt oder zu verstoßen droht. Der Behörde steht ein Ermessen zu, wobei ihr bei der Auswahl der Mittel sämtliche Vermeidungsmaßnahmen zur Verfügung stehen. Sie kann auch nur das Ziel vorgeben und den Betreiber die Vermeidungsmaßnahme wählen lassen. Die Anordnung ist nur dann ermessensfehlerhaft bzw. unverhältnismäßig, wenn eine mildere Vermeidungsmaßnahme gleicher Eignung zur Verfügung steht oder der bezweckte Erfolg so gering ist, dass der Aufwand völlig außer Verhältnis steht. Eine Baugenehmigung steht einer Anordnung nicht entgegen. Ebenfalls sind wirtschaftliche Erwägungen nur dann beachtlich, wenn der Aufwand in einem krassen Missverhältnis zum bezweckten Erfolg steht.

7. Zwischenfazit: Immissionsschutzrecht

Künstliche Lichtquellen sind Anlagen i.S.d. Bundesimmissionsschutzgesetzes. Das Genehmigungsbedürfnis von Lichtanlagen bestimmt sich nach § 4 Abs. 1 S. 3 BImSchG i.V.m. der 4. BImSchV, wonach eine Lichtanlage nur dann genehmigungsbedürftig ist, wenn sie eine Nebeneinrichtung einer genehmigungsbedürftigen Hauptanlage darstellt. Liegt eine solche Nebeneinrichtung vor, sind deren Auswirkungen auf die Umwelt zu den Umwelteinwirkungen der Hauptanlage hinzuzurechnen. Sind schädliche Umwelteinwirkungen zu befürchten, ist der Betreiber gem. § 5 Abs. 1 Nr. 1 BImSchG verpflichtet, die schädliche Umwelteinwirkung zu unterbinden. Dazu hat er die erforderlichen Vermeidungsmaßnahmen zu ergreifen.

Darüber hinaus ist der Betreiber gem. der Vorsorgepflicht aus § 5 Abs. 1 Nr. 2 BImSchG auch dann zur Vornahme von Vermeidungsmaßnahmen nach dem Stand der Technik gegen schädliche Lichtimmissionen verpflichtet, wenn Unsicherheiten darüber bestehen, ob Lichtimmissionen, die von der Anlage hervorgerufen werden, schädliche Umwelteinwirkungen verursachen. Zudem können auf der Grundlage des § 17 Abs. 1 BImSchG Anordnungen zur Einhaltung der Betreiberpflichten des § 5 Abs. 1 BImSchG zum Schutz vor Lichtimmissionen getroffen werden, die von Lichtanlagen ausgehen, die eine Nebeneinrichtung einer genehmigten Anlage i.S.d §§ 4, 6 BImSchG darstellen.

Im Regelfall liegt eine nicht genehmigungsbedürftige Lichtanlage vor, die entweder als Haupteinrichtung nicht genehmigungsbedürftig ist oder eine Nebeneinrichtung einer nicht genehmigungsbedürftigen Hauptanlage darstellt. Betreiber bzw. Errichter solcher Lichtanlagen müssen die Pflichten des § 22 Abs. 1 S. 1 Nr. 1 BImSchG beachten. Ausgenommen sind Anlagen, die nicht gewerblichen Zwecken dienen und nicht im Rahmen wirtschaftlicher Unternehmungen Verwendung finden. Nach § 22 Abs. 1 S. 1 Nr. 1 BImSchG ist der Betreiber bzw. Errichter einer nicht genehmigungsbedürftigen Lichtanlage zur Vermeidung schädlicher Umwelteinwirkungen nach dem Stand der Technik verpflichtet. Schädliche Umwelteinwirkungen i.S.d. § 3 Abs. 1 BImSchG liegen bei Gefahren und erheblichen Nachteilen vor. Die Erheblichkeit bestimmt sich durch eine Abwägung. Dazu ist auf die pauschalisierte Empfindlichkeit des Schutzguts (d. h. auf die Empfindlichkeit von Vögeln, Fledermäusen und Insekten), die Störungsintensität (Helligkeit, die spektrale Zusammensetzung des Lichts und die Dauer der Lichtimmissionen) und die gebietsspezifische Bewertung der Umwelteinwirkungen abzustellen. Die Interessen des Emittenten bleiben bei der Prüfung der Vermeidbarkeit schädlicher Umwelteinwirkungen grundsätzlich unberücksichtigt. Die Vermeidungsmaßnahmen scheitern nur dann an dem Erfordernis der wirtschaftlichen Vertretbarkeit, wenn sie in einem krassen Missverhältnis zum beabsichtigten Erfolg stehen. Erhebliche Nachteile stellen Lichtimmissionen dar, die

- besonders beleuchtungsstark sind,
- sich in der Nähe von schützenswerten Naturräumen befinden,
- besonders lichtempfindliche Tiere betreffen können und/oder
- ein hohes Maß an Abfalllicht hervorrufen.

Die technischen Vermeidungsmaßnahmen (Wahl eines geeigneten Lampentyps, Abschirmungen, Bewegungsmelder, Dimmer und Zeitschaltuhren) entsprechen grundsätzlich dem Stand der Technik. Keine Technik ist die Verlegung des Standorts der Anlage und die (partielle) Betriebseinstellung.[834] Die verbleibenden Vermeidungsmaßnahmen sind verhältnismäßig, sofern kein milderes Mittel gleicher Eignung zur Verfügung steht.

Sollten trotz der Einhaltung der Vermeidungspflicht gem. § 22 Abs. 1 S. 1 Nr. 1 BImSchG noch schädliche Umwelteinwirkungen verbleiben (unvermeidbare Umwelteinwirkungen), hat der Betreiber bzw. Errichter der Lichtanlage gem. § 22 Abs. 1 S. 1 Nr. 2 BImSchG den Standort möglichst so zu wählen, dass die schädlichen Umwelteinwirkungen minimiert werden.[835] Sofern erforderlich, ist auch eine (partielle) Betriebseinstellung der Lichtanlage in Betracht zu ziehen. Das setzt eine umfassende Abwägung voraus, in der auch die Interessen des Emittenten an der störenden Nutzung zu berücksichtigen sind. Die Abwägung fällt zugunsten des Emittenten aus, wenn durch die fehlende Beleuchtung eine Gefahr für das Leben, die Gesundheit oder bedeutende Sachwerte eintritt. Im Übrigen dürften für die störende (Licht-)Nutzung hauptsächlich Kostenargumente streiten, die die Naturschutzinteressen nicht überwiegen.

Schließlich können die Betreiberpflichten aus § 22 Abs. 1 S. 1 BImSchG mittels Anordnungen gem. § 24 BImSchG konkretisiert und durchgesetzt werden. Dies setzt einen (drohenden) Verstoß gegen die Betreiberpflichten und eine pflichtgemäße Ermessensausübung seitens der Behörde voraus.

---

[834] Siehe Seite 155.

[835] Siehe Seite 170.

III. Baurechtliche Anforderungen an die Verwendung von Glas und Licht

Neben Anforderungen des Natur- und Immissionsschutzrechts bestehen baurechtliche Anforderungen an die Verwendung von Glas und Licht. Zu untersuchen ist, welche bauplanerischen Gestaltungsmöglichkeiten für die Vermeidung und Verminderung von Risiken und Gefahren von Glas und Licht für Vögel, Fledermäuse und Insekten bestehen (1.). Anschließend ist zu prüfen, welche bauordnungsrechtlichen Anforderungen an Vorhaben, bei denen Glas und Licht verwendet wird, zu stellen sind (2.).

1. Bauplanungsrecht

Das Bauplanungsrecht regelt die Nutzbarkeit des gemeindlichen Bodens.[836] Das wichtigste städtebauliche Planungsinstrument ist der Bebauungsplan. Nachfolgend wird geprüft, welche Anforderungen an die Erforderlichkeit des Bebauungsplans zu stellen sind (lit. a) und welche Möglichkeiten die Gemeinde hat, im Rahmen der Bauleitplanung durch Festsetzungen gem. § 9 BauGB den nachteiligen Auswirkungen von Glas und Licht entgegenzuwirken (lit. b). Anschließend wird untersucht, ob bei der Verwendung von Glas und Licht abwägungsexterne Planungsleitsätze zu beachten sind (lit. c) und welchen Einfluss die Risiken und Gefahren von Glas und Licht für Vögel, Fledermäuse und Insekten auf die Abwägung haben (lit. d).

a) Erforderlichkeit des Bebauungsplans

Bebauungspläne sind von der Gemeinde in eigener Verantwortung aufzustellen (§ 2 Abs. 1 S. 1 BauGB). Die Gemeinde hat den Bebauungsplan aufzustellen, sobald und soweit dies städtebaulich erforderlich ist.[837] Die Erforderlichkeit i.S.d. § 1 Abs. 3 S. 1 BauGB schränkt die (verfassungsrechtlich geschützte) Planungshoheit der Gemeinde ein und setzt eine Förderung städtebaulicher Ziele voraus.[838] Nicht erforderlich sind Pläne, „die einer positiven Planungskonzeption entbehren und ersichtlich der Förderung von Zielen dienen, für deren Verwirklichung die Planungsinstrumente des BauGB nicht bestimmt sind.“[839] § 1 Abs. 3 S. 1 BauGB ist ferner verletzt, wenn der Bebauungsplan nicht vollzugsfähig ist, weil seine Umsetzung auf tatsächliche oder

[836] *Muckel/Ogorek*, Öffentliches Baurecht, 3. Aufl. 2018, § 1, Rn. 23; *Bönker*, in: Hoppe/Bönker/Grotefels (Hrsg.), Öffentliches Baurecht, 4. Aufl., 2010, § 5, Rn. 34.

[837] BVerwG, Urt. v. 17.09.2003 – 4 C 14/01, NVwZ 2004, 220, 222; *Battis*, in: Battis/Krautzberger/Löhr (Hrsg.), BauGB, 13. Aufl., 2016, § 1, Rn. 25 ff.

[838] *Battis*, in: Battis/Krautzberger/Löhr (Hrsg.), BauGB, 13. Aufl., 2016, § 1, Rn. 28.

[839] BVerwG, Urt. v. 17.09.2003 – 4 C 14/01, NVwZ 2004, 220, 222; dazu auch *Schrödter/Wahlhäuser*, in: Schrödter (Hrsg.), BauGB, 8. Aufl., 2015, § 1, Rn. 42.

rechtliche Hindernisse stößt.[840] Ein rechtliches Hindernis besteht, wenn die Verwirklichung des Bebauungsplan gegen artenschutzrechtliche Zugriffs- und Störungsverbote des § 44 Abs. 1 BNatSchG verstößt, [841] es sei denn, die Voraussetzung einer Befreiung nach § 67 BNatSchG liegen vor.[842] Der Einsatz von Glas und Licht kann gegen das Tötungsverbot[843] gem. § 44 Abs. 1 Nr. 1 BNatSchG, gegen das Störungsverbot[844] gem. § 44 Abs. 1 Nr. 2 BNatSchG und gegen den Lebensstättenschutz[845] gem. § 44 Abs. 1 Nr. 3 BNatSchG verstoßen. In diesem Fall führt der drohende Verstoß gegen § 44 Abs. 1 BNatSchG zum Entfallen der Planerforderlichkeit,[846] mit der Folge, dass ein solcher Bebauungsplan nichtig wäre.[847]

b) Festsetzungsmöglichkeiten im Bebauungsplan

Die Gemeinde kann im Bebauungsplan Festsetzungen zum Schutz von Natur und Landschaft gem. § 9 Abs. 1 Nr. 20 BauGB sowie zum Schutz vor schädlichen Umwelteinwirkungen nach § 9 Abs. 1 Nr. 24 BauGB treffen.

aa) Festsetzungen zum Schutz von Natur und Landschaft nach § 9 Abs. 1 Nr. 20 BauGB

Nach § 9 Abs. 1 Nr. 20 BauGB können „(...) Maßnahmen zum Schutz, zur Pflege und zur Entwicklung von Boden, Natur und Landschaft" festgesetzt werden. Die Festsetzungen nach § 9 Abs. 1 Nr. 20 BauGB sind nicht auf öffentliche Flächen beschränkt. Sie können auch für Flächen im privaten Eigentum getroffen werden.[848]

(1) Festsetzungsoptionen nach § 9 Abs. 1 Nr. 20 BauGB

Wichtigster Anwendungsfall der Festsetzungen von Maßnahmen zum Schutz von Natur und Landschaft i.S.v. § 9 Abs. 1 Nr. 20 BauGB sind Ausgleichsmaßnahmen aufgrund (zulässiger) Eingriffe in Natur und Landschaft (sog. unselbstständige

---

[840] BVerwG, Urt. v. 27.03.2013 – 4 C 13/11, NVwZ 2013, 1157, Rn. 9; BVerwG, Urt. v. 17.09.2003 – 4 C 14/01, NVwZ 2004, 220, 222.

[841] OVG Koblenz, Urt. v. 13.02.2008 – 8 C 10368/07, NVwZ-RR 2008, 514, Rn. 29; *Schrödter/Wahlhäuser*, in: Schrödter (Hrsg.), BauGB, 8. Aufl., 2015, § 1, Rn. 405; *Söfker/Runkel*, in: Ernst/Zinkahn et. al. (Hrsg.), BauGB, 2018, § 1, Rn. 144g; *Egner*, NuR 2011, 758, 759.

[842] OVG Magdeburg, Urt. v. 14.02.2013 – 2 K 122/11, juris, Rn. 76.

[843] Siehe Seite 84 ff.

[844] Siehe Seite 101 ff.

[845] Siehe Seite 109 ff.

[846] OVG Koblenz, Urt. v. 13.02.2008 – 8 C 10368/07, NVwZ-RR 2008, 514, Rn. 27; *Jarass/Kment*, BauGB, 2. Aufl., 2017, § 1, Rn. 18 m.w.N.; *Hyckel*, ZfBR 2016, 335, 338; *Köck*, ZUR 2006, 518, 521.

[847] St. Rspr. vgl. nur BVerwG, Urt. v. 12.08.1999 – 4 CN 4/98, NVwZ 2000, 550.

[848] BVerwG, Beschl. v. 05.01.1999 – 4 BN 28/97, juris, Rn. 6; *Gierke*, in: Brügelmann (Hrsg.), BauGB, § 9, Rn. 358.

städtebauliche Maßnahmen).[849] Als solche kommen Vorgaben zur Art der Bodenversiegelung, der nicht überbaubaren Grundstücksflächen und der Freihaltung weiter Landschaftsteile in Betracht.[850]

Daneben kommen als Festsetzungen auch eigenständige städtebauliche Maßnahmen in Betracht, die sich aus § 1 Abs. 1 BNatSchG ableiten lassen: Danach sind naturschutzrechtliche Maßnahmen solche, die Natur und Landschaft schützen, pflegen, entwickeln und wiederherstellen.[851] Zur Vermeidung oder Verminderung von Risiken und Gefahren durch Licht und Glas für Vögel, Fledermäuse und Insekten kommen vorrangig *Schutz*maßnahmen in Betracht. Zu schützen bedeutet, störende Einflüsse auf Natur und Landschaft zum Erhalt des status quo abzuwehren.[852] Der Einsatz von Glas und Licht kann das Schutzgut des Naturhaushalts, der Vögel, Fledermäuse und Insekten erfasst, beeinträchtigen.[853] Geeignete Schutzmaßnahmen zur Vermeidung oder Minderung der Beeinträchtigung von Vögeln, Fledermäusen und Insekten i.S.d. Naturschutzrechts sind

für Glas:

- Vermeidung von Glasflächen z. B. in nicht benötigten Bereichen,
- Sichtbarmachung von Glasflächen mittels hoch wirksamer Markierungen (anstatt unwirksamer Greifvogelsilhouetten),
- Verwendung alternativer lichtdurchlässiger, nicht transparenter Materialien,
- Vermeidung von großflächigen Glasfronten,
- Verhinderung von Durchsichten und Korridoren,
- Einsatz von Glas mit geringem Reflexionsgrad zur Reduktion von Spiegelungseffekten und
- Verzicht auf anlockende Beleuchtung, insbesondere wenn diese nicht benötigt wird;

für Licht:

- Einsatz von Leuchtmitteln, die ein insektenfreundliches Lichtspektrum emittieren,
- Einsatz von UV-absorbierenden Leuchtenabdeckungen,
- Abschirmung der Leuchten, insbesondere die Verhinderung der Abstrahlung nach oben und in die Horizontale,
- Einsatz geschlossener Leuchtengehäuse,
- Bevorzugung geringer Lichtpunkthöhen,
- Beleuchtung von oben nach unten,

---

[849] *Mitschang/Reidt*, in: Battis/Krautzberger/Löhr (Hrsg.), BauGB, 13. Aufl., 2016, § 9, Rn. 115.

[850] *Dies.*, in: Battis/Krautzberger/Löhr (Hrsg.), BauGB, 13. Aufl., 2016, § 9, Rn. 115.

[851] *Dies.*, in: Battis/Krautzberger/Löhr (Hrsg.), BauGB, 13. Aufl., 2016, § 9, Rn. 110; vgl. auch *Schumacher/Schumacher*, in: Schumacher/Fischer-Hüftle (Hrsg.), BNatSchG, 2. Aufl., 2011, § 1, Rn. 21 ff.; bzgl. pflegerischer Begleitmaßnahmen siehe BVerwG, Urt. v. 08.10.2014 – 4 C 30/13, ZfBR 2015, 158, Rn. 12.

[852] *Kerkmann*, in: Schlacke (Hrsg.), GK-BNatSchG, 2. Aufl., 2017, § 1, Rn. 9; *Schwier*, Handbuch der Bebauungsplan-Festsetzungen, 2002, S. 1051.

[853] Siehe Seite 44 ff.

- Reduzierung der Beleuchtungsstärke und der Beleuchtungsdauer auf das notwendige Maß,
- Einsatz von Bewegungsmeldern, Zeitschaltuhren und Dimmern zur bedarfsgerechten Steuerung und
- Vermeidung von Leuchten in der Nähe besonders wertvoller oder empfindlicher Gebiete, insbesondere in der Nähe von Habitaten empfindlicher und gefährdeter Arten.

Diese Schutzmaßnahmen betreffen die jeweilige Lichtanlage bzw. bauliche Anlage mit Glas, sodass es sich hierbei um anlagenbezogene Maßnahmen handelt.

Allerdings ist fraglich, ob der Maßnahmenbegriff des § 9 Abs. 1 Nr. 20 BauGB auch die oben genannten Schutzmaßnahmen umfasst, da diese hauptsächlich anlagenbezogen sind und deren Bodenbezug nur über die jeweils zugehörige bauliche Anlage vermittelt wird. Der Maßnahmenbegriff des § 9 Abs. 1 Nr. 20 BauGB ist zwar kein originär bauplanungsrechtlicher Begriff, was sich aus dem Verweis auf das BNatSchG ergibt.[854] Nichtsdestotrotz können Maßnahmen nach dem BNatSchG nur dann festgesetzt werden, wenn sie gem. § 9 Abs. 1 BauGB aus städtebaulichen Gründen erfolgen. Gegen eine Einordnung von naturschutzrechtlichen und naturschutzfachlich begründeten Schutzmaßnahmen in Bezug auf Licht und Glas (siehe soeben aufgelistete Maßnahmen) als „Maßnahme" i.S.v. § 9 Abs. 1 Nr. 20 BauGB könnte ein fehlender bodenrechtlicher Bezug sprechen. Unter Bezugnahme auf den verfassungsrechtlichen Kompetenztitel „Bodenrecht" gem. Art. 74 Abs. 1 Nr. 18 GG könnte angenommen werden, dass städtebauliche Festsetzungen stets einen Flächenbezug aufweisen müssen.[855] Städtebauliche Festsetzungen müssen indes nicht zwingend auf den verfassungsrechtlichen Begriff des Bodenrechts zurückzuführen sein.[856] Denn das BauGB wird auch auf die Kompetenztitel Energiewirtschaft (Art. 74 Abs. 1 Nr. 11 GG), die Luftreinhaltung (Art. 74 Abs. 1 Nr. 24 GG) und insbesondere den Naturschutz (Art. 74 Abs. 1 Nr. 29 GG) gestützt, sodass neben bodenrechtlichen auch weitere Gründe eine städtebauliche Festsetzung rechtfertigen können.[857] Demnach ist ein weites Verständnis[858] des Begriffs der „städtebaulichen Gründe" und mithin des Begriffs der „Maßnahme" i.S.v. § 9 Abs. 1 Nr. 20 BauGB verfassungskonform.[859] Insoweit

---

[854] *Mitschang/Reidt*, in: Battis/Krautzberger/Löhr (Hrsg.), BauGB, 13. Aufl., 2016, § 9, Rn. 110.

[855] In die Richtung gehend *Söfker*, in: Ernst/Zinkahn et. al. (Hrsg.), BauGB, 2018, § 9, Rn. 12.

[856] *Mitschang/Reidt*, in: Battis/Krautzberger/Löhr (Hrsg.), BauGB, 13. Aufl., 2016, § 9, Rn. 9; *Reidt*, BauR 2010, 2025, 2028.

[857] *Mitschang/Reidt*, in: Battis/Krautzberger/Löhr (Hrsg.), BauGB, 13. Aufl., 2016, § 9, Rn. 9; *Hendler*, NuR 2012, 531, 534 f., der dies für das Immissionsschutzrecht animmt; zur Zulässigkeit von sog. Mosaikkompetenzen *Rozek*, in: Mangoldt/Klein/Starck (Hrsg.), GG, 7. Aufl., 2018, Art. 70, Rn. 57; vgl. auch BVerfG, Urt. v. 03.04.2001 – 1 BvR 2014/95, BVerfGE 103, 197, 216.

[858] BVerwG, Beschl. v. 03.12.1998 – 4 BN 24–98, NVwZ-RR 1999, 423; *Heugel*, in: Schlacke (Hrsg.), GK-BNatSchG, 2. Aufl., 2017, § 11, Rn. 14; *Mitschang/Reidt*, in: Battis/Krautzberger/Löhr (Hrsg.), BauGB, 13. Aufl., 2016, § 9, Rn. 9.

[859] *Reidt*, BauR 2010, 2025, 2027 f.; ähnlich *Erbguth/Schubert*, Öffentliches Baurecht, 6. Aufl. 2015, § 2, Rn. 3.

muss eine Festsetzung i.S.v. § 9 Abs. 1 Nr. 20 BauGB zwar einen räumlichen, aber keinen ausschließlich bodenrechtlichen Bezug aufweisen. Entscheidend ist vielmehr die Verfolgung der in den §§ 1 Abs. 5 bis 7, 1a BauGB genannten Ziele.[860] Diese werden jedenfalls dann angestrebt, wenn die Festsetzung wichtige planungsrechtliche Ziele verfolgt, die als Planungsgrundsätze in § 1 Abs. 5 BauGB genannt sind, darunter die Verwirklichung des (vorbeugenden) Umwelt-, Landschafts- und Naturschutzes.[861] Hat die Festsetzung eine solche Regelung zum Inhalt, kommt ihr eine originäre planungsrechtliche Funktion zu, sodass sie aus städtebaulichen Gründen erfolgt und die Anforderungen des § 9 Abs. 1 BauGB insoweit erfüllt sind.

(2) Städtebauliche Rechtfertigung eigenständiger städtebaulicher Festsetzungen i.S.v. § 9 Abs. 1 Nr. 20 BauGB

Festzuhalten ist, dass Schutzmaßnahmen gegen Auswirkungen von Glas und Licht auf Vögel, Fledermäuse und Insekten städtebaulich gerechtfertigt sein müssen, um als eigenständige städtebauliche Festsetzungen gem. § 9 Abs. 1 BauGB in den Bebauungsplan aufgenommen werden zu können.[862]

Die Schutzmaßnahmen zur Abwehr der Risiken und Gefahren durch Glas und Licht dienen dazu, die menschlichen Nutzungsinteressen in einen möglichst schonenden Ausgleich mit den Schutzbedürfnissen derjenigen Tierarten zu bringen, die gegenüber Glas und Licht empfindlich sind. Dies betrifft vor allem Nutzungskonflikte, die zwischen baulichen Nutzungen und angrenzenden Schutzgebieten, Ausgleichs- und Grünflächen sowie Gewässern entstehen können.[863] Das Ziel, Beeinträchtigungen der ökologischen Funktion der Naturflächen durch den Schutz von Tieren zu gewährleisten, entspricht dem Planungsgrundsatz des (vorbeugenden) Umwelt-, Landschafts- und Naturschutzes gem. § 1 Abs. 5 S. 2 BauGB. Schutzmaßnahmen verfolgen insofern städtebauliche Ziele, sodass ihnen planungsrechtliche Funktionen zukommen. Ebensolche Zielsetzungen verfolgen Maßnahmen, die zur Vermeidung räumlicher Nutzungs- und Schutzkonflikte insbesondere zur Sicherung der Funktionsfähigkeit von Ausgleichsflächen hinsichtlich ihres ökologischen Zwecks erforderlich sind und die im Rahmen der städtebaulichen Eingriffsregelung nach § 1a Abs. 3 BauGB ausgewiesen werden.[864] Diese Auffassung

---

[860] *Söfker*, in: Ernst/Zinkahn et. al. (Hrsg.), BauGB, 2018, § 9, Rn. 15; ähnlich BVerwG, Urt. v. 18.05.2001 – 4 CN 4/00, NVwZ 2001, 1043, 1044; *Krautzberger*, DVBl 2008, 737, 738, nach dem auch gebäudebezogene Maßnahmen erfasst sind.

[861] Vgl. *Jarass/Kment*, BauGB, 2. Aufl., 2017, § 1, Rn. 26; *Finkelnburg/Ortloff/Kment*, Öffentliches Baurecht Bd. I, 7. Aufl. 2017, § 5, Rn. 65.

[862] OVG Münster, Urt. v. 30.06.1999 – 7a D 144/97.NE, ZfBR 2000, 208, 212; *Spieß*, in: Jäde/Dirnberger (Hrsg.), BauGB, 9. Aufl., 2018, § 9, Rn. 57; *Mitschang/Reidt*, in: Battis/Krautzberger/Löhr (Hrsg.), BauGB, 13. Aufl., 2016, § 9, Rn. 110.

[863] Siehe dazu Seite 7 ff. für die Auswirkungen durch Glas und Seite 17 ff. für die Auswirkungen von Licht.

[864] Vgl. *Schrödter*, in: ders. (Hrsg.), BauGB, 8. Aufl., 2015, § 9, Rn. 126; zur Frage, ob die Auswirkungen von Glas und Licht als Eingriffe i.S.d. BNatSchG anzusehen sind, siehe Seite 41 ff.

wird durch eine Entscheidung des VGH München gestützt, wonach artenschutzrechtlich gebotene Maßnahmen zur Sicherung der kontinuierlichen ökologischen Funktion (CEF-Maßnahmen)[865] im Bebauungsplan i.S.d. vorbeugenden Konfliktvermeidung festzusetzen sind.[866] Diese Entscheidung zeigt, dass es sich um originär räumliche und somit planungsrechtliche Nutzungskonflikte handelt. Im Ergebnis können Schutzmaßnahmen zum Schutz von Vögeln, Fledermäusen und Insekten vor Risiken und Gefahren durch Glas und Licht auch städtebaulich gerechtfertigt sein.

bb) Festsetzungen zum Schutz vor schädlichen Umwelteinwirkungen nach § 9 Abs. 1 Nr. 24 BauGB

Nach § 9 Abs. 1 Nr. 24 BauGB kann die Gemeinde im Bebauungsplan

„(...) Vorkehrungen zum Schutz vor schädlichen Umwelteinwirkungen und sonstigen Gefahren im Sinne des Bundes-Immissionsschutzgesetzes sowie die zum Schutz vor solchen Einwirkungen oder zur Vermeidung oder Minderung solcher Einwirkungen zu treffenden baulichen und sonstigen technischen Vorkehrungen, einschließlich von Maßnahmen zum Schutz vor schädlichen Umwelteinwirkungen durch Geräusche, wobei die Vorgaben des Immissionsschutzrechts unberührt bleiben" treffen.

Ziel dieser Festsetzungen ist der Schutz vor schädlichen Umwelteinwirkungen i.S.d. BImSchG.[867] Damit können auf Nr. 24 nur Festsetzungen gestützt werden, welche die Verwendung von Licht betreffen.[868] § 9 Abs. 1 Nr. 24 enthält drei Festsetzungsmöglichkeiten:[869]

- Festsetzung von Schutzflächen,
- Festsetzung von Flächen für besondere Anlagen und Vorkehrungen und
- Festsetzung baulicher oder sonstiger technischer Vorkehrungen.

Die erste und die zweite Variante betreffen die Festsetzung von Flächen zum Schutz vor schädlichen Umwelteinwirkungen und weisen für Vermeidungsmaßnahmen zum Schutz vor Risiken und Gefahren von Glas und Licht keine besondere Relevanz auf. Dagegen könnten Vermeidungsmaßnahmen nach Nr. 24 Var. 3 als Vorkehrungen zum Schutz vor schädlichen Umwelteinwirkungen und sonstigen Gefahren i.S.d. BImSchG getroffen werden.

---

[865] *Europäische Kommission*, Leitfaden zum strengen Schutzsystem für Tierarten von gemeinschaftlichem Interesse im Rahmen der FFH-Richtlinie 92/43/EWG, 2007, S. 53 f.

[866] VGH München, Urt. v. 30.03.2010 – 8 N 09.1861, NuR 2010, 505, Rn. 62 ff.; dazu *Egner*, NuR 2011, 758, 761; kritisch *Kästle*, NuR 2010, 711; s. auch *Schrödter*, in: ders. (Hrsg.), BauGB, 8. Aufl., 2015, § 9, Rn. 129.

[867] *Mitschang/Reidt*, in: Battis/Krautzberger/Löhr (Hrsg.), BauGB, 13. Aufl., 2016, § 9, Rn. 140 ff.

[868] Siehe Seite 167 ff.

[869] *Mitschang/Reidt*, in: Battis/Krautzberger/Löhr (Hrsg.), BauGB, 13. Aufl., 2016, § 9, Rn. 140.

(1) Bauliche und sonstige technische Vorkehrungen

§ 9 Abs. 1 Nr. 24 Var. 3 BauGB erfasst bauliche und sonstige technische Vorkehrungen an den emittierenden Anlagen selbst (sog. aktiver Schutz) oder an den von den Immissionen betroffenen Anlagen oder sonstigen Nutzungen (sog. passiver Schutz).[870] Unter Vorkehrungen als Oberbegriff sind alle Maßnahmen zu verstehen, die geeignet sind, nachteilige Wirkungen emittierender Anlagen auszuschließen oder zu mindern.[871] Eine Vorkehrung ist technisch, wenn sie materialbezogene Vorgaben enthält,[872] sodass sie nicht nur flächen-, sondern auch anlagenbezogen sein kann.[873] Voraussetzung ist, dass die technische Vorkehrung die Raumverträglichkeit der Immission zum Ziel hat.[874] Schädliche Umwelteinwirkungen von Lichtimmissionen äußern sich vorrangig in Anlock- und Irritationswirkungen. Passive Schutzmaßnahmen, wie bspw. Nisthilfen für Fledermäuse, kommen nicht in Betracht, da sie die flächige Aufhellung durch die Lichtimmission im betroffenen Habitat nicht unterbinden. Im gewählten Beispiel bleibt die Beeinträchtigung durch die Verhinderung des Ausflugs der Fledermäuse bei Dämmerung bestehen.[875] Wirkungsvoller sind stattdessen aktive Schutzmaßnahmen zur Vermeidung von Lichtimmissionen. Aktive Schutzmaßnahmen in diesem Sinne sind:

- Verwendung von Lichtquellen ohne UV-Licht und mit geringem Blaulichtanteil (Natriumdampf- und LED-Lampen),
- Vollständige Abschirmung der Lampe (sog. full-cutoff Lampen),
- Ausschluss von Lichtemissionen in den oberen Halbraum und in die Horizontale,
- Einsatz von Zeitschaltuhren, Dimmern und Bewegungsmeldern zur bedarfsgerechten Steuerung der Beleuchtung,
- Wahl geringer Lichtpunkthöhen,
- Einsatz geschlossener Leuchtengehäuse.[876]

Allerdings ermächtigt § 9 Abs. 1 Nr. 24 Var. 3 BauGB nicht dazu, Nutzungsbeschränkungen der Lichtanlagen, insbesondere die Abschaltung von Lichtanlagen zu bestimmten Zeiten, festzusetzen, da es sich hierbei nicht um eine *technische*, d. h.

---

[870] *Söfker*, in: Ernst/Zinkahn et. al. (Hrsg.), BauGB, 2018, § 9, Rn. 208; *Mitschang/Reidt*, in: Battis/Krautzberger/Löhr (Hrsg.), BauGB, 13. Aufl., 2016, § 9, Rn. 144; explizit für Lichtemissionen bzw. -immissionen *Maaß*, in: Bundesamt für Naturschutz (Hrsg.), Auswirkungen von Fremdlicht auf die Fauna im Rahmen von Eingriffen in Natur und Landschaft, 2001, S. 139, 158.

[871] *Gierke*, in: Brügelmann (Hrsg.), BauGB, § 9, Rn. 460.

[872] *Söfker*, in: Ernst/Zinkahn et. al. (Hrsg.), BauGB, 2018, § 9, Rn. 208; *Gierke*, in: Brügelmann (Hrsg.), BauGB, § 9, Rn. 464; *Schrödter*, in: ders. (Hrsg.), BauGB, 8. Aufl., 2015, § 9, Rn. 188.

[873] BVerwG, Beschl. v. 07.06.2012 – 4 BN 6/12, ZfBR 2012, 578; *Schrödter*, in: ders. (Hrsg.), BauGB, 8. Aufl., 2015, § 9, Rn. 185.

[874] *Hendler*, NuR 2012, 531, 533.

[875] Siehe Seite 26 f.

[876] Vgl. dazu Seite 39.

materialbezogene, Vorkehrung handelt.[877] Keine Nutzungsbeschränkung liegt vor, wenn technische Vorrichtungen der Lichtanlagensteuerung, z. B. Dimmer, Zeitschaltuhren und Bewegungsmelder, festgesetzt werden und der Beleuchtungszweck vollständig erreicht wird.

Damit ermöglicht § 9 Abs. 1 Nr. 24 Var. 3 BauGB die Festsetzung der genannten technischen Vermeidungsmaßnahmen zum Schutz vor schädlichen Lichtimmissionen, die mit den Maßnahmen übereinstimmen, die im Rahmen von § 5 Abs. 1 Nr. 2 BImSchG herausgearbeitet wurden.[878]

Diese können sich auf sämtliche öffentliche und private Lichtanlagen erstrecken. Sie sind nicht gem. § 22 Abs. 1 S. 3 BImSchG auf Lichtanlagen beschränkt, die gewerblichen Zwecken dienen oder im Rahmen wirtschaftlicher Unternehmungen Verwendung finden,[879] sodass Vermeidungsmaßnahmen auch für nicht gewerbliche, öffentliche Anlagen, insbesondere Straßenbeleuchtungen, gem. § 9 Abs. 1 Nr. 24 Var. 3 BauGB in Bebauungsplänen festgesetzt werden können.

(2) Vorkehrungen i.S.d. vorsorgenden Umweltschutzes

Darüber hinaus kann die Gemeinde mithilfe der Festsetzungen nach § 9 Abs. 1 Nr. 24 BauGB einen vorsorgenden Umweltschutz i.S.d. § 1 Abs. 5 S. 2 BauGB bezwecken.[880] Sie ist nicht auf die Abwehr schädlicher Umwelteinwirkungen beschränkt, sondern kann auch gem. dem Vorsorgeprinzip nach § 5 Abs. 1 Nr. 2 BImSchG Vorkehrungen schon dann festsetzen, wenn noch keine schädlichen Umwelteinwirkungen drohen.[881] Ebenfalls kann sie durch die Bauleitplanung die Grenze der Zumutbarkeit i.S.d. § 3 Abs. 1 BImSchG zur Bestimmung der schädlichen Umwelteinwirkung näher konkretisieren.[882]

Die Möglichkeit, Festsetzungen zum Schutz vor nachteiligen Auswirkungen von Lichtimmissionen unterhalb der Schädlichkeitsschwelle zu treffen, ist von großer Bedeutung. Erstens stellen Lichtimmissionen ein Summationsproblem dar: Erhebli-

---

[877] VGH Kassel, Urt. v. 12.11.2012 – 4 C 2052/11.N, NVwZ-RR 2013, 349, Rn. 44; OVG Lüneburg, Beschl. v. 09.04.2010 – 1 MN 251/09, juris, Rn. 18; *Söfker*, in: Ernst/Zinkahn et. al. (Hrsg.), BauGB, 2018, § 9, Rn. 209; *Mitschang/Reidt*, in: Battis/Krautzberger/Löhr (Hrsg.), BauGB, 13. Aufl., 2016, § 9, Rn. 145; *Maaß*, in: Bundesamt für Naturschutz (Hrsg.), Auswirkungen von Fremdlicht auf die Fauna im Rahmen von Eingriffen in Natur und Landschaft, 2001, S. 139, 158; a.A. wohl *Borchers/Schomerus*, NuR 2015, 614, 619.

[878] Siehe Seite 153 ff.

[879] VGH Mannheim, Urt. v. 18.11.2010 – 5 S 2112/09, VBlBW 2011, 228, Rn. 38.

[880] BVerwG, Urt. v. 19.04.2012 – 4 CN 3/11, NVwZ 2012, 1338, Rn. 29; *Spieß*, in: Jäde/Dirnberger (Hrsg.), BauGB, 9. Aufl., 2018, § 9, Rn. 76; *Söfker*, in: Ernst/Zinkahn et. al. (Hrsg.), BauGB, 2018, § 1, Rn. 105 ff.; *Kloepfer*, Umweltrecht, 4. Aufl. 2016, § 11, Rn. 136; *Jarass/Kment*, BauGB, 2. Aufl., 2017, § 1, Rn. 26; § 1 Abs. 5 BauGB erwähnt den Umweltschutz sowohl in Satz 1 als auch in Satz 2. Der Vorsorgegrundsatz wird allgemein in § 1 Abs. 5 S. 2 BauGB verankert.

[881] BVerwG, Urt. v. 14.04.1989 – 4 C 52/87, NVwZ 1990, 257; *Söfker*, in: Ernst/Zinkahn et. al. (Hrsg.), BauGB, 2018, § 9, Rn. 211.

[882] BVerwG, Urt. v. 14.04.1989 – 4 C 52/87, NVwZ 1990, 257; siehe dazu auch Seite 165 f.

che nachteilige Auswirkungen entstehen zumeist durch das Zusammenwirken vieler Lichtanlagen, die für sich betrachtet ein geringes Risiko- und Gefährdungspotenzial aufweisen. Durch eine Steuerung auf der Planungsebene kann eine schleichende Verschlechterung des Plangebiets verhindert werden. Zweitens bestehen hinsichtlich der nachteiligen Auswirkungen von Lichtimmissionen weiterhin Erkenntnislücken und Unsicherheiten, bspw. bezüglich der Auswirkungen von Lichtglocken.[883] Über diese Unsicherheiten hilft der Vorsorgemaßstab hinweg, indem er in jenen Fallkonstellationen Festsetzungen ermöglicht, in denen Unsicherheiten über zu befürchtende schädliche Umwelteinwirkungen bestehen.[884] Drittens ist für die Gemeinde im Zeitpunkt der Planaufstellung gegebenenfalls nicht konkret absehbar, welche Lichtimmissionen durch die Verwirklichung der Planung verursacht werden. Indem sie jedoch vorsorgend Vermeidungsmaßnahmen festsetzt, werden schädliche Umwelteinwirkungen verhindert, sodass es keiner nachträglichen, repressiven Maßnahmen bedarf. Auf diese Weise kann die Gemeinde mit Maßnahmen i.S.d. vorsorgenden Umweltschutzes Konflikte bereits auf Planungsebene entschärfen, was den Anforderungen des Gebots der Konfliktbewältigung[885] Rechnung trägt.

(3) Zwischenergebnis

Nach § 9 Abs. 1 Nr. 24 Var. 3 BauGB können Festsetzungen für Lichtanlagen zum Schutz vor schädlichen Umwelteinwirkungen i.S.d. BImSchG getroffen werden. Mögliche Festsetzungen können Vermeidungsmaßnahmen baulicher oder technischer Natur sein, darunter Abschirmungen von Leuchten, Wahl insektenfreundlicher Lichtspektren oder Einsatz von Bewegungsmeldern, Dimmern und Zeitschaltuhren, die sich insoweit mit denen der Vermeidungspflicht nach § 22 Abs. 1 S. 1 Nr. 1 BImSchG decken.[886] Eine Beschränkung auf bestimmte Lichtanlagen enthält § 9 Abs. 1 Nr. 24 Var. 3 BauGB nicht. Festsetzungen sind nicht nur zur Abwehr von Gefahren von Lichtimmissionen, sondern auch unterhalb der Schädlichkeitsschwelle zur Vorsorge vor Risiken durch Glas und Licht für Vögel, Fledermäuse und Insekten zulässig und städtebaulich gerechtfertigt, um bereits die Entstehung schädlicher Umwelteinwirkungen auszuschließen.

cc) Weitere Anforderungen an Festsetzungen im Bebauungsplan

Wurde bislang unter aa) und bb) behandelt, welche Vermeidungsmaßnahmen gegen die nachteiligen Auswirkungen von Glas und Licht zum Schutz von Vögeln, Fledermäusen und Insekten abstrakt festgesetzt werden können, wird nachfolgend untersucht, welchen Beschränkungen diese Festsetzungsoptionen unterliegen. In Be-

---

[883] Allgemeines Seite 17 ff.; bezüglich Lichtglocken siehe Seite 28 f.

[884] Vgl. *Roßnagel/Hentschel*, in: Führ (Hrsg.), GK-BImSchG, 2016, § 5, Rn. 388 ff.

[885] Instruktiv *Hoppe*, in: Hoppe/Bönker/Grotefels (Hrsg.), Öffentliches Baurecht, 4. Aufl., 2010, § 7, Rn. 133 ff.; siehe hierzu Seite 211 ff.

[886] Siehe Seite 164 ff.

tracht kommen die Anforderungen an die Erforderlichkeit und Bestimmtheit von Festsetzungen sowie das Gebot der planerischen Zurückhaltung.

(1) Erforderlichkeit der Festsetzung und planerische Zurückhaltung

Nach § 9 Abs. 1 BauGB *kann* die Gemeinde die aufgezählten Festsetzungen treffen. Diese planerische Gestaltungsfreiheit wird jedoch durch § 1 Abs. 3 S. 1 BauGB dahingehend begrenzt, dass die Festsetzungen im städtebaulichen Sinne erforderlich sein müssen.[887] Sind Festsetzungen für die städtebaulichen Ziele der Gemeinde nicht erforderlich, hat die Gemeinde diese gemäß der planerischen Zurückhaltung zu unterlassen.[888] Zur Planung ist die Gemeinde demnach erst befugt, wenn sie hierfür hinreichend gewichtige städtebauliche Belange ins Feld führen kann.[889] Festsetzungen zur Vermeidung nachteiliger Auswirkungen durch Glas und Licht fördern den Umwelt- und insbesondere Artenschutz. Diese Belange stellen sowohl allgemeine Ziele i.S.d § 1 Abs. 5 S. 1, 2 BauGB als auch Planungsleitlinien nach § 1 Abs. 6 Nr. 7 BauGB dar und dienen der Erfüllung verfassungsrechtlicher Schutzziele aus Art. 20a GG. Die Verfolgung dieser Belange befugt folglich die Gemeinde, Festsetzungen zum Schutz der Tiere vor nachteiligen Auswirkungen von Glas und Licht zu treffen.

Die Gemeinde kann von Festsetzungen Abstand nehmen, wenn die Prognose ergibt, dass die Durchführung der notwendigen (Vermeidungs-)Maßnahmen auf der Stufe der Planverwirklichung (z. B. im Baugenehmigungsverfahren) sichergestellt oder zu erwarten ist.[890] Bislang werden Festsetzungen, die Vermeidungsmaßnahmen zum Schutz von Vögeln, Fledermäusen und Insekten vor den Auswirkungen von Glas und Licht beinhalten, nur in wenigen Fällen getroffen. Selbst wenn Maßnahmen ergriffen werden, ist zu befürchten, dass unwirksame Maßnahmen ausgewählt werden. So werden häufig Greifvogelsilhouetten auf Glasflächen angebracht und Glasflächen mit UV-Reflektoren versehen, obwohl eine wirksame Vermeidung in einschlägigen Untersuchungen nicht nachgewiesen werden konnte.[891] Daher ist nicht zu erwarten, dass ohne Festsetzungen baulicher oder technischer Art die Verwirklichung (wirksamer) Vermeidungsmaßnahmen zum Schutz vor nachteiligen Auswirkungen von Glas und Licht erfolgt.[892]

---

[887] *Spieß*, in: Jäde/Dirnberger (Hrsg.), BauGB, 9. Aufl., 2018, § 9, Rn. 3, der auch darauf verweist, dass bei städtebaulicher Erforderlichkeit die Gemeinde Festsetzungen treffen muss; ähnlich *Mitschang/Reidt*, in: Battis/Krautzberger/Löhr (Hrsg.), BauGB, 13. Aufl., 2016, § 9, Rn. 9.

[888] BVerwG, Urt. v. 05.08.1983 – 4 C 96/79, juris, Rn. 26; BVerwG, Urt. v. 04.10.1974 – IV C 62 – 64.72, juris, Rn. 19; *Battis*, in: Battis/Krautzberger/Löhr (Hrsg.), BauGB, 13. Aufl., 2016, § 1, Rn. 30; *Schrödter*, in: ders. (Hrsg.), BauGB, 8. Aufl., 2015, § 9, Rn. 11; *Koppitz*, Das öffentliche Baurecht in der kommunalen Praxis, 2007, Rn. 159.

[889] BVerwG, Beschl. v. 11.05.1999 – 4 BN 15/99, NVwZ 1999, 1338; BVerwG, Urt. v. 12.12.1969 – IV C 105.66, juris, Rn. 22.

[890] St. Rspr. BVerwG, Beschl. v. 02.04.2008 – 4 BN 6/08, ZfBR 2008, 592; BVerwG, Beschl. v. 26.06.2007 – 4 BN 24/07, juris, Rn. 3.

[891] *Schmid/Doppler et al.*, Vogelfreundliches Bauen mit Glas und Licht, 2. Aufl. 2012, S. 15; *Trybus*, Wirksamkeit von Greifvogelsilhouetten, 2003, S. 19 ff.; *Haupt*, Berichte zum Vogelschutz 2011, 143, 144.

[892] Vgl. dazu das Gebot der Konfliktbewältigung auf Seite 211 ff.

(2) Bestimmtheit der Festsetzung

Der Bebauungsplan muss als Rechtssatz den rechtstaatlichen Anforderungen des Bestimmtheitsgebots genügen.[893] Die Festsetzungen müssen aus sich heraus klar und unmissverständlich sein.[894] Dazu genügt es, dass sich die Festsetzungen im Bebauungsplan durch Auslegung zweifelsfrei bestimmen lassen.[895] Zur näheren Konkretisierung der Festsetzungen kann und sollte die Gemeinde zur Einhaltung des Bestimmtheitsgebots auf die LAI-Licht-Richtlinie verweisen, welche die Bund/Länder-Arbeitsgemeinschaft für Immissionsschutz (LAI) zum Schutz vor schädlichen Umwelteinwirkungen erarbeitet hat.[896] Hierbei handelt es sich um eine sachverständige Beurteilungshilfe, der kein normativer Charakter zukommt.[897]

Allerdings sind klare und unmissverständliche Festsetzungen für die Verwendung von Glas und Licht besonders bedeutsam, da anderenfalls die Möglichkeit bzw. Gefahr besteht, dass unwirksame Vermeidungsmaßnahmen, wie Greifvogelsilhouetten oder UV-Markierungen auf Glasscheiben, umgesetzt werden. Folglich müssen die Festsetzungen zumindest soweit konkretisiert sein, dass nicht die Umsetzung unwirksamer Vermeidungsmaßnahmen droht.[898] Festsetzungen, die pauschal auf „Vogelschutzglas" oder „insektenfreundliche Lichtquellen" verweisen, genügen nicht den Anforderungen an die Bestimmtheit. Zum Beispiel kann die Gemeinde festsetzen, dass nur Glasflächen mit mit einer näher bezeichneten Markierung und warmweiße Lichtquellen unter Ausschluss von UV-Licht-Emissionen zu verwenden sind.

dd) Zwischenergebnis Festsetzungsmöglichkeiten

Im Ergebnis können nach § 9 Abs. 1 Nr. 20 und 24 BauGB Festsetzungen zur Vornahme von Schutz- bzw. Vermeidungsmaßnahmen zum Schutz vor Risiken und Gefahren durch Glas und Licht getroffen werden. § 9 Abs. 1 Nr. 20 BauGB ermög-

---

[893] VGH Mannheim, Urt. v. 22.10.2014 – 5 S 1970/12, ZfBR 2015, 386; *Spieß*, in: Jäde/Dirnberger (Hrsg.), BauGB, 9. Aufl., 2018, § 9, Rn. 4; *Mitschang/Reidt*, in: Battis/Krautzberger/Löhr (Hrsg.), BauGB, 13. Aufl., 2016, § 9, Rn. 6.

[894] *Finkelnburg/Ortloff/Kment*, Öffentliches Baurecht Bd. I, 7. Aufl. 2017, § 8, Rn. 13; *Koppitz*, Das öffentliche Baurecht in der kommunalen Praxis, 2007, Rn. 159.

[895] BVerwG, Urt. v. 18.09.2003 – 4 CN 3/02, NVwZ 2004, 229, 230; BVerwG, Beschl. v. 27.01.1998 – 4 NB 3/97, NVwZ 1998, 1067, 1069; *Mitschang/Reidt*, in: Battis/Krautzberger/Löhr (Hrsg.), BauGB, 13. Aufl., 2016, § 9, Rn. 7; *Jarass/Kment*, BauGB, 2. Aufl., 2017, § 9, Rn. 8.

[896] *Bund/Länder-Arbeitsgemeinschaft für Immissionsschutz (LAI)* (Hrsg.), Hinweise zur Messung, Beurteilung und Minderung von Lichtimmissionen, 2014.

[897] VGH Mannheim, Urt. v. 29.03.2012 – 3 S 2658/10, NVwZ-RR 2012, 636, Rn. 40; VGH Mannheim, Urt. v. 18.11.2010 – 5 S 2112/09, VBlBW 2011, 228, Rn. 39; OVG Münster, Beschl. v. 27.02.2009 – 7 B 1647/08, NVwZ-RR 2009, 716, 718; VG Trier, Urt. v. 09.05.2012 – 5 K 1226/11. TR, juris, Rn. 32; *Roßnagel/Hentschel*, in: Führ (Hrsg.), GK-BImSchG, 2016, § 22, Rn. 78; *Heilshorn/Sparwasser*, in: Landmann/Rohmer (Hrsg.), Umweltrecht, § 22 BImSchG, Rn. 27; dem folgend *Reidt*, in: Battis/Krautzberger/Löhr (Hrsg.), BauGB, 13. Aufl., 2016, Vorb. §§ 29–38, Rn. 55.

[898] Ähnlich *Dirnberger*, in: Jäde/Dirnberger (Hrsg.), BauGB, 9. Aufl., 2018, § 1, Rn. 39.

licht die Festsetzung von Schutzmaßnahmen zum Schutz von Boden, Natur und Landschaft, worunter grundsätzlich sämtliche vorliegend erarbeiteten Vermeidungsmaßnahmen[899] fallen. Festsetzungen nach § 9 Abs. 1 Nr. 24 Var. 3 BauGB zum Schutz vor schädlichen Umwelteinwirkungen i.S.d. BImSchG können nur für Lichtanlagen getroffen werden. Die Vermeidungsmaßnahmen müssen baulicher oder sonstiger technischer Natur sein, sodass die erfassten Vermeidungsmaßnahmen denen des § 22 Abs. 1 S. 1 Nr. 1 BImSchG entsprechen.[900] Im Gegensatz zu § 22 Abs. 1 BImSchG ist der Anwendungsbereich des § 9 Abs. 1 Nr. 24 Var. 3 BauGB nicht auf bestimmte Lichtanlagen beschränkt. Darüber hinaus können vorsorglich Festsetzungen zur Abwehr nachteiliger Auswirkungen von Lichtimmissionen auch unterhalb der Schädlichkeitsschwelle vorgesehen werden, um bereits die Entstehung schädlicher Umwelteinwirkungen auszuschließen.

c) Abwägungsexterne Planungsleitsätze

Nachfolgend wird untersucht, welchen Einfluss Glas und Licht auf die Bauplanung bzw. Bauleitplanaufstellung haben. Besonders berücksichtigt werden die nachteiligen Auswirkungen von Glas und Licht auf Vögel, Fledermäuse und Insekten und inwieweit die (geplante) Verwendung von Glas und Licht dazu führt, dass der Planungsgeber externes striktes Recht, d. h. in der Abwägung unüberwindbare Vorschriften beachten muss.[901] In Betracht kommen naturschutzrechtliche Anforderungen an den Gebrauch von Glas und Licht sowie Beleuchtungspflichten, die den Einsatz von Licht verlangen könnten.

aa) FFH-Schutzgebiete

Die Beeinträchtigung von Natura 2000-Gebieten ist gem. §§ 1 Abs. 6 Nr. 7 lit. b, 1a Abs. 4 BauGB als Planungsleitsatz zu berücksichtigen, wenn ein Natura 2000-Gebiet von der Bauleitplanung betroffen sein könnte. Dies erfordert eine Wirkungsprognose (FFH-Verträglichkeitsprüfung),[902] um zu bestimmen, ob trotz etwaiger Schutzmaßnahmen erhebliche Beeinträchtigungen der Erhaltungsziele des Schutzgebiets zu besorgen sind.[903] Eine erhebliche Beeinträchtigung liegt vor, wenn die durch die Auswirkungen von Glas und Licht betroffenen Arten aufgrund der Planung keinen günstigen Erhaltungszustand oder keinen positiven Bestandstrend

---

[899] Siehe Seite 38 f.

[900] Siehe Seite 165 f.

[901] BVerwG, Beschl. v. 30.10.1992 – 4 A 4/92, NVwZ 1993, 565, 569; *Schrödter/Wahlhäuser*, in: Schrödter (Hrsg.), BauGB, 8. Aufl., 2015, § 1, Rn. 189.

[902] Siehe dazu Seite 58 ff.

[903] *Battis*, in: Battis/Krautzberger/Löhr (Hrsg.), BauGB, 13. Aufl., 2016, § 1a, Rn. 32 f.; *Gellermann*, in: Schrödter (Hrsg.), BauGB, 8. Aufl., 2015, § 1a, Rn. 134 ff.

(mehr) aufweisen.[904] Entwickelt sich aber der Bestand positiv und wird diese Entwicklung durch die Verwirklichung des Projekts oder Plans verlangsamt, jedoch nicht umgekehrt, besteht keine erhebliche Beeinträchtigung.[905]

Liegt eine erhebliche Beeinträchtigung vor und ist eine Abweichung nach § 34 Abs. 3, 4 BNatSchG nicht möglich, ist die Beeinträchtigung unzulässig.[906] Das Verbot der unzulässigen Beeinträchtigung findet gem. § 34 Abs. 2, 8 BNatSchG i.V.m. § 1a Abs. 4 BauGB auch auf die Bauleitplanung Anwendung.[907] Es handelt sich also um einen strikten, externen Planungsleitsatz, der in der Abwägung nicht überwunden werden kann.[908]

Zusammenfassend sind Beeinträchtigungen von Natura 2000-Gebieten zu berücksichtigen, wenn die Beeinträchtigung erheblich, d. h. gem. § 34 Abs. 2 BNatSchG unzulässig und eine Abweichung nicht zulässig ist. Die Unzulässigkeit der Beeinträchtigung führt als unüberwindbare Hürde gem. § 34 Abs. 2, 8 BNatSchG i.V.m. § 1a Abs. 4 BauGB zur Unzulässigkeit der Bauleitplanung.

bb) Artenschutzrechtliche Verbote

Daneben könnten auch etwaige Verstöße gegen artenschutzrechtliche Verbote aus § 44 Abs. 1 BNatSchG als abwägungsexterne Vorgaben zu beachten sein. Die Verwendung von Glas und Licht kann für besonders geschützte Vogel-, Fledermaus- und Insektenarten (vgl. § 7 Abs. 2 Nr. 13 BNatSchG) ein signifikant erhöhtes Tötungsrisiko hervorrufen und dadurch das Tötungsverbot gem. § 44 Abs. 1 Nr. 1 BNatSchG verwirklichen.[909] Eine Signifikanz wird umso eher gegeben sein, wenn bestimmte bzw. mehrere risikoerhöhende Kriterien erfüllt sind. In Bezug auf Vögel zählen zu den Kriterien hohe Bebauungen, große Glasfronten, die Nähe zu Grünflächen, starke Spiegelungseffekte und viele Durchsichten sowie anlockende nächtliche Beleuchtungen.[910] Hinsichtlich der Tötungsrisiken von Licht auf Insekten kommt es auf die art- und geschlechtsspezifischen Eigenschaften, insbesondere auf

---

[904] EuGH, Urt. v. 24.11.2011 – C-404/09, Slg. 2011, I-11853, Rn. 169 f.; *Möckel*, in: Schlacke (Hrsg.), GK-BNatSchG, 2. Aufl., 2017, § 34, Rn. 93.

[905] BVerwG, Beschl. v. 23.01.2015 – 7 VR 6.14, juris, Rn. 27; BVerwG, Urt. v. 03.05.2013 – 9 A 16/12, NVwZ 2013, 1209, Rn. 28; BVerwG, Urt. v. 28.03.2013 – 9 A 22/11, NuR 2013, 565, Rn. 41; BVerwG, Urt. v. 06.11.2012 – 9 A 17/11, NuR 2014, 344, Rn. 35 m.w.N.; ähnlich GAin Kokott, Schlussantrag v. 29.01.2004 – C-127/02, Slg. 2004, I-7409, Rn. 85; einschränkend *Schumacher/Schumacher*, in: Schumacher/Fischer-Hüftle (Hrsg.), BNatSchG, 2. Aufl., 2011, § 34, Rn. 79; *Möckel*, in: Schlacke (Hrsg.), GK-BNatSchG, 2. Aufl., 2017, § 34, Rn. 93.

[906] *Hyckel*, ZfBR 2016, 335, 340.

[907] Zu den Einzelheiten ausführlich *Reidt*, NVwZ 2010, 8, 9 ff.

[908] *Battis*, in: Battis/Krautzberger/Löhr (Hrsg.), BauGB, 13. Aufl., 2016, § 1a, Rn. 29; *Gellermann*, in: Schrödter (Hrsg.), BauGB, 8. Aufl., 2015, § 1a, Rn. 129; *Schumacher*, in: Schumacher/Fischer-Hüftle (Hrsg.), BNatSchG, 2. Aufl., 2011, § 36, Rn. 19; *Mitschang/Wagner*, DVBl 2010, 1257, 1259.

[909] Vgl. dazu auch die Ursachenzusammenhänge bei Vogelschlag auf Seite 7 ff. und bei künstlichem Licht auf Seite 17 ff.

[910] Siehe Seite 94 ff.

das Reaktionsverhalten auf die emittierten Lichtwellenlängen, und auf die Nähe zu Biotopen und Habitaten der jeweiligen besonders geschützten Tierart an.[911]

Eine erhebliche Störung streng geschützter Arten i.S.d. §§ 44 Abs. 1 Nr. 2, 7 Abs. 1 Nr. 14 BNatSchG kann von Lichtimmissionen ausgehen. Vögel sind vor allem während der Zugzeiten gegenüber Lichtimmissionen empfindlich, sodass lichtstarke Beleuchtungen das Verbot verwirklichen können.[912] Kein Verstoß gegen das Störungsverbot liegt dagegen bei den sog. Allerweltsarten mit einem günstigen Erhaltungszustand vor. Bei Fledermäusen können Lichtquellen in der Nähe von Quartieren, insbesondere der Wochenstuben, die Verschlechterung des Erhaltungszustandes der lokalen Population verursachen und dadurch die Verbotswirkung auslösen.[913] Eine erhebliche Störung von Insekten kann sich insbesondere in Zeiten der Paarungssuche, Migration und Eiablage ergeben, bspw. durch mehrere Lichtquellen in der Nähe des Habitats.[914]

Allerdings wird der artenschutzrechtliche Verbotstatbestand erst durch die Realisierung des konkreten Vorhabens verwirklicht.[915] Das bedeutet, dass die Verbotswirkung des § 44 Abs. 1 BNatSchG erst bei der Verwirklichung des Vorhabens im jeweiligen überplanten Gebiet und noch nicht bei der Aufstellung oder Änderung des Bebauungsplanes greift. Sind die artenschutzrechtlichen Hindernisse nicht überwindbar, so ist der Bebauungsplan vollzugsunfähig und i.S.d. § 1 Abs. 3 S. 1 BauGB nicht erforderlich (s. o.).[916]

cc) Beleuchtungspflichten

Im Gegensatz zu den Naturschutzbelangen könnten Interessen, die für eine Beleuchtung streiten, als abwägungsexterne Planungsleitsätze zu berücksichtigen sein. In Betracht kommen Beleuchtungspflichten, insbesondere könnte eine Straßenbeleuchtungspflicht bestehen, die sich aus einer Verkehrssicherungspflicht ergibt.

(1) Allgemeine Straßenbeleuchtungspflicht

Die Gemeinde könnte zur allgemeinen, d. h. flächendeckenden, Beleuchtung verpflichtet sein. Grundsätzlich besteht seitens der Gemeinde keine allgemeine Beleuchtungspflicht.[917] Die allgemeine Straßenbeleuchtung stellt darüber hinaus auch

[911] Siehe Seite 97 ff.

[912] Siehe Seite 108.

[913] Siehe Seite 107.

[914] Siehe Seite 108.

[915] OVG Münster, Urt. v. 30.01.2009 – 7 D 11/08.NE, NuR 2009, 421, Rn. 120.

[916] Siehe Seite 180 f.; BVerwG, Urt. v. 27.03.2013 – 4 C 13/11, NVwZ 2013, 1157, Rn. 9; OVG Koblenz, Urt. v. 13.02.2008 – 8 C 10368/07, NVwZ-RR 2008, 514, Rn. 27; *Jarass/Kment*, BauGB, 2. Aufl., 2017, § 1, Rn. 18 m.w.N.; *Hyckel*, ZfBR 2016, 335, 338; *Köck*, ZUR 2006, 518, 521.

[917] OVG Magdeburg, Urt. v. 29.10.2008 – 4 L 261/07, juris, Rn. 34; *Bauer*, in: Kodal (Hrsg.), Straßenrecht, 7. Aufl., 2010, § 43, Rn. 43; *Sauthoff*, Öffentliche Straßen, 2. Aufl. 2010, Rn. 1104; a.A. wohl *Arndt*, Die Straßenverkehrssicherungspflicht, 2. Aufl. 1973, S. 54; eine Ausnahme unter den landesgesetzlichen Regelungen stellen Art. 51 Abs. 1 BayStrWG, § 7 Abs. 5 BerlStrG und § 41 Abs. 1 S. 1 StrG BW dar.

keine Aufgabe dar, für die der Straßenbaulastträger zuständig ist.[918] Sie ist eine eigenständige Aufgabe der örtlichen Gemeinde.[919] Die Straßenbeleuchtung ist ihrer ordnungsrechtlichen Bedeutung entwachsen und fördert die Bequemlichkeit, die wirtschaftliche, kulturelle und gesellschaftliche Belebung sowie Tourismuszwecke[920] bspw. dadurch, dass die Straßenbeleuchtung Angsträume verhindert und somit der sozialen Sicherheit dient.[921] Diese vielfältigen Förderungszwecke zeigen, dass es sich bei der allgemeinen Straßenbeleuchtung um eine gemeindliche Aufgabe der Daseinsvorsorge i.S.d. § 1 Abs. 6 Nr. 3, 1. Alt. BauGB handelt und daher von der Verkehrssicherungspflicht zu trennen ist.[922] Die öffentliche Daseinsvorsorge dient der Befriedigung sozialer Bedürfnisse der örtlichen Bevölkerung und ist daher kein abwägungsexterner Planungsleitsatz, sondern nach § 1 Abs. 6 Nr. 3, 1. Alt. BauGB als Belang in die Planung einzustellen.

(2) Punktuelle Straßenbeleuchtungspflichten aufgrund Verkehrssicherungspflichten

Allerdings könnten Verkehrssicherungspflichten als striktes Recht bei der Bauleitplanung zu beachten sein. Bei den Verkehrssicherungspflichten handelt es sich um privatrechtliche, deliktische Sorgfaltspflichten nach § 823 Abs. 1 BGB.[923] Aufgrund dessen könnte nicht nur die öffentliche Hand, z. B. die Gemeinde als Baulastträger[924] der Straße, sondern auch der Private, z. B. der Eigentümer eines Parkplatzes, zur Beleuchtung verpflichtet sein.[925] Daneben kann eine öffentlich-rechtliche Verkehrssicherungspflicht bestehen, die eine Beleuchtung erforderlich machen könnte.[926] Mit der Ausnahme von Hessen, haben alle Länder von der Möglichkeit Gebrauch gemacht, die Verkehrssicherungspflichten an Straßen als hoheitliche Aufgabe gesetzlich zu regeln.[927]

---

918 *Sauthoff*, Öffentliche Straßen, 2. Aufl. 2010, Rn. 1104; anders in Berlin nach § 7 Abs. 5 BerlStrG.

919 BVerwG, Urt. v. 15.09.1989 – 8 C 4/88, NVwZ 1990, 374, 376; *Bauer*, in: Kodal (Hrsg.), Straßenrecht, 7. Aufl., 2010, § 43, Rn. 45; siehe dazu auch Seite 162 f.

920 OVG Koblenz, Urt. v. 26.09.1985 – 1 A 89/84, NJW 1986, 953; *Bauer*, in: Kodal (Hrsg.), Straßenrecht, 7. Aufl., 2010, § 43, Rn. 43.

921 *Senatsverwaltung für Stadtentwicklung*, Lichtkonzept Berlin, 2015, S. 60 ff.

922 *Schiebold*, IR 2004, 202, 203.

923 St. Rspr. vgl. nur BGH, Urt. v. 24.02.1994 – III ZR 4/93, NJW 1994, 3090; *Herber*, in: Kodal (Hrsg.), Straßenrecht, 7. Aufl., 2010, § 42, Rn. 51.

924 *Greger*, in: Greger/Zwickel (Hrsg.), Haftungsrecht des Straßenverkehrs, 5. Aufl., 2014, § 13, Rn. 13 ff.; Abweichungen können sich für Fern- und Kreisstraßen ergeben *Herber*, in: Kodal (Hrsg.), Straßenrecht, 7. Aufl., 2010, § 42, Rn. 17.3 ff.

925 *Sauthoff*, Öffentliche Straßen, 2. Aufl. 2010, Rn. 1012 f.

926 Diese ist mit der privatrechtlichen deckungsgleich, vgl. BGH, Urt. v. 18.12.1972 – III ZR 40/70, NJW 1973, 460.

927 § 59 StrG BW; Art. 69 BayStrWG; § 7 Abs. 6 BerlStrWG; § 9 BremLStrG; § 10 Abs. 1 S. 1 BbgStrG; § 5 HWG; § 10 Abs. 1 NStrG; § 10 Abs. 1 StrWG MV; § 9a Abs. 1 StrWG NRW; § 48 LStrG RLP; § 9 Abs. 3a StrG SL; § 10 Abs. 1 SächsStrG; § 10 Abs. 1 StrG LSA; § 10 Abs. 4 StrWG SH; § 10 Abs. 1 ThürStrG.

(a) Inhalt der Verkehrssicherungspflichten

Möglicherweise könnte eine Verkehrssicherungspflicht i.S.e. Warnpflicht bestehen, die eine Beleuchtung der Straße erforderlich macht. Die Verkehrssicherungspflicht beruht auf dem allgemeinen Rechtsgedanken, dass derjenige, der eine Gefahrenlage schafft, verpflichtet ist, die Entstehung von Schäden im Rahmen des Erforderlichen und Zumutbaren zu verhindern.[928] Eine Straßenbeleuchtungspflicht besteht, wenn die Beleuchtung zur Abwehr von Risiken und Gefahren des Straßenverkehrs erforderlich ((b)) und zumutbar ((c)) ist.

(b) Erforderlichkeit der Verkehrssicherung

Die Erforderlichkeit orientiert sich an dem Sorgfaltsmaßstab des § 276 Abs. 2 BGB.[929] Eine vollständige (abstrakte) Gefahrenvorbeugung durch eine vollumfassende Beleuchtung ist weder erreichbar noch Inhalt der Verkehrssicherungspflicht. Erforderlich sind Vorkehrungen, welche die Verwirklichung von Risiken verhindern, die der Benutzer der Verkehrsfläche bei der gebotenen Eigensorgfalt nicht ohne weiteres selbst erkennen kann oder auf die er sich nicht ohne weiteres einzustellen vermag.[930] Fraglich ist, wann Verkehrssicherungspflichten eine Straßenbeleuchtung verlangen. Grundsätzlich muss sich der Straßenbenutzer den Straßenverhältnissen anpassen und die Straße so hinnehmen, wie sie sich ihm erkennbar darbietet.[931] Deshalb bestehen regelmäßig keine Beleuchtungspflichten, wenn die Verkehrsteilnehmer bei zweckgerechter Benutzung der Straße und Anwendung der gebotenen Aufmerksamkeit etwaige Schäden selbst abwenden können.[932]

Der Verkehrsteilnehmer kann den Schaden dann nicht mehr selbst abwenden, wenn er die Gefahrenstelle nicht mehr erkennen konnte, obwohl er sein Verhalten (insbesondere die Geschwindigkeit) an die Dunkelheit angepasst hat. Daher ist unstreitig eine Beleuchtung oder eine andere Warnmaßnahme (Reflektoren o. ä.) erforderlich, wenn besondere Gefahrenstellen bestehen, wie Baustellen, bekannte Unfallschwerpunkte, schwer wahrnehmbare Sperrpfosten oder Fußgängerüberwege.[933] Für die öffentlich-rechtliche Verkehrssicherungspflicht ist dies zum Teil unterge-

---

[928] *Sauthoff*, Öffentliche Straßen, 2. Aufl. 2010, Rn. 999; bzgl. der Pflicht zur Beleuchtung OLG Hamm, Urt. v. 09.11.2001 – 9 U 252/98, juris, Rn. 16 f.

[929] BGH, Urt. v. 03.06.2008 – VI ZR 223/07, NJW 2008, 3775, Rn. 9; *Berz*, DAR 1988, 2, 6.

[930] BGH, Urt. v. 21.06.1979 – III ZR 58/78, VersR 1979, 1055; OLG Hamm, Urt. v. 17.01.2006 – 9 U 102/05, juris, Rn. 8; OLG Hamm, Urt. v. 09.11.2001 – 9 U 252/98, juris, Rn. 15.

[931] BGH, Urt. v. 21.06.1979 – III ZR 58/78, VersR 1979, 1055; *Scheidler*, NZV 2011, 422, 423 f.; für Fußgänger OLG München, Urt. v. 14.10.1993 – 1 U 2811/93, juris, Rn. 24.

[932] BGH, Urt. v. 08.04.1970 – III ZR 167/68, NJW 1970, 1126; OLG München, Beschl. v. 27.05.2011 – 1 U 1209/11, juris, Rn. 10; OLG Rostock, Urt. v. 22.03.2001 – 1 U 144/99, NVwZ-RR 2002, 170; *Schumacher*, Handbuch der Kommunalhaftung, 5. Aufl. 2015, S. 294; *Sauthoff*, Öffentliche Straßen, 2. Aufl. 2010, Rn. 1036.

[933] Instruktiv OLG Hamm, Urt. v. 03.02.2009 – 9 U 101/07, NJW-RR 2010, 33, Rn. 17; OLG Hamm, Urt. v. 17.01.2006 – 9 U 102/05, juris, Rn. 8; OLG Hamm, Urt. v. 09.11.2001 – 9 U 252/98, juris, Rn. 17; *Schumacher*, Handbuch der Kommunalhaftung, 5. Aufl. 2015, S. 393.

setzlich normiert, z. B. bei Fußgängerüberwegen nach § 26, Rn. 15 VO StVO, vgl. auch § 45 Abs. 5 S. 2 StVO.

Was darüber hinaus erforderlich ist, ist nicht gänzlich geklärt. Es wird vertreten, dass sich das Maß der Verkehrssicherungspflicht an technischen Regelwerken, wie etwa DIN-Normen (DIN EN 13201, DIN 67523, VDI 6011), orientiert.[934] Weitergehend ist die Auffassung, dass eine Pflicht zur Beleuchtung nach den Vorgaben technischer Regelwerke sowie an gefährlichen Stellen bestehen soll, sodass Straßen und Wege im Ergebnis innerörtlich beinahe vollständig zu beleuchten wären.[935]

Nach anderer Ansicht bestimmt sich die ordnungsgemäße Beleuchtung nach den konkreten Verhältnissen. Technische Regelwerke bieten dafür einen Anhaltspunkt, präjudizieren jedoch nicht den Umfang der Verkehrssicherungspflicht.[936] Dem ist zuzustimmen. Technische Regelwerke legen fest, welche technischen Spezifikationen einzuhalten sind, um bestimmten rechtlichen Anforderungen zu genügen. Insbesondere geben sie den derzeitigen Stand der Technik wieder. Ihnen kommt aber allenfalls eine Indizfunktion zu.[937] Allein aufgrund der mangelnden Normsetzungsbefugnis sind private Vereinigungen, die technische Regelwerke erarbeiten, nicht befugt, Rechtspflichten zu konstituieren.[938] Die Verkehrssicherungspflicht korreliert mit den Pflichten des Verkehrsteilnehmers, sich gem. dem Sichtfahrgebot nach § 3 Abs. 1 S. 4 StVO auf die Verhältnisse einzustellen und insbesondere seine Geschwindigkeit an die Dunkelheit anzupassen.[939] Dem Gefahrenpotenzial der Dunkelheit entgegenzuwirken, ist die Pflicht des Verkehrsteilnehmers,[940] der sein Fahrzeug bzw. Fahrrad gem. § 17 StVO i.V.m. §§ 49a ff., 67 StVZO zu beleuchten hat. Aus diesen Verpflichtungen des Verkehrsteilnehmers wird die gesetzgeberische Entscheidung deutlich, dass das allgemeine Lebensrisiko und die Betriebsgefahr von Kraftfahrzeugen nicht auf den Straßenbaulastträger abgewälzt werden darf, weil eine bessere Gefahrenvorsorge technisch möglich ist.[941] Zudem bestehen erhebliche Zweifel, dass Anforderungen an bestimme Helligkeitswerte in den Normungen eine Indizfunktion zukommt. Die DIN EN 13201 sieht für die jeweilige

---

934 *Berz*, DAR 1988, 2, 7; mit fachlichen Argumenten dagegen *Rönitzsch/Höschele*, in: Ringwald/Rönitzsch/Riedel (Hrsg.), Praxishandbuch Öffentliche Beleuchtung, 2013, 33 f.

935 *Westphalen*, DB 1987 Beilage Nr. 11, 1, 14 f.; das schon geringe Lichtmengen ausreichen, um Hindernisse zu erkennen *Uttley/Fotios/Cheal*, Lighting Res. Technol. 2017, 211 ff.; *Fotios/Cheal*, Lighting Research & Technology 2013, 362 ff.

936 St. Rspr. BGH, Urt. v. 03.06.2008 – VI ZR 223/07, NJW 2008, 3775, Rn. 18; BGH, Urt. v. 13.03.2001 – VI ZR 142/00, NJW 2001, 2019, 2020; *Wagner*, MüKo BGB, 7. Aufl., 2017, § 823, Rn. 447 f. m.w.N.; deutlich *Ringwald/Engel*, in: Ringwald/Rönitzsch/Riedel (Hrsg.), Praxishandbuch Öffentliche Beleuchtung, 2013, S. 77, 84 f.; *Greger*, in: Greger/Zwickel (Hrsg.), Haftungsrecht des Straßenverkehrs, 5. Aufl., 2014, § 13, Rn. 101.

937 *Eifert*, in: Schoch/Danwitz (Hrsg.), Besonderes Verwaltungsrecht, 15. Aufl., 2013, § 5, Rn. 77.

938 *Marburger*, Regeln der Technik, 1977, S. 330 ff.

939 Vgl. OLG Rostock, Urt. v. 22.03.2001 – 1 U 144/99, NVwZ-RR 2002, 170.

940 *Bauer*, in: Kodal (Hrsg.), Straßenrecht, 7. Aufl., 2010, § 43, Rn. 45.2.

941 So aber im Ergebnis *Westphalen*, DB 1987 Beilage Nr. 11, 1, 8 ff.; insbesondere unzutreffend ist der Verweis auf die erhöhte Unfallgefahr bei Nacht, da ansonsten eine Beleuchtung notwendig wäre, welche die Nacht zum Tag macht, vgl. auch *Berz*, DAR 1995, 350, 352; mit fundierter, ausführlicher Kritik zur Annahme, dass eine hellere Beleuchtung als Unfallvorsorge geeignet sei, vgl. *Senatsverwaltung für Stadtentwicklung*, Lichtkonzept Berlin, 2015, S. 63 ff.

Beleuchtungssituation Untergrenzen für die Helligkeit vor. Allerdings wird nicht dargelegt, auf welcher Grundlage die Werte gewonnen wurden. Vielmehr existiert kein empirischer Beweis, der den Einfluss der Beleuchtungsstärke auf die Verkehrssicherheit nachweist.[942]

Daher bleibt es bei dem Grundsatz, dass nur dann eine Beleuchtung i.S.d. Verkehrssicherungspflicht erforderlich ist, wenn eine Gefahrenlage überraschend auftritt, die der Verkehrsteilnehmer auch dann nicht rechtzeitig erkennen kann, wenn er sein Verhalten an die Dunkelheit anpasst.[943] Erforderlich ist daher die Beleuchtung bestimmter Gefahrenstellen und nur in Ausnahmefällen eine flächendeckende Beleuchtung.[944] Letztere ist eine Aufgabe der Gemeinde im Rahmen ihrer Daseinsvorsorge und nicht Bestandteil der Verkehrssicherungspflicht.

(c) Zumutbarkeit der Verkehrssicherung

Soweit eine Beleuchtung von Gefahrenstellen erforderlich ist, oder man eine weitergehende Beleuchtung für erforderlich hält, stellt sich die Frage, ob eine Nachtabschaltung oder Reduzierung (sog. Halbnachtschaltung) der Straßenbeleuchtung gegenüber den Verkehrsteilnehmern zumutbar ist.

Die Zumutbarkeit richtet sich primär nach Kosten und Nutzen der Straßenbeleuchtung, wobei die in dem jeweiligen Lebensbereich herrschende Verkehrsauffassung[945] als Anhaltspunkt zu berücksichtigen ist.[946] Bei der Kosten-Nutzen-Berechnung ist die Höhe des Schadens und der Grad der Eintrittswahrscheinlichkeit entscheidend.[947]

Aufgrund einer Kosten-Nutzen-Berechnung könnte eine Halbnachtschaltung zumutbar sein. Dafür streitet, dass sich die Lebensdauer der Beleuchtungsanlage verlängert, die nachteiligen Auswirkungen auf Vögel, Fledermäuse und Insekten redu-

---

[942] Deutlich *Fotios/Gibbons*, Lighting Research & Technology 2018, 154, 161 f.

[943] Vgl. BGH, Urt. v. 03.06.2008 – VI ZR 223/07, NJW 2008, 3775, Rn. 10; BGH, Urt. v. 13.07.1989 – III ZR 122/88, NJW 1989, 2808 f.; OLG Saarbrücken, Urt. v. 03.11.2009 – 4 U 185/09, juris, Rn. 24; OLG Rostock, Urt. v. 22.03.2001 – 1 U 144/99, NVwZ-RR 2002, 170 „unvermutete Gefahren"; OLG Celle, Urt. v. 20.10.1999 – 9 U 77/99, juris, Rn. 2; *Schumacher*, Handbuch der Kommunalhaftung, 5. Aufl. 2015, S. 294; deutlich *Bauer*, in: Kodal (Hrsg.), Straßenrecht, 7. Aufl., 2010, § 43, Rn. 43; ebenso *Herber*, in: Kodal (Hrsg.), Straßenrecht, 7. Aufl., 2010, § 42, Rn. 33 ff.; *Sauthoff*, Öffentliche Straßen, 2. Aufl. 2010, Rn. 1034; *Schiebold*, IR 2004, 268, 271.

[944] A.A. *Schumacher*, Handbuch der Kommunalhaftung, 5. Aufl. 2015, S. 394, der innerorts eine Beleuchtung wegen des Verkehrsaufkommen grundsätzlich für erforderlich, aber nicht zwingend für zumutbar hält; ebenso *Ringwald/Engel*, in: Ringwald/Rönitzsch/Riedel (Hrsg.), Praxishandbuch Öffentliche Beleuchtung, 2013, S. 77, 78 ff., allerdings wird hier weder zwischen Daseinsvorsorge und Verkehrssicherungspflicht noch zwischen Erforderlichkeit und Zumutbarkeit unterschieden.

[945] Also danach, was ein verständiger, umsichtiger, vorsichtiger und gewissenhafter Angehöriger der betroffenen Verkehrskreise für ausreichend halten darf, vgl. nur BGH, Urt. v. 25.02.2014 – VI ZR 299/13, NJW 2014, 2104, Rn. 17.

[946] *Wagner*, MüKo BGB, 7. Aufl., 2017, § 823, Rn. 423.

[947] BGH, Urt. v. 31.10.2006 – VI ZR 223/05, NJW 2007, 762, Rn. 11; *Wagner*, MüKo BGB, 7. Aufl., 2017, § 823, Rn. 424; *Rothe*, NJW 2007, 740, 742; weitergehend *Schumacher*, Handbuch der Kommunalhaftung, 5. Aufl. 2015, S. 394, der die finanzielle Leistungsfähigkeit der Gemeinde für ausschlaggebend hält.

ziert und Kostenersparnisse eintreten. Dagegen könnten erhöhte Unfallrisiken bzw. -gefahren sprechen. Allerdings ist die Sicht nach dem derzeitigen Forschungsstand schon bei einer geringen Beleuchtung von (0,1 cd/m^2) signifikant verbessert und nur geringfügig schlechter als bei voller Beleuchtung (1 cd/m^2).[948] Aus diesem Grund ist nicht zu erwarten, dass die Reduzierung der Helligkeit zu erhöhten Risiken und Gefahren im Straßenverkehr führen. Deshalb ist eine Halbnachtschaltung, auch an Gefahrenstellen, zumutbar.

Ferner könnte auch die gänzliche Abschaltung der Straßenbeleuchtung zumutbar sein. Die Eintrittswahrscheinlichkeit von Verkehrsunfällen hängt maßgeblich von der Art und Häufigkeit der Benutzung des Verkehrswegs ab.[949] So ist es zumutbar, unbedeutende Nebenstraßen nicht zu beleuchten.[950] Gleiches gilt für Zeiten, in denen der Verkehr praktisch zum Erliegen kommt.[951] Daher ist es in Nachtzeiten unzumutbar, die allgemeine Straßenbeleuchtung an Straßen und Wegen mit geringem Verkehrsaufkommen dauerhaft aufrechtzuerhalten.

(3) Zusammenfassung

Die privatrechtlichen und öffentlich-rechtlichen Verkehrssicherungspflichten verlangen vom Verkehrssicherungspflichtigen, insbesondere von der Gemeinde, die punktuelle Beleuchtung der Gefahrenstellen, die überraschend auftreten und die der Verkehrsteilnehmer auch dann nicht rechtzeitig erkennen kann, wenn er sein Verhalten an die Dunkelheit anpasst. Die einschlägigen technischen Regelwerke und Normungen gehen weit über das erforderliche Maß hinaus und sind nicht Inhalt der Verkehrssicherungspflichten. Dagegen ist die *allgemeine* Straßenbeleuchtung eine Aufgabe der Daseinsvorsorge. Darüber hinaus ist den Verkehrsteilnehmern bei Nacht auch eine reduzierte bzw. in verkehrsarmen Bereichen abgeschaltete Straßenbeleuchtung zumutbar.

dd) Zwischenergebnis

Sowohl erhebliche Beeinträchtigungen von Natura 2000-Gebieten gem. § 34 Abs. 2 BNatSchG als auch punktuelle Straßenbeleuchtungen sind abwägungsexterne strikte Gebote, die in der Abwägung nicht überwunden werden können.

---

[948] *Fotios/Cheal et al.*, Lighting Res. Technol. 2017, doi: 10.1177/1477153517725775, S. 7 ff.; *Ueberschaer*, Lichtfarbe, 2016, S. 96; ebenso *Steinbach/Perkins et al.*, JECH 2015, 1118, 1123, wonach eine reduzierte Beleuchtung bei Nacht keinen Einfluss auf die Wahrscheinlichkeit von Verkehrsunfällen hat.

[949] BGH, Urt. v. 10.07.1980 – III ZR 58/79, NJW 1980, 2194; *Greger*, in: Greger/Zwickel (Hrsg.), Haftungsrecht des Straßenverkehrs, 5. Aufl., 2014, § 13, Rn. 32 ff.; *Sauthoff*, Öffentliche Straßen, 2. Aufl. 2010, Rn. 1037 ff.

[950] *Sauthoff*, Öffentliche Straßen, 2. Aufl. 2010, Rn. 1104.

[951] *Greger*, in: Greger/Zwickel (Hrsg.), Haftungsrecht des Straßenverkehrs, 5. Aufl., 2014, § 13, Rn. 99 m.w.N.; *Berz*, DAR 1988, 2, 5.

Dagegen sind die artenschutzrechtlichen Verbote des § 44 Abs. 1 BNatSchG nur bei unüberwindbaren Hindernissen bei der Erforderlichkeit der Bauleitplanung zu beachten. Eine Pflicht zur *allgemeinen* Straßenbeleuchtung besteht in der Regel nicht, sodass insoweit keine abwägungsexterne Pflicht seitens der Gemeinde gegeben ist.

d) Bedeutung nachteiliger Auswirkungen von Glas und Licht für die Abwägung

Die nachteiligen Auswirkungen von Glas und Licht auf Vögel, Fledermäuse und Insekten sind als Belange des Naturschutzes gem. § 1 Abs. 6 Nr. 7 BauGB in der Abwägung über einen Bebauungsplan gem. § 1 Abs. 7 BauGB zu berücksichtigen. Die Abwägung gliedert sich in drei Phasen.[952] In der ersten Phase sind die abwägungsrelevanten Belange zu ermitteln und zusammenzustellen (lit. aa). In der zweiten Phase sind die jeweiligen eingestellten Belange zu gewichten (lit. bb). Die dritte Phase ist die eigentliche Planungsentscheidung, die durch den Ausgleich konfligierender Belange gewonnen wird (lit. cc). Schließlich werden die Rechtsfolgen von Abwägungsfehlern näher beleuchtet (lit. dd).

aa) Ermittlung abwägungsrelevanter Belange von Glas und Licht

Zur Vorbereitung der Abwägung hat die Gemeinde nach § 2 Abs. 3 BauGB alle abwägungsrelevanten Belange zu ermitteln.[953] Dazu sind gem. § 1 Abs. 7 BauGB alle generell abwägungsbeachtlichen, gegenwärtigen, zukünftigen öffentlichen und privaten Belange mit Bodenbezug zusammenzustellen, deren Schutzwürdigkeit und Gewichtigkeit erkennbar ist.[954]

(1) Anforderungen an die Ermittlung

Die Ermittlung der Belange ist ein Prozess der Informationsgewinnung.[955] Besondere Bedeutung für die Informationsgewinnung in Bezug auf nachteilige Auswirkungen von Licht und Glas auf Vögel, Fledermäuse und Insekten kommt der Umweltprüfung zu, die mit Ausnahme des vereinfachten Verfahrens nach § 13 BauGB und der Aufstellung von Bebauungsplänen nach §§ 13a f. BauGB zwingend durchzuführen ist.[956]

---

[952] *Stollmann/Beaucamp*, Öffentliches Baurecht, 11. Aufl. 2017, § 7, Rn. 39; in vier Phasen unterteilt *Hoppe*, in: Hoppe/Bönker/Grotefels (Hrsg.), Öffentliches Baurecht, 4. Aufl., 2010, § 7, Rn. 39, wobei die ersten beiden Phasen sich in eine zusammenfassen lassen.

[953] *Finkelnburg/Ortloff/Kment*, Öffentliches Baurecht Bd. I, 7. Aufl. 2017, § 5, Rn. 50.

[954] *Hoppe*, in: Hoppe/Bönker/Grotefels (Hrsg.), Öffentliches Baurecht, 4. Aufl., 2010, § 7, Rn. 39.

[955] *Ders.*, in: Hoppe/Bönker/Grotefels (Hrsg.), Öffentliches Baurecht, 4. Aufl., 2010, § 7, Rn. 40.

[956] *Schrödter/Wahlhäuser*, in: Schrödter (Hrsg.), BauGB, 8. Aufl., 2015, § 1, Rn. 384, dort noch ohne Berücksichtigung des neu eingefügten § 13b BauGB.

(a) Ermittlung erheblicher Umweltauswirkung durch die Umweltprüfung

Ziel der Umweltprüfung ist es, zu ermitteln, ob Umweltbelange von der Planung erheblich nachteilig betroffen sein können, insbesondere ob erhebliche nachteilige Auswirkungen von Glas und Licht auf Vögel, Fledermäuse und Insekten zu erwarten sind. Eine erhebliche Umweltauswirkung liegt jedenfalls dann vor, wenn eine erhebliche Beeinträchtigung von Natur und Landschaft i.S.d. § 14 Abs. 1 BNatSchG prognostiziert wird.[957] Dies ergibt sich aus dem Verweis des § 2 Abs. 4 S. 1 BauGB auf § 1a Abs. 3 S. 1 BauGB, der wiederum auf die Eingriffsregelung nach §§ 13 ff. BNatSchG rekurriert.[958]

Die Umweltprüfung enthält eine Bestandsaufnahme der einschlägigen Aspekte des derzeitigen Umweltzustands, eine Prognose über die Entwicklung des Umweltzustands bei Durchführung und bei Nichtdurchführung der Planung, Angaben über geplante Maßnahmen zur Vermeidung, Verringerung und zum Ausgleich nachteiliger Auswirkungen sowie Angaben über in Betracht kommende anderweitige Planungsmöglichkeiten (§ 2 Abs. 4 S. 1 i.V.m. Anlage 1 Nr. 2 BauGB).

(b) Wirkungsprognose der Umweltprüfung

Dies erfordert eine Wirkungsprognose,[959] welche die jeweiligen Umweltauswirkungen nach den jeweiligen Wirkfaktoren (hier: Glas und Licht) untersucht. Die Kollisionsrisiken von Vögeln mit Glas sind ebenso wie das Ausmaß nachteiliger Auswirkungen von Licht mit Unsicherheiten behaftet und ohne eine Risikoprognose nicht zu ermitteln.[960] Diese Prognose setzt sich aus dem Produkt des Schadenspotenzials und der Eintrittswahrscheinlichkeit nachteiliger Umweltauswirkungen zusammen.[961]

Das Schadenspotenzial hängt maßgeblich von dem jeweiligen Plangebiet ab. Bereits im Rahmen der Bestandsaufnahme ist zu untersuchen, welche Habitat- und Biotopstrukturen derzeit bestehen.[962] Ein hohes Schadenspotenzial ist bei besonders wertvollen oder empfindlichen Gebieten (Natura 2000, Vogelschutz-, Naturschutz- oder Landschaftsschutzgebiete) anzunehmen. Daneben ist das konkrete Plangebiet auf Vorkommen der möglicherweise betroffenen – insbesondere geschützten – Tierarten zu untersuchen: Je mehr Vögel und lichtempfindliche Tiere sich in der Umgebung aufhalten, desto größer ist das Schadenspotenzial. Ebenfalls zu beachten ist die Bedeutung des Plangebiets für den Vogelzug. Falls ein Gefährdungspotenzial im

---

[957] Zur Erheblichkeit *Schrödter*, in: ders. (Hrsg.), BauGB, 8. Aufl., 2015, § 2, Rn. 155 f.

[958] Hierin wird nochmal das Verhältnis zwischen BNatSchG und BauGB deutlich: Hinsichtlich der Eingriffsregelung ist die Frage, *ob* ein Eingriff vorliegt, nach dem BNatSchG zu beurteilen, während sich die Rechtsfolge aus den Vorschriften des BauGB ergibt; s. auch Seite 50.

[959] *Schrödter*, in: ders. (Hrsg.), BauGB, 8. Aufl., 2015, § 2, Rn. 155 f.

[960] Bzgl. bestehender Unsicherheiten vgl. den derzeitigen Erkenntnisstand auf Seite 5 ff.

[961] Siehe Seite 92.

[962] *Rassmus*, Methodische Anforderungen an Wirkungsprognosen in der Eingriffsregelung, 2003, S. 133.

eben erläuterten Sinne gegeben ist, so wird die Gemeinde eine sachverständige Untersuchung zu veranlassen haben.[963]

Die Eintrittswahrscheinlichkeit beurteilt sich nach dem im naturwissenschaftlichen Teil herausgearbeiteten risikoerhöhenden Faktoren.[964] Bei Glas muss ermittelt werden, ob einer der drei Fallgruppen (Durchsicht, Spiegelung oder Anlockwirkung durch Licht)[965] einschlägig ist und ob Faktoren, die die Eintrittswahrscheinlichkeit erhöhen (Vogelaktivität in der Umgebung, Umgebungsattraktivität bspw. Bäume und Grünflächen),[966] vorliegen. Bei Licht muss untersucht werden, wo Lichtimmissionen auftreten und welche nachteiligen Auswirkungen diese zur Folge haben. Zu prognostizieren ist die Anzahl und der Ort der verwendeten Leuchten (Lage, Höhe, Abschirmung) unter Angabe der verwendeten Lampen (Typ, Lichtspektrum, Leistung) und der geplanten Leuchtdauer (tages- und jahreszeitlich).[967] Abzuschätzen ist auch die Entfernung der Leuchten zu Habitaten von lichtempfindlichen Tieren, sodass die Anlockwirkungen (mind. bis 50 m)[968] beurteilt werden können.[969]

(2) Ermittlungsfehler

Die Ermittlung der abwägungsbeachtlichen Belange kann i.S.e. Ermittlungsdefizits fehlerhaft sein. Ein Ermittlungsdefizit besteht, wenn Auswirkungen von Glas und Licht als abwägungsbeachtlicher Belang nicht erkannt wurden oder ein erkennbar relevanter Belang nicht aufgeklärt wurde.[970] Ein Defizit liegt ferner vor, wenn erwogene Planungsalternativen nicht ermittelt wurden.[971]

(a) Ermittlungsdefizit aufgrund fehlender Berücksichtigung der Auswirkungen von Glas und Licht

Ein Problem könnte sich daraus ergeben, dass die Gemeinde die drohenden nachteiligen Auswirkungen von Glas und Licht für Tiere nicht erkennt und bei der Erstellung der Prognose infolgedessen auch nicht berücksichtigt.[972] Das bedeutet

---

[963] *Söfker/Runkel*, in: Ernst/Zinkahn et. al. (Hrsg.), BauGB, 2018, § 1, Rn. 190; *Battis*, in: Battis/Krautzberger/Löhr (Hrsg.), BauGB, 13. Aufl., 2016, § 1, Rn. 117.

[964] Siehe Seite 5 ff.

[965] Siehe Seite 8 ff.

[966] Siehe Seite 9 ff.

[967] *Rassmus*, Methodische Anforderungen an Wirkungsprognosen in der Eingriffsregelung, 2003, S. 133.

[968] *Wakefield/Broyles et al.*, J Appl Ecol 2017, doi: 10.1111/1365-2664.13004, S. 7; *Urbanič*, Natura Slovenia 2002, 13, 17.

[969] Die Entfernung dürfte maßgeblich davon abhängen, ob Lichtkonkurrenz vorliegt und wie stark diese ausgeprägt ist, *Höttinger/Graf*, Zur Anlockwirkung öffentlicher Beleuchtungseinrichtungen auf nachtaktive Insekten, Dezember 2003, S. 18 m.w.N.; mit anderen Ergebnissen *Kolligs*, Ökologische Auswirkungen künstlicher Lichtquellen auf nachtaktive Insekten, insbesondere Schmetterlinge (Lepidoptera), 2000, S. 70 f.

[970] Vgl. *Hoppe*, in: Hoppe/Bönker/Grotefels (Hrsg.), Öffentliches Baurecht, 4. Aufl., 2010, § 7, Rn. 95.

[971] Vgl. *ders.*, in: Hoppe/Bönker/Grotefels (Hrsg.), Öffentliches Baurecht, 4. Aufl., 2010, § 7, Rn. 48 ff.

[972] So auch *Borchers/Schomerus*, NuR 2015, 614, 616.

auch, dass eine Planungsalternative, welche die nachteiligen Auswirkungen von Glas und Licht zu vermeiden oder minimieren sucht, nicht ermittelt werden kann. Man wird ggf. annehmen können, dass der Vogelschlag an Glas sowie der Anflug von Insekten an Lichtquellen und die Vergrämung von Fledermäusen durch Licht grundsätzlich bekannt sind. Das Ausmaß dieser Auswirkungen, die eine Bedeutung für die Gewichtigkeit des Belangs des Natur- und Artenschutzes entfalten, wurde hingegen erst in den letzten Jahren genauer erforscht.[973] Im öffentlichen Diskurs werden oftmals Glas und Licht noch nicht als Wirkfaktoren für die Abnahme von Vogel-, Fledermaus- und Insektenarten sowie deren Populationen einbezogen.[974] Entsprechend könnte die Prognose der zukünftigen nachteiligen Auswirkungen von Glas und Licht auf Tierarten, insbesondere von Vögeln, Fledermäusen und Insekten, defizitär oder gar gänzlich unbeachtet bleiben. Das Defizit besteht dann in einer lückenhaften Wirkungsprognose, weil naturschutzrechtliche Belange (Beeinträchtigungen von Vögeln, Fledermäusen oder Insekten) gar nicht oder nur unzureichend ermittelt wurden.[975]

Das setzt allerdings voraus, dass die Schutzwürdigkeit und Gewichtigkeit im jeweiligen Fall erkennbar war.[976] Bezogen auf Glas und Licht ist danach zu fragen, ob es erkennbar war, dass durch die geplante Nutzung erhebliche Beeinträchtigungen durch Glas und Licht für Tiere drohen. Grundsätzlich sind die möglichen nachteiligen Auswirkungen durch Glas und Licht in der Fachliteratur einschließlich zu ergreifende Vermeidungsmaßnahmen beschrieben.[977] Das zeigt, dass die nachteiligen Auswirkungen von Glas und Licht bei Beachtung des derzeitigen Wissensstandes und bei Einhaltung anerkannter Prüfmethoden i.S.d. § 2 Abs. 4 S. 3 BauGB erkennbar sind.[978] Somit ist die Nichtbeachtung der Auswirkungen der Planung auf Vögel, Fledermäuse und Insekten durch die Wirkfaktoren Glas und Licht wohl regelmäßig als Ermittlungsdefizit zu beurteilen.

---

[973] Vergleiche diesbezüglich die Ergebnisse des naturwissenschaftlichen Erkenntnisstands Seite 5 ff.

[974] Vgl. *Schmitt*, Die Zeit, Nr. 44 vom 26.10.2017, S. 2; *Bundesamt für Naturschutz* (Hrsg.), Agrarreport, 2017, S. 12 f.; dagegen https://de.wikipedia.org/wiki/Insektensterben#Ursachen (zugegriffen am 22.12.2018).

[975] *Hoppe*, in: Hoppe/Bönker/Grotefels (Hrsg.), Öffentliches Baurecht, 4. Aufl., 2010, § 7, Rn. 103; *Kuchler*, Naturschutzrechtliche Eingriffsregelung und Bauplanungsrecht, 1990, S. 68 f.

[976] *Söfker/Runkel*, in: Ernst/Zinkahn et. al. (Hrsg.), BauGB, 2018, § 1, Rn. 190; *Hoppe*, in: Hoppe/Bönker/Grotefels (Hrsg.), Öffentliches Baurecht, 4. Aufl., 2010, § 7, Rn. 100.

[977] Für Glas *Schmid/Doppler et al.*, Vogelfreundliches Bauen mit Glas und Licht, 2. Aufl. 2012, S. 8 ff.; siehe auch Seite 5 ff. m.w.N.; für Licht *Bund/Länder-Arbeitsgemeinschaft für Immissionsschutz (LAI)* (Hrsg.), Hinweise zur Messung, Beurteilung und Minderung von Lichtimmissionen, 2014, S. 18 ff.; *Rassmus*, Methodische Anforderungen an Wirkungsprognosen in der Eingriffsregelung, 2003, S. 130 ff.; siehe auch Seite 15 ff. m.w.N.

[978] Vgl. *Schrödter*, in: ders. (Hrsg.), BauGB, 8. Aufl., 2015, § 2, Rn. 166 ff.; *Kuchler*, Naturschutzrechtliche Eingriffsregelung und Bauplanungsrecht, 1990, S. 69; OVG Koblenz, Urt. v. 23.09.1987 – 10 C 2/85, juris, wonach auch die Verwertung einer inhaltlich unrichtige Stellungnahme einer Fachbehörde als Fehler anzusehen ist.

(b) Ermittlungsdefizit aufgrund methodischer Fehler

Ferner könnte die Anwendung einer fehlerhaften Methodik ein Ermittlungsdefizit verursachen.[979] Die Ermittlung der Umweltauswirkungen ist methodisch fehlerhaft, wenn wesentliche Qualitätsmerkmale nicht eingehalten wurden. Dazu gehören die

- zuverlässige Ermittlung der Wirkfaktoren,
- adäquate Bestandserfassung,
- Vollständigkeit der betrachteten Wirkgefüge,
- Beachtung der äußeren Rahmenbedingungen,
- Benennung und Abschätzung von Risiken trotz ggf. noch vorhandener Unsicherheiten bei der Prognose und
- Nachvollziehbarkeit der Prognoseschritte.[980]

bb) Gewichtung der durch die Verwendung von Glas und Licht betroffenen Belange

In der zweiten Abwägungsphase sind die ermittelten Belange zu gewichten. Die Gewichtung muss das abstrakte Gewicht der Belange und die durch das Planungsvorhaben bewirkte Intensität der Betroffenheit berücksichtigen.[981] Nachfolgend werden die von den Auswirkungen von Glas und Licht sowie die von den Vermeidungsmaßnahmen potenziell betroffenen Belange auf ihr abstraktes Gewicht hinsichtlich der vorzunehmenden Abwägung untersucht.

(1) Naturschutzinteressen: Glas und Licht

Nach § 1 Abs. 6 Nr. 7 lit. a und b BauGB sind die Naturschutzinteressen als Belange in die Abwägung einzustellen. Eine Beeinträchtigung der Belange kann durch einen Eingriff in Natur und Landschaft ((a)), durch erhebliche Beeinträchtigungen von Natura 2000-Gebiete ((b)) sowie durch die Verwirklichung artenschutzrechtlicher Verbotstatbestände ((c)) eintreten.

(a) Eingriffe in Natur und Landschaft

Von besonderer Bedeutung ist die (bauplanerische) Regelung für Eingriffe in Natur und Landschaft. Naturschutzrechtliche Kernaufgabe des Bebauungsplans ist es, Eingriffe – d. h. erhebliche Beeinträchtigungen in Natur und Landschaft – gem. § 1a Abs. 3 BauGB zu vermeiden und auszugleichen. Die Verwendung von Glas und

---

[979] Überblick über die Methodik *Liedtke/Schult*, Die naturschutzrechtliche Eingriffsregelung in der räumlichen Planung, 2011, S. 40 ff.; *Rassmus*, Methodische Anforderungen an Wirkungsprognosen in der Eingriffsregelung, 2003, S. 204 ff.

[980] *Rassmus*, Methodische Anforderungen an Wirkungsprognosen in der Eingriffsregelung, 2003, S. 211; insbesondere kann der Schluss der Prognosebasis auf die Zukunft nicht vertretbar, plausibel oder rational sein (sog. Prognoseunschlüssigkeit), vgl. *Hoppe*, in: Hoppe/Bönker/Grotefels (Hrsg.), Öffentliches Baurecht, 4. Aufl., 2010, § 7, Rn. 39.

[981] *Hoppe*, in: Hoppe/Bönker/Grotefels (Hrsg.), Öffentliches Baurecht, 4. Aufl., 2010, § 7, Rn. 60.

Licht kann nachteilige Auswirkungen auf Vögel, Fledermäuse und Insekten sowie andere lichtempfindliche Tiere hervorrufen.[982]

Als erhebliche Beeinträchtigungen und folglich als Eingriffe sind Vorhaben mit großem Risiko- und Gefahrenpotenzial durch die Verwendung von Glas und Licht, wie Hochhäuser, Flutlichtstrahler, Himmelsstrahler in Zeiten des Vogelzuges und Gebäude mit extensivem Glaseinsatz oder mit exponierten Glasflächen zu qualifizieren.[983] Die Erheblichkeit kann sich aber auch durch die Summation geringer Beeinträchtigungsbeiträge, bspw. durch mehrere Glasflächen oder Außenbeleuchtungen einschließlich Straßenbeleuchtungen, ergeben.[984] Im Rahmen der Eingriffsregelung nach §§ 14 Abs. 1, 15 BNatSchG ist allerdings die Summation auf die Beiträge desselben Verursachers begrenzt, da eine Zurechnung fremder Beeinträchtigungsbeiträge aufgrund des Verursacherprinzips[985] abzulehnen ist.[986] Diese Zurechnung besteht im Rahmen der Bauleitplanung hingegen nicht: Denn § 1a Abs. 3 BauGB verlangt die Bewältigung in der Abwägung, was zur Berücksichtigung verschiedener Verursachungsbeiträge berechtigt[987] und durch Eröffnung eines planerischen Gestaltungsspielraums einen differenzierten Lastenausgleich durch die Instrumente der Bauleitplanung ermöglicht. Durch den Wegfall der Konnexität von Eingriff und Verursacherpflichten gem. § 1a Abs. 3 BauGB entfällt die Begründung der strikten Anwendung des Verursacherprinzips.[988] Demnach darf die Gemeinde die Auswirkungen der Planung nicht nach den einzelnen Vorhaben getrennt betrachten.[989] Das führt zu einer Berücksichtigung der Summation aller prognostizierten Beeinträchtigungsbeiträge durch Glas und Licht innerhalb des Plangebiets.

Liegt ein Eingriff in Natur und Landschaft vor, führt dies nicht zu einem abstrakten Vorrang der Naturschutzinteressen vor den anderen in der Bauleitplanung zu

---

[982] Für Glas siehe Seite 5 ff.; für Licht siehe Seite 17 ff.

[983] Siehe Seite 45 f.; bei Hochhäusern besteht die Beeinträchtigung zum einen in der Lichtemission, die weit in Natur und Landschaft hineinwirken kann. Zum anderen verursacht die Lichtemission eine Anlockwirkung für Vögel, insbesondere während der Zugzeiten, die dann mit dem Glas des Bauwerks kollidieren; siehe dazu Seite 8.

[984] Siehe Seite 46 ff.

[985] *Guckelberger*, in: Frenz/Müggenborg (Hrsg.), BNatSchG, 2. Aufl., 2016, § 13, Rn. 5; *Maaß/Schütte*, in: Koch/Hofmann/Reese (Hrsg.) Handbuch Umweltrecht, 5. Aufl., 2018, § 7, Rn. 42; *Berchter*, Eingriffsregelung, 2006, S. 69; *Kuschnerus*, NVwZ 1996, 235, 238.

[986] Siehe Seite 46 ff.

[987] *Jarass/Kment,* BauGB, 2. Aufl., 2017, § 1a, Rn. 6 ff.; *Kerkmann/Koch*, in: Schlacke (Hrsg.), GK-BNatSchG, 2. Aufl., 2017, § 18, Rn. 3 ff.; das Verursacherprinzip findet erst wieder dann Anwendung, wenn es um die Verteilung der Lasten von Vermeidungs- und Ausgleichsmaßnahmen geht, vgl. § 135a BauGB. Insbesondere die Verteilungsmaßstäbe gem. § 135b BauGB zeigen, dass das Verursacherprinzip im Baurecht nur auf der Rechtsfolgenseite anwendbar ist, während es im Naturschutzrecht bereits der Annahme eines Eingriffs entgegensteht, also auf Tatbestandsebene eingreift.

[988] Diesen Unterschied verdeutlicht auch § 18 Abs. 1 BNatSchG, wonach sich die Frage, *ob* ein Eingriff vorliegt, nach dem BNatSchG, die Rechtsfolge jedoch nach dem BauGB beurteilt.

[989] BVerwG, Beschl. v. 26.04.2006 – 4 B 7/06, NVwZ 2006, 821, 822; *Bönker*, in: Hoppe/Bönker/Grotefels (Hrsg.), Öffentliches Baurecht, 4. Aufl., 2010, § 5, Rn. 121.

berücksichtigenden Belangen.[990] Allerdings stellt der Schutz von Natur und Landschaft gem. § 1 Abs. 5 S. 2 BauGB eine wichtige Planungsaufgabe dar und entspricht dem verfassungsrechtlichen Schutzauftrag des Art. 20a GG.[991] Daher kommt diesen Belangen und einem Eingriff ein besonderes Gewicht zu, sodass in der Abwägung eine gesteigerte Begründungslast verlangt wird, wenn anderen Belangen ein noch höheres Gewicht beigemessen wird.[992]

(b) FFH-Schutzgebiete

Ebenso sind die Schutzziele von Natura 2000-Gebieten gem. §§ 1 Abs. 6 Nr. 7 lit. b BauGB als abwägungsbeachtliche Belange bei der Gewichtung zu berücksichtigen, wenn ein Natura 2000-Gebiet von der Bauleitplanung betroffen sein könnte. Sofern eine erhebliche Beeinträchtigung eines Natura 2000-Gebiets i.S.d. § 34 Abs. 2 BNatSchG zu besorgen ist, ist eine Prüfung (FFH-Verträglichkeitsprüfung)[993] erforderlich, die sich nach dem Fachrecht richtet (s. S. 191).[994] Entsprechend ist das Beeinträchtigungsverbot des § 34 Abs. 2 BNatSchG der Abwägung nicht zugänglich.[995]

Dennoch sind die Erhaltungsziele und Schutzzwecke der Natura 2000-Gebiete gem. § 1 Abs. 6 Nr. 7 lit. b BauGB in der Abwägung zu berücksichtigen.[996] Soweit *keine* erhebliche Beeinträchtigung eines Natura 2000-Gebiets vorliegt, ist der Naturschutzbelang als einfaches Beachtungsgebot in die Planung einzustellen.[997]

(c) Artenschutzrechtliche Verbote

Schließlich sind gem. § 1 Abs. 6 Nr. 7 lit. a, 1. Var. BauGB auch etwaige Verstöße gegen artenschutzrechtliche Verbote aus § 44 Abs. 1 BNatSchG bei der Gewichtung der abwägungsbeachtlichen Belange zu beachten. Die Verwendung von Glas und Licht kann für besonders geschützte Vogel-, Fledermaus- und Insektenarten

---

[990] BVerwG, Beschl. v. 31.01.1997 – 4 NB 27/96, NVwZ 1997, 1213, 1214; *Jarass/Kment*, BauGB, 2. Aufl., 2017, § 1a, Rn. 8; *Battis*, in: Battis/Krautzberger/Löhr (Hrsg.), BauGB, 13. Aufl., 2016, § 1a, Rn. 22.

[991] *Söfker/Runkel*, in: Ernst/Zinkahn et. al. (Hrsg.), BauGB, 2018, § 1, Rn. 105; *Schrödter*, in: ders. (Hrsg.), BauGB, 8. Aufl., 2015, § 1a, Rn. 68.

[992] BVerwG, Beschl. v. 31.01.1997 – 4 NB 27/96, NVwZ 1997, 1213, Nr. 1215; *Battis*, in: Battis/Krautzberger/Löhr (Hrsg.), BauGB, 13. Aufl., 2016, § 1a, Rn. 23; treffend *Wahl/Dreier*, NVwZ 1999, 606, 617 f.; a.A. *Jarass/Kment*, BauGB, 2. Aufl., 2017, § 1a, Rn. 4.

[993] Siehe dazu Seite 58 ff.

[994] Zum Verhältnis zwischen FFH-Recht und der Bauleitplanung vgl. *Jarass/Kment*, BauGB, 2. Aufl., 2017, § 1a, Rn. 16 ff.

[995] *Battis*, in: Battis/Krautzberger/Löhr (Hrsg.), BauGB, 13. Aufl., 2016, § 1a, Rn. 29; *Gellermann*, in: Schrödter (Hrsg.), BauGB, 8. Aufl., 2015, § 1a, Rn. 129; *Schumacher*, in: Schumacher/Fischer-Hüftle (Hrsg.), BNatSchG, 2. Aufl., 2011, § 36, Rn. 19; *Mitschang/Wagner*, DVBl 2010, 1257, 1259.

[996] *Söfker/Runkel*, in: Ernst/Zinkahn et. al. (Hrsg.), BauGB, 2018, § 1, Rn. 145; *Battis*, in: Battis/Krautzberger/Löhr (Hrsg.), BauGB, 13. Aufl., 2016, § 1a, Rn. 32.

[997] *Schrödter/Wahlhäuser*, in: Schrödter (Hrsg.), BauGB, 8. Aufl., 2015, § 1, Rn. 404.

(vgl. § 7 Abs. 2 Nr. 13 BNatSchG) ein signifikant erhöhtes Tötungsrisiko hervorrufen und dadurch das Tötungsverbot gem. § 44 Abs. 1 Nr. 1 BNatSchG verwirklichen.[998] Daneben können Lichtimmissionen erhebliche Störungen streng geschützter Arten i.S.d. §§ 44 Abs. 1 Nr. 2, 7 Abs. 2 Nr. 14 BNatSchG verursachen und die Funktion eines Habitats verschlechtern, wodurch ein Verstoß gegen den Lebensstättenschutz des § 44 Abs. 1 Nr. 3 BNatSchG hervorgerufen werden kann.

Bei den Zugriffsverboten des § 44 Abs. 1 BNatSchG handelt es sich um bedeutende Belange.[999] Allerdings wird der artenschutzrechtliche Verbotstatbestand erst durch die Realisierung des konkreten Vorhabens verwirklicht.[1000] Das bedeutet, dass die Verbotswirkung des § 44 Abs. 1 BNatSchG erst bei der Verwirklichung des Vorhabens im jeweiligen Bebauungsplan und noch nicht bei der Aufstellung oder Änderung des Planes greift.[1001] Nichtsdestotrotz sind artenschutzrechtliche Belange, auch unterhalb der Schwelle der Verbotstatbestände des § 44 Abs. 1 BNatSchG, gem. § 1 Abs. 6 Nr. 7 lit. a, 1. Var BauGB als Belang in die Abwägung einzustellen.

(2) Beleuchtung öffentlicher Straßen und Wege

Wie zuvor festgestellt[1002] besteht grundsätzlich keine gemeindliche Pflicht zur flächendeckenden, d. h. allgemeinen Straßenbeleuchtung.[1003] Vielmehr handelt es sich bei der allgemeinen Straßenbeleuchtung um die Wahrnehmung der öffentlichen Daseinsvorsorge.[1004] Entsprechend kann der Straßenbeleuchtung als Belang Gewicht zukommen, wenn die Beleuchtung sozialen Bedürfnissen, etwa der Beseitigung von Angsträumen, dient.[1005] Insgesamt fördert die Beleuchtung öffentlicher Straßen und Wege das gemeindliche, wirtschaftliche, kulturelle und gesellschaftliche Leben.[1006] Sie ist Inhalt der Daseinsvorsorge und ist daher als Belang nach § 1 Abs. 6 Nr. 3, 1. Alt. BauGB in der Abwägung i.S.d. bloßen Berücksichtigungsgebots[1007]

---

[998] Vgl. dazu auch die Ursachenzusammenhänge bei Vogelschlag auf Seite 7 ff. und bei künstlichem Licht auf Seite 17 ff.

[999] *Schrödter/Wahlhäuser*, in: Schrödter (Hrsg.), BauGB, 8. Aufl., 2015, § 1, Rn. 405.

[1000] OVG Münster, Urt. v. 30.01.2009 – 7 D 11/08.NE, NuR 2009, 421, Rn. 120.

[1001] Stellen die artenschutzrechtlichen Verbote ein dauerhaft unüberwindbares Hindernis für die Vorhabenrealisierung dar, ist der Bebauungsplan vollzugsunfähig, sodass der Plan i.S.d. § 1 Abs. 3 S. 1 BauGB nicht erforderlich ist; siehe Seite 180 f.

[1002] Siehe Seite 193 f.

[1003] Eine Besonderheit ergibt sich durch die landesgesetzlichen Regelungen gem. Art. 51 Abs. 1 BayStrWG, § 7 Abs. 5 BerlStrG und § 41 Abs. 1 S. 1 StrG BW.

[1004] OVG Magdeburg, Urt. v. 29.10.2008 – 4 L 261/07, juris, Rn. 34, dem folgend *Bauer*, in: Kodal (Hrsg.), Straßenrecht, 7. Aufl., 2010, Kap. 43, Rn. 43; zur Daseinsvorsorge allgemein *Doerfert*, JA 2006, 316 ff.

[1005] Zum Teilaspekt der sozialen Sicherheit *Senatsverwaltung für Stadtentwicklung*, Lichtkonzept Berlin, 2015, S. 60 ff.

[1006] OVG Magdeburg, Urt. v. 29.10.2008 – 4 L 261/07, juris, Rn. 34, dem folgend *Bauer*, in: Kodal (Hrsg.), Straßenrecht, 7. Aufl., 2010, Kap. 43, Rn. 43.

[1007] *Kloepfer*, Umweltrecht, 4. Aufl. 2016, § 11, Rn. 269.

zu beachten. Zudem handelt es sich bei der Beleuchtung von Straßen und Wegen um einen verkehrlichen Belang, der gem. § 1 Abs. 6 Nr. 9 BauGB in der Abwägung zu berücksichtigen ist.[1008]

(3) Beleuchtungen aus Gründen der Baukultur

Daneben könnten für eine Beleuchtung von besonderen Gebäuden oder Orten Belange der Baukultur sprechen. Nach § 1 Abs. 6 Nr. 5 BauGB ist unter diesem Belang die Gestaltung des Orts- und Landschaftsbildes zu verstehen, insbesondere hinsichtlich der geschichtlichen, künstlerischen oder städtebaulichen Bedeutung. Die Gestaltung kann durch die nächtliche Beleuchtung erfolgen. Dazu kann die Gemeinde Orte mit besonderer Lichtbedeutung mit einer nächtlichen Illuminierung versehen.[1009] Ein Ort mit besonderer Lichtbedeutung liegt vor, wenn es sich um eine Landmarke von herausragender Bedeutung handelt, die auch während der Dunkelheit ein wichtiges touristisches Ziel darstellt, wie z. B. das Brandenburger Tor. Zudem können mit der Ortschaft oder den Ortsteilen bestimmte Charakteristika verbunden sein, die durch die Beleuchtung hervorgehoben werden sollen (z. B. Gasleuchten in Berlin).[1010] Diese Beleuchtungen erfolgen aus Gründen der Baukultur und sind in der Abwägung gem. § 1 Abs. 6 Nr. 5 BauGB zu berücksichtigen.

(4) Gesunde Wohn- und Arbeitsverhältnisse: belästigende Lichtimmissionen

Nach § 1 Abs. 6 Nr. 1 BauGB sind die allgemeinen Anforderungen an gesunde Wohn- und Arbeitsverhältnisse als Belang in der Abwägung zu berücksichtigen. Der Belang gesunder Wohn- und Arbeitsverhältnisse ist jedenfalls dann betroffen, wenn von der Planung schädliche Umweltauswirkungen auf den Menschen ausgehen können. Eine schädliche Umwelteinwirkung ist anzunehmen, wenn die Lichtimmission eine erhebliche Belästigung verursacht.[1011] Dies bestimmt sich durch eine Abwägung i.S.e. Zumutbarkeit der Lichtimmission nach den Umständen des Einzelfalls.[1012]

Die unzumutbare Belästigung der Lichtimmissionen kann sich aus der Helligkeit, Farbe, Blendwirkung, Betriebsweise oder den Betriebszeiten ergeben, insbesondere aber durch indirekte Aufhellung benachbarter Aufenthaltsräume oder Schlafräume.[1013] Zur Bestimmung, wann eine Lichtimmission die Schwelle der

[1008] *Battis*, in: Battis/Krautzberger/Löhr (Hrsg.), BauGB, 13. Aufl., 2016, § 1, Rn. 75.

[1009] *Schrödter/Wahlhäuser*, in: Schrödter (Hrsg.), BauGB, 8. Aufl., 2015, § 1, Rn. 381, die auf die ästhetische Gestaltung abstellt; zur Baukultur *Jarass/Kment*, BauGB, 2. Aufl., 2017, § 1, Rn. 29, 53; vgl. auch *Senatsverwaltung für Stadtentwicklung*, Lichtkonzept Berlin, 2015, S. 26.

[1010] *Senatsverwaltung für Stadtentwicklung*, Lichtkonzept Berlin, 2015, S. 19 ff.

[1011] Vgl. Seite 163 ff.

[1012] *Schrödter/Wahlhäuser*, in: Schrödter (Hrsg.), BauGB, 8. Aufl., 2015, S. 1 ff.; *Schröer*, NZBau 2008, 636, 637.

[1013] *Kammeyer*, in: Große-Suchsdorf (Hrsg.), NBauO, 9. Aufl., 2013, § 13, Rn. 23.

Zumutbarkeit überschreitet, kann auf die von der LAI erarbeitete LAI-Licht-Richtlinie[1014] sowie auf den Gemeinsamen Runderlass des Landes Nordrhein-Westfalen zur Messung, Beurteilung und Verminderung von Lichtimmissionen[1015] hingewiesen werden. Die LAI-Licht-Richtlinie ist nicht rechtsverbindlich, kann aber als sachverständige Beurteilungshilfe herangezogen werden[1016] Diese differenziert je nach Tag- und Nachtzeit und nach dem jeweiligen Gebietstyp und setzt bestimmte Immissionsrichtwerte fest. Ist zu erwarten, dass diese Werte überschritten werden, lässt sich daraus zwar noch keine schädliche Umwelteinwirkung entnehmen.[1017] Allerdings dient die Überschreitung als Indiz dazu, den Schutz vor belästigenden Lichtimmissionen als abwägungsbeachtlichen Belang in die Abwägung einzubeziehen.

(5) Bau- und Gestaltungsfreiheit

Gegen die Beschränkung des Einsatzes von Glas und Licht könnte die Bau- und Gestaltungsfreiheit sprechen. Gem. Art. 14 Abs. 1 GG steht es dem Eigentümer zu, sein Grundstück im Rahmen der Gesetze zu bebauen (Baufreiheit).[1018] Sieht der Bebauungsplan einschränkende Vorgaben für die Verwendung von Glas und Licht, insbesondere von Fenstern, Glasfronten oder Außenbeleuchtungen vor, wird dadurch die Nutzbarkeit des Grundstücks eingeschränkt.[1019] Diese Beeinträchtigung stellt eine Inhalts- und Schrankenbestimmung dar.[1020] Der Eigentumsgarantie wird ausreichend Rechnung getragen, wenn das Interesse des Eigentümers in die Abwägung eingestellt wird.[1021] Ergibt sich aus dem Bebauungsplan eine Beschränkung der baulichen Nutzung zugunsten des Naturschutzes, bspw. durch Markierungspflichten von Fenstern oder Abschirmpflichten von Lampen, äußert sich hierin die Sozialbindung des Eigentums nach Art. 14 Abs. 1 S. 2 GG.

[1014] *Bund/Länder-Arbeitsgemeinschaft für Immissionsschutz (LAI)* (Hrsg.), Hinweise zur Messung, Beurteilung und Minderung von Lichtimmissionen, 2014.

[1015] *Land NRW* (Hrsg.), Lichtimmissionen, Messung, Beurteilung und Verminderung, MBl. NRW, 2015, S. 26.

[1016] VGH Mannheim, Urt. v. 29.03.2012 – 3 S 2658/10, NVwZ-RR 2012, 636, Rn. 40; *Roßnagel/Hentschel*, in: Führ (Hrsg.), GK-BImSchG, 2016, § 22, Rn. 78; *Schrödter/Wahlhäuser*, in: Schrödter (Hrsg.), BauGB, 8. Aufl., 2015, S. 1 ff.; *Thiel*, in: Landmann/Rohmer (Hrsg.), Umweltrecht, § 3 BImSchG, Rn. 65.

[1017] OVG Münster, Urt. v. 15.03.2007 – 10 A 998/06, DVBl 2008, 791, Rn. 71.

[1018] BVerfG, Beschl. v. 22.05.2001 – 1 BvR 1512/97, NVwZ 2001, 1023, 1024; BVerwG, Urt. v. 12.03.1998 – 4 C 10/97, NVwZ 1998, 842, 844; *Jarass*, in: Jarass/Pieroth (Hrsg.), GG, 15. Aufl., 2018, Art. 14, Rn. 20.

[1019] Solche Vorgaben sind von den bauordnungsrechtlichen Vorgaben zur Baugestaltung i.S.d. sog. Verunstaltungsverbots abzugrenzen. Die hier in Rede stehenden Vorgaben betreffen den Ausgleich konfligierender Nutzungsinteressen (d. h. Bauplanungsrecht), nicht das örtliche Erscheinungsbild von Bebauungen.

[1020] BVerwG, Urt. v. 27.08.2009 – 4 CN 5/08, DVBl 2009, 1452, Rn. 13 m.w.N.; *Jarass/Kment*, BauGB, 2. Aufl., 2017, § 1, Rn. 12; *Stüer*, Bau- und Fachplanungsrecht, 5. Aufl. 2015, Rn. 1790.

[1021] *Battis*, in: Battis/Krautzberger/Löhr (Hrsg.), BauGB, 13. Aufl., 2016, § 1, Rn. 9.

Diese Beeinträchtigung, z. B. die Pflicht bestimmte Glasscheiben zu markieren oder Außenbeleuchtungen abzuschirmen, muss auch verhältnismäßig sein.[1022] Grundsätzliche Bedenken bestehen nicht, da auch bauordnungsrechtliche Vorgaben für die äußere Gestaltung des Vorhabens für zulässig erachtet werden.[1023] Anforderungen an das legitime Ziel (Naturschutz) und die Geeignetheit (s. S. 38 f.) werden unproblematisch erfüllt.[1024] Bezüglich der Erforderlichkeit ist das mildere Mittel gleicher Eignung zu wählen. Das kann problematisch sein, wenn der Bebauungsplan eine bestimmte von mehreren gleich effektiven Vermeidungsmaßnahmen vorschreibt. Vermeidungsmaßnahmen, wie etwa die Markierung der Glasfläche oder die Wahl der Lichtfarbe, können Einfluss auf die äußerliche Gestaltung und Ästhetik von Gebäuden nehmen. In diesem Sinne bestimmt die Gemeinde ein milderes Mittel gleicher Eignung, wenn sie dem Eigentümer bezüglich der Gestaltung des Gebäudes Entscheidungsspielräume überlässt und ihn eine von den wirksamen Vermeidungsmaßnahmen wählen lässt.[1025] So könnte ein Verbot von Eckfenstern an dieser Anforderung scheitern, wenn der Bauherr stattdessen nicht eine hochwirksame Markierung vorziehen darf.

Gegen die Anforderungen der Angemessenheit wird verstoßen, wenn das Ziel – Schutz von Tieren vor Glas und Licht – zu dem gewählten Mittel außer Verhältnis steht. Dies hängt maßgeblich von den Umständen des Einzelfalles ab. Typischerweise dürfte ein Verstoß vorliegen, wenn die Kosten der Vermeidungsmaßnahme in einem krassen Missverhältnis zu dem erreichbaren Ziel stehen.

Das Interesse des Grundstückseigentümers und die aus dem Grundeigentum und seiner Nutzung resultierenden Interessen sind stets abwägungsbeachtliche Belange.[1026] Das Gewicht dieses Belangs lässt sich nicht abstrakt feststellen. Die Bauleitplanung stellt eine Inhalts- und Schrankenbestimmung i.S.d. Art. 14 Abs. 1 S. 2 GG dar, weshalb die entgegenstehenden städtebaulichen Belange nach dem Grundsatz der Verhältnismäßigkeit umso gewichtiger sein müssen, je stärker die Bauleitplanung die Befugnisse des Eigentümers beschränkt.[1027]

(6) Gewichtungsfehler: Abwägungsfehleinschätzung

Die Gemeinde unterliegt dem Gewichtungsgebot. Das Gebot ist verletzt, wenn die Bedeutung der Belange verkannt wird oder der Ausgleich zwischen den Belangen in einer Weise vorgenommen wird, der zur objektiven Gewichtigkeit einzelner

---

[1022] *Söfker/Runkel*, in: Ernst/Zinkahn et. al. (Hrsg.), BauGB, 2018, § 1, Rn. 207.

[1023] *Wendt*, in: Sachs (Hrsg.), GG, 8. Aufl., 2018, Art. 14, Rn. 127; *Nicolai*, in: Koch/Hendler (Hrsg.), Baurecht, 6. Aufl., 2015, § 24, Rn. 25.

[1024] BVerwG, Beschl. v. 10.05.1995 – 4 B 90/95, NJW 1996, 409, wonach der Schutz der Natur „besonderer Ausdruck der Sozialbindung" ist.

[1025] Eine Übersicht solcher Muster findet sich bei *Schmid/Doppler et al.*, Vogelfreundliches Bauen mit Glas und Licht, 2. Aufl. 2012, S. 17 ff.

[1026] BVerwG, Beschl. v. 15.05.2013 – 4 BN 1/13, juris, Rn. 17 m.w.N.; *Söfker/Runkel*, in: Ernst/Zinkahn et. al. (Hrsg.), BauGB, 2018, § 1, Rn. 195.

[1027] *Söfker/Runkel*, in: Ernst/Zinkahn et. al. (Hrsg.), BauGB, 2018, § 1, Rn. 207.

Belange außer Verhältnis steht.[1028] Wurde das Gebot verletzt, liegt eine Abwägungsfehleinschätzung vor. Wann eine Fehleinschätzung des Gewichts der betroffenen Belange vorliegt, lässt sich nicht abstrakt bestimmen, sondern richtet sich nach den konkreten Umständen des Einzelfalls.[1029] Bezüglich der Auswirkungen von Glas und Licht kann sich eine Fehleinschätzung insbesondere daraus ergeben, dass

- die Gewichtung von Naturschutzbelangen durch die Beeinträchtigung von Vögeln, Fledermäusen und Insekten fehlerhaft ist,
- das Gewicht der artenschutzrechtlichen Belange verkannt wurde,
- die Beeinträchtigung von Natura 2000-Gebieten gem. § 34 i.V.m. § 36 S. 1 BNatSchG nicht ausreichend gewichtet wird,
- gewerbliche Interessen als entgegenstehende private Belange unbeachtet blieben oder
- die grundrechtlich geschützte Eigentumsfreiheit gem. Art. 14 Abs. 1 GG sowohl in positiver (Baufreiheit) als auch in negativer Hinsicht (Sozialbindung des Eigentums) fehlerhaft gewichtet wurde.

cc) Abwägung konfligierender und konkurrierender Belange

An die Ermittlung und Gewichtung der für das Plangebiet erheblichen Belange schließt sich die endgültige planerische Abwägung an, an deren Ende die Willensbildung steht (Abwägungsergebnis). Die öffentlichen und privaten Belange sind untereinander und gegeneinander gerecht abzuwägen. Hierfür kann die Gemeinde im Rahmen ihrer planerischen Gestaltungsfreiheit zwischen den Belangen durch Vorziehen oder Zurückstellen bestimmter Belange zugunsten des einen entscheiden.[1030]

(1) Inhaltliche Anforderungen an die Abwägungsentscheidung

Die planerische Freiheit wird nicht nur eröffnet, sondern zugleich durch das soeben genannte Gebot der gerechten Abwägung begrenzt.[1031] Zu untersuchen ist, ob die nachteiligen Auswirkungen von Glas und Licht die planerische Freiheit beschränken. Als Beschränkungen kommt das Gebot der planerischen Konfliktbewältigung ((a)) und das Gebot der Rücksichtnahme ((b)) in Betracht. Nachfolgend

---

[1028] BVerwG, Urt. v. 12.12.1969 – IV C 105.66, juris, Rn. 29; *Hoppe*, in: Hoppe/Bönker/Grotefels (Hrsg.), Öffentliches Baurecht, 4. Aufl., 2010, § 7, Rn. 60.

[1029] *Rieger*, in: Schrödter (Hrsg.), BauGB, 8. Aufl., 2015, § 1, Rn. 583; *Stollmann/Beaucamp*, Öffentliches Baurecht, 11. Aufl. 2017, § 7, Rn. 49.

[1030] BVerwG, Urt. v. 12.12.1969 – IV C 105.66, juris, Rn. 20; *Stollmann/Beaucamp*, Öffentliches Baurecht, 11. Aufl. 2017, § 7, Rn. 42; *Hoppe*, in: Hoppe/Bönker/Grotefels (Hrsg.), Öffentliches Baurecht, 4. Aufl., 2010, S. 7 ff.

[1031] *Battis*, in: Battis/Krautzberger/Löhr (Hrsg.), BauGB, 13. Aufl., 2016, § 1, Rn. 88 f. m.w.N.

wird geprüft, welche Begrenzungen für die Abwägungs*entscheidung* der Gemeinde aus diesen Geboten resultieren, wenn die Verwirklichung der Planung zu (erheblichen) Beeinträchtigungen von Vögeln, Fledermäusen und Insekten führt.

(a) Gebot der planerischen Konfliktbewältigung

(aa) Inhaltliche Vorgaben des Gebots der planerischen Konfliktbewältigung
Inhalt des Gebots ist die Verpflichtung, die zu erwartenden Konflikte der unterschiedlichen Belange in der Bauleitplanung zu bewältigen (sog. Grundsatz der planerischen Konfliktbewältigung).[1032] Diese Verpflichtung hat wiederum mehrere Ausprägungen:

Erstens sind die planungsrechtlichen Konfliktlösungspotenziale möglichst auszuschöpfen.[1033] Dazu gehört insbesondere die Auswahl geeigneter Festsetzungen gem. § 9 Abs. 1 BauGB.[1034] Zweitens verbietet der Grundsatz der planerischen Konfliktbewältigung einen Konflikttransfer von der Bauleitplanung auf die Ebene der Vorhabenzulassung.[1035] Daraus folgt eine Notwendigkeit der Konfliktlösung auf Planungsebene, wenn bereits im Planungsstadium absehbar ist, dass sich der offengelassene Interessenkonflikt auch in einem nachfolgenden Verfahren nicht sachgerecht lösen lassen wird.[1036] Ob die Konfliktbewältigung wenigstens wahrscheinlich ist, hat die Gemeinde prognostisch zu beurteilen.[1037] Das bedeutet drittens auch einen Vorrang der Konfliktlösung auf Planungsebene vor dem Einsatz repressiver Mittel.[1038]

(bb) Pflicht zur bauleitplanerischen Konfliktbewältigung von Beeinträchtigungen durch Glas und Licht
Diese Ausprägungen des Gebots der bauleitplanerischen Konfliktbewältigung können für die Bewältigung der Interessenskonflikte, die durch die Verwendung von Glas und Licht entstehen, von erheblicher Bedeutung sein. Dies ergibt sich aus der besonderen Problematik der nachteiligen Auswirkungen von Glas und Licht. Bestimmte vorhabenbezogene Verwendungen von Glas und Licht, etwa große Glasfronten oder Skybeamer, können erhebliche nachteilige Auswirkungen hervorrufen.

1032 *Jarass/Kment*, BauGB, 2. Aufl., 2017, § 1, Rn. 89; *Appel*, in: Koch/Hendler (Hrsg.), Baurecht, 6. Aufl., 2015, § 11, Rn. 79; *Stüer*, Bau- und Fachplanungsrecht, 5. Aufl. 2015, Rn. 1703.

1033 *Hoppe*, in: Hoppe/Bönker/Grotefels (Hrsg.), Öffentliches Baurecht, 4. Aufl., 2010, § 7, Rn. 141.

1034 Bzgl. der Festsetzungsmöglichkeiten siehe Seite 181 ff.

1035 *Hoppe*, in: Hoppe/Bönker/Grotefels (Hrsg.), Öffentliches Baurecht, 4. Aufl., 2010, § 7, Rn. 143.

1036 BVerwG, Urt. v. 12.09.2013 – 4 C 8/12, NVwZ 2014, 69, Rn. 17; BVerwG, Beschl. v. 16.03.2010 – 4 BN 66/09, NVwZ 2010, 1246, Rn. 27; BVerwG, Beschl. v. 26.03.2007 – 4 BN 10/07, juris, Rn. 9; BVerwG, Beschl. v. 25.08.1997 – 4 BN 4/97, NVwZ 1998, 953; *Battis*, in: Battis/Krautzberger/Löhr (Hrsg.), BauGB, 13. Aufl., 2016, § 1, Rn. 118; *Stüer*, Bau- und Fachplanungsrecht, 5. Aufl. 2015, Rn. 1704.

1037 BVerwG, Beschl. v. 14.07.1994 – 4 NB 25/94, NVwZ-RR 1995, 130, 131; *Hendler*, NuR 2012, 531, 534.

1038 *Hoppe*, in: Hoppe/Bönker/Grotefels (Hrsg.), Öffentliches Baurecht, 4. Aufl., 2010, § 7, Rn. 143.

Insbesondere können aus der Kumulation von Glas- und Lichtnutzungen erhebliche Beeinträchtigungen von Vögeln, Fledermäusen und Insekten resultieren, obwohl die jeweiligen Glas- oder Lichtnutzungen für sich allein betrachtet keine erheblichen Auswirkungen verursachen. So gehen z. B. von Glasflächen kleiner Gebäude deutlich geringere Kollisionsrisiken als von Glasflächen großer Gebäude aus.[1039] Allerdings ereignen sich - in absoluten Zahlen - die meisten tödlichen Kollisionen von Vögeln an Glas an kleinen Gebäuden, weil diese die größte Gruppe von Bebauungen darstellen.[1040] Gleiches gilt für den Einsatz von Licht, da bspw. Barriereeffekte und sog. Staubsaugereffekte erst durch eine Vielzahl von Lichtpunkten eintreten.[1041] Bleiben diese nachteiligen Auswirkungen von Glas und Licht in der Bauleitplanung unberücksichtigt, kann eine Bewältigung – vor allem der Kumulationseffekte – im nachfolgenden Baugenehmigungsverfahren nicht geleistet werden. Denn das jeweilige Vorhaben, das allein keine erheblichen nachteiligen Auswirkungen verursacht, ist in der Regel genehmigungsfähig, da sie isoliert betrachtet nicht *erheblich* Natur und Landschaft und den Artenschutz beeinträchtigen (vgl. das Erheblichkeitskriterium in §§ 13 ff., 44 Abs. 1 BNatSchG, § 22 Abs. 1 BImSchG).[1042] Dies schließt gleichzeitig die Anwendung repressiver Maßnahmen nach § 3 Abs. 2 BNatSchG, § 24 S. 1 BImSchG oder bspw. § 58 Abs. 1 S. 2 BauO NRW aus, weil durch das Einzelvorhaben kein Verstoß gegen die soeben zitierten Vorschriften vorliegt.[1043] Dies zeigt, dass eine Bewältigung der nachteiligen Auswirkungen von Glas und Licht im nachfolgenden Genehmigungsverfahren nicht erreicht werden kann, wenn im räumlichen Geltungsbereich des Bebauungsplans mehrere Vorhaben mit Glas- oder Lichtverwendungen zu erwarten sind. Dabei wird das Gebot der planerischen Konfliktbewältigung umso schwerer wiegen, je größer das Plangebiet und/oder desto intensiver die bauliche Nutzung und die Verwendung von Glas und Licht ist.

Dieses Ergebnis gilt auch, wenn Vorhaben im Plangebiet absehbar sind, die auch als Einzelvorhaben erhebliche nachteilige Auswirkungen auf Vögel, Fledermäuse und Insekten durch den Einsatz von Glas und Licht hervorrufen und gegen Vorschriften des BNatSchG oder des BImSchG verstoßen, diese aber nach dem jeweiligen Landesbauordnungsrecht nicht geprüft werden;[1044] entweder weil das Vorhaben genehmigungsfrei ist oder die Vorschriften des BNatSchG und des BImSchG nicht zum Prüfungsumfang des vereinfachten Baugenehmigungsverfahren gehören

[1039] Siehe Seite 9 f.

[1040] Vgl. *Loss/Will et al.*, The Condor 2014, 8, 16, die Gebäude mit bis zu drei Stockwerken als klein definieren. Dies deckt sich mit der Definition von Gebäuden mit geringer Höhe, vgl. § 2 Abs. 3 Nr. 1 bis 3 BauO NRW. Solche Gebäude sind im räumlichen Geltungsbereich eines qualifizierten Bebauungsplans nur anzeige- und nicht genehmigungspflichtig (vgl. § 63 Abs. 1 S. 1 BauO NRW). Dies spricht gegen eine Konfliktlösung im nachfolgenden Verwaltungsverfahren.

[1041] Siehe Seite 17 ff., 46 ff.

[1042] Eine Ausnahme ergibt sich nur für Vorhaben, deren Auswirkungen ein Natura 2000-Gebiet beeinträchtigen, da hier eine Kumulation berücksichtigt wird, vgl. Seite 74 ff.

[1043] Für Anordnungen nach § 3 Abs. 2 BNatSchG s. Seite 118 f.; für § 24 BImSchG s. Seite 174 f.

[1044] *Söfker*, in: Ernst/Zinkahn et. al. (Hrsg.), BauGB, 2018, § 1, Rn. 220.

(vgl. Art. 59 S. 1 Nr. 3 BayBO).[1045] Zwar entbindet das den Vorhabenträger nicht von der Verpflichtung, die Vorschriften des BNatSchG und BImSchG einzuhalten. Allerdings ist angesichts des bislang mangelnden Problembewusstseins bzgl. nachteiliger Glas- und Lichtwirkungen[1046] die Einhaltung unwahrscheinlich,[1047] sodass eine Bewältigung auf der nachgelagerten Baugenehmigungsebene regelmäßig nicht erwartet werden kann. Möglich bleiben repressive Maßnahmen,[1048] die der Baugenehmigung jedoch nachgeschaltet sind. Folglich muss auch in diesen Fällen die Konfliktbewältigung in der Bauleitplanung erfolgen.

(cc) Einschränkungen des Gebots

Das Gebot der Konfliktbewältigung ist Bestandteil der Abwägung und tritt mit anderen Prinzipien der Bauleitplanung in Konkurrenz.[1049] Möglicherweise entgegenstehen könnte das Gebot der planerischen Zurückhaltung.[1050]

Eine Fallgruppe, in der die planerische Zurückhaltung als überwiegendes Prinzip anerkannt wurde, sind Straßenplanungen durch Bebauungspläne, in denen auf Festsetzungen zum Schutz vor Lärmimmissionen nach § 9 Abs. 1 Nr. 24 BauGB verzichtet wurde.[1051] Begründet wird dies damit, dass die Lärmbetroffenen ebenso über die §§ 41 f. BImSchG Schutz erlangen könnten.[1052] Diese Begründung überzeugt indes in Bezug auf die nachteiligen Auswirkungen von Glas und Licht nicht, da die §§ 41 f. BImSchG auf Lichtimmissionen und Beeinträchtigungen durch Glas nicht anwendbar sind. Zudem sind die von Glas und Licht betroffenen Tiere nicht mit einer subjektiven Rechtsposition ausgestattet, weshalb sich hierüber kein Schutz verwirklichen lässt.[1053]

[1045] Siehe auch Seite 122 f.; ein Gegenbeispiel, in dem der Konflikttransfer zulässig ist, ist ein vorhabenbezogener Bebauungsplan eines Baseballstadions, dessen Lichtimmissionen erheblich sind, Menschen betreffen und deshalb im Genehmigungsverfahren bewältigt werden können, vgl. OVG Koblenz, Urt. v. 22.12.2010 – 8 C 10600/10.OVG, LKRZ 2011, 142, 145 f.

[1046] Dies beweist die Tatsache, dass wirkungslose Greifvogelsilhouetten zur Vermeidung von Vogelschlag weiterhin Anwendung finden, vgl. *Haupt*, Berichte zum Vogelschutz 2011, 143 ff.; denn auch wenn die Problematik bzw. der Rechtsverstoß erkannt wird, verschafft eine wirkungslose Vermeidungsmaßnahme keine Abhilfe; siehe hierzu auch Seite 189.

[1047] Bzgl. artenschutzrechtlicher Vorschriften *Schütte/Gerbig*, in: Schlacke (Hrsg.), GK-BNatSchG, 2. Aufl., 2017, § 44, Rn. 53; zu den allg. Voraussetzungen BVerwG, Beschl. v. 14.07.1994 – 4 NB 25/94, NVwZ-RR 1995, 130 f., wonach die Bewältigung jedenfalls wahrscheinlich sein muss; ebenso BVerwG, Urt. v. 05.05.2015 – 4 CN 4/14, NVwZ 2015, 1537, Rn. 14; BVerwG, Beschl. v. 16.03.2010 – 4 BN 66/09, NVwZ 2010, 1246, Rn. 44 f.; *Jarass/Kment*, BauGB, 2. Aufl., 2017, § 1, Rn. 89; *Stüer*, Bau- und Fachplanungsrecht, 5. Aufl. 2015, Rn. 1731.

[1048] Zur Handlungs- und Anordnungsbefugnis siehe Seite 118 ff.; zu den immissionsschutzrechtlichen repressiven Maßnahmen siehe Seite 159 ff. und 174 ff.

[1049] *Fricke*, UPR 2014, 97, 98.

[1050] Zur planerischen Zurückhaltung siehe auch Seite 189.

[1051] BVerwG, Urt. v. 28.01.1999 – 4 CN 5/98, NVwZ 1999, 1222, 1225; BVerwG, Beschl. v. 17.05.1995 – 4 NB 30/94, juris, Rn. 17 ff.

[1052] *Fricke*, UPR 2014, 97, 101.

[1053] In ähnlicher Weise verlangt das BVerwG die Konfliktbewältigung auf der Ebene des Bebauungsplanes, wenn das Eigeninteresse der Eigentümer, Schutzmaßnahmen vorzunehmen, nicht greift, etwa zum Schutz einer Vielzahl von Mietern oder besonders lärmempfindlichen Nutzungen; BVerwG, Beschl. v. 17.05.1995 – 4 NB 30/94, juris, Rn. 11.

Demgegenüber ist die planerische Zurückhaltung stärker zu gewichten, wenn der Bebauungsplan regelmäßig angepasst werden müsste, um nicht mit den dynamischen Betreiberpflichten des Immissionsschutzrechts in Konflikt zu geraten.[1054] Dieser Prinzipienkonflikt betrifft nur Festsetzungen, die sich auf die Lichtanlagen beziehen und lässt sich dadurch vermeiden, dass die Gemeinde nicht auf bestimmte technische Ausführungen (z. B. technische Normungen), sondern auf die Zielbestimmungen abstellt (z. B. Verbot der Abstrahlung nach oben und zur Seite oder Gebot zur Installation von Dimmern oder Bewegungsmeldern). Dies ermöglicht eine genauere Ausdifferenzierung durch das BImSchG und verhindert einen Konflikt zwischen der planerischen Zurückhaltung und dem Gebot der Konfliktbewältigung. Im Ergebnis ist also nicht davon auszugehen, dass andere Prinzipien der Bauleitplanung einschränkend eingreifen.

(dd) Zwischenergebnis

Zusammenfassend ist festzuhalten, dass eine Bewältigung der nachteiligen Auswirkungen von Glas und Licht auf Vögel, Fledermäuse und Insekten im nachfolgenden (Bau-)Genehmigungsverfahren oftmals nicht erfolgt. Daher sind die nachteiligen Auswirkungen von Glas und Licht nach dem Gebot der planerischen Konfliktbewältigung im Rahmen der Bauleitplanung zu bewältigen, jedenfalls dann, wenn von erheblichen Auswirkungen von Glas und Licht – vor allem durch kumulierende Wirkungen – in einem Plangebiet ausgegangen werden muss.

(b) Gebot der Rücksichtnahme

Ferner wird die planerische Entscheidungsfreiheit durch das Gebot der Rücksichtnahme begrenzt, das sich in mehrere Aspekte auffächert. Dazu gehören der immissionsschutzrechtliche Trennungsgrundsatz, der Grundsatz der planerischen Vorbeugung und der Grundsatz des Vorrangs der Konfliktvermeidung.[1055]

(aa) Trennungsgrundsatz

Der immissionsschutzrechtliche Trennungsgrundsatz gem. § 50 S. 1 BImSchG verlangt, dass unverträgliche Nutzungen räumlich zu trennen sind.[1056] Damit erfasst der Trennungsgrundsatz keine nachteiligen Auswirkungen von Glas, da hiervon keine Emissionen ausgehen. Geschützt werden u. a. besonders wertvolle oder empfindliche Gebiete des Naturschutzes vor schädlichen Umwelteinwirkungen i.S.d. § 3 Abs. 1 BImSchG.[1057] Besonders wertvolle oder empfindliche Gebiete sind Natura 2000-Gebiete, Vogelschutzgebiete, Naturschutzgebiete und Landschaftsschutzgebiete, nicht aber die freie Landschaft.[1058] Der Trennungsgrundsatz findet Anwendung, wenn die

---

[1054] *Fricke*, UPR 2014, 97; ähnlich BVerwG, Beschl. v. 17.02.1984 – 4 B 191/83, NVwZ 1984, 235, Rn. 13.

[1055] *Hoppe*, in: Hoppe/Bönker/Grotefels (Hrsg.), Öffentliches Baurecht, 4. Aufl., 2010, § 7, Rn. 147.

[1056] BVerwG, Urt. v. 19.04.2012 – 4 CN 3/11, NVwZ 2012, 1338, Rn. 29; BVerwG, Urt. v. 16.03.2006 – 4 A 1075/04, NVwZ 2006, Beilage Nr. I 8, 1–56, Rn. 164.

[1057] *Jarass*, BImSchG, 12. Aufl., 2017, § 50, Rn. 12; *Hendler*, NuR 2012, 531, 532.

[1058] *Jarass*, BImSchG, 12. Aufl., 2017, § 50, Rn. 12; *Schulze-Fielitz*, in: Führ (Hrsg.), GK-BImSchG, 2016, § 50, Rn. 56.

durch die Verwirklichung der Planung zu erwartenden nachteiligen Auswirkungen von Licht zu einer schädlichen Umwelteinwirkung in einem der genannten Gebiete führen. In diesem Fall verlangt der Trennungsgrundsatz als verbindliche Rechtspflicht (Abwägungsdirektive),[1059] dass von den bauplanerischen Instrumenten zur Konfliktbewältigung Gebrauch gemacht wird, bspw. durch umweltschutzbezogene Festsetzungen gem. § 9 Abs. 1 Nr. 24 BauGB.[1060] Eine Abweichung von dieser Abwägungsdirektive bedarf besonderer Rechtfertigung, sodass erhöhte Argumentations- und Begründungspflichten bestehen.[1061]

(bb) Grundsatz der planerischen Vorbeugung

Der Grundsatz der planerischen Vorbeugung beruht auf dem Gedanken des vorbeugenden und vorsorgenden Umweltschutzes, der gem. § 1 Abs. 5 S. 2 BauGB einen Planungsgrundsatz darstellt.[1062] Eines der Kernmerkmale des vorsorgenden Umweltschutzes ist die Minimierung von Umweltbelastungen.[1063] In der Bauleitplanung dürfen in diesem Sinne die Nutzungsmöglichkeiten nicht so ausgestaltet werden, dass die umweltrelevanten Schwellenwerte *gerade noch* nicht überschritten werden.[1064] Verstärkt wird dies durch den Aspekt des vorbeugenden Umweltschutzes, der verlangt, zukünftig hinzukommende Beeinträchtigungen zu berücksichtigen. Hinsichtlich der Beeinträchtigungen von Vögeln, Fledermäusen und Insekten durch Glas und Licht enthalten die natur- und immissionsschutzrechtlichen Vorschriften Schwellenwerte in Form von Erheblichkeitskriterien, darunter

- die erhebliche Beeinträchtigung gem. § 14 Abs. 1 BNatSchG,
- die erhebliche Gebietsbeeinträchtigung nach § 34 Abs. 1 BNatSchG,
- die signifikante Erhöhung von Tötungsrisiken des § 44 Abs. 1 Nr. 1 BNatSchG,
- die erhebliche Störung gem. § 44 Abs. 1 Nr. 2 BNatSchG und
- der erhebliche Nachteil i.S.d. § 3 Abs. 1 BImSchG.

In Bezug auf diese Erheblichkeitskriterien hat die planende Gemeinde nicht nur das Überschreiten der Schwellenwerte zu verhindern, sondern die Instrumente des Bauplanungsrechts zur Minimierung von (unerheblichen) Beeinträchtigungen durch Glas und Licht einzusetzen. Dazu zählt insbesondere die Festsetzung von Abstandsflächen und Minimierungsmaßnahmen nach § 9 Abs. 1 Nr. 20, 24 BauGB.[1065]

[1059] BVerwG, Urt. v. 22.03.2007 – 4 CN 2/06, NVwZ 2007, 831, Rn. 14; *Jarass*, BImSchG, 12. Aufl., 2017, § 50, Rn. 31.

[1060] *Schulze-Fielitz*, in: Führ (Hrsg.), GK-BImSchG, 2016, § 50, Rn. 37 m.w.N.; zu den Festsetzungsmöglichkeiten s. Seite 181 ff.

[1061] *Kloepfer*, Umweltrecht, 4. Aufl. 2016, § 11, Rn. 165; *Schoen*, in: Landmann/Rohmer (Hrsg.), Umweltrecht, § 50 BImSchG, Rn. 34.

[1062] *Jarass/Kment*, BauGB, 2. Aufl., 2017, § 1, Rn. 26; *Söfker/Runkel*, in: Ernst/Zinkahn et. al. (Hrsg.), BauGB, 2018, § 1, Rn. 105; *Battis*, in: Battis/Krautzberger/Löhr (Hrsg.), BauGB, 13. Aufl., 2016, § 1, Rn. 46; *Hoppe*, in: Hoppe/Bönker/Grotefels (Hrsg.), Öffentliches Baurecht, 4. Aufl., 2010, § 7, Rn. 151.

[1063] *Kloepfer*, Umweltrecht, 4. Aufl. 2016, § 4, Rn. 52.

[1064] *Hoppe*, in: Hoppe/Bönker/Grotefels (Hrsg.), Öffentliches Baurecht, 4. Aufl., 2010, § 7, Rn. 152.

[1065] Siehe Seite 181 ff.

Allerdings ist der Grundsatz der planerischen Vorbeugung seinerseits durch den Grundsatz der Verhältnismäßigkeit begrenzt.[1066] Die Verhältnismäßigkeit wäre jedenfalls dann verletzt, wenn die Anwendung des Grundsatzes der planerischen Vorbeugung zu einem einseitigen Vorrang von Umweltbelangen führte. Bezüglich der Glas- und Lichtnutzungen sind insbesondere solche nachteiligen Auswirkungen durch die Planung zu vermeiden oder zu minimieren, die nicht im Konflikt mit anderen abwägungsbeachtlichen Belangen stehen. Als Beispiel könnte nach dem Gebot der planerischen Vorbeugung festgesetzt werden, dass eine Lärmschutzwand aus einem anderen Baustoff als Glas oder eine Abschirmvorrichtung von Lampen vorzusehen ist, um nicht benötigte Lichtemissionen zu unterbinden.

(cc) Grundsatz des Vorrangs der Konfliktvermeidung

Die planerische Gestaltungsfreiheit der Gemeinde in der Bauleitplanung, den einen Belang gegenüber anderen vorzuziehen, wird durch den Grundsatz des Vorrangs der Konfliktvermeidung konkretisiert und begrenzt. Dieser Grundsatz verlangt den Vorrang der Vermeidung und Verminderung von Umweltbeeinträchtigungen.[1067] Der Grundsatz ist für die Bewältigung nachteiliger Auswirkungen von Glas und Licht auf Vögel, Fledermäuse und Insekten von erheblicher Bedeutung. Aufgrund des ubiquitären Vorkommens von Vögeln und Insekten und dem flächendeckenden Einsatz von Glas und Licht führt die einseitige Bevorzugung von Naturschutzbelangen einerseits oder entgegenstehenden (Bau-)Interessen andererseits zu keinen befriedigenden Lösungen. Denn die Naturschutzbelange von Vögeln, Fledermäusen und Insekten würden entweder ein generelles Planungshindernis verursachen oder gänzlich unberücksichtigt bleiben. Dabei können die Konflikte zwischen dem Interesse an der Nutzung von Glas und Licht und den Belangen des Naturschutzes durch die Vornahme geeigneter Vermeidungsmaßnahmen abgewendet oder zumindest vermindert werden. Bauplanerisch lassen sich diese Vermeidungsmaßnahmen durch Festsetzungen nach § 9 Abs. 1 Nr. 20, 24 BauGB umsetzen. Daraus folgt, dass der Konflikt planerisch lösbar ist. Im Ergebnis muss die Gemeinde vorrangig versuchen, die nachteiligen Auswirkungen von Glas und Licht zu vermeiden oder zu vermindern. Nach dem Grundsatz des Vorrangs der Konfliktvermeidung können die Belange nicht unberücksichtigt zurückgestellt werden.

(2) Fehler im Abwägungsergebnis: Abwägungsdisproportionalität

Bei der gemeindlichen Entscheidungsfindung sind Abwägungsfehler zu vermeiden. Ein Fehler liegt vor, wenn bei der Planungsentscheidung der Ausgleich zwischen konfligierenden Belangen in einer Weise vorgenommen wurde, die zur „objektiven Gewichtigkeit einzelner Belange außer Verhältnis steht" (Abwägungsdisproportionalität).[1068]

[1066] *Kloepfer*, Umweltrecht, 4. Aufl. 2016, § 4, Rn. 53.

[1067] *Hoppe*, in: Hoppe/Bönker/Grotefels (Hrsg.), Öffentliches Baurecht, 4. Aufl., 2010, § 7, Rn. 154.

[1068] BVerwG, Urt. v. 12.12.1969 – IV C 105.66, juris, Rn. 29; *Stollmann/Beaucamp*, Öffentliches Baurecht, 11. Aufl. 2017, § 7, Rn. 50; *Hoppe*, in: Hoppe/Bönker/Grotefels (Hrsg.), Öffentliches Baurecht, 4. Aufl., 2010, § 7, Rn. 119.

Insbesondere kann ein Verstoß gegen das Gebot der planerischen Konfliktbewältigung und gegen das Gebot der Rücksichtnahme zu einem unverhältnismäßigen Ausgleich der konfligierenden Belange führen und eine Abwägungsdisproportionalität nach sich ziehen. Das Gebot der Konfliktbewältigung verlangt den Ausgleich auf der Planungsebene, da im nachfolgenden Zulassungsverfahren die Konfliktbewältigung der durch Glas und Licht beeinträchtigten Naturschutzbelange – jedenfalls für kumulierende Beeinträchtigungen – nicht mehr erfolgen kann. Unterbleibt die Konfliktbewältigung, findet eine ausreichende Berücksichtigung der Naturschutzbelange nicht statt, sodass die objektive Gewichtigkeit des Belangs gänzlich unberücksichtigt bleibt. Gleiches gilt für das Gebot der Rücksichtnahme, wonach die planende Gemeinde den Naturschutzbelangen nicht ihr objektives Gewicht zumisst, wenn die Festsetzung von Vermeidungsmaßnahmen unterbleibt, obwohl dadurch entgegenstehende Belange nicht beeinträchtigt würden.

dd) Beachtliche Fehler

Fraglich ist, welche Rechtsfolgen an mögliche Fehler in der Abwägungsentscheidung geknüpft sind. Diese bestimmen sich nach §§ 214 f. BauGB. Nach § 214 Abs. 1 BauGB ist die Verletzung *bestimmter* Verfahrens- und Formvorschriften nach den dort genannten Voraussetzungen unbeachtlich. Hierzu zählen

1. Mängel im Abwägungsvorgang[1069] i.S.v. Fehlern, die bei der Ermittlung der abwägungserheblichen Umwelt- und Naturschutzbelange unterlaufen sind. Diese liegen etwa vor,
   a) wenn die Ermittlung der Auswirkungen von Glas und Licht auf Vögel, Fledermäuse und Insekten unvollständig oder gar nicht erfolgt ist oder
   b) die Ermittlung der Auswirkungen von Glas und Licht methodisch fehlerhaft ist.
2. sonstige Mängel des Abwägungsvorgangs i.S.v. § 214 Abs. 3 S. 2 Hs. 2 BauGB. Sie sind nur beachtlich, wenn sie offensichtlich und auf das Abwägungsergebnis von Einfluss gewesen sind. Solche sonstigen Mängel sind gegeben
   a) wenn überhaupt keine Abwägung stattgefunden hat (Abwägungsausfall);
   b) wenn sich ernsthaft aufdrängende Planungsalternativen von vornherein nicht berücksichtigt wurden;
   c) wenn objektiv nicht abwägungsrelevante Belange in die Abwägung mit eingestellt werden („Fehleinstellung von Belangen");
   d) wenn Belange fehlerhaft gewichtet werden, wenn also die konkret abwägungsrelevanten Belange nicht mit dem ihnen im konkreten Fall zuzumessenden Gewicht in die Abwägung mit eingestellt werden, etwa die Gewichtung von Naturschutzbelangen durch die Beeinträchtigung von Vögeln, Fledermäusen und Insekten fehlerhaft ist.

[1069] Dem Abwägungsvorgang sind alle Vorgänge zuzuordnen, die zum Abwägungsergebnis geführt haben *Söfker/Runkel*, in: Ernst/Zinkahn et. al. (Hrsg.), BauGB, 2018, § 1, Rn. 187.

Fehler des Abwägungsergebnisses (3. Stufe der Abwägung: Angemessenheit; sog. Abwägungsdisproportionalität, s. o.)[1070] sind stets beachtlich. Hierzu zählen ein Verstoß gegen das Gebot der Konfliktbewältigung durch den unzulässigen Konflikttransfer auf das nachfolgende Zulassungsverfahren und die fehlende Beachtung des Rücksichtnahmegebots durch mangelnde Konfliktbewältigung auf Planungsebene. Beachtlich ist ein Ermittlungs-[1071] oder Gewichtungsfehler,[1072] wenn die abwägungsrelevanten Belange der Gemeinde bekannt waren oder hätten bekannt sein müssen, der Mangel offensichtlich und auf das Ergebnis des Verfahrens von Einfluss gewesen ist.[1073]

Die Gemeinde musste den Belang positiv kennen oder hätte ihn erkennen *müssen*. Es genügt nicht, wenn der betroffene Belang in der Fachliteratur beschrieben wird.[1074] Hatte die Gemeinde keine Hinweise für die Annahme und keine positive Kenntnis, dass Vögel, Fledermäuse oder Insekten durch die Planung beeinträchtigt werden können, ist ein beachtlicher Mangel zu verneinen.

Der Fehler ist offensichtlich, wenn „nach den Umständen des Einzelfalls die konkrete Möglichkeit besteht, dass ohne den Mangel im Vorgang die Planung anders ausgefallen wäre".[1075] Die Offensichtlichkeit ist zu bejahen, wenn sich aus den Akten, Protokollen, der Entwurfs- oder Planungsbegründung objektiv ergibt, dass die Entscheidung bei Beachtung der nachteiligen Auswirkungen von Glas und Licht anders ausgefallen wäre, bspw. weil bestimmte Festsetzungen getroffen worden wären.[1076] Liegen diese Voraussetzungen vor, sind Ermittlungs- und Bewertungsfehler beachtliche Mängel i.S.d. § 214 Abs. 1 S. 1 Nr. 1 BauGB.

ee) Rechtsfolgen beachtlicher Mängel: Heilung oder Unwirksamkeit

Ein beachtlicher Mangel führt jedoch nicht zwangsläufig zur Nichtigkeit des Bebauungsplans.[1077] Die Rechtsfolge bestimmt sich nach § 214 Abs. 4 BauGB, wonach dem Grundsatz der Planerhaltung zufolge ein Mangel durch ein ergänzendes Verfahren zu beheben ist.[1078] Behebbar ist ein Mangel, wenn er die Grundzüge der Planung nicht berührt.[1079] Dies ist nach den Umständen des jeweiligen Einzelfalls

[1070] Siehe Seite 216.

[1071] Siehe Seite 201 ff.

[1072] Siehe Seite 209 f.

[1073] BVerwG, Urt. v. 09.04.2008 – 4 CN 1/07, NVwZ 2008, 899, Rn. 20 ff.; *Jarass/Kment*, BauGB, 2. Aufl., 2017, § 214, Rn. 20 ff.

[1074] *Jarass/Kment*, BauGB, 2. Aufl., 2017, § 214, Rn. 22, der ein Sich-Aufdrängen verlangt.

[1075] BVerwG, Urt. v. 21.08.1981 – 4 C 57/80, NJW 1982, 591, 592; dem folgend BVerfG, Beschl. v. 16.12.2015 – 1 BvR 685/12, NVwZ 2016, 524, Rn. 22.

[1076] Vgl. *Jarass/Kment*, BauGB, 2. Aufl., 2017, § 214, Rn. 23.

[1077] *Finkelnburg/Ortloff/Kment*, Öffentliches Baurecht Bd. I, 7. Aufl. 2017, § 12, Rn. 43.

[1078] *Kukk*, in: Schrödter (Hrsg.), BauGB, 8. Aufl., 2015, § 214, Rn. 60.

[1079] BVerwG, Beschl. v. 05.07.2016 – 4 BN 15/16, juris, Rn. 3; *Finkelnburg/Ortloff/Kment*, Öffentliches Baurecht Bd. I, 7. Aufl. 2017, § 12, Rn. 48; *Kukk*, in: Schrödter (Hrsg.), BauGB, 8. Aufl., 2015, § 214, Rn. 63.

zu beurteilen, erscheint aber aufgrund der Möglichkeit, nachträglich Vermeidungsmaßnahmen zum Schutz vor den nachteiligen Auswirkungen von Glas und Licht gem. § 9 Abs. 1 Nr. 20, 24 BauGB zu ergreifen, grundsätzlich naheliegend. Wird die Behebbarkeit des Mangels bejaht, ist der Bebauungsplan bis zur Heilung schwebend unwirksam.[1080] Liegt kein behebbarer Mangel vor, ist der Bebauungsplan gem. § 47 Abs. 5 S. 2 VwGO unwirksam, sodass er keine Rechtswirkungen entfaltet.[1081]

ff) Zwischenergebnis

Festzuhalten ist, dass die Gemeinde bei der Bauleitplanung die Auswirkungen von Glas und Licht auf Vögel, Fledermäuse und Insekten zu ermitteln hat. Erfolgt dies nicht oder ist die Ermittlung unvollständig oder methodisch fehlerhaft, liegt ein Fehler im Abwägungsvorgang vor.

Die nachteiligen Auswirkungen von Glas und Licht auf Vögel, Fledermäuse und Insekten sind als Naturschutzbelange in der Abwägung zu berücksichtigen: Eingriffe in Natur und Landschaft sind ebenso in die Abwägung einzustellen wie Beeinträchtigungen von Natura 2000-Gebieten. Daneben sind die artenschutzrechtlichen Belange gem. § 1 Abs. 6 Nr. 7 BNatSchG in die Abwägung einzustellen.

Die Beeinträchtigungen von Vögeln, Fledermäusen und Insekten durch Glas und Licht haben auch Einfluss auf die Abwägungsentscheidung. Aus dem besonderen Umstand, dass erhebliche Auswirkungen durch Kumulation geringer Beeinträchtigungen entstehen können, folgt die Verpflichtung aus dem Gebot der Konfliktbewältigung, die Auswirkungen von Glas und Licht bereits auf der Planungsebene zu bewältigen. Insoweit ist ein Konflikttransfer auf das nachgelagerte Zulassungsverfahren unzulässig. Gleiches folgt aus den Grundsätzen der planerischen Vorbeugung, dem Vorrang der Konfliktbewältigung und – sofern besonders wertvolle oder empfindliche Gebiete von Lichtimmissionen betroffen sind – aus dem Trennungsgrundsatz.

2. Bauordnungsrecht

Das Bauordnungsrecht enthält bautechnische Anforderungen an bauliche Anlagen und dient der Abwehr von Gefahren, die durch die Errichtung, Änderung, Nutzungsänderung oder den Abbruch baulicher Anlagen entstehen können. Dazu werden bauliche Anlagen einer präventiven Prüfung unterzogen (Baugenehmigung) und das Vorhaben grundsätzlich nur gestattet, wenn öffentlich-rechtliche Vorschriften nicht entgegenstehen. Für den Einsatz von Glas und Licht wird untersucht, welche

---

[1080] *Jarass/Kment,* BauGB, 2. Aufl., 2017, § 214, Rn. 57 ff.

[1081] Vgl. *Ziekow,* in: Sodan/Ziekow (Hrsg.), VwGO, 5. Aufl., 2018, § 47, Rn. 355.

bauordnungsrechtlichen Anforderungen an Glas (lit. a) und Licht (lit. b) zu stellen sind. In Bezug auf Licht wird die Umrüstung von Straßenbeleuchtungen sowie Lichtwerbeanlagen und Skybeamer genauer untersucht.

a) Baugenehmigungsrechtliche Anforderungen an Glas

aa) Baugenehmigungspflicht von Glasverwendungen

Der Einsatz von Glas ist einer präventiven Kontrolle zu unterziehen, wenn der Einsatz des Glases baugenehmigungspflichtig ist. Die Errichtung, Änderung, Nutzungsänderung oder Abbruch baulicher Anlagen unterliegt grundsätzlich einer bauordnungsrechtlichen Genehmigungspflicht (vgl. § 59 Abs. 1 MBO; § 60 Abs. 1 BauO NRW).[1082] Eine bauliche Anlage besteht aus Bauprodukten, die fest mit dem Erdboden verbunden sind.[1083] Glas ist ein Baustoff und somit ein Bauprodukt (vgl. § 2 Abs. 10 MBO). Typische Verwendungen von Glas, wie z. B. als Fenster, Gebäudefassaden, Lärmschutzwände, Bushaltestellen oder Geländer,[1084] sind fest mit dem Boden verbunden, sodass es sich um bauliche Anlagen handelt. Entsprechend ist der Einsatz von Glas grundsätzlich genehmigungspflichtig, wenn keine Ausnahme von der Genehmigungspflicht eingreift (§§ 61, 62 MBO). So sind Bushaltestellen gem. § 61 Abs. 1 Nr. 1 lit. e MBO genehmigungsfrei gestellt.

Der Prüfmaßstab für die Genehmigungsfähigkeit baulicher Anlagen richtet sich nach dem jeweiligen Landesbauordnungsrecht.[1085] Unterliegt ein Vorhaben etwa dem vereinfachten Genehmigungsverfahren (§ 63 S. 1 MBO; § 64 Abs. 1 BauO NRW), so ist der Prüfumfang und -maßstab – im Unterschied zu § 64 MBO[1086] – beschränkt auf

1. die Übereinstimmung mit den Vorschriften über die Zulässigkeit der baulichen Anlagen nach den §§ 29 bis 38 BauGB,
2. beantragte Abweichungen im Sinne des § 67 Abs. 1 und 2 Satz 2 MBO sowie
3. andere öffentlich-rechtliche Anforderungen, soweit wegen der Baugenehmigung eine Entscheidung nach anderen öffentlich-rechtlichen Vorschriften entfällt oder ersetzt wird.

[1082] Nachfolgend wird auf die Musterbauordnung (MBO) und auf Landesbauordnungen großer Flächenländer wie Bayern oder Nordrhein-Westfalen (BauO NRW 2019) abgestellt. Die MBO diente als Vorbild für die sechzehn Landes-Bauordnungen. Sie ist nicht rechtsverbindlich.

[1083] *Nicolai*, in: Koch/Hendler (Hrsg.), Baurecht, 6. Aufl., 2015, § 24, Rn. 4.

[1084] Siehe dazu *Schmid/Doppler et al.*, Vogelfreundliches Bauen mit Glas und Licht, 2. Aufl. 2012, S. 8 ff.

[1085] Eine Übersicht bei *Nicolai*, in: Koch/Hendler (Hrsg.), Baurecht, 6. Aufl., 2015, § 23, Rn. 5 ff.

[1086] Auch § 64 MBO verlangt in S. 1 Nr. 3 nur die Prüfung öffenlich-rechtlicher Vorschriften, soweit wegen der Baugenehmigung eine Entscheidung nach anderen öffentlich-rechtlichen Vorschriften entfällt oder ersetzt wird, wogegen bspw. § 74 Abs. 1 BauO NRW die Prüfung sämtlicher öffentlich-rechtlicher Vorschriften voraussetzt.

Welche Vorschriften bei einem vereinfachten Verfahren zu prüfen sind, hängt von der jeweils einschlägigen Landesbauordnung ab. Die Landesbauordnungen sind insoweit uneinheitlich.[1087] Sind die Vorschriften des BNatSchG im vereinfachten Genehmigungsverfahren nicht Teil des Prüfungsprogramms (vgl. bspw. Art. 59 S. 1 Nr. 3 BayBO), kann die Bauaufsichtsbehörde, wenn ihr Verstöße gegen das BNatSchG dennoch auffallen, die Genehmigung aufgrund mangelnden Bescheidungsinteresses versagen oder gleichzeitig eine bauordnungsrechtliche Verfügung (z. B. nach § 58 Abs. 2 S. 2 MBO; § 58 Abs. 1 S. 2 BauO NRW) erlassen, welche die Einhaltung öffentlich-rechtlicher Vorschriften sicherstellt.[1088] So unterliegen z. B.

- Glasfassaden von Hochhäusern gem. §§ 64 Abs. 1, 50 Abs. 2 Nr. 1 BauO NRW dem vollen Prüfprogramm für die Genehmigung einer baulichen Anlage gem. § 74 Abs. 1 BauO NRW und
- Glasfassaden eines Bürogebäudes dem reduzierten Prüfmaßstab des § 64 Abs. 1 BauO NRW, wenn sie im vereinfachten Verfahren zu genehmigen sind, während
- Bushaltestellen gem. § 62 Abs. 1 Nr. 1 lit. e BauO NRW keiner Genehmigung bedürfen.

bb) Baugenehmigungsfähigkeit von Glasverwendungen

Das Vorhaben ist genehmigungsfähig, wenn die Genehmigungsvoraussetzungen erfüllt sind, die sich aus dem Bauordnungsrecht, Bauplanungsrecht und sonstigem öffentlichem Recht ergeben (vgl. § 72 Abs. 1 S. 1 MBO; § 74 Abs. 1 BauO NRW).

Soweit ersichtlich, existieren keine bauordnungsrechtlichen Vorschriften, die für Glas Vorgaben enthalten und die für die Risiken und Gefahren von Vögeln von Bedeutung sind. Folglich sind keine Konflikte mit Anforderungen des Bauordnungsrechts zu erwarten. Dementsprechend können sich einer Genehmigung entgegenstehende Normen v. a. aus dem Bauplanungsrecht ((1) bis (3)) oder sonstigen öffentlich-rechtlichen Vorschriften (4) ergeben.

(1) Vorhaben im Geltungsbereich eines Bebauungsplanes

Soll das Vorhaben innerhalb des räumlichen Geltungsbereiches eines Bebauungsplanes verwirklicht werden, darf das Vorhaben den Festsetzungen eines qualifizierten Bebauungsplans gem. § 30 Abs. 1 BauGB oder einfachen Bebauungsplans gem. § 30 Abs. 3 BauGB nicht widersprechen.[1089] Dies gilt insbesondere für die

---

[1087] Vgl. diesbezüglich nur § 64 Abs. 1 BauO NRW mit Art. 59 S. 1 BayBO.

[1088] OVG Münster, Urt. v. 28.01.2009 – 10 A 1075/08, DVBl 2009, 461, Rn. 39 ff.

[1089] Vgl. *Söfker*, in: Ernst/Zinkahn et. al. (Hrsg.), BauGB, 2018, § 30, Rn. 16 ff.; die Anwendung der §§ 30 ff. BauGB ist unproblematisch eröffnet, da es sich schon allein begrifflich um bauliche Anlagen i.S.d. § 29 BauGB handelt und Glas ein Baustoff ist, der durch den Einbau mit dem Boden verbunden wird.

Festsetzungen nach § 9 Abs. 1 Nr. 20 BauGB.[1090] Anderweitige bauplanerische Genehmigungshindernisse bezüglich des geplanten Glaseinsatzes sind nicht ersichtlich.

(2) Vorhaben im unbeplanten Innenbereich

Liegt das Vorhaben im unbeplanten Innenbereich, richtet sich die Zulässigkeit nach § 34 BauGB. Die Verwendung von Glas könnte hinsichtlich des Einfügens in die Eigenart der näheren Umgebung Probleme aufwerfen.

Gem. § 34 Abs. 1 S. 1 BauGB muss sich das Vorhaben nach Art und Maß der baulichen Nutzung, der Bauweise und der Grundstücksfläche, die überbaut werden soll, in die Eigenart der näheren Umgebung einfügen. Daraus könnte sich eine Rücksichtnahmepflicht[1091] für Glasnutzungen i.S.d. Art der baulichen Nutzung ergeben. Die Eigenart der näheren Umgebung und somit die Anforderungen an die Zulässigkeit der Verwendung von Glas bestimmen sich insbesondere durch die vorhandene Bebauung.[1092] Da die Naturschutzbedürfnisse von Vögeln, Fledermäusen und Insekten von dem Tatbestandsmerkmal der „Eigenart der näheren Umgebung" i.S.v. § 34 Abs. 1 S. 1 BauGB nicht erfasst sind,[1093] bleiben diese Naturschutzbelange unberücksichtigt. Allerdings sind auch nicht überbaubare Grundstücksflächen zu berücksichtigen, soweit sie den bodenrechtlichen Charakter des Baugrundstücks prägen oder beeinflussen.[1094] Welche Grundstücksflächen nicht überbaubar sind, bestimmt § 23 BauNVO, der jedoch nur bauliche Anlagen erfasst, sodass hiernach keine Berücksichtigung von Naturschutzflächen (z. B. Natura 2000-Gebiete, Vogelschutzgebiete, Naturschutzgebiete und Landschaftsschutzgebieten) und der damit einhergehenden Schutzinteressen von Vögeln, Fledermäusen und Insekten erfolgen kann. Im Ergebnis stellt das Einfügen in die Eigenart der näheren Umgebung hinsichtlich der Auswirkungen auf Vögel, Fledermäuse und Insekten keine Anforderungen an die Verwendung von Glas.

(3) Vorhaben im Außenbereich

Die Zulässigkeit von Vorhaben im Außenbereich bestimmt sich nach § 35 BauGB. Danach sind bauliche Anlagen mit Glas nur zulässig, wenn öffentliche Belange gem. § 35 Abs. 1, 2 BauGB nicht entgegenstehenden oder nicht beeinträchtigt werden.

[1090] Siehe Seite 181 ff.

[1091] *Söfker*, in: Ernst/Zinkahn et. al. (Hrsg.), BauGB, 2018, § 34, Rn. 30.

[1092] BVerwG, Urt. v. 26.05.1978 – 4 C 9/77, NJW 1978, 2564, 2565; *Mitschang/Reidt*, in: Battis/Krautzberger/Löhr (Hrsg.), BauGB, 13. Aufl., 2016, § 34, Rn. 22.

[1093] *Mitschang/Reidt*, in: Battis/Krautzberger/Löhr (Hrsg.), BauGB, 13. Aufl., 2016, § 34, Rn. 26; *Stüer/Rude*, DVBl 2000, 390, 392; Grund hierfür ist, dass sich der Begriff nur auf die Kriterien des § 34 Abs. 1 BauGB bezieht, vgl. BVerwG, Urt. v. 11.02.1993 – 4 C 15/92, juris, Rn. 21.

[1094] BVerwG, Urt. v. 26.05.1978 – 4 C 9/77, NJW 1978, 2564, 2565; *Mitschang/Reidt*, in: Battis/Krautzberger/Löhr (Hrsg.), BauGB, 13. Aufl., 2016, § 34, Rn. 21.

Zu den öffentlichen Belangen zählen nach § 35 Abs. 3 Nr. 5 die Belange des Naturschutzes. Folglich sind naturschutzrechtliche Vorschriften zu prüfen.[1095] Insbesondere findet nach § 18 Abs. 2 S. 2 BNatSchG die naturschutzrechtliche Eingriffsregelung gem. §§ 13 ff. BNatSchG Anwendung. Verursacht das Glas der baulichen Anlage eine erhebliche Beeinträchtigung von Natur und Landschaft, liegt ein Eingriff vor, dessen vermeidbare Beeinträchtigungen zu unterlassen und dessen unvermeidbaren Beeinträchtigungen auszugleichen bzw. zu kompensieren sind.[1096] Als Eingriffe i.S.d. BNatSchG können insbesondere Hochhäuser und Gebäude mit extensivem Glaseinsatz oder mit exponierten Glasflächen eingestuft werden.

(4) Sonstige Verstöße gegen öffentlich-rechtliche Vorschriften

Neben bauordnungs- und bauplanungsrechtlichen Vorschriften dürfen dem Vorhaben keine sonstigen öffentlich-rechtlichen Vorschriften entgegenstehen (vgl. § 72 Abs. 1 S. 1 MBO; § 74 Abs. 1 BauO NRW). In Betracht kommen vorliegend Verstöße gegen die Zugriffsverbote des § 44 Abs. 1 BNatSchG[1097] oder eine unzulässige Beeinträchtigung eines FFH-Schutzgebiets i.S.d. § 34 Abs. 2 BNatSchG.[1098]

(5) Rechtsfolge

Erfüllt das Vorhaben die Voraussetzungen der bauordnungsrechtlichen Genehmigungstatbestände, ist das Vorhaben genehmigungsfähig und die Baugenehmigung zu erteilen (§ 72 Abs. 1 S. 1 MBO). Gegebenenfalls kann die Behörde die Baugenehmigung mit Auflagen flankieren, um die Einhaltung der naturschutzrechtlichen Vorschriften sicherzustellen (§ 72 Abs. 3 MBO).[1099]

b) Baugenehmigungsrechtliche Anforderungen an Licht

Auch der Einsatz von Licht müsste zunächst baugenehmigungspflichtig sein. Mögliche Lichtnutzungen sind Straßenbeleuchtungen, Lichtwerbeanlagen, Skybeamer und beleuchtete Gebäude. Nachfolgend wird die Genehmigungspflicht von Umrüstungen bestehender Straßenbeleuchtungen (lit. aa) geprüft sowie am Beispiel von Lichtwerbeanlagen und Skybeamern untersucht, welche bauordnungsrechtlichen Anforderungen an Außenbeleuchtungen zu stellen sind (lit. bb).

[1095] *Rieger*, in: Schrödter (Hrsg.), BauGB, 8. Aufl., 2015, § 35, Rn. 116 ff.

[1096] Siehe Seite 41 ff.

[1097] Siehe Seite 84 ff.

[1098] Siehe Seite 57 ff.

[1099] Hinsichtlich nachträglicher Anordnungen siehe Seite 118 ff.

aa) Baugenehmigungspflicht von Umrüstungen bestehender Straßenbeleuchtungen

In den vergangenen Jahren wurden und in den kommenden Jahren werden eine Vielzahl bestehender Straßenbeleuchtungen erneuert. Ein Grund für die Erneuerung ist, dass die jeweiligen Lampensysteme ihre Lebensdauer erreicht haben und ein weiterer, dass neue Beleuchtungstechnologien, insbesondere LED, eine Umrüstung wirtschaftlich attraktiv machen. Die Umrüstung auf neue Beleuchtungssysteme wirft die Frage auf, ob sie genehmigungspflichtig und falls ja, ob sie genehmigungsfähig ist, oder ob etwa öffentlich-rechtliche Vorschriften einer Umrüstungsgenehmigung entgegenstehen. Aus naturschutzfachlicher Sicht könnten insbesondere die spektrale Zusammensetzung und die Helligkeit der Lichtemissionen problematisch sein. Daneben droht aufgrund der wesentlich besseren Lichtausbeute, d. h. erzeugte Helligkeit pro Watt moderner Leuchtsysteme, ein Rebound-Effekt, durch den Straßen deutlich heller beleuchtet würden als notwendig oder ortsüblich ist.[1100]

(1) Anwendungsbereich der Landesbauordnungen

Die Umrüstung bestehender Straßenbeleuchtungen auf neue Beleuchtungstechnologien unterliegt einer präventiven Kontrolle, wenn sie baugenehmigungspflichtig ist. Dafür müsste der Anwendungsbereich der Landesbauordnungen eröffnet sein. „Anlagen des öffentlichen Verkehrs einschließlich ihres Zubehörs" sind vom Anwendungsbereich der Landesbauordnungen ausgenommen (vgl. § 1 Abs. 2 Nr. 1 MBO; § 1 Abs. 2 Nr. 1 BauO NRW; Art. 1 Abs. 2 Nr. 1 BayBO),[1101] sodass der Bau und die Unterhaltung öffentlicher Straßen nicht genehmigungspflichtig ist (vgl. auch § 4 S. 2 FStrG, für Landesrecht bspw. nur § 9a Abs. 2 S. 2 StrWG NRW).

(a) Straßenbeleuchtung als Zubehör von Straßen

Die Straßenbeleuchtung könnte als Zubehör Teil der öffentlichen Straße sein und somit der Genehmigungspflicht nicht unterfallen. Nach den Legaldefinitionen der Stadtstaaten Bremen, Hamburg und Berlin sind Straßenbeleuchtungen explizit Bestandteile der Straße.[1102] In den Landesbauordnungen der Flächenbundesländer ist Zubehör als „die amtlichen Verkehrszeichen, die Verkehrseinrichtungen und sonstigen Anlagen aller Art, die der Sicherheit, Ordnung oder Leichtigkeit des Verkehrs oder dem Schutz der Anlieger dienen, und die Bepflanzung" definiert.[1103]

[1100] Am Beispiel von Normungen *Fotios/Gibbons*, Lighting Research & Technology 2018, 154, 165.

[1101] Diese Regelung findet sich in allen Landesbauordnungen wieder.

[1102] Als Zubehör: § 2 Abs. 2 Nr. 3 BremLStrG; § 2 Abs. 2 Nr. 3 HWG; als Teil des Straßenkörpers § 2 Abs. 2 Nr. 1, lit. a BerlStrG.

[1103] Vgl. § 4 Abs. 2 Nr. 3 StrWG NRW; nahezu identisch alle anderen Rechtsquellen vgl. § 1 Abs. 4 Nr. 3 FStrG, für Landesrecht vgl. *Herber*, in: Kodal (Hrsg.), Straßenrecht, 7. Aufl., 2010, § 7, Rn. 26; darauf verweist auch der Begriff des „öffentlichen Verkehrs" des § 1 Abs. 2 Nr. 1 MBO; *Johlen*, in: Gädtke (Hrsg.), BauO NRW, 12. Aufl., 2011, § 1, Rn. 59 f.

Die Straßenbeleuchtung ist eine Anlage, die der Sicherheit des Verkehrs dient, wenn die Beleuchtung aufgrund einer Verkehrssicherungspflicht erfolgt.[1104] Wie bereits erörtert, besteht eine punktuelle Beleuchtungspflicht i.S.e. Verkehrssicherungspflicht, wenn eine Gefahrenstelle für den Verkehrsteilnehmer überraschend auftritt, die er auch dann nicht rechtzeitig erkennen kann, wenn er sein Verhalten an die Dunkelheit anpasst.[1105] Daraus folgt, dass nur die Beleuchtung solcher Gefahrenstellen, wie etwa von Fußgängerüberwegen, Pflanzenkübeln, niedrigen Pollern, als Zubehör der Straße zu qualifizieren ist.[1106] Diese ist genehmigungsfrei. Da zu beleuchtende besondere Gefahrenstellen lediglich punktuell auftreten dürften, sind *erhebliche* Beeinträchtigungen tendenziell nicht zu befürchten, sodass die Anwendung der Eingriffsregelung vermutlich folgenlos bleibt.

(b) Zubehöreigenschaft allgemeiner Straßenbeleuchtung

Damit ist die Frage nach der allgemeinen Straßenbeleuchtung noch nicht beantwortet. Deren Zubehöreigenschaft könnte aus einer dienenden Funktion für die Leichtigkeit im Straßenverkehr resultieren. Die Leichtigkeit des Straßenverkehrs hat zum Ziel, dass kein Verkehrsteilnehmer mehr als unvermeidlich behindert oder belästigt wird.[1107] Dafür spricht, dass die Beleuchtung der Straßen bei Dunkelheit dem Verkehrsteilnehmer die Wahrnehmung von Verkehrshindernissen erleichtert und die Fahrweise der Verkehrsteilnehmer beeinflusst, sodass sich der Verkehrsfluss erhöht. Dagegen spricht jedoch, dass die Straßenbeleuchtung der öffentlichen Daseinsvorsorge und der Befriedigung sozialer Bedürfnisse der örtlichen Bevölkerung dient: Die Beleuchtung öffentlicher Straßen und Wege fördert das gemeindliche, wirtschaftliche, kulturelle und gesellschaftliche Leben.[1108] Diese vielfältigen Förderungszwecke zeigen, dass es sich bei der allgemeinen Straßenbeleuchtung um eine gemeindliche Aufgabe der Daseinsvorsorge handelt und damit keiner Verpflichtung der Straßenbaulast entspricht.[1109] Dieses Ergebnis wird dadurch bestätigt, dass die beleuchtende Gemeinde nicht in Geschäftsführung ohne Auftrag für den Träger der Straßenbaulast handelt und ihr deshalb auch kein Erstattungsanspruch für die

---

[1104] Vgl. OLG München, Urt. v. 25.01.1968 – 1 U 1239/67, NJW 1968, 604, 605.

[1105] Siehe Seite 194 ff.; hierbei ist hervorzuheben, dass dies nur für die jeweiligen Einzelfälle gilt, in denen eine überraschend auftretende Gefahrenstelle vorliegt. Nicht gemeint ist die flächendecke, d. h. allgemeine Straßenbeleuchtung.

[1106] *Grupp*, in: Marschall (Hrsg.), Bundesfernstraßengesetz, 6. Aufl., 2012, § 1, Rn. 54; *Sauthoff*, Öffentliche Straßen, 2. Aufl. 2010, Rn. 30.

[1107] VG Würzburg, Urt. v. 04.09.2012 – W 4 K 12.364, juris, Rn. 33.

[1108] OVG Magdeburg, Urt. v. 29.10.2008 – 4 L 261/07, juris, Rn. 34, dem folgend *Bauer*, in: Kodal (Hrsg.), Straßenrecht, 7. Aufl., 2010, Kap. 43, Rn. 43; zum Teilaspekt der sozialen Sicherheit *Senatsverwaltung für Stadtentwicklung*, Lichtkonzept Berlin, 2015, S. 60 ff.; siehe auch Seite 206 f.

[1109] *Herber*, in: Kodal (Hrsg.), Straßenrecht, 7. Aufl., 2010, § 7, Rn. 40; *Sauthoff*, Öffentliche Straßen, 2. Aufl. 2010, Rn. 30, 555; ebenso *Steiner*, in: Steiner/Brinktrine (Hrsg.), Besonderes Verwaltungsrecht, 9. Aufl., 2018, § 4, Rn. 111.

Beleuchtung zusteht.[1110] Ein weiteres Indiz für die Anwendbarkeit des Landesbauordnungsrecht liefert die LBO Saarland, die Straßenbeleuchtungsanlagen gem. § 61 Abs. 1 Nr. 5 lit. b LBO Saarland als genehmigungsfreie Anlagen definiert. Einer Genehmigungsfreistellung bedarf es aber nicht, sollten die Straßenbeleuchtung nicht in den Anwendungsbereich des Landesbauordnungsrechts fallen. Aus diesem Grund ist die allgemeine Straßenbeleuchtung außer in den Stadtstaaten kein Zubehör der Straße[1111] und damit keine Anlage des öffentlichen Verkehrs i.S.d. § 1 Abs. 2 Nr. 1 MBO. Deshalb findet das Landesbauordnungsrecht auf die allgemeine Straßenbeleuchtung regelmäßig Anwendung.

(2) Genehmigungspflicht der allgemeinen Straßenbeleuchtung

Eine Genehmigungspflicht setzt ferner voraus, dass eine Errichtung, Änderung, Nutzungsänderung oder der Abbruch einer baulichen Anlage vorliegt (vgl. § 59 Abs. 1 MBO; § 60 Abs. 1 BauO NRW).

(a) Straßenbeleuchtung als bauliche Anlage

Zunächst muss es sich bei der allgemeinen Straßenbeleuchtung um eine bauliche Anlage handeln. Eine bauliche Anlage ist eine mit dem Erdboden verbundene aus Bauprodukten hergestellte Anlage (vgl. § 2 Abs. 1 S. 1 MBO).[1112] Demnach müssen zwei Tatbestandsvoraussetzungen erfüllt sein: die Verbindung mit dem Erdboden und die Herstellung aus Bauprodukten.[1113] Eine Verbindung besteht jedenfalls dann, wenn die Anlage im Erdboden verankert wird.[1114] Die Herstellung der Anlage aus Bauprodukten setzt einen baulichen Vorgang voraus.[1115] Bauprodukte sind Baustoffe, Bauteile, Anlagen und Fertigbauten (vgl. § 2 Abs. 10 MBO).[1116]

[1110] OLG München, Urt. v. 25.01.1968 – 1 U 1239/67, NJW 1968, 604; *Bauer*, in: Kodal (Hrsg.), Straßenrecht, 7. Aufl., 2010, S. 43 ff.; ebenso wird die Straßenbeleuchtung im Erschließungsbeitragsrecht nicht als Teileinrichtung der Straße angesehen OVG Münster, Urt. v. 31.01.2003 – 3 A 835/00, juris, Rn. 5.

[1111] VGH München, Urt. v. 18.12.1990 – 8 B 8703780, NJW 1991, 2660, 2661; VGH Kassel, Urt. v. 26.04.1988 – 11 UE 468/85, NJW 1989, 1500; OVG Münster, Urt. v. 28.01.1980 – 1 A 1813/77, juris; *Majcherek*, in: Majcherek/Hengst (Hrsg.), PdK StrWG NRW, § 2, Rn. 8.3; *Edhofer*, in: Prandl/Gillessen et. al. (Hrsg.), PdK BayStrWG, Art. 2, Rn. 1; *Herber*, in: Kodal (Hrsg.), Straßenrecht, 7. Aufl., 2010, § 7, Rn. 40; *Sauthoff*, Öffentliche Straßen, 2. Aufl. 2010, Rn. 555.

[1112] *Finkelnburg/Ortloff/Otto*, Öffentliches Baurecht Bd. II, 7. Aufl. 2018, § 2, Rn. 1.

[1113] *Johlen*, in: Gädtke (Hrsg.), BauO NRW, 12. Aufl., 2011, § 2, Rn. 28.

[1114] *Ders.*, in: Gädtke (Hrsg.), BauO NRW, 12. Aufl., 2011, § 2, Rn. 29; vgl. auch den Begriff „Ortsfestigkeit" im BImSchG, siehe Seite 139.

[1115] *Finkelnburg/Ortloff/Otto*, Öffentliches Baurecht Bd. II, 7. Aufl. 2018, § 2, Rn. 1 ff.

[1116] *Nicolai*, in: Koch/Hendler (Hrsg.), Baurecht, 6. Aufl., 2015, § 24, Rn. 18.

(aa) Errichtung von Straßenbeleuchtungen

Zunächst könnte die erstmalige Errichtung einer Straßenbeleuchtung als bauliche Anlage genehmigungspflichtig sein. Die Straßenbeleuchtung wird aus Bauprodukten hergestellt und zur Errichtung durch den Lichtmast im Erdboden verankert. Dies stellt eine Herstellung einer baulichen Anlage dar, die gem. § 59 Abs. 1 MBO grundsätzlich genehmigungspflichtig ist.

(bb) Umrüstung von Straßenbeleuchtungen als Änderung i.S.d. Bauordnungsrechts

Die Umrüstung einer bestehenden Straßenbeleuchtung könnte als Änderung einer baulichen Anlage zu qualifizieren sein. Als Umrüstung wird der Vorgang bezeichnet, eine Anlage auf eine andere Betriebsart einzurichten. Eine Änderung ist jede Maßnahme, durch die auf den vorhandenen technischen oder baulichen Zustand einer baulichen Anlage nicht unerheblich eingewirkt wird.[1117] Eine nicht unerhebliche Einwirkung ist zu bejahen, wenn der Aufwand einer Neuerrichtung entspricht oder die Maßnahme wesentliche Teile der Anlage betrifft.[1118] Bezüglich der Straßenbeleuchtung können drei Komponenten geändert werden:

- die elektrische Versorgung (Schaltkasten und Kabel),
- das Trägersystem (Lichtmast) sowie
- die Leuchtenkörper.[1119]

Wird einer der drei Komponenten durch eine neue Komponente ersetzt, könnte eine nicht nur unerhebliche Einwirkung auf den technischen (Schaltkasten, Kabel und Leuchte) oder baulichen (Trägersystem) Zustand vorliegen. Bei einer Umrüstung auf eine neue Beleuchtungstechnologie wird jedenfalls der Leuchtenkörper durch einen anderen ersetzt.[1120] Der Leuchtenkörper besteht aus dem Gehäuse, der lichtdurchlässigen Abschlusswanne, dem Betriebsgerät (Vorschalt- und Zündgeräte), dem optischen System (Spiegel, Linsen) und dem Leuchtmittel selbst.[1121] Hierbei handelt es sich um wesentliche Teile der technischen Anlage, ohne die eine Straßenleuchte funktionslos ist, sodass der Einbau eines anderen Leuchtenkörpers als Änderung einer baulichen Anlage anzusehen ist.

Zudem wird in der Regel die Straßenbeleuchtung vollständig erneuert, indem Trägersystem und Leuchtkörper neu errichtet und verkabelt werden, da die bestehende Anlage ihre Lebenserwartung erreicht hat. Dies kommt einer Neuerrichtung gleich und ist daher jedenfalls eine Änderung der baulichen Anlage.

[1117] *Finkelnburg/Ortloff/Otto*, Öffentliches Baurecht Bd. II, 7. Aufl. 2018, § 7, Rn. 14.

[1118] BVerwG, Urt. v. 24.10.1980 – 4 C 81/77, NJW 1981, 2140, 2141; *Finkelnburg/Ortloff/Otto*, Öffentliches Baurecht Bd. II, 7. Aufl. 2018, § 7, Rn. 14.

[1119] Vgl. *Schiebold*, IR 2004, 202, 203.

[1120] Beispiel eines modularen Aufbaus: https://www.trilux.com/de/produkte/lumega-iq-led/ (zugegriffen am 22.12.2017); http://sustainder.com/de/produkte/alexia (zugegriffen am: 22.12.2018).

[1121] https://de.wikipedia.org/wiki/Straßenbeleuchtung#Aufbau_einer_Straßenbeleuchtung (zugegriffen am 22.12.2018).

Eine Änderung liegt jedoch nicht bereits bei einer Reparatur vor,[1122] worunter alle Maßnahmen zur Beseitigung von Schäden an Anlagen gefasst werden, die deren Nutzung beeinträchtigen (können).[1123] Häufigster Fall der Reparatur ist das Austauschen des Leuchtmittels. Die Umrüstung ist hingegen in den meisten Fällen eine wesentliche Änderung einer baulichen Anlage, sodass grundsätzlich eine Genehmigungspflicht besteht.

(b) Straßenbeleuchtung kein genehmigungsfreies Vorhaben

Die Genehmigungspflicht könnte aber entfallen, wenn die Straßenbeleuchtung von der Genehmigungspflicht befreit wäre. Von der Genehmigungspflicht befreit sind etwa „Flutlichtanlagen bis zu 10 m Höhe" (§ 61 Abs. 1 Nr. 5 lit. e MBO; vgl. auch § 62 Abs. 1 Nr. 5 lit. e BauO NRW).

Flutlichtanlagen sind Beleuchtungsanlagen zur Beleuchtung großer Flächen, insbesondere Sportstätten. Bei der Straßenbeleuchtung handelt es sich jedoch um eine punktuelle bzw. linienförmige Beleuchtung. Folglich ergibt sich hieraus keine Genehmigungsbefreiung.

(c) Zusammenfassung

Festzuhalten ist, dass die Straßenbeleuchtung nur an besonderen Gefahrenstellen und in Berlin, Bremen sowie Hamburg Bestandteil der Straße ist. In diesem Fall - sowie im Saarland (vgl. § 61 Abs. 1 Nr. 5 lit. b LBO Saarland) - ist die Errichtung und Umrüstung genehmigungsfrei. Im Übrigen sind die Errichtung sowie die Umrüstung als wesentliche Änderung, nicht aber die Reparatur (bspw. Austausch des Leuchtmittels) der allgemeinen Straßenbeleuchtung genehmigungspflichtig.

(3) Genehmigungsfähigkeit

Die Genehmigungspflicht hat zur Folge, dass die bauplanerischen Vorschriften der §§ 30 ff. BauGB einzuhalten sind (§ 64 S. 1 Nr. 1 MBO). Entsprechend können bei Errichtung und Umrüstung von Straßenbeleuchtungen Festsetzungen nach § 9 Abs. 1 Nr. 20, 24 BauGB zu beachten sein.[1124] Hingegen sind die Vermeidungs- und Minimierungspflichten des § 22 Abs. 1 S. 1 Nr. 1, 2 BImSchG nach § 22 Abs. 1 S. 3 BImSchG auf Straßenbeleuchtungen nicht anwendbar.[1125] Anwendung findet bei der Umrüstung der allgemeinen Straßenbeleuchtung jedoch die Eingriffsregelung der §§ 13 ff. BNatSchG, wenn sich die Straßenbeleuchtung im Außenbereich gem. § 35 BauGB befindet, sodass bei einer erheblichen Beeinträchtigung von Natur und Landschaft das Vermeidungsgebot des § 15 Abs. 1 BNatSchG greift.[1126]

[1122] BVerwG, Urt. v. 24.10.1980 – 4 C 81/77, NJW 1981, 2140, 2141; zur Reparatur *Krautzberger*, in: Ernst/Zinkahn et. al. (Hrsg.), BauGB, 2018, § 29, Rn. 47.

[1123] Auch als Instandsetzung bezeichnet vgl. *Krautzberger*, in: Ernst/Zinkahn et. al. (Hrsg.), BauGB, 2018, § 148, Rn. 19.

[1124] Siehe Seite 181 ff.

[1125] Siehe Seite 161 ff.

[1126] *Kerkmann/Koch*, in: Schlacke (Hrsg.), GK-BNatSchG, 2. Aufl., 2017, § 18, Rn. 19; siehe Seite 41 ff.

Zudem sind die artenschutzrechtlichen Verbote des § 44 Abs. 1 BNatSchG zu beachten. Das Tötungsverbot gem. § 44 Abs. 1 Nr. 1 BNatSchG kann z. B. verwirklicht sein, wenn die Straßenbeleuchtung ein signifikantes Tötungsrisiko für besonders geschützte Insekten verursacht.[1127] Eine erhebliche Störung i.S.d. § 44 Abs. 1 Nr. 2 BNatSchG kann insbesondere vorliegen, wenn Fledermäuse von der Straßenbeleuchtung gestört werden und sich dadurch der Erhaltungszustand der lokalen Population verschlechtert.[1128] Daneben kann die Straßenbeleuchtung – möglicherweise durch Kumulation mit anderen Wirkfaktoren – eine erhebliche Beeinträchtigung von Natura 2000-Gebieten gem. § 34 Abs. 2 BNatSchG verursachen.[1129] Lassen sich die Wirkungen nicht durch die Vornahme von Vermeidungsmaßnahmen unterbinden und liegen auch die Voraussetzungen einer Privilegierung, Ausnahme oder Befreiung nach §§ 44 Abs. 5 S. 1, 5, 45, 67 BNatSchG nicht vor oder ist eine abweichende Zulassung nach § 34 Abs. 3, 4 BNatSchG nicht möglich,[1130] ist die Umrüstungsgenehmigung zu versagen.

bb) Baurechtliche Anforderungen in Bezug auf Lichtwerbeanlagen und Skybeamer

Außenbeleuchtungen könnten genehmigungspflichtig sein und bestimmten bau- und öffentlich-rechtlichen Anforderungen unterliegen. Dazu wird am Beispiel von Skybeamern und Lichtwerbeanlagen untersucht, welche baurechtlichen Anforderungen an diese Außenbeleuchtungen zu stellen sind.

(1) Genehmigungspflicht

Lichtwerbeanlagen und Skybeamer könnten bauordnungsrechtlich genehmigungspflichtig sein, wenn es sich bei ihnen um bauliche Anlagen oder ortsfeste Einrichtungen i.S.d. Bauordnungsrechts (vgl. etwa § 1 Abs. 1 S. 2 i.V.m. § 10 BauO NRW) handelt (s. o.).[1131]

(a) Genehmigungspflicht von Lichtwerbeanlagen

Lichtwerbeanlagen, namentlich beleuchtete Außenwerbungen (z. B. Litfaßsäulen), Hinweisschilder und Leuchtschriftzüge, werden in der Regel aus Baustoffen hergestellt, z. B. durch metallene Einfassungen.[1132] Darüber hinaus werden sie ihrem Nutzungszweck entsprechend ortsfest eingesetzt, sodass die Voraussetzungen einer

---

[1127] Ausführlich auf Seite 97 ff.

[1128] Siehe Seite 102 ff.

[1129] Siehe Seite 62 ff.

[1130] Für die artenschutzrechtlichen Verbote siehe Seite 114 ff.; für Natura 2000-Gebiete siehe Seite 78 ff.

[1131] Siehe Seite 226.

[1132] Bejahend OVG Münster, Urt. v. 14.03.2006 – 10 A 630/04, ZfBR 2006, 487 f.; im bayerischen Landesrecht sind Werbeanlagen als bauliche Anlagen legaldefiniert; Art. 2 Abs. 1 S. 2 BayBO; im Gegensatz dazu differenziert § 10 Abs. 2 S. 1, 2 BauO NRW.

baulichen Anlage vorliegen.[1133] Wurden keine Baustoffe verwendet, ist regelmäßig der Auffangtatbestand der ortsfesten Einrichtung erfüllt (vgl. § 10 Abs. 2 MBO; § 1 Abs. 1 S. 2 i.V.m. § 10 Abs. 1 BauO NRW).[1134] Lediglich mobile Lichtwerbeanlagen, die nur vorübergehend genutzt werden, sind hiervon ausgenommen (z. B. Lichtanlagen für Konzerte, Feste o. ä.).

(b) Skybeamer als Lichtwerbeanlagen

Sofern es sich bei Skybeamern um bauliche Anlagen handelt, können auch sie genehmigungspflichtig sein (§ 59 Abs. 1 MBO). Skybeamer (auch als Himmelsstrahler bezeichnet) sind sehr helle Scheinwerfer, die gebündelte und rotierende Lichtstrahlen in den Nachthimmel emittieren.[1135] Die Lichtstrahlen werden an der Wolkendecke und an Partikeln in der Luft reflektiert, sodass der Lichtstrahl sichtbar ist und noch in großer Entfernung wahrgenommen werden kann. Allerdings bestehen Skybeamer aus technischen Bauteilen, nicht jedoch aus Baustoffen, weshalb sie als Maschinen statt als Anlagen anzusehen sind.[1136] Skybeamer sind somit keine baulichen Anlagen i.S.d. Bauordnungsrechts.

Skybeamer könnten jedoch als Werbeanlage i.S.e. ortsfesten Einrichtung (vgl. § 10 Abs. 1 MBO; § 10 Abs. 1 BauO NRW) eingesetzt werden und deshalb genehmigungspflichtig sein. Werbeanlagen sind alle ortsfesten Einrichtungen, die der Ankündigung oder Anpreisung oder als Hinweis auf Gewerbe oder Beruf dienen und vom öffentlichen Verkehrsraum aus sichtbar sind.[1137] Zweck der Skybeamer ist es, auf den Ort der Lichtquelle, zumeist ein Gewerbe oder eine Vergnügungsstätte, hinzuweisen. Aufgrund der Reflektion des Lichtstrahls ist der Skybeamer aus weiter Entfernung und somit auch vom öffentlichen Verkehrsraum aus sichtbar. Aus dieser Wirkweise resultiert die Vergleichbarkeit von Skybeamern in ihrer Funktion mit gewöhnlichen Hinweisschildern, sodass es sich um eine (Licht-)Werbeanlage handelt.[1138] Folglich sind Skybeamer als Lichtwerbeanlagen genehmigungspflichtig.

(c) Ausnahmen von der Genehmigungspflicht

Für Werbeanlagen bestehen nach bestimmten Vorschriften des jeweiligen Landesrechts Ausnahmen von der Genehmigungspflicht, insbesondere sind Werbeanlagen bis zu 1 m^2 Werbefläche von der Genehmigungspflicht ausgenommen (vgl. § 61 Abs. 1 Nr. 12 lit. 1 MBO; § 62 Abs. 1 Nr. 12 lit. a BauO NRW). Diese dürften indes regelmäßig für Lichtwerbeanlagen und Skybeamer nicht einschlägig sein.

[1133] Beispiel einer LED-Anlage VG München, Urt. v. 10.07.2017 – M 8 K 16.1426, juris, Rn. 40; vgl. auch *Nicolai*, in: Koch/Hendler (Hrsg.), Baurecht, 6. Aufl., 2015, § 24, Rn. 4.

[1134] *Jäde*, ZfBR 2010, 34, 37; *Molodovsky*, in: Molodovsky/Famers/Waldmann (Hrsg.), BayBO, 34. Aufl., 2017, Art. 2, Rn. 21.

[1135] *Herrmann/Baier/Bosecke*, NuL 2006, 115; *Dietlein*, BauR 2000, 1682.

[1136] *Dietlein*, BauR 2000, 1682, 1683.

[1137] Für Skybeamer bejahend OVG Koblenz, Urt. v. 22.01.2003 – 8 A 11286/02, juris, Rn. 20; *Dietlein*, BauR 2000, 1682.

[1138] OVG Koblenz, Urt. v. 22.01.2003 – 8 A 11286/02, juris, Rn. 20, m.w.N.; *Dietlein*, BauR 2000, 1682.

Insbesondere ist die Größe anhand der Reflexion als Werbefläche zu messen, da der Skybeamer selbst und die emittierten Lichtstrahlen eine funktionale Einheit bilden und nicht getrennt voneinander betrachtet werden können.[1139] Folglich rufen Skybeamer aufgrund der flächigen Anstrahlung der Wolkendecke stets eine derart große Werbefläche hervor, dass keine Ausnahme von der Genehmigungspflicht eingreift.

(2) Genehmigungsfähigkeit

Wenn Lichtwerbeanlagen genehmigungspflichtig sind, stellt sich die Frage nach ihrer Genehmigungsfähigkeit. Die Baugenehmigung ist zu erteilen, wenn öffentlich-rechtliche Vorschriften dem Vorhaben nicht entgegenstehen (vgl. § 72 Abs. 1 S. 1 MBO; § 74 Abs. 1 BauO NRW).

(a) Vereinbarkeit mit Bauordnungsrecht

Lichtwerbeanlagen müssten mit den Vorschriften des Landesbauordnungsrechts vereinbar sein. In Betracht kommen bauordnungsrechtliche Verunstaltungs- und Belästigungsverbote sowie Werbebeschränkungen im Außenbereich.

(aa) Verunstaltungs- und Belästigungsverbot

Lichtwerbeanlagen könnten aufgrund der von ihnen verursachten Lichtimmissionen das bestehende Straßen-, Orts- oder Landschaftsbild verunstalten (vgl. § 9 MBO; § 10 Abs. 2 S. 2-5 BauO NRW). Hierfür kommen insbesondere großflächige oder beleuchtungsstarke Lichtwerbungen und Skybeamer in Betracht. Eine Verunstaltung liegt vor, wenn die Werbeanlage einen „hässlichen, das ästhetische Empfinden des Beschauers nicht nur beeinträchtigenden, sondern verletzenden Zustand" hervorruft.[1140] Dies erfordert eine Einzelfallbetrachtung.[1141] Eine Verunstaltung wird jedoch nur in einzelnen Fällen anzunehmen sein, in denen ein gefestigtes Orts- oder Landschaftsbild besteht und die Lichtimmissionen besonders hell oder farblich störend sind.[1142]

Ferner sind nach einigen Landesbauordnungen erhebliche Belästigungen unzulässig (vgl. § 50 Abs. 2 NdsBauO). Eine erhebliche Belästigung liegt vor, wenn durch die Lichtwerbeanlage das Ruhebedürfnis einer nicht überdurchschnittlich empfindlichen Person spürbar beeinträchtigt wird.[1143] Dadurch wird auf die Zumutbarkeit der Lichtimmission für andere Menschen abgestellt.[1144] Wirkungen auf Tiere

---

[1139] VG Neustadt, Urt. v. 14.07.2005 – 4 K 1053/05.NW, juris, Rn. 24; *Dietlein*, BauR 2000, 1682 f.

[1140] VGH München, Urt. v. 16.07.2002 – 2 B 01.1644, juris, Rn. 22 m.w.N.

[1141] *Dietlein*, BauR 2000, 1682, 1684.

[1142] Für eine restriktive Auslegung *Guckelberger*, ZfBR 2013, 425, 429; für Skybeamer ablehnend *Dietlein*, BauR 2000, 1682, 1684; bzgl. einer 63 m² großen Lichtwerbeanlage bejahend VGH München, Urt. v. 16.07.2002 – 2 B 01.1644, juris, Rn. 23 ff.

[1143] *Wiechert*, in: Große-Suchsdorf (Hrsg.), NBauO, 9. Aufl., 2013, § 50, Rn. 29.

[1144] Dieses Kriterium weist einige Überschneidungen mit dem Begriff des erheblichen Nachteils i.S.d. § 3 BImSchG auf, vgl. hierzu Seite 166 ff.

hingegen werden nicht erfasst.[1145] Hier ist ebenfalls eine Einzelfallbetrachtung anzustellen, welche auf die Größe und Häufung der Werbeflächen sowie Lichtstärke, -farbe und Betriebsweise (z. B. wechselndes Licht) Bezug nimmt.[1146] Eine erhebliche Belästigung wird in der Regel dann vorliegen, wenn die Lichtemission der Werbeanlage in reine Wohngebiete hineinwirkt.[1147]

(bb) Bauordnungsrechtliches Verbot von Werbeanlagen im Außenbereich

Werbeanlagen im Außenbereich i.S.d. § 35 Abs. 1 BauGB sind nach den Vorschriften einiger Landesbauordnungen generell nicht zulässig.[1148] Der Außenbereich einer Gemeinde umfasst alle Gebiete, die sich nicht durch einen im Zusammenhang bebauten Ortsteil, § 34 BauGB, auszeichnen.[1149]

Die betreffenden Landesbauordnungen sehen Ausnahmen von diesem Verbot, insbesondere für Werbeanlagen an der Stätte der Leistung (vgl. § 10 Abs. 3 Nr. 1 MBO; § 10 Abs. 3 Nr. 1 BauO NRW), vor. Zweck dieser Ausnahme ist die Privilegierung jener Werbeanlagen im Außenbereich, die dem potenziellen Kunden den Weg zum Unternehmen weisen oder ihn auf das örtliche Angebot des Unternehmens aufmerksam machen sollen. Die Stätte der Leistung ist der Ort, an dem diejenigen, die eine Leistung – Waren oder Dienste – eines Unternehmens nachfragen, die Leistung erhalten können.[1150] Dies erfordert einen Funktionszusammenhang zwischen der Werbung und dem Ort des Leistungsaustauschs. Demnach müssen Lichtwerbungen, damit sie vom Verbot der Errichtung im Außenbereich ausgenommen sind, einen Bezug zur örtlichen Leistungsstätte aufweisen.

Lichtwerbeanlagen, die keinen Bezug zur örtlichen Leistungsstätte aufweisen, etwa weil es sich um Fremdwerbung handelt, werden hingegen vom Verbot der Errichtung und des Betriebs im Außenbereich erfasst.[1151] Das gilt auch für Skybeamer,[1152] die weit über das örtliche Umfeld hinauswirken.

[1145] *Wiechert*, in: Große-Suchsdorf (Hrsg.), NBauO, 9. Aufl., 2013, § 50, Rn. 28; allgemeine Definition der Belästigung bei *Schlacke*, Umweltrecht, 7. Aufl. 2019, § 9, Rn. 28; eine Ausnahme gilt für NRW. Nach § 10 Abs. 2 BauO NRW darf der Betrieb der Werbeanlage keine schädlichen Umwelteinwirkungen hervorrufen. Diese Regelung trat am 01.01.2019 in Kraft. Die schädliche Umwelteinwirkung ist mit der aus § 3 Abs. 1 BImSchG identisch, daher kann darauf verwiesen werden (s. Seite 143 ff.), vgl. NRW LT-Drs. 17/2166, S. 107 f.

[1146] *Wiechert*, in: Große-Suchsdorf (Hrsg.), NBauO, 9. Aufl., 2013, § 50, Rn. 30.

[1147] OVG Lüneburg, Urt. v. 26.02.2003 – 1 LC 75/02, NVwZ-RR 2003, 820, 822; *Wiechert*, in: Große-Suchsdorf (Hrsg.), NBauO, 9. Aufl., 2013, § 50, Rn. 32; *Dietlein*, BauR 2000, 1682, 1684.

[1148] § 10 Abs. 3 BauO Bln; § 10 Abs. 3 BremLBO; § 10 Abs. 3 LBauO M-V; § 50 Abs. 3 NBauO; § 10 Abs. 3 BauO NRW; § 52 Abs. 3 LBauO RLP; § 12 Abs. 3 LBO SL; § 10 Abs. 3 SächsBO; § 10 Abs. 3 BauO LSA; § 11 Abs. 3 LBO S-H; § 10 Abs. 3 ThürBO; kein generelles Verbot von Werbeanlagen im Außenbereich existiert in Baden-Württemberg, Bayern, Brandenburg, Hamburg und Hessen.

[1149] *Mitschang/Reidt*, in: Battis/Krautzberger/Löhr (Hrsg.), BauGB, 13. Aufl., 2016, § 35, Rn. 2; *Stollmann/Beaucamp*, Öffentliches Baurecht, 11. Aufl. 2017, § 17, Rn. 1; *Wiechert*, in: Große-Suchsdorf (Hrsg.), NBauO, 9. Aufl., 2013, § 50, Rn. 34; zum Begriff des im Zusammenhang bebauten Ortsteils *Scheidler*, ZfBR 2011, 750.

[1150] *Wiechert*, in: Große-Suchsdorf (Hrsg.), NBauO, 9. Aufl., 2013, § 50, Rn. 38.

[1151] OVG Münster, Urt. v. 14.03.2006 – 10 A 630/04, ZfBR 2006, 487, 489; *Wiechert*, in: Große-Suchsdorf (Hrsg.), NBauO, 9. Aufl., 2013, § 50, Rn. 38, der vertritt, dass der Leistende selbst werben muss.

[1152] OVG Koblenz, Urt. v. 22.01.2003 – 8 A 11286/02, juris, Rn. 21 ff.

(b) Vereinbarkeit mit Bauplanungsrecht

Eine Lichtwerbeanlage muss zudem mit dem Bauplanungsrecht vereinbar sein. Die Zulässigkeit von Lichtwerbeanlagen bestimmt sich nach den §§ 30 ff. BauGB, wenn es sich um eine bauliche Anlage i.S.d. § 29 BauGB handelt. Der Anlagenbegriff nach § 29 BauGB ist ein eigenständiger bundesrechtlicher Begriff, der sich aus dem Merkmal des Bauens und der städtebaulichen Relevanz zusammensetzt.[1153] Das Merkmal des Bauens ist erfüllt, wenn die Lichtwerbeanlage in einer auf Dauer gedachten Weise (mittelbar) mit dem Erdboden verbunden wird.[1154] Dadurch fallen diejenigen Lichtwerbeanlagen aus dem Anwendungsbereich der §§ 30 ff. BauGB, die lediglich auf- oder abgestellt werden. Erfasst vom Anlagenbegriff sind dagegen fest installierte, insbesondere großflächige Lichtwerbeanlagen, auf welche folglich die §§ 30 ff. BauGB anzuwenden sind.

Die städtebauliche Relevanz von Lichtwerbeanlagen ergibt sich daraus, dass die erzeugten Lichtimmissionen das Straßen-, Orts- oder Landschaftsbild beeinträchtigen können, insbesondere bei einer gehäuften Nutzung.[1155] Im Geltungsbereich eines Bebauungsplans sind Lichtwerbeanlagen zulässig, wenn die getroffenen Festsetzungen eingehalten werden.[1156]

Darüber hinaus könnte das in § 15 Abs. 1 BauNVO statuierte Rücksichtnahmegebot zu beachten sein. Gegen das Rücksichtnahmegebot wird verstoßen, wenn von der Lichtwerbeanlage eine unzumutbare Belästigung oder Störung i.S.d. § 15 Abs. 1 S. 2 BauNVO ausgehen kann. Danach sind Anlagen unzulässig, wenn von ihnen Belästigungen oder Störungen ausgehen können, die nach der Eigenart des Baugebiets in diesem selbst oder in dessen Umgebung unzumutbar sind.[1157] Während von dem Begriff der Belästigungen nur menschliche Nutzungsbeeinträchtigungen erfasst sind, fallen unter den Schutz vor Störungen auch nachteilige Auswirkungen von Licht auf Tiere.[1158] Zur Beantwortung der Frage, ab welcher Schwelle eine unzumutbare Störung zu bejahen ist, kann auf die Ausführungen zur schädlichen Umwelteinwirkung i.S.d. § 3 Abs. 1 BImSchG[1159] sowie auf die LAI-Hinweise zur Messung, Beurteilung

---

[1153] *Reidt*, in: Battis/Krautzberger/Löhr (Hrsg.), BauGB, 13. Aufl., 2016, § 29, Rn. 9 ff.

[1154] BVerwG, Urt. v. 31.08.1973 – IV C 33.71, BVerwGE 44, 59, 62; BVerwG, Urt. v. 11.10.2007 – 4 C 8/06, NVwZ 2008, 311, 314; ausführlich *Krautzberger*, in: Ernst/Zinkahn et. al. (Hrsg.), BauGB, 2018, § 29, Rn. 37 ff. m.w.N.; *Reidt*, in: Battis/Krautzberger/Löhr (Hrsg.), BauGB, 13. Aufl., 2016, § 29, Rn. 10; *Dietlein*, BauR 2000, 1682, 1686 m.w.N.

[1155] BVerwG, Urt. v. 03.12.1992 – 4 C 27/91, NVwZ 1993, 983, 984; *Guckelberger*, ZfBR 2013, 425, 426; für Skybeamer *Dietlein*, BauR 2000, 1682, 1686; *Hildebrandt*, VBlBW 1999, 250, 253.

[1156] *Mitschang*, in: Battis/Krautzberger/Löhr (Hrsg.), BauGB, 13. Aufl., 2016, § 30, Rn. 12; siehe Seite 181 ff.; insbesondere S. 185 ff.; die Erschließung stellt keine Genehmigungshürde dar.

[1157] *Söfker*, in: Ernst/Zinkahn et. al. (Hrsg.), BauGB, 2018, § 15 BauNVO, Rn. 9.

[1158] *Ders.*, in: Ernst/Zinkahn et. al. (Hrsg.), BauGB, 2018, § 15 BauNVO, Rn. 21 m.w.N.

[1159] So *ders.*, in: Ernst/Zinkahn et. al. (Hrsg.), BauGB, 2018, § 15 BauNVO, Rn. 21; siehe Seite 143 ff.; *Guckelberger*, ZfBR 2013, 425, 427.

und Minderung von Lichtimmissionen[1160] zurückgegriffen werden. Demnach verursachen solche Lichtwerbeanlagen eine unzumutbare Störung, die

- besonders beleuchtungsstark sind,
- sich in der Nähe schützenswerter Naturräume befinden,
- besonders lichtempfindliche Tiere betreffen können und/oder
- ein hohes Maß an Abfalllicht hervorrufen.[1161]

Allerdings ist zur Bestimmung der Schwelle der Unzumutbarkeit die jeweilige Gebietsart zu berücksichtigen, sodass in Gewerbe- oder Industriegebieten der zulässige Störgrad anzuheben ist und somit nur bei besonders intensiven Lichtwerbeanlagen ein Verstoß gegen § 15 Abs. 1 S. 2 BauNVO vorliegen dürfte.[1162]

Zusammenfassend ist eine Lichtwerbeanlage mit dem Bauplanungsrecht vereinbar, die nicht gegen die Festsetzungen des Bebauungsplans verstößt und im räumlichen Geltungsbereich eines Baugebiets i.S.d. §§ 2 bis 11 BauNVO oder im unbeplanten Innenbereich i.S.d. § 34 Abs. 2 BauGB keine unzumutbare Störung hervorruft. Im unbeplanten Außenbereich gem. § 35 BauGB dürften die genannten Anlagen immer unzulässig sein, wenn sie nicht gem. Abs. 1 privilegiert sind.

(c) Verstöße gegen weitere öffentlich-rechtliche Vorschriften

Neben bauordnungs- und -planungsrechtlichen Vorschriften können andere öffentlich-rechtliche Vorschriften der Nutzung von Lichtwerbeanlagen entgegenstehen. In Betracht kommen vorliegend Verstöße gegen Vorschriften des Naturschutzrechts ((aa)) oder des Immissionsschutzrechts ((bb)).

(aa) Vereinbarkeit mit dem Naturschutzrecht

Lichtwerbeanlagen können gegen das artenschutzrechtliche Tötungs- und Verletzungsverbot gem. § 44 Abs. 1 Nr. 1 BNatSchG oder gegen das Störungsverbot nach § 44 Abs. 1 Nr. 2 BNatSchG verstoßen sowie eine unzulässige Beeinträchtigung eines Natura 2000-Gebiets gem. § 34 Abs. 2 BNatSchG hervorrufen. Zur Klärung der Frage, wann eine Lichtwerbeanlage gegen eines der o. g. Verbote verstößt, wird auf die obigen Ausführungen verwiesen.[1163] Verstößt eine Lichtwerbeanlage gegen eines dieser Verbote und ist eine Ausnahme oder Befreiung nach §§ 45, 67 BNatSchG nicht möglich, ist die Lichtwerbeanlage nicht genehmigungsfähig.

[1160] *Bund/Länder-Arbeitsgemeinschaft für Immissionsschutz (LAI)* (Hrsg.), Hinweise zur Messung, Beurteilung und Minderung von Lichtimmissionen, 2014, S. 3 ff.; dazu VGH Mannheim, Urt. v. 29.03.2012 – 3 S 2658/10, NVwZ-RR 2012, 636, 638; OVG Münster, Beschl. v. 27.02.2009 – 7 B 1647/08, NVwZ-RR 2009, 716, 718.

[1161] Siehe Seite 167.

[1162] Vgl. *Söfker*, in: Ernst/Zinkahn et. al. (Hrsg.), BauGB, 2018, § 15 BauNVO, Rn. 34; ähnlich *Guckelberger*, ZfBR 2013, 425, 427; VG Trier, Urt. v. 09.05.2012 – 5 K 1226/11.TR, juris, Rn. 40, das auf die Vorbelastung abstellt.

[1163] Bzgl. des Tötungs- und Verletzungsverbots s. S. 84 ff.; bzgl. des Störungsverbots s. S. 101 ff.; bzgl. Natura 2000-Gebiete s. S. 60 ff.

Befindet sich die Lichtwerbeanlage im Außenbereich i.S.d. § 35 Abs. 1 BauGB kann ferner ein Eingriff in Natur und Landschaft gem. §§ 13 ff. BNatSchG vorliegen. Die Beurteilung, ob die Lichtemission der Werbeanlage eine erhebliche Beeinträchtigung verursacht, erfordert eine Einzelfallbetrachtung, ist aber im Regelfall zu vermuten (vgl. Vermutungsregel des § 16 Nr. 11 NatSchG Bln).[1164] Ein solcher Eingriff löst die Rechtsfolge des § 15 BNatSchG aus. Danach ist nicht das Vorhaben unzulässig, sondern die Beeinträchtigung zu vermeiden oder bei Unvermeidbarkeit auszugleichen.[1165]

Baden-Württemberg hat die Benutzung von Skybeamern und ähnlichen Lichtwerbeanlangen speziell gesetzlich geregelt. Skybeamer und ähnliche Lichtwerbeanlagen sind im Außenbereich gem. § 21 Abs. 1 S. 2 NatSchG BW grundsätzlich unzulässig. Eine Ausnahmegenehmigung ist nach § 21 Abs. 2 S. 1 NatSchG BW nur dann möglich, wenn weder das Landschaftsbild noch die Tierwelt beeinträchtigt werden. Ortsfeste Skybeamer und ähnliche Lichtwerbeanlagen stellen indes stets eine (erhebliche) Beeinträchtigung für lichtempfindliche Tiere dar. Eine Ausnahmegenehmigung nach § 21 Abs. 2 S. 1 Nr. 2 NatSchG BW kommt daher nur für *nicht* ortsfeste Lichtwerbeanlagen (für einzelne Veranstaltungen wie Konzerte) in Betracht, die vom Bauordnungsrecht nicht erfasst werden. Demnach sind ortsfeste Skybeamer und ähnliche Lichtwerbeanlagen unzulässig und aus diesem Grund nicht genehmigungsfähig.

(bb) Vereinbarkeit mit dem BImSchG

Genehmigungshindernisse könnten auch aus dem BImSchG erwachsen. Bei Lichtwerbeanlagen handelt es sich in der Regel um Anlagen i.S.d. § 3 Abs. 5 Nr. 1 BImSchG, die nicht genehmigungsbedürftig sind.[1166] Die Betreiber und Errichter nicht genehmigungsbedürftiger Anlagen unterliegen den Pflichten des § 22 Abs. 1 BImSchG. Gehen von der Lichtwerbeanlage schädliche Umwelteinwirkungen aus,[1167] sind diese nach dem Stand der Technik zu vermeiden (§ 22 Abs. 1 Nr. 1 BImSchG). Im Falle unvermeidbarer Lichtimmissionen, sind die Umwelteinwirkungen auf ein Mindestmaß zu beschränken (§ 22 Abs. 1 Nr. 2 BImSchG). Beide Pflichten stehen der Errichtung der Anlage nicht grundsätzlich im Wege. Das BImSchG enthält mithin keine konkreten Verbote für nicht genehmigungspflichtige Lichtwerbeanlagen. Allerdings kann die Baugenehmigung gem. § 36 Abs. 1 VwVfG NRW mit einer immissionsschutzrechtlichen Nebenbestimmung versehen werden (z. B. Nutzungseinschränkungen in Zeiten des Vogelzuges),[1168] die auf die Einhaltung der Betreiberpflichten des § 22 BImSchG zielt.

(3) Zwischenergebnis

Festzuhalten ist, dass Lichtwerbeanlagen entweder als bauliche Anlagen oder als ortsfeste Einrichtungen genehmigungspflichtig sind. Skybeamer sind als Lichtwerbeanlagen genehmigungspflichtig. Eine Genehmigungsunfähigkeit wegen eines

---

[1164] Ausführlich dazu auf Seite 41 ff.

[1165] Zu den Rechtsfolgen der Eingriffsregelung siehe Seite 51 ff.

[1166] Siehe Seite 141 f.

[1167] Siehe hierzu Seite 161 ff.

[1168] Siehe Seite 170.

Verstoßes gegen das Verunstaltungs- und Belästigungsverbot ist nur in Einzelfällen anzunehmen, weil die Beeinträchtigungen von lichtempfindlichen Tieren mit der Ausnahme von NRW unberücksichtigt bleiben. Mit Ausnahme von Baden-Württemberg, Bayern, Brandenburg, Hamburg und Hessen sind Lichtwerbeanlagen im Außenbereich bauordnungsrechtlich nur im Ausnahmefall zulässig, da nach den jeweiligen Landesbauordnungen Skybeamer und ähnliche Lichtwerbeanlagen im Außenbereich nicht genehmigungsfähig sind. Bauplanungsrechtlich sind die etwaigen Festsetzungen der Bebauungspläne einzuhalten und das Rücksichtnahmegebot gem. § 15 Abs. 1 S. 2 BauNVO zu beachten.

Nicht genehmigungsfähig sind ferner solche Lichtwerbeanlagen, die gegen das artenschutzrechtliche Tötungs- und Verletzungsverbot nach § 44 Abs. 1 Nr. 1 BNatSchG oder gegen das Störungsverbot nach § 44 Abs. 1 Nr. 2 BNatSchG verstoßen, oder die in unzulässiger Art und Weise ein Natura 2000-Gebiet beeinträchtigen. Im Außenbereich befindliche Lichtwerbeanlagen können ferner einen Eingriff gem. §§ 13 ff. BNatSchG verursachen. Dieser führt nicht zur Genehmigungsunfähigkeit, sondern erfordert Vermeidungs- bzw. Ausgleichsmaßnahmen. Eine Pflicht zur Vermeidung und Minimierung der Lichtemissionen kann sich auch aus § 22 Abs. 1 BImSchG ergeben. Diese Pflichten können mittels einer Auflage gegenüber dem Anlagenbetreiber durchgesetzt werden. Eine Besonderheit stellt § 21 Abs. 1 S. 2 LNatSchG BW dar, wonach Skybeamer und ähnliche Lichtwerbeanlagen im Außenbereich generell verboten sind.

3. Zwischenfazit: Baurecht

a) Bauplanungsrecht

Die nachteiligen Auswirkungen von Glas und Licht verursachen einen räumlichen Nutzungskonflikt zwischen Naturschutzbelangen und menschlichen Nutzungsinteressen. Deshalb können geeignete Vermeidungsmaßnahmen aus städtebaulichen Gründen in einem Bebauungsplan festgesetzt werden. § 9 Abs. 1 Nr. 20 BauGB ermöglicht die Festsetzung sämtlicher vorliegend vorgeschlagenen Vermeidungsmaßnahmen[1169] zum Schutz gegen Auswirkungen von Glas und Licht, während § 9 Abs. 1 Nr. 24 BauGB nur bauliche oder sonstige technische Vermeidungsmaßnahmen für Lichtanlagen erfasst. Die Festsetzungen müssen bestimmt sein und dürfen nicht pauschal auf „Vogelschutzglas“ oder „insektenfreundliche Lichtquellen“ verweisen.

Bei der Aufstellung oder Änderung von Bebauungsplänen sind abwägungsexterne Planungsleitsätze zu beachten. Liegt etwa eine erhebliche Beeinträchtigung von Natura 2000-Gebieten i.S.d. § 34 Abs. 2 BNatSchG vor und ist eine abweichende Zulassung gem. § 34 Abs. 3, 4 BNatSchG nicht möglich, stellen die Naturschutzbelange ein unüberwindbares Planungshindernis dar. Ähnliches gilt für

[1169] Siehe Seite 38 f.

die artenschutzrechtlichen Zugriffsverbote gem. § 44 Abs. 1 BNatSchG, deren Verbotswirkung zwar erst bei der Realisierung auf Vorhabenebene greift, unüberwindbare Hindernisse jedoch die Erforderlichkeit des Bebauungsplanes gem. § 1 Abs. 3 S. 1 BauGB entfallen lassen. Dagegen stehen Beleuchtungspflichten in der Regel der Planung nicht entgegen. Die flächendeckende, d. h. allgemeine Straßenbeleuchtung ist eine Aufgabe der Daseinsvorsorge, die im Planungsermessen der Gemeinde steht.

In der Abwägung über einen Bebauungsplan gem. § 1 Abs. 7 BauGB sind die nachteiligen Auswirkungen von Glas und Licht auf Vögel, Fledermäuse und Insekten als beeinträchtigte Naturschutzbelange gem. § 1 Abs. Nr. 7 lit. a und b BauGB einzustellen. Diese Belange hat die Gemeinde bei der Aufstellung des Bebauungsplans mithilfe einer Wirkungsprognose zu untersuchen. Ergibt sich daraus, dass die nachteiligen Auswirkungen von Glas und Licht als Eingriff gem. § 1a Abs. 3 BauGB i.V.m. §§ 13 ff. BNatSchG anzusehen sind, steht dem Vorhaben ein gewichtiger Belang entgegen, dessen Überwindung eine gesteigerte Begründung erfordert.

Die nachteiligen Auswirkungen von Glas und Licht auf Vögel, Fledermäuse und Insekten haben Einfluss auf die planerische Gestaltungsfreiheit der Gemeinde. Da sich erhebliche Beeinträchtigungen aus der Kumulation von Glasflächen und Lichtimmissionen ergeben können, ist die Gemeinde nach dem Gebot der Konfliktbewältigung dazu verpflichtet, die in der Kumulation erheblichen Auswirkungen von Glas und Licht in der Bauleitplanung zu bewältigen. Auch das Gebot der Rücksichtnahme kann die planerische Gestaltungsfreiheit begrenzen. Danach hat die Gemeinde Gebiete mit schädlichen Umwelteinwirkungen durch Lichtimmissionen von Natura 2000-Gebieten, Vogelschutz-, Naturschutz- und Landschaftsschutzgebieten räumlich zu trennen bzw. eine schädliche Umwelteinwirkung mithilfe von Festsetzungen zu verhindern.

Schließlich verlangt der Grundsatz der Konfliktvermeidung, dass die nachteiligen Auswirkungen von Glas und Licht nicht wegen gewichtiger Belange unbewältigt zurückgestellt werden. Die entstehenden Konflikte lassen sich planerisch lösen, weshalb die Gemeinde vorrangig Maßnahmen, u. a. durch Festsetzungen gem. § 9 Abs. 1 Nr. 20, 24 BauGB zur Konfliktlösung, ergreifen muss. Beachtet die Gemeinde die Gebote und Grundsätze nicht, liegt ein beachtlicher Mangel vor, der im ergänzenden Verfahren zu beheben ist oder, wenn dies nicht möglich ist, zur Unwirksamkeit des Bebauungsplans führt.

b) Bauordnungsrecht

Der Einsatz von Glas kann in Abhängigkeit von dem Bauvorhaben baugenehmigungspflichtig sein. Die Genehmigungspflicht richtet sich nach dem einschlägigen Landesbauordnungsrecht und nach der jeweiligen baulichen Anlage, dessen Bestandteil die Glasfläche ist. Die bauliche Anlage ist genehmigungsfähig, wenn die Vorgaben des Bebauungsplans und sonstige öffentlich-rechtliche Vorschriften – vorliegend vor allem natur- und immissionsschutzrechtliche Vorgaben – eingehalten werden.

Der Einsatz von Licht wurde hinsichtlich der Genehmigungspflicht von Straßenbeleuchtungen und der Genehmigungsfähigkeit von Außenbeleuchtungen am Beispiel von Werbeanlagen und Skybeamern untersucht.

Die Errichtung und Umrüstung der flächendeckenden, allgemeinen Straßenbeleuchtung ist genehmigungspflichtig, sodass auch die Umrüstung bestehender Anlagen auf moderne Beleuchtungstechnologien einer Änderungsgenehmigung bedarf. Eine Ausnahme hiervon ergibt sich nur für die Straßenbeleuchtung in Berlin, Bremen und Hamburg sowie für die punktuelle Beleuchtung von Gefahrenstellen, die zur Erfüllung der Verkehrssicherungspflicht betrieben wird.

Lichtwerbeanlagen, wozu auch Skybeamer zählen, sind grundsätzlich genehmigungspflichtig. Lichtwerbeanlagen können gegen das bauordnungsrechtliche Verunstaltungs- und Belästigungsverbot verstoßen, allerdings wird - NRW ausgenommen - dabei die mögliche Beeinträchtigung von lichtempfindlichen Tieren nicht berücksichtigt. Dagegen sind nach einigen Landesbauordnungen im Außenbereich Skybeamer und ähnliche Lichtwerbeanlagen nicht und andere Lichtwerbeanlagen nur im Ausnahmefall zulässig. Weitere Vorschriften, die dem Vorhaben entgegenstehen können, sind §§ 44 Abs. 1, 34 Abs. 2 BNatSchG sowie § 21 Abs. 1 S. 2 LNatSchG BW. Vermeidungspflichten ergeben sich aus § 22 Abs. 1 BImSchG, sowie bei Lichtwerbeanlagen im Außenbereich nach § 15 Abs. 1 BNatSchG.

D. Bewertung des rechtlichen Instrumentariums

I. Eingriffsregelung

Die Eingriffsregelung nach §§ 13 ff. BNatSchG kann für die Risiken und Gefahren von Glas und Licht von erheblicher Bedeutung sein.

Im Gegensatz zu anderen Eingriffen, wie etwa der Bodenversiegelung, sind die Beeinträchtigungen von Natur und Landschaft durch den Einsatz von Glas und Licht, zumindest zu einem großen Teil, i.S.d. § 15 Abs. 1 S. 2 BNatSchG vermeidbar. Die Vermeidungsmaßnahmen in Bezug auf Glas und Licht sind zudem weder mit hohen Kosten noch mit größeren Nutzungseinschränkungen verbunden. Diese Besonderheit wird deutlich, wenn man die Beeinträchtigungen von Glas und Licht mit schädlichen Stickstoffemissionen durch Landwirtschaft und Verkehr oder mit dem Verlust von Insektenpopulationen durch Pestizide vergleicht. In diesem Sinne bietet die Eingriffsregelung den Vorteil, dass sie nach § 15 Abs. 1 S. 1 BNatSchG vorrangig die Vornahme von Vermeidungsmaßnahmen verlangt.

Allerdings wird der flächendeckende Mindestschutz der Eingriffsregelung durch den deutlich eingeschränkten räumlichen Anwendungsbereich nach § 18 BNatSchG begrenzt. Dennoch bleibt die Eingriffsregelung im Außenbereich anwendbar, wo insbesondere Lichtimmissionen durch Barriere- und sog. Staubsaugereffekte erhebliche Beeinträchtigungen hervorrufen können. Im Regelfall werden Eingriffe im Bauplanungsrecht bewältigt. Damit stehen zwar die Rechtsfolgen unter dem Vorbehalt der Abwägung, dafür können aber die Vorzüge der Bauleitplanung genutzt werden (dazu V.)

© Springer-Verlag GmbH Deutschland, ein Teil von Springer Nature 2019

B. Huggins, S. Schlacke, *Schutz von Arten vor Glas und Licht*, Schriftenreihe Natur und Recht, https://doi.org/10.1007/978-3-662-58257-2_4

II. Schutz von Natura 2000-Gebieten

Der umfassende Schutz von Natura 2000-Gebieten nach §§ 33 ff. BNatSchG ist auf das jeweilige Schutzgebiet bezogen. Hervorzuheben ist die Berücksichtigung von Vorbelastungen und kumulierenden Auswirkungen anderer Projekte. Das ermöglicht die Kumulation der im räumlichen Einwirkungskreis gelegenen Projekte, die Glas oder Licht verwenden. Darüber hinaus erlaubt die Kumulation die Berücksichtigung unterschiedlicher Wirkfaktoren, bspw. Pestizide. Besonders hinsichtlich der Beeinträchtigung von Insekten, z. B. von Nachtfaltern, kann dadurch die reelle Belastungssituation abgebildet werden.

Allerdings ist der räumliche Geltungsbereich von Natura 2000-Gebieten stark begrenzt. Der Einsatz von Glas und Licht hingegen verursacht flächendeckende Stressfaktoren für Tierarten, die gegenüber Glas und Licht empfindlich sind, insbesondere Vögel, Fledermäuse und Insekten. Der dafür erforderliche flächendeckende Schutz ist aber weder Ziel noch Funktion des FFH-Rechts (§§ 33 ff. BNatSchG).

III. Funktion der artenschutzrechtlichen Verbote

Die artenschutzrechtlichen Zugriffsverbote des § 44 Abs. 1 BNatSchG enthalten drei einschlägige Verbotstatbestände: Das Tötungs- und Verletzungsverbot gem. § 44 Abs. 1 Nr. 1 BNatSchG, das Störungsverbot nach § 44 Abs. 1 Nr. 2 BNatSchG und der Lebensstättenschutz gem. § 44 Abs. 1 Nr. 3 BNatSchG.

Das Tötungs- und Verletzungsverbot setzt ein signifikant erhöhtes Tötungsrisiko voraus. Allerdings ist noch nicht gänzlich geklärt, nach welchen Kriterien und insbesondere mit welcher Bezugsgröße sich die signifikante Steigerung des Risikos bemisst. Daher ist stets eine Einzelfallbetrachtung vonnöten, wodurch die Handhabung des Tötungsverbots nach § 44 Abs. 1 Nr. 1 BNatSchG erschwert wird.

Bedeutender ist, dass sich der Schutzbereich der Zugriffsverbote aus Nr. 1 bis 3 nur auf besonders geschützte Arten nach § 7 Abs. 2 Nr. 13 BNatSchG erstreckt. Bislang sind die Auswirkungen von Glas und Licht nicht auf Artniveau ausreichend erforscht, weshalb das Tötungs- und Störungsverbot sowie der Lebensstättenschutz bislang nicht oder kaum greift. Einfacher ist die Handhabung des Schutzes von Vögeln vor Glas, da sämtliche europäische Vogelarten zu den besonders geschützten Arten zählen.

IV. Schutzlücken im Immissionsschutzrecht

Das BImSchG bietet nur einen eingeschränkten Schutz für lichtempfindliche Tiere vor schädlichen Lichtimmissionen. Ein umfassender Schutz i.S.d. § 5 BImSchG greift nur ein, wenn die Lichtanlage eine Nebeneinrichtung einer anderweitig genehmigungspflichtigen BImSch-Anlage ist. Ein kohärenter Schutz lässt sich dadurch nicht erreichen.

Die Betreiberpflichten des § 22 Abs. 1 BImSchG für nicht genehmigungsbedürftige Lichtanlagen sind ein grundsätzlich geeignetes Instrument, um die nachteiligen Auswirkungen von Licht auf Vögel, Fledermäuse und Insekten zu begrenzen. Zum einen stehen mehrere Vermeidungsmaßnahmen zur Verfügung, die dem Stand der Technik entsprechen. Zum anderen enthält § 22 Abs. 1 S. 1 Nr. 2 BImSchG die Pflicht zur Minimierung von technisch unvermeidbaren Lichtimmissionen. Große Schutzlücken verursacht jedoch der eingeschränkte Anwendungsbereich, da Anlagen der öffentlichen Hand gem. § 22 Abs. 1 S. 3 BImSchG von den Pflichten nach § 22 Abs. 1 S. 1 BImSchG ausgenommen sind. Damit entfaltet das BImSchG keine Schutzwirkung gegen die Errichtung und Umrüstung von gemeindlich betriebenen Straßenbeleuchtungen, die aufgrund ihres flächendeckenden Einsatzes in der Summe zu bedeutenden Verursachern nachteiliger Auswirkungen von Licht auf Insekten gehören.

V. Bedeutung von Bebauungsplänen

Eine besondere Rolle nimmt das Bauplanungsrecht ein. Zunächst ist die Bedeutung der Umweltprüfung herauszustellen. Die Beurteilung, ob eine rechtserhebliche Beeinträchtigung von Vögeln, Fledermäusen und Insekten durch Glas und Licht anzunehmen ist, bedarf einer Einzelfallbetrachtung. Diese ist regelmäßig aufwändig, da viele Faktoren auf das Beeinträchtigungspotenzial Einfluss nehmen und gegebenenfalls die Biotop- und Habitatstruktur einschließlich der darin vorkommenden Arten zu ermitteln ist, sodass bei der repressiven Durchsetzung der naturschutz- und immissionsschutzrechtlichen Vorschriften Vollzugsdefizite drohen. Dagegen ist bei der Aufstellung oder Änderung von Bebauungsplänen die Umweltprüfung gem. § 2 Abs. 4 BauGB außer in den Fällen der §§ 13 bis 13b BauGB zwingend durchzuführen. Durch die Umweltprüfung kann die Klärung der Frage, ob ein Eingriff i.S.d. § 14 Abs. 1 BNatSchG eine signifikante Erhöhung der Tötungsrisiken gem. § 44 Abs. 1 Nr. 1 BNatSchG oder eine erhebliche Störung nach § 44 Abs. 1 Nr. 2 BNatSchG vorliegt, wesentlich erleichtert werden.

Darüber hinaus kann die Bauleitplanung für die Abwehr kumulierter erheblicher Beeinträchtigungen Bedeutung erlangen. Die Tatbestände des BNatSchG und BImSchG, die vor den nachteiligen Auswirkungen von Glas und Licht schützen können, setzen eine gewisse Beeinträchtigungsintensität in Form eines Erheblichkeitskriteriums oder einer Zumutbarkeitsschwelle voraus. Nur im Rahmen der FFH-Verträglichkeitsprüfung zum Schutz von Natura 2000-Gebieten ist eine Berücksichtigung der kumulierenden Beeinträchtigungsbeiträge möglich. In allen anderen Fällen unterliegt der Einsatz von Glas und Licht, der keine Beeinträchtigungsintensität i.S.e. Erheblichkeit erreicht, keinen Anforderungen des Natur- oder Immissionsschutzrechts. Aufgrund der großen Zahl von Glas- und Lichtverwendungen mit geringer Beeinträchtigungsintensität, stellen diese Verwendungen aus naturschutzfachlicher Sicht ein in der Summe schwerwiegendes Problem dar. Das einzige rechtliche Instrument *de lege lata*, das zur Steuerung dieser Beeinträchtigungen zur Verfügung steht, sind die Festsetzungsmöglichkeiten im Bebauungsplan nach § 9 Abs. 1 Nr. 20 und 24 BauGB. Diese Begründung verdeutlicht auch die Bedeutung des Gebots der planerischen Konfliktbewältigung. Denn, da die einzelnen Vorhaben wegen ihrer geringen Beeinträchtigungsintensität baugenehmigungsfähig sind, kann die Konfliktbewältigung im Baugenehmigungsverfahren nicht erfolgen. Deshalb muss die Gemeinde das Gebot der Konfliktbewältigung in der Bauleitplanung besonders berücksichtigen, indem sie Festsetzungen zum Schutz vor kumulierenden erheblichen Auswirkungen von Glas und Licht erlässt.

VI. *De lege ferenda* zu beseitigende Schutzlücken

Die vorangehende Untersuchung hat gezeigt, dass das rechtliche Instrumentarium hinsichtlich der nachteiligen Auswirkungen von Glas und Licht auf Vögel, Fledermäuse und Insekten rechtliche Schutzlücken aufweist. Hervorzuheben ist der aufgrund von § 18 BNatSchG räumlich eingeschränkte Anwendungsbereich der Eingriffsregelung (§§ 13 ff. BNatSchG). Zudem ist der selektive besondere Artenschutz i.S.d. § 44 Abs. 1 BNatSchG insbesondere hinsichtlich von Licht betroffener Insekten eingeschränkt und erfordert bei glasbezogenen Kollisionsrisiken eine Einzelfallbetrachtung, weshalb die Zugriffsverbote derzeit nicht oder kaum greifen. Diese Lücken lassen sich hinsichtlich der Auswirkungen durch Licht durch eine neue Regelung im allgemeinen Artenschutz (§§ 39 bis 43 BNatSchG) schließen, die eine Vermeidungspflicht von nachteiligen Auswirkungen von Licht auf Tiere beinhalten könnte. Für nachteilige Auswirkungen von Glas ist das besondere Artenschutzrecht zwar geeignet, es bestehen aber Rechtsunsicherheiten darüber, wann eine Glasverwendung gegen das Tötungsverbot des § 44 Abs. 1 Nr. 1 BNatSchG verstößt.

Daneben besteht auch im Immissionsschutzrecht eine signifikante Schutzlücke, da insbesondere gemeindlich betriebene Straßenbeleuchtungen, nebst anderen hoheitlichen Lichtanlagen, gem. § 22 Abs. 1 S. 3 BImSchG von dem Anwendungsbereich des § 22 Abs. 1 S. 1 BImSchG ausgenommen sind und deshalb keinen immissionsschutzrechtlichen Pflichten unterliegen. Wird die Straßenbeleuchtung jedoch im Rahmen eines Contracting- oder ÖPP-Modells von einem Unternehmen betrieben, finden die Pflichten des § 22 Abs. 1 S. 1 BImSchG doch Anwendung. Straßenbeleuchtungen gehören zu den maßgeblichen Verursachern nachteiliger Lichtemissionen, sodass es sich hierbei um eine erhebliche Schutzlücke handelt.

E. Zusammenfassung

I. Naturwissenschaftlicher Erkenntnisstand

1. Nachteilige Auswirkungen von Glas

Vogelschlag ist die zumeist tödliche Kollision von Vögeln an Glas. Die Kollision tritt ein, wenn ein Vogel aufgrund von Durchsicht oder Spiegelung der Glasscheibe ein attraktives Flugziel erkennt und deswegen die Glasfläche anfliegt oder der Vogel von Licht angelockt wird und entweder mit der Glasfläche oder mit dem beleuchteten Bauwerk kollidiert.

Das Kollisionsrisiko hängt maßgeblich von der Größe der Glasfläche ab: Je größer die Glasfläche ist, desto größer ist das Kollisionsrisiko. Daneben hat die Gebäudehöhe einen erheblichen Einfluss. Ebenso steigern Faktoren, wie die Beschaffenheit des Glases, exponierte Glasflächen (z. B. gläserne Ecken und Verbindungsgänge) und die Umgebungsattraktivität (bspw. die Nähe zu Grünflächen und Habitaten) das Kollisionsrisiko.

Zur Abwehr nachteiliger Auswirkungen von Glas sind folgende Vermeidungsmaßnahmen geeignet:

- Vermeidung von Glasflächen in nicht benötigten Bereichen,
- Verwendung alternativer lichtdurchlässiger, nicht transparenter Materialen,
- Vermeidung von großflächigen Glasfronten,
- Verhinderung von Durchsichten und Korridoren,
- Einsatz von Glas mit geringem Reflexionsgrad zur Reduktion von Spiegelungseffekten,
- Sichtbarmachung von Glasflächen mittels hoch wirksamer Markierungen (anstatt unwirksamer Greifvogelsilhouetten),
- Positionierung von Futterstellen und Vogelbädern in unmittelbarer Nähe zum Glas oder in großer Entfernung, und
- Verzicht auf anlockende Beleuchtung, insbesondere wenn diese nicht benötigt wird.

© Springer-Verlag GmbH Deutschland, ein Teil von Springer Nature 2019

B. Huggins, S. Schlacke, *Schutz von Arten vor Glas und Licht*, Schriftenreihe Natur und Recht, https://doi.org/10.1007/978-3-662-58257-2_5

2. Nachteilige Auswirkungen von Licht

Lichtemissionen entfalten Anlockwirkungen auf Insekten, sowie Anlock- und Schreckwirkungen auf Vögel und Fledermäuse. Zudem können Lichtquellen Barrierewirkungen erzeugen, Zugvögel vom Kurs abbringen und Habitate beeinträchtigen. Die an Lichtquellen angelockten Insekten können durch Verbrennen, Verhungern oder Erschöpfung getötet sowie Opfer von Fressfeinden werden.

Die Beeinträchtigungsintensität ergibt sich insbesondere aus der räumlichen und zeitlichen Verteilung der Lichtimmission sowie der Helligkeit der Lichtquelle. Die Anlockwirkung auf Insekten wird zudem von der spektralen Zusammensetzung des Lichts, insbesondere durch UV-Licht, bestimmt.

Zur Abwehr nachteiliger Auswirkungen von Licht können folgende geeignete Vermeidungsmaßnahmen ergriffen werden:

- Einsatz von Leuchtmitteln, die ein insektenfreundliches Lichtspektrum emittieren,
- Einsatz von UV-absorbierenden Leuchtenabdeckungen,
- Abschirmung der Leuchten zur Vermeidung von Lichtverschmutzung, insbesondere durch Abstrahlung nach oben und in die Horizontale,
- Einsatz geschlossener Leuchtengehäuse,
- Bevorzugung geringer Lichtpunkthöhen,
- Beleuchtung von oben nach unten,
- Reduzierung der Beleuchtungsstärke und der Beleuchtungsdauer auf das notwendige Maß,
- Einsatz von Bewegungsmeldern, Zeitschaltuhren und Dimmern zur bedarfsgerechten Steuerung,
- Verzicht auf Skybeamer und andere helle Himmelsstrahler, insbesondere während der Zugzeiten, und
- Vermeidung von Leuchten in der Nähe von besonders wertvollen oder empfindlichen Gebieten, insbesondere in der Nähe von Habitaten empfindlicher und gefährdeter Arten.

II. Rechtliche Anforderungen an die Verwendung von Glas

1. Naturschutzrechtliche Anforderungen an Glas

a) Eingriffsregelung

Der Einsatz von Glas kann einen Eingriff in Natur und Landschaft gem. §§ 13 ff. BNatSchG hervorrufen. Ein Eingriff i.S.d. § 14 Abs. 1 BNatSchG liegt vor, wenn das Glas durch die feste Verbindung mit dem Boden einen Grundflächenbezug aufweist und eine erhebliche Beeinträchtigung des Naturhaushalts verursacht wird. Die erhebliche Beeinträchtigung des Naturhaushalts ist durch eine naturschutzfachliche Beurteilung der Risiken und Gefahren für Vögel, die durch die Kollision mit Glas verletzt oder getötet werden können, zu bestimmen. Von einer erheblichen Beeinträchtigung ist bei Vorhaben mit großflächigem Glaseinsatz, mit großen Glasfronten oder exponierten Glasflächen auszugehen. Zudem kann sich die Erheblichkeit aus der Summation einzelner Verursachungsbeiträge desselben Verursachers ergeben.

Ist eine erhebliche Beeinträchtigung zu bejahen, verlangt § 15 Abs. 1 S. 1 BNatSchG vorrangig die Vornahme von Vermeidungsmaßnahmen. In Betracht kommen solche, die im naturwissenschaftlichen Teil als wirksame Maßnahmen herausgearbeitet wurden (s. S. 243), insbesondere das Sichtbarmachen von Glasflächen mithilfe von flächigen Markierungen. Werden diese Maßnahmen angewendet, können im Regelfall die Risiken und Gefahren für Vögel beseitigt werden, wodurch die nachrangige Ausgleichs- und Ersatzpflicht des § 15 Abs. 2 BNatSchG nicht mehr anzuwenden ist.

Allerdings gilt die Eingriffsregelung nur bei Vorhaben im Außenbereich i.S.d. § 35 BauGB und bei planfeststellungsersetzenden Bebauungsplänen. Bei der Aufstellung, Änderung, Ergänzung und Aufhebung von Bauleitplänen wird zwar nach dem BNatSchG bestimmt, ob ein Eingriff vorliegt, die Rechtsfolgen ergeben sich aber aus dem BauGB.

b) Natura 2000-Gebiete

Der Einsatz von Glas kann zu einer Beeinträchtigung der Erhaltungsziele von Natura 2000-Gebieten führen. Insbesondere kommt die Beeinträchtigung von Vögeln in Betracht, die im betroffenen Natura 2000-Gebiet leben. Ist die Beeinträchtigung erheblich, ist das Glas verwendende Projekt gem. § 34 Abs. 2 BNatSchG unzulässig. Dies ist mithilfe einer FFH-Verträglichkeitsprüfung i.S.d. § 34 Abs. 1 BNatSchG zu prüfen.

Wann eine erhebliche Beeinträchtigung vorliegt, ist mittels einer naturschutzfachlichen Einschätzung des Einzelfalls zu beurteilen. Dafür kann der Mortalitäts-Gefährdungs-Index (MGI) herangezogen werden. Es sind Vorbelastungen und zu erwartende kumulierende Einwirkungen durch andere Glasverwendungen aber auch durch andere Wirkfaktoren ebenso einzubeziehen, wie die reduzierende Wirkung von Vermeidungsmaßnahmen. Mit zu berücksichtigen sind die Reaktions- und Belastungsschwellen der jeweiligen Vogelarten. Diese können für die Beeinträchtigungen durch Glas nur mit einer Je-desto-Formel konkretisiert, aber nicht quantifiziert werden: Je geringer die Mortalitätsgefährdung ist, desto eher kann der Verlust einzelner Individuen durch ein einzelnes Projekt kompensiert werden und desto eher verbleibt die Beeinträchtigung unterhalb der Reaktions- und Belastungsschwelle der Vogelart. Umgekehrt ist umso eher eine erhebliche Beeinträchtigung anzunehmen, je höher die Mortalitätsgefährdung ist.

Der Glaseinsatz kann auch außerhalb des Natura 2000-Gebiets prüfpflichtig sein, wenn nachteilige Auswirkungen auf das Schutzgebiet zu befürchten sind. Der Radius der prüfpflichtigen Projekte ist unterschiedlich weit zu ziehen. Bei Glas hängt die Entfernung von den Verhaltensweisen der betroffenen Vogelarten ab, weshalb die Abstandsempfehlungen, die für die Beeinträchtigungen durch Windenergieanlagen entwickelt wurden, als Indiz herangezogen werden können.

Ergibt die Verträglichkeitsprüfung, dass die Auswirkungen des Projekts oder Planes eine erhebliche Beeinträchtigung der Erhaltungsziele des Schutzgebietes zur Folge haben kann, ist das Glas verwendende Projekt bzw. der Plan gebietsunverträglich und damit gem. § 34 Abs. 2 BNatSchG unzulässig. Angesichts der effektiven Vermeidungsmaßnahmen kommt im Regelfall eine abweichende Zulassung nach § 34 Abs. 3, 4 BNatSchG nicht in Betracht, sodass es in dem Zusammenhang auf die Wahl und Durchführung geeigneter Vermeidungsmaßnahmen ankommt.

c) Besonderer Artenschutz

Von großer Bedeutung ist das artenschutzrechtliche Tötungs- und Verletzungsverbot des § 44 Abs. 1 Nr. 1 BNatSchG. Erfasst sind besonders geschützte Arten, worunter sämtliche europäische Vogelarten (§ 7 Abs. 2 Nr. 13 BNatSchG) fallen. Ein Vorhaben verstößt gegen das Tötungsverbot aus § 44 Abs. 1 Nr. 1 BNatSchG, wenn von den Glasflächen ein signifikant erhöhtes Tötungsrisiko für Vögel ausgeht. Dies ist nach naturschutzfachlichen Kriterien zu bestimmen, wobei eine signifikante Erhöhung umso eher gegeben sein wird, wenn risikoerhöhende Kriterien erfüllt sind, darunter hohe Bebauungen, große Glasfronten, Nähe zu Grünflächen und zu Habitaten mortalitätsgefährdeter Arten, starke Spiegelungseffekte, Durchsichten sowie anlockende nächtliche Beleuchtungen. Hierbei steht der entscheidenden Behörde eine Einschätzungsprärogative zu, die sie unter Einhaltung fachlicher Standards auszuüben hat. Eine signifikante Erhöhung des Tötungsrisikos ist anzunehmen,

- wenn Tiere aufgrund ihrer Verhaltensweisen im Vorhabenbereich ungewöhnlich stark von den nachteiligen Auswirkungen von Glas betroffen sein können,
- wenn sich die Risiken durch geeignete Vermeidungsmaßnahmen nicht auf ein Normalmaß absenken lassen und
- wenn aus naturschutzfachlicher Sicht das Tötungsrisiko im Vergleich zur natürlichen Mortalität deutlich gesteigert ist und sich das Risiko nicht zwangsläufig aus dem Zusammenleben von Mensch und Tier ergibt.

Ein signifikant erhöhtes Tötungsrisiko ist jedenfalls dann zu bejahen, wenn durch das Vorhaben oder durch den Eingriff Individuen besonders geschützter Arten getötet werden und *dadurch* die Population beeinträchtigt werden kann.

Liegt ein signifikant erhöhtes Tötungsrisiko vor, ist das Vorhaben nur dann zulässig, wenn Maßnahmen ergriffen werden, welche die Tötungsrisiken wirksam vermeiden. Dazu kann auf die herausgearbeiteten Vermeidungsmaßnahmen (s. S. 243) verwiesen werden. Da wirksame Vermeidungsmaßnahmen zur Verfügung stehen, die zu verhältnismäßigen Lösungen führen, dürfte eine Ausnahme oder Befreiung, die ein Vorhaben trotz signifikanter Risiken zulässt, im Regelfall nicht in Betracht kommen.

d) Handlungs- und Anordnungsbefugnis

Um die Einhaltung der naturschutzrechtlichen Anforderungen sicherzustellen, steht der zuständigen Behörde mit § 3 Abs. 2 BNatSchG eine repressive Handlungs- und Anordnungsbefugnis zur Verfügung. Diese kann parallel zu den Befugnissen der Ordnungsbehörden aus dem allgemeinen Ordnungsrecht angewendet werden. Voraussetzung für ein Einschreiten ist eine naturschutzbezogene Rechtsverletzung, bspw. ein Verstoß gegen § 44 Abs. 1 Nr. 1 BNatSchG, die entweder als Störung bereits eingetreten ist oder als konkrete Gefahr bevorsteht. Eine etwaige erteilte Genehmigung steht dem Einschreiten nicht entgegen, sofern die Anordnung keine wesentliche Änderung der baulichen Anlage vorsieht.

2. Bauplanungs- und bauordnungsrechtliche Anforderungen an Glas

Bei der Aufstellung oder Änderung von Bebauungsplänen muss die Gemeinde die möglichen Auswirkungen von Glas auf Vögel ermitteln. Unsicherheiten über das konkrete Risiko- und Gefahrenpotenzial sind mittels einer Prognose zu überwinden. Ergibt diese Prüfung eine erhebliche Beeinträchtigung eines Natura 2000-Gebiets ist die Planung unzulässig. Sind nachteilige Auswirkungen von Glas auf Vögel zu erwarten, insbesondere Eingriffe i.S.d. §§ 13 ff. BNatSchG, kann die Gemeinde zur Vermeidung dieser Auswirkungen Festsetzungen in Bebauungsplänen treffen. § 9 Abs. 1 Nr. 20 BauGB gestattet die Festsetzung von baulichen oder technischen Vermeidungsmaßnahmen zum Schutz von Vögeln. Abgesehen von Nutzungsbeschränkungen (z. B. Verzicht auf anlockende Beleuchtung) können somit alle erarbeiteten Vermeidungsmaßnahmen festgesetzt werden.

Die Gemeinde kann auch verpflichtet sein, Festsetzungen zu erlassen. Das ist der Fall, wenn die Gemeinde die Naturschutzbelange einseitig zurückstellt und die Konfliktbewältigung dem nachfolgenden Verwaltungsverfahren (insb. Baugenehmigungsverfahren) überlässt (sog. Konflikttransfer), ohne dass die Konfliktbewältigung im nachfolgenden Verfahren zu erwarten ist. Insbesondere wenn die erhebliche Beeinträchtigung von Naturschutzbelangen durch die Kumulation der Glasverwendungen im Bauplangebiet eintritt, ist die Bewältigung im Baugenehmigungsverfahren nicht möglich, da hierbei die kumulierenden nachteiligen Auswirkungen unberücksichtigt bleiben. Daneben können auch die Grundsätze des Vorrangs der Konfliktvermeidung und der planerischen Vorbeugung die Festsetzung von Vermeidungsmaßnahmen erfordern.

Bauordnungsrechtlich sind im Rahmen der Baugenehmigung von Vorhaben mit Glas die naturschutzrechtlichen Anforderungen zu prüfen. Werden diese verletzt, ist das Vorhaben nicht genehmigungsfähig. Sind die Naturschutzvorschriften aus landesbauordnungsrechtlichen Gründen nicht zu prüfen, kann die Behörde die Genehmigung aufgrund mangelnden Bescheidungsinteresses versagen oder die Genehmigung gleichzeitig mit einer bauordnungsrechtlichen Verfügung erlassen, um die Einhaltung der naturschutzrechtlichen Vorschriften sicherzustellen.

III. Rechtliche Anforderungen an die Verwendung von Licht

1. Naturschutzrechtliche Anforderungen an Licht

a) Eingriffsregelung

Lichtverwendungen können Eingriffe i.S.d. §§ 13 ff. BNatSchG darstellen. Ein Eingriff i.S.d. § 14 Abs. 1 BNatSchG ist gegeben, wenn eine Lichtanlage vorliegt, die eine erhebliche Beeinträchtigung des Naturhaushalts verursacht. Die erhebliche Beeinträchtigung des Naturhaushalts ist durch eine naturschutzfachliche Beurteilung der Risiken und Gefahren für lichtempfindliche Tiere zu bestimmen. Von einer erheblichen Beeinträchtigung ist bei Vorhaben wie Hochhäusern, Flutlichtstrahlern oder Skybeamern auszugehen. Im Übrigen kann sich die Erheblichkeit aus der Summation einzelner Verursachungsbeiträge desselben Verursachers ergeben.

Die Eingriffsregelung löst vorrangig die Vermeidungspflicht nach § 15 Abs. 1 S. 1 BNatSchG aus, wonach die genannten Vermeidungsmaßnahmen zu ergreifen sind (s. S. 244), bis keine erhebliche Beeinträchtigung mehr verbleibt. Werden diese Maßnahmen angewendet, können im Regelfall die Risiken und Gefahren für lichtempfindliche Tiere beseitigt werden, sodass dann die nachrangige Ausgleichs- und Ersatzpflicht des § 15 Abs. 2 BNatSchG nicht mehr anzuwenden ist.

Allerdings gilt die Eingriffsregelung nur bei Vorhaben im Außenbereich i.S.d. § 35 BauGB und bei planfeststellungsersetzenden Bebauungsplänen. Bei der Aufstellung, Änderung, Ergänzung und Aufhebung von Bauleitplänen wird zwar nach dem BNatSchG bestimmt, ob ein Eingriff vorliegt, die Rechtsfolgen ergeben sich aber aus dem BauGB.

b) Natura 2000-Gebiete

Die Verwendung von Licht kann eine FFH-Verträglichkeitsprüfung gem. § 34 Abs. 1 BNatSchG erforderlich machen, wenn von dem Projekt erhebliche Beeinträchtigungen für die Erhaltungsziele eines Natura 2000-Gebiets ausgehen können.

Zulässig ist das Projekt gem. § 34 Abs. 2 BNatSchG nur, wenn die nachteiligen Auswirkungen von Licht die Erheblichkeitsschwelle nicht überschreiten. Wann eine erhebliche Beeinträchtigung vorliegt, ist durch eine naturschutzfachliche Einzelfallentscheidung zu ermitteln. Vorbelastungen und kumulierende Einwirkungen – auch von anderen Wirkfaktoren – sind zu berücksichtigen. Je höher die Mortalitätsgefährdung von Vögeln, Fledermäusen und Insekten ist, desto eher ist eine erhebliche Beeinträchtigung anzunehmen. Zur Bestimmung kann der Mortalitäts-Gefährdungs-Index (MGI) herangezogen werden.

Der Einsatz von Licht ist auch außerhalb des Natura 2000-Gebietes prüfpflichtig, wenn nachteilige Auswirkungen auf das Schutzgebiet zu befürchten sind.

Lichtanlagen sind bis zu einer Entfernung von 700 m einzubeziehen. Bei beleuchteten Türmen und Hochhäusern kann die Entfernung auch bis zu 5 km betragen.

Ergibt die Verträglichkeitsprüfung, dass die Auswirkungen des Projekts oder Plans eine erhebliche Beeinträchtigung der Erhaltungsziele des Schutzgebietes zur Folge haben, ist das Licht verwendende Projekt bzw. der Plan gebietsunverträglich und damit gem. § 34 Abs. 2 BNatSchG unzulässig. Angesichts der effektiven Vermeidungsmaßnahmen kommt im Regelfall eine abweichende Zulassung nach § 34 Abs. 3, 4 BNatSchG nicht in Betracht, sodass es in dem Zusammenhang auf die Wahl und Durchführung geeigneter Vermeidungsmaßnahmen ankommt.

c) Besonderer Artenschutz

Lichtverwendungen können das Tötungs- und Verletzungsverbot aus § 44 Abs. 1 Nr. 1 BNatSchG verwirklichen, wenn das Vorhaben ein signifikant erhöhtes Tötungsrisiko für Individuen besonders geschützter Arten hervorruft. Dazu zählen gem. § 7 Abs. 2 Nr. 13 BNatSchG die europäischen Vogelarten, Fledermäuse und einige lichtempfindliche Insektenarten. Die Signifikanz des Tötungsrisikos ist durch eine naturschutzfachliche Beurteilung unter Einhaltung wissenschaftlicher Standards zu bestimmen. Hierbei steht der entscheidenden Behörde eine Einschätzungsprärogative zu, die sie unter Einhaltung fachlicher Standards auszuüben hat. Eine signifikante Risikoerhöhung ist anzunehmen,

- wenn Tiere aufgrund ihrer Verhaltensweisen im Vorhabenbereich ungewöhnlich stark von den nachteiligen Auswirkungen von Licht betroffen sein können,
- wenn sich die Risiken durch geeignete Vermeidungsmaßnahmen nicht auf ein Normalmaß absenken lassen und
- wenn aus naturschutzfachlicher Sicht das Tötungsrisiko im Vergleich zur natürlichen Mortalität deutlich gesteigert ist und sich das Risiko nicht zwangsläufig aus dem Zusammenleben von Mensch und Tier ergibt.

Ein signifikant erhöhtes Tötungsrisiko ist jedenfalls dann zu bejahen, wenn durch das Vorhaben oder durch den Eingriff Individuen besonders geschützter Arten getötet werden und *dadurch* die jeweilige Population beeinträchtigt werden kann.

Liegt ein signifikant erhöhtes Tötungsrisiko vor, kann ein Verstoß gegen das Tötungsverbot des § 44 Abs. 1 Nr. 1 BNatSchG nur abgewendet werden, wenn Maßnahmen ergriffen werden, welche die Tötungsrisiken wirksam vermeiden. Dazu kann auf die herausgearbeiteten Vermeidungsmaßnahmen (s. S. 244) verwiesen werden. Da wirksame Vermeidungsmaßnahmen zur Verfügung stehen, die zu verhältnismäßigen Lösungen führen, dürfte eine Ausnahme oder Befreiung, die ein Vorhaben trotz signifikanter Risiken zulässt, im Regelfall nicht in Betracht kommen.

Daneben verstößt der Einsatz von Licht gegen das Störungsverbot nach § 44 Abs. 1 Nr. 2 BNatSchG, wenn eine erhebliche Störung von Individuen streng geschützter Arten gegeben ist. Diese ist anzunehmen, wenn mit einer Verschlechterung des Erhaltungszustandes der lokalen Population zu rechnen ist. Für Vögel gilt, dass vom Begriff der lokalen Population nicht nur Vogelpopulationen erfasst sind, die sich während des Vogelzuges an Rastplätzen aufhalten, sondern auch Vögel, die sich im Flug befinden. Daneben kann insbesondere eine erhebliche Störung im Beleuchten von Fledermausquartieren liegen.

Schließlich können Lichtimmissionen die ökologische Funktion von Lebensstätten besonders geschützter Arten einschränken oder aufheben und dadurch gegen das Verbot des § 44 Abs. 1 Nr. 3 BNatSchG verstoßen.

d) Anordnungs- und Handlungsbefugnis

Um die Einhaltung der naturschutzrechtlichen Anforderungen sicherzustellen, steht der zuständigen Behörde mit § 3 Abs. 2 BNatSchG eine repressive Handlungs- und Anordnungsbefugnis zur Verfügung. Diese kann parallel zu den Befugnissen der Ordnungsbehörden aus dem allgemeinen Ordnungsrecht angewendet werden. Voraussetzung für ein Einschreiten ist eine naturschutzbezogene Rechtsverletzung, bspw. ein Verstoß gegen § 44 Abs. 1 Nr. 1 BNatSchG, die entweder als Störung bereits eingetreten ist oder als konkrete Gefahr bevorsteht. Eine etwaige erteilte Genehmigung steht dem Einschreiten nicht entgegen, sofern die Anordnung keine wesentliche Änderung der baulichen Anlage vorsieht.

2. Immissionsschutzrechtliche Anforderungen

Der Begriff des Lichts i.S.v. § 3 Abs. 3 BImSchG ist weit zu verstehen und erfasst den Bereich elektromagnetischer Wellen, der von Menschen und Tieren optisch wahrgenommen werden kann, darunter auch UV-A-Licht (315–380 nm Wellenlänge).

Lichtanlagen sind zwar Anlagen i.S.d. Immissionsschutzrechts, aber gem. §§ 4, 6 BImSchG nicht genehmigungspflichtig. Mit Ausnahme der Beleuchtung anderweitig genehmigungspflichtiger Anlagen, unterliegt eine Lichtanlage als nicht genehmigungsbedürftige Anlage nur den Betreiberpflichten des § 22 Abs. 1 BImSchG. Allerdings sind nicht gewerbliche Lichtanlagen, insbesondere gemeindlich betriebene Straßenbeleuchtungen, nach § 22 Abs. 1 S. 3 BImSchG hiervon ausgenommen.

Gemäß § 22 Abs. 1 S. 1 Nr. 1 BImSchG ist der Betreiber bzw. Errichter einer nicht genehmigungsbedürftigen Lichtanlage zur Vermeidung schädlicher Umwelteinwirkungen nach dem Stand der Technik verpflichtet. Schädliche Umwelteinwirkungen i.S.d. § 3 Abs. 1 BImSchG liegen bei Gefahren und erheblichen Nachteilen vor. Die Erheblichkeit bestimmt sich durch eine Abwägung. Dazu ist auf die pauschalisierte Empfindlichkeit des Schutzguts (d. h. auf die Empfindlichkeit von Vögeln, Fledermäusen und Insekten), die Störungsintensität (Helligkeit, die spektrale Zusammensetzung des Lichts und die Dauer der Lichtimmissionen) und die gebietsspezifische Bewertung der Umwelteinwirkungen abzustellen. Die Interessen des Emittenten bleiben unberücksichtigt und die Vermeidungsmaßnahmen scheitern nur dann an dem Erfordernis der wirtschaftlichen Vertretbarkeit, wenn sie in einem krassen Missverhältnis zum beabsichtigten Erfolg stehen. Erhebliche Nachteile stellen Lichtimmissionen dar, die

- besonders beleuchtungsstark sind,
- sich in der Nähe von schützenswerten Naturräumen befinden,
- besonders lichtempfindliche Tiere betreffen können und/oder
- ein hohes Maß an Abfalllicht hervorrufen.

Sollten trotz der Einhaltung der Vermeidungspflicht gem. § 22 Abs. 1 S. 1 Nr. 1 BImSchG noch schädliche Umwelteinwirkungen verbleiben, hat der Betreiber bzw. Errichter der Lichtanlage gem. § 22 Abs. 1 S. 1 Nr. 2 BImSchG den Standort möglichst so zu wählen, dass die schädlichen Umwelteinwirkungen minimiert werden. Sofern erforderlich, ist auch eine (partielle) Betriebseinstellung der Lichtanlage in Betracht zu ziehen. Das setzt eine umfassende Abwägung voraus, in der auch die Interessen des Emittenten an der störenden Nutzung zu berücksichtigen sind. Die Abwägung fällt zugunsten des Emittenten aus, wenn durch die fehlende Beleuchtung eine Gefahr für das Leben, die Gesundheit oder bedeutende Sachwerte eintreten kann. Im Übrigen dürften für die störende Nutzung hauptsächlich Kostenargumente streiten, die die Naturschutzinteressen nicht überwiegen.

Schließlich können die Betreiberpflichten aus § 22 Abs. 1 S. 1 BImSchG mittels Anordnungen gem. § 24 BImSchG konkretisiert und durchgesetzt werden. Voraussetzung ist ein (drohender) Verstoß gegen die Betreiberpflichten und die pflichtgemäße Ermessensausübung.

3. Bauplanungs- und bauordnungsrechtliche Anforderungen

Bei der Aufstellung oder Änderung von Bebauungsplänen muss die Gemeinde die möglichen Auswirkungen von Licht auf lichtempfindliche Tiere ermitteln. Unsicherheiten über das konkrete Risiko- und Gefahrenpotenzial sind mittels einer Prognose zu überwinden. Ergibt diese Prognose eine erhebliche Beeinträchtigung eines Natura 2000-Gebiets ist die Planung unzulässig. Sind nachteilige Auswirkungen von Licht auf Vögel, Fledermäuse oder Insekten zu erwarten, insbesondere Eingriffe i.S.d. §§ 13 ff. BNatSchG, kann die Gemeinde zur Vermeidung dieser Auswirkungen Festsetzungen in Bebauungsplänen treffen. Die Vermeidungsmaßnahmen zum Schutz von Vögeln, Fledermäusen und Insekten können aus städtebaulichen Gründen als Maßnahmen zum Schutz von Natur und Landschaft gem. § 9 Abs. 1 Nr. 20 BauGB festgesetzt werden.

Daneben können bauliche und technische Vermeidungsmaßnahmen zum Schutz vor schädlichen Lichtimmissionen nach § 9 Abs. 1 Nr. 24 BauGB festgesetzt werden, wie etwa Blenden, Filter, Dimmer oder Zeitschaltuhren.

Werden die Naturschutzbelange in der Abwägung einseitig zurückgestellt, kann ein Verstoß gegen den Grundsatz des Vorrangs der Konfliktvermeidung und somit ein Fehler im Abwägungsergebnis vorliegen, wenn die Vornahme wirksamer Vermeidungsmaßnahmen ohne eine Beeinträchtigung des entgegenstehenden überwiegenden Belangs möglich ist.

Ist zu erwarten, dass die Verwirklichung der Planung durch die Kumulation der Beiträge der einzelnen Vorhaben eine erhebliche Beeinträchtigung verursacht, darf die Gemeinde den in der Abwägung auftretenden Konflikt der betroffenen (Naturschutz-)Belange nach dem Gebot der planerischen Konfliktbewältigung nicht auf die Ebene des nachfolgenden Verwaltungsverfahren transferieren, da dort eine Konfliktbewältigung nicht zu erwarten ist.

Straßenbeleuchtungen sind baugenehmigungspflichtige Lichtanlagen. Ausgenommen sind hiervon Beleuchtungen von besonderen Gefahrenstellen, wie Fußgängerüberwege, sowie die Straßenbeleuchtung in Berlin, Bremen und Hamburg. Die Umrüstung bestehender Anlagen auf neue Beleuchtungstechnologien (z. B. LED) ist eine genehmigungsbedürftige Änderung einer baulichen Anlage.

Skybeamer sind als Lichtwerbeanlagen genehmigungspflichtig. Skybeamer sind im Außenbereich mit Ausnahme von Bayern, Brandenburg, Hamburg und Hessen landesrechtlich unzulässig (vgl. bspw. § 10 Abs. 3 BauO NRW, § 21 Abs. 1 S. 2 LNatSchG BW). Lichtwerbeanlagen können durch Festsetzungen des Bebauungsplans ausgeschlossen werden. Zudem können diese eine erhebliche Beeinträchtigung verursachen, sodass – besonders bei Skybeamern – ein Verstoß gegen das Tötungsverbot nach § 44 Abs. 1 Nr. 1 BNatSchG und das Störungsverbot gem. § 44 Abs. 1 Nr. 2 BNatSchG vorliegen kann.

IV. Bewertung des rechtlichen Instrumentariums

Insgesamt stehen mehrere rechtliche Instrumente zur Bewältigung der Risiken und Gefahren von Arten durch Glas und Licht zur Verfügung. Die Eingriffsregelung (§§ 13 ff. BNatSchG) erfasst tatbestandlich (bis auf mobile Lichtanlagen) sämtliche nachteiligen Auswirkungen von Glas und Licht. Ein weiterer Vorteil ist die vorrangige Vermeidungspflicht, da diese sowohl für Glas als auch für Licht vorhanden sind. Allerdings ist der räumliche Anwendungsbereich durch § 18 BNatSchG (Bewältigung der Eingriffsregelung in der Bauleitplanung) deutlich eingeschränkt.

Auch der Schutz von Natura 2000-Gebieten (§§ 33 ff. BNatSchG) ist räumlich stark begrenzt und entsprechend nicht flächendeckend. Vorteilhaft ist dagegen, dass die Kumulation die Berücksichtigung unterschiedlicher Wirkfaktoren (z. B. Pestizide) erlaubt und dadurch reelle Belastungssituationen abgebildet werden können.

Die artenschutzrechtlichen Zugriffsverbote (§§ 44 Abs. 1 Nr. 1 bis 3 BNatSchG) sind zentrale Normen des Naturschutzrechts, insbesondere das Tötungsverbot des § 44 Abs. 1 Nr. 1 BNatSchG. Letzteres setzt bei geplanten Vorhaben ein signifikant erhöhtes Tötungsrisiko voraus, dessen Bezugsgröße zur Beurteilung der Risiken nicht gänzlich geklärt ist und eine Einzelfallbetrachtung erfordert. Zudem ist der Schutz auf besonders geschützte Arten i.S.d. § 7 Abs. 2 Nr. 13 BNatSchG beschränkt, wozu jedoch sämtliche europäische Vogelarten zählen.

Daneben können die Vorschriften des BImSchG eingreifen. Lichtempfindliche Tiere sind gem. § 5, 22 BImSchG vor schädlichen Umwelteinwirkungen geschützt. Da die Mehrzahl der Lichtanlagen nicht genehmigungsbedürftige Anlagen i.S.d.

§§ 4, 6 BImSchG sind, richtet sich der Schutz nach § 22 BImSchG. Von den Vermeidungs- und Minimierungspflichten des § 22 Abs. 1 S. 1 BImSchG ist jedoch die wichtige Gruppe von gemeindlich betriebenen Straßenbeleuchtungen gem. § 22 Abs. 1 S. 3 BImSchG ausgenommen, sodass im Ergebnis nur ein eingeschränkter Schutz besteht.

Schließlich kann das Bauplanungsrecht eine steuernde Funktion übernehmen. Im Rahmen der Bauleitplanung ist, außer in den Fällen des §§ 13 bis 13b BauGB, eine Umweltprüfung gem. § 2 Abs. 4 BauGB zwingend durchzuführen und die Risiken und Gefahren für Vögel, Fledermäuse und Insekten durch Glas und Licht zu ermitteln. Hierbei können die Auswirkungen kumulierter Beeinträchtigungen berücksichtigt werden, die aufgrund der Vielzahl von Glas- und Lichtverwendungen unterschiedlicher Vorhabenträger von besonderer Bedeutung sind. Diese kumulierten Beeinträchtigungen können in der Regel nicht im nachgelagerten Verwaltungsverfahren bewältigt werden, weshalb die Berücksichtigung der Risiken und Gefahren von Glas und Licht nach dem Gebot der Konfliktbewältigung auf der Planungsebene stattfinden muss. Damit stellt die Bauleitplanung ein wirkungsvolles präventives Instrument dar, das als einziges in der Lage ist, ungeachtet der betroffenen Arten (Besonderer Artenschutz) und Landschaften (Natura 2000), die kumulierte Auswirkung mehrfacher Glas- und Lichtverwendungen rechtlich zu bewältigen.

Literatur

Adams, Lowell W./Leedy, Daniel L. (Hrsg.), Wildlife conservation in metropolitan environments 1991.

Altermatt, Florian/Ebert, Dieter, Reduced flight-to-light behaviour of moth populations exposed to long-term urban light pollution, Biology letters 2016, https://doi.org/10.1098/rsbl.2016.0111, S. 1–4.

Amt der Oö. Landesregierung (Hrsg.), Leitfaden: Besseres Licht – Alternativen zum Lichtsmog, 2013.

Arndt, Herbert, Die Straßenverkehrssicherungspflicht – In der Rechtsprechung des Bundesgerichtshofes, 2. Aufl. 1973.

Arnold, Todd W./Zink, Robert M., Collision mortality has no discernible effect on population trends of North American birds, PloS one 2011, https://doi.org/10.1371/journal.pone.0024708, S. 1–6.

Bachleitner, Wolfgang/Kempinger, Lena/Wulbeck, Corinna/Rieger, Dirk/Helfrich-Forster, Charlotte, Moonlight shifts the endogenous clock of Drosophila melanogaster, Proceedings of the National Academy of Sciences of the United States of America 2007, S. 3538–3543.

Badura, Peter, Staatsrecht – Systematische Erläuterung des Grundgesetzes für die Bundesrepublik Deutschland, 7. Aufl. 2018.

Ballasus, Hauke/Hill, Katrin/Hüppop, Ommo, Gefahren künstlicher Beleuchtung für ziehende Vögel und Fledermäuse, Berichte zum Vogelschutz 2009, S. 127–157.

Banks, Richard C., Human related mortality of birds in the United States – Special Specific Report 1979.

Barghini, Alessandro/Medeiros, Bruno de, UV Radiation as an Attractor for Insects, Leukos 2012, S. 47–56.

Battis, Ulrich, Öffentliches Baurecht und Raumordnungsrecht, 7. Aufl. 2017.

Battis, Ulrich/Krautzberger, Michael/Löhr, Rolf-Peter (Hrsg.), Baugesetzbuch – Kommentar, 13. Aufl. 2016 (zit. *Bearbeiter*, in: Battis/Krautzberger/Löhr (Hrsg.), BauGB).

Begon, Michael/Howarth, Robert W./Townsend, Colin R., Ökologie, 3. Aufl. 2017.

Beier, Arno, FFH-Verträglichkeitsprüfung „reloaded" – Bemerkungen zum Urteil des EuGH vom 14.1.2016 (C-399/14), NVwZ 2016, S. 575–580.

Bellebaum, Jochen/Grieger, C./Klein, R./Köppen, U./Kube, J./Neumann, R./Schulz, A./Sordyl, Holmer/Wendeln, H., Ermittlung artbezogener Erheblichkeitsschwellen von Zugvögeln für das Seegebiet der südwestlichen Ostsee bezüglich der Gefährdung des Vogelzuges im Zusammenhang mit dem Kollisionsrisiko an Windenergieanlagen – Abschlussbericht 2010 (zit.: Erheblichkeitsschwellen von Zugvögeln).

© Springer-Verlag GmbH Deutschland, ein Teil von Springer Nature 2019

B. Huggins, S. Schlacke, *Schutz von Arten vor Glas und Licht*, Schriftenreihe Natur und Recht, https://doi.org/10.1007/978-3-662-58257-2

Bennie, Jonathan/Davies, Thomas W./Cruse, David/Inger, Richard/Gaston, Kevin J., Cascading effects of artificial light at night: resource-mediated control of herbivores in a grassland ecosystem, Phil. Trans. R. Soc. B (370) 2015, https://doi.org/10.1098/rstb.2014.0131, S. 1–9.

Berchter, Dirk, Die Eingriffsregelung im Naturschutzrecht – Defizite und Möglichkeiten zur Effektivierung des Gesetzesvollzugs, Diss., Universität Hamburg 2006 (zit.: *Berchter*, Eingriffsregelung).

Berkemann, Jörg, Rechtsschutz im Naturschutzrecht, in: Faßbender/Köck (Hrsg.), Aktuelle Entwicklungen im Naturschutzrecht, 2015 (zit. *Berkemann*, in: Faßbender/Köck (Hrsg.), Aktuelle Entwicklungen im Naturschutzrecht).

Berkhout, Peter/Muskens, Jos/Velthuijsen, Jan, Defining the rebound effect, Energy Policy 2000, S. 425–432.

Bernotat, Dirk, Naturschutzfachliche Bewertung eingriffsbedingter Individuenverluste, ZUR 2018, 594–604.

Bernotat, Dirk/Dierschke, Volker, Übergeordnete Kriterien zur Bewertung der Mortalität wildlebender Tiere im Rahmen von Projekten und Eingriffen – 3. Fassung – Stand 20.09.2016 – 2016 (zit. *Bernotat/Dierschke*, Mortalität wildlebender Tiere, 2016).

Berthold, Peter, Vogelzug – Eine aktuelle Gesamtübersicht, 6. Aufl. 2008.

Berz, Ulrich, Straßenbeleuchtung und Verkehrssicherungspflicht, DAR 1988, S. 2–6.

—, Straßenbeleuchtung unter dem Gesichtspunkt der Straßenverkehrssicherungspflicht der Gemeinde, DAR 1995, S. 350–353.

Betensted, Josefine/Grandjot, René/Waskow, Siegfried, Die Umsetzung der Richtlinie 2010/75/EU über Industrieemissionen (IE-Richtlinie) im Immissionsschutzrecht, ZUR 2013, S. 395–403.

Bettermann, Karl August, Über naturschutzrechtliche Ausgleichsabgaben, insbesondere nach dem Landschaftspflegegesetz Schleswig-Holstein von 1982, zugleich eine Kritik an BVerwGE 74, 308, in: Kloepfer, Michael (Hrsg.), Jahrbuch des Umwelt- und Technikrechts, 1987, S. 113–143 (zit.: *Bettermann*, in: Kloepfer (Hrsg.), Jahrbuch des Umwelt- und Technikrechts, 1987).

Bick, Ulrike, Bewertung vorhabenbedingter Stickstoffdepositionen in der FFH-Verträglichkeitsprüfung, jurisPR-BVerwG 20/2014, Anm. 4.

— Rechtswidrigkeit eines Planfeststellungsbeschlusses mangels FFH-Verträglichkeitsprüfung („Waldschlößchenbrücke"), jurisPR-BVerwG 24/2016, Anm. 5.

Bick, Ulrike/Wulfert, Katrin, Der Artenschutz in der Vorhabenzulassung aus rechtlicher und naturschutzfachlicher Sicht, NVwZ 2017, S. 346–355.

Bickel, Christian, Der Eingriffstatbestand in § 8 Bundesnaturschutzgesetz, DÖV 1989, S. 937–940.

Binswanger, Mathias, Technological progress and sustainable development: what about the rebound effect?, Ecological Economics 2001, S. 119–132.

Bodanowitz, Jan, Rechtliche Grundlagen des Baulärmschutzes, NJW 1997, S. 2351–2357.

Bodenhaupt, Frank/Lindemuth, Frank (Hrsg.), Straßen-und Außenbeleuchtung – Technisches Handbuch 2012.

Borchers, Kim Corinna/Schomerus, Thomas, Umweltverschmutzung durch Licht – die Ausweisung von Lichtschutzgebieten als Instrument zur Reduktion von Lichtimmissionen, NuR 2015, S. 614–621.

Borden, W. Calvin/Lockhart, Owen M./Jones, Andrew/Lyons, Mark, Seasonal, Taxonomic, and Local Habitat Components of Bird-window Collisions on an Urban University Campus in Cleveland, OH, The Ohio Journal of Science 2010, S. 44–52.

Borgmann, Rüdiger/Kurz, Thomas, Leitfaden: „Lichteinwirkung auf die Nachbarschaft" 2014.

Bracey, Annie M./Etterson, Matthew A./Niemi, Gerald J./Green, Richard F., Variation in bird-window collision mortality and scavenging rates within an urban landscape, The Wilson Journal of Ornithology 2016, S. 355–367.

Brandt, Edmund, Tötungsrisiko und Einschätzungsprärogative, NuR 2013, S. 482–484.

Brandt, Edmund/Spangenberger, Helmut (Hrsg.), Windenergieanlagen und Rotmilane – Anforderungen an die Bewertung des Tötungsrisikos 2011.

Breuer, Rüdiger, Die Bedeutung des § 8 BNatSchG für Planfeststellungen und qualifizierte Genehmigungen nach anderen Fachgesetzen, NuR 1980, S. 89–101.

Brown, Hillary/Caputo, Steven, Bird-Safe Building Guidelines Mai 2007.

Bruderer, Bruno/Peter, Dieter/Steuri, Thomas, Behaviour of Migrating Birds exposed to X-Band Radar and a Bright Light Beam, Effect of radar and light on birds, The Journal of Experimental Biology 1999, S. 1015–1022.

Brügelmann, Hermann (Hrsg.), Baugesetzbuch – Kommentar, – Loseblattsammlung, Stand September 2018 (zit.: *Bearbeiter*, in: Brügelmann (Hrsg.), BauGB).

Bruinzeel, Leo/van Belle, Jelmer, Additional research on the impact of conventional illumination of offshore platforms in the North Sea on migratory bird populations 2010.

Brüning, Anika/Hölker, Franz, Lichtverschmutzung und die Folgen für Fische, in: Held, Martin/ Hölker, Franz/Jessel, Beate (Hrsg.), Schutz der Nacht – Lichtverschmutzung, Biodiversität und Nachtlandschaft – Grundlagen, Folgen, Handlungsansätze, Beispiele guter Praxis, 2013, S. 69–72 (zit.: *Brüning/Hölker*, in: Held/Hölker/Jessel (Hrsg.), Schutz der Nacht, 2013).

Buer, Friedrich/Regner, Martin, Mit „Spinnennetz-Effekt" und UV-Absorbern gegen den Vogeltod an transparenten und spiegelnden Scheiben, Vogel und Umwelt 2002, S. 31–41.

Bull, Hans Peter, Daseinsvorsorge im Wandel der Staatsformen, Der Staat 2008, S. 1–19.

Bull, Hans Peter/Mehde, Veith, Allgemeines Verwaltungsrecht mit Verwaltungslehre, 9. Aufl. 2015.

Bund, Länder-Arbeitsgemeinschaft für Immissionsschutz (LAI) (Hrsg.), Hinweise zur Messung, Beurteilung und Minderung von Lichtimmissionen 2014.

Bundesamt für Naturschutz (Hrsg.), Auswirkungen von Fremdlicht auf die Fauna im Rahmen von Eingriffen in Natur und Landschaft – Analyse, Inhalte, Defizite und Lösungsmöglichkeiten 2001.

— (Hrsg.), Das europäische Schutzgebietssystem Natura 2000 – Ökologie und Verbreitung von Arten der FFH-Richtlinie in Deutschland 2003.

— (Hrsg.), Agrarreport – Biologische Vielfalt in der Agrarlandschaft 2017.

Bundesamt für Umwelt BAFU (CH) (Hrsg.), Vollzugshilfe Lichtemissionen (Entwurf), 2017,

Bündnis 90/Die Grünen, BT-Drs. 12/4105,

Burgi, Martin, Kommunalrecht, 5. Aufl. 2015.

Burmeister, Joachim H., Der Schutz von Natur und Landschaft vor Zerstörung – Eine juristische und rechtstatsächliche Untersuchung 1988.

Buschbaum, Heike/Schulz, Henning, Europäisierung des deutschen Umweltrechts am Beispiel des Technikstandards „Beste verfügbare Techniken", NuR 2001, S. 181–185.

Chepesiuk, Ron, Missing the dark – health effects of light pollution, Environmental Health Perspectives 2009, S. 20–27.

Cinzano, Pierantonio/Falchi, Fabio./Elvidge, Christopher D., The first World Atlas of the artificial night sky brightness, Monthly Notices of the Royal Astronomical Society 2001, S. 689–707.

Classen, Claus Dieter, Erheblichkeit und Zumutbarkeit bei schädlichen Umwelteinwirkungen – Zu den Abwägungskriterien im Immissionsschutzrecht, JZ 1993, S. 1042–1050.

Couzinet, Daniel, Die Zulässigkeit von Immissionen im anlagenbezogenen Immissionsschutzrecht – Verfassungsrechtliche Vorgaben an das vom Einzelnen hinzunehmende Immissionsmaß und einfach-rechtliche Ausgestaltung im Bundes-Immissionsschutzgesetz, Diss., Universität Tübingen 2007 (zit.: *Couzinet*, Zulässigkeit von Immissionen).

Czajka, Dieter/Hansmann, Klaus/Rebentisch, Manfred (Hrsg.), Immissionsschutzrecht in der Bewährung – 25 Jahre Bundes-Immissionsschutzgesetz; Festschrift für Gerhard Feldhaus zum 70. Geburtstag 1999.

Davies, Thomas W./Bennie, Jonathan/Gaston, Kevin J., Street lighting changes the composition of invertebrate communities, Biology letters 2012, S. 764–767.

Deutscher Städte- und Gemeindebund (DStGB), Öffentliche Beleuchtung – Analyse, Potenziale und Beschaffung 2009.

Dietlein, Johannes, Zur baurechtlichen Problematik sog. Himmelstrahler, BauR 2000, S. 1682–1690.

Dietrich, Jan-Hendrik, Die immissionsschutzrechtliche Beurteilung von Baustellenlärm, NVwZ 2009, S. 144–148.

Dietrich, Sascha, Produktbezogenes Ökodesign – Rechtsgrundlagen – Praxis – Perspektiven, ZfU 2013, S. 24–57.

Doerfert, Carsten, Daseinsvorsorge – eine juristische Entdeckung und ihre heutige Bedeutung, JA 2006, S. 316–319.

Dolde, Klaus-Peter, Europarechtlicher Artenschutz in der Planung, NVwZ 2007, S. 7–11.

Drews, Melanie/Wachlin, Volker, Eriogaster catax, in: Bundesamt für Naturschutz (Hrsg.), Das europäische Schutzgebietssystem Natura 2000 – Ökologie und Verbreitung von Arten der FFH-Richtlinie in Deutschland, 2003, S. 459–464 (zit.: *Drews/Wachlin*, in: Bundesamt für Naturschutz (Hrsg.), Das europäische Schutzgebietssystem Natura 2000 2003).

Dunlap, Jay C., Molecular Bases for Circadian Clocks, Cell 1999, S. 271–290.

Dunn, Erica H., Bird Mortality from Striking Residential Windows in Winter, Journal of Field Ornithology 1992, S. 302–309.

Dürr, Hansjochen, Die Auswirkungen der §§ 8 a-c BNatSchG auf das öffentliche Baurecht, BauR 1994, S. 460–480.

Egner, Margit, Die Systematik des Artenschutzrechts in der Bauleitplanung, NuR 2011, S. 758–762.

Ehlers, Dirk/Fehling, Michael/Pünder, Hermann (Hrsg.), Besonderes Verwaltungsrecht, Bd. 2 – Planungs-, Bau- und Straßenrecht, Umweltrecht, Gesundheitsrecht, Medien- und Informationsrecht, 3. Aufl. 2013.

Eisenbeis, Gerhard, Künstliches Licht und Insekten: eine vergleichende Studie in Rheinhessen, in: Bundesamt für Naturschutz (Hrsg.), Auswirkungen von Fremdlicht auf die Fauna im Rahmen von Eingriffen in Natur und Landschaft – Analyse, Inhalte, Defizite und Lösungsmöglichkeiten, 2001, S. 75–99 (zit.: *Eisenbeis*, in: Bundesamt für Naturschutz (Hrsg.), Auswirkungen von Fremdlicht auf die Fauna im Rahmen von Eingriffen in Natur und Landschaft, 2001).

— Insekten und Künstliches Licht, in: Posch, Thomas (Hrsg.), Das Ende der Nacht – Lichtsmog: Gefahren – Perspektiven – Lösungen, 2. Aufl., 2013a, S. 83–109 (zit.: *Eisenbeis*, in: Posch (Hrsg.), Das Ende der Nacht, 2. Aufl. 2013).

— Lichtverschmutzung und die Folgen für nachtaktive Insekten, in: Held, Martin/Hölker, Franz/Jessel, Beate (Hrsg.), Schutz der Nacht – Lichtverschmutzung, Biodiversität und Nachtlandschaft – Grundlagen, Folgen, Handlungsansätze, Beispiele guter Praxis, 2013, S. 53–56 (zit.: *Eisenbeis*, in: Held, Hölker/Jessel (Hrsg.), Schutz der Nacht, 2013).

Eisenbeis, Gerhard/Eick, Klaus, Studie zur Anziehung nachtaktiver Insekten an die Straßenbeleuchtung unter Einbeziehung von LEDs, Natur und Landschaft 2011, S. 298–306.

Eisenbeis, Gerhard/Hänel, Andreas, Light pollution and the impact of artificial night lighting on insects, in: McDonnell, Mark/Hahs, Amy/Breuste, Jürgen (Hrsg.), Ecology of Cities and Towns – A Comparative Approach, 2009, S. 243–263 (zit.: *Eisenbeis/Hänel*, in: McDonnell/Hahs/Breuste (Hrsg.), Ecology of Cities and Towns 2009).

Ekardt, Felix/Beckmann, Klaus/Schenderlein, Kristin, Abschied von der Baugenehmigung – Selbstregulierung versus modernes Ordnungsrecht, NJ 2007, S. 481–487.

Ekardt, Felix/Hennig, Bettina, Chancen und Grenzen von naturschutzrechtlichen Eingriffsregelungen und Kompensationen, NuR 2013, S. 694–703.

Elle, Ortwin/Weerts, Focke/Schneider, Christian/Blankenburg, Jan/Anders, Cindy/Hach, Christian/Lebowski, Tanja, Vogelschlagrisiko an spiegelnden oder transparenten Glasscheiben in der Stadt: Unterschätzt, überschätzt oder unkalkulierbar?, Berichte zum Vogelschutz 2013, S. 135–148.

Emery, Matt, Effect of Street Lighting on Bats 2008.

Engler, Karen, Der öffentlich-rechtliche Immissionsabwehranspruch, Diss., Universität Göttingen 1994 (zit.: *Engler*, Immissionsabwehranspruch).

Epiney, Astrid, Vogel- und Habitatschutz in der EU – Mitgliedstaatliche Beurteilungsspielräume bei der Ausweisung von Schutzgebieten und der Anwendung der Schutzregime, UPR 1997, S. 303–309.

Erb, Mareen, Untersuchungsumfang und Ermittlungstiefe in Umweltprüfungen – Eine Untersuchung im Rahmen von Umweltverträglichkeitsprüfung, Strategischer Umweltprüfung und FFH-Verträglichkeitsprüfung unter besonderer Berücksichtigung des Konfliktfelds Windenergie – Vogelschutz, Diss., Universität Trier 2013 (zit.: *Erb*, Untersuchungsumfang).

Erbguth, Wilfried/Schubert, Mathias, Zur Vereinbarkeit bestehender öffentlicher Anlagen in (potenziellen) FFH-Gebieten mit europäischem Habitatschutzrecht, DVBl 2006, S. 591–598.

— Öffentliches Baurecht – Mit Bezügen zum Umwelt- und Raumplanungsrecht, 6. Aufl. 2015.

Ernst, Werner/Zinkahn, Willy/Bielenberg, Walter/Krautzberger, Michael (Hrsg.), Baugesetzbuch – Kommentar, Stand: August 2018 (130. Erg.-Lfg.) 2018 (zit.: *Bearbeiter*, in: Ernst/Zinkahn/Bielenberg et al. (Hrsg.), BauGB).

Europäische Kommission, Leitfaden zum strengen Schutzsystem für Tierarten von gemeinschaftlichem Interesse im Rahmen der FFH-Richtlinie 92/43/EWG – Endgültige Fassung 2007.

Evans, Jennifer A./Elliott, Jeffrey A./Gorman, Michael R., Circadian effects of light no brighter than moonlight, Journal of biological rhythms 2007, S. 356–367.

Evans, William R., Response to: Green Light for Nocturnally Migrating Birds, E&S 2010, r1.

Falchi, Fabio/Cinzano, Pierantonio/Duriscoe, Dan/Kyba, Christopher C. M./Elvidge, Christopher D./Baugh, Kimberly/Portnov, Boris A./Rybnikova, Nataliya A./Furgoni, Riccardo, The new world atlas of artificial night sky brightness, Science advances 2016, https://doi.org/10.1126/sciadv.1600377, S. 1–23.

Falchi, Fabio/Cinzano, Pierantonio/Elvidge, Christopher D./Keith, David M./Haim, Abraham, Limiting the impact of light pollution on human health, environment and stellar visibility, Journal of environmental management 2011, S. 2714–2722.

Faßbender/Köck (Hrsg.), Aktuelle Entwicklungen im Naturschutzrecht, 2015.

Fehrensen, Sebastian, Zur Anwendung zwingenden Gemeinschaftsrechts in der aktuellen Rechtsprechung des BVerwG zum Artenschutz nach der „Kleinen Novelle" des Bundesnaturschutzgesetzes, NuR 2009, S. 13–19.

Feldhaus, Gerhard, Zumutbarkeitsgrenzen als Wege zur Konfliktlösung am Beispiel des Immissionsschutzrechts, DVBl 1979, S. 301–306.

— Beste verfügbare Techniken und Stand der Technik, NVwZ 2001, S. 1–9.

Fellenberg, Frank, Neue Herausforderungen im besonderen Artenschutzrecht: Die Reaktionen der Praxis auf das BVerwG-Urteil zur Ortsumgehung Freiberg, UPR 2012, S. 321–327.

Finkelnburg, Klaus/Ortloff, Karsten Michael/Kment, Martin, Öffentliches Baurecht Bd. I – Bauplanungsrecht, 7. Aufl. 2017.

Finkelnburg, Klaus/Ortloff, Karsten-Michael/Otto, Christian-Wolfgang, Öffentliches Baurecht Bd. II – Bauordnungsrecht, Nachbarschutz, Rechtsschutz, 7. Aufl. 2018.

Fisahn, Andreas, Internationale Anforderungen an den deutschen Naturschutz, ZUR 1996, S. 3–11.

Fischer, Markus, Formelle und materielle Illegalität?, NVwZ 2004, S. 1057–1062.

Fördergemeinschaft Gutes Licht (Hrsg.), Wirkung des Lichts auf den Menschen 2014.

Fotios, Steve/Cheal, Chris, Using obstacle detection to identify appropriate illuminances for lighting in residential roads, Lighting Research & Technology 2013, S. 362–376.

Fotios, Steve/Cheal, Chris/Fox, S./Uttley, J., The transition between lit and unlit sections of road and detection of driving hazards after dark, Lighting Res. Technol. 2017, https://doi.org/10.1177/1477153517725775, S. 1–19.

Fotios, Steve/Gibbons, R., Road lighting research for drivers and pedestrians – The basis of luminance and illuminance recommendations, Lighting Research & Technology 2018, S. 154–186.

Frank, Kenneth, Impact of Outdoor Lighting on Moths – An Assessment, Journal of the Lepidopterists' Society 1988, S. 63–93.

Frenz, Walter/Müggenborg, Hans-Jürgen (Hrsg.), Bundesnaturschutzgesetz – Kommentar, 2. Aufl. 2016 (zit.: *Bearbeiter*, in: Frenz/Müggenborg (Hrsg.), BNatSchG).

Freudig, Doris (Hrsg.), Lexikon der Biologie, Bd. 9 2002.

Fricke, Hanns-Christian, Der Konflikttransfer in der Bebauungsplanung, UPR 2014, S. 97–102.

Führ, Martin (Hrsg.), Gemeinschaftskommentar Bundes-Immissionsschutzgesetz 2016 (zit.: *Bearbeiter*, in: Führ (Hrsg.), GK-BImSchG).

Gädtke, Horst (Hrsg.), BauO NRW – Kommentar, 12. Aufl. 2011 (zit.: *Bearbeiter*, in: Gädtke (Hrsg.), BauO NRW).

Gaentzsch, Günter, Anforderungen an genehmigungsbedürftige und nicht genehmigungsbedürftige Anlagen gemäß BImschG und TA Lärm, in: Koch, Hans-Joachim (Hrsg.), Schutz vor Lärm, 1990, S. 31–40 (zit.: *Gaentzsch*, in: Koch (Hrsg.), Schutz vor Lärm, 1990).

Ganslandt, Rüdiger/Hofmann, Harald, Handbuch der Lichtplanung 1992.

Gärditz, Klaus Ferdinand, Kein Bestandsschutz für rechtmäßig genehmigte Vorhaben im europäischen Naturschutzrecht? – Zu EuGH, Urt. v. 14. 1. 2010 – C-226/08 (Stadt Papenburg/Deutschland), DVBl 2010, S. 247–250.

Gassner, Erich, Natur- und Landschaftsschutzrecht, 2. Aufl. 2016.

Gassner, Erich/Bendomir-Kahlo, Gabriele/Schmidt-Räntsch, Annette/Schmidt-Räntsch, Jürgen (Hrsg.), Bundesnaturschutzgesetz – Kommentar, 2. Aufl. 2003 (zit.: *Bearbeiter*, in: Gassner/Bendomir-Kahlo/Schmidt-Räntsch et al. (Hrsg.), BNatSchG).

Gassner, Erich/Heugel, Michael, Das neue Naturschutzrecht 2010.

Gaston, Kevin J./Bennie, Jonathan/Davies, Thomas W./Hopkins, John, The ecological impacts of nighttime light pollution: a mechanistic appraisal, Biological reviews of the Cambridge Philosophical Society 2013, S. 912–927.

Gaston, Kevin J./Davies, Thomas W./Bennie, Jonathan/Hopkins, John, Reducing the ecological consequences of night-time light pollution: options and developments, The Journal of applied ecology 2012, S. 1256–1266.

Gaston, Kevin J./Gaston, Sian/Bennie, Jonathan/Hopkins, John, Benefits and costs of artificial nighttime lighting of the environment, Environ. Rev. 2015, S. 14–23.

Gauthreaux, Sidney/Belser, Carroll, Effects of Artificial Night Lighting on Migrating Birds, in: Rich, Catherine/Longcore, Travis (Hrsg.), Ecological consequences of artificial night lighting, 2010, S. 67–93 (zit.: *Gauthreaux/Belser*, in: Rich/Longcore (Hrsg.), Ecological consequences of artificial night lighting, 2010).

Gehring, Joelle/Kerlinger, Paul/Manville, Albert M., Communication towers, lights, and birds: successful methods of reducing the frequency of avian collisions, Ecological Applications 2009, S. 505–514.

Gehring, Joelle/Walter, Kristen, Studies of avian collisions with communication towers – a quantification of bird night flight calls at towers with different structural supports and the use of acoustics as an index of tower fatalities 2012.

Gellermann, Martin, Herzmuschelfischerei im Lichte des Art. 6 FFH-Richtlinie, NuR 2004, S. 769–773.

— Die „Kleine Novelle" des Bundesnaturschutzgesetzes, NuR 2007, S. 783–789.

— Artenschutz und Straßenplanung – Neues aus Leipzig, NuR 2009, S. 85–91.

— Europäischer Gebiets- und Artenschutz in der Rechtsprechung, NuR 2009, S. 8–13.

— Fortentwicklung des Naturschutzrechts – Anmerkungen zum Urteil des Bundesverwaltungsgerichts vom 14.7.2011 – 9 A 12.10, Ortsumgehung Freiberg, NuR 2012, S. 34–37.

Gellermann, Martin/Schreiber, Matthias, Zur „Erheblichkeit" der Beeinträchtigung von Natura-2000-Gebieten und solchen, die es werden wollen, NuR 2003, S. 205–213.

— Schutz wildlebender Tiere und Pflanzen in staatlichen Planungs- und Zulassungsverfahren 2007.

Giesberts, Ludger/Rheinhardt, Michael (Hrsg.), Beck Onlinekommentar Umweltrecht – (Stand: Januar 2018) 2018 (zit.: *Bearbeiter*, in: Giesberts/Rheinhardt (Hrsg.), BeckOK UmweltR).

Glöckner, Arne, Anordnungsbefugnis der Immissionsschutzbehörden gegenüber kommunalen Anlagenbetreibern nach § 24 BImSchG, NVwZ 2003, S. 1207–1210.

Greger, Reinhard/Zwickel, Martin (Hrsg.), Haftungsrecht des Straßenverkehrs – Handbuch und Kommentar, 5. Aufl. 2014.

Große-Suchsdorf, Ulrich (Hrsg.), Niedersächsische Bauordnung – Kommentar, 9. Aufl. 2013 (zit.: *Bearbeiter*, in: Große-Suchsdorf (Hrsg.), NBauO).

Grubisic, Maja/Singer, Gabriel/Bruno, M. Cristina/van Grunsven, Roy H. A./Manfrin, Alessandro/Monaghan, Michael T./Hölker, Franz, Artificial light at night decreases biomass and alters community composition of benthic primary producers in a sub-alpine stream, Limnol. Oceanogr. 2017, https://doi.org/10.1002/lno.10607, S. 1–12.

Guckelberger, Annette, Der Umgang im Baurecht mit Werbeanlagen, dargestellt am Beispiel der Videowalls, ZfBR 2013, S. 425–433.

Gusy, Christoph, Polizei- und Ordnungsrecht, 10. Aufl. 2017.

Haber, Wolfgang, Taglandschaften und Nachtlandschaften, in: Held, Martin/Hölker, Franz/Jessel, Beate (Hrsg.), Schutz der Nacht – Lichtverschmutzung, Biodiversität und Nachtlandschaft – Grundlagen, Folgen, Handlungsansätze, Beispiele guter Praxis, 2013, S. 19–22 (zit.: *Haber*, in: Held/Hölker/Jessel (Hrsg.), Schutz der Nacht, 2013).

Haffmans, Susan, Auswirkungen chemisch-synthetischer Pestizide auf die biologische Vielfalt 2010.
Hager, Stephen B./Cosentino, Bradley J./McKay, Kelly J./Monson, Cathleen/Zuurdeeg, Walt/Blevins, Brian, Window area and development drive spatial variation in bird-window collisions in an urban landscape, PloS one 2013, https://doi.org/10.1371/journal.pone.0053371, S. 1–10.
Haibl, Andreas/Hartig, Ralf/Härtel, Isabel, Analyse der Anforderungen an LED-Leuchtensysteme für die öffentliche Beleuchtung der Stadt Graz, in: Hochschule Mittweida (Hrsg.), Energietechnische Blätter (ETB), 2016, S. 37–42 (zit.: *Haibl/Hartig/Härtel*, in: Hochschule Mittweida (Hrsg.), Energietechnische Blätter (ETB), 2016).
Halama, Günter, Die FFH-Richtlinie – unmittelbare Auswirkungen auf das Planungs- und Zulassungsrecht, NVwZ 2001, S. 506–510.
Hallmann, Caspar A./Sorg, Martin/Jongejans, Eelke/Siepel, Henk/Hofland, Nick/Schwan, Heinz/Stenmans, Werner/Müller, Andreas/Sumser, Hubert/Hörren, Thomas/Goulson, Dave/Kroon, Hans de, More than 75 percent decline over 27 years in total flying insect biomass in protected areas, PloS one 2017, https://doi.org/10.1371/journal.pone.0185809, S. 1–21.
Hansmann, Klaus, Die Nachsorgepflichten im Immissionsschutzrecht, NVwZ 1993, S. 921–928.
— Änderungen von genehmigungsbedürftigen Anlagen im Sinne des Immissionsschutzrechts, DVBl 1997, S. 1421–1427.
Haupt, Heiko, Der Letzte macht das Licht an! – Zu den Auswirkungen leuchtender Hochhäuser auf den nächtlichen Vogelzug am Beispiel des „Post-Towers" in Bonn, Charadrius 2009, S. 1–19.
— Auf dem Weg zu einem neuen Mythos? Warum UV-Glas zur Vermeidung von Vogelschlag noch nicht empfohlen werden kann, Berichte zum Vogelschutz 2011, S. 143–160.
— Lichtverschmutzung und die Folgen für Zugvögel, in: Held, Martin/Hölker, Franz/Jessel, Beate (Hrsg.), Schutz der Nacht – Lichtverschmutzung, Biodiversität und Nachtlandschaft – Grundlagen, Folgen, Handlungsansätze, Beispiele guter Praxis, 2013, S. 61–64 (zit.: *Haupt*, in: Held/Hölker/Jessel (Hrsg.), Schutz der Nacht, 2013).
Haupt, Heiko/Schillemeit, Ulrike, Skybeamer und Gebäudeanstrahlungen bringen Zugvögel vom Kurs ab – Neue Untersuchungen und eine rechtliche Bewertung dieser Lichtanlagen, NuL 2011, S. 165–170.
Heilshorn, Thorsten, Schutz vor gewerblichen Immissionen durch passiven Schallschutz?, NVwZ 2009, S. 137–143.
Heimlich, Jörn, Der Begriff „Stand der Technik" im deutschen und europäischen Umweltrecht, NuR 1998, S. 582–587.
Held, Martin/Hölker, Franz/Jessel, Beate (Hrsg.), Schutz der Nacht – Lichtverschmutzung, Biodiversität und Nachtlandschaft – Grundlagen, Folgen, Handlungsansätze, Beispiele guter Praxis 2013.
Helm, Barbara/Parteke, Jesko, Lichtverschmutzung und die Folgen für Singvögel, in: Held, Martin/Hölker, Franz/Jessel, Beate (Hrsg.), Schutz der Nacht – Lichtverschmutzung, Biodiversität und Nachtlandschaft – Grundlagen, Folgen, Handlungsansätze, Beispiele guter Praxis, 2013, S. 57–60 (zit.: *Helm/Parteke*, in: Held/Hölker/Jessel (Hrsg.), Schutz der Nacht, 2013).
Hendler, Reinhard, Immissionsschutz zwischen Planungs- und Fachrecht, NuR 2012, S. 531–538.
Hendler, Reinhard/Brockhoff, Sven, Die Eingriffsregelung des neuen Bundesnaturschutzgesetzes, NVwZ 2010, S. 733–738.
Herden, Klaus, Erfahrungen aus der Genehmigungspraxis einer innerstädtischen Industrieanlage am Beispiel der Gläsernen Manufaktur in Dresden, in: Bundesamt für Naturschutz (Hrsg.), Auswirkungen von Fremdlicht auf die Fauna im Rahmen von Eingriffen in Natur und Landschaft – Analyse, Inhalte, Defizite und Lösungsmöglichkeiten, 2001, S. 121–126 (zit.: *Herden*, in: Bundesamt für Naturschutz (Hrsg.), Auswirkungen von Fremdlicht auf die Fauna im Rahmen von Eingriffen in Natur und Landschaft, 2001).
Herrmann, Christof/Baier, Hermann/Bosecke, Thomas, Flackernde Lichtspiele am nächtlichen Himmel – Auswirkungen von Himmelsstrahlern (Skybeamer) auf Natur und Landschaft und Hinweise auf die Rechtslage, NuL 2006, S. 115–119.
Hildebrandt, Stefan, Neuartiges Licht am Himmel im Lichte des Verwaltungsrechts, VBlBW 1999, S. 250–255.
Hilger, Bernd, Die Legalisierungswirkung von Genehmigungen, Diss., Goethe-Universität Frankfurt am Main 1996 (zit.: *Hilger*, Legalisierungswirkung).

Hill, David, The impact of noise and artificial light on waterfowl behaviour – A review and synthesis of available literature 1992.

Hochschule Mittweida (Hrsg.), Energietechnische Blätter (ETB) 2016.

Hofmeister, Sabine, Vermeidung von Lichtverschmutzung – Schutz der Nacht: Handlungsmöglichkeiten der Raum- und Umweltplanung, in: Held, Martin/Hölker, Franz/Jessel, Beate (Hrsg.), Schutz der Nacht – Lichtverschmutzung, Biodiversität und Nachtlandschaft – Grundlagen, Folgen, Handlungsansätze, Beispiele guter Praxis, 2013, S. 133–137 (zit.: *Hofmeister*, in: Held/Hölker/Jessel (Hrsg.), Schutz der Nacht, 2013).

Hölker, Franz/Moss, Timothy/Griefahn, Barbara/Kloas, Werner/Voigt, Christian/Henckel, Dietrich/Hänel, Andreas/Kappeler, Peter/Völker, Stephan/Schwope, Axel/Franke, Steffen/Uhrlandt, Dirk/Fischer, Jürgen/Klenke, Reinhard/Wolter, Christian/Tockner, Klement, The Dark Side of Light: A Transdisciplinary Research Agenda for Light Pollution Policy, Ecology and Society 2010, S. 13–24.

Hölker, Franz/Wolter, Christian/Perkin, Elizabeth K./Tockner, Klement, Light pollution as a biodiversity threat, Trends in ecology & evolution 2010, S. 681–682.

Holzhauer, Stephanie/Franke, Steffen/Kyba, Christopher/Manfrin, Alessandro/Klenke, Reinhard/Voigt, Christian/Lewanzik, Daniel/Oehlert, Martin/Monaghan, Michael/Schneider, Sebastian/Heller, Stefan/Kuechly, Helga/Brüning, Anika/Honnen, Ann-Christin/Hölker, Franz, Out of the Dark – Establishing a Large-Scale Field Experiment to Assess the Effects of Artificial Light at Night on Species and Food Webs, Sustainability 2015, S. 15593–15616.

Hoppe, Werner/Bönker, Christian/Grotefels, Susan (Hrsg.), Öffentliches Baurecht – Raumordnungsrecht, Städtebaurecht, Bauordnungsrecht, 4. Aufl. 2010 (zit.: *Bearbeiter*, in: Hoppe/Bönker/Grotefels (Hrsg.), Öffentliches Baurecht).

Hornmann, Gerhard, Keine Feststellung in der Baugenehmigung zum nicht zu prüfenden Recht, NVwZ 2012, S. 1294–1298.

Horváth, Gábor/Kriska, György/Malik, Péter/Robertson, Bruce, Polarized light pollution – A new kind of ecological photopollution, Frontiers in Ecology and the Environment 2009, S. 317–325.

Hötker, Hermann/Thomsen, Kai-Michael/Koster, Heike, Auswirkungen regenerativer Energiegewinnung auf die biologische Vielfalt am Beispiel der Vögel und Fledermäuse – Fakten, Wissenslücken, Anforderungen an die Forschung, ornithologische Kriterien zum Ausbau von regenerativen Energiegewinnungsformen 2005 (zit.: Auswirkungen regenerativer Energiegewinnung).

Höttinger, Helmut/Graf, Wolfram, Zur Anlockwirkung öffentlicher Beleuchtungseinrichtungen auf nachtaktive Insekten – Hinweise für Freilandversuche im Wiener Stadtgebiet zur Minimierung negativer Auswirkungen Dezember 2003.

Hotz, Therese/Bontadina, Fabio, Ökologische Auswirkungen künstlicher Beleuchtung 2007.

Huemer, Peter/Kühtreiber, Hannes/Tarmann, Gerhard, Anlockwirkung moderner Leuchtmittel auf nachtaktive Insekten – Ergebnisse einer Feldstudie in Tirol 2010.

— Anlockwirkung moderner Leuchtmittel auf nachtaktive Insekten 2011.

Hyckel, Jonas, Die materiell-rechtliche Transformation des Umweltschutzes in der Bauleitplanung, ZfBR 2016, S. 335–350.

Isépy, Sándor, Möglichkeiten zur Verminderung von Lichtimmissionen am Beispiel der Stadt Augsburg, in: Bundesamt für Naturschutz (Hrsg.), Auswirkungen von Fremdlicht auf die Fauna im Rahmen von Eingriffen in Natur und Landschaft – Analyse, Inhalte, Defizite und Lösungsmöglichkeiten, 2001, S. 163–170 (zit.: *Isépy*, in: Bundesamt für Naturschutz (Hrsg.), Auswirkungen von Fremdlicht auf die Fauna im Rahmen von Eingriffen in Natur und Landschaft, 2001).

— Umweltfreundliche und effiziente öffentliche Beleuchtung in Augsburg, in: Held, Martin/Hölker, Franz/Jessel, Beate (Hrsg.), Schutz der Nacht – Lichtverschmutzung, Biodiversität und Nachtlandschaft – Grundlagen, Folgen, Handlungsansätze, Beispiele guter Praxis, 2013, S. 169–173 (zit.: *Isépy*, in: Held/Hölker/Jessel (Hrsg.), Schutz der Nacht 2013).

Jäde, Henning, Schnittpunkte Bauordnungsrecht und Planungsrecht am Beispiel von Werbeanlagen, ZfBR 2010, S. 34–45.

— (Hrsg.), Praxis der Kommunalverwaltung – Bayerische Bauordnung – Schwerpunkt-Kommentar für die kommunale Praxis, 6. Aufl. 2017 (zit.: *Bearbeiter*, in: Jäde (Hrsg.), PdK-BayBO).
Jäde, Henning/Dirnberger, Franz (Hrsg.), Baugesetzbuch, Baunutzungsverordnung – Kommentar, 9. Aufl. 2018 (zit.: *Bearbeiter*, in: Jäde/Dirnberger (Hrsg.), BauGB).
Jaeckel, Liv, Gefahrenabwehrrecht und Risikodogmatik – Moderne Technologien im Spiegel des Verwaltungsrechts 2012.
Jarass, Hans, Zum Kampf um Kirchturmuhren und nächtens betriebene Tankstellen – Neuere Entscheidungen des BVerwG zur Schädlichkeit von Immissionen, JZ 1993, S. 601–605.
— Die Zulässigkeit von Projekten nach FFH-Recht, NuR 2007, S. 371–379.
— Das neue Recht der Industrieanlagen – Zur Umsetzung der Industrieemissions-Richtlinie, NVwZ 2013, S. 169–176.
— (Hrsg.), Bundes-Immissionsschutzgesetz – Kommentar, 12. Aufl. 2017 (zit.: *Bearbeiter*, BImSchG).
Jarass, Hans/Pieroth, Bodo (Hrsg.), Grundgesetz für die Bundesrepublik Deutschland – Kommentar, 15. Aufl. 2018 (zit.: *Bearbeiter*, in: Jarass/Pieroth (Hrsg.), GG).
Jarass, Hans D./Kment, Martin, Baugesetzbuch – Kommentar, 2. Aufl. 2017.
Jong, Maaike de/*Ouyang, Jenny Q./Da Silva, Arnaud/van Grunsven, Roy H A/Kempenaers, Bart/Visser, Marcel E./Spoelstra, Kamiel*, Effects of nocturnal illumination on life-history decisions and fitness in two wild songbird species, Phil. Trans. R. Soc. B (370) 2015, https://doi.org/10.1098/rstb.2014.0128, S. 1–8.
Kästle, Brigitte, Besprechung des Normenkontrollurteils des VGH München vom 30.3.2010 – 8 N 09.1861–1868 und 8 N 09.1870–1875, veröffentlicht in NuR 2010, 505 ff, NuR 2010, S. 711.
Kempenaers, Bart/Borgstrom, Pernilla/Loes, Peter/Schlicht, Emmi/Valcu, Mihai, Artificial night lighting affects dawn song, extra-pair siring success, and lay date in songbirds, Current biology (CB) 2010, S. 1735–1739.
Khanh, Tran Quoc, Stabilität von LEDs und LED Straßenleuchten – Verhalten und Einflussparameter, in: Bodenhaupt, Frank/Lindemuth, Frank (Hrsg.), Straßen-und Außenbeleuchtung – Technisches Handbuch, 2012, S. 41–51 (zit.: *Khanh*, in: Bodenhaupt/Lindemuth (Hrsg.), Straßen-und Außenbeleuchtung, 2012).
Kindl, Markus, Substitution konventioneller Beleuchtungstechnik mittels LED-Beleuchtung hinsichtlich technischer und ökonomischer Kriterien, Diplomarbeit, Hochschule Mittweida 2015 (zit.: *Kindl*, Beleuchtungstechnik).
Klaus, Gregor/Kägi, Bruno/Kobler, René L./Maus, Katja, Empfehlungen zur Vermeidung von Lichtemissionen 2005.
Klem, Daniel, Avian Predators hunting Birds Near Windows, Proceedings of the Pennsylvania Academy of Science 1981, S. 90–92.
— Bird-Window Collisions, Zeitschrift jetzt: The Wilson Journal of Ornitholgy, Wilson Bulletin 1989, S. 606–620.
— Collisions Between Birds and Windows – Mortality and Prevention, Journal of Field Ornithology 1990, S. 120–128.
— Glass and Bird Kills: An Overview and Suggested Planning and Design Methods of Preventing a Fatal Hazard, in: Adams, Lowell W./Leedy, Daniel L. (Hrsg.), Wildlife conservation in metropolitan environments, 1991, S. 99–103 (zit.: *Klem*, in: Adams/Leedy (Hrsg.), Wildlife conservation in metropolitan environments 1991).
— Glass: A Deadly Conservation Issue for Birds, Bird Observer 2006, S. 73–81.
Klem, Daniel/Farmer, Christopher J./Delacretaz, Nicole/Gelb, Yigal/Saenger, Peter G., Architectural and Landscape Risk Factors Associated with Bird–glass Collisions in an Urban Environment, The Wilson Journal of Ornithology 2009, S. 126–134.
Klem, Daniel/Keck, David/Marty, Karl/Miller Ball, Amy/Niciu, Elizabeth/Platt, Corry, Effects of Window Angling, Feeder Placement, and Scavenger on Avian Mortality at Plate Glass, The Wilson Bulletin 2004, S. 69–73.
Klem, Daniel/Saenger, Peter G., Evaluating the Effectiveness of Select Visual Signals to Prevent Bird-window Collisions, The Wilson Journal of Ornithology 2013, S. 406–411.

Kloepfer, Michael (Hrsg.), Jahrbuch des Umwelt- und Technikrechts 1987.
— Umweltrecht, 4. Aufl. 2016.
Kloepfer, Michael/Rehbinder, Eckard/Schmidt-Aßmann, Eberhard/Kunig, Philip, Umweltgesetzbuch – Allgemeiner Teil ; Forschungsbericht 101 060 28/01-03, UBA-FB 90-085, 2. Aufl. 1991.
Kment, Martin, Das naturschutzfachliche Abschneidekriterium – Bewältigung von Grenzen der Messtechnik, DVBl 2014, S. 818–823.
Knab, Barbara, Lichtverschmutzung und die Folgen für die menschliche Gesundheit, in: Held, Martin/Hölker, Franz/Jessel, Beate (Hrsg.), Schutz der Nacht – Lichtverschmutzung, Biodiversität und Nachtlandschaft – Grundlagen, Folgen, Handlungsansätze, Beispiele guter Praxis, 2013, S. 77–81 (zit.: *Knab*, in: Held/Hölker/Jessel (Hrsg.), Schutz der Nacht, 2013).
Knop, Eva/Zoller, Leana/Ryser, Remo/Gerpe, Christopher/Hörler, Maurin/Fontaine, Colin, Artificial light at night as a new threat to pollination, Nature 2017, S. 206–209.
Knopp, Lothar/Wiegleb, Gerhard/Piroch, Ingmar, Die (neue) Haftung für Schäden an der Biodiversität, NuR 2008, S. 745–754.
Kobler, René L., Die Lichtverschmutzung in der Schweiz – Mögliche Auswirkungen und praktische Lösungsansätze, Diplomarbeit, Fachhochschule beider Basel 2002 (zit.: *Kobler*, Lichtverschmutzung).
Koch, Ellen, Die Verträglichkeitsprüfung der FFH-Richtlinie im deutschen und europäischen Umweltrecht, Diss., Universität München 2006 (zit.: *Koch*, Verträglichkeitsprüfung).
Koch, Hans-Joachim, Der Erheblichkeitsbegriff in § 3 Abs. 1 BImSchG und seine Konkretisierung durch die TA Lärm, in: ders. (Hrsg.), Schutz vor Lärm, 1990, S. 41–60 (zit.: *Koch*, in: ders. (Hrsg.), Schutz vor Lärm, 1990).
— (Hrsg.), Schutz vor Lärm 1990.
— Rechtsgrundlagen für das Aufstellen und Betreiben von Altglascontainern, NuR 1996, S. 276–280.
— (Hrsg.), Gemeinschaftskommentar zum Bundesimmissionsschutzgesetz, 36. Erg-Lfg., Stand: 2014 (eingestellt) (zit. *Bearbeiter*, in: Koch (Hrsg.), GK-BImSchG).
Koch, Hans-Joachim/Hendler, Reinhard (Hrsg.), Baurecht, Raumordnungs- und Landesplanungsrecht, 6. Aufl. 2015 (zit.: *Bearbeiter*, in: Koch/Hendler (Hrsg.), Baurecht).
Koch, Hans-Joachim/Hofmann, Ekkehard/Reese, Moritz (Hrsg.), Handbuch Umweltrecht, 5. Aufl. 2018 (zit. *Bearbeiter*, in: Koch/Hofmann/Reese (Hrsg.) Handbuch Umweltrecht).
Koch, Hans-Joachim/Kahle, Christian, Aktuelle Rechtsprechung zum Immissionsschutzrecht, NVwZ 2006, S. 1124–1129.
Koch, Heike, Die „beste verfügbare Technik" im Umweltrecht, Diss., Universität Göttingen 2006 (zit.: *Koch*, Beste verfügbare Technik).
Köck, Wolfgang, Auswirkungen des europäischen Artenschutzrechts auf die kommunale Bauleitplanung, ZUR 2006, S. 518–524.
Kodal, Kurt (Hrsg.), Straßenrecht – Systematische Darstellung des Rechts der öffentlichen Straßen, Wege und Plätze in der Bundesrepublik Deutschland, 7. Aufl. 2010 (zit.: *Bearbeiter*, in: Kodal (Hrsg.), Straßenrecht).
Kohlhaas, Max/Erbs, Georg/Stöckel, Heinz/Müller-Walter, Markus (Hrsg.), Strafrechtliche Nebengesetze – Loseblattkommentar, Stand: August 2018 (221. Erg.-Lfg.) (zit.: *Bearbeiter*, in: Kohlhaas/Erbs et al. (Hrsg.), Strafrechtliche Nebengesetze).
Kolligs, Detlef, Ökologische Auswirkungen künstlicher Lichtquellen auf nachtaktive Insekten, insbesondere Schmetterlinge (Lepidoptera) 2000.
Kolodziejcok, Karl-Günther/Recken, Josef (Hrsg.), Naturschutz, Landschaftspflege – und einschlägige Regelungen des Jagd- und Forstrechts, Kommentar 1991 (zit.: *Bearbeiter*, in: Kolodziejcok/Recken (Hrsg.), NaturschutzR).
Kopp, Ferdinand O./Ramsauer, Ulrich (Hrsg.), Verwaltungsverfahrensgesetz – Kommentar, 18. Aufl. 2017 (zit.: *Bearbeiter*, in: Kopp/Ramsauer (Hrsg.), VwVfG).
Koppitz, Hans-Joachim, Das öffentliche Baurecht in der kommunalen Praxis – Grundsätze – Regelungsinhalte – Begriffe – Verfahren 2007.
Kostenzer, Johannes, Leuchtende Hänge, lange Schatten – Nachtskilauf in Tirol, in: Held, Martin/Hölker, Franz/Jessel, Beate (Hrsg.), Schutz der Nacht – Lichtverschmutzung, Biodiversität und Nachtlandschaft – Grundlagen, Folgen, Handlungsansätze, Beispiele guter Praxis, 2013, S. 177–181 (zit.: *Kostenzer*, in: Held/Hölker/Jessel (Hrsg.), Schutz der Nacht, 2013).

Koszela, Anne, Vermeidung von Vogelschlag an Gebäuden mit großen Glasfassaden, Bachelorarbeit, Fachhochschule Wiesbaden 2014 (zit.: *Koszela*, Vermeidung von Vogelschlag).

Kotulla, Michael (Hrsg.), Bundes-Immissionsschutzgesetz – Kommentar und Vorschriftensammlung (zit.: *Bearbeiter*, in: Kotulla (Hrsg.), BImSchG).

Kratsch, Dietrich, Neue Rechtsprechung zum Artenschutz, NuR 2007, S. 27–29.

Krautzberger, Michael, Städtebauliche Verträge zur Umsetzung klimaschützender und energieeinsparender Zielsetzungen, DVBl 2008, S. 737–744.

Kuchler, Ferdinand, Naturschutzrechtliche Eingriffsregelung und Bauplanungsrecht – Das Verhältnis der naturschutzrechtlichen Eingriffsregelung zu den Vorschriften des Baugesetzbuches über die Zulässigkeit von Vorhaben und die Bauleitplanung 1990.

Kuijper, Dries/Schut, Jasper/van Dullemen, Diederik/Toorman, Hanne/Goossens, Noreen/Ouwehand, Janne/Limpens, Herman, Experimental evidence of light disturbance along the commuting routes of pond bats, Vereniging voor Zoogdierkunde en Zoogdierbescherming, Lutra 2008, S. 37–49.

Kümmerer, Klaus, LED und Ressourcen – kleine Mengen, große Wirkung, in: Held, Martin/Hölker, Franz/Jessel, Beate (Hrsg.), Schutz der Nacht – Lichtverschmutzung, Biodiversität und Nachtlandschaft – Grundlagen, Folgen, Handlungsansätze, Beispiele guter Praxis, 2013, S. 101–105 (zit.: *Kümmerer*, in: Held/Hölker/Jessel (Hrsg.), Schutz der Nacht, 2013).

Kuschnerus, Ulrich, Die naturschutzrechtliche Eingriffsregelung, NVwZ 1996, S. 235–241.

Kutscheidt, Ernst, Immissionsschutz bei nicht genehmigungsbedürftigen Anlagen, NVwZ 1983, S. 65–72.

— Schädliche Umwelteinwirkungen, in: Czajka, Dieter/Hansmann, Klaus/Rebentisch, Manfred (Hrsg.), Immissionsschutzrecht in der Bewährung – 25 Jahre Bundes-Immissionsschutzgesetz; Festschrift für Gerhard Feldhaus zum 70. Geburtstag, 1999, S. 1–24.

— Emissionsbegrenzungen, DVBl 2000, S. 754–757.

Kyba, Christopher C. M./Kuester, Theres/Sánchez de Miguel, Alejandro/Baugh, Kimberly/Jechow, Andreas/Hölker, Franz/Bennie, Jonathan/Elvidge, Christopher D./Gaston, Kevin J./Guanter, Luis, Artificially lit surface of Earth at night increasing in radiance and extent, Sci. Adv. 2017, https://doi.org/10.1126/sciadv.1701528, S. 1–8.

Kyba, Christopher C. M./Ruhtz, Thomas/Fischer, Jurgen/Holker, Franz, Cloud coverage acts as an amplifier for ecological light pollution in urban ecosystems, PloS one 2011, https://doi.org/10.1371/journal.pone.0017307, S. 1–9.

Lambrecht, Heiner/Trautner, Jürgen, Fachinformationssystem und Fachkonventionen zur Bestimmung der Erheblichkeit im Rahmen der FFH-VP – Endbericht zum Teil Fachkonventionen, Schlussstand Juni 2007.

Lambrechts, M. M./Blondel, J./Maistre, M./Perret, P., A single response mechanism is responsible for evolutionary adaptive variation in a bird's laying date, Proceedings of the National Academy of Sciences 1997, S. 5153–5155.

LANA (Hrsg.), Empfehlungen der LANA zur FFH-VP – Anforderungen an die Prüfung der Erheblichkeit von Beeinträchtigungen der Natura 2000-Gebiete gemäß § 34 BNatSchG im Rahmen einer FFH-Verträglichkeitsprüfung (FFH-VP) 2004 (zit.: LANA (Hrsg.) Empfehlungen der LANA zur FFH-VP).

Land NRW (Hrsg.), Lichtimmissionen, Messung, Beurteilung und Verminderung – Gemeinsamer Runderlass MBl. NRW, 2015.

Länderarbeitsgemeinschaft der Vogelschutzwarten, Abstandsempfehlungen für Windenergieanlagen zu bedeutsamen Vogellebensräumen sowie Brutplätzen ausgewählter Vogelarten, Berichte zum Vogelschutz 2014, S. 15–42.

— Vögel und Glas – Zwischenbericht vom 23.05.2016, 2016.

— Der mögliche Umfang von Vogelschlag an Glasflächen in Deutschland – eine Hochrechnung, Berichte zum Vogelschutz 2017, S. 63–67.

Länderarbeitsgemeinschaft für Naturschutz, Landschaftspflege und Erholung (Hrsg.), Hinweise zu zentralen unbestimmten Rechtsbegriffen des Bundesnaturschutzgesetzes,

Landmann, Robert von/Rohmer, Gustav (Hrsg.), Umweltrecht – Kommentar, 87. Erg.-Lfg., Stand: Juli 2018 (zit.: *Bearbeiter*, in: Landmann/Rohmer (Hrsg.), Umweltrecht).

Lang, Dieter, Neue Systemlösungen und Beleuchtungsstrategien im Außenraum, in: Held, Martin/Hölker, Franz/Jessel, Beate (Hrsg.), Schutz der Nacht – Lichtverschmutzung, Biodiversität und Nachtlandschaft – Grundlagen, Folgen, Handlungsansätze, Beispiele guter Praxis, 2013, S. 91–94 (zit.: *Lang*, in: Held/Hölker/Jessel (Hrsg.), Schutz der Nacht, 2013).

Lau, Marcus, Die naturschutzrechtliche Eingriffsregelung (Teil 1), NuR 2011, S. 680–684.

— Die anderen „Pläne und Projekte" in der FFH-Verträglichkeitsprüfung, NuR 2016, S. 149–154.

Lau, Marcus/Steeck, Sebastian, Das Erste Gesetz zur Änderung des Bundesnaturschutzgesetzes – Ein Ende der Debatte um den europäischen Artenschutz?, NuR 2008, S. 386–396.

Lewanzik, Daniel/Voigt, Christian, Lichtverschmutzung und die Folgen für Fledermäuse, in: Held, Martin/Hölker, Franz/Jessel, Beate (Hrsg.), Schutz der Nacht – Lichtverschmutzung, Biodiversität und Nachtlandschaft – Grundlagen, Folgen, Handlungsansätze, Beispiele guter Praxis, 2013, S. 65–68 (zit.: *Lewanzik/Voigt*, in: Held/Hölker/Jessel (Hrsg.), Schutz der Nacht, 2013).

Liedtke, Uwe/Schult, Michael, Die naturschutzrechtliche Eingriffsregelung in der räumlichen Planung – Tendenzen und Perspektiven am Beispiel der verbindlichen Bauleitplanung im Kreis Unna 2011.

Lindeiner, Andreas von/Nipkow, Markus/Schneider, Anne, Glasflächen und Vogelschutz – Praktische Hinweise zum vogelfreundlichen Bauen mit Glas sowie Möglichkeiten für nachträgliche Schutzmaßnahmen 2010.

Lindemuth, Frank, Grundlagen der Lichttechnik, in: Bodenhaupt, Frank/Lindemuth, Frank (Hrsg.), Straßen-und Außenbeleuchtung – Technisches Handbuch, 2012, S. 11–20 (zit.: *Lindemuth*, in: Bodenhaupt/Lindemuth (Hrsg.), Straßen-und Außenbeleuchtung, 2012).

Lipinski, Klaus (Hrsg.), Licht und Farbe 2007.

Longcore, Travis/Aldern, Hannah L./Eggers, John F./Flores, Steve/Franco, Lesly/Hirshfield-Yamanishi, Eric/Petrinec, Laina N./Yan, Wilson A./Barroso, André M., Tuning the white light spectrum of light emitting diode lamps to reduce attraction of nocturnal arthropods, Phil. Trans. R. Soc. B (370) 2015, https://doi.org/10.1098/rstb.2014.0125, S. 1–10.

Longcore, Travis/Rich, Catherine, Ecological Light Pollution, Frontiers in Ecology and the Environment 2004, S. 191–198.

Longcore, Travis/Rich, Catherine/Mineau, Pierre/MacDonald, Beau/Bert, Daniel G./Sullivan, Lauren M./Mutrie, Erin/Gauthreaux, Sidney A./Avery, Michael L./Crawford, Robert L./Manville, Albert M./Travis, Emilie R./Drake, David, Avian mortality at communication towers in the United States and Canada – Which species, how many, and where?, Biological Conservation 2013, S. 410–419.

Lorz, Albert/Konrad, Christian/Mühlbauer, Hermann/Müller-Walter, Markus H./Stöckel, Heinz (Hrsg.), Naturschutzrecht – Mit Artenschutz und Europarecht/Internationales Recht, 3. Aufl. 2013 (zit.: *Bearbeiter*, in: Lorz/Konrad/Mühlbauer et al. (Hrsg.), Naturschutzrecht).

Loss, Scott R./Will, Tom/Loss, Sara S./Marra, Peter P., Bird-building collisions in the United States – Estimates of annual mortality and species vulnerability, The Condor 2014, S. 8–23.

Loss, Scott R./Will, Tom/Marra, Peter P., The impact of free-ranging domestic cats on wildlife of the United States, Nat. Commun. 2013, https://doi.org/10.1038/ncomms2380, S. 1–7.

— Direct Mortality of Birds from Anthropogenic Causes, Annu. Rev. Ecol. Evol. Syst. 2015, S. 99–120.

Louis, Hans Walter, Die Zugriffsverbote des § 42 Abs. 1 BNatSchG im Zulassungs- und Bauleitplanverfahren – unter Berücksichtigung der Entscheidung des BVerwG zur Ortsumgehung Bad Oeynhausen (in diesem Heft), NuR 2009, S. 91–100.

— 20 Jahre FFH-Richtlinie – Teil 1, NuR 2012, S. 385–394.

LUBW, Hinweise zur Bewertung und Vermeidung von Beeinträchtigungen von Vogelarten bei Bauleitplanung und Genehmigung für Windenergieanlagen 2015.

Lugon, Alain/Eicher, Cécile/Bontadina, Fabio, Fledermausschutz bei der Planung, Gestaltung und Sanierung von Verkehrsinfrastrukturen – Arbeitsgrundlage 2017 (zit.: Fledermausschutz).

Lütkes, Stefan, Artenschutz in Genehmigung und Planfeststellung, NVwZ 2008, S. 598–602.

— Die Novelle des Bundesnaturschutzgesetzes 2017, NuR 2018, S. 145–150.

Lütkes, Stefan/Ewer, Wolfgang (Hrsg.), Bundesnaturschutzgesetz – Kommentar, 2. Aufl. 2018 (zit.: *Bearbeiter*, in: Lütkes/Ewer (Hrsg.), BNatSchG).

Maaß, Christian, Rechtliche Regulierung von Lichtimmissionen, in: Bundesamt für Naturschutz (Hrsg.), Auswirkungen von Fremdlicht auf die Fauna im Rahmen von Eingriffen in Natur und Landschaft – Analyse, Inhalte, Defizite und Lösungsmöglichkeiten, 2001, S. 139–162 (zit.: *Maaß*, in: Bundesamt für Naturschutz (Hrsg.), Auswirkungen von Fremdlicht auf die Fauna im Rahmen von Eingriffen in Natur und Landschaft, 2001).

MacGregor, Callum J./Pocock, Michael J. O./Fox, Richard/Evans, Darren M., Pollination by nocturnal Lepidoptera, and the effects of light pollution: a review, Ecological Entomology 2015, S. 187–198.

Majcherek, Joachim/Hengst, Peter (Hrsg.), Straßen und Wegegesetz des Landes Nordrhein-Westfalen – Loseblatt-Kommentar (zit.: *Bearbeiter*, in: Majcherek/Hengst (Hrsg.), PdK StrWG NRW).

Manfrin, Alessandro/Singer, Gabriel/Larsen, Stefano/Weiß, Nadine/van Grunsven, Roy H. A./Weiß, Nina-Sophie/Wohlfahrt, Stefanie/Monaghan, Michael T./Hölker, Franz, Artificial Light at Night Affects Organism Flux across Ecosystem Boundaries and Drives Community Structure in the Recipient Ecosystem, Front. Environ. Sci. 2017, https://doi.org/10.3389/fenvs.2017.00061, S. 1–14.

Mangoldt, Hermann von/Klein, Friedrich/Starck, Christian (Hrsg.), Grundgesetz – Kommentar zum Grundgesetz [in drei Bänden], 7. Aufl. 2018 (zit.: *Bearbeiter*, in: Mangoldt/Klein/Starck (Hrsg.), GG).

Manville, Albert, Towers, Turbines, Power Lines and Buildings – Steps being taken by the U.S. Fish and Wildlife Service to avoid or minimize take of migratory birds at these structures, Proceedings of the Fourth International Partners in Flight Conference 2009, S. 262–272.

Marburger, Peter, Die Regeln der Technik im Recht, Habil., Universität Göttingen 1977 (zit.: *Marburger*, Regeln der Technik).

Marschall, Ernst (Hrsg.), Bundesfernstraßengesetz – Kommentar, 6. Aufl. 2012 (zit.: *Bearbeiter*, in: Marschall (Hrsg.),

Martens, Wolfgang, Immissionsschutzrecht und Polizeirecht, DVBl 1981, S. 597–609.

Martin, Graham, Understanding bird collisions with man-made objects: a sensory ecology approach, Ibis 2011, S. 239–254.

Marzik, Ulf/Wilrich, Thomas (Hrsg.), Bundesnaturschutzgesetz – Kommentar 2004 (zit.: *Bearbeiter*, in: Marzik/Wilrich (Hrsg.), BNatSchG).

Mathews, Fiona/Roche, Niamh/Aughney, Tina/Jones, Nicholas/Day, Julie/Baker, James/Langton, Steve, Barriers and benefits: implications of artificial night-lighting for the distribution of common bats in Britain and Ireland, Phil. Trans. R. Soc. B (370) 2015.

Mayer, Christoph, Aktuelle Rechtsentwicklungen in Bezug auf das artenschutzrechtliche Tötungsverbot, NuR 2016, S. 683–686.

McDonnell, Mark/Hahs, Amy/Breuste, Jürgen (Hrsg.), Ecology of Cities and Towns – A Comparative Approach 2009.

Meßerschmidt, Klaus, Europäisches Umweltrecht 2011.

Ministerium für Umwelt, Energie und Klimaschutz (Nds.), Planung und Genehmigung von Windenergieanlagen an Land – Niedersächsisches Ministerialblatt 5324, Nds. MBl. 2016, S. 190–213.

Mitschang, Stephan/Wagner, Jörg, FFH-Verträglichkeitsprüfung in der Bauleitplanung – planerische und rechtliche Belange, DVBl 2010, S. 1257–1267.

Mohar, Andrej, Aktiver Nachtschutz in Slowenien – Verordnung zur Vermeidung von Lichtverschmutzung, in: Held, Martin/Hölker, Franz/Jessel, Beate (Hrsg.), Schutz der Nacht – Lichtverschmutzung, Biodiversität und Nachtlandschaft – Grundlagen, Folgen, Handlungsansätze, Beispiele guter Praxis, 2013, S. 125–129 (zit.: *Mohar*, in: Held/Hölker/Jessel (Hrsg.), Schutz der Nacht, 2013).

Molodovsky, Paul/Famers, Gabriele/Waldmann, Timm (Hrsg.), Bayerische Bauordnung – Kommentar mit einer Sammlung baurechtlicher Vorschriften, 34. Aufl. 2017 (zit.: *Bearbeiter*, in: Molodovsky/Famers/Waldmann (Hrsg.), BayBO).

Moore, Marianne/Pierce, Stephanie/Walsh, Hannah/Kvalvik, Siri/Lim, Julie, Urban light pollution alters the diel vertical migration of Daphnia 2000.

Muckel, Stefan/Ogorek, Markus, Öffentliches Baurecht, 3. Aufl. 2018.
Müller, Markus, Das System des deutschen Artenschutzrechts und die Auswirkungen der Caretta-Entscheidung des EuGH auf den Absichtsbegriff des § 43 Abs. 4 BNatSchG, NuR 2005, S. 157–163.
Müller, Ralf, Intelligente EVG Technik steuert Licht entsprechend dem individuellen Bedarf, in: Bodenhaupt, Frank/Lindemuth, Frank (Hrsg.), Straßen-und Außenbeleuchtung – Technisches Handbuch, 2012, S. 95–102 (zit.: *Müller*, in: Bodenhaupt/Lindemuth (Hrsg.), Straßen-und Außenbeleuchtung, 2012).
Müller-Mitschke, Sonja, Naturschutzrechtliche Prüfpflichten bei zugelassenen und bestandskräftigen Straßenbauvorhaben, NuR 2018, S. 453–457.
Murswiek, Dietrich, Die staatliche Verantwortung für die Risiken der Technik – Verfassungsrechtliche Grundlagen und immissionsschutzrechtliche Ausformung, Habil., Universität Saarbrücken 1983 (zit.: *Murswiek*, staatliche Verantwortung).
NABU Landesverband Sachsen (Hrsg.), Biologische Vielfalt in Sachsen – Artenvielfalt in die Agrarlandschaft! 2016.
Narisada, Kohei/Schreuder, Duco, Light Pollution Handbook 2004.
Nentwig, Wolfgang/Bacher, Sven/Brandl, Roland, Ökologie kompakt, 4. Aufl. 2017.
Niederstadt, Frank/Krüsemann, Ellen, Die europarechtlichen Regelungen zum Artenschutz im Licht des »Guidance document« der Europäischen Kommission, ZUR 2007, S. 347–354.
Nuß, Matthias, Der stumme Frühling – Von der Fiktion zur Wirklichkeit, in: NABU Landesverband Sachsen (Hrsg.), Biologische Vielfalt in Sachsen – Artenvielfalt in die Agrarlandschaft!, 2016, S. 22–31 (zit.: *Nuß*, in: NABU Landesverband Sachsen (Hrsg.), Biologische Vielfalt in Sachsen, 2016).
Ocampo-Penuela, Natalia/Winton, R. Scott/Wu, Charlene J./Zambello, Erika/Wittig, Thomas W./ Cagle, Nicolette L., Patterns of bird-window collisions inform mitigation on a university campus, PeerJ 2016, https://doi.org/10.7717/peerj.1652, S. 1–16.
Ogden, Lesley J. Evans, Collision Course: The Hazards of Lighted Structures and Windows to Migrating Birds,
— Summary Report on the Bird Friendly Building Program – Effect of Light Reduction on Collision of Migratory Birds 2002.
Ohms, Martin, Praxishandbuch Immissionsschutzrecht 2003.
Paetow, Stefan, Lärmschutz in der aktuellen höchstrichterlichen Rechtsprechung, NVwZ 2010, S. 1184–1190.
Papier, Hans-Jürgen, Kommunale Daseinsvorsorge im Spannungsfeld zwischen nationalem Recht und Gemeinschaftsrecht, DVBl 2003, S. 686–697.
Partecke, Jesko/Van't Hof, Thomas/Gwinner, Eberhard, Differences in the timing of reproduction between urban and forest European blackbirds (Turdus merula): result of phenotypic flexibility or genetic differences?, Proceedings. Biological sciences 2004, S. 1995–2001.
Pauen-Höppner, Ursula/Höppner, Michael, Öffentliche Beleuchtung – mehr Licht heißt nicht mehr Sicherheit, in: Held, Martin/Hölker, Franz/Jessel, Beate (Hrsg.), Schutz der Nacht – Lichtverschmutzung, Biodiversität und Nachtlandschaft – Grundlagen, Folgen, Handlungsansätze, Beispiele guter Praxis, 2013, S. 105–109 (zit.: *Pauen-Höppner/Höppner*, in: Held/Hölker/Jessel (Hrsg.), Schutz der Nacht 2013).
Pawson, Steve M./Bader, Martin K.-F., LED lighting increases the ecological impact of light pollution irrespective of color temperature, Ecological Applications 2014, S. 1561–1568.
Peine, Franz-Joseph, Die Legalisierungswirkung, JZ 1990, S. 201–212.
Peine, Franz-Joseph/Siegel, Thorsten, Allgemeines Verwaltungsrecht, 12. Aufl. 2018.
Perkin, Elizabeth K., The effects of artificial light at night on stream ecosystems, Diss., Freie Universität Berlin 2013 (zit.: *Perkin*, effects of artificial light).
Peters, Wolfgang/Jahns-Lüttmann, Ute/Wulfert, Katrin, Bewertung erheblicher Biodiversitätsschäden im Rahmen der Umwelthaftung 2015.
Petersen, Frank, Schutz und Vorsorge – Strukturen der Risikoerkenntnis, Risikozurechnung und Risikosteuerung der Grundpflichten im Bundes-Immissionsschutzgesetz, Diss., Universität Kiel 1991 (zit.: *Petersen*, Schutz und Vorsorge).

Pewestorf, Adrian/Söllner, Sebastian/Tölle, Oliver, Polizei- und Ordnungsrecht – Kommentar, 2. Aufl. 2017.

Poot, Hanneke/Ens, Bruno J./Vries, Han de/*Donners, Maurice A. H./Wernand, Marcel R./Marquenie, Joop M.*, Green Light for Nocturnally Migrating Birds, E&S 2008, S. 47–60.

Posch, Thomas, Besser beleuchten – Intensität, spektrale Zusammensetzung und Timing der Beleuchtung, in: Held, Martin/Hölker, Franz/Jessel, Beate (Hrsg.), Schutz der Nacht – Lichtverschmutzung, Biodiversität und Nachtlandschaft – Grundlagen, Folgen, Handlungsansätze, Beispiele guter Praxis, 2013, S. 43–46 (zit.: *Posch*, in: Held/Hölker/Jessel (Hrsg.), Schutz der Nacht, 2013).

— (Hrsg.), Das Ende der Nacht – Lichtsmog: Gefahren – Perspektiven – Lösungen, 2. Aufl. 2013.

— Eine kurze Geschichte des Lichts, in: ders. (Hrsg.), Das Ende der Nacht – Lichtsmog: Gefahren – Perspektiven – Lösungen, 2. Aufl., 2013c, S. 13–41 (zit.: *Posch*, in: ders. (Hrsg.), Das Ende der Nacht, 2. Aufl. 2013).

Prandl, Josef/Gillessen, Joachim/Geyer, Gerhard/Edhofer, Manfred/Willmitzer, Reiner (Hrsg.), Bayerisches Straßen- und Wegegesetz – Kommentar – Praxis der Kommunalverwaltung, Stand Juli 2016 (zit.: *Bearbeiter*, PdK BayStrWG).

Rassmus, Jörg, Methodische Anforderungen an Wirkungsprognosen in der Eingriffsregelung – Ergebnisse aus dem F+E-Vorhaben 898 82 024 des Bundesamtes für Naturschutz 2003.

Reich, Andreas, Gefahr-Risiko-Restrisiko – Das Vorsorgeprinzip am Beispiel des Immissionsschutzrechts, Diss., Universität Bremen 1988 (zit.: *Reich*, Gefahr-Risiko-Restrisiko).

Reich-Schilcher, Claudia, Berliner Stadtbeleuchtung, in: Held, Martin/Hölker, Franz/Jessel, Beate (Hrsg.), Schutz der Nacht – Lichtverschmutzung, Biodiversität und Nachtlandschaft – Grundlagen, Folgen, Handlungsansätze, Beispiele guter Praxis, 2013, S. 163–164 (zit.: *Reich-Schilcher*, in: Held/Hölker/Jessel (Hrsg.), Schutz der Nacht, 2013).

Reidt, Olaf, Europäischer Habitat- und Artenschutz in der Bauleitplanung, NVwZ 2010, S. 8–13.

— Klimaschutz, erneuerbare Energien und städtebauliche Gründe, BauR 2010, S. 2025–2034.

Rich, Catherine/Longcore, Travis (Hrsg.), Ecological consequences of artificial night lighting 2006 (zit.: *Bearbeiter*, in: Rich/Longcore (Hrsg.), Ecological consequences).

— (Hrsg.), Ecological consequences of artificial night lighting 2010.

Ringwald, Roman/Engel, Christoph, Straßenbeleuchtungspflicht, in: Ringwald, Roman/Rönitzsch, Henry/Riedel, Martin (Hrsg.), Praxishandbuch Öffentliche Beleuchtung – Wirtschaftlichkeit, Recht, Technik, 2013, S. 77–90 (zit.: *Ringwald/Engel*, in: Ringwald/Rönitzsch/Riedel (Hrsg.), Praxishandbuch Öffentliche Beleuchtung, 2013).

Ringwald, Roman/Rönitzsch, Henry/Riedel, Martin (Hrsg.), Praxishandbuch Öffentliche Beleuchtung – Wirtschaftlichkeit, Recht, Technik 2013.

Rodríguez, Airam/García, David/Rodríguez, Beneharo/Cardona, Esteban/Parpal, Lluís/Pons, Pere, Artificial lights and seabirds – Is light pollution a threat for the threatened Balearic petrels?, Journal of Ornithology 2015, S. 893–902.

Rönitzsch, Henry/Höschele, Thomas, Analyse der öffentlichen Straßenbeleuchtung, in: Ringwald, Roman/Rönitzsch, Henry/Riedel, Martin (Hrsg.), Praxishandbuch Öffentliche Beleuchtung – Wirtschaftlichkeit, Recht, Technik, 2013, S. 33–59 (zit.: *Rönitzsch/Höschele*, in: Ringwald/Rönitzsch/Riedel (Hrsg.), Praxishandbuch Öffentliche Beleuchtung, 2013).

Rössler, Martin, Vogelanprall an Glasflächen – Prüfbericht – Ornilux Mikado 2012.

Rössler, Martin/Laube, Wolfgang/Weihs, Philipp, Vermeidung von Vogelanprall an Glasflächen – Experimentelle Untersuchungen zur Wirksamkeit von Glas-Markierungen unter natürlichen Lichtbedingungen im Flugtunnel II 2007.

Rothe, Oliver, Verkehrssicherung um jeden Preis? – Keine Haftung für explodierte Limonadenflasche, NJW 2007, S. 740–742.

Russo, D./Cistrone, L./Libralato, N./Korine, C./Jones, G./Ancillotto, L., Adverse effects of artificial illumination on bat drinking activity, Animal Conservation 2017, https://doi.org/10.1111/acv.12340, S. 1–10.

Rydell, Jens, Seasonal Use of Illuminated Areas by Foraging Northern Bats Eptesicus nilssoni, Holartic Ecology 1991, S. 203–207.

— Exploitation of Insects around Streetlamps by Bats in Sweden, Funtional Ecology 1992, S. 744–750.

Rydell, Jens/Eklöf, Johan/Sánchez-Navarro, Sonia, Age of enlightenment – Long-term effects of outdoor aesthetic lights on bats in churches, R. Soc. open sci. 2017, https://doi.org/10.1098/rsos.161077, S. 1–8.

Sachs, Michael (Hrsg.), Grundgesetz – Kommentar, 8. Aufl. 2018 (zit.: *Bearbeiter*, in: Sachs (Hrsg.), GG).

Säcker, Franz Jürgen/Rixecker, Roland/Oetker, Hartmut/Limperg, Bettina (Hrsg.), Münchener Kommentar zum Bürgerlichen Gesetzbuch – Band 6 – Schuldrecht Besonderer Teil IV, 7. Aufl. 2017 (zit.: *Bearbeiter,* MüKo BGB).

Sauthoff, Michael, Öffentliche Straßen – Straßenrecht – Straßenverkehrsrecht – Verkehrssicherungspflichten, 2. Aufl. 2010.

Scheibe, Mark, Quantitative Aspekte der Anziehungskraft von Straßenbeleuchtungen auf die Emergenz aus nahegelegenen Gewässern unter Berücksichtigung der spektralen Emission verschiedener Lichtquellen, Diss., Johannes Gutenberg-Universität Mainz 2000 (zit.: *Scheibe*, Straßenbeleuchtungen).

— Über den Einfluss von Straßenbeleuchtung auf aquatische Insekten – (Ephemeroptera, Plecoptera, Trichoptera, Diptera: Simuliidae, Chironomidae, Empididae), Natur und Landschaft 2003, S. 264–267.

Scheidler, Alfred, Das Verhältnis der naturschutzrechtlichen Eingriffsregelung zum Baurecht, ZfBR 2011, S. 228–232.

— Haftung für (Auto)Schäden durch Schlaglöcher und sonstige Straßenunebenheiten, NZV 2011, S. 422–430.

—, Der im Zusammenhang bebaute Ortsteil im Sinne von § 34 BauGB, ZfBR 2017, S. 750–754.

Schiebold, Daniel, Straßenbeleuchtung – Grundlagen und aktuelle Rechtsfragen (Teil 1), IR 2004, S. 202–205.

— Straßenbeleuchtung – Rechtsgrundlagen und aktuelle Rechtsfragen (Teil 2: Straßenverkehrssicherungspflicht und Haftung), IR 2004, S. 268–271.

Schink, Alexander, Naturschutz- und Landschaftspflegerecht Nordrhein-Westfalen 1989.

— Die Eingriffsregelung im Naturschutz- und Landschaftsrecht, DVBl 1992, S. 1390–1401.

— Auswirkungen der Fauna-Flora-Habitat-Richtlinie (EG) auf die Bauleitplanung, Gew. Arch. 1998, S. 41–52.

— Kommunale Daseinsvorsorge in Europa, DVBl 2005, S. 861–870.

Schlacke, Sabine (Hrsg.), Gemeinschaftskommentar zum Bundesnaturschutzgesetz, 2. Aufl. 2017 (zit.: *Bearbeiter*, in: Schlacke (Hrsg.), GK-BNatSchG).

— Umweltrecht, 7. Aufl. 2018.

Schmid, Hans/Doppler, Wilfried/Heynen, Daniela/Rössler, Martin, Vogelfreundliches Bauen mit Glas und Licht, 2. Aufl. 2012.

Schmidt, Reiner/Kahl, Wolfgang/Gärditz, Klaus Ferdinand, Umweltrecht, 10. Aufl. 2017.

Schmitt, Stefan, Lebt wohl, Die Zeit, Nr. 44 vom 26.10.2017, S. 2.

Schneck, Jörg, Lichtsteuerung oder Lichtmanagement in der Straßenbeleuchtung?, in: Bodenhaupt, Frank/Lindemuth, Frank (Hrsg.), Straßen-und Außenbeleuchtung – Technisches Handbuch, 2012, S. 103–111 (zit.: *Schneck*, in: Bodenhaupt/Lindemuth (Hrsg.), Straßen-und Außenbeleuchtung, 2012).

Schneider, Karl, Vorteile der konsequenten Modernisierung der Straßenbeleuchtung am Beispiel von Fürth, in: Bodenhaupt, Frank/Lindemuth, Frank (Hrsg.), Straßen-und Außenbeleuchtung – Technisches Handbuch, 2012, S. 159–162 (zit.: *Schneider*, in: Bodenhaupt/Lindemuth (Hrsg.), Straßen-und Außenbeleuchtung, 2012).

Schoch, Friedrich/Danwitz, Thomas von (Hrsg.), Besonderes Verwaltungsrecht, 15. Aufl. 2013 (zit.: *Bearbeiter*, in: Schoch/Danwitz (Hrsg.), Besonderes Verwaltungsrecht).

Schreiber, Matthias, Der Papierkorb im Waldmeister-Buchenwald, NuL 2004, S. 133–138.

— Artenschutz und Windenergieanlagen, NuL 2014, S. 361–369.

— Populationsbiologische und naturschutzfachliche Überlegungen zum gesetzlichen Tötungsverbot des §44 Abs. 1 Nr. 1 BNatSchG, NuR 2017, S. 5–12.

Schrödter, Wolfgang (Hrsg.), Baugesetzbuch, 8. Aufl. 2015 (zit.: *Bearbeiter*, in: Schrödter (Hrsg.), BauGB).

Schröer, Thomas, Wie hell darf ein Gebäude strahlen?, NZBau 2008, S. 636–638.

Schumacher, Hermann, Handbuch der Kommunalhaftung, 5. Aufl. 2015.

Schumacher, Jochen/Fischer-Hüftle, Peter (Hrsg.), Bundesnaturschutzgesetz – Kommentar, 2. Aufl. 2011 (zit.: *Bearbeiter*, in: Schumacher/Fischer-Hüftle (Hrsg.), BNatSchG).

Schwier, Volker, Handbuch der Bebauungsplan-Festsetzungen – Mit über 3000 Beispielen für die Planungspraxis 2002.

Seiler, Christoph, Die Rechtslage der nicht genehmigungsbedürftigen Anlagen im Sinne von §§ 22 ff. Bundes-Immissionsschutzgesetz, Diss., Universität Erlangen-Nürnberg 1985 (zit.: *Seiler*, Nicht genehmigungsbedürftige Anlagen).

Sellner, Dieter/Reidt, Olaf/Ohms, Martin J., Immissionsschutzrecht und Industrieanlagen, 3. Aufl. 2006.

Senatsverwaltung für Stadtentwicklung, Lichtkonzept Berlin – Handbuch 2015.

Sendler, Horst, Bestandsschutz im Wirtschaftsleben, WiVerw 1993, S. 235–307.

Simon, Matthias/Runge, Holger/Schade, Sabine/Bernotat, Dirk, Bewertung von Alternativen im Rahmen der Ausnahmeprüfung nach europäischem Gebiets- und Artenschutzrecht – Ergebnisse des gleichnamigen F+E-Vorhabens (FKZ 3511 82 1000) 2015.

Smith, Thomas M./Smith, Robert Leo, Ökologie, 6. Aufl. 2009.

Sobotta, Christoph, Die Rechtsprechung des EuGH zu Art. 6 der Habitatrichtlinie, ZUR 2006, S. 353–360.

— Artenschutz in der Rechtssprechung des Europäischen Gerichtshofs, NuR 2007, S. 642–649.

— Kumulative Gebietsbeeinträchtigungen in der Verträglichkeitsprüfung und unter dem Einfluss des Verschlechterungsverbots der Habitatrichtlinie, EurUP 2015, S. 341–350.

Sodan, Helge/Ziekow, Jan (Hrsg.), Verwaltungsgerichtsordnung – Großkommentar, 5. Aufl. 2018 (zit.: *Bearbeiter*, in: Sodan/Ziekow (Hrsg.), VwGO).

Somers-Yeates, Robin/Hodgson, David/McGregor, Peter K./Spalding, Adrian/Ffrench-Constant, Richard H., Shedding light on moths: shorter wavelengths attract noctuids more than geometrids, Biology letters 2013, https://doi.org/10.1098/rsbl.2013.0376, S. 1–4.

Soneira, Martin, Auswirkungen auf die Insekten-Fauna durch die Umrüstung von Kugelleuchten auf LED-Beleuchtungen 2013.

Spangenberger, Helmut, Quantitative Risikoanalysen – Theorie und Praxis von quantitativen Risikoanalysen – Bewertung des Tötungsrisikos für Rotmilane an Windenergieanlagen, in: Brandt, Edmund/Spangenberger, Helmut (Hrsg.), Windenergieanlagen und Rotmilane – Anforderungen an die Bewertung des Tötungsrisikos, 2011, S. 17–51 (zit.: *Spangenberger*, in: Brandt/Spangenberger (Hrsg.), Windenergieanlagen und Rotmilane, 2011).

Sparwasser, Reinhard/Engel, Rüdiger/Voßkuhle, Andreas, Umweltrecht – Grundzüge des öffentlichen Umweltschutzrechts, 5. Aufl. 2003.

Spieth, Wolf/Hamer, Martin, Rechtsprobleme des Treibhausgas-Emissionshandelsgesetzes, ZUR 2004, S. 427–434.

Spoelstra, Kamiel/van Grunsven, Roy/Donners, Maurice/Gienapp, Phillip/Huigens, Martinus E./Slaterus, Roy/Berendse, Frank/Visser, Marcel E./Veenendaal, Elmar, Experimental illumination of natural habitat – an experimental set-up to assess the direct and indirect ecological consequences of artificial light of different spectral composition, Phil. Trans. R. Soc. B 2015, https://doi.org/10.1098/rstb.2014.0129, S. 1–8.

Statistisches Bundesamt (Destatis), Gebäude und Wohnungen – Bestand an Wohnungen und Wohngebäuden – Bauabgang von Wohnungen und Wohngebäuden 2017.

Steinbach, Rebecca/Perkins, Chloe/Tompson, Lisa/Johnson, Shane/Armstrong, Ben/Green, Judith/Grundy, Chris/Wilkinson, Paul/Edwards, Phil, The effect of reduced street lighting on road casualties and crime in England and Wales: controlled interrupted time series analysis, JECH 2015, S. 1118–1124.

Steiner, Udo/Brinktrine, Ralf (Hrsg.), Besonderes Verwaltungsrecht, 9. Aufl. 2018 (zit.: *Bearbeiter*, in: Steiner/Brinktrine (Hrsg.), Besonderes Verwaltungsrecht).

Steiof, Klemens, Es wird Zeit zu handeln: Vögel und Glas, Der Falke 2018, S. 25–32.

Steiof, Klemens/Altenkamp, Rainer/Baganz, Katrin, Vogelschlag an Glasflächen: Schlagopfermonitoring im Land Berlin und Empfehlungen für künftige Erfassungen, Berichte zum Vogelschutz 2017, S. 69–95.

Stieler, Patric, Die Neuorganisation der öffentlichen Beleuchtung am Praxisbeispiel der Landeshauptstadt Düsseldorf, in: Ringwald, Roman/Rönitzsch, Henry/Riedel, Martin (Hrsg.), Praxishandbuch Öffentliche Beleuchtung – Wirtschaftlichkeit, Recht, Technik, 2013, S. 5–10 (zit.: *Stieler*, in: Ringwald/Rönitzsch/Riedel (Hrsg.), Praxishandbuch Öffentliche Beleuchtung 2013).

Stollmann, Frank/Beaucamp, Guy, Öffentliches Baurecht, 11. Aufl. 2017.

Stone, Emma Louise/Harris, Stephen/Jones, Gareth, Impacts of artificial lighting on bats – A review of challenges and solutions, Mammalian Biology 2015, S. 213–219.

Stone, Emma Louise/Wakefield, Andrew/Harris, Stephen/Jones, Gareth, The impacts of new street light technologies – experimentally testing the effects on bats of changing from low-pressure sodium to white metal halide, Phil. Trans. R. Soc. B (370) 2015, https://doi.org/10.1098/rstb.2014.0127, S. 1–7.

Stüer, Bernhard, Habitat- und Vogelschutz in der Fachplanung, DVBl 2007, S. 416–424.

— Handbuch des Bau- und Fachplanungsrechts – Planung – Genehmigung – Rechtsschutz, 5. Aufl. 2015 (zit.: Bau- und Fachplanungsrecht).

Stüer, Bernhard/Rude, Stefan, Planungsrechtliche Zulässigkeit von Vorhaben – Rechtsschutz Städtebaurecht 1999, DVBl 2000, S. 390–400.

Sundseth, Kerstin/Roth, Petr, Study on Evaluating and Improving the Article 6.3 Permit Procedure for Natura 2000 Sites 2013.

Svensson/Rydell, Mercury vapour lamps interfere with the bat defence of tympanate moths (Operophtera spp.; Geometridae), Animal behaviour 1998, S. 223–226.

Tiroler Landesumweltanwaltschaft (Hrsg.), Die Helle Not – Künstliche Lichtquellen – ein unterschätztes Umweltproblem, 3. Aufl. 2009.

Tölle, Susanne, Der Rechtsrahmen für den Erlass von Ökodesign-Anforderungen 2016.

Trybus, Stefan, Wirksamkeit von Greifvogelsilhouetten zur Verhinderung von Kleinvogelanprall an Glasfronten, Diplomarbeit, Universität Wien 2003 (zit.: *Trybus*, Wirksamkeit von Greifvogelsilhouetten).

Ueberschaer, Andreas, Lichtfarbe in der Straßenbeleuchtung, Diss., Technische Universität Ilmenau 2016 (zit.: *Ueberschaer*, Lichtfarbe).

Unnerstall, Herwig, Abwägen oder Ausgleichen? – Über Rechtsanwendungsmängel im FFH-Recht – zugleich eine Anmerkung zum Beschluss des OVG Berlin-Brandenburg vom 5. 7. 2007, ZUR 2008, S. 79–82.

Urbanič, Gorazd, The impact of the light tube and the distance of the light trap from a stream on a caddisfly (Insecta: Trichoptera) catch, Natura Slovenia 2002, S. 13–20.

Uttley, James/Fotios, Steve/Cheal, Chris, Effect of illuminance and spectrum on peripheral obstacle detection by pedestrians, Lighting Res. Technol. 2017, S. 211–227.

Veltri, Carl J./Klem, Daniel, Comparison of fatal bird injuries from collisions with towers and windows, Journal of Field Ornithology 2005, S. 127–133.

Vierhaus, Hans-Peter, Der Betreiberbegriff im Umweltrecht, NuR 2014, 98.

Wachholz, Carsten, Lichtverschmutzung als Handlungsfeld von Natur- und Umweltschutzverbänden, in: Held, Martin/Hölker, Franz/Jessel, Beate (Hrsg.), Schutz der Nacht – Lichtverschmutzung, Biodiversität und Nachtlandschaft – Grundlagen, Folgen, Handlungsansätze, Beispiele guter Praxis, 2013, S. 149–152 (zit.: *Wachholz*, in: Held/Hölker/Jessel (Hrsg.), Schutz der Nacht, 2013).

Wahl, Rainer/Dreier, Johannes, Entwicklung des Fachplanungsrechts, NVwZ 1999, S. 606–620.

Wakefield, Andrew/Broyles, Moth/Stone, Emma L./Harris, Stephen/Jones, Gareth/Minderman, Jeroen, Quantifying the attractiveness of broad-spectrum street lights to aerial nocturnal insects, J Appl Ecol 2017, https://doi.org/10.1111/1365-2664.13004, S. 1–9.

Wakefield, Andrew/Stone, Emma L./Jones, Gareth/Harris, Stephen, Light-emitting diode street lights reduce last-ditch evasive manoeuvres by moths to bat echolocation calls, Royal Society open science 2015, https://doi.org/10.1098/rsos.150291, S. 1–6.

Weis, Bruno, Europäische Richtlinien für Straßen- und Außenleuchten, in: Bodenhaupt, Frank/ Lindemuth, Frank (Hrsg.), Straßen-und Außenbeleuchtung – Technisches Handbuch, 2012, S. 75–94 (zit.: *Weis*, in: Bodenhaupt/Lindemuth (Hrsg.), Straßen-und Außenbeleuchtung, 2012).

Westphalen, Friedrich von, Die allgemeine Verkehrssicherungspflicht und die Beleuchtungspflicht auf öffentlichen Straßen – Die Bedeutung des Standards der DIN 5044 für die Verkehrsteilnehmer, DB 1987 Beilage Nr. 11, S. 1–15.

Weuthen, Jens, Bagatellschwelle und Abschneidekriterium in der TA Luft: – Vollzugsvereinfachung für die FFH-Verträglichkeitsprüfung?, ZUR 2017, S. 215–223.

Wolf, Rainer, Die Berücksichtigung der wirtschaftlichen und sozialen Belange bei der Umsetzung des FFH-Rechts, ZUR 2005, S. 449–458.

Wulfert, Katrin/Lau, Marcus/Widdig, Thomas/Müller-Pfannenstiel, Klaus/Mengel, Andreas, Standardisierungspotenzial im Bereich der arten- und gebietsschutzrechtlichen Prüfung 2015.

Würtenberger, Thomas, Schutzgebietsausweisungen vs. Rechtssicherheit und Vertrauensschutz – Anmerkung zu dem Papenburg-Urteil des EuGH vom 14. 1. 2010, NuR 2010, S. 316–320.

Zeale, Matt R. K./Bennitt, Emily/Newson, Stuart E./Packman, Charlotte/Browne, William J./Harris, Stephen/Jones, Gareth/Stone, Emma, Mitigating the Impact of Bats in Historic Churches: The Response of Natterer's Bats Myotis nattereri to Artificial Roosts and Deterrence, PloS one 2016, https://doi.org/10.1371/journal.pone.0146782, S. 1–23.

Ziegler, Artur, Urteilsbesprechung zu BayVGH, Urteil vom 2. 7. 1986 Nr. 4 B 82 A.1155, BayVBl 1986, S. 690–694.

Stichwortverzeichnis

A
Abfalllicht 29, 151, 167
  Definition 28
Abschirmung 15, 35, 53, 76, 132, 155, 168
Abschneidekriterium 73
Abstandsempfehlung 60, 135
Abwägung 199, 209
  Abwägungsdisproportionalität 216
  Abwägungsergebnis 210
  Abwägungsfehleinschätzung 209
  Belange 203. *Siehe auch* Abwägungsbelange
  Ermittlung der Belange 199
  Ermittlungsdefizit 201
  Fehler, methodischer 203
  Gebot der Konfliktbewältigung 211
  Gebot der planerischen Zurückhaltung 213
  Gebot der Rücksichtnahme 214
  Gewichtung der Belange 203
  Gewichtungsgebot 209
  Grundsatz der planerischen Vorbeugung 215
  Trennungsgrundsatz 214
  Vorrang der Konfliktvermeidung 216
Abwägungsbelange 203
  Artenschutz 205
  Baufreiheit 208
  Belästigung, unzumutbare 207
  Beleuchtung 207
  Daseinsvorsorge 206
  Eingriffe in Natur und Landschaft 203
  Natura 2000 205
  Naturschutzinteressen 203
  Orte mit besonderer Lichtbedeutung 207
  Straßenbeleuchtung, allgemeine 206
  Wohn- und Arbeitsverhältnis 207
Abwägungsfehler
  Abwägungsdisproportionalität 216
  Abwägungsfehleinschätzung 209
  beachtlicher 217
  behebbarer 218
  Ermittlungsfehler 201
  Gewichtungsfehler 209
  offensichtlicher 218
  Rechtsfolgen 218–219
Allerweltsart 91, 107, 193
Allgemeiner Artenschutz 83
  Fledermäuse 84
  Grund, vernünftiger 83
Anlockwirkung 18, 244
  abiotische Faktoren 25
  Glas 182
  Insekten 20
  Lichtspektrum 29
  Natura 2000 61
  Tötungsverbot 97
  Vögel 24
  Vogelschlag 9
Anordnungsbefugnis, immissionsschutzrechtliche
  Ermessen 175
  genehmigungsbedürftige Anlagen 159
  genehmigungsfreie Anlagen 174
  Verhältnismäßigkeit 177
Art
  besonders geschützte 86
Artenschutz 82
  allgemein 83
  besonderer 84, 136
  Tötungsverbot 82. *Siehe auch* Tötungsverbot
  Zugriffsverbote 84

© Springer-Verlag GmbH Deutschland, ein Teil von Springer Nature 2019
B. Huggins, S. Schlacke, *Schutz von Arten vor Glas und Licht*, Schriftenreihe Natur und Recht, https://doi.org/10.1007/978-3-662-58257-2

Art, planungsrelevante 98
Aufhellung der Nacht 28, 96, 117, 145
ökologische Folgen 28
Ausgleichsmaßnahme 51, 181

B

Bagatellschwelle 71
Licht 72
Barrierewirkung 23, 46, 80, 145, 212
Baugenehmigung 122, 213, 220
Außenbereich 50, 222
Bescheidungsinteresse 221
Gebietsart 149, 234
Glas 220
Kerngehalt 126
öffentliche Belange 222
Prüfprogramm 123, 220
unbeplanter Innenbereich 222
vereinfachtes Verfahren 221
Verunstaltungs- und Belästigungsverbot 231
Baunutzungsverordnung 149, 233
Bauplanungsrecht 180. *Siehe auch* Bebauungsplan
Bebauungsplan 50, 113, 175, 180, 221
Abwägung 199
Bedeutung 241
Beleuchtungspflichten 193
Eingriffsregelung 203
Erforderlichkeit 180
Erkenntnislücken 188
externes striktes Recht 191
Festsetzungen 181, 222
Kumulation 212
Schutzmaßnahmen 182
Steuerungsfähigkeit 241
Störungsverbot 193
Summation 204
Tötungsverbot 192
Umweltauswirkungen 200
Umweltprüfung 200
Verträglichkeitsprüfung 191
Verursacherprinzip 204
Zusammenfassung Glas 247
Zusammenfassung Licht 251
Beleuchtungspflicht 193–199
Beleuchtungsstärke 20, 36, 43, 148
Grenzwerte 72
Untergrenzen 197
Beleuchtungszweck 78, 157, 170, 187
Bestäubung 16, 23
Bestimmtheitsgebot 190
Betreiberpflicht 143
Anordnungsbefugnis 159, 174
Anwendungsbereich 142, 161
dynamische 122, 213
Minimierungsmaßnahmen 170
Minimierungspflicht 170
Pflichtverletzung 174
Schutzlücken 242
Verhältnismäßigkeit 168
Vermeidungsmaßnahmen 154
Vermeidungspflicht 163
Vorsorgepflicht 153
Zusammenfassung Licht 250
Betriebseinstellung 155, 170–172
Bewegungsmelder 37, 155, 168, 183, 186
BNatSchG-Novelle 2017 112
Bodenrecht 182
Bushaltestelle 8, 221
BVT-Merkblätter 156

D

Daseinsvorsorge 194, 206
Denkmalschutz 54
Dimmer 37, 155, 168, 183, 186
DIN-Normen 196
Durchsicht 8

E

Eigenart der näheren Umgebung 222
Eigentumsgarantie 208
Angemessenheit 209
Einflussfaktor
abiotische Faktoren 21
Art und Typ 18
Helligkeit 19. *Siehe auch* Beleuchtungsstärke
Standortfaktoren 20
Eingriffsbefugnis 118
baufaufsichtsrechtliche 119
immissionsschutzrechtliche 159, 174
Legalisierungswirkung 120
naturschutzrechtliche 118. *Siehe auch* Handlungsbefugnis
Eingriffsregelung 41, 134
Ausgleichs- und Ersatzverpflichtung 55
Bebauungsplan 203
Eingriffshandlung 42
Eingriffswirkung 44. *Siehe auch* Eingriffswirkung
im Außenbereich 50, 223
Kausalität 49

Lichtwerbeanlagen 235
Naturhaushalt 44
Nutzungsänderung 43
rechtliche Bewertung 239
Rechtsfolgen 51, 203
Unvermeidbarkeit 53
Unzulässigkeit 55
Verhältnis zum Baurecht 50
Vermeidungsgebot 51
Vermeidungsmaßnahmen 52
Verursacherprinzip 204
Zusammenfassung Licht 248
Zusammenfassung Vogelschlag 244
Eingriffswirkung 44
Beeinträchtigung 44
Erheblichkeit 45
Kausalität 49
Summationseffekte 46
Einschätzungsprärogative 85
Signifikanzerfordernis 92
Erhaltungszustand, günstiger 63
Erheblichkeit 212
Betreiberpflichten 145
Eingriffsregelung 45, 245
gebietsspezifische Unzumutbarkeit 146
Störungsverbot 107
Verträglichkeitsprüfung 62, 245
Erheblichkeitsschwelle 66
Je-desto-Formel 69
Mortalitäts-Gefährdungs-Index 67
Reaktions- und Belastungsschwellen 66
Ermessensreduktion auf Null 128
Ermessensschrumpfung 175
Expositionsrisiko 6, 9, 11

F

Festsetzung 181
aktive Schutzmaßnahmen 186
anlagenbezogene 185
Bestimmtheitsgebot 190
Erforderlichkeit 189
Glas 182
Licht 182, 186
Nutzungsbeschränkungen 186
räumlicher Bezug 183
Schutzmaßnahmen 182
städtebauliche Maßnahmen 184
Steuerungsfähigkeit 241
technische Vorkehrungen 186
vorsorgender Umweltschutz 187
zum Schutz von Natur und Landschaft 181
zum Schutz vor schädlichen Umwelteinwirkungen 185
Fledermaus 26
Anpassung an Licht 26
Ausflug 27
erhebliche Störung 108
Meideverhalten 26, 70
Natura 2000 70
Störungsverbot 103
Tötungsverbot 117

G

Gebietsprägung 172
Gebietsschutz 214
Nachtlandschaft 145
Verträglichkeitsprüfung 57
Gebot der Konfliktbewältigung 188, 211, 217
Gebot der planerischen Zurückhaltung 213
Kumulation 212
Gebot der planerischen Zurückhaltung 189, 213
Gebot der Rücksichtnahme 149, 214, 217
Lichtwerbeanlagen 233
Gefahr 3, 119, 144, 163, 171
Gefahrenstelle 195, 197, 225
Genehmigungspflicht
baurechtliche 220
immissionsschutzrechtliche 141
nachträgliche Anordnungen 118, 159, 174
Straßenbeleuchtungen 224
Gewichtungsgebot 209
Glas 243–244
Auswirkungen 7, 38
Baugenehmigung 220
bauliche Anlage 220
Bebauungsplan 211
erhebliche Beeinträchtigungen 50, 59, 204
Genehmigungsfähigkeit 221
Kumulation 75, 241
Reaktions- und Belastungsschwellen 67
Schadenspotenzial 200
Schutzmaßnahmen 182
Signifikanzerfordernis 94
Vermeidungsmaßnahmen 12, 38, 130, 243
Verträglichkeitsprüfung 59, 65
Vogelschlag 5. *Siehe auch* Vogelschlag
Zusammenfassung Bebauungsplan 247
Zusammenfassung Eingriffsregelung 244
Zusammenfassung Natura 2000 245
Zusammenfassung Tötungsverbot 246
Greifvogelsilhouette 13
Greifvogelsilhouetten 189
Grundsatz der planerischen
Konfliktbewältigung 211
Vorbeugung 215

H
Handlungsbefugnis 118, 137
  Ermessen 128
  Rechtsfolge 127
  Subsidiarität 119
  Verhältnismäßigkeit 129
  Zusammenfassung Glas 247
  Zusammenfassung Licht 250
Helligkeit 36. *Siehe auch* Beleuchtungsstärke
Himmelsstrahler 24. *Siehe auch* Skybeamer

I
Immissionsschutzrecht 138, 178
  Anlagenbegriff 139
  Anwendungsbereich 138
  Gefahrenabwehrpflicht 143
  Minimierungspflicht 170
  Pflichtverletzung 160
  rechtliche Bewertung 240
  Schutzlücken 242
  Trennungsgrundsatz 213
  Vermeidungspflicht 163
  Vorsorgepflicht 153
  Zusammenfassung Licht 250
Insekt 17, 44, 61, 86
  Anlockwirkungen 18
  Barrierewirkungen 46, 80
  erhebliche Störung 108
  geschützte Arten 86
  Leerfangeffekt 18
  ökologische Dienstleistungen 145
  Populationsveränderungen 22
  Störungsverbot 103
  Tötungsfolgen 23
  Tötungsverbot 97, 117
  UV-Licht 19, 30
Interesse, öffentliches 78

K
Kollisionsrisiko 6, 9, 12, 200, 243
  Abstandsempfehlung 60
  Messmethoden 85
  signifikante Erhöhung 89
  Unsicherheiten 72
Konfliktbewältigung 211. *Siehe auch* Gebot der Konfliktbewältigung
Kumulation 46, 74, 212, 240, 241
  Glas 245
  Licht 248, 252
  Vorbelastung 74

L
LAI-Licht-Richtlinie 157, 190, 208
Lampentype 53, 76
Lebensstättenschutz 109, 117, 137
  funktionale Betrachtungsweise 110
LED 33, 36, 155
  Anlockungwirkungen 33
Legalisierungswirkung 120
  Baugenehmigung 122
  immissionsschutzrechtliche Genehmigung 121
  Kerngehalt 126
Leuchte
  Abschirmung 20
  Bauart 18, 35
  Betriebseinstellung 172
  Standortfaktoren 20, 98
Leuchtmittel 29, 36, 227
  Austausch 44
  Energieeffizienz 157
  fortschrittliche 155
Licht 15, 244, 248
  Abstrahlung 35
  Auswirkungen 17, 38
  Barrierewirkungen 46, 80
  Baugenehmigung 223
  Bebauungsplan 211
  Begriff 17, 139
  Einflussfaktoren 18
  Kumulation 75, 241
  Leerfangeffekt 18
  Meideverhalten 26
  Nutzungsinteresse 149, 172
  öffentliches Interesse 78
  Orte mit besonderer Lichtbedeutung 130, 207
  Rebound-Effekt 34, 36, 53
  risikoerhöhende Faktoren 201
  Schadenspotenzial 200
  Schreckwirkung 25
  Schutzmaßnahmen 182
  Signifikanz 96
  Steuerungswirkungen 16
  Störungsverbot 102
  unzumutbare Störungen 234
  Vermeidungsmaßnahmen 29, 39, 244
  Verträglichkeitsprüfung 64
  Zusammenfassung Bebauungsplan 251
  Zusammenfassung Betreiberpflichten 250
  Zusammenfassung Eingriffsregelung 248
  Zusammenfassung Handlungsbefugnis 250

Zusammenfassung Tötungsverbot 249
Zusammenfassung Verträglichkeitsprüfung 248
Lichtanlage 140
baulichen Anlage 229–230
genehmigungsbedürftige 141–142
Hauptanlage 142
im Außenbereich 232
Nebeneinrichtung 141–142
nicht genehmigungsbedürftige 161, 173
nicht gewerbliche Zwecke 161
Lichtemission 139. *Siehe auch* Licht
Definition 139
Lichtfarbe 25, 30, 31
warmweiße 31
Wellenlängen 25. *Siehe auch* Wellenlängen
Lichtimmission 144, 159, 163, 170
aktive Schutzmaßnahmen 186
Beeinträchtigungsintensität 244
belästigende 207, 231
Beleuchtungsdauer 148
Beleuchtungsstärke 20, 148
Definition 143
erhebliche 152, 166, 251
gebietsspezifische Unzumutbarkeit 146, 149
Gefahr 144, 165
Lebensstättenschutz 111
Lichtwerbeanlagen 230
Minimierungsmaßnahmen 170
Nachteile 144, 165
Ortsüblichkeit 150
pauschalisierte Empfindlichkeit 151, 166, 169
schädliche Umwelteinwirkung 143, 165
Störungsintensität 148
Summation 46, 187
unvermeidbare 170
Vermeidungsmaßnahmen 154, 167
verunstaltende 231
Zumutbarkeit 147, 166, 207
Lichtspektrum 29, 39
Lichtverschmutzung 28. *Siehe auch* Aufhellung der Nacht
Lichtwerbeanlagen 138, 223, 229
an der Stätte der Leistung 232
Betreiberpflichten 235
Definition 230
Gebietsart 234
Genehmigungsfähigkeit 231
im Außenbereich 232, 235
landesrechtliche Verbote 235
Nebeneinrichtung 161
Skybeamer 230
Störungsverbot 234
Tötungsverbot 234
unzumutbare Störungen 234

M

Markierung 13, 38, 52, 76, 95, 127, 182
Flugtunneluntersuchungen 13
Greifvogelsilhouetten 13
nachträgliche 132
optische Veränderungen 130
UV-Licht 14
Maßnahme, städtebauliche 184
anlagenbezogene 186
Maßnahmenbegriff 183
planungsrechtliche Funktion 184
Meidereaktionen 44, 96
Metallhalogendampflampen 32
Mindestmaß 171
Gefahr 171
Verhältnismäßigkeit 171
Minimierungsmaßnahme 170, 215
Minimierungspflicht 170, 228
Mindestmaß 171
Minimierungsmaßnahmen 170
Verhältnismäßigkeit 171
Mortalität 92, 248
Definition 92
erhöhte 69
Vogelschlag 6
Mortalitäts-Gefährdungs-Index 67, 245, 248
Reaktions- und Belastungsschwellen 67
Signifikanzerfordernis 93

N

Nachteil 144
erheblicher 152, 166
Erheblichkeit 145
Zumutbarkeit 146
Nachtlandschaft 15, 45, 57, 145, 151
Natriumdampflampen 31, 155
Hochdrucklampen 32
Niederdrucklampen 31
Natura 2000 57, 135, 205, 240
Erhaltungszustand 62
Verträglichkeitsprüfung 57
Zusammenfassung Glas 245
Zusammenfassung Licht 248
Nutzungskonflikte 147, 184
Nutzungsuntersagung 132

O

Ort mit besonderer Lichtbedeutung 207

R

Reaktions- und Belastungsschwelle 66
Reaktions- und Belastungsschwellen
  Glas 67
  Licht 70
Rebound-Effekt 34, 36, 53, 96, 224
Risiko 92
  allgemeines Lebensrisiko 90
  Definition 5
  Eintrittswahrscheinlichkeit 201
  Schadenspotenzial 200
  Tötungsrisiko 89. *Siehe auch* Signifikanzerfordernis
  Vogelschlag 9

S

Schädliche Umwelteinwirkung 143, 159, 165, 214, 250
  erhebliche 145, 166
  gebietsspezifische Unzumutbarkeit 146
  Gefahr 144, 165
  Legaldefinition 143
  Licht 143
  Nachteile 144, 165
  naturschutzfachliche Bewertung 150
  Rechtsfolgen 152
  Zumutbarkeit 146
Schutzlücke 241–242
  Beseitigung de lege ferenda 242
Schutzmaßnahme 113. *Siehe auch* Vermeidungsmaßnahmen
  aktive 186
  fachlich anerkannte 113
  Festsetzungen 181
Sicherheitsbeleuchtung 138, 172
Sichtfahrgebot 196
Signifikanzerfordernis 89, 116, 136, 240
  anthropogene Risiken 93
  Bezugspunkt 93
  Definition 91
  Fledermäuse 96
  Glas 246
  Insekten 97
  Licht 249
  natürliche Risiken 94
  Rechtsprechung 89
  Risiko 92
  teleologische Reduktion 112
  Tötungsrisiken 93, 98
  Vermeidungsmaßnahmen 91, 95
  Vogelschlag 94
Skybeamer 24, 229, 252
  Definition 230
  Genehmigungsfähigkeit 231
  im Außenbereich 235
  landesrechtliche Verbote 235
  Werbeanlage 230
Sozialadäquanz 147
Spiegelung 9
Stätte der Leistung 232
Stand der Technik 154, 164, 167
  Betriebsweisen 155
  BVT-Merkblätter 156
  Einrichtungen 155
  fortschrittliche 155
  Vermeidungsmaßnahmen 157
  Wirtschaftlichkeit 156
Standortfaktor
  Glas 11
  Licht 20
Staubsauger-Effekt 19, 212
Stilllegungsverfügung 132
Störungsverbot 101, 117, 137
  Erheblichkeit 107
  Fledermäuse 108
  günstiger Erhaltungszustand 108
  Insekten 108
  Licht 102
  Lichtwerbeanlagen 234
  lokale Population 104
  Zugvögel 108
  Zusammenfassung Licht 249
Straßenbeleuchtung 140, 162, 193, 252
  allgemeine 193
  bauplanerische Abwägung 206
  Betreiberpflichten 162
  Genehmigungspflicht 224
  geringes Verkehrsaufkommen 198
  Halbnachtschaltung 197
  immissionsschutzrechtlicher Anwendungsbereich 140
  Nachtabschaltung 197
  Nebenstraßen 198
  punktuelle 194. *Siehe auch* Verkehrssicherungspflichten
  Schutzlücken 242
  Unfallrisiken 197
Summationseffekt 46. *Siehe auch* Eingriffswirkung

T
Tötungsverbot 85, 116, 136, 206
  Absichtsbegriff 87
  Bebauungsplan 192
  Fledermäuse 96
  geschützte Arten 86
  Individuenbezug 85
  Insekten 97
  Lichtwerbeanlagen 234
  Privilegierung 112
  signifikante Erhöhung 100
  Signifikanzerfordernis 89. *Siehe auch* Signifikanzerfordernis
  Tatbestandsverwirklichung 86
  Vögel 96
  Vogelschlag 94
  Zusammenfassung Glas 246
  Zusammenfassung Licht 249
Trennungsgrundsatz 214

U
Umgebungsattraktivität 10, 95, 201
  Standortfaktoren 11
Umwelteinwirkung 143. *Siehe auch* Schädliche Umwelteinwirkungen
Umweltprüfung 200
  Bedeutung 241
  Bestandsaufnahme 200
  erhebliche Umweltauswirkungen 200
  Fehler, methodischer 203
  Wirkungsprognose 200
UV-Filter 155
UV-Licht 14, 190
  Anlockwirkungen 19
  Filter 35, 155

V
Verhältnismäßigkeit 79, 115, 129, 131, 158, 160, 177
  Abwägung 216
  Betreiberpflichten 168
  immissionsschutzrechtliche Anordnungsbefugnis 177
  Minimierungspflicht 171
  Vermeidungspflicht 52
Verkehrssicherungspflicht 194, 225
  Beleuchtungspflicht 195
  Beleuchtungsuntergrenzen 197
  DIN-Normen 196
  Eigensorgfalt 195
  Erforderlichkeit 195
  Gefahrenstellen 195
  Grundsatz 194
  Umfang 196
  Zumutbarkeit 197
Vermeidungsmaßnahme 12, 29, 38, 52, 112, 117, 182, 186, 216
  Abschaltungen 37
  Abschirmung 35, 168
  Abschirmungen 155
  Bedeutung 239
  Beleuchtungsstärke 15
  Betreiberpflichten 152
  Bewegungsmelder 37, 155, 182, 186
  Dimmer 37, 155, 182, 186, 251
  Filter 251
  Futterstellen 14
  Glas 12, 243
  Lampentypen 155, 168, 182
  Licht 29, 154, 244
  Lichtspektrum 182
  Lichtsteuerung 37
  Markierungen 13, 181
  Signifikanzerfordernis 90, 91, 94, 95
  städtebauliche Rechtfertigung 184
  Stand der Technik 157, 167
  UV-Filter 155
  UV-Licht 14
  Verhältnismäßigkeit 52, 129, 131
  Verträglichkeitsprüfung 76
  Wirtschaftlichkeit 156
  Zeitschaltuhren 37, 155, 182, 186, 251
Vermeidungspflicht 51, 164, 228
  de lege ferenda 242
  Signifikanzerfordernis 113
  Stand der Technik 167
  Verhältnismäßigkeit 168
Verschlechterungsverbot 125
Verträglichkeitsprüfung 58, 191
  Abschneidekriterium 73
  Alternativen 79
  Anlockwirkung 61
  Bagatellschwellen 71
  bauplanerische Abwägung 205
  Beeinträchtigung 62
  Erheblichkeit 62, 245
  Erheblichkeitsschwellen 66. *Siehe auch* Erheblichkeitsschwelle
  Fernwirkung 59
  fortlaufende Schutzpflicht 126
  Glas 59
  Kumulation 74. *Siehe auch* Kumulation

Lichtanlagen 60
Mortalitäts-Gefährdungs-Index 67
Projektbegriff 58
Rechtsfolgen 78
Unsicherheiten 65
Vermeidungsmaßnahmen 76
Zusammenfassung Glas 245
Zusammenfassung Licht 248
Vertragsnaturschutz 133
Vertrauensschutz 125
Verunstaltungs- und Belästigungsverbot 231
Belästigungen 231
Verunstaltung 231
Verursacherprinzip 48, 204
Vögel 1, 8
Abstandsempfehlung 60
Anlockwirkungen 24
Kollisionsrisiken 10
Populationsveränderungen 26
Schreckwirkung 25
Signifikanzerfordernis 192
Tötungsverbot 117
Vogelanprall 5. *Siehe auch* Vogelschlag
Vogelschlag 5, 87, 243
Eintrittsfaktoren 6
Handlungsbefugnis 247
Jährliche Mortalität 7
Kollisionsrisiken 200
risikoerhöhende Faktoren 69, 201
Signifikanz 94
Ursachen 8. *Siehe auch* Vogelschlagsursachen
Vermeidungsmaßnahmen 12
Verträglichkeitsprüfung 64
Zugvögel 11
Zusammenfassung Bebauungsplan 247
Zusammenfassung Eingriffsregelung 244
Zusammenfassung Tötungsverbot 246
Zusammenfassung Verträglichkeitsprüfung 245
Vogelschlagsursache
Anlockwirkung 9
risikoerhöhende Faktoren 9
Vogelschlagsursachen 8
Durchsicht 8
Spiegelungen 9
Umgebungsattraktivität 10
Vogelschutzglas 190
Vorrang der Konfliktvermeidung 216
Vorsorgegrundsatz 70
Vorsorgemaßnahmen, Verhältnismäßigkeit 158
Vorsorgepflicht 153
Verhältnismäßigkeit 158
Vorsorgemaßnahmen 154
Vorsorgeprinzip 47, 63, 187, 215

W

Warnmaßnahme 195
Wellenlänge 17, 30, 139, 182
blaue 19, 148
LED 33
Lichtfarbe 25
Spektrum 19
Willkürverbot 176
Windenergieanlage 7, 60
Signalleuchten 141
Wechselwirkungen 76
Wirkungsprognose 64, 200
lückenhafte 202

Z

Zeitschaltuhr 37, 155, 168, 182, 186
Zugriffsverbot 84, 192, 240
Ausnahmen 114
BArtSchV 88
Befreiungen 115
Lebensstättenschutz 109
Störungsverbot 101
Tötungsverbot 84. *Siehe auch* Tötungsverbot
Zusammenfassung Glas 246
Zusammenfassung Licht 249
Zugvogel 9, 97
erhebliche Störung 108
Licht 25
lokale Population 104
Störungsverbot 103
Zurückhaltung, planerische 213. *Siehe auch* Gebot der planerischen Zurückhaltung